水利水电工程专业基础与实务

编　著　杨林林　叶春雨
副主编　樊慧菊　冯　吉　韩敏琦
主　审　杨胜敏

吉林科学技术出版社

图书在版编目(CIP)数据

水利水电工程专业基础与实务 / 杨林林, 叶春雨编
著. -- 长春：吉林科学技术出版社, 2023.5
ISBN 978-7-5744-0501-1

Ⅰ. ①水… Ⅱ. ①杨… ②叶… Ⅲ. ①水利水电工程
-工程管理 Ⅳ. ①TV

中国国家版本馆 CIP 数据核字(2023)第 105686 号

水利水电工程专业基础与实务

编　　著	杨林林　叶春雨	
出 版 人	宛　霞	
责任编辑	王丽新	
封面设计	翟少康	
制　　版	北京壹滴水文化传播有限公司	
幅面尺寸	185mm×260mm	
开　　本	16	
字　　数	750 千字	
印　　张	38	
印　　数	1-1500 册	
版　　次	2023年5月第1版	
印　　次	2024年2月第1次印刷	

出　　版	吉林科学技术出版社
发　　行	吉林科学技术出版社
地　　址	长春市福祉大路5788号
邮　　编	130118
发行部电话/传真	0431-81629529 81629530 81629531
	81629532 81629533 81629534
储运部电话	0431-86059116
编辑部电话	0431-81629518
印　　刷	三河市嵩川印刷有限公司

书　　号	ISBN 978-7-5744-0501-1
定　　价	150.00元

前 言

本书涵盖高等学校水利学科相关专业基础知识、技术要点,紧密联系工程实践需求;以水利专业中级专业技术资格人员的工作需要和综合素质要求出发,分为水文水资源篇、水利工程篇、水利管理篇、水生态环境篇、知识产权篇五大部分。具体内容包括水文、水资源、防洪等水文水资源基础知识,农田水利与灌溉排水工程、水工建筑物等水利工程及水工建筑物识读,水资源、水工建筑物运行与维护等水利管理内容,水体污染等水生态环境保护知识,知识产权相关知识。每个篇章后富有大量的技能训练题,以判断题、单项选择题、多项选择题等形式为主,与水利专业技术资格(职称)考试形式一致,便于学习者对学习成果加以巩固,也利于提高考试通过率。

本书由北京农业职业学院杨林林、北京清河水利建设集团有限公司叶春雨担任主编,北京农业职业学院樊慧菊、北京农业职业学院冯吉、北京农业职业学院韩敏琦担任副主编,北京农业职业学院杨胜敏主审,具体分工如下:

杨林林编写第一篇 水文水资源篇 项目一和项目三,第二篇 水利工程篇 项目一;叶春雨编写第二篇 水利工程篇 项目二的工作任务五~七,第三篇 水利管理篇 项目三;樊慧菊编写第二篇 水利工程篇 项目二的工作任务一~四,第四篇 水生态环境篇 项目一;冯吉编写第一篇 水文水资源篇 项目二,第五篇 知识产权篇 项目一、项目二;韩敏琦编写第二篇 水利工程篇 项目三,第三篇 水利管理篇 项目一、项目二;杨林林承担了全书的统稿和校订工作。

本书在编写过程中,参考引用了有关院校编写的教材,引用了大量标准,借鉴了很多专业文献及资料,恕未在书中一一注明。在此,对有关作者表示诚挚的谢意。

由于编写时间仓促,编者水平有限,书中难免存在缺点和疏漏,恳请广大读者批评指正。

编者
2023 年 5 月

目　录

第一篇　水文水资源

第二篇 水利工程

第三篇　水利管理

第四篇　水生态环境

第五篇　知识产权

第一篇

水文水资源

项目一　水文水资源基础知识

工作任务一　水文循环与水量平衡

一、水文循环

(一)水文循环的概念

地球上的水以液态、固态和气态的形式分布在海洋、陆地、大气和生物机体中。水是人类生活、生产最为重要的基本物质资源。

地球表面的各种水体在太阳的辐射下,不断蒸发变为水汽进入大气,并随气流的运动向各处传播,在一定条件下遇冷凝结形成降水又回落到地面。降水一部分被植物截留并蒸发,一部分降到地面。降到地面上的水,一部分形成地面径流沿江河回归大海,一部分渗入到地下。渗入地下的水,有的被土壤或植物根系吸收,最后经蒸发和植物蒸腾返回大气;有的渗入更深的土层形成地下水,以泉水或地下水的形式注入河流回归大海。这种水分不断交替转移的现象称为水文循环,见图1-1。

(二)水文循环的分类

水文循环按其范围大小可分为大循环和小循环。大循环是指海洋与陆地之间的水分交换过程,例如从海洋上蒸发的水汽,被气流带到大陆上空,遇冷凝结形成降雨降落到地面,其中一部分重新蒸发又回到空气中,一部分从地面和地下汇入河流,最后又注入海洋,这种海陆间的水文循环称为大循环。而海洋或陆地上的局部范围内水分交换过程称为小循环,例如从海洋蒸发的水汽,在海洋上空成云致雨,直接降落到海洋表面;或陆地上的水蒸发后又降落到陆地,这种局部的水文循环称小循环。大循环和小循环的主要差别在于水汽输送是否跨越了海陆界线。

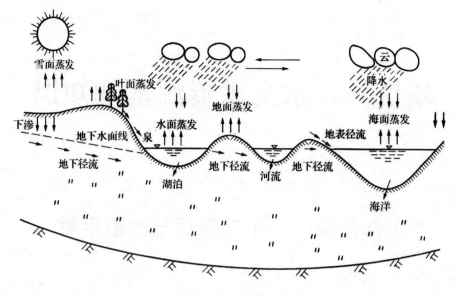

图1-1 水文循环图

(三)水文循环的产生原因

形成水文循环的原因分为内因和外因两方面。内因是水有固、液、气三种状态,在一定条件下水的形态可以相互转化。外因是太阳辐射和地心引力作用,太阳辐射为水分蒸发提供动力,促使液态、固态的水变成水汽,并引起空气流动;地心引力又使空中的水汽以降水方式回到地面,并促使地面、地下水回归大海。此外,陆地的地形、地质、土壤、植被等条件,对水文循环也有一定的影响。

二、水量平衡

(一)地球上的水量平衡

从长期过程来看,自然界的水文循环是符合物质守恒定律的。即对任意区域,在任意时段内,进入某区域的水量与输出的水量之差必等于区域内蓄水量的变量,这就是水量平衡原理。

对某一区域,其水量平衡方程式为:

$$I - O = \Delta W$$

式中:

I、O——给定时段内输入、输出该区域的总水量;

ΔW——时段内区域蓄水量的变量。

若以全球大陆作为研究范围,则某一时段的水量平衡方程式为:

$$P_{陆} - R - E_{陆} = \Delta W_{陆}$$

若以全球海洋为研究范围,则有:

$$P_{海} + R - E_{海} = \Delta W_{海}$$

式中:

$P_{陆}$、$P_{海}$——陆地和海洋上的降水量;

$E_{陆}$、$E_{海}$——陆地和海洋上的蒸发量;

R——流入海洋的径流量(地表、地下径流量);

$\Delta W_{陆}$、$\Delta W_{海}$——陆地和海洋上研究范围内蓄水量的变量。

在短时期内,时段蓄水变化量的数值有正有负,但对于多年平均情况而言,蓄水量的变量接近于零,可不考虑。即:

$$\sum \Delta W_{陆} = 0$$

$$\sum \Delta W_{海} = 0$$

因此,陆地多年平均情况下的水量平衡方程为:

$$\overline{E}_{陆} = \overline{P}_{陆} - \overline{R}$$

海洋多年平均情况下的水量平衡方程为:

$$\overline{E}_{海} = \overline{P}_{海} + \overline{R}$$

式中:

$\overline{E}_{陆}$、$\overline{E}_{海}$——陆地、海洋多年平均蒸发量;

$\overline{P}_{陆}$、$\overline{P}_{海}$——陆地、海洋多年平均降水量;

$\overline{R}$——河水或地下水流入海洋的多年平均径流量。

将上两式相加,即可得全球水量平衡方程式:

$$\overline{E}_{陆} + \overline{E}_{海} = \overline{P}_{陆} + \overline{P}_{海}$$

或:

$$\overline{E}_{全球} = \overline{P}_{全球}$$

也就是说,多年平均情况下,地球上的总蒸发量等于总降水量。

(二)水量平衡的应用

联合国教科文组织于 1978 年公布了当时最新的全球水量平衡数据,海陆间的水量交换有 47000 km³,即全球海洋每年向大陆输送 47000 km³ 的水汽,陆地则以相同水量的径流归还海洋。全球降水量与蒸发量相等,均为 577000 km³,海洋每年的蒸发量为 505000 km³,降水量为 458000 km³,其差额为海洋每年向陆地输送的水汽量。陆地每年的降水量为 119000 km³,蒸发量为 72000 km³,其差额为每年陆地流向海洋的径流量。

以上这些水量平衡因素的数值分别为：$\overline{E}_陆$ = 72000 km³，$\overline{P}_陆$ = 119000 km³，$\overline{R}$ = 47000 km³，$\overline{E}_海$ = 505000 km³，$\overline{P}_海$ = 458000 km³。

$\overline{E}_陆 + \overline{E}_海 = 72000 + 505000 = 577000$

$\overline{P}_陆 + \overline{P}_海 = 119000 + 458000 = 577000$

故：$\overline{E}_陆 + \overline{E}_海 = \overline{P}_陆 + \overline{P}_海$

说明全球水量平衡方程式是成立的。

工作任务二 河流与流域

一、河流

降落在地面上的雨水，除下渗、蒸发损失外，形成的地表水在重力作用下，沿着陆地表面上有一定坡度的凹地流动，这种水流称地面径流。地面径流长期侵蚀地面，冲成沟壑，形成溪流，最后汇成河流。河流是水文循环的主要路径。

（一）河流的分段

一条发育完整的河流，一般可分为河源、上游、中游、下游及河口五段。

1. 河源

河源是河流的发源地，可以是泉水、溪涧、沼泽、湖泊或冰川。

2. 上游

上游即紧接河源而大多奔流于山谷中的河流上段，上游水流一般落差大，水流湍急，水流下切能力强，常出现瀑布、急滩。

3. 中游

中游即上游以下的中间河段，随着河槽地势渐趋缓和，河面增宽，水面比降减缓，两岸常有滩地，河床较稳定。

4. 下游

下游是紧接中游的河流下段，一般处于平原区，河床宽阔，河床坡度和流速都较小，淤积明显，浅滩和河湾较多。

5. 河口

河口是河流的终点，即河流注入海洋或内陆湖泊的地方。注入海洋的河流，称为外流河，如长江、黄河等。流入内陆湖泊或消失在沙漠中的河流称为内陆河，如新疆的塔里木河和甘肃省的石羊河等。这一段因流速骤减，泥沙大量淤积，往往形成三角洲。

(二)河流的基本特征

1.河流横断面

河流横断面是指与水流方向相垂直的断面,两边以河岸为界,下面以河底为界,上界是水面,横断面也称过水断面。河流横断面有单式和复式两种基本形状,如图1-2所示。

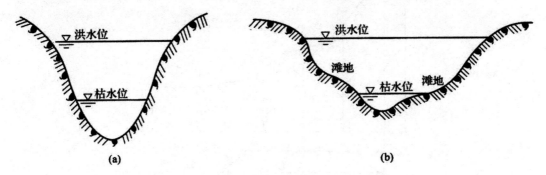

图1-2 河流横断面图

(a)单式断面;(b)复式断面

2.河流纵断面

河流中沿水流方向各断面最大水深点的连线称为中泓线,也称深泓线。沿河流中泓线的剖面称为河流的纵断面。

3.河流长度

河流长度也称河长,是指从河源到河口,沿其干流量取的弯曲长度。河长的量取是在地形图上用分规或量线仪沿河流的深泓线从河源量至河口求得。

4.河流的纵比降

中泓线上单位长度内的水面或河底落差称为河道纵比降,简称比降,常用 i 表示。设河段前后两个断面的水位或河底高程分别为 $Z_上$、$Z_下$,两断面间的河流长度为 L,则河道纵比降 i 为:

$$i = \frac{Z_上 - Z_下}{L} = \frac{\Delta Z}{L}$$

当河段纵断面呈折线时,可在纵断面图上,通过下游断面河底处做一斜线,如图1-3所示,使斜线以下的面积与原河底线以下的面积相等,此斜线的坡度即为河道的平均纵比降。计算公式如下:

$$i = \frac{(Z_0 + Z_1)L_1 + (Z_1 + Z_2)L_2 + \cdots + (Z_{n-1} + Z_n)L_n - 2Z_0 L}{L^2}$$

式中:

Z_0、$Z_0 \cdots$,Z_0——自下游到上游沿程各点的河底高程,m;

L_0、$L_1 \cdots$、L_n ——相邻两点间的距离,m;

L ——河段长度,m。

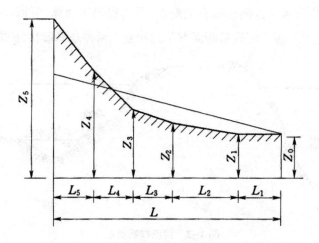

图1-3 河流纵比降计算示意图

【例题1-1】 如图1-4所示,已知某河从河源至河口总长L为5500m,A、B、C、D、E各点地面高程分别为48、24、17、15、14m,各河段长度分别为$l_1 = 2000\mathrm{m}$、$l_2 = 1400\mathrm{m}$、$l_3 = 1300\mathrm{m}$、$l_4 = 800\mathrm{m}$,试推求该河流的平均纵比降。

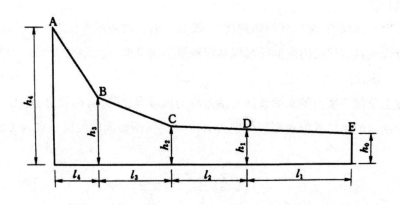

图1-4 例题1-1图

解:该河流的平均纵比降按下式计算:

$$i = \frac{(h_0 + h_1)l_1 + (h_1 + h_2)l_2 + (h_2 + h_3)l_3 + (h_3 + h_4)l_4 - 2h_0 L}{L^2}$$

$$= \frac{(14 + 15)2000 + (15 + 17)1400 + (17 + 24)1300 + (24 + 48)800 - 2 \times 14 \times 5500}{5500^2}$$

$$= 1.97\text{‰}$$

5.河网密度

流域平均单位面积内的河流总长度称为河网密度。它表示一个地区河网的疏密程度，能综合反映一个地区的自然地理条件。河网密度用下式计算：

$$D = \frac{\sum L}{F}$$

式中：

D ——河网密度，km/km^2；

$\sum L$ ——流域内干、支流的总长度，km；

F ——流域面积，km^2。

(三)水系及其特征

直接入海的河流称为干流，汇入干流的支流称为一级支流，汇入一级支流的称为二级支流，以此类推。水系则是由干流和各级支流构成。

水系常以干流命名，如长江水系、黄河水系、淮河水系等。需要说明的是，较大的支流也可另成水系，如长江支流的汉江水系、黄河支流的渭河水系等。

根据河系干支流分布形态，河系可分为四种类型：

(1)扇形水系。水系干支流分布形状如扇骨状，如海河水系。扇形水系利于洪水集中，容易发生大洪水。

(2)羽状水系。流域狭长，从上游至下游，各支流交错汇入干流，形状如同羽毛一般，此类为羽状水系。羽状水系洪水过程一般较平缓，历时较长。

(3)平行状水系。由许多近乎于平行的支流先后汇入干流形成平行状水系。

(4)混合水系。大河流多由以上两三种形式混合排列，称为混合水系。

水系形状如图1-5所示。

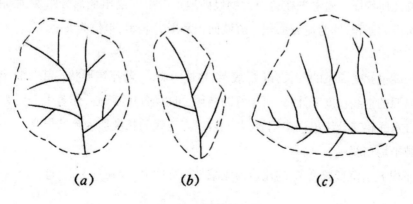

(a) 　　　　(b) 　　　　(c)

图1-5　水系形状图

(a)扇形水系；(b)羽状水系；(c)平行状水系

二、流域

流域是指河流的集水区域,在这个区域内,地面水和地下水都沿着流域坡面汇入河系,最后由干流流出。

流域的特征包括如下:

1. 分水线

流域的周界称为分水线,分水线是相邻流域的分界线,分水线有地面分水线和地下分水线,如图1-6所示。地面分水线一般位于山脊处,起分界地面水的作用,也称分水岭。例如秦岭是长江、黄河的分水岭,降落在秦岭以南的雨水流入长江水系,降落在秦岭以北的雨水流入黄河水系。地面与地下分水线两者是否重合,与岩层的构造和性质有关。如河床切割较深,地面分水线与地下分水线相重合,这样流域称为闭合流域。当地面分水线与地下分水线并不完全一致,这种流域称为非闭合流域。由于地质构造上的原因,实际上很少有严格的闭合流域。对于一般流域而言,当对讨所论问题无太大影响时,多按闭合流域考虑。

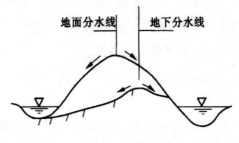

图1-6 分水线图

2. 流域面积

实际工作中,常以地面分水线所包围的面积作为集水面积,也称流域面积。流域面积是流域的主要几何特征。通常先在适当比例尺的地形图上勾绘出地面分水线,然后用求积仪量出它所包围的面积,即为流域面积。流域面积常用 F 表示,单位为 km^2。

3. 流域长度

流域长度也就是流域的轴长,以 L_f 表示,单位为 km。若流域形状不甚弯曲,流域长度可用河口到河源的直线长度来计算;对于弯曲流域,可以河口为圆心,作若干个同心圆,各同心圆与流域分水线相交处绘出许多割线,各割线中点连线的长度即为流域长度。

4. 流域平均宽度

流域面积 F 与流域长度 L_f 的比值为流域平均宽度 B,单位为 km。即:

$$B = \frac{F}{L_f}$$

集水面积相近的两个流域,若流域长度 L_f 越大,流域平均宽度 B 越小,径流难以集中;相反,若流域长度 L_f 越小,流域平均宽度 B 越大,径流则越宜集中。

5. 流域形状系数

流域形状系数是流域平均宽度 B 与流域长度 L_f 之比,以 K 表示,其计算公式为:

$$K = \frac{B}{L_f} = \frac{F}{L_f{}^2}$$

K 值大小能够反映流域形状的特性,如扇形流域 K 值大,羽形流域 K 值小。

6. 流域的自然地理特征

流域的自然地理特征包括流域的地理位置、气候条件、下垫面条件等。

(1)流域的地理位置。流域的地理位置可以用流域的边界或流域中心的地理坐标经纬度表示。它可以反映流域的气候带,说明流域与海洋的距离远近,反映水文循环的强弱。

(2)流域的气候条件。流域的气候条件是指流域内多年的天气特征,包括降水、蒸发、湿度、气温、气压、风等要素。它们是河流形成和发展的主要影响因素,也是决定流域水文特征的重要因素。

(3)流域的下垫面条件。下垫面指流域的地形、地质构造、土壤和岩石性质、植被、湖泊、沼泽等情况。下垫面条件反映了每一水系形成过程的具体条件,并影响径流的变化规律。

工作任务三 降水

降水是指液态或固态的水汽凝结物从云中降落到地面的现象,如雨、雪、雹、霜、露等,其中以雨和雪为主。降水是水文循环中的一个重要环节,也是陆地水资源的主要补给来源。我国大部分地区降水以降雨为主,雪占少部分,所以,这里所述降水主要指降雨。

一、降雨的成因及分类

(一)降雨的成因

大气层是由空气、水汽分子和尘埃物质构成,气象上把水平方向物理性质(温度、湿度、气压等)比较均匀的大块空气称为气团,气团按照温度的高低分为暖气团和冷气团。当带有水汽的气团上升时,由于大气气压下降,上升的空气体积不断膨胀,消耗内能,使空气在上升过程中冷却降温,水汽凝结在微尘、灰粒等"凝结核"的周围形成小水滴或冰晶,形成了云。由于水汽继续凝结,云粒相互碰撞合并,以及过冷水滴向冰晶转移等,云中的水滴或冰晶不断增大,直到不能被上升气流所顶托时,在重力作用下就形成雨、雪、雹、霜、露等。

(二)降雨的分类

按空气上升的原因,降雨可分为四种类型。

1. 对流雨

因夏季天气酷热,蒸发加快,水汽增多,近地表空气受热急剧增温,暖湿气团上升过程中与上层冷空气产生对流作用,使暖湿空气上升冷却而降雨,称为对流雨。对流雨常发生在夏季炎热的中午,其特点是降雨强度大,但降雨面积不广,历时也较短,常伴有雷电,故又称为雷阵雨。

2. 地形雨

当暖湿气团在运移途中遇到山丘、高原等地形阻挡时,气流将沿山坡而上,气流上升降温,冷却致雨,称为地形雨。地形雨多集中在迎风面山坡上,而在背风面,因气流下沉增温,故降雨减少或停止。如位于秦岭南麓的安康和汉中,年降雨量都超过 800 mm,而位于秦岭北侧的西安、宝鸡,年降雨量均不足 600 mm。

3. 锋面雨

冷气团和暖气团相遇时,在其接触处由于性质不同来不及混合而形成一个不连续面,称为锋面。锋面与地面的交线称为锋线。

当冷气团向暖气团运动与暖气团相遇时,冷气团较重而楔进暖气团下方,致使暖气团抬升,而发生动力冷却而降雨,称为冷锋雨。冷锋雨一般强度大,历时短,雨区范围小。

当暖气团向冷气团运动时,由于地面摩擦作用,上层移动较快,相遇时使锋面坡度很小,暖空气沿着该平缓的坡面在冷气团上方滑动,在锋面上形成各种云系并冷却致雨,称为暖锋雨。暖锋雨的特点是强度小,历时长,雨区范围大。

冷锋雨和暖锋雨示意图见图 1-7。

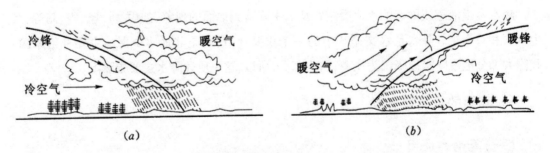

(a) (b)

图 1-7 锋面雨示意图

(a)冷锋雨;(b)暖锋雨

4. 台风雨

台风雨主要是由于热带海洋面上的一团高温、高湿空气作强烈的复合上升运动的结果。影响我国的热带风暴主要发生在 6—10 月,以 7、8、9 月最多。台风雨是一种极易形成洪涝灾害的降雨,加之狂风,破坏性极强。

二、降水量的观测

观测降水量的仪器有雨量器和自记雨量计。

(一)雨量器

雨量器是直接观测降水量的器具,可观测一定时段内的降水量。雨量器由承雨器、漏斗储水瓶和雨量杯组成,如图1-8所示。承雨器口径为20cm,设置时器口要求距地面70cm,器口须保持水平。

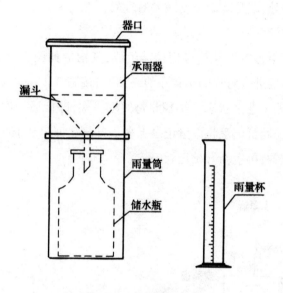

图1-8　雨量器构造图

降雨量的观测,通常在每天8时与20时(二段制)观测两次。雨季增加观测段次,如四段制、八段制,雨大时还要加测。分段数目应根据需要具体确定。观测时用量杯计量储水瓶中的水量,得到降雨量,以mm表示。日雨量是以每天早8时作为日分界点,即将本日8时至次日8时间的降雨量作为本日的降雨量。

当遇降雪时,将雨量筒的漏斗和储水瓶取出,仅留外筒作为承雪的器具。观测时,将雨量筒收集的降雪融化后计算降水(雪)深度。

(二)自记雨量计

自记雨量计是观测降雨过程的自记仪器,常用的自记雨量计按传感方式分,有称重式、虹吸式和翻斗式;按记录周期分,有日记、周记、月记及年记的雨量计;按观测和传递方式分为,有无线遥测和有线远传的雨量计。

1.称重式自记雨量计

这种仪器可以连续记录接雨杯上的,以及储积在其内的降水的重量,记录方式可以用机械发条装置或平衡锤系统。这种仪器的优点在于能够记录雪、冰雹及雨雪混合降水。

2. 虹吸式自记雨量计

虹吸式自记雨量计的构造如图1-9所示。雨水从承雨器流入浮子室,浮子随注入雨水的增加而上升,并带动自记笔在自记钟外围的记录纸上画出曲线。当雨量达到10mm时,浮子室内的水面升至虹吸管的顶端,浮子室内的水就通过虹吸管排出到储水瓶。同时自记笔又下落至起点,随后再随着降雨量的增加而上升。自记雨量计记录的雨量曲线是累积曲线,横坐标表示时程,纵坐标表示雨量。这种曲线既表示了雨量的大小,又表示了降雨过程的变化情况。曲线坡度最陡处,就是降雨强度最大的时刻。

3. 翻斗式自记雨量计

翻斗式自记雨量计由感应器及信号记录器组成,其构造如图1-10所示。其工作原理是:测雨时,雨水经承雨器进入对称的小翻斗的一侧,当接满0.1 mm的降雨量时,翻斗便倾于一侧,另一侧翻斗则处于进水状态。小翻斗每倾倒一次,即接通一次电路,向记录器输送一个脉冲信号,记录器控制自记笔将雨量记录下来。自记笔每记录100次后,将自动从上到下落到自记纸的零线位置,再重新开始记录。

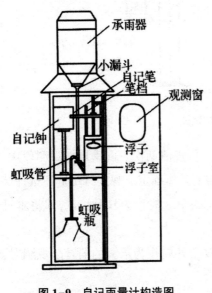

图1-9 自记雨量计构造图

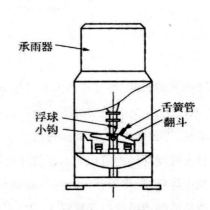

图1-10 翻斗式自记雨量计构造图

三、降雨等级划分

降水常用降水量、降水历时、降水强度、降水面积及暴雨中心等参数来描述。一定时段内降落在某一点或某一面积上的总雨量称为降水量,用水层深度表示,以mm计。日降水量指一日内降水总量。降水量一般根据24h雨量分为7级,见表1-1。

表 1-1 降水量等级表

单位:mm

24h 雨量	<0.1	0.1~10	10~25	25~50	50~100	100~200	>200
等级	微量	小雨	中雨	大雨	暴雨	大暴雨	特大暴雨

四、降雨量资料的图示法

(一)降雨过程线

降雨过程线可分为雨量直方图和累积雨量过程线两种。直方图以时间为横坐标,以对应时段雨量为纵坐标,做出连续小矩形图,如图 1-11(a)所示。累积雨量过程线仍以时间为横坐标,以累积雨量为纵坐标,作图时将雨量从第一时段开始逐个累加,然后从时段初到时段末连续便得到累积雨量过程线,如图 1-11(b)所示。累积雨量过程线上任意两点的坡度,即为两点的平均降雨强度。

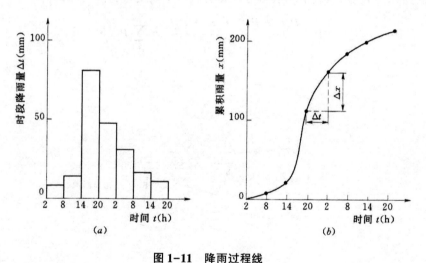

图 1-11 降雨过程线

(二)降雨量等值线图

为了表示某一地区的次降雨量或某一固定时段降雨量在空间的分布情况,可用降雨量等值线图表示。此图可根据各雨量站的次降雨量或某一固定时段的同时降雨量,并参考地形等高线图绘制。

五、流域平均雨量的计算

雨量站观测到的降雨量只代表该站附近小范围内的降水情况,为"点雨量"。在水文分析工作中,常需知道一个流域或地区的特定时段内的平均降水量("面雨量")。目前,水文上常用以下三种方法计算流域平均雨量。

(一)算术平均法

如流域内共有 n 个雨量站,各雨量站的雨量分别为 P_1, P_2, $\cdots$, P_n (mm),则流域平均雨量为:

$$\overline{P} = \frac{P_1 + P_2 + \cdots + P_n}{n} = \frac{1}{n}\sum_{i=1}^{n} P_i$$

需要说明的是,算术平均法只适用于流域内雨量站分布较均匀、地形起伏变化不大的情况。

(二)泰森多边形法

泰森多边形法的具体做法为:先将流域内及流域外附近的相邻雨量站用直线连接,构成若干个三角形;然后在各三角形的每条边上作垂直平分线,这些垂直平分线将流域分为 n 个不规则的多边形,每个多边形里正好有一个雨量站,如图1-12所示。

设每个多边形的面积用 f_i 表示,每个多边形的雨量用此多边形内的雨量站的雨量 P_i 表示,流域的面积为 F,用加权平均法即可计算流域的平均雨量,计算公式为:

$$\overline{P} = \frac{P_1 f_1 + P_2 f_2 + \cdots + P_n f_n}{F} = \sum_{i=1}^{n} P_i \frac{f_i}{F}$$

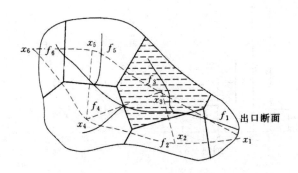

图1-12 泰森多边形法计算示意图

泰森多边形法应用比较广泛,对于流域内雨量站分布不太均匀,或流域内地形变化较大的情况都能使用。

【例题1-2】 某流域面积为300km²,流域内及其附近有A、B、C三个雨量站,其具体位置见图1-13。流域上有一次降雨,三个雨量站的雨量依次为260mm、120mm、150mm,试绘出泰森多边形图,并用算术平均法和泰森多边形法计算本次降雨的平均雨量(已知:A、C雨量站泰森多边形权重分别为0.56、0.44)。

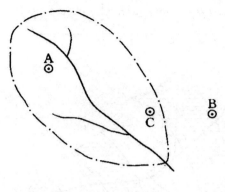

图1-13　例题1-2图

解:(1)利用算术平均法计算平均雨量

流域内有 A、C 两个雨量站,根据算术平均法计算如下:

$$\overline{P} = \frac{P_1 + P_2}{2} = \frac{260 + 150}{2} = 205(\text{mm})$$

(2)利用泰森多边形法计算平均雨量

流域内及其附近有三个雨量站,作泰森多边形绘制于图 1-14。由于 B 雨量站离流域较远,在流域内代表面积为 0,A、C 雨量站泰森多边形权重分别为 0.56、0.44,计算得:

$$\overline{P} = 0.56 \times 260 + 0.44 \times 150 = 211.6(\text{mm})$$

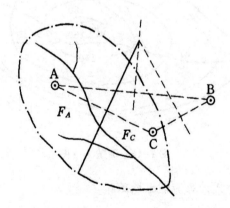

图1-14　泰森多边形法计算平均雨量示意图

(三)等雨量线法

对于流域内没有足够的雨量站,流域内地形起伏又较大的情况,可采用等雨量线法来计算平均雨量。其具体做法为:根据等雨量线图计算出相邻两条等雨量线间的面积 f_i,并计算出该面积上的平均雨量值 $\frac{P_i + P_{i+1}}{2}$,如图 1-15 所示,可按下式计算流域平均雨量:

$$\overline{P} = \frac{\frac{1}{2}(P_1 + P_2)f_1 + \frac{1}{2}(P_2 + P_3)f_2 + \cdots \frac{1}{2}(P_n + P_{n+1})f_n}{f_1 + f_2 + \cdots + f_n} = \frac{1}{F}\sum_{i=1}^{n}\frac{1}{2}(P_i + P_{i+1})f_i$$

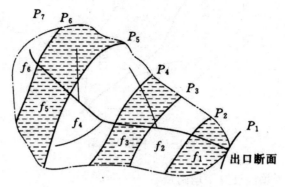

图 1-15　等雨量线法计算示意图

【例题 1-3】　已知某次降雨的等雨量线图见图 1-16,图中等雨量线上的数字以 mm 计,在流域内各等量线之间的面积 F_1、F_2、F_3、F_4 分别为 500、1500、3000、4000km^2。试用等雨量线法推求流域平均降雨量。

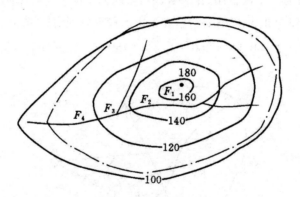

图 1-16　例题 1-3 图

解:根据等雨量线法公式计算流域平均雨量:

$$\overline{P} = \frac{1}{F}\sum_{i=1}^{n}\frac{1}{2}(P_i + P_{i+1})f_i$$

$$= \frac{\frac{(160+180)}{2}\times 500 + \frac{(140+160)}{2}\times 1500 + \frac{120+140}{2}\times 3000 + \frac{100+120}{2}\times 40000}{500 + 1500 + 3000 + 4000}$$

$$= \frac{170\times 500 + 150\times 1500 + 130\times 3000 + 110\times 4000}{9000}$$

$$= 126.7(\text{mm})$$

工作任务四　蒸发与下渗

一、蒸发

蒸发是指水由液态或固态转化为水汽向空中扩散的过程,是水文循环的重要环节。水文分析中研究的蒸发为自然界的流域蒸发,包括水面蒸发,土壤蒸发及植物散发。

(一)水面蒸发

自然界中的各种水体在太阳辐射的作用下,其水分子在不断地运动着,当某些水分子所具有的动能大于水分子之间的内聚力时,水分子便会逸入大气成为水汽,进而向四周及上空扩散;另一方面,进入大气的水分子,在其运动过程中有部分重新回到水中。影响蒸发过程的主要因素有气温、湿度、风速、水面大小等。水面蒸发量常用蒸发水层的深度来表示,用字母 E 表示,单位为 mm。

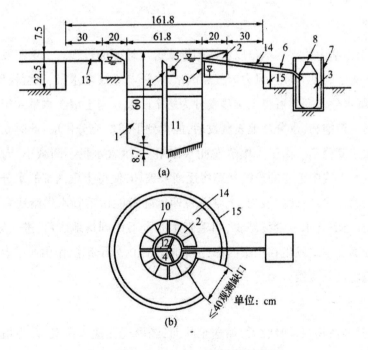

图 1-17　E-601 蒸发器示意图

(a)剖面图;(b)平面图

1.蒸发圈　2.水圈　3.溢流桶　4.测针桩　5.器内水面指示针　6.溢流用胶管　7.放溢流桶的箱　8.箱盖　9.溢流嘴　10.水圈外缘的撑挡　11.直管　12.直管支撑　13.排水嘴　14.土圈　15.土圈外围的防塌设施

水面蒸发量多用蒸发器进行观测。常用的蒸发器规格有直径为 20 cm 的蒸发皿、口径为 80 cm 带套盆的蒸发器、口径为 60 cm 的埋在地表下的带套盆的 E- 601 蒸发器等(图 1- 17)。这三种蒸发器都属于小型蒸发器皿,其观测到的蒸发量与天然水体水面上的蒸发量仍有显著差别。有关资料表明,当蒸发器的直径超过 3.5 m 时,蒸发器观测的蒸发量与天然水体的蒸发量才基本相同。因此,采用小型蒸发器皿观测的蒸发量数据,都应乘以一个折算系数 K,才能作为天然水体蒸发量的估计值。即:

$$E = KE_{器}$$

式中:

E ——天然水面蒸发量,mm;

$E_{器}$——蒸发器实测蒸发量,mm;

K ——蒸发器折算系数。

折算系数一般通过与大型蒸发池的对比观测资料确定,即:

$$K = E_{池} / E_{器}$$

折算系数 K 随蒸发皿(器)的直径而异,且与月份及所在地区有关。在实际工作中,应根据当地的分析资料选用。

(二)土壤蒸发

土壤蒸发是指土壤中所含的水分以水汽的形式逸出地面的过程。土壤蒸发较水面蒸发复杂,其影响因素除了温度、湿度、风力等气象因素外,还与土壤含水量、土壤性质、地势等因素有关。根据土壤水分的变化可将土壤蒸发分为三个阶段。当土壤含水量大于田间持水量时,土壤十分湿润甚至饱和,水分从地表蒸发后,能得到下层的充分供应;此时土壤蒸发主要发生在表层,蒸发速度稳定。由于土壤蒸发耗水作用,土壤含水量不断减小,当其减少到小于田间持水量以后,土壤中毛管的连续状态将逐渐被破坏,使得土壤内部的水分向上输送受到影响,于是进入第二阶段;此阶段内,土壤蒸发速度随着能由毛管水供给地表蒸发的范围缩小而降低。随着土壤含水量继续减少,当毛管水完全不能到达地表后,进入第三阶段;此阶段中,土壤水分蒸发主要发生在土壤内部,蒸发的水汽由分子扩散作用通过表面的干涸层逸入大气,蒸发速度极其缓慢。

(三)植物散发

土壤中的水分经植物根系吸收后,输送至叶面,经由气孔逸入大气,称为植物散发或蒸腾。植物散发既是水分蒸发的过程,也是植物的生理过程。植物散发发生在土壤—植物—大气连续体之间,因此植物散发受到气象因素、土壤水分状况、植物生理条件等的综合影响。植物散发的水量随植物的品种和季节而不同。如土壤含水量在枯萎点以下时,植物得不到水分供应,就要枯萎而死亡。因为植物生长在土壤中,植物散发与土壤蒸发总是同时存在的,通常将此二者合称为陆面蒸发。

(四)流域蒸发

水文上通常将水面蒸发,土壤蒸发及植物散发之和称为流域总蒸发量。从现有技术条件看,要精确求出各项蒸发量是有困难的,因此流域总蒸发量不能利用三个量相加直接获得。通常是先对全流域进行综合研究,再用流域水量平衡法计算分析求出。

二、下渗

下渗是指水分从土壤表面进入土壤内部的运动过程。下渗是降雨形成径流过程中的主要损失,它不仅直接决定地面径流的大小,同时也影响土壤水分状况和地下水变化。

(一)下渗的物理过程

下渗是水从土壤表面进入土壤的运动过程。当雨水落在干燥土壤表面后,水分首先在分子力的作用下,被土壤颗粒吸附,形成薄膜水。当薄膜水满足以后,继续渗入的水分充填土粒间的空隙,产生毛管力,水分在毛管力的作用在土壤空隙中作不稳定流动。当毛管水满足以后,毛管力消失,毛管作用停止。继续入渗的水分在土壤空隙中形成自由水,并充满孔隙达到饱和。其后,下渗的水充填土壤空隙,自由水在重力作用下沿空隙向下流动,称为重力下渗。当水分供应充足时,重力下渗会逐渐趋于稳定,故又称为稳定下渗。水文中,有时将分子力、毛管力、重力作用下的下渗阶段分别称为渗润阶段、渗漏阶段、渗透阶段。实际上,这些阶段并无明显分界,各阶段可能同时交错进行。

(二)下渗量的测定

下渗量的大小一般用下渗率表示。下渗率是指单位时间内,单位面积上渗入土壤中的水量。下渗率一般用 f 表示,单位以 mm/h 或 mm/min 计。下渗率可通过野外下渗实验来测定。最简单的实验方法是在地面打入同心环,在环中注水,使环内水面维不变,根据加水量的详细记录,换算出下渗率的变化过程。需要注意的是,利用同心环测定下渗率由于土面有一水层,与实际降雨情况差别较大。下渗率的变化过程还可利用人工降雨来测定,只是除要记录实验过程中的降雨强度外,还要记录实验土壤表面的径流过程,通过水量平衡分析来确定出下渗率的变化过程。

(三)下渗量的变化过程

大量下渗试验表明,下渗率随时间呈递减规律。开始时,下渗率很大,以后随着土壤吸收水量的增加而迅速减少,最后趋于一个稳定值,称为稳定下渗率 f_c,如图 1-18 所示。

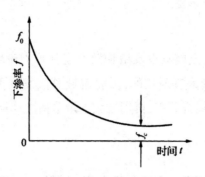

图 1-18　下渗曲线图

不少学者根据实验和理论研究提出了许多计算下渗率的经验公式或理论公式,较常用的经验公式有:

1. 霍顿公式

霍顿公式的表达式为:

$$f_t = f_c + (f_0 - f_c)e^{-\beta t}$$

式中:

f_t —— t 时刻的下渗率,mm/h;

f_0 —— 初始下渗率,mm/h;

f_c —— 稳定下渗率,mm/h;

β —— 递减指数;

e —— 自然对数的底。

上式中的参数 β、f_0 及 f_c 可根据试验资料确定。

2. 菲利浦公式

菲利浦公式的表达式为:

$$f_t = f_c + \frac{1}{2}st^{\frac{1}{2}}$$

式中:

s —— 土壤吸水系数。

s 及 f_c 可由试验资料确定。

工作任务五　径流

一、径流的形成过程

径流是指降水形成的沿着流域地面和地下等不同路径流入河流、湖泊、洼地、或海洋的水流。其中沿着地表流动的水流称为地表径流(或称地面径流);沿土壤表层相对不透水层界面流动的水流称为表层流(或称壤中流);在地表以下沿着岩土空隙流动的水流称为地下径流。因我国的河流以降雨径流为主,冰雪融水径流只是在局部地区发生,以下主要讨论降雨径流过程。

流域内从降雨开始至水流汇集到流域出口断面的整个物理过程,称为径流形成过程。为便于分析,一般把径流过程划分为产流过程和汇流过程。

(一)产流过程

降雨开始时,除少量降落到河流水面的降雨直接形成径流外,一部分降雨滞留在植物枝叶上,称为植物截留,截留的雨量耗于雨后蒸发。其余降落到地面上的雨水,开始下渗充填土壤空隙,当降雨强度小于下渗强度时,雨水将全部入渗到地下;当降雨强度大于下渗强度时,超出下渗的雨水称为超渗雨,超渗雨会形成地面积水,积水沿坡面流动,在流动过程中有一部分水量要流到低洼的地方并滞留其中,称为填洼,填洼雨量最终耗于蒸发和下渗。还有一部分将以地面漫流的形式流入河槽形成径流,称为地面径流。下渗到地面以下的雨水,除补充土壤含水量外并逐步向下层渗透,当土壤含水量达到田间持水量后,下渗趋于稳定。继续下渗的雨水,沿着土壤空隙流动,一部分从土壤空隙流出,注入河槽形成径流,称为表层流或壤中流;另一部分继续向深层下渗,到达地下水面后以地下水的形式汇入河流,称为地下径流。

综上所述,由一次降雨形成的径流包括地面径流、表层流、地下径流三部分,产生径流的那一部分雨量称为净雨。降雨不能形成径流的部分雨量称为损失量,它主要包括存储于土壤空隙的下渗量、植物截留量、填洼量和雨期蒸散发量。可以说,流域的产流过程就是降雨扣除损失,形成各种径流的过程。

(二)汇流过程

净雨沿坡面从地面和地下汇入河网,然后经河网汇集到流域出口断面,这一完整的过程称为流域汇流过程。一般又将全过程分为坡地汇流和河网汇流两个阶段。坡地汇流是指降雨产生的各种径流由坡地表面、饱和土壤空隙以及地下水库等分别注入河网,引起河槽中水量增大、水位上涨的过程。汇入河网的水流,从上游向下游,从支流向干流汇集,最后全部先后流经流域出口断面,这个汇流过程称为河网汇流。在河网汇流过程中,沿途不断有坡面漫流、表层流及地下径流汇入。当降雨和坡面漫流停止后,河网汇流过程还要延续相当长的时间,因为已经汇入河网的水流,还需一段向流域出口断面汇集的时间。

产流和汇流两个过程不是相互独立的,实际上这两个过程是同时进行的,即一边产流、一边汇流。径流形成过程可参看图1-19,也可用框图表示(见图1-20)。

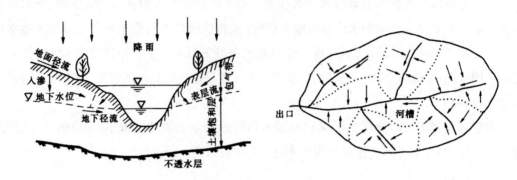

图1-19 径流形成过程图

(a)坡面漫流;(b)河网汇流

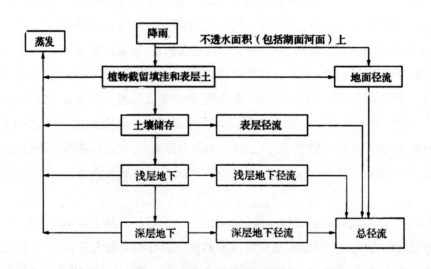

图1-20 径流形成过程框图

二、径流的表示方法

径流量的大小通常用以下几种方式表示。

（一）流量

流量是指单位时间通过河流某一过水断面的水量，常用 Q 表示，单位为 m³/s。流量有瞬时流量、日平均流量、月平均流量、年平均流量和多年平均流量之分。流量随时间的变化过程可用流量过程线来表示，如图 1-21 所示是各时刻的瞬时流量过程线。

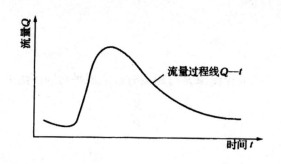

图 1-21　流量过程线

（二）径流总量

径流总量是指一定时段 T 内通过某一断面的总水量，常用 W 表示，单位有 m³、万 m³、亿 m³ 等。径流总量有时也用其时段平均流量与时段的乘积表示，其单位为（m³/s）· 月 或（m³/s）· 月等。

一个时段的径流总量为：

$$W = \overline{Q}T$$

式中：

$\overline{Q}$ ——该时段内的平均流量；

T ——时段长。

（三）径流深

径流深是指将某一时段的径流总量平铺在整个流域面积上所得的水层深度，常用 R 表示，单位为 mm。

径流深的计算公式为：

$$R = \frac{W}{1000F}$$

式中：

W ——某时段径流总量，m³；

F ——流域面积，km²。

（四）径流模数

径流模数是流域出口断面流量与流域面积 F 的比值，随着对 Q 赋予的意义不同，如洪峰流量、多年平均流量等,而称为洪峰流量模数,多年平均流量模数。径流模数常用 M 表示,常用的单位为 $L/(s \cdot km^2)$。

径流模数的计算公式为:

$$M = \frac{1000Q}{F}$$

式中符号意义同前。

(五)径流系数

径流系数 α 是某一时段的径流深 R 与相应时段流域平均降雨深 P 之比值,即:

$$\alpha = \frac{R}{P}$$

因 $R < P$,故 $\alpha < 1$。

【例题1-4】 某流域面积 $F = 121000 km^2$,多年平均降水量 $\overline{P} = 767mm$,多年平均流量 $\overline{Q} = 822 m^3/s$。试根据这些已知资料计算:该流域的多年平均径流总量、多年平均年径流深、多年平均径流模数、多年平均径流系数。

解:(1)计算多年平均年径流总量:

$$W = \overline{Q}T = 822 \times 365 \times 86400 = 259 \times 10^8 (m^3)$$

(2)计算多年平均径流深:

$$R = \frac{W}{1000F} = \frac{259 \times 10^8}{1000 \times 121000} = 214(mm)$$

(3)计算多年平均径流模数:

$$M = \frac{1000Q}{F} = \frac{1000 \times 822}{121000} = 6.8[L/(s \cdot km^2)]$$

(4)计算多年平均径流系数:

$$a = \frac{R}{P} = \frac{214}{767} = 0.28$$

三、径流的观测及数据整理

河流中的水流是经常变化的,为掌握它的变化过程,为开发利用河流水资源提供可靠的水文资料,就需要按照一定的原则在河流上布设水文站进行长期的水文观测。水位和流量是反映水位径流变化的基本水文要素,也是水文站观测的主要内容。

(一)水位观测与数据整理

1.水位观测

水位是指河流、湖泊、水库及海洋等水体的自由水面距离固定基面的高程,单位为 m。

目前全国统一采用黄海基面,过去有的曾采用大沽基面、吴淞基面、珠江基面的,或使用假定基面、测站基面或冻结基面的。使用水位资料时一定要查清其基面。

常用的水位观测设备有水尺和自记水位计两类。

水尺按构造形式不同,可分为直立式、倾斜式、矮桩式与悬锤式等。观测时,水面在水尺上的读数加上水尺零点的高程即为当时的水位值。

自记水位计能将水位变化的连续过程自动记录下来,有的还能将所观测的数据以数字或图像的形式传送至接收点。

水位观测的次数视水情变化而定。当水位变化缓慢时(日变幅在 0.12m 以内),规定每日 8 时、20 时观测两次(称二段制观测,8 时是基本时);枯水期日变幅在 0.06 m 以内,用一段制观测;日变幅在 0.12~0.24 m 时,用四段制观测。有峰谷出现时,还要加测。

2. 水位观测数据整理

水位观测数据整理工作的内容包括日平均水位、月平均水位、年平均水位的计算。

日平均水位计算时,如一日内水位变化缓慢,或水位变化较大,但系等时距人工观测或从自记水位计上摘录,可采用算术平均法计算;若一日内水位变化较大,且系不等时距观测或从自记水位计上摘录,则采用面积包围法,即将当日 0~24 时内水位过程线所包围的面积,除以一日时间求得,如图 1-22 所示。其计算公式为:

$$\overline{Z} = \frac{1}{48}[Z_0\Delta t_1 + Z_1(\Delta t_1 + \Delta t_2) + Z_2(\Delta t_2 + \Delta t_3) + \cdots + Z_{n-1}(\Delta t_{n-1} + \Delta t_n) + Z_n\Delta t_n]$$

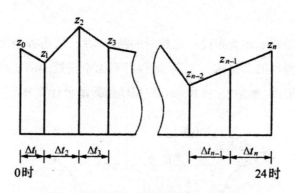

图 1-22 面积包围法计算平均水位示意图

根据逐日平均水位可计算出月平均水位、年平均水位及不同保证率水位。

(二) 流量测验

流量是反映水资源和江河、湖泊、水库等水体水量变化的基本数据,也是河流最重要的水文特征值。目前,水文上常用测量流量的方法为流速面积法,采用流速仪法测流。

流速仪法测流的基本原理是:天然河道过水断面上,各点流速随水平及垂直方向的位置不同而变化,即 $v = f(b, h)$。其中 v 是断面上某一点的流速,b 是该点至水边的水平距离,h

是该点至水面的垂直距离。因此,通过全断面的流量 Q 为:

$$Q = \int_0^A v \cdot \mathrm{d}A = \int_0^B \int_0^H f(b,h)\mathrm{d}h \cdot \mathrm{d}b$$

式中:

A ——过水断面面积, $\mathrm{d}A$ 为 A 内的单元面积(其宽为 $\mathrm{d}b$,高为 $\mathrm{d}h$), m^2 ;

v ——垂直于 $\mathrm{d}A$ 断面的流速, $\mathrm{m/s}$;

B ——水面宽度, m ;

H ——水深, m 。

因为 $f(b,h)$ 的关系非常复杂,目前尚不能用数学公式表达,实际工作中是把上述积分式变成有限差分的形式来推求流量。流速仪法测流,就是将过水断面划分成若干部分,用普通测量方法测算出各部分断面的面积,用流速仪施测流速并计算出各部分面积上的平均流速,两者的乘积称为部分流量,各部分流量之和即为全断面的流量,即:

$$Q = \sum_{i=1}^n q_i$$

式中

q_i ——第 i 个部分的部分流量, m^3/s ;

n ——过水断面划分的个数。

由此可见,流速仪法测流实质上包括断面测量、流速测量和流量计算三部分内容。

1.断面测量

过水断面测量就是在断面上布设一定数量的测深垂线,测出各条测深垂线的起点距和水深,并观测水位,用测得的水位减去水深,即得各测深垂线处的河底高程。由河底高程和起点距即可绘出横断面图,如图 1-23 所示。根据横断面图可计算各部分的面积。

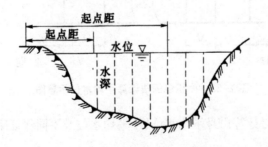

图 1-23 过水断面测量示意图

测深垂线的位置,应根据过水断面情况布设于河床变化的转折处,并且主槽较密,滩地较稀。根据不同的河宽,测深垂线的间距可参考表 1-2 选定。

表 1-2 测深垂线最大间距

水面宽(m)	<50	50~100	100~300	300~1000	>1000
最大间距(m)	3~5	5~10	10~20	20~50	50

测定起点距时,中小河流可在断面上架设过河索道,并直接读出起点距,称此法为断面索法;大河上常用仪器测角交会法,常用仪器为经纬仪、平板仪、六分仪等。通过量测出观测角 β ,利用三角关系即可计算出起点距 $S = L\tan\beta$,如图 1-24 所示。

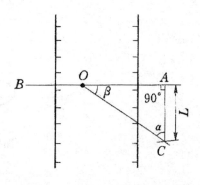

2. 流速测量

我国目前应用最广的流速仪有旋杯式和旋桨式两种。它们主要由感应水流的旋转器(旋杯或旋桨)、信号记录器和保持仪器正对水流的尾翼三部分组成。旋杯式流速仪和旋桨式流速仪的结构分别见图 1-25 和图 1-26。

图 1-24 起点距测量示意图

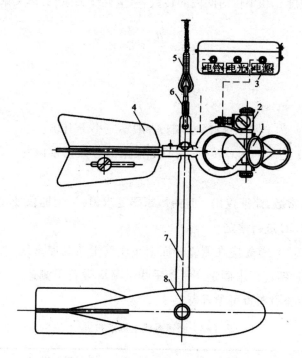

图 1-25 旋杯式流速仪示意图

1. 旋杯;2. 传讯盒;3. 电铃计数器;4. 尾翼;5. 钢丝绳;6. 绳钩;7. 悬杆;8. 铅鱼

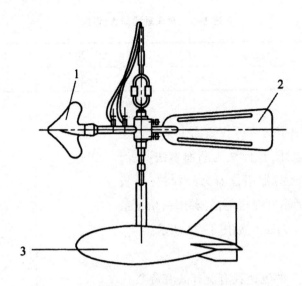

图1-26 旋桨式流速仪示意图

1.旋桨;2.尾翼;3.铅鱼

流速仪在工作时,旋杯或旋桨因受水流冲击会发生转动,水流速度越大,旋杯或旋桨旋转越快,任意点水流速度 u 和单位时间内的转数 $\dfrac{R}{T}$ 呈直线关系,具体关系式如下:

$$u = k\frac{R}{T} + C$$

式中:

u ——水流点速度,m/s;

T ——测速历时,s,为消除水流脉动影响,一般不应小于100s;

R ——流速仪在 T 历时内的总转数,一般是根据信号数再乘以每一信号所代表的转数求得;

k 、C ——测速仪常数,流速仪出厂时由厂家率定求得;当流速仪使用一段时间后,应重新对 k 、C 进行率定。

用流速仪测量流速时,首先应在测流断面上布设若干条测速垂线,其数目视水面宽、断面流速分布特点及测量精度要求而定。每条垂线上又应设若干测速点,测速点数目随水深不同而异,测速垂线上测点布置可参看表1-3。

表1-3 测速垂线上测点布置

垂线水深 h/m	测点相对水深
<1.5	一点法(0.6h)
1.5~3	二点法(0.2h、0.8h)

垂线水深 h/m	测点相对水深
3 ~10	三点法($0.2h$、$0.6h$、$0.8h$)
>10	五点法($0.0h$、$0.2h$、$0.6h$、$0.8h$、$1.0h$)

当各点流速测出后,可计算出各垂线的平均流速 v_m。

一点法：　$v_m = u_{0.6h}$

二点法：　$v_m = \dfrac{1}{2}(u_{0.2h} + u_{0.8h})$

三点法：　$v_m = \dfrac{1}{3}(u_{0.2h} + u_{0.6h} + u_{0.8h})$

五点法：　$v_m = \dfrac{1}{10}(u_{0.0h} + 3u_{0.2h} + 3u_{0.6h} + 2u_{0.8h} + u_{1.0h})$

3. 流量计算

(1)各部分断面平均流速的计算

如图 1-27 所示,计算各部分断面的平均流速。

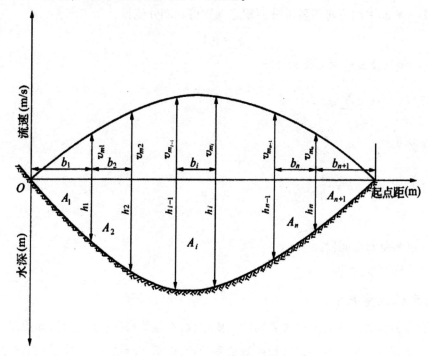

图 1-27　断面平均流速计算示意图

岸边部分(两个,左岸和右岸)由距岸第一条测速垂线与河底及水面所构成,一般为三角形,其断面平均流速为:

$$v_1 = \alpha v_{m_1}$$

$$v_{n+1} = \alpha v_{m_n}$$

式中：

α ——岸边流速系数,其值视岸边情况而定。斜坡岸边, $\alpha = 0.67 \sim 0.75$,一般取 0.70；陡岸 $\alpha = 0.80 \sim 0.90$;死水边 $\alpha = 0.60$ 。

中间部分由相邻两条测速垂线与河底及水面所构成,中间部分断面平均流速为相邻两垂线平均流速的平均值,按下式计算：

$$v_i = \frac{1}{2}(v_{m_{i-1}} + v_{m_i})$$

（2）各部分面积的计算

各部分面积的计算需对应求出两条测速垂线间的面积。岸边部分按三角形面积公式计算,中间部分按梯形面积公式计算。如两条测速垂线间无另外的测深垂线,则该部分面积就是这两条测深(同时是测速)垂线间的面积。如两条测速垂线间有多条测深垂线,则两条测速垂线间的面积应等于这部分内的测深垂线间的断面面积相加。

（3）各部分流量的计算

由各部分断面平均流速与各部分面积之乘积得到部分流量,即：

$$q_i = v_i A_i$$

（4）断面流量及其他水力要素计算

断面流量： $Q = \sum_{i=1}^{n} q_i$

断面平均流速： $\bar{v} = \frac{Q}{A}$

断面平均水深： $\bar{h} = \frac{A}{B}$

式中：

A ——过水断面总面积；

B ——水面宽度。

（三）水位流量关系

水位和流量作为反映河道水文要素的主要参数,水位的观测比较容易,而流量的测算要复杂得多。水文站一般通过一定次数的流量测验后,根据实测的水位、流量的对应资料建立水位流量关系曲线。在管理应用中,可由实测水位查求流量,从而进行流量资料的整编。

1. 稳定的水位流量关系曲线

在河床稳定,测站控制性能良好的情况下,河道的水流状态比较平稳,水位与流量点绘的点形成的点群呈带状分布,水位流量关系稳定。这时可以通过点群中心绘出单一光滑曲线,如图1-28所示。稳定的水位流量关系曲线的特点是:有一个水位就有一个流量与之对应。同时也可根据实测资料绘出水位面积和水位流速关系曲线。

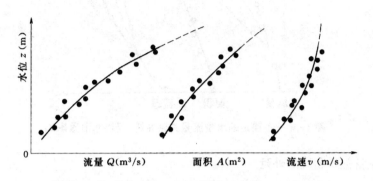

水位与流量、水位与面积、水位与流速关系曲线

图 1-28　稳定的水位流量关系曲线图

2. 不稳定的水位流量关系曲线

天然河道中,往往由于河床冲淤、洪水涨落、变动回水等因素的影响,使水位流量关系点群分布散乱,无法绘出单一的关系曲线。例如当河床淤积时,会使同一水位下的过水断面面积减小,流量也随之减小,则水位流量关系据点将偏向稳定曲线的左边;当河床冲刷时,水位流量关系点距将偏向稳定曲线的右边,如图1-29所示。又如当受洪水涨落影响时,水面比降发生变化,水位流量关系形成绳套曲线,在同一水位下,涨水段由于比降增大使流量增大,水位关系点据偏向稳定曲线的右边;落洪段水面比降小,流量也小,水位关系点据偏向稳定曲线的左边,如图1-30所示。

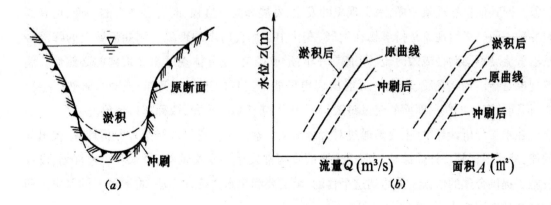

图 1-29　不稳定的水位流量关系曲线图(受淤积、冲刷影响)

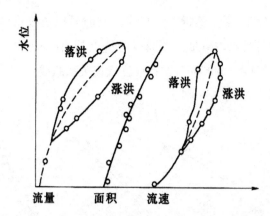

图 1-30　不稳定的水位流量关系曲线(受洪水涨落影响)

3. 水位流量关系曲线的外延

在工程实际中,常需要特大的流量数据进行规划设计或指导运行管理工作。而高水位历时短、测流困难,致使高水位时的水位流量关系曲线较少,甚至没有。因此,需要将水位流量关系曲线向高水位延伸。图 1-28 中的虚线就是曲线的外延部分。

水位流量关系曲线的高水外延,应利用实测大断面、洪水调查等资料,根据断面形态、河段水力特性,采用多种方法综合分析拟定。低水延长,应以断流水位控制。具体做法可参考其他有关书籍。

工作任务六　水文统计参数的基本概念

河流中各种水文要素(如水位、流量、流速、降雨量、泥沙等)的一般变化规律,称为水文现象。同其他自然现象一样,水文现象的发生、发展和演变过程,既有必然性的一面,也有偶然性的一面。必然现象是指事物在发展、变化中必然会出现的现象。例如流域上的降雨必然沿着流域不同路径流入河流、湖泊或海洋,形成径流,充分体现了水文现象的必然性。偶然现象是指事物在发展、变化中可能出现也可能不出现的现象。例如,强降水必然产生径流,但同一河流上任一断面的流量每天都不相同,属于偶然现象,或称随机现象。

在水文分析计算中,主要是通过对大量水文要素的实测资料进行统计分析计算,找出其规律;然后根据其统计规律预估河流未来时期可能发生的水文情势,为水利工程规划、设计及施工提供合理的依据。为达到这个目的,就需要利用水文统计方法,将数学上的概率论和数理统计知识应用到水文上来。

一、水文资料的审查

水文资料是进行水文分析的依据,它直接影响着工程设计的精度。因此,必须慎重地对水文资料进行审查,也就是对实测年径流系列的可靠性、一致性和代表性进行审查。

1. 资料可靠性审查

所谓可靠性,就是对原始资料的可靠程度进行鉴定。虽然径流资料通常是以《水文年鉴》的方式刊发,一般情况下还是比较可靠的,但仍不排除可能会有错误,应对其测验及整编方法进行甄别。

2. 资料一致性审查

所谓一致性,就是要求统计系列的每一个随机变量的取值具有同一物理成因组成;对于径流资料而言,就是要求径流系列资料是建立在气候条件和下垫面条件稳定的基础上。如果影响径流的因素长期没有显著变化,则说明其成因一致;否则,资料的一致性就遭到破坏,必须对受到影响的水文资料进行还原计算,通过一定方法将其还原到不受影响的"天然状态"。

3. 资料代表性审查

所谓代表性,就是指所抽取的样本的分布规律能否代表总体的分布规律。水文计算中,在利用以往 n 年实测径流系列求得的样本分布函数 $F_n(x)$ 推求总体分布 $F(x)$ 时,n 年实测径流资料是总体的一个样本,由它来反映总体的分布规律,不可避免地存在抽样误差。而抽样误差的大小取决于 n 年实测径流资料代表性的高低。代表性分析时,可利用径流系列包括丰水段、平水段、枯水段的一般规律进行周期性分析;也可选取具有更长观测期、且与欲研究的径流资料有密切联系的系列为参证变量(如当地年降雨量系列),如参证变量的系列长度为 N 年,与设计代表站 n 年径流系列有 n 年同步观测期,研究 n 年参证变量的统计特征(主要是均值和变差系数)与 N 年参证变量的统计特征的关系,如果两者的统计特征接近,说明参证变量的 n 年系列在 N 年系列中具有很好的代表性,从而也可以说明设计代表站 n 年的径流系列也具有较好的代表性。

二、事件、概率与频率

(一)事件的分类

事件是指在一定条件组合下,进行随机试验的结果中,所有可能出现或不可能出现的事情,是概率论中最基本的概念之一。事件可以是数量性质的,例如,某河流的年最大洪峰流量值,投掷子的点数等;事件也可以是属性性质的,例如天气的刮风、下雨、多云、晴天等。

事件按其出现的可能性分为必然事件、不可能事件和随机事件。

1. 必然事件

必然事件是指在一定条件下必然会发生的事。例如,流域内大面积降雨并且产流的情况下,河中水位上升是必然事件。

2. 不可能事件

不可能事件是指在一定条件下不可能出现的事。例如,流域内普遍连续降雨而河道出口处水位下降是不可能事件。

3. 随机事件

随机事件是指在一定条件下可能发生也可能不发生的事,即在事先是无法确定的。例如,河流某断面每年出现的最大洪峰可能大于某个数值,也可能小于某个数值,这是随机事件。

在多次随机试验中,随机事件出现的各种结果用变量 X 来表示,变量 X 随试验结果不同可用不同的 X_i 表示,这些数值即为随机变量。例如,水文站每测一次水位或流量都会有一定的量值,这些量值都称为随机变量。水文统计法就是利用水位、流量、降雨量等实测水文资料作为随机变量,通过统计分析,推求水文现象(随机事件)的统计规律。

(二) 系列、总体和样本

由若干个或无数个随机变量组成的一列数值,称为随机变量系列,简称系列。相对而言,随机变量的全部称为总体,总体中的一部分称为样本。例如,一条河流从形成到消失的漫长年代中,历年最大洪峰流量的全部,就是该河流洪峰流量这个随机变量的总体。通过实测或调查得到的某些年份的洪峰流量值是总体中的一部分,称为总体的样本。

对于某河流洪峰流量的总体我们是不可能得到的,而只能获得其洪峰流量总体的一个样本。样本虽然不能完全代表总体,但如果样本具有足够的代表性,就可以借助样本的规律性推求总体的规律性。因此,在水文分析中常用样本的规律推求总体的规律,由此产生的误差称为抽样误差。

(三) 概率

有这样一种随机事件,其试验的所有可能结果都是等可能的,且试验中所有可能出现的结果总数是有限的,这类随机事件称为"古典型随机事件"。其中某一随机事件出现的可能性大小可用概率来表示,其表达式为:

$$P(A) = \frac{m}{n} \times 100\%$$

式中:

$P(A)$ ——在一定条件下随机事件 A 发生的概率;

m ——出现随机事件 A 的结果数;

n ——在随机试验中所有可能出现的结果总数。

显然,必然事件的概率等于 1,不可能事件的概率等于 0,随机事件的概率介于 0 与 1 之间。概率越接近于 1,表示某随机事件发生的可能性越大;概率越接近于 0,表示随机事件发生的可能性越小。

但对于水文上的随机事件而言,通常各事件出现的可能性不相等,并且试验所有可能出现的结果总数是无限的,因此不能利用上述古典型随机事件的概率来表示其出现的可能性大小,为此引出了频率的概念。

(四)频率

频率是指若干次试验(样本)中,某一事件出现的次数与总次数(样本的容量)的比值。例如设随机事件 A 在 n 次试验中重复出现了 m 次,则 A 事件的频率为:

$$P(A) = \frac{m}{n} \times 100\%$$

需要注意的是,虽然频率和概率的表达形式是一样的,但它们的含义是不同的。概率计算式中的 n 是随机试验中所有可能出现的结果总数,是总体的概念;而频率计算式中的 n 是某次试验的总次数,它是该随机事件系列中的一组样本,而不是总体。

实践证明,频率和试验次数 n 有关。当 n 值不多时,事件的频率很不稳定;而当 n 无限增多时,事件的频率就逐渐趋近于一个常数,这个常数便是事件发生的概率。

由于水文现象的各种要素变化比较复杂,完整的变化过程无法获得,水文要素的概率是无法直接计算得出的,只能将有限年份的实测水文资料当成是多次重复试验的结果,用频率作为概率的近似值,这是水文分析计算中很重要的一个概念。

三、重现期

由于频率这个名词比较抽象,为了便于理解,水文中常用"重现期"来代替频率表示随机事件出现的可能性大小。所谓重现期,是指某随机事件在长时间内发生的平均周期,即在很长的一段时间内,该随机事件平均多少年出现一次,也称"多少年一遇",用字母 T 表示。

若以 P 表示频率,T(年)表示重现期,则两者关系如下:

研究暴雨洪水问题时,一般设计频率 $P < 50\%$,其重现期为:

$$T = \frac{1}{P}$$

例如某河流断面设计洪水的频率 $P = 1\%$,则其重现期 $T = 100$ 年,表示此河流断面出现大于等于该洪水的情况,在长时间内平均 100 年出现一次,但不能认为是每隔 100 年必然出现一次。

研究枯水问题时,一般设计频率 $P > 50\%$,其重现期为:

$$T = \frac{1}{1 - P}$$

例如某灌溉渠道设计依据的枯水频率 $P = 90\%$,则其重现期 $T = 10$ 年,表示此渠道出现小于等于该级别枯水的情况,在长时间内平均 10 年出现一次。也就是说,10 年中只有 1 年用水得不到满足,其余 9 年用水均可得到保证。

四、统计参数

为了描述随机变量的统计规律,可以用一些统计参数来描述随机变量频率分布的重要信息,水文中常用到以下统计参数。

（一）均值

设某水文变量的观测系列(样本)为 $X_1, X_2, X_3, \cdots, X_n$,则其均值($\overline{X}$)为:

$$\overline{X} = \frac{X_1 + X_2 + X_3 + \cdots + X_n}{n} = \frac{1}{n} \sum_{i=1}^{n} X_i$$

均值又称期望,表示样本系列的平均情况,反映系列总体水平的高低。例如甲、乙两条河流的多年平均流量分别是 $\overline{Q}_{甲} = 100\mathrm{m}^3/\mathrm{s}$ 、 $\overline{Q}_{乙} = 500\mathrm{m}^3/\mathrm{s}$,说明乙河流的水资源比甲河流的水资源丰富。

（二）均方差

均值表示系列的平均水平,而均方差则表示系列中各个值对于均值的离散程度。当两个系列的均值相同时,变量分布在均值两侧的离散程度不一定相同。例如,有甲、乙两个系列,其值分别为:

甲系列:29,30,31

乙系列:1,30,59

这两个系列的均值都是30,但两系列中各取值相对于均值的离散程度显然是不同的,可以用均方差来反映。均方差(σ)的计算式为:

$$\sigma = \sqrt{\frac{\sum_{i=1}^{n} (X_i - \overline{X})^2}{n - 1}}$$

均值相同的两个系列,均方差 σ 越大,表示系列中各样本取值离散程度越大;均方差 σ 越小,表示系列中各样本取值离散程度越小。

前述甲、乙两系列,分别计算它们的均方差如下:

$$\sigma_{甲} = \sqrt{\frac{(29 - 30)^2 + (30 - 30)^2 + (31 - 30)^2}{3 - 1}} = 1$$

$$\sigma_乙 = \sqrt{\frac{(1-30)^2 + (30-30)^2 + (59-30)^2}{3-1}} = 29$$

由此可知,乙系列的离散程度要比甲系列大。

(三)变差系数

均值相同的系列,可用均方差来比较它们的离散程度。但当系列均值不同时,就不能用均方差来进行比较,有的甚至说明不了问题。例如有丙、丁两个系列:

丙系列:15,20,25

丁系列:1995,2000,2005

丙系列的均值 $\overline{X}_丙 = 20$,丁系列的均值 $\overline{X}_丁 = 2000$,显然丙、丁两个系列的均值不相等,但这两个系列的均方差均为 $\sigma_丙 = \sigma_丁 = 5$,这又说明了两者的离散程度是相同的。但由于这两个系列的均值相差悬殊,虽然这两个系列的最大值和最小值与均值的绝对差值都是5,但是对于丙系列,5相当于均值的 $5/20 = 1/4$;而对于丁系列,5仅相当于均值的 $5/2000 = 1/400$。在某些近似计算中,丁系列的这种差别可忽略不计,而丙系列中的差别是比较显著的。

为了克服以均方差衡量系列离散程度的此类不足,水文统计中常用均方差与均值的比值作为衡量系列相对离散程度的一个参数,这个比值称为变差系数,也称离差系数或离势系数,用 C_v 表示。其计算式为:

$$C_v = \frac{\sigma}{\overline{X}} = \frac{1}{\overline{X}}\sqrt{\frac{\sum_{i=1}^{n}(X_i - \overline{X})^2}{n-1}} = \sqrt{\frac{\sum_{i=1}^{n}(K_i - 1)^2}{n-1}}$$

式中:

K_i ——模比系数,$K_i = \dfrac{X_i}{\overline{X}}$。

利用变差系数的计算公式,可计算出丙、丁两个系列变差系数分别为:$C_丙 = 0.25$,$C_丁 = 0.0025$,这说明丙系列的相对离散程度远比丁系列大。

(四)偏差系数

偏差系数又称偏态系数,常用 C_s 表示。偏差系数是反映系列中各值对均值是对称分布还是不对称分布,以及不对称(偏态)的程度。其计算式为:

$$C_s = \frac{\dfrac{\sum_{i=1}^{n}(X_i - \overline{X})^3}{n}}{\sigma^3} = \frac{\sum_{i=1}^{n}(X_i - \overline{X})^3}{n\sigma^3} = \frac{\sum_{i=1}^{n}(K_i - 1)^3}{nC_v^3}$$

当 $C_s = 0$ 时,表示样本系列中各值在均值两侧的分布是对称的,称为正态分布。若分布不对称,则 $C_s \neq 0$,称为偏态分布。其中,$C_s > 0$ 称为正偏系列,当 $C_s < 0$ 称为负偏系列。如图 1-31 所示,从总体分布的密度曲线看,曲线下的面积以均值 $\bar{x}$ 为界,对于 $C_s = 0$,左边等于右边;对于 $C_s > 0$,左边大于右边;对于 $C_s < 0$,左边小于右边。水文现象大多属于正偏分布。

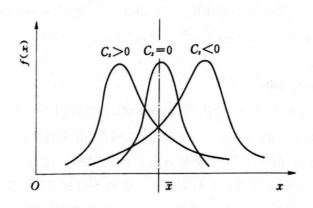

图 1-31　偏差系数特征图

工作任务七　经验频率曲线

一、频率分布

随机变量在随机试验中可以取得所有可能值中的任何一个值,每一取值都对应一定的概率,只是有的概率大,有的概率小。这种随机变量的各个值与其概率一一对应的关系,称为随机变量的概率分布规律。水文中常用频率代替概率,所以概率分布规律也可用频率分布规律代替。

水文上的随机变量大多为连续性随机变量,其可能取值有无限个,而取个别值的概率几乎趋近于零,因而无法研究取个别值的概率,只能研究在某个区间取值的概率分布规律,而且更多的是研究随机变量取值大于等于某一数值的概率分布。

在水文计算中,根据样本系列资料,将大于等于某一数值的随机变量出现的次数与样本容量的比值称为经验累积频率。依据随机变量与经验累积频率的对应关系,点绘出的曲线称为经验累积频率曲线,简称经验频率曲线。

现以某河 75 年最大洪峰流量的实测资料为例,说明流量和频率曲线的分布规律。以 $Q = 100\text{m}^3/\text{s}$ 为组距,流量按从大到小递减顺序排列,并统计各组流量出现次数和累积出现次数,分别见表 1-4 中的第(1)、(2)、(4)栏,利用简单公式 $P = \dfrac{m}{n} \times 100\%$ 计算频率和
累积频率,列于表 1-4 中的第(3)、(5)栏。

表 1-4　某河最大洪峰流量频率计算表

洪峰流量 /(m³·s⁻¹)	出现次数 /年	频率 /%	累计出现次数 /年	累计频率 /%
(1)	(2)	(3)	(4)	(5)
1400~1300	1	1.3	1	1.3
1300~1200	1	1.3	2	2.6
1200~1100	2	2.7	4	5.3
1100~1000	3	4.0	7	9.3
1000~900	5	6.7	12	16.0
900~800	8	10.7	20	26.7
800~700	14	18.7	34	45.3
700~600	20	26.7	54	72.0
600~500	11	14.7	65	86.7
500~400	6	8.0	71	94.7
400~300	3	4.0	74	98.7
300~200	1	1.3	75	100.0
总计	75	100.0		

注:各组区间不包括其上限数值。

以频率为纵坐标,流量为横坐标,可绘出图 1-32(a)所示的流量与频率关系图(柱状);
以流量为纵坐标,累积频率为横坐标,可绘出图 1-32(b)所示流量与累积频率关系图(台阶
状)。

若流量的实测次数(年数)趋于无穷大,组距间隔趋于无穷小,则流量与频率关系图将形
成一根左端有限,右端无限,中间高两侧低的偏斜菱形曲线,如图 1-32(a)中虚线所示,称为
频率密度曲线,设 $f(x)$ 为此时的频率密度曲线函数。同时,当组距间隔趋于无穷小时,流量
与累积频率关系图将形成一根中间平缓两侧陡峭的卧 S 形,如图 1-32(b)中虚线所示,称为
频率分布曲线,设 $F(x)$ 为此时的频率分布曲线函数。大量资料表明,绝大多数水文现象都
具有这样的规律性。

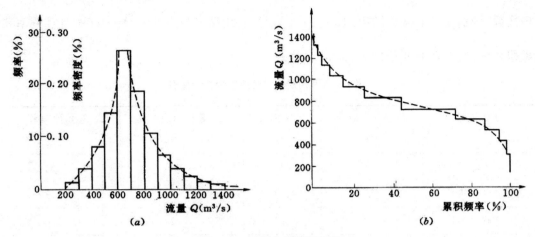

图 1-32 流量与频率关系图

(a)频率直方图;(b)累计频率曲线

频率密度曲线函数 $f(x)$ 与频率分布曲线函数 $F(x)$ 存在着内在的联系,累积频率可表示为:

$$P(x \geqslant x_p) = F(x) = \int_{x_p}^{\infty} f(x) \, \mathrm{d}x$$

图 1-33 表示的是频率密度曲线与频率分布曲线的关系图,可以看出,频率分布曲线可由频率密度曲线积分而得,即图中密度曲线阴影部分的面积 P 就是分布曲线上 X_P(流量)所对应的累积频率 P(横坐标值)。在水文水利分析计算中,一般是用其累积频率点绘关系图,并且简称为频率曲线。

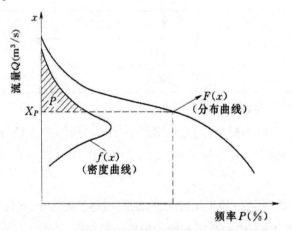

图 1-33 频率密度曲线与频率分布曲线的关系图

二、经验频率曲线的绘制

(一) 经验频率公式

在水文计算中,利用实测和调查的水文资料推算的频率,称为经验频率,其计算公式称经验频率公式。由于随机变量系列是按递减顺序排列的,所以计算出的频率是累积经验频率。

如果运用简单公式 $P = \dfrac{m}{n} \times 100\%$ 进行累计频率计算,具有明显的缺陷。只有当 n 值趋于无限时它才合理。例如,表 1-4 中最后一项 $m = n = 75$,则频率 $P = 100\%$,这就是说该站洪峰流量的最小值是 $200\ \mathrm{m^3/s}$,样本之外不会出现比它更小的数值,这显然与实际情况不符。随着观测年数的增加,一定有可能出现更小的洪峰流量。为了弥补实测和调查的水文资料是有限系列的缺陷,规范规定对于连续系列采用数学期望公式计算经验频率:

$$P = \frac{m}{n+1} \times 100\%$$

式中:

P——累积经验频率(m 项变量的累积频率),%;

m——系列中随机变量按递减顺序排列的序号;

n——有限系列的总项数。

(二)经验频率曲线的绘制

下面以具有代表性的某站 1966~1989 年(24 年)的年降雨量资料为例,说明经验频率曲线的绘制。

(1)将该站 1966~1989 年的年降雨量资料列于表 1-5 中第(1)、(2)栏。

(2)将第(2)栏中数据由大到小排序,列入第(3)栏。

(3)将排序的降雨量编序号列入第(4)栏。

(4)用期望公式计算频率 P 值列入第(5)栏。

(5)根据第(3)、(5)栏的数值,以随机变量为纵坐标,频率为横坐标,在坐标纸上点绘出经验频率点,见图 1-34 所示。

(6)分析点群趋势,目估点群中心绘制经验频率曲线。

表 1-5　某站年降雨量频率计算表

年份	年降雨量/mm	从大到小排序/mm	序号	$P = \dfrac{m}{n+1} \times 100\%$ /%
(1)	(2)	(3)	(4)	(5)
1966 年	538	1065	1	4.0
1967 年	625	998	2	8.0
1968 年	663	964	3	12.0
1969 年	592	884	4	16.0
1970 年	557	789	5	20.0

年份	年降雨量 /mm	从大到小排序 /mm	序号	$P = \dfrac{m}{n+1} \times 100\%$ /%
1971 年	998	769	6	24.0
1972 年	642	733	7	28.0
1973 年	341	709	8	32.0
1974 年	964	687	9	36.0
1975 年	687	663	10	40.0
1976 年	547	642	11	44.0
1977 年	510	625	12	48.0
1978 年	769	612	13	52.0
1979 年	612	607	14	56.0
1980 年	417	592	15	60.0
1981 年	789	589	16	64.0
1982 年	733	587	17	68.0
1983 年	1065	567	18	72.0
1984 年	607	557	19	76.0
1985 年	587	547	20	80.0
1986 年	567	538	21	84.0
1987 年	589	510	22	88.0
1988 年	709	417	23	92.0
1989 年	884	341	24	96.0
总计	15992	15992	—	—

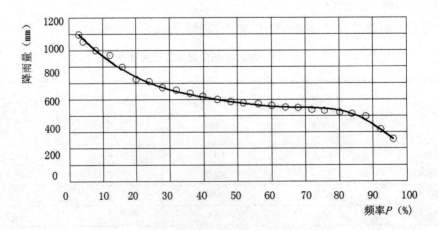

图 1-34 绘制的经验频率曲线

有了经验频率曲线以后,即可在经验频率曲线上查得指定频率的水文变量值。

(三)海森频率格纸

图 1-35(a)所示的经验频率曲线是在均匀分割的坐标纸上绘制的,可以看出,频率曲线线形的头尾两端较陡,中间较缓和平坦,呈卧 S 形。在水文计算中,在利用实测和调查资料绘制的经验频率曲线推求指定频率水文变量值时,往往因资料系列短,需对该曲线头部进行适当外延。但均匀分格频率曲线两端较陡,外延的任意性较大,推求的结果会产生很大的误差。

为了降低外延的任意性带来的误差,水文分析中常采用海森频率格纸绘制频率曲线。海森频率格纸的横坐标一般表示频率,为不均匀分格,中间较密,左右两边分格渐稀;纵坐标表示变量,为均匀分格。在这种频率格纸上绘出的频率曲线,两端的曲线坡度较普通格纸上绘制的曲线大大变缓,对频率曲线的延长较为方便。如图 1-35(b)所示。

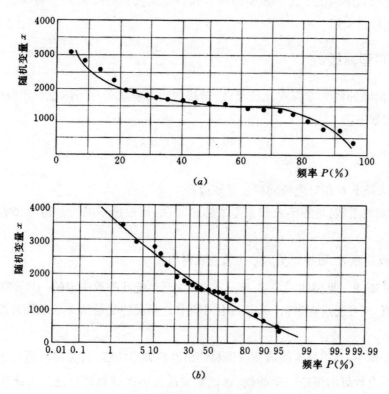

图 1-35　经验频率曲线

(a)普通坐标纸;(b)海森频率格纸

工作任务八　理论频率曲线

由前述知识可知,利用外延经验频率曲线的方法来推求指定小频率的水文变量值,会因外延的任意性带来较大的误差。为克服目估绘制经验频率曲线的缺陷,多位学者在研究了大量的实际统计资料分布趋势的基础上,提出了多种理论频率曲线,理论频率曲线具有相应的数学方程式。

需要说明的是,理论频率曲线并非完全由水文现象的客观规律推导出来的,而是以经验频率曲线为依据,通过适线选配而定的。因此,理论频率曲线也具有一定的经验性。

在多种理论频率曲线中,P—Ⅲ型曲线与我国水文资料的经验频率曲线配合得较好,所以在我国得到广泛应用。

一、P—Ⅲ型曲线

P—Ⅲ型曲线的数学方程式比较复杂,直接利用方程求解相当困难。经数学推导,得出一个简单公式如下:

$$X_P = (\Phi_P C_v + 1)\overline{X} = K_P \overline{X}$$

式中:

X_P——与频率 P 相对应的随机变量取值;

Φ_P——离均系数,与频率 P 和偏差系数 C_s 有关,可根据不同的 P 和 C_s 值查相关表格可得;

K_P——模比系数,可根据 C_s/C_v 比值查表得出。

由上式可知,P—Ⅲ型曲线是由 $\overline{X}$ 、C_v 、C_s 这三个统计参数决定的。只要知道这三个统计参数的数值,便可通过查表,计算得到不同频率 P 相应的变量值 X_P ,从而可绘出 P—Ⅲ型曲线。

在实际工作中,当根据实测或调查资料绘出经验频率曲线后,关键问题是寻求一条与经验频率曲线符合较好的理论频率曲线,这就需要通过多次试算调整这三个统计参数才能达到。为此,就需要了解这三个参数对理论频率曲线的影响。

二、统计参数对 P—Ⅲ型曲线的影响

(一)均值 $\overline{X}$ 对 P—Ⅲ型曲线的影响

均值 $\overline{X}$ 反映了累积频率曲线的位置高低,如图1-36所示。如 C_v 和 C_s 不变,$\overline{X}$ 增大则曲

线上移;反之,$\bar{X}$减小则曲线下移。

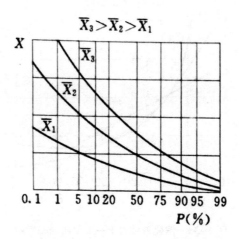

图 1-36 均值对 P—Ⅲ型曲线的影响

(二)变差系数 C_v 对 P—Ⅲ型曲线的影响

变差系数 C_v 反映了累积频率曲线的陡缓程度,如图 1-37 所示。如 $\bar{X}$ 和 C_s 不变,C_v 增大则曲线左上右下,线形变陡;反之,C_v 减小则曲线左下右上,线形变缓;当 $C_v = 0$ 时,曲线将变成一条水平线。

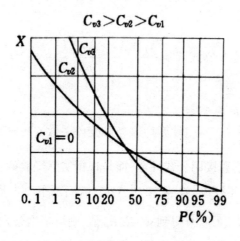

图 1-37 变差系数对 P—Ⅲ型曲线的影响

(三)偏差系数 C_s 对 P—Ⅲ型曲线的影响

偏差系数 C_s 反映了累积频率曲线的弯曲程度,如图 1-38 所示。如 $\bar{X}$ 和 C_v 不变,C_s 增大则曲线弯曲严重,线形凹曲较大;反之,C_s 减小则曲线弯曲不严重,线形凹曲较小;当 $C_s = 0$ 时,曲线将成为一条斜直线。

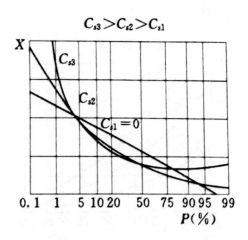

图 1-38　偏差系数对 P—Ⅲ型曲线的影响

三、适线法

适线法是以经验频率点据为基础,在一定的适线法则下,求解与经验点据拟合最优的频率曲线参数。我国水文水利计算中多采用 P—Ⅲ型曲线。适线法估算 P—Ⅲ型曲线参数的具体步骤如下:

(1)将实测资料按由大到小的顺序进行排列,计算系列中各值的经验频率,然后在频率格纸上点绘经验点据。

(2)根据样本资料,代入公式 $\overline{X} = \dfrac{X_1 + X_2 + X_3 + \cdots + X_n}{n} = \dfrac{1}{n}\sum\limits_{i=1}^{n} X_i$ 和 $C_v = \dfrac{\sigma}{\overline{X}} = \dfrac{1}{\overline{X}}$

$\sqrt{\dfrac{\sum\limits_{i=1}^{n}(X_i - \overline{X})^2}{n-1}} = \sqrt{\dfrac{\sum\limits_{i=1}^{n}(K_i - 1)^2}{n-1}}$ 计算均值 $\overline{X}$ 和变差系数 C_v,对于偏差系数 C_s,由于其抽样误差一般很大,故一般不直接用公式计算,而是根据实际经验假定 C_s 为 C_v 的某一倍数予以确定;一般情况下,对于年径流, $C_s = (2 \sim 3)C_v$;对于暴雨、洪水, $C_s = (2.5 \sim 4)C_v$。

(3)根据假定的 $\overline{X}$、C_v、C_s,查得到 Φ_P 或 K_P 值,则可根据公式 $X_P = (\Phi_P C_v + 1)\overline{X} = K_P \overline{X}$ 计算出不同频率的随机变量值。在绘有经验点据的坐标纸上,以 X_P 为纵坐标,以 P 为横坐标,绘制 P—Ⅲ型曲线。如果该 P—Ⅲ型曲线与经验点据拟合得好,则该线就是所求的频率曲线;如果拟合得不好,则要根据三个统计参数对 P—Ⅲ型曲线的影响进行分析,在抽样误差范围内合理地调整参数,再次适线直至配合最佳为止。

(4)适线过程中,如需调整统计参数,一般调整最多的为偏差系数 C_s,其次是变差系数 C_v,必要时也可以对均值 $\overline{X}$ 作适当的调整。

【例题 1-5】 现有某具有代表性测站 1957~1980 年 24 年间实测的年降雨量资料系列，详见表 1-6，试推求 $P = 50\%$、80%、90% 的设计年降雨量 X_P。

表 1-6 某站年降雨量经验频率及统计参数计算表

年份	年降雨量 /mm	从大到小排序 /mm	序号	$P = \dfrac{m}{n+1} \times 100\%$ /%	K_i	$(K_i - 1)^2$
(1)	(2)	(3)	(4)	(5)	(6)	(7)
1957	745	841	1	4.0	1.47	0.2237
1958	841	784	2	8.0	1.37	0.1392
1959	386	745	3	12.0	1.30	0.0929
1960	565	672	4	16.0	1.18	0.0313
1961	623	663	5	20.0	1.16	0.0260
1962	558	629	6	24.0	1.10	0.0103
1963	585	627	7	28.0	1.10	0.0096
1964	784	623	8	32.0	1.09	0.0083
1965	561	585	9	36.0	1.02	0.0006
1966	488	565	10	40.0	0.99	0.0001
1967	543	561	11	44.0	0.98	0.0003
1968	629	558	12	48.0	0.98	0.0005
1969	410	556	13	52.0	0.97	0.0007
1970	663	548	14	56.0	0.96	0.0016
1971	556	543	15	60.0	0.95	0.0024
1972	526	530	16	64.0	0.93	0.0051
1973	548	526	17	68.0	0.92	0.0062
1974	627	514	18	72.0	0.90	0.0100
1975	672	512	19	76.0	0.90	0.0107
1976	514	491	20	80.0	0.86	0.0196
1977	346	488	21	84.0	0.85	0.0211
1978	530	410	22	88.0	0.72	0.0795
1979	491	386	23	92.0	0.68	0.1049
1980	512	346	24	96.0	0.61	0.1552
总计	13703	13703			24.00	0.9600

解:(1)将各年份年降雨量分别列入表1-6中的第(1)、(2)栏;将历年年降雨量按从大到小的顺序排列,列入第(3)栏;将排序的降雨量编序号列入第(4)栏;用期望公式计算频率P值列入第(5)栏;根据第(3)、(5)栏的数值,以随机变量为纵坐标,频率为横坐标,在坐标纸上点出经验频率点;通过经验频率点据目估确定经验频率曲线,见图1-39中的虚线所示。

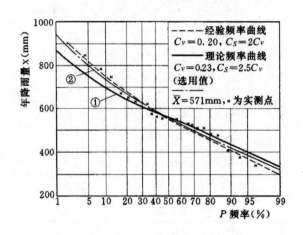

图1-39 例题1-5图

(2)计算均值$\overline{X}$:

$$\overline{X} = \frac{X_1 + X_2 + X_3 + \cdots + X_n}{n} = 571(mm)$$

(3)分别计算K_i、$(K_i - 1)^2$值,分别列于表1-6中的第(6)、(7)栏。

(4)计算变差系数C_v:

$$C_v = \sqrt{\frac{\sum_{i=1}^{n} (K_i - 1)^2}{n - 1}} = \sqrt{\frac{0.9600}{24 - 1}} = 0.20$$

(5)根据工程经验,暂取$C_s = 2C_v = 0.4$进行初试计算,当$\overline{X} = 571mm$、$C_v = 0.2$、$C_s = 2C_v = 0.4$,查得不同频率P对应的K_P值,进而计算出其对应的X_P值,这样就可在绘有经验频率曲线的坐标纸上绘制本条理论频率曲线,见图1-39所示的①线。从①线可以看出,其与经验频率点据拟合得不好,主要原因C_v偏小,建议增大C_v值,这样曲线左上右下,线形变陡,可与经验频率点据更合的拟合。

(6)取$C_v = 0.23$,$C_s = 2C_v = 0.46$,按照(5)中的步骤重新适线,后发现理论频率曲线仍与经验频率点据拟合不好,经分析主要原因是C_s偏小。

(7)取$C_v = 0.23$,$C_s = 2.5C_v = 0.575$,重新适线将理论频率曲线绘制到坐标纸上,见图1-39所示的②线,可见②线与经验频率点据配合较好,即为所求的频率曲线。

以上适线计算过程见表1-7。

表1-7 某站年降雨量理论频率计算表

参数 \ P(%)		1	2	5	10	20	50	75	90	95
$\overline{X}=571\text{mm}$ $C_v=0.20$ $C_s=0.40$	K_P	1.52	1.45	1.35	1.26	1.16	0.99	0.86	0.75	0.70
	X_P	868	828	771	719	662	565	491	428	400
$\overline{X}=571\text{mm}$ $C_v=0.23$ $C_s=0.46$	K_P	1.61	1.53	1.41	1.30	1.19	0.98	0.84	0.72	0.66
	X_P	919	874	805	742	679	560	480	411	377
$\overline{X}=571\text{mm}$ $C_v=0.23$ $C_s=0.575$	K_P	1.64	1.54	1.41	1.31	1.19	0.98	0.84	0.73	0.66
	X_P	936	879	805	748	679	560	480	417	377

从配合较好的理论频率曲线(本案例中为②线)上,查出指定设计频率下的年降雨量分别如下:

当 $P=50\%$ 时, $X_{50\%}=560\text{mm}$

当 $P=80\%$ 时, $X_{80\%}=457\text{mm}$

当 $P=90\%$ 时, $X_{90\%}=417\text{mm}$

项目二　水资源

工作任务一　水资源概述

一、水资源含义

水资源是地球上最重要的自然资源之一,分为地表水和地下水。地表水一般指坡面流和壤中流,即地表水体的动态部分。地下水主要指浅层地下水。水资源不仅是人类生活所必需的,也是人类的生产活动和维持人类赖以生存的生态环境所不可或缺的。水是生命之源、生产之要、生态之基。随着人类社会的不断发展及人口的增长,社会对水资源的需求不断增加,而自然界能提供的可用水资源是有限的,水资源将成为制约国民经济和社会发展的重要因素,不仅关系到防洪安全、供水安全、粮食安全,而且关系到经济安全、生态安全和国家安全,因此必须对水资源加以研究。

关于水资源的含义,国内外相关文献有多种提法,没有形成公认的定义。下面仅介绍部分代表性观点。

在《英国大百科全书》中,定义水资源为:全部自然界任何形态的水,包括气态水、液态水和固态水的全部量。1963 年通过的《英国水资源法》中,则定义水资源为:具有足够数量的可用水源。在联合国教科文组织和世界气象组织共同制定的《水资源评价活动——国家评价手册》中定义水资源为:可利用或者有可能被利用的水源,具有足够的数量和可用的质量,并能在某一地点为满足某种用途而可被利用。

苏联水文学家 O. A. 斯宾格列尔在《水与人类》一书中提出的水资源定义是:所谓水资源。通常解释为某一区域的地表(河流、湖泊、沼泽、冰川)和地下淡水储量。他还把水资源分为更新非常缓慢的永久储量和年内可恢复的储量两类,并指出在利用永久储量时水的消耗不应大于它的恢复能力。

在《中国水资源初步评价》中,将水资源定义为:逐年可以得到恢复的淡水量。其包括河川径流量和地下水补给量,而大气降水则是它们的补给来源。

在《中国大百科全书·大气科学 海洋科学 水文科学》中,定义水资源为地球表层可供人类利用的水,包括水量(水质)、水域和水能资源。但也强调一般指每年可更新的水量资源。

以上所述关于水资源的定义差别较大,有的把自然界各种形态的水都视为水资源,有的只把逐年可以更新的淡水作为水资源,有的把水资源与用水联系考虑,有的除水量外,还将水域和水能列入水资源范畴之内,有些提法虽有一定的道理,但如何能比较确切地规定水资源的含义,依据的原则是什么,还值得进一步探索和研究。总体而言,对水资源可以有以下几方面理解:

(1)水作为自然环境的组成要素,既是一切生物赖以生存和发展的基本条件,又是人类生活、生产过程中不可缺少的重要资源,前者属于水的生态功能,后者则是水的资源功能。地球上存在的各种水体,有的可以直接取用,资源功能明显,如河流水和地下水;有的不能直接取用,资源功能不明显,如土壤水、冰川和海洋水,一般只宜把资源功能明显的水体作为水资源。

(2)人类社会各种活动的用水,都要求有足够的数量和一定的质量。随着文明社会的建设、工农业生产的发展、人民生活水平的改善,对水量和水质的需求愈来愈高,这就要求更多的水源具有良好的水质和补给条件,能保证长期稳定供水,不会出现水质变坏和水量枯竭。因此,水资源应该与社会需水密切相关,包含"量"和"质"两方面的含义,也就是说,只有逐年可以更新并满足一定水质量要求的淡水水体才能作为水资源。

(3)地表、地下的各种淡水水体均在水循环系统中,能够不断地得到大气降水的补给。参与水循环的补给称为动态水量,而水体的储存量称为静态水量。为了保护自然环境,维持生态平衡和保证长期供水不衰,一般只能取用循环的动态水量,不宜过多动用静态水量(可以作为调节备用水量),故水资源的数量应以参与循环水的动态水量(水体的补给量)来衡量,把静态水量计入水资源量的做法,完全忽视了水的生态功能,不利于水资源的合理开发和综合利用。

(4)人类对水资源的利用,除采用工程措施直接引用地表水和地下水外,还可通过生物措施利用土壤水,使无效蒸发转为有效蒸发。农作物的生长与土壤水有密切的关系,不计土壤水的利用,就不能正确估计农业的需水定额;大气降水是地表水、地下水、土壤水的补给来源,故土壤水和大气降水也应列入水资源的研究范畴。

(5)"水"和"水资源"两个词在含义上理应有所区别,不能混为一谈。地球上各种水体的储量虽然很大,但不能全部纳入水资源范畴,作为水资源的水体一般应符合下列条件:①通过工程措施可以直接取用,或者通过生物措施可以间接利用;②水质符合用水的要求;③补给条件好,水量可以逐年更新。因此,水资源主要是指与人类社会生产、生活用水密切相关而又能不断更新的淡水,包括地表水、地下水和土壤水,地表水资源量通常用河川径流量来表示,地下水和土壤水资源量可用补给量来表示。三种水体之间密切联系而又互相转化,扣除重复量后的资源总量相当于同一区域内的降水量。

引起对水资源的概念及其内涵具有不尽一致的认识与理解的主要原因在于:水资源是一个看似简单却又非常复杂的概念。它的复杂内涵表现在:水的类型繁多具有运动性,各种类型的水体具有相互转化的特性;水的用途广泛,不同的用途对水量和水质具有不同的要求;水资源所包含的"量"和"质"在一定条件下是可以改变的;更为重要的是,水资源的开发利用还受到经济技术条件、社会条件和环境条件的制约。

综上所述,水资源可以被理解为是人类长期生存、生活和生产活动中所需要的各种水,既包括数量和质量含义,又包括其使用价值和经济价值。一般认为,水资源的概念具有广义和狭义之分。广义的含义指地球上目前和近期可供人类直接或间接取用的水。狭义的含义指:

(1)可按社会的需要提供或有可能提供的水量;

(2)该水量有可靠的来源,且该来源可以通过自然界的水文循环不断得到更新或补充;

(3)该水量可以由人工加以控制;

(4)该水量及其水质能够适应人类用水的要求。

鉴于水资源的固有属性,本书所论述的"水资源"主要限于狭义水资源的范围,即与人类生活和生产活动、社会进步息息相关的淡水资源。

二、水资源的特点

水资源不像其他矿产资源那样稳定,它是随时间、地点不同而变化的。水资源是一种动态资源,它具有下列几个主要特点:

(一)资源的循环性

人类可以利用的淡水资源主要来源于降水。陆地上的降水一部分被植物截留,另一部分或沿地面流动形成地表径流,或渗入地下补给土壤水和地下水,形成壤中流或地下径流。地表径流、壤中流和地下水径流汇入河流,注入海洋或内陆湖泊,完成水资源的循环。在水资源循环过程中,淡水资源对地球上的生态系统的良性循环起着重要作用。人类和其他陆生生物赖以生存的就是这一部分淡水。正是由于降水的作用,地球上的淡水可以永不停息地进行循环,并不断得到更新。从这个意义上来说,地球上的淡水资源具有可持续利用而不会枯竭的自然特性。

水资源的循环性是无限的,但在一定的时间、空间范围内,大气降水对水资源的补给量却是有限的。为了保护自然环境和维持生态平衡,一般不宜动用地表、地下储存的静态水量,因此多年平均水资源利用量不能超过多年平均补给量。循环过程的无限性和补给水量的有限性,决定了水资源在一定数量限度内才是取之不尽、用之不竭的。

(二)储量的可恢复性和有限性

在人类活动中,水资源不断地被开采和消耗,但由于地球上巨大的水循环作用,大气降水又不断地对水资源进行补给,这就构成了水资源消耗和补给之间的循环性及可恢复性特点。地球水圈内不同类型水的循环恢复周期可按下式计算。

$$T=V/Q$$

式中:T—循环恢复周期,a;

V—地球水圈中某类型水域的水量,m^3;

Q—单位时间内进入该类型水域的水量,m^3/a。

联合国和有关学者发表的地球圈内不同类型水的循环恢复周期见表1-8。

表1-8　地球圈内不同类型水的循环恢复周期

水的类型	恢复周期	水的类型	恢复周期
海洋水	2 500a	沼泽水	5a
地下水	1 400a	土壤水	la
极地冰儿和永久雪盖	9 700a	大气水	8d
山区冰川	1 600a	河流水	16d
永冻层	10000a	生物水	几小时
湖泊水	17a		

(三)时空分布的不均匀性

水资源时空分布的不均匀性主要表现在以下几个方面:

1. 水资源的地区分布极不均匀

全球水资源的地带性分布特点,在北半球范围内,随着纬度的增高,降水量明显减少;南半球水量也有随着纬度的增高而减小的趋势,40°S~60°S 范围内的降水量明显增大,由此造成全球各大洲水资源的分布极不均匀。我国幅员辽阔,各地气候与下垫面条件存在较大差异,水资源的地区分布也很不均匀。

2. 水资源的时间分配极不均匀

水资源时间分配的不均匀性,主要表现在降水、径流的年内、年际变化方面。

我国地处欧亚大陆东部的中纬度地区,属于大陆性季风气候,受季风气候和西风环流的影响,降水、径流具有一定的丰、枯交替变化的特点。在一年之内,夏秋多雨湿润,冬春少雨干旱,呈现夏季丰水、冬季枯水、春秋过渡的特点,这是造成我国常常出现春旱、秋涝、夏汛的重要原因。在年际之间,有时还会出现连旱、连涝的情况。水资源年内、年际间分配的不均匀性,大大增加了合理开发利用水资源的复杂程度。为了使水资源更好地为国民经济各部门服务,一般需要修建蓄水、引水、提水、调水工程,对天然水资源进行时空再分配。

(四)开发利用的多样性

水资源开发利用可以作为生活用水、农业用水、工业用水、水力发电用水、航运用水、生态用水等。

1. 生活用水

生活用水是人类日常生活及其相关活动用水的统称。生活用水分为城镇生活用水和农村生活用水。城镇生活用水包括居民住宅用水、市政公共用水、环境卫生用水等。农村生活用水包括农村居民用水、牲畜用水。《中华人民共和国水法》规定,"开发、利用水资源,应当首先满足城乡居民生活用水",也就是说,要把保障人民生活用水放在优先位置。

2. 农业用水

农业用水是农、林、牧、副、渔等各部门和乡镇、农场企事业单位以及农村居民生产用水的统称。在农业用水中,农田灌溉用水占主要地位。

3. 工业用水

工业用水是工矿企业用于制造、加工、冷却、空调、净化、洗涤等方面的水。

4. 水力发电用水

河流从高处流向低处,蕴藏着一定的势能和动能,称为水能。用具有一定水能的水流去冲击和转动水轮发电机组,机组在转动过程中将水能转化为机械能,再转化为电能,即为水力发电。水能是一种清洁能源,既不消耗水资源,也不会污染水资源。水力发电是目前各国大力推广的能源开发方式。

5. 航运用水

"水利"的"航运"作用由来已久。"通舟楫之便,致一方之利",古老的江河在中国幅员辽阔的大地上纵横奔流,不仅滋润着两岸,还带来航运的便利。航运又称水路运输,包括河流运输和海洋运输两个方面。在生产力并不发达的过去,航运速度快于车马,在国民生产生活中发挥着重要的作用。水利工程通过开凿、疏浚河道,沟通水系,使航运更为发达畅通,与航运有关的水利工程,主要有人工运河和船闸、港闸等。

6. 生态用水

生态用水是生态系统维持自身需求所必需的水。在水资源分配上,由于几乎将100%的可利用水资源用于工业、农业和生活,没有重视生态用水,所以出现了河流断流、湖泊干涸、湿地枯萎、土壤盐碱化、草场退化、土地荒漠化等生态退化问题,威胁着人类的生存环境。因此,要想从根本上保护生态系统,确保生态用水是至关重要的。

(五)利、害双重性

水资源既是生活资料又是生产资料,在国民经济各部门中的用途是相当广泛的,各行各业都离不开水。水是一切生命命脉,它在满足社会环境需要、维持生命等方面,都是其他资源所不可代替的。然而,随着人口的增长、工农业生产的发展和人民生活水平的提高,水资源的开发利用量必将日益增加,水资源问题将越来越成为当代世界普遍关注的社会性问题。

水资源的主要问题有水多、水少、水脏、水浑等。

1. 水多

某些地区发生洪水的情况如图 1-40 所示。洪水一词,在中国出自先秦《尚书·尧典》。洪水是暴雨、急剧融冰化雪、风暴潮等自然因素引起的江河湖泊水量迅速增加,或者水位迅猛上涨的一种自然现象,是自然灾害。从客观上说,洪水频发有其不可抗拒的原因。洪水的发生给人类生活带来巨大的危害,如淹没房屋、道路,造成大量的人员伤亡,淹没农田,毁坏农作物,导致粮食大幅度减产,破坏工厂、通信、交通设施等,造成经济损失。

我国地处亚欧大陆东南部,东南邻太平洋,西南西北深入亚欧大陆腹地,地势西北高、东南低,地形复杂,大部分地区位于季风气候区,夏季多暴雨,冬春少干旱,降水时空变化、年季变化大,极易造成洪涝灾害。洪水灾害也是我国历史上最常发生的灾害之一。比如黄河,是中国的母亲河,是中华文明诞生的摇篮。黄河发源于青藏高原巴颜喀拉山北麓的约古宗列盆地,自西向东分别流经青海、四川、甘肃、宁夏、内蒙古、陕西、山西、河南及山东 9 个省(自治区),最后流入渤海。流域降水量小,以旱地农业为主,冬干春旱,降水集中在夏秋七八月份。然而,历史上它是一条多灾多难之河,特别是其下游,洪水决溢十分频繁。

图 1-40　洪水现场照片

2. 水少

土地及河流干旱情况如图 1-41 所示。土地的皲裂以及河流的干枯,都是由于水资源紧缺造成干旱引起的。气候严酷或不正常的干旱就会形成旱灾。一般情况下旱灾会导致土壤水分不足,农作物水分平衡遭到破坏而减产或歉收从而带来粮食问题,甚至引发饥荒。同时,旱灾亦可令人类及动物因缺乏足够的饮用水而致死。此外,旱灾后则容易发生蝗灾,进而引发更严重的饥荒,导致社会动荡。

我国大部属于亚洲季风气候区,降水量受海陆分布、地形等因素影响,在区域间、季节间和多年间分布很不均衡,因此旱灾发生的时期和程度有明显的地区分布特点。秦岭淮河以北地区春旱突出,有"十年九春旱"之说。黄淮海地区经常出现春夏连旱,甚至春夏秋连旱,是全国受旱面积最大的区域。长江中下游地区主要是伏旱和伏秋连旱,有的年份虽在梅雨季节,还会因梅雨期缩短或少雨而形成干旱。西北大部分地区、东北地区西部常年受旱。西南地区春夏旱对农业生产影响较大,四川东部则经常出现伏秋旱。华南地区旱灾也时有发生。

图 1-41　土地及河流干旱情况

3. 水脏

水污染的现场照片如图 1-42 所示。通过图片发现,河流被随意丢弃的垃圾或者污水的排放所污染,造成水体环境的破坏,为水环境污染,因此水体存在一大忧患即水脏。水污染的来源常常包括农业污染源如养殖废水的排放、化肥农药的残留等,工业污染源以及人类生活污染源等。污染物质主要包括氨氮、有机物、总磷等。这些物质分散在水中产生一定的危害作用,如:危害人类健康,水中有生物性污染,还会导致一些传染病;危害农业与渔业,用污染水直接灌溉农田,可能导致农作物品质降低,导致农作物减产,甚至绝收;还可能影响食品工业用水,水质不合格,会使生产停顿。

图 1-42　水污染的现场照片

4. 水浑

水土流失现象如图 1-43 所示。土地表面裸露,雨天雨水将土地表面的土壤带入到河流中,导致土壤表面营养物质流失,土地裸露,这种现象我们称作为水土流失。水土流失的主要危害包括使土地生产力下降甚至丧失,每年流失的氮磷钾肥估计损失达 4000 万 t,折合经济损失 24 亿元。水土流失的主要原因是地面坡度大、土地利用不当、地面植被遭破坏、耕作技术不合理、土质松散、滥伐森林、过度放牧等。水土流失的危害主要表现在:土壤耕作层被侵蚀、破坏,使土地肥力日趋衰竭;淤塞河流、渠道、水库,降低水利工程效益,甚至导致水旱灾害发生,严重影响工农业生产;水土流失对山区农业生产及下游河道带来严重威胁。

图 1-43 水土流失现象

三、中国水资源现状

(一)概述

2020 年,全国降水量和水资源总量显著多于多年平均值,大中型水库和湖泊蓄水总体稳定。相对于 2019 年,全国用水总量减少,用水效率提升,用水结构优化。

2020 年,全国平均年降水量 706.5mm,相较多年平均值多 10.0%,比 2019 年上升 8.5%。

全国水资源总量为 31605.2 亿 m^3,比多年平均值多 14.0%。其中,地表水资源量为 30407.0 亿 m^3,地下水资源量为 8553.5 亿 m^3,地下水与地表水资源不重复量为 1198.2 亿 m^3。

全国供水总量和用水总量均为 5812.9 亿 m^3,受新冠疫情、降水偏丰等多种因素影响,较 2019 年减少 208.3 m^3。其中,地表水源供水量为 4792.3 亿 m^3,地下水源供水量为 8925 亿 m^3,其他水源供水量为 128.1 亿 m^3;生活用水为 863.1 亿 m^3,工业用水为 1030.4 亿 m^3,农业用水为 3612.4 亿 m^3,人工生态环境补水为 307.0 亿 m^3。全国耗水总量为 3141.7 亿 m^3。

全国人均综合用水量为 412 m^3,万元国内生产总值(当年价)用水量为 57.2 m^3。耕地实际灌溉亩均用水量为 356 m^3,农田灌溉水有效利用系数为 0.565,万元工业增加值(当年价)用水量为 32.9(当年价),城镇人均生活用水量(含公共用水)为 207L/d,农村居民人均生活用水量为 100L/d。

(二)水资源量

1. 降水量

2020 年,全国平均年降水量 为 1706.5mm,相较多年平均值多 10.0%,比 2019 年上升

8.5%。从水资源分区中可以看出,在10个水资源一级区中,7个的降水量高于多年平均值,其中松花江区、淮河区的降水量比多年平均值分别高28.8%和26.5%;3个水资源一级区降水量相对较少,其中东南诸河区相对于多年平均值降低4.8%。相较于2019年,7个水资源一级区降水量增加,其中淮河区、海河区、长江区降水量分别增加73.9%、23.0%和21.0%;3个水资源一级区降水量降低,其中东南诸河区、西北诸河区降水量分别降低14.2%、12.9%。2020年各水资源一级区降水量与2019年和多年平均值对比见表1-9。

就行政分区而言,24个省(自治区、直辖市)降水量比多年平均值偏多,其中上海、安徽、湖北、黑龙江4个省(直辖市)均高于30%以上;7个省(自治区、直辖市)比多年平均值偏少,其中福建、广东2个省均降低10%以上。2020年各省级行政区(不含港澳台地区)降水量与2019年和多年平均值对比见表1-10。

表1-9 2020年各水资源一级区降水量与2019年和多年平均值对比

水资源一级区	降水量/mm	与2019年比较/%	与多年平均值比较/%
全国	706.5	8.5	10.0
北方6区	373.1	7.8	13.8
南方4区	1297.0	8.8	8.1
松花江区	649.4	7.6	28.8
辽河区	589.4	5.6	8.1
海河区	552.4	23.0	3.3
黄河区	507.3	2.1	13.8
淮河区	1060.9	73.9	26.5
长江区	1282.0	21.0	18.0
其中:太湖流域	1543.4	22.3	30.2
东南诸河区	1582.3	-14.2	-4.8
珠江区	1540.5	-5.3	-0.5
西南诸河区	1091.9	7.7	0.5
西北诸河区	159.6	-12.9	-0.8

注:1.北方6区指松花江区、辽河区、海河区、黄河区、淮河区、西北诸河区;

注2:南方4区指长江区(含太湖流域)、东南诸河区、珠江区、西南诸河区;

注3:西北诸河区计算面积占北方6区的55.5%,长江区计算面积占南方4区的52.2%;

注4:数据来源为水利部发布的2020年度《中国水资源公报》。

表 1-10　2020 年各省级行政区降水量与 2019 年和多年平均值对比(不含港澳台地区)

省级行政区	降水量/mm	与 2019 年比较/%	与多年平均值比较/%
全国	706.5	8.5	10.0
北京	560.0	10.7	-4.1
天津	534.4	22.5	-7.0
河北	546.7	23.5	2.8
山西	561.3	22.5	10.3
内蒙古	311.2	11.3	10.3
辽宁	748.0	8.8	10.3
吉林	769.1	13.2	26.3
黑龙江	723.1	-0.7	35.6
上海	1554.6	11.9	42.7
江苏	1236.0	54.8	24.3
浙江	1701.0	-12.8	6.0
安徽	1665.6	78.0	42.0
福建	1439.1	-16.9	-14.2
江西	1853.1	8.4	13.1
山东	838.1	49.9	23.3
河南	874.3	65.2	13.4
湖北	1642.6	83.8	39.2
湖南	1726.8	15.2	19.1
广东	1574.1	-21.0	-11.1
广西	1669.4	4.2	8.6
海南	1641.4	2.9	-6.2
重庆	1435.6	29.7	21.2
四川	1055.0	10.7	7.8
贵州	1417.4	13.7	20.3
云南	1157.2	14.8	-9.5
西藏	600.6	0.7	5.1

省级行政区	降水量/mm	与2019年比较/%	与多年平均值比较/%
陕西	690.5	-9.1	5.2
甘肃	334.4	-7.6	11.0
青海	367.1	-1.8	26.4
宁夏	309.7	-10.4	7.3
新疆	141.7	-18.9	-8.4

注:数据来源为水利部发布的2020年度《中国水资源公报》。

2. 地表水资源量

2020年,全国的地表水资源量为30407.0亿 m^3,折合为年径流深为321.1mm,相对多年平均值偏高13.9%,相对2019年增加8.6%。

从水资源分区看,在10个水资源一级区中,6个的地表水资源量比多年平均值高,4个比多年平均值低。相对于2019年,7个水资源一级区地表水资源量有所增加,其中淮河区、辽河区分别增加217.7%和53.8%;3个水资源一级区地表水资源量有所减少,其中东南诸河区降低32.7%。2020年各水资源一级区地表水资源量与2019年和多年平均值对比见表1-11。

从行政分区看,18个省(自治区、直辖市)地表水资源量比多年平均值偏多,其中上海最高,偏多104.9%,江苏、安徽、黑龙江、湖4个省均偏多70%以上;13个省(自治区、直辖市)偏少,其中河北、北京2个省(直辖市)均偏少50%以上。2020年各省级行政区(不含港澳台地区)地表水资源量与多年平均值对比如图1-44所示。

表1-11 2020年各水资源一级区地表水资源量与2019年和多年平均值对比

水资源一级区	地表水资源量/亿 m^3	与2019年比较/%	与多年平均值比较/%
全国	30407.0	8.6	13.9
北方6区	5594.0	18.7	27.8
南方4区	24813.0	6.6	11.1
松花江区	1950.5	0.8	51.1
辽河区	470.3	53.8	15.3
海河区	121.5	16.2	-43.8
黄河区	796.2	15.4	30.2
淮河区	1042.5	217.7	54.0
长江区	12741.7	22.2	29.3

续表

水资源一级区	地表水资源量/亿 m³	与 2019 年比较/%	与多年平均值比较/%
其中:太湖流域	292.3	43.1	82.5
东南诸河区	1665.1	−32.7	−16.2
珠江区	4655.2	−8.1	−1.1
西南诸河区	5751.1	8.3	−0.4
西北诸河区	1213.1	−10.1	3.5

注:数据来源为水利部发布的 2020 年度《中国水资源公报》。

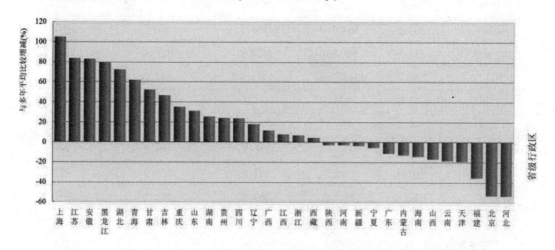

图 1-44 2020 年各省级行政区地表水资源量与多年平均值比较图(不含港澳台地区)

3. 地下水资源量

2020 年,全国矿化度≤2g/L 的地下水资源量为 8553.5 亿 m³,相对多年平均值增加 6.1%。其中,平原区地下水资源量为 2022.4 亿 m³,山丘区地下水资源量为 6836.1 亿 m³,平原区与山丘区之间的重复计算量为 305.0 亿 m³。

全国平原浅层地下水总补给量为 2093.2 亿 m³。南方 4 区平原浅层地下水计算面积占全国平原区面积的 9%,地下水总补给量为 385.8 亿 m³;北方 6 区的计算面积占 91%,地下水总补给量为 1707.4 亿 m³。其中,松花江区为 401.6 亿 m³,辽河区为 129.1 亿 m³,海河区为 185.7 亿 m³,黄河区为 166.5 亿 m³,淮河区为 341.4 亿 m³,西北诸河区为 483.1 亿 m³。

4. 水资源总量

2020 年,全国水资源总量为 31605.2 亿 m³,比多年平均值增加 14.0%,比 2019 年上升 8.8%。其中,地表水资源量为 30407.0 亿 m³,地下水资源量为 8553.5 亿 m³,地下水与地表水资源不重复量为 1198.2 亿 m³。全国水资源总量占降水总量的 47.2%。2020 年各水资源一级区水资源总量见表 1-12,2020 年各省级行政区(不含港澳台地区)水资源总量见表 1-13。

1956—2020 年全国水资源总量变化过程如图 1-45 所示。相对于多年平均值而言,全国各年度水资源总量变化相对不明显,1990—1999 年偏多 3.9%,2000—2009 年偏少 3.9%,2010 年以来偏多 3.7%。南方 4 区 1990—1999 年偏多 4.8%,2000—2009 年偏少 3.2%,2010 年以来偏多 3.2%;北方 6 区 1990—1999 年接近多年平均值,2000—2009 年偏少 6.9%,2010 年以来则偏多 5.8%。

表 1-12　2020 年各水资源一级区水资源量

水资源一级区	降水量/mm	地表水资源量/亿 m³	地下水资源量/亿 m³	地下水与地表水资源不重复量/亿 m³	水资源总量/亿 m³
全国	706.5	30407.0	8553.5	1198.2	31605.2
北方 6 区	373.1	5594.0	2820.1	1051.0	6645.0
南方 4 区	1297.0	24813.0	5733.4	147.2	24960.2
松花江区	649.4	1950.5	647.3	302.6	2253.1
辽河区	589.4	470.3	200.0	94.7	565.0
海河区	552.4	121.5	238.5	161.6	283.1
黄河区	507.3	796.2	451.6	121.2	917.4
淮河区	1060.9	1042.5	463.1	261.2	1303.6
长江区	1282.0	12741.7	2823.0	121.2	12862.9
其中:太湖流域	1543.4	292.3	54.5	20.8	313.1
东南诸河区	1582.3	1665.1	429.4	12.1	1677.3
珠江区	1540.5	4655.2	1068.7	13.8	4669.0
西南诸河区	1091.9	5751.1	1412.4	0.0	5751.1
西北诸河区	159.6	1213.1	819.6	109.7	1322.8

注:1. 地下水资源量包括当地降水和地表水及外调水入渗对地下水的补给量;

2. 数据来源为水利部发布的 2020 年度《中国水资源公报》。

表 1-13　2020 年各省级行政区水资源量(不含港澳台地区)

省级行政区	降水量/mm	地表水资源量/亿 m³	地下水资源量/亿 m³	地下水与地表水资源不重复量/亿 m³	水资源总量/亿 m³
全国	706.5	30407.0	8553.5	1198.2	31605.2
北京	560.0	8.2	22.3	17.5	25.8
天津	534.4	8.6	5.8	4.7	13.3
河北	546.7	55.7	130.3	90.6	146.3
山西	561.3	72.2	85.9	42.9	115.2

省级行政区	降水量/mm	地表水资源量/亿 m³	地下水资源量/亿 m³	地下水与地表水资源不重复量/亿 m³	水资源总量/亿 m³
内蒙古	311.2	354.2	243.9	149.7	503.9
辽宁	748.0	357.7	115.2	39.4	397.1
吉林	769.1	504.8	169.4	81.4	586.2
黑龙江	723.1	1221.5	406.5	198.5	1419.9
上海	1554.6	49.9	11.6	8.7	58.6
江苏	1236.0	486.6	137.8	56.8	543.4
浙江	1701.0	1008.8	224.4	17.8	1026.6
安徽	1665.6	1193.7	228.6	86.7	1280.4
福建	1439.1	759.0	243.5	1.3	760.3
江西	1853.1	1666.7	386.0	18.8	1685.6
山东	838.1	259.8	201.8	115.5	375.3
河南	874.3	294.8	185.8	113.7	408.6
湖北	1642.6	1735.0	381.6	19.7	1754.7
湖南	1726.8	2111.2	466.1	7.6	2118.9
广东	1574.1	1616.3	399.1	9.7	1626.0
广西	1669.4	2113.7	445.4	1.1	2114.8
海南	1641.4	260.6	74.6	3.0	263.6
重庆	1435.6	766.9	128.7	0.0	766.9
四川	1055.0	3236.2	649.1	1.1	3237.3
贵州	1417.4	1328.6	281.0	0.0	1328.6
云南	1157.2	1799.2	619.8	0.0	1799.2
西藏	600.6	4597.3	1045.7	0.0	4597.3
陕西	690.5	385.6	146.7	34.0	419.6
甘肃	334.4	396.0	158.2	12.0	408.0
青海	367.1	989.5	437.3	22.4	1011.9
宁夏	309.7	9.0	17.8	2.1	11.0
新疆	141.7	759.6	503.5	41.4	801.0

注:1. 地下水资源量包括当地降水和地表水及外调水入渗对地下水的补给量;

2. 数据来源为水利部发布的 2020 年度《中国水资源公报》。

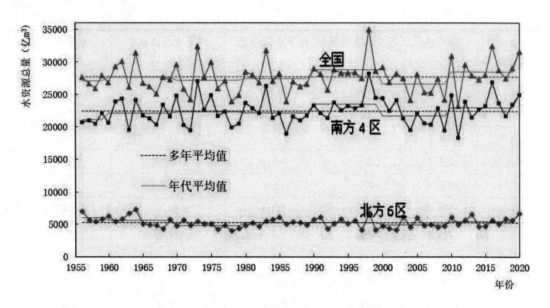

图 1-45　1956-2020 年全国水资源总量变化图

工作任务二　水资源评价

一、水资源评价概述

(一)概念

联合国教科文组织和世界气象组织于 1988 年共同提出:水资源评价是指对水资源的源头、数量范围及其可依赖程度、水的质量等方面的确定,并在其基础上评估水资源利用和控制的可能性。水资源逆评价对水资源的数量、质量、时空分布特征和开发利用条件进行分析评定,其评价活动应当包括对评价范围内全部水资源量及其时空分布的变化幅度和特点、水资源可利用量的估计,各类用水的现状及其前景、全区及其分区水资源供需状况及预测,解决供需矛盾的可能途径,并评价水工程措施的效益及负面影响,以及提出政策性建议等。水资源评价是进行水资源规划可行性研究的基础性前期工作。

(二)原则

水资源评价的目的是查清流域或区域水资源的数量、质量和可利用量等基础成果,分析和评价水资源承载能力,通过水资源及其开发利用情况调查评价,摸清水资源及其开发利用现状并预测未来的可能变化趋势,为需水预测、供水预测、水资源配置、节约用水、水资源保护等工作提供分析成果,为制订水资源规划方案及水资源管理措施奠定基础。

总体而言,秉承地表水与地下水统一评价、水质水量并重、全面评价与重点区域评价相结合、水资源可持续利用与社会经济发展和生态环境保护相协调的原则对水资源进行评价。对于地表水和地下水,水资源评价原则略有不同。

1. 地表水资源评价原则

（1）一致性原则

一般来讲,水资源基础评价使用的水文要素系列,年限越长越好,但当系列参差不齐时,宜用相同长度的同步系列。如我国第一次全国水资源评价时,规定系列为 1956～1979 年共 24 年同步期,全国水资源综合规划水资源评价用的是 1956～2000 年和 1980～2000 年 2 个系列,一个为 45 年,一个为 21 年。这样有利于横向比较。

（2）代表性原则

水资源基础评价资料的代表性原则,即系列的时间代表性和空间代表性。

（3）不重复性原则

进行水资源基础评价时,由于分区、分类、汇总的需要,要将各项数据列清,如某区域的地表水资源量、还原水量、地下水资源量、重复计算量、水资源总量、人境水量、出境水量等。一般不把入境水量列入本区域的水资源总量中,即算清当地产水量。

（4）合理性原则

水资源基础评价应强调其合理性原则,尤其是水量平衡原理。

2. 地下水资源评价原则

对于地下水资源评价原则,除遵循上述地表水评价原则外,还有下列原则。

（1）空间原则

局部水源地应以区域或流域地下水资源评价为前提。局部水源地是区域或流域水文地质的组成部分。局部水源地地下水资源与区域地下水资源是有密切联系的,在对整个流域地下水流域作粗略评价的基础上,再对局部水源地做出评价。

（2）时间原则

地下水资源评价应建立在地下水随时间变化的基础上。地下水的补给量、排泄量以及储存量均随时间变化。地下水资源的各种特征量属于随机变量。因此,在进行地下水资源评价时,应当强调是何种典型年份的地下水资源量。一般来说,丰、平、枯年份分别以保证率 20%、50%、80% 为代表。

（3）总体原则

地下水资源评价应以当地水资源总量的分析为基础。流域地下水是流域内水资源总量的一个组成部分。搞清当地水资源总量的基本结构和关系,合理地计算地下水补给量、排泄量、储存量,从而计算出比较符合实际的地下水可开采量。另外,地下水和地表水是互相转化的,应考虑它们的重复计算部分。

二、水资源评价主要内容

(一)评价基础

在进行水资源评价之前,应了解评价区的水资源自然特性,这些特性包括以下几方面:

1. 水资源条件

如水资源的主要组成部分、河川径流的年内分配和年际变化、河川径流中的各种极值对比、水旱灾害、水资源地区分布、水土资源的组合以及水资源与人口、水资源与社会发展等的对比情况;

2. 水资源基本形势

为了与其他国家或地区比较,通常以人均占有水资源量、单位耕地面积占有水资源量等指标进行比较;

3. 水资源质量状况

如水质、泥沙、污染等方面的特点及其在开发利用中可能带来的问题等;

4. 水资源的多功能和地区特点

这是制订水资源综合利用规划的依据。

上述水资源自然特征是水资源的基本状况而针对水资源的特点和问题需采取的对策则是在水资源评价的最后一部分,即对水资源利用评价、水环境评价中进行。

(二)主要内容

水资源评价的主要内容包括以下几方面:

1. 概况

叙述评价范围的河流水系的自然特征、地形地貌、水文地质、土壤、植被、气候、湖泊、冰川等和人文社会特征,人口、耕地、水文气象站网等;

2. 降水

进行水资源分区、降水系列代表性分析、降水时空分布规律分析、降水统计特性分析、降水等值线图绘制等;

3. 蒸发能力及干旱指数

包括蒸发能力及干旱指数时空分布规律、蒸发能力统计特性、蒸发能力等值线图等;

4. 河流泥沙

包括河流泥沙的统计特性;

5. 地表水资源量

包括分区水资源量、江河水资源量和入海或出入境水量;

6. 地下水资源量

包括分区、参数确定,平原区和山丘区地下水资源量确定,地下水资源地区分布;

7. 地表水水质

包括各水资源分区地表水体的水化学类型,水质现状(含污染状况、水质变化趋势、供水水源地水质以及水功能区水质达标情况等);

8. 地下水水质

主要评价对象是平原区浅层地下水以及进行地下水可开采量评价的岩溶水和基岩裂隙水,评价内容包括地下水化学分类、地下水现状水质评价以及近期场下水水质动态变化趋势和地下水污染分析等;

9. 水资源总量

弄清其概念和计算方法;

10. 水资源可利用量

主要研究对象是地表水资源可利用量、地下水资源可开采量和水资源可利用总量;

11. 水资源演变情势分析

对在水资源的形成和转化中起主要作用的一些关键因素的未来可能变化趋势进行趋势分析和情景预测,预测未来水资源量、水质和水资源可利用量的可能变化趋势。

进行水资源评价,应制定评价工作大纲,统一技术要求,编写技术细则。明确评价的目的、评价范围、评价项目、各项资料搜集的标准、评价方法和预期成果。技术细则要求提出工作所需的基础资料和成果,对资料年限、统计口径、适用范围、精确程度等提出具体要求;规范各种图、表的具体内容,制作步骤和方法,表示方式与效果等;统一规范和规定评价及预测方法。

例如,1979 年我国第一次全国水资源评价的目的是满足《1978~1985 年全国科学技术发展规划纲要》中的重点科学技术项目—《农业自然资源调查和农业区划》的要求,提出"水资源综合评价和合理利用研究",回答了:①我国有多少水资源量,质量情况以及现状的时空分布情况;②水资源利用的现状和预期情况;③供需平衡存在的主要问题;④如何解决存在的问题等。

近年已完成的新一轮全国水资源评价是为了进一步贯彻国家新时期的治水方针,适应经济社会发展和水资源形势的变化,着力缓解水资源短缺、生态环境恶化等重大水问题。水利部、国家发展和改革委员会部署开展了全国水资源综合规划工作,其目标是为全国水资源统一管理和可持续利用提供规划基础,在查清各地水资源及其开发利用现状、分析和评价水资源承载能力的基础上,根据经济社会可持续发展和生态环境保护对水资源的要求,提出流域水资源合理开发、高效利用、有效节约、优化配置、积极保护和综合治理的总体布局及实施方案,促进各地区人口、资源、环境和经济的协调发展,以水资源的可持续利用支持经济社会的可持续发展。

(三)水平年和典型年选择

根据水文系列的频率分析,选择不同频若干典型年:平水年 $P=50\%$,一般枯水年 $P=75\%$;特别枯水年 $P=90\%$(或 95%)。水平年的确定应与国民经济和社会发展以及可持续发展的总目标相协调。水平年分为现状水平年(基准年)、近期水平年(基准年后 5~10 年)、远景水平年(基准年后 15~20 年)和远景设想水平年(基准年后 30~50 年)。典型年选取时应满足以下条件:

(1)典型年年水量或供水期水量(或某时段水量)与设计频率相应时段的水量接近;

(2)应当选择对工程不利的年内分配。

工作任务三　地表水资源计算方法

地表水资源量是河流、湖泊、水库等地表水体中由当地降水形成的可以逐年更新的动态水量,用天然河川径流量表示。人们通常把河流"动态"资源——河川径流即水文站测量的控制断面流量,近似作为地表水资源,它包括了上游径流流入量和当地地表产水量。因此,可通过对河川径流的分析计算地表水资源量。它要求计算各典型年及多年平均的径流量,同时研究河川径流的时空变化规律,用以评价地表水,为直接利用或调节控制地表水资源提供依据。

一、资料搜集与处理

(一)资料的搜集

收集径流资料的要求与收集降水资料的要求基本相同,主要内容有:

(1)选取研究区及相关的水文站(或其他类型的站点)的径流资料;

(2)收集研究区自然地理方面的资料,如地质、土壤、植被和气象资料等;

(3)收集研究区水利工程及其他相关资料。

(二)资料的审查

径流资料的审查原则和方法与前面介绍的降水资料审查相同。

(三)径流资料的处理

径流资料的处理包括资料的插补延长和资料的还原。资料的插补延长方法与前面介绍的降水资料的插补延长方法相同。资料的还原计算包括水量平衡法、降雨径流相关法、模型计算法等。

二、河川径流量计算

根据研究区的气象及下垫面条件,综合考虑气象、水文站点的分布情况,河川径流量的计算可采用代表站法、等值线法、水文比拟法等。

(一)河川径流年与多年平均径流量计算

代表站法是指在研究区内选择有代表性的测站(包括流域产、汇流条件、资料条件等均有代表性),计算其多年平均径流量与不同频率的径流量,然后采用面积加权法或综合分析法把代表站的计算成果推广到整个研究区的方法。因此该法的关键是求得代表站的径流成果后,如何处理好与面积有关的各类问题。当研究区与代表站所控制面积的各种条件基本相似时,代表站法依据所选代表站个数和区域下垫面条件的不同而采取不同的计算形式。

1. 代表站法

(1)单一代表站

当区域内可选择一个代表站并基本能够控制全区,且上下游产水条件差别不大,可用下两式计算研究区的逐年径流量及多年平均径流量。

$$W_d = \frac{F_d}{F_r} \cdot W_r$$

$$\overline{W_d} = \frac{F_d}{F_r} \cdot \overline{W_r}$$

式中:

W_d、W_r——分别为研究区、代表站年径流量,亿 m^3;

F_d、F_r——分别表示研究区和代表站的控制面积,km^2;

$\overline{W_d}$、$\overline{W_r}$——分别为研究区、代表站多年平均径流量,亿 m^3。

若代表站不能控制全区大部分面积,或上下游产水条件又有较大的差别时,则应采用与研究区产水条件相近的部分代表流域的径流量及面积(如区间径流量与相应的集水面积),可推求全区逐年径流量或相应的多年平均径流量。

(2)多个代表站

当区域内可选择两个(或两个以上)代表站时,若研究区域内气候及下垫面条件差别较大,则可按气候、地形、地貌等条件,将全区划分为两个 (或两个以上)研究区域,每个研究区均按下式计算分区逐年径流量,相加后得全区相应的年径流量计算公式为:

$$W_d = \frac{F_{d1}}{F_{r1}} \cdot W_{r1} + \frac{F_{d2}}{F_{r2}} \cdot W_{r2} + \cdots + \frac{F_{dn}}{F_{rn}} \cdot W_{rn}$$

式中：

W_{r1}、W_{r2}、……W_{rn}——各代表站年径流量，亿 m^3；

F_{r1}、F_{r2}、……F_{rn}——各代表站控制流域面积，km^2；

W_d——研究区年径流量，亿 m^3。

若研究区内气候及下垫面条件差别不大，产汇流条件相似，上式 可改写为如下形式，即：

$$W_d = \frac{F_d}{F_{r1} + F_{r2} + \cdots + F_{rn}}(W_{r1} + W_{r2} + \cdots + W_{rn})$$

同理，可采用上述方法计算多年平均径流量。

当研究区与代表站的流域自然地理条件差别过大时，当代表站的代表性不是很突出时，例如自然条件相差较大，此时不能简单地仅用面积为权重计算年与多年平均径流量，而应当选择其他一些对产水量有影响的指标以对研究区的年与多年平均径流量进行修正。这种修正主要有以下几个方面。

（1）引用多年平均降水量进行修正：在面积为权重的计算基础上，再考虑代表站和研究区降水条件的差异，可进行如下修正：

$$W_d = \frac{F_d \cdot \overline{P_d}}{F_r \cdot \overline{P_r}}W_r$$

式中：

$\overline{P_d}$、$\overline{P_r}$——分别为研究区和代表站的多年平均降雨量，mm；

其他符号意义同前。

（2）引用多年平均年径流深进行修正：

$$W_d = \frac{F_d \cdot \overline{R_d}}{F_r \cdot \overline{R_r}}W_r$$

式中：

$\overline{R_d}$、$\overline{R_r}$——分别为研究区和代表站的多年平均径流深，mm；

式中其他符号意义同前。

（3）引用多年平均降雨量和多年平均径流系数进行修正：该法不仅考虑了多年平均降雨量的影响，而且考虑了下垫面对产水量的综合影响，引用多年平均径流系数（$\overline{\alpha}$）可进行修正。

$$W_d = \frac{F_d \cdot \overline{P_d} \cdot \overline{\alpha_d}}{F_r \cdot \overline{P_r} \cdot \overline{\alpha_r}}W_r$$

式中：

$\overline{\alpha_d}$、$\overline{\alpha_r}$——分别表示研究区与代表站的多年平均径流系数，无因次；

$\overline{P_d}$、$\overline{P_r}$——分别表示研究区与代表站的多年平均降水量,mm。

其他符号意义同前。

(4)引用年降水量或年径流深修正:当研究区和代表站有足够的实测降雨和径流资料时,可以用该法进行修正。即在以面积为权重的基础上,进行逐年计算,进一步可求得多年平均径流量。

2. 等值线法

用年或多年平均的径流深等值线法,推求研究区的年或多年平均的径流,是一种常用的方法。通常在研究区缺乏实测资料时,而大区域(包括研究区)有足够资料用这种方法是可行的。

3. 其他方法

研究区年与多年平均径流量还可以用降雨径流相关法、水文比拟法、水文模型法等进行求算。

(二)河川径流不同频率径流量计算

用代表站法求得的研究区逐年径流量系列,在此基础上采用水文统计法进行频率分析计算,即可推求研究区不同频率的年径流量及多年平均径流量。

三、河川径流量时空分布

(一)时间分布

受多种因素综合影响的河川径流年内及年际分配有很大差别,在开发利用水资源时,研究它具有现实意义。

1. 多年平均径流的年内分配

常用多年平均的月径流过程、多年平均的连续最大四个月径流百分率和枯水期径流百分率表示年内分配。

(1)多年平均的月径流过程线常用直方图或列表法的形式,一目了然地描述出径流的年内分配,既直观又清楚。

(2)最大四个月的径流总量占多年径流总量的百分数。

(3)枯水期径流百分率是指枯水期径流量与年径流量比值的百分数。根据灌溉、养鱼、发电、航运等用水部门的不同要求,枯水期可分别选 5~6 月,1~5 月或 11 月至翌年 4 月等。

以下是以不同的形式描述径流的年内分配。例如,山东省多年平均 6~9 月天然径流量占全年的 75%左右,其中 7、8 两月天然径流量约占全年的 57%,而枯季 8 个月的天然径流量仅占全年径流量的 25%左右。河川径流年内分配高度集中的特点给水资源的开发利用带来了困难,严重制约了山东省经济社会的快速健康发展。沭河水文站控制断面多年平均年径流量年内分配的情况如图1-46所示。

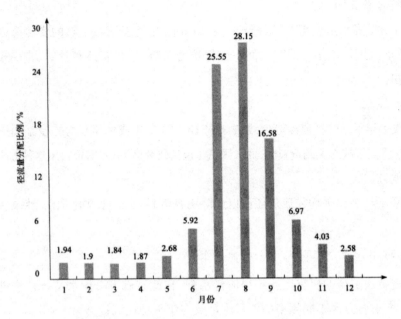

图1-46 沭河水文站控制断面多年平均年径流量年内分配图

2. 不同频率年径流年内分配

(1)典型年法

以典型年的年内分配作为相应频率设计年内分配过程,这种方法叫典型年法。选择典型年时,应当使典型年径流量接近某一频率的径流量,并要求其月分配过程不利于用水部门的要求和径流调节。在实际工作中可根据某一频率的年径流量,挑选年径流量接近的实测年份若干个,然后分析比较其分配过程,从中挑选资料质量较好,月分配不利的年份为典型年,再用同倍比或同频率法求出相应频率的径流年内分配过程。

(2)随机分析法

采用典型年法计算径流年内分配过程时,相同频率的不同年份的年径流量的年内分配形式往往有很大差别。用指定频率的年径流量控制选择典型年由此确定不同需水期,供水量的水量分配,容易产生较大的误差。若根据需水期或供水期(季节或某一时段)逐年系列进行频率计算,求得不同频率的相应时段的水量,以此为控制选择典型年,将其径流分配过程作为该频率的径流年内分配过程,这种方法称为随机分析法。

(3)对于省内河流,可以直接查用各省、自治区、直辖市编制的水文手册或水文图集中的不同频率年径流年内分配过程。

3. 径流的年际变化

径流的年际变化,可用年径流变差系数 C_v 值反映。一般情况下,年径流变差系数愈大,径流年际间变化愈大;反之亦然。

除了用变差系数 C_v 反映径流量的年际变化幅度,通常在水资源评价中还用极值比法,即径流最大值与最小值的比值。

年径流的周期变化规律可通过差积分析、方差分析、累计平均过程线及滑动平均过程线等方法分析得到,这些方法的结果都能反映年径流变化的周期。

对年径流连续丰水和连续枯水变化规律的分析十分重要。此外,选择资料质量好实际系列较长的代表站,通过对丰、平、枯水年的周期分析及连丰、连枯变化规律分析研究河川径流量的多年变化。目前采用实测系列长的代表站,通过对年径流系列的频率计算,可将径流量划分为 5 级:丰水年 $(p<12.5\%)$,偏丰年 $(p=12.5\%\sim37.5\%)$,平水年 $(p=37.5\%\sim62.5\%)$,偏枯水年 $(p=62.5\%\sim87.5\%)$,枯水年 $(p>87.5\%)$,统计分析连丰、连枯年出现的规律,提出研究区中连丰、连枯的年数及其频率,为水资源开发利用提供依据。

例如《山东省水资源综合规划》(2007 年)中对山东省径流量的年内分配和年际变化分析结果如下:

从年径流量的变差系数 C_v 来看,天然径流量的年际变化幅度比降水量的变化幅度要大得多。对 1956-2000 年系列而言,全省平均年径流量的变差系数 C_v 为 0.60,各水文控制站年径流量变差系数 C_v 一般在 0.54~1.34。

从年径流量极值比来看,全省最大年径流量 6684228 万 m^3,发生在 1964 年最小年径流量 450136 万 m^3,发生在 1989 年,极值比为 14.8。全省各水文站历年最大年径流量与最小年径流量的比值在 7.8~5056。其中,胶东半岛区和胶莱大沽区各水文站极值比较大,大部分站点的极值比都大于 70。全省年径流量极值比最大的水文站是福山站,极值比为 5 056,最大年径流量出现在 1964 年,是 70780 万 m^3,最小年径流量出现在 1989 年,仅 14 万 m^3;全省极值比最小的站是官庄站,比值为 7.8。

山东省天然径流量不仅年际变化幅度大,而且有连续丰水年和连续枯水年现象三年(包括三年)以上的连续枯水年有四个:1966~1969 年、1977~1979 年、1981~1984 年及 1986~1989 年,最小年径流量出现在 1986~1989 年;三年(包括三年)以上的连续丰水年仅有 1960~1965 年,最大年径流量出现在该时段。长时间连丰、连枯给水资源开发利用带来很大的困难,特别是 1981~1984 年和 1986~1989 年两个连续枯水期的出现,严重影响了工农业生产和城乡人民的生活。

(二)空间分布

年径流的空间分布主要取决于降水的空间分布,同时也受下垫面的影响。描述年径流空间变化的方法是用年径流深或多年平均年径流深等值线图。例如,从山东省 1956~2000 年平均年径流深等值线图上可以看出:总的分布趋势是从东南沿海向西北内陆递减,等值线走向多呈西南—东北走向。多年平均年径流深多在 25~300mm。鲁北地区、鲁西平原区、泰沂山以北及胶莱河谷地区,多年平均年径流深度小于 100mm。其中鲁西北地区的武城、临清、冠县一带是全省的低值区,多年平均年径流深尚不足 25mm。鲁中南及胶东半岛山丘地区,年径流深度大于 100mm,其中蒙山、五莲山、崂山及枣庄东北部地区,年径流深达 300mm以上,是山东省径流的高值区。高值区与低值区的年径流深相差 10 倍以上。根据全国划分的五大类型地带,山东省大部分地区属于过渡带,少部分地区属于多水带和少水带。

四、分区地表水资源分析计算

分区地表水资源量,即现状条件下的区域天然径流量。根据河流径流情势,水资源分布特点及自然地理条件,按其相似性进行分区。水资源分区除考虑水资源分布特征及自然条件的相似性或一致性外,还需兼顾水系和行政区划的完整性,满足农业规划、流域规划、水资源估算和供需平衡分析等要求。我国水资源分区为一级、二级和三级分区,行政分区为省级、地级和县级分区。

根据区域的气候及下垫面条件,综合考虑气象、水文站点的分布,实测资料年限与质量等情况,可采用代表站法、等值线法、年降水径流相关法、水文比拟法等来计算分区地表水资源量及其时空分布。

五、出境、入境、入海地表水量计算

入境水量是天然河流经区域边界流入区内的河川径流量,出境水量是天然河流经区域边界流出区域的河川径流量,入海水量是天然河流从区域边界流入海洋的水量。在水资源分析评价计算中,一般应当分别计算多年平均及不同频率年(或其他时段)出境、入境、入海水量,同时要研究出境、入境、入海水量的时空分布规律,以满足水资源供需分析的需要

(一) 多年平均及不同频率年出境、入境、入海水量计算

出境、入境、入海水量计算应选取评价区边界附近的或河流入海口水文站,根据实测径流资料采用不同方法换算为出、入境断面的或入海断面的逐年水量,并分析其年际变化趋势。应该注意的是出境、入境、入海水量的计算,必须在实测径流资料已经还原的基础上进行。

1. 代表站法

当区域内只有一条河流过境时,若其境(或出境)、入海处恰有径流资料年限较长且具有足够精度的代表站,该站多年平均及不同频率的年径流量,即为计算区域相应的入境(或出境)、入海水量。

在大多数情况下,代表站并不恰好处于区域边界上。例如,某区域入境代表站位于区内,其集水面积与本区面积有一部分相重复,这时需首先计算重复面积上的逐年产水量,然

后从代表站对应年份的水量中予以扣除,从而组成入境逐年水量系列,经频率计算后得多年平均及不同频率年入境水量。若入境代表站位于区域的上游,则需在代表站逐年水量系列的基础上,加上代表站以下至区域入境边界部分面积的逐年产水量,按同样方法推求多年平均及不同频率年入境水量。多年平均及不同频率年出境入海水量,按以上同样方法进行计算。

2. 水量平衡法

河流上、下断面的年水量平衡方程式可以写成:

$$W_下 = W_上 + W_支 - W_蒸发 - W_渗漏 + W_地下 - W_{引,提} + W_回归 \pm \Delta W_槽蓄$$

式中

$W_上$、$W_下$——上、下断面的年径流量;

$W_支$——年区间加入水量;

$W_蒸发$——河道水面蒸发量;

$W_渗漏$——河道渗漏量;

$W_地下$——地下水补给量;

$W_{引,提}$——河道上、下游断面之间的引水和提水量;

$W_回归$——回归水量;

$\Delta W_槽蓄$——河槽蓄水变化量。

上式中各变量的单位均为亿 m^3 或万 m^3。当过境河流的上、下断面恰与区域上、下游边界重合时,上式 便可改写为:

$$W_出 = W_入 + W_支 - W_蒸发 - W_渗漏 + W_地下 - W_{引,提} + W_回归 \pm \Delta W_槽蓄$$

式中

$W_出$、$W_入$——区域年出境、入境水量,亿 m^3 或万 m^3。

其他符号意义同前。

当已知 $W_入$(或 $W_出$)和其他各分量时,可求得 $W_出$ 或($W_入$)。

当区域内有几条河流过境或入海时,需逐年将各河流的年入(出)境、入海水量相加,组成区域逐年总入(出)境、入海水量系列,经频率计算后得多年平均及不同频率的入(出)境、入海水量。根据各用水部门的不同要求,有时需要推求多年平均及不同频率的季(月)入(出)境、入海水量,其计算方法与其类同。

(二)时空分布

入(出)境、入海水量的时间分布主要用年内分配、年际变化来反映。在一般情况下,入(出)境、入海水量的年内分配可用正常年水量的月分配过程或连续最大四个月、枯水期水量占年水量的百分率等来反映,也可分析指定频率年入(出)境、入海水量的年内分配形式。

入（出）境、入海水量的年际变化,可用代表站年入(出)境、入海水量的变差系数表示,也可通过入（出)境、入海水量的周期变化规律和连丰、连枯变化规律来反映。

工作任务四　地下水资源计算方法

地下水资源是水资源的重要组成部分,对其计算是水资源评价的一项重要内容。

一、有关概念

(1)地下水是指赋存于地表面以下岩土空隙中的饱和重力水。

(2)地下水在垂向上分层发育。赋存在地表面以下第一含水层组内、直接受当地降水和地表水体补给、具有自由水位的地下水,称为潜水;赋存在潜水以下、与当地降水和地表水体没有直接补排关系的各含水层组的地下水,称为承压水。

(3)浅层地下水是指埋藏相对较浅、由潜水及与当地潜水具有较密切水力联系的弱承压水组成的地下水称为浅层地下水。

(4)深层承压水是指埋藏相对较深、与当地浅层地下水没有直接水力联系的地下水,称为深层承压水。深层承压水分层发育,潜水以下各含水层组的深层承压水依次称为第2、3、4、……含水层组深层承压水,其中,第2含水层组深层承压水不包括弱承压水。

(5)地下水资源量指地下水中参与水循环且可以更新的动态水量 (不含井灌回归补给量)。

(6)地下水可开采量是指在可预见的时期内,通过经济合理、技术可行的措施在不引起生态环境恶化条件下允许从含水层中获取的最大水量。

二、资料搜集

需要详细调查统计的基础资料主要有:

(1)地形、地貌及水文地质资料;

(2)水文气象资料;

(3)地下水水位动态监测资料;

(4)地下水实际开采量资料;

(5)因开发利用地下水引发的生态环境恶化状况;

(6)引灌资料;

(7)水均试验场、抽水试验等成果,前人的有关研究、工作成果;

(8)其他有关资料。

三、地下水类型区的划分

地下水类型区(以下简称"类型区")按 3 级划分,同一类型区的水文及水文地质条件比较相近,不同类型区之间的水文及水文地质条件差异明显。各级类型区名称及划分依据见表 1-14。

表 1-14 地下水资源计算类型区名称及划分依据

Ⅰ级类型区		Ⅱ级类型区		Ⅲ级类型区	
划分依据	名称	划分依据	名称	划分依据	名称
区域地形地貌特征	平原区	次级地形地貌特征、含水层岩性及地下水类型	一般平原区	水文地质条件、地下水埋深、包气带岩性及厚度	均衡计算区 ⋮
			内陆盆地平原区		均衡计算区 ⋮
			山间平原区(包括山间盆地平原区、山间河谷平原区和黄土高原台塬区)		均衡计算区 ⋮
	山丘区		沙漠区		均衡计算区 ⋮
			一般山丘区		均衡计算区 ⋮
			岩溶山区		均衡计算区 ⋮

Ⅰ级类型区划分 2 类:平原区和山丘区。平原区系指海拔高程相对较低、地面起伏不大、第四系松散沉积物较厚的宽广平地,地下水类型以第四系孔隙水为主(被平原区围裹、面积不大于 1000 km 的山丘,可划归平原区);山丘区系指海拔高程相对较高、地面绵延起伏、第四系覆盖物较薄的高地,地下水类型包括基岩裂隙水、岩溶水和零散的第四系孔隙水。山丘区与平原区的交界处具有明显的地形坡度转折,该处即为山丘区与平原区之间的界线。

Ⅱ级类型区划分6类。其中,平原区划分4类:一般平原区、内陆盆地平原区山间平原区（包括山间盆地平原区、山间河谷平原区和黄土台源区,下同）和沙漠区。一般平原区指与海洋为邻的平原区;内陆盆地平原区指被山丘区环抱的内陆性平原区,该区往往与沙漠区接壤;山间平原区指四周被群山环抱、分布于非内陆性江河两岸的平原区;沙漠区指发育于干旱气候区的地面波状起伏、沙石裸露、植被稀疏矮小的平原区,又称荒漠区;山丘区划分2类:一般山丘区和岩溶山区。一般山丘区指由非可溶性基岩构成的山地（又称一般山区）或丘陵（又称一般丘陵区）,地下水类型以基岩裂隙水为主;岩溶山区指可溶岩构成的山地,地下水类型以岩溶水为主。

Ⅲ级类型区划分是在Ⅱ级类型区划分的基础上进行的。每个Ⅱ级类型区,首先根据水文地质条件划分出若干水文地质单元,然后再根据地下水埋深、包气带岩性及厚度等因素,将各水文地质单元分别划分出若干个均衡计算区,称Ⅲ级类型区。均衡计算区是各项资源量的最小计算单元。

四、水文地质参数的确定方法

水文地质参数是各项补给量、排泄量以及地下水蓄变量计算的重要依据。应根据有关基础资料(包括已有资料和开展观测、试验、勘察工作所取得的新成果资料),进行综合分析、计算,确定出适合于当地近期条件的参数值。

(一)给水度 μ 值

给水度是指饱和岩土在重力作用下自由排出的重力水的体积与该饱和岩土体积的比值。μ 值大小主要与岩性及其结构特征（如岩的颗粒级配、孔隙裂隙的发育程度及密实度等)有关;此外,第四系孔隙水在浅埋深(地下水埋深小于地下水毛细管上升高度)时,同一岩性,μ 值随地下水埋深减小而减小。

确定给水度的方法很多,目前,在区域地下水资源量评价工作中常用的方法有:

1. 抽水试验法

抽水试验法适用于典型地段特定岩性给水度测定。在含水层满足均匀无限(或边界条件允许简化)的地区,可采用抽水试验测定的给水度成果。

2. 地中渗透仪测定法和筒测法

通过均衡场地中渗透仪测定(测定的是特定岩性给水度)或利用特制的测筒进行筒测,即利用测筒(一般采用截面积为 3000 cm² 的圆铁筒)在野外采取原状土样,在室内注水令土样饱和后,测量自由排出的重力水体积,以排出的重力水体积与饱和土样体积的比值定量为该土样的给水度。这两种测定方法直观、简便,特别是筒测法可测定黏土、亚黏土、亚砂土、粉细砂、细砂等岩土的给水度 μ 值。

3. 实际开采量法

该方法适用于地下水埋深较大(此时,潜水蒸发量可忽略不计)且受侧向径流补排、河道补排和渠灌入渗补给都十分微弱的井灌区的给水度 μ 值测定。根据无降水时段(称计算时段)内观测区浅层地下水实际开采量、潜水水位变幅,采用下式计算给水度 μ 值:

$$\mu = \frac{Q_{开}}{F \cdot \Delta h}$$

式中

$Q_{开}$——计算时段内观测区浅层地下水实际开采量,m^3;

Δh——计算时段内观测区浅层地下水平均水位降幅,m;

F——观测区面积,m^2。

在选取计算时段时,应注意避开动水位的影响。为提高计算精度,可选取开采强度较大、能观测到开采前和开采后两个较稳定的地下水水位且开采前后地下水水位降幅较大的集中开采期作为计算时段。

4. 其他方法

在浅层地下水开采强度大、地下水埋藏较深或已形成地下水水位持续下降漏斗的平原区(又称超采区),可采用年水量平衡法及多元回归分析法推求给水度 μ 值。

值得注意的是:由于岩土组成与结构的差异,给水度 μ 值在水平、垂直两个方向变化较大。目前,μ 值的试验研究与各种确定方法都还存在一些问题,影响 μ 值的测试精度。因此,应尽量采用多种方法计算,相互对比验证,并结合相邻地区确定的 μ 值进行综合分析,合理定量。

(二)降水入渗补给系数 a 值

降水入渗补给系数是降水入渗补给量 P_r 与相应降水量 P 的比值,即 $a = P_r/P$。影响 a 值大小的因素很多,主要有包气带岩性、地下水埋深、降水量大小和强度、土壤前期含水量、地形地貌、植被及地表建筑设施等。目前,确定 a 值的方法主要有地下水水位动态资料计算法、地中渗透仪测定法和试验区水均衡观测资料分析法等。

1. 地下水水位动态资料计算法

在侧向径流较微弱、地下水埋藏较浅的平原区,根据降水后地下水水位升幅 Δh 与变幅带相应埋深段给水度 μ 值的乘积(即 $\mu \cdot \Delta h$)与降水量 P 的比值计算 a 值。计算公式:

$$\alpha_{年} = \frac{\mu \cdot \sum \Delta h_{次}}{P_{年}}$$

式中 $a_{年}$——年均降水入渗补给系数,无因次;

$\sum \Delta h_{次}$——年内各次降水引起的地下水水位升幅的总和,mm;

$P_年$—年降水量,mm。

该计算法是确定区域 a 值的最基本、常用的方法。$a_年$ 在单站(分析 a 值选用的地下水水位动态监测井)上取多年平均值,分区上取各站多年平均 a 值的算术平均值(站点在分区上均匀分布时)或面积加权(泰森法)平均值(站点在分区上不均匀分布时)做出不同岩性的降水入渗补给系数 a、地下水埋深 Z 与降水量 P 之间的关系曲线(即 $P{\sim}a{\sim}Z$ 曲线),并根据该关系曲线推求不同 P、Z 条件下的 a 值。

在西北干旱区,一年内仅有少数几次降水对地下水有补给作用,这几次降水称有效降水,这几次有效降水量之和称为年有效降水量($P_{年有效}$)。$P_{年有效}$ 相应的 a 值称为年有效降水入渗补给系数($a_{年有效}$)。$a_{年有效}$ 为年内各次有效降水入渗补给地下水水量之和与年内各次有效降水量之和 $P_{年有效}$ 的比值,即:

$$\alpha_{年有效} = \frac{\mu \cdot \sum \Delta h_次}{P_{年有效}}$$

采用 $a_{年有效}$ 计算降水入渗补给量 P_r 时,应用统计计算的 $P_{年有效}$,不得采用 $P_年$。

分析 a 值应选用具有较长地下水水位动态观测系列的观测井资料,受地下水开采灌溉、侧向径流、河渠渗漏影响较大的长观资料,不适宜作为分析计算 a 值的依据。选取水位升幅 Δh 前,必须绘制地下水水位动态过程线图,在图中标示出各次降水过程(包括次降水量及其发生时间)和浅层地下水实际开采过程(包括实际开采量及其发生时间),不能仅按地下水水位观测记录数字进行演算。

目前,地下水水位长观井的监测频次以 5 日为多,选用观测频次为 5 日的长观资料计算 a 值,往往由于漏测地下水水位峰谷值而产生较大误差。因此,使用这样的水位监测资料计算 a 值时,需要对计算成果进行修正。修正公式如下:

$$\alpha_{1日} = K'' \cdot \alpha_{5日}$$

式中

$a_{1日}$—根据逐日地下水水位观测资料计算的 a 值,即修正后的 a 值,无因次;

$a_{5日}$—根据 5 日地下水水位观测资料计算的 a 值,即需要修正的 a 值,无因次;

K''—修正系数,无因次。修正系数 K'' 是根据逐日观测资料,分别摘取 5 日观测数据计算 $a_{5日}$ 和利用逐日观测数据计算 $a_{1日}$,以 $a_{1日}$ 与 $a_{5日}$ 的比值确定的,即 $K'' = \dfrac{\alpha_{1日}}{\alpha_{5日}}$。

2. 地中渗透仪法

采用水均衡试验场地中渗透仪测定不同地下水埋深、岩性、降水量的 a 值,直观、快捷。但是,地中渗透仪测定的 a 值是特定的地下水埋深、岩性、降水量和植被条件下的值,地中渗透仪中地下水水位固定不变,与野外地下水水位随降水入渗而上升的实际情况不同。因此,当将地中渗透仪测算的 a 值移用到降水入渗补给量均衡计算区时,要结合均衡计算区实际的地下水埋深、岩性、降水量和植被条件,进行必要的修正。当地下水埋深不大于 2m 时,地中渗透仪测得的 a 值偏大较多,不宜使用。

3.其他方法

在浅层地下水开采强度大、地下水埋藏较深且已形成地下水水位持续下降漏斗的平原区(又称超采区),可采用水量平衡法及多元回归分析法推求降水入渗补给系数 a 值。

(三)潜水蒸发系数 C 值

潜水蒸发系数是指潜水蒸发量 E 与相应计算时段的水面蒸发量 E_0 的比值,即 $C=E/E_0$。水面蒸发量 E_0、包气带岩性、地下水埋深 Z 和植被状况是影响潜水蒸发系数 C 的主要因素。可利用浅层地下水水位动态观测资料通过潜水蒸发经验公式拟合分析计算。

潜水蒸发经验公式(修正后的阿维里扬诺夫公式):

$$E = k \cdot E_0 \cdot (1 - \frac{Z}{Z_0})^n$$

式中

　　Z_0——极限埋深,m,即潜水停止蒸发时的地下水埋深,黏土 $Z_0=5m$ 左右,亚黏土 $Z_0=4m$ 左右,亚砂土 $Z_0=3m$ 左右,粉细砂 $Z_0=2.5m$ 左右;

　　n——经验指数,无因次,一般为 1.0~2.0;

　　k——作物修正系数,无因次,无作物时 k 取 0.9~1.0,有作物时 k 取 1.0~1.3;

　　Z——潜水埋深,m;

　　E、E_0——潜水蒸发量和水面蒸发量,mm。

还可根据水均衡试验场地中渗透仪对不同岩性、地下水埋深、植被条件下潜水蒸发量 E 的测试资料与相应水面蒸发量 E_0 计算潜水蒸发系数 C。分析计算潜水蒸发系数 C 时,使用的水面蒸发量 E_0 为 E601 型蒸发器的观测值,应用其他型号的蒸发器观测资料时,应换算成 E601 型蒸发器的数值。

(四)灌溉入渗补给系数 β 值

灌溉入渗补给系数 β(包括渠灌田间入渗补给系数 $\beta_渠$ 和井灌回归补给系数 $\beta_井$)是指田间灌溉入渗补给量 hr,与进入田间的灌水量 $h_灌$(渠灌时,$h_灌$ 为进入斗渠的水量;井灌时,$h_灌$ 为实际开采量,下同)的比值,即 $\beta=hr/h_灌$。影响 β 值大小的因素主要是包气带岩性、地下水埋深、灌溉定额及耕地的平整程度。确定灌溉入渗补给系数 β 值的方法有:

(1)利用公式 $\beta=h_r/h_灌$ 直接计算。公式中,hr 可用灌水后地下水水位的平均升幅 Δh 与变幅带给水度 μ 的乘积计算;$h_灌$ 可采用引灌水量(用深度表示)或根据次灌溉定额与年灌溉次数的乘积(即年灌水定额,用深度表示)计算。

(2)根据野外灌溉试验资料,确定不同土壤岩性、地下水埋深、次灌溉定额时的 β 值。

(3)在缺乏地下水水位动态观测资料和有关试验资料的地区,可采用降水前土壤含水量较低、次降水量大致相当于次灌溉定额情况下的次降水入渗补给系数 $a_{次}$ 值近似地代表灌溉入渗补给系数 β 值。

(4)在降水量稀少(降水人员补给量甚微)、田间灌溉入渗补给量基本上是地下水唯一补给来源的干旱区,选取灌区地下水埋深大于潜水蒸发极限埋深的计算时段(该时段内潜水蒸发量可忽略不计),采用下式计算灌溉入渗补给系数 β 值:

$$\beta = \frac{Q_{开} \pm \mu \cdot \Delta h}{h_{灌}}$$

式中

$Q_{开}$——计算时段内灌区平均浅层地下水实际开采量,m;

Δh——计算时段内灌区平均地下水水位变幅,m,计算时段初地下水水位较高(或地下水埋深较小)时取负值,计算时段末地下水水位较高(或地下水埋深较小)时取正值;

$h_{灌}$——计算时段内灌区平均田间灌水量,m,包括井灌水量和渠灌水量。

(五)渠系渗漏补给系数 m 值

渠系渗漏补给系数 m 是指渠系渗漏补给量 $Q_{渠系}$ 与渠首引水量 $Q_{渠首引}$ 的比值,即: $m = Q_{渠系} / Q_{渠首引}$。渠系渗漏补给系数 m 值的主要影响因素是渠道衬砌程度、渠道两岸包气带和含水层岩性特征、地下水埋深、包气带含水量、水面蒸发强度以及渠系水位和过水时间。可按下列方法分析确定 m 值。

1. 根据渠系有效利用系数 η 确定 m 值

渠系有效利用系数 η 为灌溉渠系送入田间的水量与渠首引水量的比值,在数值上等于干、支、斗、农、毛各级渠道有效利用系数的连乘积,为方便起见,渠系渗漏补给量可主要计算干、支两级渠道,斗、农、毛三级渠道的渠系渗漏补给量并入田间入渗补给量中,故 η 值在使用上是干、支两级渠道有效利用系数的乘积。计算公式:

$$m = \gamma \cdot (1-\eta)$$

式中:

γ——修正系数。

渠首引水量 $Q_{渠首引}$ 与进入田间的水量 $Q_{渠首引} \cdot \eta$ 之差为 $Q_{渠首引}(1-\eta)$。实际上,渠系渗漏补给量应是 $Q_{渠首引}(1-\eta)$ 减去消耗于湿润渠道两岸包气带土壤(称润带)和浸润带蒸发的水量、渠系水面蒸发量、渠系退水量和排水量。修正系数 γ 为渠系渗漏补给量与 $Q_{渠首引}(1-\eta)$ 的比值,可通过有关测试资料或调查分析确定。γ 值的影响因素较多,主要受水面蒸发强度和渠道衬砌程度控制,其次还受渠道过水时间长短、渠道两岸地下水埋深以及包气带岩性特征和含水量多少的影响。γ 值的取值范围一般在 0.3~0.9,水面蒸发强度大(即水面蒸发

量 E_0 值大)、渠道衬砌良好、地下水埋深小间歇性输水时,γ 取小值;水面蒸发强度小(即水面蒸发量 E_0 值小)、渠道未衬砌、地下水埋深大、长时间连续输水时,γ 取大值

2. 根据渠系渗漏补给量计算 m 值

当灌区引水灌溉前后渠道两岸地下水水位只受渠系渗漏补给和渠灌田间入渗补给影响时,可采用下式计算 m 值:

$$m = \frac{Q_{渠补} - Q_{渠灌}}{Q_{渠首引}} \qquad Q_{渠补} = Q_{渠系} + Q_{渠灌}$$

式中

$Q_{渠灌}$——田间入渗补给量,万 m^3;

$Q_{渠补}$——渠系渗漏补给量,$Q_{渠系}$ 与 $Q_{渠灌}$ 之和,万 m^3。

渠系渗漏补给量 $Q_{渠系}$ 可根据渠道两岸渠系渗漏补给影响范围内渠系过水前后地下水水位升幅、变幅带给水度 μ 值等资料计算;$Q_{渠灌}$ 可根据渠系渗漏补给影响范围之外渠灌前后地下水水位升幅、变幅带给水度 μ 值等资料计算。分析计算时,渠系引水量应扣除渠系下游退水量及引出计算渠系的水量,并注意将各级渠道输水渗漏的水量按规定分别计入渠系(千、支两级)渗漏补给量及渠灌田间 (斗、农、毛)入渗补给量内。

3. 利用渗流理论计算公式确定 m 值

利用渗流理论计算公式(如考斯加柯夫自由渗流、达西渗流和非稳定流等,具体公式参考有关水文地质书籍)求得渠系渗漏补给量 $Q_{渠系}$,进而用下式确定 m 值:

$$m = Q_{渠系} / Q_{渠首引}$$

计算 m 值时,需注意避免在 $Q_{渠系}$ 中含有间灌溉入渗补给量。

(六)渗透系数 K 值

渗透系数为水力坡度(又称水力梯度)等于 1 时的渗透速度(单位:m/d)。影响渗透系数 K 值大小的主要因素是岩性及其结构特征。确定渗透系数 K 值有抽水试验室内仪器(吉姆仪、变水头测定管)测定、野外同心环或试坑注水试验以及颗粒分析孔隙度计算等方法。其中,采用稳定流或非稳定流抽水试验,并在抽水井旁设有水位观测孔,确定 K 值的效果最好。上述方法的计算公式及注意事项、相关要求等可参阅有关水文地质书籍。

(七)导水系数、弹性释水系数、压力传导系数及越流系数

导水系数 T 是表示含水层导水能力大小的参数,在数值上等于渗透系数 K 与含水层厚度 M 的乘积(单位:m^2/d),即 $T = K \cdot M$。T 值大小的主要影响因素是含水层岩性特征和厚度。

弹性释水系数 $\mu *$(又称弹性贮水系数)是表示当承压含水层地下水水位变化 1m 时从单位面积 ($1m^2$)含水层中释放(或贮存)的水量。$\mu *$ 的主要影响因素是承压含水层的岩性及埋藏部位。$\mu *$ 的取值范围一般为 $10^{-4} \sim 10^{-5}$。

压力传导系数 a（又称水位传导系数）是表示地下水的压力传播速度的参数，在数值上等于导水系数 T 与释水系数（潜水时为给水度 μ，承压水时为弹性释水系数 $\mu*$）的比值（单位：m^2/d），即 $a=T/\mu$ 或 $a=T/\mu*$。a 值大小的主要影响因素是含水层的岩性特征和厚度。

越流系数 K_e 是表示弱透水层在垂向上的导水性能，在数值上等于弱透水层的渗透系数 $K"$ 与该弱透水层厚度 $M"$ 的比值，即 $Ke=K"/M"$（式中，Ke 的单位为 $m/(d \cdot m)$ 或 $1/d$，$K"$ 的单位为 m/d，$M"$ 的单位为 m）。影响 Ke 值大小的主要因素是弱透水层的岩性特征和厚度。

T、$\mu*$、a、Ke 等水文地质参数均可用稳定流抽水试验或非稳定流抽水试验的相关资料分析计算，计算公式等可参阅有关水文地质书籍

（八）缺乏有关资料地区水文地质参数的确定

缺乏地下水水位动态观测资料、水均衡试验场资料和其他野外的或室内的试验资料的地区，可根据类比法原则，移用条件相同或相似地区的有关水文地质参数。移用时，应根据移用地区与被移用地区间在水文气象、地下水埋深、水文地质条件等方面的差异，进行必要的修正。

五、平原区地下水资源量的计算

计算各地下水Ⅱ级类型区（或均衡计算区）近期条件下各项补给量、排泄量以及地下水总补给量、地下水资源量和地下水蓄变量，并将这些计算成果分配到各计算分区（即水资源三级区套地级行政区）中。

（一）平原区各项补给量的计算方法

补给量包括降水入渗补给量、河道渗漏补给量、库塘渗漏补给量、渠系渗漏补给渠灌田间入渗补给量、人工回灌补给量、山前侧向补给量和井灌回归补给量。

1.降水入渗补给量

降水入渗补给量是指降水（包括坡面漫流和填洼水）渗入到土壤中并在重力作用下渗透补给地下水的水量。降水入渗补给量一般采用下式计算：

$$P_r = 10^{-1} \cdot P \cdot a \cdot F$$

式中

P_r——降水入渗补给量，万 m^3；

P——降水量，mm；

a——降水入渗补给系数；

F——均衡计算区计算面积，km^2。

2.河道渗漏补给量

当河道水位高于河道岸边地下水水位时，河水渗漏补给地下水。

河道渗漏补给量可采用下述两种方法计算。

（1）水文分析法

该方法适用于河道附近无地下水水位动态观测资料但具有完整的计量河水流量资料的地区。计算公式：

$$Q_{河补} = (Q_{上} - Q_{下} + Q_{区入} - Q_{区出}) \cdot (1 - \lambda) \cdot \frac{L}{L'}$$

式中

$Q_{河补}$—河道渗漏补给量，万 m^3；

$Q_{上}$、$Q_{下}$—分别为河道上、下水文断面实测河川径流量，万 m^3；

$Q_{区入}$—上、下游水文断面区间汇入该河段的河川径流量，万 m^3；

$Q_{区出}$—上、下游水文断面区间引出该河段的河川径流量，万 m^3；

λ—修正系数，即上、下两个水文断面间河道水面蒸发、两岸浸润带蒸发量之和占（$Q_{上}$ $- Q_{下} + Q_{区入} - Q_{区出}$）的比率，可根据有关测试资料分析确定；

L—计算河道或河段的长度，m；

L'—上、下两水文断面间河段的长度，m。

（2）地下水动力学法（剖面法）

当河道水位变化比较稳定时，可沿河道岸边切割剖面，通过该剖面的水量即为河水对地下水的补给量。单侧河道渗漏补给量采用达西公式计算：

$$Q_{河补} = 10^{-4} \cdot K \cdot I \cdot A \cdot L \cdot t$$

式中

$Q_{河补}$—单侧河道渗漏补给量，万 m^3；

K—剖面位置的渗透系数，m/d；

I—垂直于剖面的水力坡度；

A—单位长度河道垂直于地下水流向的剖面面积，m^2/m；

L—河道或河段长度，m；

t—河道或河段过水（或渗漏）时间，d。

若河道或河段两岸水文地质条件类似且都有渗漏补给时，上式计算的 $Q_{河补}$ 的 2 倍即为该河道或河段两岸的渗漏补给量。剖面的切割深度应是河水渗漏补给地下水的影响带（该影响带的确定方法参阅有关水文地质书籍）的深度；当剖面为多层岩性结构时，K 值应取用计算深度内各岩土层渗透系数的加权平均值。

利用上式计算多年平均单侧河道渗漏补给量时，I、A、L、t 等计算参数应采用多年平均值。

3. 库塘渗漏补给量

当位于平原区的水库、湖泊、塘坝等蓄水体的水位高于岸边地下水水位时,库塘等蓄水体渗漏补给岸边地下水。计算方法有:

(1)地下水动力学法(剖面法)

沿库塘周边切割剖面,利用上式 计算,库塘不存在两岸补给情况。

(2)出入库塘水量平衡法

计算公式:

$$Q_库 = Q_{入库} + P_库 - E_0 - Q_{出库} - E_浸 \pm Q_库$$

式中

$Q_库$—库塘渗漏补给量,万 m^3;

$Q_{入库}$、$Q_{出库}$—分别为入库塘水量和出库塘水量,万 m^3;

E_0—库塘的水面蒸发量(采用 E601 蒸发器的观测值或换算成 E601 型蒸发器的蒸发量),万 m^3;

$P_库$—库塘水面的降水量,万 m^3;

$E_浸$—库塘周边浸润带蒸发量,万 m^3;

$Q_{库蓄}$—库塘蓄变量(即年初、年末库塘蓄水量之差,当年初库塘蓄水量较大时取"+"值,当年末库塘蓄水量较大时取"−"值),万 m^3。

利用上式计算多年平均库塘渗漏补给量时,$Q_{入库}$、$Q_{出库}$、$P_库$、E_0、$E_浸$、$Q_{库蓄}$ 等应采用多年平均值。

4. 渠系渗漏补给量

渠系是指干、支、斗、农、毛各级渠道的统称。渠系水位一般均高于其岸边的地下水水位,故渠系水一般均补给地下水。渠系水补给地下水的水量称为渠系渗漏补给量。计算方法有:

(1)地下水动力学法(剖面法)

沿渠系岸边切割剖面,计算渠系水通过剖面补给地下水的水量,采用公式 $Q_{河流} = 10^{-4} \cdot K \cdot I \cdot A \cdot L \cdot t$ 计算。

(2)渠系渗漏补给系数法

计算公式:

$$Q_{渠系} = m \cdot Q_{渠首引}$$

式中

$Q_{渠首引}$—渠首引水量,万 m^3;

M—渠系渗漏补给系数。

利用地下水动力学法或渠系渗漏补给系数法,即利用式 $Q_{河流} = 10^{-4} \cdot K \cdot I \cdot A \cdot L \cdot t$ 或

式 $m_{渠系} = mQ_{渠首引}$ 计算多年平均渠系渗漏补给量 $Q_{渠系}$ 时,相关计算参数应采用多年平均值。

5. 渠灌田间入渗补给量

渠灌田间入渗补给量是指渠灌水进入田间后,入渗补给给地下水的水量。可将斗、农、毛三级渠道的渗漏补给量纳入渠灌田间入渗补给量。渠灌田间入渗补给量可利用下式计算:

$$Q_{渠灌} = \beta_{渠} \cdot Q_{渠田}$$

式中

$Q_{渠灌}$—渠灌田间入渗补给量,万 m^3;

$\beta_{渠}$—渠灌田间入参补给系数;

$Q_{渠田}$—渠灌水进入田间的水量(应用斗渠渠首引水量),万 m^3。

利用式(1-25)计算多年平均渠灌田间入渗补给量时,$Q_{渠田}$ 采用多年平均值,$\beta_{渠}$ 采用近期地下水埋深和灌溉定额条件下的分析成果。

6. 人工回灌补给量

人工回灌补给量是指通过井孔、河渠、坑塘或田面等方式,人为地将地表水等灌入地下且补给地下水的水量。可根据不同的回灌方式采用不同的计算方法。例如,井孔回灌,可采用调查统计回灌量的方法;河渠、坑塘或田面等方式的人工回灌补给量,可分别按计算河道渗漏补给量、渠系渗漏补给量、库塘渗漏补给量或渠灌田间入渗补给量的方法进行计算。

7. 地表水体补给量

地表水体补给量是指河道渗漏补给量、库塘渗漏补给量、渠系渗漏补给量、渠灌田间入渗补给量及以地表水为回灌水源的人工回灌补给量之和。由河川基流量形成的地表水体补给量,可根据地表水体中河川基流量占河川径流量的比率确定。

8. 山前侧向补给量

山前侧向补给量是指发生在山丘区与平原区交界面上,山丘区地下水以地下潜流形式补给平原区浅层地下水的水量。山前侧向补给量可采用剖面法利用达西公式计算:

$$Q_{山前侧} = 10^{-4} \cdot K \cdot I \cdot A \cdot t$$

式中

$Q_{山前侧}$—山前侧向补给量,万 m^3;

K—剖面位置的渗透系数,m/d;

I—垂直于剖面的水力坡度;

A—剖面面积,m^2;

t—时间,采用 365d。

计算多年平均山前侧向补给量时,应同时满足以下 4 点技术要求:

(1)水力坡度 I 应与剖面相垂直,不垂直时,应根据剖面走向与地下水流向间的夹角,对水力坡度 I 值按余弦关系进行换算,剖面位置应尽可能靠近补给边界(即山丘区与平原区界线)。

（2）渗透系数 K 值，可采用垂向全剖面混合试验成果，也可采用分层试验成果。采用后者时，应按不同含水层和弱透水层的厚度取用加权平均值。

（3）在计算多年平均山前侧向补给量时，水力坡度 I 值采用多年平均值。

（4）切割剖面的底界一般采用当地浅层地下水含水层的底板；沿山前切割的剖面线般为折线，应分段分别计算各折线段剖面的山前侧向补给量，并以各分段计算结果的总和作为全剖面的山前侧向补给量。

9. 井灌回归补给量

井灌回归补给量是指井灌水（系浅层地下水）进入田间后，入渗补给地下水的水量，井灌回归补给量包括井灌水输水渠道的渗漏补给量。井灌回归补给量可利用下式计算：

$$Q_{井灌} = \beta_井 \cdot Q_{井田}$$

式中

$Q_{井灌}$——井灌回归补给量，万 m^3；

$\beta_井$——井灌回归补给系数；

$Q_{井田}$——井灌水进入田间的水量（使用浅层地下水实际开采量中用于农田灌溉的部分），
万 m^3。

计算多年平均井灌回归补给量时，$Q_{井田}$采用多年平均值，$\beta_井$采用近期地下水埋深和灌溉定额条件下灌溉入渗补给系数的分析成果。

（二）平原区地下水总补给量、地下水资源量

平原区各项多年平均补给量之和为多年平均地下水总补给量。平原区多年平均地下水总补给量减去多年平均井灌回归补给量，其差值即为平原区多年平均地下水资源量。

（三）平原区各项排泄量、总排泄量的计算方法

排泄量包括潜水蒸发量、河道排泄量、侧向流出量和浅层地下水实际开采量。

1. 潜水蒸发量

潜水蒸发量是指潜水在毛细管作用下，通过包气带岩土向上运动造成的蒸发量（包括棵间蒸发量和被植物根系吸收造成的叶面蒸散发量两部分）。计算方法主要有以下两种

（1）潜水蒸发系数法

$$E = 10^{-1} \cdot E_0 \cdot C \cdot F$$

式中

E——潜水蒸发量，万 m^3；

E_0——水面蒸发量（采用 E601 型蒸发器的观测值或换算成 E601 型蒸发器的蒸发量），mm；

C——潜水蒸发系数；

F—计算面积,km^2。

利用式(1-28)计算多年平均潜水蒸发量时,计算参数 E_0、C 应采用多年平均值。

（2）经验公式计算法

采用潜水蒸发经验公式,计算用深度表示的潜水蒸发量（mm）,再根据均衡计算区的计算面积,换算成用体积表示的潜水蒸发量（万 m^3）。采用此法计算均衡计算区多年平均潜水蒸发量时,Z、E_0 等计算参数应采用多年平均值。

2. 河道排泄量

当河道内河水水位低于岸边地下水水位时,河道排泄地下水,排泄的水量称为河道排泄量。计算方法、计算公式同河道渗漏补给量的计算。

3. 侧向流出量

以地下潜流形式流出计算区的水量称为侧向流出量。一般采用地下水动力学法（剖面法）计算,即沿均计算区的地下水下游边界切割计算剖面,计算侧向流出量。

4. 浅层地下水实际开采量

各均衡计算区的浅层地下水实际开采量应通过调查统计得出。可采用各均衡计算区多年平均浅层地下水实际开采量调查统计成果作为各相应均衡计算区的多年平均浅层地下水实际开采量。

5. 总排泄量的计算方法

均衡计算区内各项多年平均排泄量之和为该均衡计算区的多年平均总排泄量。

（四）平原区浅层地下水蓄变量的计算方法

浅层地下水蓄变量是指均衡计算区计算时段初浅层地下水储存量与计算时段末浅层地下水储存量的差值。通常采用下式计算:

$$\Delta W = 10^2 \cdot (h_1 - h_2) \cdot \mu \cdot F/t$$

式中

ΔW—年浅层地下水蓄变量,万 m^3;

h_1—计算时段初地下水水位,m;

h_2—计算时段末地下水水位,m;

μ—地下水水位变幅带给水度;

F—计算面积,km^2;

t—计算时段长度,a。

计算多年平均浅层地下水蓄变量时,h_1、h_2 应分别采用多年间起、讫年份的年均值。当 $h_1 > h_2$（或 $Z_1 < Z_2$）时,ΔW 为"+";当 $h_1 < h_2$（或 $Z_1 > Z_2$）时,ΔW 为"-";当 $h_1 = h_2$（或 $Z_1 = Z_2$）时,$\Delta W = 0$。

（五）平原区水均衡分析

水均衡是指均衡计算区或计算分区内多年平均地下水总补给量（$Q_{总补}$）与总排泄量（$Q_{总排}$）的均衡关系，即 $Q_{总补} = Q_{总排}$。在人类活动影响和均期间代表多年的年数并非足够多的情况下，水均衡还与均衡期间的浅层地下水蓄变量（ΔW）有关，因此，在实际应用水均衡理论时，一般指均衡期间多年平均地下水总补给量、总排泄量和浅层地下水蓄变量三者之间的均衡关系，即：

$$Q_{总补} - Q_{总排} \pm \Delta W = X$$

$$\frac{X}{Q_{总补}} \cdot 100\% = \delta$$

式中 X——绝对均衡差，万 m^3；

Δ——相对均衡差，%。

$|X|$ 值或 $|\delta|$ 值较小时，可近似判断为 $Q_{总补}$、$Q_{总排}$、ΔW 三项计算成果的计算误差较小，亦即计算精确程度较高；$|X|$ 值或 $|\delta|$ 值较大时，可近似判断为 $Q_{总补}$、$Q_{总排}$、ΔW 三项计算成果的计算误差较大，亦即计算精确程度较低。

为提高计算成果的可靠性，对平原区的各个水资源分区逐一进行水均衡分析，当水资源分区的 $|\delta| > 20\%$ 时，要对该水资源分区的各项补给量、排泄量和浅层地下水蓄变量进行核算，必要时，对某个或某些计算参数做合理调整，直至其 $|\delta| < 20\%$ 为止。

六、山丘区地下水资源量的计算

（一）山丘区各项排泄量的计算方法

排泄量包括河川基流量、山前泉水溢出量、山前侧向流出量、浅层地下水实际开采量和潜水蒸发量。

1. 河川基流量计算方法

河川基流量是指河川径流量中由地下水渗透补给河水的部分，即河道对地下水的排泄量。河川基流量是一般山丘区和岩溶山区地下水的主要排泄量，可通过分割河川径流量过程线的方法计算。

（1）选用水文站的技术要求

为计算河川基流量选择的水文站应符合下列要求：

①选用水文站具有一定系列长度的比较完整、连续的逐日河川径流量观测资料；

②选用水文站所控制的流域闭合，地表水与地下水的分水岭基本一致；

③按地形地貌、水文气象、植被和水文地质条件，选择各种有代表性的水文站；

④单站选用水文站的控制流域面积宜介于 $300 \sim 5000 km^2$ 之间，为了对上游各选用水文

站河川基流分割的成果进行合理性检查,还应选用少量的单站控制流域面积大于 5000km² 且有代表性的水文站;

⑤在水文站上游建有集水面积超过该水文站控制面积 20%的水库,或在水文站上游河道上有较大引、提水工程,以及从外流域向水文站上游调入水量较大,且未做还原计算的水文站,均不宜作为河川基流分割的选用水文站。

(2)单站年河川基流量的分割方法

根据选用水文站实测逐日河川径流资料,点绘河川径流过程线,采用直线斜割法分割单站不少于 10 年的年实测河川径流量中的河川基流量。若选用水文站有河川径流还原水量,应对分割的成果进行河川基流量还原。河川基流量还原水量的定量方法是:首先,根据地表水资源量中河川径流还原水量在年内的分配时间段,利用分割的实测河川基流量成果,分别确定相应时间段内分割的河川基流量占实测河川径流量的比率(即各时间段基流比);然后,以各时间段的基流比乘以相应时间段的河川径流还原水量,乘积即为该时间段的河川基流还原水量;最后,将年内各时间段的河川基流还原水量相加,即为该年的河川基流还原水量。进行了河川基流还原后的河川基流量,为相应选用水文站还原后的河川径流量中的河川基流量。

直线斜割法是比较常用的方法,对于年河川径流过程属于单洪峰型或双洪峰型时特别适用。在逐日河川径流过程线上分割河川径流量时,枯季无明显地表径流的河川径流量(过程线距离时间坐标较近且无明显起伏)应全部作为河川基流量(俗称清水流量);自洪峰起涨点至河川径流退水段转折点 (又称拐点) 以直线相连,该直线以下部分即为河川基流量。在逐日河川径流过程线上,洪峰起涨点比较明显和容易确定,而退水段的转折点往往不容易分辨。因此,准确判定退水段的转折点是直线斜割法计算单站河川基流量的关键。确定退水段的转折点最常用的方法是综合退水曲线法(此外,还有消退流量比值法、消退系数比较法等,可参阅有关书籍)。

采用综合退水曲线法确定、判断退水段转折点的具体做法是:首先,绘制年逐日河川径流量过程线(以下简称“过程线”);在该过程线上,将各个无降水影响的退水段曲线(以下简称“退水曲线”)绘出(即在过程线上描以特殊色调);将各个退水曲线在该年河川径流过程线坐标系上做水平移动,使各个退水曲线的尾部(即退水曲线发生时间段的末端)重合,并做出这一组退水曲线的外包线,该外包线称为综合退水曲线;再将此综合退水曲线绘制在与河川径流过程线坐标系相同的透明纸上;然后,将描绘在透明纸上的综合退水曲线,在始终保持透明纸上的坐标系与河川径流过程线坐标系的横纵坐标总是平行的条件下,移动透明纸,使透明纸上的综合退水曲线的尾部与河川径流过程线上的各个退水段曲线的尾部重合,则综合退水曲线与河川径流过程线上各个退水段曲线的交叉点或分叉点,即为相应各个退水段的退水转折点。

在我国南方雨量比较丰沛的地区,洪水频繁发生,河川径流过程线普遍呈连续峰形,当采用直线斜割法有困难时,可采用加里宁试算法分割河川基流量。加里宁试算法,是根据河川基流量一般由基岩裂隙地下水所补给的特点,并假定地下水含水层向河道排泄的水量(即河川基流量)与地表径流量(包括坡面漫流量和中流量)之间存在比例关系,利用计算法确定合理的比例系数,再通过对水均衡方程的反复演算得出年河川基流量。计算公式可参阅有关专著。为保证加里宁试算法分割的河川基流量与直线斜割法分割的河川基流量一致,当选用加里宁试算法分制河川基流量时,要求对两种分割方法(即直线斜割法和加里宁试算法)的成果进行对比分析,必要时,对加里宁试算法的分割成果进行修正。

3. 单站年河川基流量系列的计算

根据单站不少于 10 年的年河川基流量分割成果,建立该站河川径流量(R)与河川基流量(R_g)的关系曲线(R 及 R_g 均采用还原后的水量),即 $R \sim R_g$ 关系曲线再根据该站未进行年河川基流量分割年份的河川径流量(采用还原和修正后的资料),从 $R \sim R_g$ 关系曲线中分别查算各年的河川基流量。

4. 计算分区河川基流量系列的计算

计算分区内,可能有一个或几个选用水文站控制的区域,还可能有未被选用水文站所控制的区域。可按下列计算步骤计算各计算分区年河川基流量系列:

首先,在计算分区内,计算各选用水文站控制区域逐年的河川基流模数,计算公式:

$$M_{0\text{基}i}^{j} = \frac{R_{g\text{站}i}^{j}}{f_{\text{站}i}}$$

式中

$M_{0\text{基}i}^{j}$——选用水文站 i 在 j 年的河川基流模数,万 m^3/km^2;

$R_{0\text{基}i}^{j}$——选用水文站 i 在 j 年的河川基流量,万 m^3;

$f_{\text{站}i}$——选用水文站的控制区域面积,km^2。

其次,在计算分区内,根据地形地貌、水文气象、植被、水文地质条件类似区域逐年的河川基流模数,按照类比法原则,确定未被选用水文站所控制的区域逐年的河川基流模数。

最后,按照面积加权平均法的原则,利用下式计算各计算分区年河川基流量系列:

$$R_{gj} = \sum M_{0\text{基}i}^{j} \cdot F_i$$

式中

R_{gj}——计算分区 j 年的河川基流量,万 m^3;

$M_{0\text{基}i}^{j}$——计算分区选用水文站 i 控制区域 j 年的河川基流模数或未被选用水文站所控制的 i 控制区域 j 年的河川基流模数,万 m^3/km^2;

F_i——计算分区内选用水文站 i 控制区域的面积或未被选用水文站所控制的 i 区域的面积,km^2。

（二）逐年山前泉水溢出量的计算方法

泉水是山丘区地下水的重要组成部分。山前泉水溢出量是指出露于山丘区与平原区交界线附近，且未计入河川径流量的诸泉水水量之和。在调查统计各泉水流量的基础上进行分析计算。

1. 逐年单泉年均流量的调查统计

对在山前出露且未计入河川径流量的泉逐一进行逐年的年均流量调查统计。缺乏年均流量资料的年份，可根据邻近年份的年均流量采用趋势法进行插补。

2. 逐年单泉山前泉水溢出量的计算：

采用下式计算单泉年山前泉水溢出量

$$Q_{单泉i} = 3153.6 \times q_i$$

式中

$Q_{单泉i}$——i 年单泉年山前泉水溢出量，万 m^3；

q_i——i 年单泉年均山前泉水流量，m^3/s。

3. 计算分区逐年山前泉水溢出量的计算

将计算分区内各单泉逐年的山前泉水溢出量对应相加，即为该计算分区的逐年的山前泉水溢出量。

（三）逐年山前侧向流出量的计算方法

山前侧向流出量是指山丘区地下水以地下潜流形式向平原区排泄的水量。该量即为平原区的山前侧向补给量，计算公式同平原区山前侧向补给量。

采用式 $Q_{山前侧} = 10^{-4} \cdot K \cdot I \cdot A \cdot t$ 计算逐年的山前侧向流出量（水力坡度 I 分别采用逐年的年均值）缺乏水力坡度 I 资料的年份，可根据邻近年份的山前侧向流出量采用趋势法进行插补。

（四）逐年浅层地下水实际开采量和潜水蒸发量的计算方法

1. 逐年浅层地下水实际开采量的计算

浅层地下水实际开采量是指发生在一般山丘区、岩溶山区（包括未单独划分为山间平原区的小型山间河谷平原）的浅层地下水实际开采量（含矿坑排水量），从该量中扣除在用水过程中回归补给地下水部分的剩余量，称为浅层地下水实际开采净消耗量采用调查统计方法估算山丘区浅层地下水实际开采量及开采净消耗量。

调查统计各计算分区尽可能多的年份的浅层地下水实际开采量，并根据用于农田灌溉的水量和井灌定额等资料，估算井灌回归补给量，以浅层地下水实际开采量与该年井灌回归补给量之差作为相应年份的浅层地下水实际开采净消耗量。具有较大规模地下水开发利用期间，缺乏统计资料年份的浅层地下水实际开采量和开采净消耗量，可根据邻近年份的年浅层地下水实际开采量和开采净消耗量采用趋势法进行插补。

2. 逐年潜水蒸发量的计算

潜水蒸发量是指发生在未单独划分为山间平原区的小型山间河谷平原的浅层地下水,在毛细管作用下,通过包气带岩土向上运动造成的蒸发量(包括棵间蒸发量和被植物根系吸收造成的叶面蒸散发量两部分)。各计算分区年潜水蒸发量的计算方法同平原区,即采用式(1-28)估算。

逐一进行年潜水蒸发量的估算,缺乏地下水埋深等相关资料的年份,可根据邻近年份的潜水蒸发量采用趋势法进行插补。

(五)山丘区总排泄量、入渗量和地下水资源量的计算方法

山丘区近期下垫面条件下降水入渗补给量系列的计算方法:

(1)山丘区逐年总排泄量和降水人参补给量的计算方法

山丘区河川基流量、山前泉水溢出量、山前侧向流出量、浅层地下水实际开采量和潜水蒸发量之和为山丘区总排泄量。从山丘区总排泄量中扣除回归补给地下水部分为山丘区浅层地下水资源量,亦即山丘区降水入渗补给量。

山丘区逐年各项排泄量之和为山丘区逐年总排泄量。山丘区逐年总排泄量与逐年回归补给地下水量之差为山丘区逐年降水入渗补给量。

(2)利用山丘区降水入渗补给量与降雨量的相关关系($P_{r山} \sim P_山$)推求降水入渗补给量

首先,根据已有的一定长度的逐年降水人员补给量 $P_{r山}$ 和对应的逐年降水量 $P_山$,建立 $P_{r山} \sim P_山$ 关系曲线,分析其合理性之后,即可利用 $P_{r山} \sim P_山$ 关系曲线由降水量测算其对应的降水入渗补给量。

(3)山丘区多年平均年地下水资源量的计算方法山丘区降水入渗补给量的多年平均值即为山丘区多年平均年地下水资源量。

七、山丘、平原混合区多年平均地下水资源量的计算

在多数水资源分区内,往往存在山丘和平原混合在一起的区域,由山丘区和平原区构成的各计算分区多年平均地下水资源量采用下式计算:

$$Q_资 = P_{r山} + Q_{平资} - Q_{侧补} - Q_{基补}$$

式中

$Q_资$——计算分区多年平均地下水资源量;

$P_{r山}$——山丘区多年平均降水入渗补给量,亦即山丘区多年平均地下水资源量;

$Q_{平资}$——平原区多年平均地下水资源量;

$Q_{侧补}$——平原区多年平均山前侧向补给量;

$Q_{基补}$——平原区河川基流量形成的多年平均地表水体补给量。

工作任务五　水资源供需平衡分析原则与方法

一、基本原则与要求

（1）水资源供需分析应在现状调查评价和基准年供需分析的基础上，依据各水平需水预测与供水预测的分析结果，拟定多组方案，进行供需水量平衡分析，并应对这些方案进行评价与比选，提出推荐方案。

（2）水资源供需分析应以计算单元供需水量平衡分析为基础，根据各计算单元分析的需水量、供水量和缺水量，进行汇总和综合。

（3）水资源供需分析应提出各水平年不同年型的分析结果，具备条件的，应提出经长系列调算的供需分析成果，不同水平年、不同年型的结果应相互协调。

（4）水资源供需分析应将流域水循环系统与取、供、用、耗、排、退水过程作为个相互联系的整体，分析上游地区用水量及退水量对下游地区来水量及水质的影响协调区域之间的供需平衡关系。

（5）水资源供需分析应满足不同用户对供水水质的要求，根据供水水源的水质状况和不同用户对供水水质的要求，合理调配水量。水资源供需分析应充分利用水资源保护规划的有关成果，根据水功能区或控制节点的纳污能力与入河污染物总量控制目标，分析各河段和水源地的水质状况，结合各河段水量的分析，进行水量与水质的统一调配，以满足不同用户对水量和水质的要求。

各类用户对水质的要求：生活用水为Ⅲ类及优于Ⅲ类，工业用水为Ⅳ类及优于Ⅳ类，农业灌溉为Ⅴ类及优于Ⅴ类，生态用水根据其用途确定，一般不劣于Ⅴ类。

（6）水资源供需分析应在统筹协调河道内与河道外用水的基础上，进行河道外水资源供需平衡分析。原则上应优先保证河道内生态环境需水。

（7）水资源供需分析应进行多方案比较。依据满足用水需求、节约资源、保护环境和减少投入的原则，从经济、社会、环境、技术等方面对不同组合方案进行分析、比较和综合评价。

（8）水资源供需分析应进行多次供需反馈和协调平衡。一般应进行 2~3 次水资源供需平衡分析。根据未来经济社会发展的需水要求，在保持现状水资源开发利用格局和发挥现有供水工程潜力情况下进行一次平衡分析，若一次平衡后留有供需平衡缺口则采取加大节水和治污力度，增加再生水利用等其他水源供水，新建必要的供水工程等措施，在减少需求和增加供给的基础上进行二次平衡分析；若二次平衡分析后仍有较大的供需缺口,应进一步调整经济布局和产业结构、加大节水力度,具备跨流域调水条件的,实施外流域调水、进一步减少需求和增加供给,进行三次平衡分析。水资源较丰沛的地区,可只进行二次平衡分析。

三、分析计算途径与方法

(一)水资源供需平衡分析方法步骤

流域或区域水资源供需分析应将流域或区域水资源作为一个系统,根据水资源供需调配原则,采用系统分析的原理,选择合适的计算方法,按以下步骤进行水资源供需分析计算:

(1)应根据流域或区域内控制节点和供用水单元之间取、供、用、耗、排、退水的相互关系和联系,概化出水资源系统网络图。

(2)应制定流域或区域水资源供需调配原则,包括不同水源供水的比例与次序不同地区供水的途径与方式,不同用户供水的保证程度与优先次序以及水利的调度原则等。

(3)应根据水量平衡原理,根据系统网络图,按照先上游、后下游、先支流后干流的顺序,依次逐段进行水量平衡计算,最终得出流域或区域水资源供需分析计算结果。

(4)应对水资源供需分析计算结果进行合理性分析。应结合流域或区域的特点确定和理性分析的方法,对水资源供需分析计算方法和计算结果进行综合分析与评价。

(二)基准年供需分析

(1)应在现状供用水量调查评价的基础上,依据基准年需水分析和供水分析的结果,进行不同年型供需水量的平衡分析。基准年供需分析应根据不同年型需水和来水量的变化,按照水量调配原则,对现有水资源系统进行合理配置。提出的基准年不同年型供需分析结果,应作为规划水平年供需分析的基础。

不同年型需水量主要受降水条件影响,不同年型供水量供需分析则选择降水频率和来水频率均相当于 $P=75\%$ 的年份,作为 $P=75\%$(中等干旱年)的代表年份,进行供需水量的平衡计算,得出 $P=75\%$(中等干旱年)供需分析的结果。

(2)基准年的供需分析应重点对现状缺水情况进行分析,包括缺水地区及分布缺水时段与持续时间、缺水程度、缺水性质、缺水原因及其影响等。可用缺水率表示缺水程度(缺水率=缺水量/需水量×100%)。

(3)应通过对基准年的供需分析,进一步认识现状水资源开发利用存在的主要问题和水资源对于经济社会发展的制约和影响,为规划水平年供需分析提供依据。在基准年供需分析的基础上,可进一步进行以下分析:根据对用水状况及用水效率的分析,进一步认识现状用水水平、节水水平以及节水的潜力;根据水资源开发利用程度的分析,进一步认识水资源过度开发地区挤占生态环境用水的状况、需退还不合理的开发利用水量,进一步了解具有开发利用潜力的重点地区及分布;根据对生态环境需水满足程度的分析,进一步认识水资源对生态环境的影响、生态环境保护与修复的要求与对策;根据对缺水情况的分析,进一步认识水资源对经济社会发展的保障和制约作用。

(三)规划水平年供需分析

(1)规划水平年供需分析应以基准年供需分析为基础,根据各规划水平年的需水预测和供水预测结果,组成多组方案,通过对水资源的合理配置,进行供需水量的平衡分析计算,提出各规划水平年、不同年型、各组方案的供需分析结果。由于受现状条件的限制,基准年供需分析可能存在节水水平不高和水资源配置不尽合理的问题规划水平年供需分析应强调节约用水和合理配置水资源的原则,在水资源高效利用和优先配置的基础上,进行水资源供需分析。

(2)各规划水平年供需分析应设置多组方案。由需水预测基本方案与供水预测"零方案"组成供需分析起始方案,再由需水预测的比较方案和供水预测的比较方案组成多组供需的比较方案。应在对多组供需分析比较方案进行比选的基础上,提出各规划水平年的推荐方案。从需水比较方案和供水比较方案组合而成的若干组方案中,选择几组有代表性和有比较意义的方案,作为供需分析的比较方案。起始方案和比较方案供需分析内容可适当简化,如进行供需分析时,可仅选择多年平均情景或中等干旱年($P=75\%$),仅选择对整个规划区影响较大的水资源分区或计算单元,仅选用总需水量、总供水量和总缺水指标。

(3)水资源供需分析宜采用长系列系统分析方法。应根据控制节点来水、水源地供水和用户需求的关联关系,通过水资源的合理配置,进行不同水平年供需水量的平衡分析计算,得出需水量、供水量和缺水量的系列,提出不同水平年、不同年型供需分析结果。在采用长系列调算方法时,径流系列应采用经过还原计算的逐月天然径流,来水量系列应考虑不同水平年上游水资源开发利用情况的变化;用水系列应根据不同水平年不同降水率下的需水量预测的结果及月分配过程组合而成。

(4)资料缺乏的地区可采用典型年法进行供需分析计算,应选择不同年型的代表年份,分析各计算单元、不同水平年来水量、需水量和供水量的变化,进行供需水量的平衡分析计算,得出各计算单元不同水平年和不同年型的供需分析结果,并进行汇总综合。在采用典型年法进行供需分析计算时,北方地区可只选择 $P=50\%$ 和 $P=75\%$ 两种频率的典型年,南方地区可只选择 $P=75\%$ 和 $P=95\%$ 两种频率的典型年。应根据不同水平年、不同方案供水和需水的预测结果,分析不同年型典型年的可供水量和不同用户的需水量,进行典型年的供需分析。

(5)各规划水平年多组方案的比选,应以起始方案为基础,进行多方案的比较和综合评价,从中选出最佳的方案作为推荐方案。

(6)宜通过更加深入细致的分析计算和方案的综合评价,对选择的推荐方案进行必要的修改完善。各规划水平年的推荐方案应提供不同年型的、各层次完整全面的供需分析成果。

(7)对各规划水平年出现特殊枯水年或连续枯水年的情况,宜进行进一步的水资源供需分析,提出应急对策并制定应急预案。在进行特殊枯水年或连续枯水年的供需分析时,应在对特殊枯水年或连续枯水年来水状况和缺水情势分析的基础上,结合各规划水平年在特殊干旱期的需水和供水状况,分析可供采取的进一步减少需求和增加供给的应急措施,并对采取应急措施的作用和影响进行评估,制定应急预案。特殊干旱期压减需水的应急对策主要有:降低用水标准、调整用水优先次序、保证生活和重要产业基本用水、适当限制或暂停部分用水量大的用户和农业用水等。特殊干旱期增加供水的应急对策主要有:动用后备和应急水源、适当超采地下水和开采深层地下水、利用供水工程在紧急情况下可动用的水量、统筹安排适当增加外区调入的水量等。

(四)跨流域(区域)调水供需分析

(1)应分析跨流域(区域)调水的必要性、可能性和合理性。应对受水区和调水区不同水平年的水资源供需关系,受水区需要调入的水量及其必要性、调水区可能调出的水量及其可能性,以及调水工程实施的经济技术合理性等方面进行分析研究。路流域(区域)调水供需分析,应首先进行受水区和调水区各自的水资源供需分析,在此基础上进行受水区和调水区整体的水量平衡计算。计算应包括调水过程中的水量损失。

(2)受水区水资源供需分析应充分考虑节水和对区域水资源开发利用及对其他水源的利用,考虑生态环境保护与修复对水资源的需求。应根据节水优先、治污为本挖掘本区潜力和积极开发利用其他水源的原则,在3次供需平衡分析的基础上,确定需调入的水量及调水工程实施方案。

(3)调水区水资源供需分析应充分考虑未来经济社会发展及对水资源需求的变化(包括水量、水质及保证程度),考虑未来水量的变化,特别是调水区对本区来水量的衰减作用与可能造成的影响,考虑对区内的生态环境保护的影响。应分析调水对本区径流量及年内分配过程的影响,以及对河道内生态环境用水、水利工程和水电站正常运行、航运等的影响。

(4)应根据受水区需调水量和调水区可调水量的分析,结合调水工程规划,提出多组调水方案,并应对各方案进行跨流域(区域)联合调度,对需要调入水量和可能调出水量进行平衡分析,确定各规划水平年不同方案的调水量及调水过程。

(5)应对不同水平年(或不同期)多组跨流域(区域)调水方案进行综合评价和比选,分析各调水方案的作用与影响、投入与效益,并提出推荐方案。

(五)城市水资源供需分析

(1)城市水资源供需分析应在流域及区域水资源供需分析和城市水资源开发利用现状

及存在的问题分析的基础上进行,应与流域及区域的水资源规划、水资源供需分析的结果相协调。

（2）应在城市现状用水分析的基础上,根据城市总体发展目标,结合流域及区域需水预测结果,考虑城市节水减污的要求,提出不同水平年城市需水预测结果。城市需水量应在现状用水调查的基础上,根据当地社会经济发展目标和城市发展规划,充分考虑技术进步和节水的影响,参照《城市给水工程规划规范》《水利工程水利计算规范》等有关规范对类似城市用水指标进行分析预测。

（3）应在城市现状供水分析的基础上,分析不同水平年、不同用水户对供水水量水质、供水范围、过程和保证程度的要求,结合水源条件,考虑现有工程的挖潜和增加污水处理再生利用等其他水源供水的可能性,分析不同水平年需要新增的供水量提出不同水平年城市供水预测结果。

（4）应根据各规划水平年的预测分析,结合对城市节水和增加供水的潜力分析拟定多组方案,进行综合比较,提出不同水平年的推荐方案。

（5）应对可能出现的各种特殊情况下城市水资源供需关系的变化进行分析,推进城市双水源和多水源建设,加强供水系统之间的联网,增强城市供水的应急调配能力提高供水保证率;合理安排城市后备与应急水源,制定城市供水应急预案。在各种特殊和应急情况下,在蓄水方面可能提出一些特殊和附加的要求,在供水方面对正常调配运行可能有不利影响,甚至可能出现造成工程设施的破坏情况,应确定相应的对策措施。

工作任务六　节约水资源途径和措施

一、节约水资源的概述

（一）定义

基于经济、社会、环境与技术发展水平,通过法律法规、管理、技术与教育手段,以及改善供水系统,减少需水量,提高用水效率,降低水的损失与浪费,合理增加水可利用量,实现水资源的有效利用,达到环境、生态、经济效益的一致性和可持续发展。

（二）意义

水是事关国计民生的基础性自然资源和战略性经济资源,是生态环境的控制性要素。我国人多水少,水资源时空分布不均,供需矛盾突出,全社会节水意识不强、用水粗放、浪费严重,水资源利用效率与国际先进水平存在较大差距,水资源短缺已经成为生态文明建设和经济社会可持续发展的瓶颈制约。要从实现中华民族永续发展和加快生态文明建设的战略高度认识节水的重要性,大力推进农业、工业、城镇等领域节水,深入推动缺水地区节水,提高水资源利用效率,形成全社会节水的良好风尚,以水资源的可持续利用支撑经济社会持续健康发展。

二、节约水资源的途径与措施

(一)总量强度双控

1.强化指标刚性约束

严格实行区域流域用水总量和强度控制。健全省、市、县三级行政区域用水总量、用水强度控制指标体系,强化节水约束性指标管理,加快落实主要领域用水指标。划定水资源承载能力地区分类,实施差别化管控措施,建立监测预警机制。水资源超载地区要制定并实施用水总量削减计划。

2.严格用水全过程管

严控水资源开发利用强度,完善规划和建设项目水资源论证制度,以水定城、以水定产,合理确定经济布局、结构和规模。

3.强化节水监督考核

逐步建立节水目标责任制,将水资源节约和保护的主要指标纳入经济社会发展综合评价体系,实行最严格水资源管理制度考核。完善监督考核工作机制,强化部门协作,严格节水责任追究。严重缺水地区要将节水作为约束性指标纳入政绩考核。

(二)农业节水增效

1.大力推进节水灌溉

加快灌区续建配套和现代化改造,分区域规模化推进高效节水灌溉。结合高标准农田建设,加大田间节水设施建设力度。开展农业用水精细化管理,科学合理确定灌溉定额,推进灌溉试验及成果转化。推广喷灌、微灌、滴灌、低压管道输水灌溉、集雨补灌、水肥一体化、覆盖保墒等技术。加强农田土壤墒情监测,实现测墒灌溉。

2.优化调整作物种植结构

根据水资源条件,推进适水种植、量水生产。加快发展旱作农业,实现以旱补水。在干旱缺水地区,适度压减高耗水作物,扩大低耗水和耐旱作物种植比例,选育推广耐旱农作物新品种;在地下水严重超采地区,实施轮作休耕,适度退减灌溉面积,积极发展集雨节灌,增强蓄水保墒能力,严格限制开采深层地下水用于农业灌溉

3.推广畜牧渔业节水方式

实施规模养殖场节水改造和建设,推行先进适用的节水型畜禽养殖方式,推广节水型饲

喂设备、机械干清粪等技术和工艺。发展节水渔业、牧业，大力推进稻渔综合种养，加强牧区草原节水，推广应用海淡水工厂化循环水和池塘工程化循环水等养殖技术。

4.加快推进农村生活节水

在实施农村集中供水、污水处理工程和保障饮用水安全基础上，加强农村生活用水设施改造，在有条件的地区推动计量收费。加快村镇生活供水设施及配套管网建设与改造。推进农村"厕所革命"，推广使用节水器具，创造良好节水条件。

(三)工业节水减排

1.大力推进工业节水改造

完善供用水计量体系和在线监测系统，强化生产用水管理。大力推广高效冷却、洗涤、循环用水、废污水再生利用、高耗水生产工艺替代等节水工艺和技术。支持企业开展节水技术改造及再生水回用改造，重点企业要定期开展水平衡测试、用水审计及水效对标。对超过取水定额标准的企业分类分步限期实施节水改造。

2.推动高耗水行业节水增效

实施节水管理和改造升级，采用差别水价以及树立节水标杆等措施，促进高耗水企业加强废水深度处理和达标再利用。严格落实主体功能区规划，在生态脆弱、严重缺水和地下水超采地区，严格控制高耗水新建、改建、扩建项目，推进高耗水企业向水资源条件允许的工业园区集中。对采用列入淘汰目录工艺、技术和装备的项目，不予批准取水许可；未按期淘汰的，有关部门和地方政府要依法严格查处。

3.积极推行水循环梯级利用

推进现有企业和园区开展以节水为重点内容的绿色高质量转型升级和循环化改造，加快节水及水循环利用设施建设，促进企业间串联用水、分质用水，一水多用和循环利用。新建企业和园区要在规划布局时，统筹供排水、水处理及循环利用设施建设，推动企业间的用水系统集成优化。

(四)城镇节水降损

1.全面推进节水型城市建设

提高城市节水工作系统性，将节水落实到城市规划、建设、管理各环节，实现优水优用、循环循序利用。落实城市节水各项基础管理制度，推进城镇节水改造；结合海绵城市建设，提高雨水资源利用水平；重点抓好污水再生利用设施建设与改造，城市生态景观、工业生产、城市绿化、道路清扫、车辆冲洗和建筑施工等，应当优先使用再生水，提升再生水利用水平，鼓励构建城镇良性水循环系统。

2.大幅降低供水管网漏损

加快制定和实施供水管网改造建设实施方案，完善供水管网检漏制度。加强公共供水系统运行监督管理,推进城镇供水管网分区计量管理,建立精细化管理平台和漏损管控体系,协同推进二次供水设施改造和专业化管理。重点推动东北等管网高漏损地区的节水改造。

3.深入开展公共领域节水

缺水城市园林绿化宜选用适合本地区的节水耐旱型植被,采用喷灌、微灌等节水灌溉方式。公共机构要开展供水管网、绿化浇灌系统等节水诊断,推广应用节水新技术、新工艺和新产品,提高节水器具使用率。大力推广绿色建筑,新建公共建筑必须安装节水器具。推动城镇居民家庭节水,普及推广节水型用水器具。

4.严控高耗水服务业用水

从严控制洗浴、洗车、高尔夫球场、人工滑雪场、洗涤、宾馆等行业用水定额。洗车、高尔夫球场、人工滑雪场等特种行业积极推广循环用水技术、设备与工艺,优先利用再生水、雨水等非常规水源。

(五)重点地区节水开源

1.在超采地区削减地下水开采量。

以华北地区为重点,加快推进地下水超采区综合治理。加快实施新型窖池高效集雨。严格机电井管理,限期关闭未经批准和公共供水管网覆盖范围内的自备水井。完善地下水监测网络,超采区内禁止工农业及服务业新增取用地下水。采取强化节水、置换水源、禁采限采、关井压田等措施,压减地下水开采量。

2.在缺水地区加强非常规水利用。

加强再生水、海水、雨水、矿井水和苦咸水等非常规水多元、梯级和安全利用。强制推动非常规水纳入水资源统一配置,逐年提高非常规水利用比例,并严格考核。统筹利用好再生水、雨水、微咸水等用于农业灌溉和生态景观。新建小区、城市道路、公共绿地等因地制宜配套建设雨水积蓄利用设施。严禁盲目扩大景观、娱乐水域面积,生态用水优先使用非常规水,具备使用非常规水条件但未充分利用的建设项目不得批准其新增取水许可。

3.在沿海地区充分利用海水。

高耗水行业和工业园区用水要优先利用海水,在离岸有居民海岛实施海水淡化工程。加大海水淡化工程自主技术和装备的推广应用,逐步提高装备国产化率。沿海严重缺水城市可将海水淡化水作为市政新增供水及应急备用的重要水源。

(六)科技创新引领

1.加快关键技术装备研发。

推动节水技术与工艺创新,瞄准世界先进技术,加大节水产品和技术研发,加强大数据、人工智能、区块链等新一代信息技术与节水技术、管理及产品的深度融合。重点支持用水精准计量、水资源高效循环利用、精准节水灌溉控制、管网漏损监测智能化、非常规水利用等先进技术及适用设备研发。

2. 促进节水技术转化推广。

建立"政产学研用"深度融合的节水技术创新体系,加快节水科技成果转化,推进节水技术、产品、设备使用示范基地、国家海水利用创新示范基地和节水型社会创新试点建设。鼓励通过信息化手段推广节水产品和技术,拓展节水科技成果及先进节水技术工艺推广渠道,逐步推动节水技术成果市场化。

3. 推动技术成果产业化。

鼓励企业加大节水装备及产品研发、设计和生产投入,降低节水技术工艺与装备产品成本,提高节水装备与产品质量,提升中高端品牌的差异化竞争力,构建节水装备及产品的多元化供给体系。发展具有竞争力的第三方节水服务企业,提供社会化、专业化、规范化节水服务,培育节水产业。

工作任务七　需水量分析预测方法

一、需水预测分类

需水预测的用水户分生活、生产和生态环境三大类。生活用水指城镇居民生活用水和农村居民生活用水;生产需水是指有经济产出的各类生产活动所需的水量,包括第一产业(种植业、林牧渔业)、第二产业(工业、建筑业)及第三产业(商饮业、服务业);生态环境需水分为维护生态环境功能和生态环境建设两类,并按河道内与河道外用水划分。国民经济行业和生产用水分类对照见表1-15,用水户分类及其层次结构见表1-16。

表1-15　国民经济和生产用水行业分类表

三大产业	7部门	17部门	40部门(投入产出表分类)	部门序号
第一产业	农业	农业	农业	7、8
第二产业	高用水工业	纺织	纺织业、服装皮革羽绒及其他纤维制品制造业	10
		造纸	造纸印刷及文教用品制造业	11、12
		石化	石油加工及炼焦业、化学工业	14、15
		冶金	金属冶炼及压延加工业、金属制品业	2、3、4、5、25、26

三大产业	7部门	17部门	40部门(投入产出表分类)	部门序号
第二产业	一般工业	采掘	煤炭采选业、石油和天然气开采业、金属矿采选业、非金属矿采选业、煤气生产和供应业、自来水的生产和供应业	9
		木材	木材加工及家具制造业	6
		食品	食品制造及烟草加工业	13
		建材	非金属矿物制品业	16、17、
		机械	机械工业、交通运输设备制造业、电气机械及器材制造业、机械设备修理业	18、21
		电子	电子及通信设备制造业、仪器仪表及文化办公用机械制造业	19、20
		其他	其他制造业、废品及废料	22、23
	电力工业	电力	电力及蒸汽热水生产和供应业	24
	建筑业	建筑业	建筑业	27
第三产业	商饮业	商饮业	商业、饮食业	30、31
	服务业	货运邮电业	货物运输及仓储业、邮电业	28、29
		其他服务业	旅客运输业、金融保险业、房地产业、社会服务业、卫生体育和社会福利业、教育文化艺术及广播电影电视业、科学研究事业、综合技术服务业、行政机关及其他行业	32、33、3435、36、37.38、39、40

表1-16 用水户分类口径及其层次结构

一级	二级	三级	四级	备注
生活	生活	城镇生活	城镇居民生活	仅为城镇居民生活用水(不包括公共用水)
		农村生活	农村居民生活	仅为农村居民生活用水(不包括牲畜用水)
生产	第一产业	种植业	水田	水稻等
			水浇地	小麦、玉米、棉花、蔬菜、油料等
		林牧渔业	灌溉林果地	果树、苗圃、经济林等
			灌溉草场	人工草场、灌溉的天然草场、饲料基地等
			牲畜	大、小牲畜
			鱼塘	鱼塘补水

续表

一级	二级	三级	四级	备注
生产	第二产业	工业	高用水工业	纺织、造纸、石化、冶金
			一般工业	采掘、食品、木材、建材、机械、电子、其他（包括电力工业中非火（核）电部分）
			火（核）电工业	循环式、直流式
		建筑业	建筑业	建筑业
	第三产业	商饮业	商饮业	商业、饮食业
		服务业	服务业	货运邮电业、其他服务业、城市消防用水、公共服务用水及城市特殊用水
生态环境	河道内	生态环境功能	河道基本功能	基流、冲沙、防凌、稀释净化等
			河口生态环境	冲淤保港、防潮压碱、河口生物等
			通河湖泊与湿地	通河湖泊与湿地等
			其他河道内	根据河流具体情况设定
	河道外	生态环境功能	湖泊湿地	湖泊、沼泽、滩涂等
		其他生态建设	城镇生态环境美化	绿化用水、城镇河湖补水、环境卫生用水等
			其他生态建设	地下水回补、防沙固沙、防护林草、水土保持等

注1：农作物用水行业和生态环境分类等因地而异，可根据各地区情况确定；

注2：分项生态环境用水量之间有重复，提出总量时取外包线；

注3：河道内其他非消耗水量的用户包括水力发电、内河航运等，未列入本表，但文中已作考虑；

注4：生产用水应分成城镇和农村两类口径分别进行统计或预测；

注5：建制市结果应单列。

二、需水预测方法

（一）经济社会发展指标分析

1. 人口与城市（镇）化

人口指标包括总人口、城镇人口和农村人口。预测方法可采用模型法或指标法，如采用已有规划成果和预测数据，应说明资料来源。

城市（镇）化预测，应结合国家和各级政府制定的城市（镇）化发展战略与规划，充分考虑水资源条件对城市（镇）发展的承载能力，合理安排城市（镇）发展布局和确定城镇人口的规模。城镇人口可采用城市化（城镇人口占全部人口的比率）方法进行预测。在城乡人口预测的基础上，进行用水人口预测。城镇用水人口是指由城镇供水系统、企事业单位及自备水源供水的人口;农村用水人口则为农村地区供水系统供水(包括自给方式取水)的用水人口。

城镇用水人口包括常住人口(可采用户籍人口)和居住时间超过6个月的暂住人口。暂住人口所占比重不大的,可直接采用城镇人口作为城镇用水人口。对于流出人口比较多的农村,也应考虑其流出人口的影响。

2. 国民经济发展指标

国民经济发展指标按行业进行预测。规划水平年国民经济发展预测要按照我国经济发展的战略目标,结合基本国情和区域发展情况,符合国家有关产业政策,结合当地经济发展特点和水资源条件,尤其是当地水资源的承载能力。除规划发展总量指标数据外,应同时预测各主要经济行业的发展指标,并协调好分行业指标和总量指标间的关系。各行业发展指标以增加值指标为主,以产值指标为辅。有条件的地区,可建立宏观经济模型进行预测。

生产用水中有部分用水是在河道内直接取用的(如水电、航运、水产养殖等),因而对于直接从河道内用水的行业发展指标及其需水量需单列,在计算包括这些部门的

河道外工业需水时,应将其相应的河道内取水部分的产值扣除,以避免重复计算。由于火(核)电工业用水的特殊性,除了统计和预测整个电力工业增加值与总产值指标外,还需统计和预测火(核)电工业的装机容量和发电量,并需对直流式火(核)电发电机组的用水单独处理。

建筑业的需水量预测可采用单位竣工面积定额法,因而需统计和预测现状及不同水平年的新增竣工面积。新增竣工面积可按建设部门的统计确定,或根据人均建筑面积推算。

3. 农业发展及土地利用指标

包括总量指标和分项指标。总量指标包括耕地面积、农作物总播种面积、粮食作物播种面积、经济作物播种面积、主要农产品总产量、农田有效灌溉面积、林果地灌溉面积、草场灌溉面积、鱼塘补水面积、大小牲畜总头数等。分项指标包括各类灌区各类农作物灌溉面积等。

现状耕地面积采用自然资源部发布的分省资料进行统计。预测耕地面积时,应遵循国家有关土地管理法规与政策以及退耕还林还草还湖等有关政策,考虑基础设施建设和工业化、城市化发展等占地的影响。在耕地面积预测成果基础上,按照各地不同的复种指数,预测农作物播种面积;按照粮食作物和经济作物播种面积的组成,测算粮食、棉花、油料、蔬菜等主要农作物的总产量。农作物总产量预测,要充分考虑科技进步、灌区生产潜力和旱地农业发展对提高农作物产量的作用。

各地已有农田灌溉发展规划可作为灌溉面积预测的基本依据,但要根据新的情况进行必要的复核或调整。农田灌溉面积发展指标应充分考虑当地的水、土、光、热资源条件以及市场需求情况,调整种植结构,合理确定发展规模与布局。根据灌溉水源的不同,要将农田

灌溉面积划分成井灌区、渠灌区和井渠结合灌区三种类型。根据畜牧业发展规划以及对畜牧产品的需求,考虑农区畜牧业发展情况,进行灌溉草场面积和畜牧业大、小牲畜头数指标预测。根据林果业发展规划以及市场需求情况,进行灌溉林果地面积发展指标预测。

(二)经济社会需水预测

1. 各类用水户需水预测

(1)生活需水预测

生活需水分城镇居民和农村居民两类,可采用人均日用水量方法进行预测。

根据经济社会发展水平、人均收入水平、水价水平、节水器具推广与普及情况结合生活用水习惯和现状用水水平,参照建设部门已制定的城市(镇)用水标准,参考国内外同类地区或城市生活用水定额,分别拟定各水平年城镇和农村居民生活用水净定额;根据供水预测成果以及供水系统的水利用系数,结合人口预测成果,进行生活净需水量和毛需水量的预测。

城镇和农村生活需水量年内相对比较均匀,可按年内月平均需水量确定其年内需水过程。对于年内用水量变幅较大的地区,可通过典型调查和用水量分析,确定生活需水月分配系数,进而确定生活需水的年内需水过程。

(2)农业需水预测

农业需水包括农田灌溉和林牧渔业需水。

a. 农田灌溉需水对于井灌区、渠灌区和井渠结合灌区,应根据节约用水的有关成果,分别确定各自的渠系及灌溉水利用系数,并分别计算其净灌溉需水量和毛灌溉需水量。农田净灌溉定额根据作物需水量考虑田间灌溉损失计算,毛灌溉需水量根据计算的农田净灌溉定额和比较选定的灌溉水利用系数进行预测。农田灌溉定额,可选择具有代表性的农作物的灌溉定额,结合农作物播种面积预测结果或复种指数加以综合确定。有关部门或研究单位大量的灌溉试验所取得的有关成果,可作为确定灌溉定额的基本依据。对于资料条件比较好的地区,可采用彭曼公式计算农作物蒸腾蒸发量、扣除有效降雨并考虑田间灌溉损失后的方法计算而得。有条件的地区可采用降雨长系列计算方法设计灌溉定额,若采用典型年方法,则应分别提出降雨频率为 50%、75% 和 95% 的灌溉定额。灌溉定额可分为充分灌溉和非充分灌溉两种类型。对于水资源比较丰富的地区,一般采用充分灌溉定额;而对于水资源比较紧缺的地区,一般可采用非充分灌溉定额。预测农田灌溉定额应充分考虑田间节水措施以及科技进步的影响。

b. 林牧渔业需水

包括林果地灌溉、草场灌溉、牲畜用水和鱼塘补水四类。林牧渔业需水量中的灌溉(补水)需水量部分,受降雨条件影响较大,有条件的或用水量较大的要分别提出降雨频率为 50%、75% 和 95% 情况下的预测结果,其总量不大或不同年份变化不大时可用平均值代替。

根据当地试验资料或现状典型调查,分别确定林果地和草场灌溉的净灌溉定额根据灌溉水源及灌溉方式,分别确定渠系水利用系数;结合林果地与草场发展面积预测指标,进行林地和草场灌溉净需水量和毛需水量预测。鱼塘补水量为维持鱼塘一定水面面积和相应水深所需要补充的水量,采用亩均补水定额方法计算,亩均补水定额可根据鱼塘渗漏量及水面蒸发量与降水量的差值加以确定。

c.农业需水量月分配系数

农业需水具有季节性特点,为了反映农业需水量的年内分配过程,提出采用各分区农业需水量的月分配系数。农业需水量月分配系数可根据种植结构、灌溉制度及典型调查加以综合确定。

(3)工业需水预测

分高用水工业、一般工业和火(核)电工业三类高用水工业和一般工业需水可采用万元增加值用水量法进行预测,高用水工业需水预测可参照国家发展和改革委员会编制的工业节水方案的有关结果。火(核)电工业分循环式和直流式两种用水类型,采用发电量单位(亿 kWh)用水量法进行需水预测,并以单位装机容量(万 w)用水量法进行复核。

有关部门和省(自治区、直辖市)已制定的工业用水定额标准,可作为工业用水定额预测的基本依据。远期工业用水定额的确定,可参考目前经济比较发达、用水水平比较先进国家或地区现有的工业用水定额水平结合本地发展条件确定。

工业用水定额预测方法包括:重复利用率法、趋势法、规划定额法和多因子综合法等,以重复利用率法为基本预测方法。

在进行工业用水定额预测时,要充分考虑各种影响因素对用水定额的影响。这些影响因素主要有:

a.行业生产性质及产品结构;

b.用水水平、节水程度;

c.企业生产规模;

d.生产工艺、生产设备及技术水平;

e.用水管理与水价水平;

f.自然因素与取水(供水)条件。

工业用水年内分配相对均匀,仅对年内用水变幅较大的地区,通过典型调查进行用水过程分析,计算工业需水量月分配系数,确定工业用水的年内需水过程。

(4)建筑业和第三产业需水预测

建筑业需水预测以单位建筑面积用水量法为主,以建筑业万元增加值用水量法进行复核。第三产业需水可采用万元增加值用水量法进行预测,根据这些产业发展规划结果,结合用水现状分析,预测各规划水平年的净需水定额和水利用系数,进行净需水量和毛需水量的预测。

建筑业和第三产业需水量年内分配比较均匀,仅对年内用水量变幅较大的地区通过典型调查进行用水量分析,计算需水月分配系数,确定用水量的年内需水过程。

(5)生态环境需水预测

生态环境需水是指为维持生态与环境功能和进行生态环境建设所需要的最小需水量。我国地域辽阔,气候多样,生态环境需水具有地域性、自然性和功能性特点。生态环境需水预测要以《生态环境建设规划纲要》为指导,根据本区域生态环境所面临的主要问题,拟定生态保护与环境建设的目标。

按照修复和美化生态环境的要求,可按河道内和河道外两类生态环境需水口径分别进行预测。根据各分区、各流域水系不同情况,分别计算河道内和河道外生态环境需水量。河道内生态环境用水一般分为维持河道基本功能和河口生态环境的用水。河道外生态环境用水分为城镇生态环境美化和其他生态环境建设用水等。

不同类型的生态环境需水量计算方法不同。城镇绿化用水、防护林草用水等以植被需水为主体的生态环境需水量,可采用定额预测方法;湖泊、湿地、城镇河湖补水等,以规划水面面积的水面蒸发量与降水量之差为其生态环境需水量。对以植被为主的生态需水量,要求对地下水水位提出控制要求。其他生态环境需水,可结合各分区各河流的实际情况采用相应的计算方法。

(6)河道内其他需水预测

河道内其他生产活动用水(包括航运、水电、渔业、旅游等)一般来讲不消耗水量,但因其对水位、流量等有一定的要求,因此,为做好河道内控制节点的水量平衡,亦需要对此类用水量进行估算。

2.城乡需水量预测统计

根据各用水户需水量的预测结果,对城镇和农村需水量可以采用"直接预测"和"间接预测"两种预测方式进行预测。汇总出各计算分区内的城镇需水量和农村需水量预测结果。城镇需水量主要包括:城镇居民生活用水量、城镇范围内的菜田、苗圃等农业用水、城镇范围内工业、建筑业以及第三产业生产用水量、城镇范围内的生态环境用水量等;农村需水量主要包括:农村居民生活用水量、农业(种植业和林牧渔业)用水量、农村工业、建筑业和第三产业生产用水量,以及农村地区生态环境用水量等"直接预测"方式是把计算分区分为城镇和农村两类计算单元,分别进行计算单元内城镇和农村需水量预测(包括城镇和农村各类发展指标预测、用水指标及需水量的预测)。"间接预测"方式是在计算分区需水量预测结果基础上,按城镇和农村两类口径进行需水量分配;参照现状用水量的城乡分布比例,结合工业化和城镇化发展情况对城镇和农村均有的工业、建筑业和第三产业的需水量按人均定额或其他方法处理并进行城乡分配。

3. 城市需水量预测

各省(自治区、直辖市)对国家行政设立的建制市城市进行雨水预测。城市需水量预测范围限于城市建成区和规划区。城市需水量按用水户分项进行预测,预测方法同各类用水户。一般情况城市需水量不应含农业用水,但对确有农业用水的城市,应进行农业需水量预测;对农业用水占城市总用水比重不大的城市,可简化预测农业需水量。

4. 结果合理性分析

为了保障预测结果具有现实合理性,要求对经济社会发展指标、用水定额以及需水量进行合理性分析。合理性分析主要为各类指标发展趋势(增长速度、结构和人均量变化等)和国内外其他地区的指标比较,以及经济社会发展指标与水资源条件之间需水量与供水能力之间等关系协调性分析等。

工作任务八　再生水利用

一、再生水定义

再生水是指废水或雨水经适当处理后,达到一定的水质指标,满足某种使用要求,可以进行有益使用的水。和海水淡化、跨流域调水相比,再生水具有明显的优势。从经济的角度看,再生水的成本最低,从环保的角度看,污水再生利用有助于改善生态环境,实现水生态的良性循环。

二、再生水利用可行性

(一)优势

中水,也称再生水,它的水质介于污水和自来水之间,是城市污水、废水经净化处理后达到国家标准,能在一定范围内使用的非饮用水,可用于城市景观和百姓生活的诸多方面。为了解决水资源短缺问题,城市污水再生利用日益显得重视,城市污水再生利用与开发其他水源相比具有优势。首先城市污水数量巨大、稳定、不受气候条件和其他自然条件的限制,并且可以再生利用。污水作为再生利用水源与污水的产生基础上可以同步发生,就是说只要城市污水产生,就有可靠的再生水源。同时,污水处理厂就是再生水源地,与城市再生水用户相对距离近供水方便。污水的再生利用规模灵活,既可集中在城市边缘建设大型再生水厂,也可以在各个居民小区、公共建筑内建设小型再生水厂或一体化处理设备,其规模可大可小,因地制宜。

(二)技术可行性

在技术方面,再生水在城市中的利用不存在任何技术问题,目前的水处理技术可以将污水处理到人们所需要的水质标准。城市污水所含杂质少于 0.1%,采用的常规污水深度处理,例如滤料过滤、微滤、纳滤、反渗透等技术。经过预处理,滤料过滤处理系统出水可以满足生活杂用水,包括房屋冲厕、浇洒绿地、冲洗道路和一般工业冷却水等用水要求。微滤膜处理系统出水可满足景观水体用水要求。反渗透系统出水水质远远好于自来水水质标准。

国内外大量污水再生回用工程的成功实例,也说明了污水再生回用于工业、农业、市政杂用、河道补水、生活杂用、回灌地下水等在技术上是完全可行的,为配合中国城市开展城市污水再生利用工作,原建设部和国家标准化管理委员会编制了《城市污水处理厂工程质量验收规范》《污水再生利用工程设计规范》《建设中水设计规范》《城市污水水质》等污水再生利用系列标准,为有效利用城市污水资源和保障污水处理的质量安全,提供了技术数据。

(三)经济可行性

城市污水采取分区集中回收处理后再用,与开发其他水资源相比,在经济上的优势如下:

1. 比远距离引水便宜

城市污水资源化就是将污水进行二级处理后,再经深度处理作为再生资源回用到适宜的位置。基建投资远比远距离引水经济,据资料显示,将城市污水进行深度处理到可以回用作杂用水的程度,基建投资相当于从 30 公里外引水,若处理到回用作高要求的工艺用水,其投资相当于从 40~60 公里外引水。南水北调中线工程每年调水量 100 多亿立方米,主体工程投资超过 1000 亿元,基单位投资约 3500~4000 元/t。因此许多国家将城市中水利用作为解决缺水问题的选择方案之一,也是节水的途径之一,从经济方面分析来看是很有价值的。在中国,有 300 厂、中国国际贸易中心、保定市鲁岗污水处理厂等几十项中水工程。实践证明,污水处理技术的推广应用势在必行,中水利用作为城市第二水源也是必然的发展趋势。

2. 比海水淡化经济

城市污水中所含的杂质小于 0.1%,而且可用深度处理方法加以去除,而海水中含有 3.5%的溶盐和大量有机物,其杂质含量为污水二级处理出水的 35 倍以上,需要采用复杂的预处理和反渗或闪蒸等昂贵的处理技术,因此无论基建费或单位成本,海水淡化都高于再生水利用。国际上海水淡化的产水成本大多在每吨 1.1 美元至 2.5 美元之间,与其消费水价相当。中国的海水淡化成本已降至 5 元左右,如建造大型设施更加可能降至 3.7 元左右。即便如此,价格也远远高于再生水不足一元的回用价格。

城市再生水的处理实现技术突破前景仍然非常广阔,随着工艺的进步、设备和材料的不断革新,再生水供水的安全性和可靠性会不断提高,处理成本也必将日趋降低。

3.可取得显著的社会效益

在水资源日益紧缺的今天,将处理后的水回用于绿化、冲洗车辆和冲洗厕所,减少了污染物排放量,从而减轻了对城市周围的水环境影响,增加了可利用的再生水量,这种改变有利于保护环境,加强水体自净,并且不会对整个区域的水文环境产生不良的影响,其应用前景广阔。污水回用为人们提供了一个非常经济的新水源,减少了社会对新鲜水资源的需求,同时也保持优质的饮用水源,这种水资源的优化配置无疑是一项利国利民、实现水资源可持续发展的举措。当今世界各国解决缺水问题时。城市污水被选为可靠且可以重复利用的第二水源,多年以来,城市污水回用一直成为国内外研究的重点。成为世界不少国家解决水资源不足的战略性对策。

三、再生水利用意义

(一)缓解水资源短缺途径

据有关资料统计,城市供水的80%转化为污水,经收集处理后,其中70%的再生水可以再次循环使用。这意味着通过污水回用,可以在现有供水量不变的情况下,使城市的可用水量增加50%以上。世界各国无不重视再生水利用,再生水作为一种合法的替代水源,正在得到越来越广泛的利用,并成为城市水资源的重要组成部分。

(二)水资源持续利用环节

水是城市发展的基础性资源和战略性经济资源,随着城市化进程和经济的发展,以及日趋严重的环境污染,水资源日趋紧张,成为制约城市发展的瓶颈。推进污水深度处理,普及再生水利用是人类与自然协调发展、创造良好水环境、促进循环型城市发展进程的重要举措。

国际上,对于水资源的管理目标已发生重大变化,即从控制水、开发水、利用水转变为以水质再生为核心的"水的循环再用"和"水生态的修复和恢复",从根本上实现水生态的良性循环,保障水资源的可持续利用。

(三)能带来可观的效益

再生水合理利用不但有很好的经济效益,而且其社会和生态效益也是巨大的。首先,随着城市自来水价格的提高,再生水运行成本的进一步降低,以及回用水量的增大,经济效益将会越来越突出;其次,再生水合理利用能维持生态平衡,有效的保护水资源,改变传统的"开采—利用—排放"开采模式,实现水资源的良性循环,并对城市的水资源紧缺状况起到了积极的缓解作用,具有一长远的社会效益;第三,再生水合理利用的生态效益体现在不但可以清除废污水对城市环境的不利影响,而且可以进一步净化环境,美化环境。

四、再生水利用途径

再生水水量大、水质稳定、受季节和气候影响小,是一种十分宝贵的水资源。再生水使用方式很多,按与用户的关系可分为直接使用与间接使用,直接使用又可以分为就地使用与集中使用。多数国家的再生水主要用于农田灌溉,以间接使用为主;日本等少数国家的再生水则主要用于城市非饮用水,以就地使用为主;新趋势是用于城市环境"水景观"的环境用水。

再生水的用途很广,可以用于农田灌溉、园林绿化(公园、校园、高速公路绿带、高尔夫球场、公墓、绿带和住宅区等)、工业(冷却水、锅炉水工艺用水)、大型建筑冲洗以及游乐与环境(改善湖泊、池塘、沼泽地,增大河水流量和鱼类养殖等),还有消防、空调和水冲厕等市政杂用。

根据再生水利用的用途,再生水可回用于地下水回灌用水,工业用水,农、林、牧业用水,城市非饮用水,景观环境用水等五类。再生水回用于地下水回灌,可用于地下水源补给、防止海水入侵、防止地面沉降;再生水回用于工业可作为冷却用水、洗涤用水和锅炉用水等方面;再生水用于农、林、牧业用水可作为粮食作物、经济作物的灌溉、种植与育苗、林木、观赏植物的灌溉、种植与育苗、家畜和家禽用水。

五、再生水利用案例

(一)美国

在佛罗里达州,根据其城市用水集中的特点,提出的基本模式是非饮用水回用,大规模地施行双管供水系统,以自来水40%左右的价格将城市污水处理水供给高尔夫球场、城市绿化和建筑物、住宅区的中水道用水;而在得克萨斯州,则根据自己用水的传统和水文地质特点,采取"间接回用"的模式,大规模进行污水处理水的地下回灌。

(二)日本

再生水一词最早来源于日本,早在1955年日本就开始了再生水利用。日本大城市双管供水系统比较普遍,一个是饮用水系统,另一个是再生水系统,即"再生水道"系统。"再生水道"以输送再生水供生活杂用著称,约占再生水回用量的40%。日本再生水主要用于城市杂用、工业、农业灌溉等,管理制度非常严格。日本的再生水回灌主要通过河道补给地下水等进行,近年来又开发出一种地下毛细管渗滤系统,渗漏回灌补充地下水。大部分地区利用污水处理水进行"清流复活",而水环境的修复和保护是回用的重点。

(三)以色列

以色列是最早使用再生水进行农作物灌溉的国家之一,其工业农业及国民经济发展之所以能取得惊人的成就,除了大力发展高科技外,推行污水回用政策为国家的生存和发展提供了可靠保证。

以色列是世界上最高比例(大约是污水总量的三分之二)使用再生水进行灌溉的国家。污水排放量在 2010 年约达到了 5 亿 m³/年,再生水利用量达到大约 3.5 亿 m³/年。目前,以色列全国 1/3 的农业灌溉使用再生水。

工作任务九　北京市水资源基本状况分析

一、概述

2020 年全市降水量为 560mm,比 2019 年降水量 506mm 多 10.7%,比多年平均值 585mm 少 4.3%。

全市地表水资源量为 8.25 亿 m³(不含水库蒸发渗漏量的地表水资源量为 6.65 亿 m³),地下水资源量为 17.51 亿 m³,水资源总量为 25.76 亿 m³,比多年平均 37.39 亿 m³ 少 31.1%。

全市入境水量为 6.61 亿 m³(不含外调入境水量),比多年平均 21.08 亿 m 少 68.6%;出境水量为 15.66 亿 m,比多年平均 19.54 亿 m 少 19.9%。

南水北调中线工程全年入境水量 8.82 亿 m³。

引黄河水全年入境水量 0.52 亿 m³ 全市 18 座大、中型水库年末蓄水总量为 31.40 亿 m³,可利用来水量为 6.49 亿 m³。官厅、密云两大水库年末蓄水量为 29.02 亿 m³,可利用来水量为 6.39 亿 m³。

全市平原区年末地下水平均埋深为 22.03m,地下水位比 2019 年末回升 0.68m,地下水储量相应增加 3.5 亿 m³,比 1998 年末减少 52.0 亿 m³,比 1980 年末减少 75.7 亿 m³,比 1960 年末减少 96.5 亿 m³。

2020 年全市总供水量为 40.6 亿 m³,比 2019 年 41.7 亿 m³ 减少 1.1 亿 m³ 其中生活用水 17.0 亿 m³,环境用水 17.4 亿 m³,工业用水 3.0 亿 m³,农业用水 3.2 亿 m³。

2020 年全市污水排放总量为 20.42 亿 m³,污水处理量 19.41 亿 m³,全市污水处理率 95.0%。

二、水资源

(一)降水量

2020 年全市降水量 560mm,比 2019 年降水量 506mm 多 10.7%,比多年平均值 585mm 少 4.3%。

1. 降水量的年内分配

2020 年汛期(6~9 月)累计降水量 418mm,占全年降水量的 74.6%,比 2019 年同期降水量 337mm 多 24.0%，比多年平均同期降水量 488mm 少 14.3%；非汛期(1～5 月,10～12 月)降水量 142mm,比 2019 年同期降水量 169mm 少 16.0%,比多年平均同期降水量 97mm 多 46.4%。详见图 1-47。

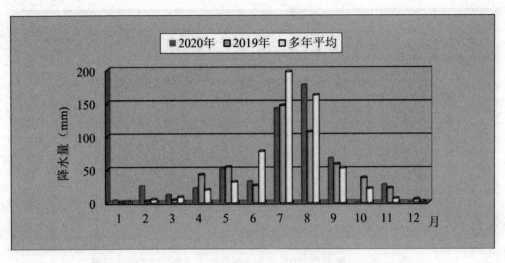

图 1-47　2020 年与 2019 年及多年平均全市降水量年内分配图

2. 降水量的地区分布

2020 年全市面降水量山区大于平原区,点降水量介于 361～742mm 之间山区年降水量 565mm,年降水量最大点是怀柔区的八道河站 742mm,最小点是门头沟区的青白口站 375mm；平原区年降水量 499mm,年降水量最大点是房山区的张坊站 716mm,最小点是顺义区的向阳闸站 361mm。

从行政分区看,怀柔区年降水量最大,为 630mm;顺义区最小,为 439mm。详见图 1-48。

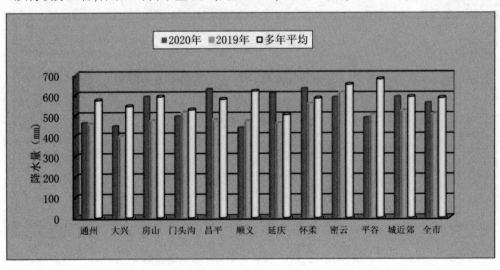

图 1-48　2020 年与 2019 年及多年平均行政分区降水量比较图

从流域分区看,潮白河水系年降水量最大,为 601mm;运河水系最小为 486mm。详见图 1-49。

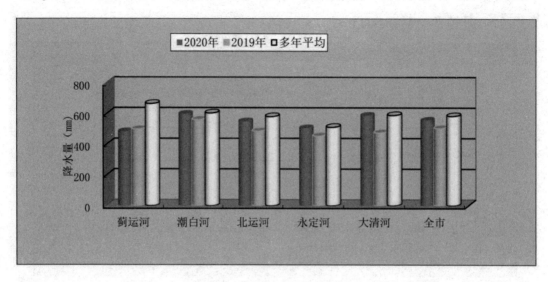

图 1-49　2020 年与 2019 年及多年平均流域分区降水量比较图

北京市 2020 年降水量等值线详见图 1-50。

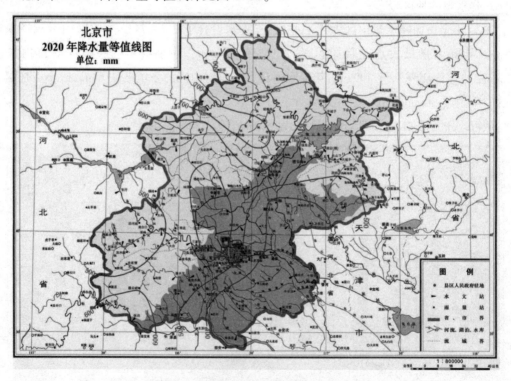

图 1-50　北京市 2020 年年降水量等值线图

(二)地表水资源

1. 地表水资源量

地表水资源量指地表水体的动态水量,用天然河川径流量表示 2020 年全市地表水资源量为 8.25 亿 m³,(不含水库蒸发渗漏量的地表水资源量为 6.65 亿 m³),比 2019 年 8.61 亿 m³ 少 4.2%,比多年平均 17.72 亿 m³ 少 53.4%。从流域分区看,北运河水系径流量最大,为 4.43 亿 m³;运河水系径流量最小,为 0.16 亿 m³。详见图 1-51。

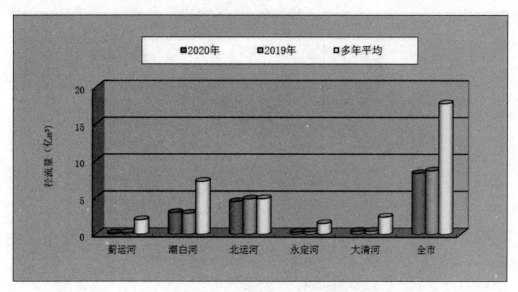

图 1-51　2020 年与 2019 年及多年平均流域分区径流量比较图

2. 出入境水量

2020 年全市入境水量为 6.61 亿 m³,比 2019 年 5.16 亿 m³ 多 28.1%,比多年 平均 21.08 亿 m³ 少 68.6%;全市出境水量为 15.66 亿 m³,比 2019 年 18.07 亿 m³ 少 13.3%,比多年平均 19.54 亿 m³ 少 19.9%。南水北调中线工程入境水量 8.82 亿 m³。引黄河水入境水量 0.52 亿 m³。各水系出、入境水量详见图 1-52。

3. 大中型水库蓄水动态

2020 年全市 18 座大中型水库可利用来水量为 6.49 亿 m³(含引黄向官厅水 库调水量,南水北调向密云水库、怀柔水库、十三陵水库和桃峪口水库调水量),比 2019 年 7.06 亿 m³ 少 0.57 亿 m³。年末蓄水总量为 31.40 亿 m³,比 2019 年 32.7 亿 m³ 少 1.34 亿 m³。官厅水库 2020 年可利用来水量 2.24 亿 m³(含引黄向官厅水库调水量),比 2019 年 2.75 亿 m³ 少 0.51 亿 m³,比多年平均 8.66 亿 m³ 少 6.42 亿 m³。密云水库 可利用来水量 4.15 亿 m³(含南水北调向密云水库调水量),比 2019 年 1.97 亿 m³ 多 2.18 亿 m³,比多年平均 9.12 亿 m³ 少 4.97 亿 m³。两大水库可利用来水量 6.39 亿 m³,比 2019 年 4.72 亿 m³ 多 1.67 亿 m³,比多年平均 17.78 亿 m³少 11.39 亿 m³。2020 年官厅水库年末蓄水量为 4.29 亿 m³,比 2019 年末 5.12 亿 m³少 0.83 亿 m³;密云水库年末蓄水量为 24.73 亿 m³,比 2019 年末 24.96 亿 m³少 0.23 亿 m³;两库年末共蓄水 29.02 亿 m³,比 2019 年末 30.08 亿 m³少 1.06 亿 m³。

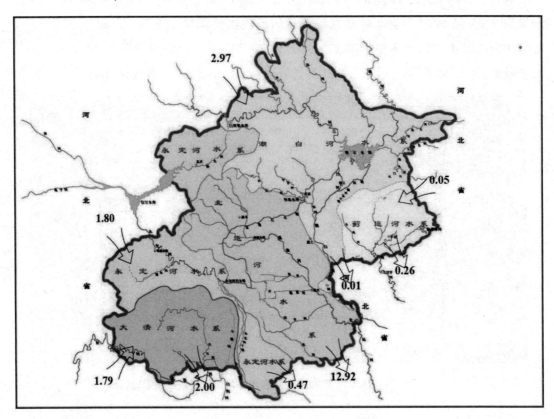

图 1-52　2020 年各水系出、入境水量示意图(单位:亿 m³)

(三)地下水资源

1.地下水资源量

地下水资源量指地下水中参与水循环且可以更新的动态水量。本节中的地下水指第四系水。2020 年全市地下水资源量 17.51 亿 m³,比 2019 年 15.95 亿 m³多 1.56 亿 m³,比多年平均 25.59 亿 m³少 8.08 亿 m³。

平原区地下水动态 2020 年末地下水平均埋深为 22.03m,与 2019 年末比较,地下水位回升 0.68m,地下水储量相应增加 3.5 亿 m³;与 1998 年末比较,地下水位下降 10.15m,储量相应减少 52.0 亿 m³;与 1980 年末比较,地下水位下降 14.79m,储量相应减少 75.7 亿 m³;与 1960 年末比较,地下水位下降 18.84m,储量相应减少 96.5 亿 m³。2020 年末,全市平原区地下水位与 2019 年末相比,上升区(水位上升幅度 大于 0.5m)占 45.8%,相对稳定区(水位变幅± 0.5m)占 25.2%,下降区(水位 下降幅度大于 0.5m)占 29.0%。详见图 1-53 和图 1-54。2020

年各行政区平原区地下水埋深详见图 1-55。2020 年末地下水埋深大于 10m 的面积为
5265km²,与 2019 年基本持平;地下水降落漏斗(最高闭合等水位线)面积 434km²,比 2019 年
减少 121km²,漏斗主要分布在朝阳区的黄港、长店~顺义区的米各庄一带。

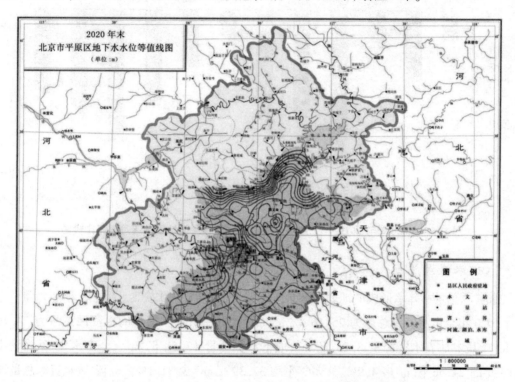

图 1-53 2020 年末北京市平原区地下水水位等值线图

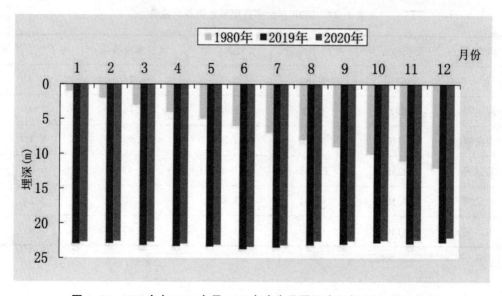

图 1-54 2020 年与 2019 年及 1980 年全市平原区地下水逐月埋深比较图

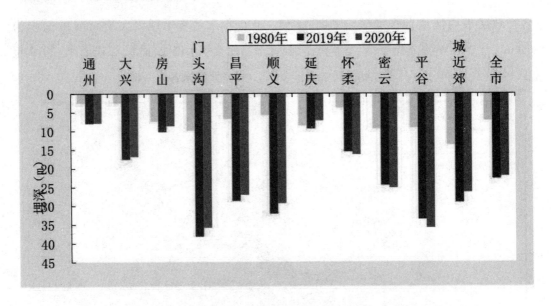

图 1-55　2020 年与 2019 年及 1980 年不同行政区平原区地下水逐月埋深比较图

（四）水资源总量

水资源总量指降水形成的地表水和地下水量，是当地自产水资源，不包括入境 水量。

2020 年全市水资源总量为 25.76 亿 m³，（不含水库蒸发渗漏量的水资源总量为 24.16 亿 m³），其中地表水资源量 8.25 亿 m³，地下水资源量 17.51 亿 m³。全市水资 源总量比 2019 年的 24.56 亿 m³多 4.9%，比多年平均 37.39 亿 m³ 少 31.1%。分流 域水资源总量详 见表 1-17 和图 1-56。

表 1-17　2020 年全市各流域水资源总量表

流域分区	面积(km^2)	年降水总量	水资源总量	地表水资源量	地下水资源量
全 市	16410	91.83	25.76	8.25	17.51
蓟运河	1300	6.31	2.16	0.16	2.00
潮白河	5510	33.10	6.30	2.93	3.37
北运河	4250	23.47	10.48	4.43	6.05
永定河	3210	16.31	3.44	0.30	3.14
大清河	2140	12.64	3.38	0.43	2.95

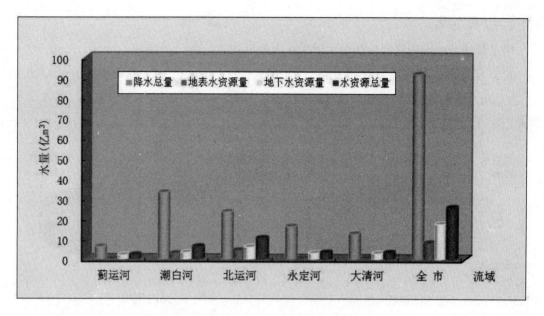

图 1-56　2020 年全市各流域水资源总量分布图

三、水资源利用

(一)供水量

供水量指各种水源工程为用户提供的包括输水损失在内的毛供水量。

2020 年全市总供水量为 40.6 亿 m^3，比 2019 年减少 1.1 亿 m^3。其中地表水为 8.5 亿 m^3，占总供水量的 20.9%；地下水 13.5 亿 m^3，占总供水量的 33.2%；再生水 12.0 亿 m^3，占总供水量的 29.6%；南水北调水 6.6 亿 m^3，占总供水量的 16.3%。

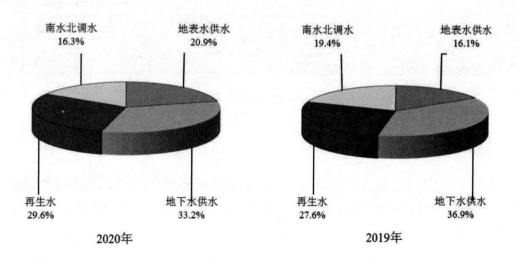

(二)用水量

用水量指分配给用户的包括输水损失在内的毛用水量。

2020年全市总用水量为40.6亿m³,比2019年减少1.1亿m³。其中生活用水17.0亿m³,占总用水量的41.9%;环境用水17.4亿m³,占42.9%;工业用水3.0亿m³,占7.4%;农业用水3.2亿m³,占7.8%。

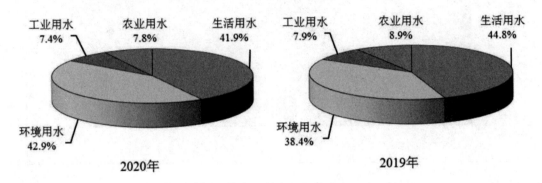

与2019年比较,全市用水总量中工业、农业、生活用水量有所减少,环境用水量有所增加。详见图1-57。

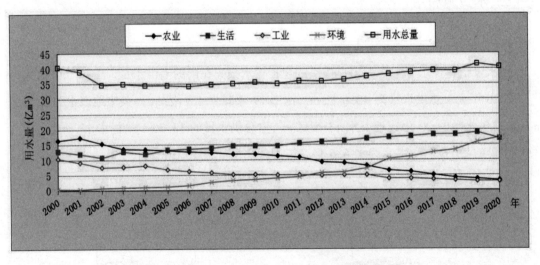

图1-57　2000~2020年全市用水量变化图

四、废污水排放量

2020年全市污水排放总量为20.42亿m³,污水处理量19.41亿m³,全市污水处理率95.0%。2020年城六区污水排放总量为12.93亿m³,污水处理量为12.85亿m³,城六区污水处理率99.4%。

项目三 防洪知识

工作任务一 设计洪水标准

流域内发生暴雨或融雪时所形成的大量地表径流,迅速汇入河流,使流量激增、水位猛涨,这便形成了洪水。洪水通过河道的任一断面都有一个过程,如图 1-58 所示,从 A 到 C 的洪水过程中,AC 曲线下的面积为洪水总量,B 点为洪峰,Q_m 为洪峰流量。洪峰流量、洪水总量、洪水过程线统称为洪水三要素。

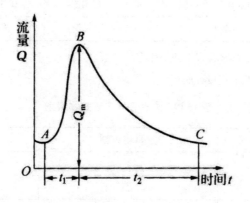

图 1-58 洪水过程线

在规划设计各种防洪工程中,需要根据建筑物级别选定不同频率作为防洪标准,把洪水作为随机现象,以概率形式估算未来的设计洪水。水利水电工程建筑物防洪标准分为正常运用(设计标准)和非常运用(校核标准)两种。按正常运用标准计算出来的洪水称为设计洪水,设计洪水决定工程的设计水位、设计泄洪流量等;当发生设计洪水时,工程应保证安全、正常运行。当河流发生比设计洪水更大的洪水时,选定一个非常运用洪水标准进行计算,得到的洪水称为非常运用洪水或校核洪水;当发生校核洪水时,泄洪设施应保证满足泄洪量的要求,可允许消能设施和次要建筑物部分破坏,但不应影响枢纽工程主要建筑物的安全或发生河流改道等重大灾害性后果。

GB 50201—2014《防洪标准》和 SL 252—2017《水利水电工程等级划分及洪水标准》中,根据其工程规模效益及在国民经济中的重要性,将水利水电工程的等别划分为 5 等;又根据水工建筑物所在工程的等别和建筑物的重要性,将水利水电工程的永久性水工建筑物的级别划分为 5 级。表 1-18 为标准中水利水电工程分等指标,表 1-19 为永久性水工建筑物级别。

表 1-18　水利水电工程分等指标

工程等别	工程规模	水库总库容 /$10^8 m^3$	防洪		治涝	灌溉	供水	发电
			保护城镇及工矿企业的重要性	保护农田 /10^4 亩	治涝面积 /10^4 亩	灌溉面积 /10^4 亩	供水对象重要性	装机容量 /10^4 kW
Ⅰ	大(1)型	≥10	特别重要	≧500	≧200	≧150	特别重要	≧120
Ⅱ	大(2)型	10~1.0	重要	500~100	200~60	150~50	重要	12~30
Ⅲ	中型	1.0~0.10	中等	100~30	60~15	50~5	中等	30~5
Ⅳ	小(1)型	0.10~0.01	一般	30~5	15~3	5~0.5	一般	5~1
Ⅴ	小(2)型	0.01~0.001		<5	<3	<0.5		<1

注 1:水库总库容指水库最高水位以下的静库容。

注 2:治涝面积和灌溉面积均指设计面积。

表 1-19　永久性水工建筑物级别

工程等别	主要建筑物	次要建筑物
Ⅰ	1	3
Ⅱ	2	3
Ⅲ	3	4
Ⅳ	4	5
Ⅴ	5	6

根据 GB 50201—2014《防洪标准》和 SL 252—2017《水利水电工程等级划分及洪水标准》,山区、丘陵区水利水电工程永久性水工建筑物的洪水标准见表 1-20,平原区水利水电工程永久性水工建筑物洪水标准表 1-21。

表1-20 山区、丘陵区水利水电工程永久性水工建筑物的洪水标准［重现期（年）］

项目		水工建筑物级别				
		1	2	3	4	5
设计		1000~500	500~100	100~50	50~30	30~20
校核	土石坝	可能最大洪水（PMF）或10000~5000	5000~2000	2000~1000	1000~300	300~200
	混凝土坝、灌浆石坝	5000~2000	2000~1000	1000~500	500~200	200~100

表1-21 平原区水利水电工程永久性水工建筑物的洪水标准［重现期（年）］

项目		水工建筑物级别				
		1	2	3	4	5
水库工程	设计	300~100	100~50	50~20	20~10	10
	校核	2000~1000	1000~300	300~100	100~50	50~20
拦河水闸	设计	100~50	50~30	30~20	20~10	10
	校核	300~200	200~100	100~50	50~30	30~20

水利水电工程设计所采用的各种标准的设计洪水,包括洪峰流量、时段洪量、洪水过程线三要素。推求设计洪水的方法有两种类型,即由流量资料推求设计洪水和由暴雨资料推求设计洪水。当必须采用可能最大洪水（PMF）作为非常运用洪水标准时,则由水文气象资料推求可能最大暴雨,然后计算可能最大洪水。

本部分主要介绍由流量资料推求设计洪水的方法。

工作任务二 设计洪峰流量及设计洪量的推求

一、选样

河流上每年有多次洪水,因而每年就有许多个洪峰及洪量,那么应选择哪些洪峰值或洪量值来组成频率计算的样本系列呢?

对于洪峰流量,目前常采用年最大值法选样,即每年只选取最大的一个瞬时洪峰流量,若有 n 年资料,就选出 n 个最大洪峰流量,组成洪峰流量的样本。

对于洪量,采用固定时段独立选取年最大值法选样。确定统计时段时,习惯上常取时段长度为 1、3、5、7、10、15、30d 等。就具体的工程而言,可根据洪水特性和工程设计要求,选定 2~3 个计算时段即可。若有 n 年资料,各不同时段分别选出 n 个最大洪水量,组成不同时段的洪量样本系列。同一年内所选取的固定时段洪量,可能是发生在同一次洪水中,也可能不发生在同一次洪水中,关键是选取最大值。如图 1-59 所示的最大 1d 洪量和最大 3d、5d 洪量就不属于同一次洪水。

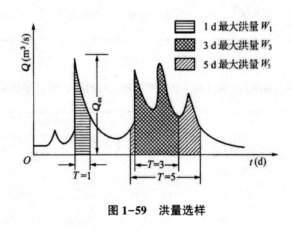

图 1-59 洪量选样

二、资料审查

在使用洪水资料前,必须对原始资料的可靠性、一致性、代表性进行审查。

洪水资料包括实测洪水资料和历史洪水调查考证资料。对实测资料的审查重点应放在资料观测和整编质量较差的年份,以及对设计洪水计算成果影响较大的大洪水年份。对调查洪水的审查,应重点论证洪峰流量、洪水总量的数值和重现期的可靠性;并要注意不要遗漏考证期内的大洪水。

洪水系列的一致性审查,是要分析洪水形成的条件是否相同。当流域内因修建蓄水、引水、提水、分洪、滞洪等工程,大洪水发生时堤防溃决、溃坝等,明显改变了洪水过程,影响了洪水系列的一致性;或因河道整治、水尺零点高程系统变动影响水(潮)位系列一致性时,应将系列统一到同一基础。

洪水资料的代表性反映样本系列能否代表总体分布。但洪水的总体又难以获得,一般认为,资料年限越长,并能包括大、中、小等各种洪水年份,则代表性较好。

三、特大洪水的处理

所谓特大洪水,是指比系列中的一般洪水大得多的稀遇洪水,特大洪水可能出现在实测资料系列,也可能是经实地调查或文献考证而获得的。

我国河流的实测流量资料一般都不长,根据现有的短期流量资料推求百年一遇、千年一遇等稀遇洪水,难免会有较大的抽样误差。往往出现一次新的大洪水以后,重新计算的设计洪水就会发生很大的变动,使成果极不稳定。

例如河北某河流在1955年进行规划时,根据当时20年洪峰流量系列资料推得千年一遇洪峰流量 $Q_m = 7500\text{m}^3/\text{s}$,而在1956年发生一次特大洪水,实测洪峰流量达13100m^3/s。将此洪水加入系列按 $n = 21$ 年重新进行频率计算,推得千年一遇洪峰流量 $Q_m = 25900\text{m}^3/\text{s}$,两者相差非常大。后经深入进行实地调查和文献考证后,取得若干个可靠的历史大洪水的流量数值和稀遇程度的资料。若将1794、1853、1917和1939年该地区发生的历史洪水,连同1956年的实测洪水一起组成样本系列,进行特大值处理后,求得千年一遇洪峰流量 $Q_m = 22600\text{m}^3/\text{s}$。在1963年该河又发生了实测洪峰流量为12000m^3/s的大洪水,将此洪峰流量加入到系列后,得千年一遇的洪峰流量 $Q_m = 23300\text{m}^3/\text{s}$。由此可见,在洪水频率计算中,应用历史洪水资料可以显著地提高资料的代表性。

特大洪水和实测洪水加在一起可以组成一个洪水系列(样本),但如何确定各次特大洪水和一般实测洪水的频率,进而进行频率计算是问题的关键。

洪水系列(洪峰或洪量)有两种情况,一是系列中没有特大洪水,在进行频率计算时,各项数值直接按大小顺序统一排位,各项之间没有空位,由大到小排列是连序的,这样的样本就称为连序系列,如图1-60(a)所示。二是系列中有特大洪水,特大洪水与其他各项洪水之间存在一些空位,由大到小是不连序的,这样的样本称为不连序系列,如图1-60(b)所示。需要注意的是,这里所谓的"连序"与"不连序"并非指日历年的连序与不连序,二者差别在于系列内各项洪峰或洪量值由大到小排列的中间有无空位。

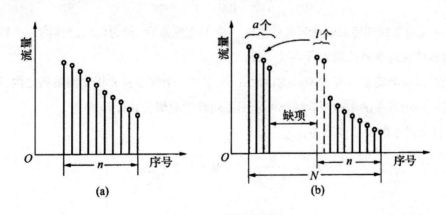

图1-60 洪水系列图

(a)连序系列;(b)不连序系列

连序系列的经验频率计算公式较为简单,前面已经讲述;这里主要介绍不连序系列的经验频率计算方法。

不连续系列的经验频率计算,有两种不同的计算方法。

(1)把实测系列和特大值系列都看作是从总体中独立抽出的两个随机连序样本,各项洪水可分别在各自系列中排序,实测系列的经验频率仍按连序系列的经验频率计算:

$$P_m = \frac{m}{n+1}$$

式中:

P_m ——实测系列第 m 项的经验频率;

m ——实测系列由大到小排列的序号;

n ——实测系列的年数。

特大洪水系列的经验频率计算公式为:

$$P_M = \frac{M}{N+1}$$

式中:

P_M ——特大洪水第 M 序号的经验频率;

M ——特大洪水由大到小排列的序号;

N ——自最远的调查考证年份至今的年数。

需要注意的是,当实测系列内含有特大洪水时,此特大洪水中也应在实测系列中占序号。例如实测资料为 100 年,其中有 3 个特大洪水,则一般洪水最大项排序应为第四位,其经验频率为:

$$P_4 = \frac{4}{100+1}$$

(2)把实测系列和特大值系列共同组成一个不连续系列,作为代表总体的一个样本,不连续系列各项在调查考证期 N 年内统一排位。

假设在调查考证期 N 年中有特大洪水 a 个,其中 l 个发生在 n 年实测系列之内,这类不连序洪水系列中各项洪水的经验频率可采用下列数学期望公式计算。

a 个特大洪水的经验频率为:

$$P_M = \frac{M}{N+1} \qquad M = 1, 2, \cdots, a$$

式中:

N ——历史洪水调查考证期;

a ——特大洪水个数;

M ——特大洪水序位;

P_M——第 M 项特大洪水的经验频率。

$n-l$ 个连序洪水的经验频率为：

$$P_m = \frac{a}{N+1} + \left(1 - \frac{a}{N+1}\right)\frac{m-l}{n-l+1} \qquad m = l+1,\cdots,n$$

式中：

l ——从 n 项连序系列中抽出的特大洪水个数。

四、洪水频率计算

洪水频率计算时，频率曲线的线型应采用 P—Ⅲ型。对特殊情况，经分析论证后也可采用其他线型。采用 P—Ⅲ型频率曲线进行分析时，与频率计算部分的方法类似，也采用适线法。首先采用矩法或其他参数估计法，初步估算统计参数；再根据经验频率点据和选定的频率曲线线型，通过调整统计参数使曲线与经验频率点据拟合得最好，此时的参数即为所求的曲线线型的参数。

在用矩法初估参数时，对于不连续系列，假定 $n-l$ 年系列的均值和均方差与除去特大洪水后的 $N-a$ 年系列的相等，即：$\overline{Q}_{N-a} = \overline{Q}_{n-l}$，$\sigma_{N-a} = \sigma_{n-l}$，则统计参数的计算公式为：

$$\overline{Q} = \frac{1}{N}\left[\sum_{j=1}^{a} Q_j + \frac{N-a}{n-l}\sum_{i=l+1}^{n} Q_i\right]$$

$$C_v = \frac{1}{\overline{Q}}\sqrt{\frac{1}{N-1}\left[\sum_{j=1}^{a}(Q_j - \overline{Q})^2 + \frac{N-a}{n-l}\sum_{i=l+1}^{n}(Q_i - \overline{Q})^2\right]}$$

$$= \sqrt{\frac{1}{N-1}\left[\sum_{j=1}^{a}(K_j - 1)^2 + \frac{N-a}{n-l}\sum_{i=l+1}^{n}(K_i - 1)^2\right]}$$

式中：

Q_j——特大洪水，$j = 1,2,\cdots,a$；

Q_i——一般洪水，$i = l+1,l+2,\cdots,n$；

K_j——特大洪水模比系数；

K_i——一般洪水模比系数。

由矩法计算的偏态系数 C_s 值，与目估配线的成果相差较大，故一般不用矩法计算，而是参考附近地区资料选定一个 C_s/C_v 值。对于 $C_v < 0.5$ 的地区，可试用 $C_s/C_v = 3 \sim 4$ 进行配线；对于 $0.5 < C_v < 1.0$ 的地区，可试用 $C_s/C_v = 2.5 \sim 3.5$ 进行配线；对于 $C_v > 1.0$ 地区，可试用 $C_s/C_v = 2 \sim 3$ 进行配线。

以下通过一个实例说明洪水频率计算的具体步骤。

【例题 1-6】　某坝址断面处水文站有 1949～1978 年共 30 年的洪峰流量资料。1979 年进行大坝设计时，经调查考证获得两次历史洪水资料，分别为：1788 年的洪峰流量 $Q_m = $

9200m³/s,是 1788 年以来的最大值;1909 年的洪峰流量 $Q_m = 6710$m³/s,是 1909 年以来的第二位。实测系列中的 1954 年为 1909 年以来的第一位,洪峰流量 $Q_m = 7400$m³/s;1788~1909 年间的其他洪水情况未能查清。根据以上资料推求千年一遇的设计洪峰流量。

解:(1)计算经验频率

从 1909 年到大坝设计时的 1979 年,调查考证期 $N_1 = 70$ 年中,已查清没有遗漏比 1954 年更大的洪水,故 1954 的洪峰流量 $Q_m = 7400$m³/s、1909 年的洪峰流量 $Q_m = 6710$m³/s 可分别排为 70 年中的第 1、2 位;因在 1788~1909 年间其他洪水情况未能查清,1788 年为调查考证期 $N_2 = 191$ 年中的第 1 位,而 1909 年以来的洪水不能提出来放在 191 年中一起排位。根据以上分析,用分别处理法计算各年洪峰流量的经验频率,如表 1-22。

表 1-22　洪峰流量经验频率计算表

按时间次序排列		按大小排列		$N_2 = 191$		$N_1 = 70$		$n = 30$	
年份	流量 (m³/s)	年份	流量 (m³/s)	序号	频率 (%)	序号	频率 (%)	序号	频率 (%)
1788	9200	1788	9200	1	0.52				
1909	6710	1954	7400			1	1.4		
1954	7400	1909	6710			2	2.8		
1949	3128	1954	7400						(已抽出)
1950	1190	1955	4230					2	6.4
1951	4190	1951	4190					3	9.6
1952	3860	1953	4030					4	12.9
1953	4030	1952	3860					5	16.1
…	…	…	…					…	…
1974	2000	1977	1540					26	83.9
1975	2720	1972	1490					27	87.1
1976	2350	1978	1360					28	90.3
1977	1540	1966	1240					29	93.4
1978	1360	1950	1190					30	96.8

(2)初估统计参数

分别用以下两个公式初步估计均值 $\overline{Q}$ 和变差系数 C_v 值:

$$\overline{Q} = \frac{1}{N}\left[\sum_{j=1}^{a} Q_j + \frac{N-a}{n-l}\sum_{i=l+1}^{n} Q_i\right]$$

$$C_v = \frac{1}{\overline{Q}}\sqrt{\frac{1}{N-1}\left[\sum_{j=1}^{a}(Q_j - \overline{Q})^2 + \frac{N-a}{n-l}\sum_{i=l+1}^{n}(Q_i - \overline{Q})^2\right]}$$

$$= \sqrt{\frac{1}{N-1}\left[\sum_{j=1}^{a}(K_j - 1)^2 + \frac{N-a}{n-l}\sum_{i=l+1}^{n}(K_i - 1)^2\right]}$$

经计算得：$\overline{Q} = 2835\text{m}^3/\text{s}$，$C_v = 0.497$

（3）配线并推求设计值

取 $\overline{Q} = 2840\text{m}^3/\text{s}$，$C_v = 0.5$，$C_s = 3.5C_v$，理论曲线与经验曲线配合较好，如图 1-61 所示。由理论曲线查得千年一遇的设计洪峰流量为 $10735\text{m}^3/\text{s}$。

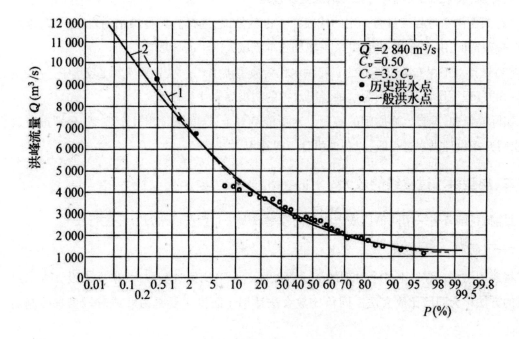

图 1-61　例题 1-6 计算图

1. 经验频率曲线；2. P-Ⅲ型曲线

工作任务三　由流量资料推求设计洪水过程线

通过洪水频率计算可以求得某一设计标准（设计频率）的洪峰和时段洪量，但是规划设计中还常常需要一条完整的洪水过程线，即"设计洪水过程线"，作为确定水工建筑物规模和尺寸的依据。目前，还没有完善的方法来推求指定频率的洪水过程线。一般是将典型洪水过程线加以放大,使放大后过程线中的某些要素(洪峰、时段洪量)等于相应的设计值,则可认为这样的过程线就是设计洪水过程线。

一、典型洪水过程线的选择

典型洪水过程线是从实测洪水资料中选取,是用以推求设计洪水过程线的基础,分析计算中应选择能反映洪水特性、对工程防洪运用较不利的大洪水作为典型,且应遵循以下原则:

(1)选择峰高量大的实测洪水过程线作为典型洪水过程线。因为这种洪水的特征值接近于设计值,放大后变形小,与真实情况更加接近。

(2)典型洪水过程应具有一定的代表性。也就是说,选择的典型洪水的发生季节、地区组成、峰型特征、洪水历时、峰量关系等能反映本流域大洪水的一般特性。

(3)选择对工程安全较不利的实测洪水作为典型洪水。一般选择峰形比较集中,并且主峰靠后的过程线作为典型,因为这种情况求得的防洪库容往往较大。

实际操作中,符合上述原则的实测洪水可能有多个,这时可选出几个典型,分别进行放大,求得几条设计洪水过程线,以备调洪计算时选用。

二、典型洪水过程线的放大

目前,我国普遍采用同倍比放大法和同频率放大法对典型洪水过程线进行放大。

(一)同倍比放大法

将典型洪水过程线上各个时刻的流量都按同一个倍比值进行放大,来推求设计洪水过程线的方法称为同倍比放大法。同倍比放大法适用于防洪主要是由峰或时段洪量控制的工程。

当某时段洪量起决定性作用时,可将典型洪水过程线按洪量的放大倍比 K_{wt} 放大,使放大后的洪量等于设计洪量,称为"按量放大"。放大倍比 K_{wt} 由下式求出:

$$K_{wt} = \frac{W_{tP}}{W_{tD}}$$

式中:

K_{wt} ——按量放大的放大系数;

W_{tP} ——控制时段 t 的设计洪量;

W_{tD} ——典型洪水过程线在控制时段 t 的最大洪量。

当洪峰起决定性作用时,则将典型洪水过程线按洪峰的放大倍比 K_Q 放大,并使放大后的洪峰等于设计洪峰,称为"按峰放大"。放大倍比 K_Q 由下式求出:

$$K_Q = \frac{Q_{mP}}{Q_{mD}}$$

式中:

K_Q ——以峰控制的放大系数;

Q_{mP} ——设计洪峰流量;

Q_{mD} ——典型洪水过程的洪峰流量。

同倍比放大法比较简单,计算工作量小,但往往难以使峰、量同时符合设计标准;而且"按量放大"和"按峰放大"所得到的过程线也是不一样的。为克服此矛盾,目前大、中型水库设计洪水多采用同频率放大法。

(二)同频率放大法

将典型洪水过程线的峰和量,按几个不同的放大倍比值进行放大,使放大后的过程线的洪峰及各种历时的洪量分别等于设计洪峰和设计洪量;也就是说,放大后的过程线,其洪峰流量和各种历时的洪水总量都符合于同一设计频率。这种方法称为同频率放大法。

当选定控制时段为 1d、3d、7d、15d 时,各种放大倍比值可按下公式推求:

洪峰流量放大比 K_Q:

$$K_Q = \frac{Q_{mP}}{Q_{mD}}$$

最大 1d 的洪量放大比 K_{W1}:

$$K_{W1} = \frac{W_{1P}}{W_{1D}}$$

最大 3d 的洪量,3d 之内,1d 之外的洪量放大比 K_{W3-1}:

$$K_{W3-1} = \frac{W_{3P} - W_{1P}}{W_{3D} - W_{1D}}$$

最大 7d 的洪量,7d 之内,3d 之外的洪量放大比 K_{W7-3}:

$$K_{W7-3} = \frac{W_{7P} - W_{3P}}{W_{7D} - W_{3D}}$$

最大 15d 的洪量,15d 之内,7d 之外的洪量放大比 K_{W15-7}:

$$K_{W15-7} = \frac{W_{15P} - W_{7P}}{W_{15D} - W_{7D}}$$

式中:

Q_{mP},W_{1P},W_{3P},W_{7P},W_{15P} ——设计洪峰流量和 1d、3d、7d、15d 设计洪量;

Q_{mD},W_{1D},W_{3D},W_{7D},W_{15D} ——典型洪水洪峰流量和 1d、3d、7d、15d 洪量。

需要说明的是,最大 1d 洪量包括在最大 3d 洪量中,最大 3d 洪量包括在最大 7d 洪量中,最大 7d 洪量包括在最大 15d 洪量中。这样处理后得出的洪水过程线的洪峰和不同时段洪量都恰好等于设计值。时段划分视过程线的长度而定,但不宜太多,一般以 2~3 个为宜。在放大典型洪水过程中,由于在两种天数衔接的地方放大倍比不一样,因而在放大后的时段分界处出现不连续的突变现象,此时可以徒手修匀,使成为光滑曲线,并要保持洪峰和各时段洪量等于设计值。

【例题 1-7】 已求得某站千年一遇洪峰流量和 1d、3d、7d 洪量分别为:$Q_{mP} = 10245 \text{m}^3/\text{s}$,$W_{1P} = 114000 (\text{m}^3/\text{s}) \cdot \text{h}$,$W_{3P} = 226800 (\text{m}^3/\text{s}) \cdot \text{h}$,$W_{7P} = 348720 (\text{m}^3/\text{s}) \cdot \text{h}$,现选得典型洪水过程线如表 1-23 所示。试按同频率放大法计算千年一遇设计洪水过程线。

表 1-23　典型设计洪水过程线

月	日	时	典型洪水 Q /(m³·s⁻¹)	月	日	时	典型洪水 Q /(m³·s⁻¹)
8	4	8	268	8	7	8	1070
		20	375			20	885
	5	8	510		8	8	727
		20	915			20	576
	6	2	1780		9	8	411
		8	4900			20	365
		14	3150		10	8	312
		20	2583			20	236
8	7	2	1860		11	8	230

解:从表 1-23 可以看出,典型洪水洪峰 $Q_{mD} = 4900 \text{m}^3/\text{s}$

1d 洪量:8 月 6 日 2 时至 8 月 7 日 2 时 $W_{1D} = 74718 [(\text{m}^3/\text{s}) \cdot \text{h}]$

3d 洪量:8 月 5 日 8 时至 8 月 8 日 8 时 $W_{3D} = 121545 [(\text{m}^3/\text{s}) \cdot \text{h}]$

7d 洪量:4 日 8 时至 11 日 8 时 $W_{7D} = 159255 [(\text{m}^3/\text{s}) \cdot \text{h}]$

洪峰的放大倍比:

$$K_Q = \frac{Q_{mP}}{Q_{mD}} = \frac{10245}{4900} = 2.09$$

最大 1d 洪量的放大倍比:

$$K_{W1} = \frac{W_{1P}}{W_{1D}} = \frac{114000}{74718} = 1.53$$

最大 3d 的洪量,3d 之内,1d 之外的洪量放大倍比:

$$K_{W3-1} = \frac{W_{3P} - W_{1P}}{W_{3D} - W_{1D}} = \frac{226800 - 114000}{121545 - 74718} = 2.41$$

最大 7d 的洪量,7d 之内,3d 之外的洪量放大倍比:

$$K_{W7-3} = \frac{W_{7P} - W_{3P}}{W_{7D} - W_{3D}} = \frac{348720 - 226800}{159255 - 121545} = 3.23$$

典型洪水洪峰流量及各时段洪量的放大倍比列于表 1-24 第(3)栏中,将第(2)栏中的典型洪水与相应的放大倍比相乘即为对应的设计洪水,列在第(4)栏中,但在各时段分界点处出现了突变现象,根据要求将设计洪水过程线修匀后,得到修匀后的设计洪水过程线,列于表第(5)栏中。

表 1-24　同频率放大法设计洪水过程线计算表

月	日	时	典型洪水 $Q/(\mathrm{m^3 \cdot s^{-1}})$	放大倍比	设计洪水过程线 $Q_P/(\mathrm{m^3 \cdot s^{-1}})$	修匀后的设计洪水过程线 $Q_P/(\mathrm{m^3 \cdot s^{-1}})$
	(1)		(2)	(3)	(4)	(5)
8	4	8	268	2.23	866	866
		20	375	3.23	1211	1211
	5	8	510	3.23/2.41	1647/1229	1440
		20	915	2.41	2205	2205
	6	2	1780	2.41/1.53	4290/2723	3510
		8	4900	2.09/1.53	10245/7497	10245
		14	3150	1.53	4820	4820
		20	2583	1.53	3952	3952
8	7	2	1860	1.53/2.41	2846/4483	3660
8	7	8	1070	2.41	2579	2579
		20	885	2.41	2133	2133
	8	8	727	2.41/3.23	1752/2348	2050
		20	576	3.23	1860	1860
	9	8	411	3.23	1328	1328
		20	365	3.23	1179	1179
	10	8	312	3.23	1008	1008
		20	236	3.23	762	762
	11	8	230	3.23	743	743

工作任务四　由暴雨资料推求设计洪水过程线

一、设计暴雨的推求

(一)由面雨量资料直接计算设计面暴雨量

1. 面暴雨量的选样

当设计流域及附近雨量站网较密,观测系列又较长,能求出一个长期的年最大流域平均雨量(面雨量)资料系列时,可直接选取每年中各个时段的年最大面雨量,组成不同时段的样本系列,分别作频率分析,以推求不同时段的设计面雨量。

为保证频率计算成果的精度,应对暴雨资料的可靠性、代表性和一致性进行审查,尽量插补展延面暴雨资料系列,并对特大暴雨进行有效处理。

暴雨量的选样方法一般采用固定时段最大值独立选样法,是在搜集流域内和附近雨量站的资料并进行分析审查的基础上,先根据当地雨量站的分布情况,确定推求流域平均雨量(面雨量)的计算方法(如算术平均法、泰森多边形法或等雨量线法等),计算每年各次大暴雨的逐日面雨量;然后选定不同的统计时段,按独立选样的原则,统计逐年不同时段的年最大面雨量。

关于暴雨统计时段的选定,对于大、中流域而言,我国一般采用 1d、3d、7d、15d、30d,其中 1d、3d、7d 暴雨是一次暴雨的核心部分,是直接形成所求的设计洪水部分,而统计更长时段的雨量是为了分析暴雨核心部分起始时刻流域的蓄水状况。

2. 特大暴雨的处理

暴雨资料系列的代表性与系列中是否包含特大暴雨有直接关系,若在短期资料系列中,一旦出现一次罕见的特大暴雨,就可以使原频率计算成果完全改观。特大暴雨处理的关键是确定其重现期。特大暴雨的重现期可根据该次暴雨的雨情、水情和灾情以及邻近地区的长系列暴雨资料分析确定。当设计流域或涝区缺乏大暴雨资料,而邻近地区已出现大暴雨时,可移用邻近地区的暴雨资料加入设计流域或涝区暴雨系列进行频率分析。但对移用的可行性及重现期应进行分析,并注意地区差别,作必要的改正。

3. 频率计算及合理性分析

面暴雨量频率计算一般也采用适线法,其经验频率公式采用期望值公式,线型采用 P—Ⅲ型曲线。根据我国暴雨特性及实践经验,我国暴雨的 C_s 与 C_v 的比值,一般地区为 3.5 左右; $C_v > 0.6$ 的地区,其比值约为 3; $C_v < 0.45$ 的地区,其比值约为 4。

频率计算后,应对设计暴雨的统计参数及设计值应进行地区综合分析和合理性检查:

（1）暴雨均值随着历时的增加而增加。变差系数 C_v 值随历时的变化可概化为单峰菱形曲线；当历时较短时，C_v 较小，随着历时的增加 C_v 亦增加，当历时增加到一定程度后，C_v 出现最大值后，随着历时的增加 C_v 又逐渐减小。

（2）应结合气候、地形条件将本流域的分析成果与邻近地区的统计参数进行比较，做地区上的协调。

（3）各种历时的设计暴雨量应与邻近地区的特大暴雨实测记录相比较，以检查设计值是否安全可靠。

（二）由点雨量资料间接计算设计面暴雨量

如流域面积较小、直接进行面暴雨频率分析的资料统计有困难时，可用相应历时的设计点雨量和点面关系间接计算设计面雨量。

1. 设计点暴雨量的计算

推求设计点暴雨量时，此点最好在流域的形心处。如果在流域形心或附近有一观测资料系列较长的雨量站，则可用该站的暴雨资料直接进行频率计算求得设计点暴雨量。实际上，往往有长系列资料的测站并不一定在流域形心或附近，此时可先求出流域内各测站的设计点暴雨量，并绘制设计暴雨等值线图，然后通过地理插值推求流域中心站的设计点暴雨量。当流域内缺乏具有较长雨量资料的代表站时，设计点暴雨量的推求可利用暴雨等值线图或参数的分区综合成果进行分析。

2. 设计面暴雨量的计算

设计面雨暴量 H_A 可用设计点暴雨量 H_0 和点面换算系数 α_A 求出，即：

$$H_A = \alpha_A H_0$$

暴雨的点面关系通常有两种：定点定面关系和动点动面关系。

（1）定点定面关系是采用流域所在地区雨量资料分布的固定地点雨量和固定流域面雨量的综合关系。通常用流域中心或流域内某一雨量站作为定点，以设计流域面积作为定面，计算某历时次暴雨的点暴雨量及相应的流域平均暴雨量，建立点暴雨量与面暴雨量的相关关系。点面关系图以流域面积为横坐标，以面暴雨量与相应的点暴雨量之比值，即点面换算系数为纵坐标。

（2）如分析设计流域所在地区综合定点定面关系的资料尚不具备，也可借用动点动面关系推求设计面暴雨量。动点动面关系根据某一历时的暴雨图分析计算求得。即以暴雨图上暴雨中心的点雨量与其四周等雨量线围成的面积的平均雨量建立点面关系。关系图的绘制与定点定面关系图相同。但横坐标已不是流域面积，而是各等雨量线所包围的面积。

当流域面积很小时，可用设计点暴雨量作为流域设计面暴雨量。

（三）设计暴雨的时程分配

在求出各种时段指定频率的设计面雨量后，可在设计流域内选择一次实测大暴雨过程作为典型,再利用同倍比法或同频率法放大典型暴雨过程,即可得到设计暴雨的时程分配。当设计流域内无实测资料时,可借用邻近暴雨特性相似流域的典型暴雨过程,或引用各省(区)暴雨洪水图集中按地区综合概化成的典型概化雨型(一般以百分比表示)来推求设计暴雨的时程分配。

关于典型暴雨的选择,应遵循以下原则:

(1)所选典型暴雨的雨量与设计暴雨量相近;

(2)所选典型暴雨的分配过程应为本流域设计条件下比较容易发生的,即所选的典型暴雨的雨峰个数、主雨峰位置和实际降雨时数(或天数)是大暴雨中较常见的情况;

(3)所选典型暴雨的分配过程是对工程不利的,即所选的典型暴雨的雨量集中、主雨峰比较靠后,这样的降雨分配所形成的洪水其洪峰较大且出现较迟,对水利工程的安全不利。

【例题1-8】 已知某流域具有充分的雨量资料,经面暴雨量频率计算分析,得各时段 $P = 1\%$ 的设计雨量分别为 $H_{6h} = 64mm$、$H_{24h} = 106mm$、$H_{72h} = 178mm$。试用同频率法求 $P = 1\%$ 的设计暴雨过程。

解:(1)选择典型暴雨

对流域内实测大暴雨过程进行分析比较后,选定2002年7月的一次大暴雨作为典型暴雨,其暴雨过程如表1-25所示。

表1-25 某流域典型暴雨过程

时段(6h)	1	2	3	4	5	6	7	8	9	10	11	12	合计
典型暴雨	12.2	6.8	0.0	20.0	1.5	3.8	4.7	11.3	46.7	21.5	3.8	8.7	141.0

(2)统计各时段典型雨量

根据典型暴雨过程,经统计典型最大6h、24h、72h雨量及位置分别如下:

最大6h为第9时段,$H_{D,6h} = 46.7mm$;

最大24h为第7~10时段,$H_{D,24h} = 84.2mm$;

最大72h为第1~12时段,$H_{D,72h} = 141.0mm$。

(3)计算各种历时的放大倍比

$$K_1 = \frac{64.0}{46.7} = 1.37$$

$$K_{4-1} = \frac{106 - 64}{84.2 - 46.7} = 1.12$$

$$K_{12-4} = \frac{178 - 106}{141.0 - 84.2} = 1.27$$

(4)推求设计暴雨过程

将各放大倍比系数列于表1-26中与典型暴雨过程相对应的位置上,通过放大计算得设计暴雨过程。

表 1-26　某流域设计暴雨过程计算结果

时段(6h)	1	2	3	4	5	6	7	8	9	10	11	12	合计
典型暴雨	12.2	6.8	0.0	20.0	1.5	3.8	4.7	11.3	46.7	21.5	3.8	8.7	141.0
放大倍比	1.27	1.27	1.27	1.27	1.27	1.27	1.12	1.12	1.37	1.12	1.27	1.27	
设计暴雨	15.5	8.6	0.0	25.4	1.9	4.8	5.3	12.7	64.0	24.1	4.8	11.0	178.1

二、设计净雨的推求

降雨经过截留、填洼、下渗等损失后,剩余的雨量称为净雨,在我国常将净雨量称为产流量。设计净雨的推求也就是设计条件下产流量的推求,是从设计暴雨中扣除损失量的计算过程,其常用的方法有降雨径流相关法和初损后损法。

(一)降雨径流相关法

降雨径流相关法是用每场降雨过程流域的面平均雨量和相应的径流量,以及影响径流形成的主要因素建立起一种定量的关系曲线。一般以次降雨量 P 为纵坐标,以相应的径流深 R 为横坐标,以流域前期影响雨量 P_a 为参数,然后按点群分布的趋势和规律,定出一条以 P_a 为参数的等值线,常称为 $P - P_a - R$ 三变量相关图,如图 1-62 所示。

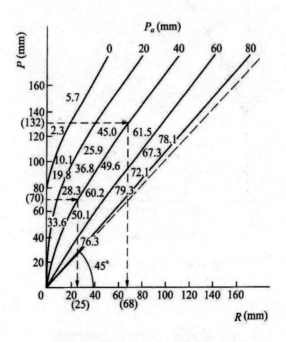

图 1-62　$P - P_a - R$ 三变量相关图

$P—P_a—R$ 三变量相关图具有以下两个特点：

（1）P 相同时，P_a 越大，损失越小，则 R 越大，故 P_a 等值线的数值自左向右逐渐增大；

（2）P_a 相同时，P 越大，损失相对于 P 越小，$P—R$ 线的坡度随 P 的增大而减缓，但不会小于45°。

$P—P_a—R$ 三变量相关图做好后，就可以根据降雨过程和降雨开始时的 P_a，查算相应的净雨过程。如图1-62为某流域的 $P—P_a—R$ 三变量相关图，该流域上有一次降雨，其过程为 $P_1 = 70mm$、$P_2 = 62mm$，降雨开始时的 $P_a = 40mm$。在 $P_a = 40mm$ 线上，由 $P_1 = 70mm$ 查得本时段的径流深 $R_1 = 25mm$；由 $P_1 + P_2 = 132mm$、$P_a = 40mm$ 查得 $R_1 + R_2 = 68mm$，则第二时段的径流深 $R_2 = 68 - 25 = 43mm$。以此类推，可以计算多时段净雨量（径流深）。需要注意的是，如果降雨开始时的 P_a 值不在某一条等值线上，就需要用内插法查算净雨量。

当遇到降雨径流资料不多，建立 $P—P_a—R$ 三变量相关图时因点据较少，定线发生困难时，可绘制简化的三变量相关图，即以 $P + P_a$ 为纵坐标、径流深 R 为横坐标的 $P + P_a—R$ 相关图，如图1-63所示。

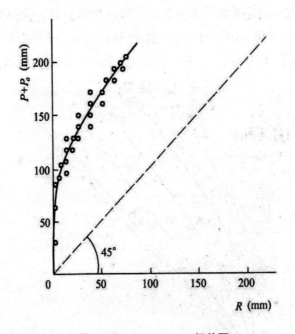

图1-63　$P + P_a—R$ 相关图

（二）初损后损法

初损后损法适用于干旱、半干旱地区，或湿润地区的少雨季节，且包气带很厚的情况。初损后损法将一次降雨的下渗损失过程分为初损和后损两个阶段。

如图 1-64 所示,当降雨开始时,由于土壤相对较干燥,下渗强度 f_p 很大,如果雨强小于下渗强度($i < f_p$),则降雨能够全部入渗,这个阶段称为初损阶段,此阶段的下渗量称为初损量 I_0,历时为 t_0。随着降雨继续,土壤含水量不断增加,下渗强度不断减小,当下渗强度小于雨强($f_p < i$)时,下渗按下渗强度进行,($i - f_p$)部分形成地表径流,此后的降雨期称为后损阶段;后损阶段的下渗强度越来越小,最后趋于稳定。

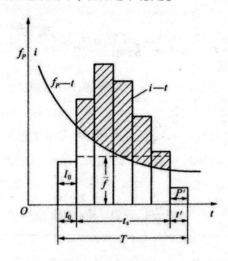

图 1-64 初损后损法示意图

后损阶段的下渗损失可以用超渗历时 t_s 内的平均下渗能力 $\bar{f}$ 计算。当 $i > \bar{f}$ 时,按 $\bar{f}$ 下渗,净雨量为 $(i - \bar{f})\Delta t$;当 $i < \bar{f}$ 时,按 i 下渗,如图 1-64 中的 P'。根据水量平衡原理,一次降雨所形成的净雨深可按下公式计算:

$$h_s = P - I_0 - \bar{f}t_s - P'$$

式中:

P——次降雨量,mm;

h_s—— P 所形成的地面净雨深(等于地面径流深),mm;

I_0——初损量,mm,包括植物截留、填洼及产流前下渗的水量;

t_s——后损阶段的超渗历时,h;

$\bar{f}$——平均后损率,mm/h;

P'——后损阶段非超渗雨量,mm。

由上式可以看出,当一个流域的 I_0 和 $\bar{f}$ 的变化规律为已知时,就可根据设计流域的具体情况确定相应 I_0 和 $\bar{f}$ 值,由此可进一步由降雨过程推求净雨过程。

【例题 1-9】 某流域一次降雨过程如表 1-27 所示,并在该流域的初损 I_0 相关图和平均后期下渗能力 $\bar{f}$ 相关图上查得该次降雨的 $I_0 = 23.0\text{mm}$,$\bar{f} = 1.5\text{mm/h}$,试求该次降雨的地面净雨过程。

表1-27　某流域一次降雨过程

时段（$\Delta t = 6h$）	1	2	3	4	5	6
雨量/mm	23.0	31.0	39.5	47.0	9.0	3.0

解：流域第 1 时段的降雨量为 23.0mm，正好等于该流域的初损 $I_0 = 23.0\text{mm}$，则初损量 23.0mm 全部在第 1 时段发生。

从第 2 时段开始，以 $\bar{f} = 1.5\text{mm/h}$ 产生后期下渗，因各时段均为 6h，则各时段的后期下渗量均为 9.0mm。但到了第 6 时段时，因第 6 时段的降雨量仅为 3.0mm，则仅能下渗 3.0mm，所以第 2~5 时段的后期下渗量均为 9.0mm，第 6 时段的后期下渗量为 3.0mm。

将各时段的降雨量减去初损量和后期下渗量，即为产生的地面净雨。具体计算成果见表 1-28。

表1-28　净雨计算过程表

时段（$\Delta t = 6h$）	1	2	3	4	5	6
雨量/mm	23.0	31.0	39.5	47.0	9.0	3.0
初损/mm	23.0					
后期下渗/mm		9.0	9.0	9.0	9.0	3.0
地面净雨/mm	0.0	22.0	30.5	38.0	0.0	0.0

（三）设计净雨的划分

一般情况下，降雨所产生的径流量包括地面径流和地下径流两部分。由于地面径流和地下径流的汇流特性不同，在推求洪水过程线时要分别处理。为此，需将求得的设计净雨划分为设计地面净雨和设计地下净雨两部分。

按蓄满产流方式，当流域降雨使包气带缺水得到满足后，全部降雨形成径流，其中按稳定入渗率 f_c 入渗的水量形成地下径流 h_g，降雨强度 i 超过 f_c 的那部分水量形成地面径流 h_s。设时段为 Δt，时段净雨为 h，则：

当 $i > f_c$ 时，以稳定渗率 f_c 入渗，所形成的径流量分别为：

地下径流：$h_g = f_c \Delta t$

地面径流：$h_s = h - h_g = (i - f_c)\Delta t$

当 $i \leqslant f_c$ 时，降雨全部形成地下径流，即：

地下径流：$h_g = h = i\Delta t$

地面径流：$h_s = 0$

从以上分析可以看出，只要知道稳定入渗率 f_c，就可以将设计净雨划分为地下径流 h_g 和地面径流 h_s。f_c 是流域土壤、地质、植被等因素的综合反映，如流域自然条件无显著变化，一般认为 f_c 是不变的。f_c 可通过实测雨洪资料分析求得，对于资料缺乏的中、小流域，可查阅各省（区）的《水文手册》（图集）中关于 f_c 的分析成果。

三、设计洪水过程推求

降雨经产流过程形成净雨后，经过坡地和河网汇流形成出口断面流量过程线的整个过程为流域汇流过程。设计洪水过程线的推求，就是设计净雨的汇流计算。其中地面净雨部分可通过单位线的汇流计算求得设计地面洪水过程线，设计地下洪水过程线可采用简化的方法求得。

（一）单位线

单位线是指在特定的流域上，单位时段内分布均匀的一次单位地面净雨在流域出口断面所形成的地面径流过程线，如图 1-65 所示。单位净雨常取 10 mm，单位时段 Δt 则根据流域洪水特性而定，一般取单位线涨洪历时 t_m 的 $1/4 \sim 1/2$，常取的时段有 1h、3h、6h、12h、24h 等。所取的时段不同，单位线也就不同。控制单位线形状的指标有单位线洪峰流量 q_m、涨洪历时 t_m 及单位线总历时 T，常称为单位线三要素。

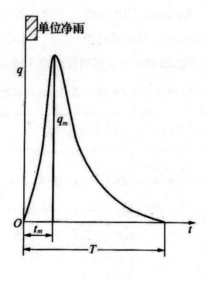

图 1-65　单位线

单位线包围的面积 W 为径流量，如换算成径流深 R 应为 10mm，水文计算中可据此校核单位线，即：

$$R = \frac{3.6\Delta t \sum q_i}{F}$$

式中：

R——径流深,mm；

F——流域面积,km^2；

Δt——单位线时段长,h；

q_i——单位线的纵坐标,m^3/s。

由于实际净雨不一定正好是一个单位深度(10mm),净雨历时也不一定正好等于所选取的单位时段,在利用单位线推求洪水过程中,必须寻求暴雨洪水与单位线间的关系以及相互转换的原理和方法。根据大量的资料分析,这种关系可概括如下：

(1)倍比假定：单位时段内 N 倍单位净雨量形成的地面径流量值是单位线的 N 倍,且总历时不变。

(2)叠加假定：时段净雨量所产生的出流过程互不干扰,出口断面的流量等于各单位时段净雨量所形成的流量之和。

当流域上有了单位线后,就可以利用单位线的倍比假定,先求出各时段净雨所产生的地面径流过程；并利用叠加假定将它们叠加起来,形成总的设计地面洪水过程；再加上地下径流,即可得到设计洪水过程。

【例题1-10】 某水文站以上流域面积为 $1521km^2$,其 200 年一遇的各时段设计净雨列于表 1-29 第(2)栏,该流域上 3h 10mm 的单位线列于第(3)栏,已求得设计地下径流过程,列于第(10)栏。试求该流域 200 年一遇的设计洪水。

解：计算过程见表 1-29,该流域 200 年一遇的设计洪水成果列于第(11)栏。

表 1-29 某水文站 200 年一遇的设计洪水计算表

时间 /h	设计净雨 /mm	单位线 q /($m^3 \cdot s^{-1}$)	各时段净雨产生的地面径流/($m^3 \cdot s^{-1}$)					总地面径流 /($m^3 \cdot s^{-1}$)	设计地下径流 /($m^3 \cdot s^{-1}$)	设计洪水流量 /($m^3 \cdot s^{-1}$)
			5.7mm	30.6mm	23.1mm	12.0mm	3.4mm			
(1)	(2)	(3)	(4)	(5)	(6)	(7)	(8)	(9)	(10)	(11)
0		0	0					0	34	34
3	5.7	448	255	0				255	38	293
6	30.6	410	234	1371	0			1605	43	1648
9	23.1	259	148	1255	1035	0		2437	47	2484
12	12.0	148	84	793	947	538	0	2362	51	2413

续表

时间 /h	设计净雨 /mm	单位线 q /($m^3 \cdot s^{-1}$)	各时段净雨产生的地面径流/($m^3 \cdot s^{-1}$)					总地面径流/($m^3 \cdot s^{-1}$)	设计地下径流/($m^3 \cdot s^{-1}$)	设计洪水流量/($m^3 \cdot s^{-1}$)
			5.7mm	30.6mm	23.1mm	12.0mm	3.4mm			
15	3.4	79	45	453	598	492	152	1741	56	1797
18		40	23	242	342	311	139	1057	60	1117
21		18	10	122	182	178	88	581	64	645
24		6	3	55	92	95	50	296	68	364
27		0		18	42	48	27	135	73	208
30				0	14	22	14	49	77	126
33					0	7	6	13	81	94
36						0	2	2	86	88
39							0	0	90	90

(二)瞬时单位线

1.瞬时单位线的概念

瞬时单位线是指在无穷小时段内($\Delta t \to 0$),流域上均匀分布的单位净雨在出口断面处形成的地面径流过程线,常用 $u(t)$ 或 $u(0,t)$ 表示。瞬时单位线集中反映了流域的汇流特性,可用数学方程式表示,便于分析,在流域汇流计算中具有重要意义。

J.E.Nash 设想流域的汇流作用可看作是由 n 个调蓄作用相同的串联水库来调节,且假定每一个水库的蓄泄关系为线性,如图1-66所示。那么,流域出口断面的流量过程便是流域净雨经过这些水库调蓄后的出流过程。根据这个设想,推导出了瞬时单位线的数学方程为:

$$ut = \frac{1}{K\Gamma(n)} \frac{(t)}{(K)}^{n-1} e^{-t/K}$$

式中:

$u(t)$ —— t 时刻的瞬时单位线的纵高;

n ——线性水库的个数;

$\Gamma(n)$ —— n 的伽马函数;

K ——线性水库的调蓄系数,具有时间因次;

e ——自然对数的底。

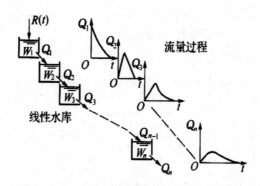

图 1-66 J. E. Nash 设想流域汇流计算示意图

上式中仅有 n 和 K 两个参数,当 n 和 K 一定时,便可由该式绘制出瞬时单位线 $u(t)$,如图 1-67 所示。它表示流域上瞬时($\Delta t \rightarrow 0$)降 1 个单位的净雨在流域出口断面形成的流量过程线。其横坐标代表时间 t ,纵坐标代表流量,具有抽象的单位 $1/\mathrm{d}t$ 。瞬时单位线与时间轴所包围的面积为 1.0,即:

$$\int_0^\infty u(t)\,\mathrm{d}t = 1.0$$

单位线的倍比假定和叠加假定同样适用于瞬时单位线。

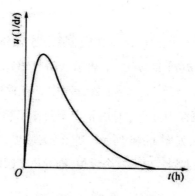

图 1-67 瞬时单位线图

2. 瞬时单位线的应用

由于瞬时单位线是由瞬时净雨产生的,而实际应用时无法提供瞬时净雨,所以用瞬时单位线推求设计地面洪水过程线时,须将瞬时单位线转换成与净雨时段相同的时段 Δt 、净雨深为 10 mm 的时段单位线后,再进行汇流计算。为解决这个问题,可利用 S 曲线将单位线转化成净雨时段为 Δt 、净雨深为 10mm 的时段单位线。具体方法如下。

先求瞬时单位线方程的积分:

$$S(t) = \int_0^t u(t)\,\mathrm{d}t = \frac{1}{K\Gamma(n)} \int_0^{t/k} \left(\frac{t}{K}\right)^{n-1} e^{-t/K} \mathrm{d}\left(\frac{t}{K}\right)$$

如图 1-68 所示,为上积分式的图形,为一种 S 曲线。

当 $t \rightarrow \infty$ 时:

$$S(t)_m = \int_0^\infty u(t)\,\mathrm{d}t = 1$$

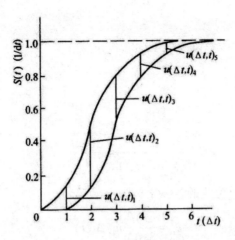

图 1-68　瞬时单位线的应用

将 $t = 0$ 为起点的 S 曲线 $S(t)$ 向后平移一个时段,就可得到 $S(t - \Delta t)$ 曲线。两条 S 曲线的纵坐标差表示为:

$$u(\Delta t, t) = S(t) - S(t - \Delta t)$$

图 1-68 中的 $u(\Delta t, t)_1$、$u(\Delta t, t)_2$、……,可以构成一个新图形,称为时段为 Δt 的无因次时段单位线,如图 1-69 所示。从图 1-69 可以看出:

$$\sum u(\Delta t, t) = 1$$

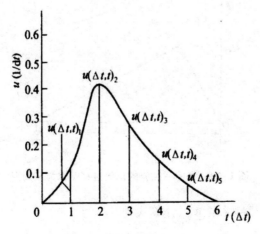

图 1-69　无因次时段单位线

有了无因次时段单位线,还需转换为 10mm 净雨的单位线,设净雨时段为 Δt、净雨深为 10mm 的单位线也是每隔一个时段 Δt 读取一个流量 q,则有:

$$\sum q = \frac{10F}{3.6\Delta t}$$

式中:

$\sum q$——10mm 净雨时段单位线纵坐标之和,m^3/s;

F——流域面积,km^2;

因:

$$\frac{\sum q}{\sum u(\Delta t,t)} = \frac{\dfrac{10F}{3.6\Delta t}}{1}$$

所以,10mm 净雨时段单位线的各纵坐标为:

$$q_i = \frac{10F}{3.6\Delta t}u_i(\Delta t,t)$$

当 n、K 为已知时,瞬时单位线的 S 曲线可用积分求得。生产中为了应用方便,已制成 $S(t)$ 关系表供查用,可在相关资料中查阅瞬时单位线 S 曲线查用表。

(三)地下径流的汇流计算

下渗的雨水有一部分渗透到地下潜水面,然后沿水力坡度最大的方向流入河网,最后汇至流域出口断面,形成地下径流过程。设计地下洪水过程线可采用简化三角形的方法推求。该法认为地面、地下径流的起涨点相同,由于地下汇流较地面汇流缓慢,所以将地下径流的出流过程概化为三角形,如图 1-70 所示,其底宽 T_g 为地面径流过程线底宽的 n 倍,常取 2~3 倍。

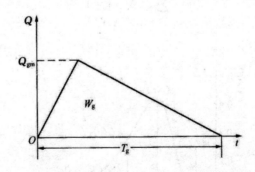

图 1-70 将地下径流的出流过程概化为三角形

三角形面积为地下径流总量 W_g,计算式为:

$$W_g = \frac{Q_{gm}T_g}{2}$$

而地下径流总量等于地下净雨总量,即:

$$W_g = 1000 h_g F$$

所以:

$$Q_{gm} = \frac{2W_g}{T_g} = \frac{2000 h_g F}{T_g}$$

式中:

W_g——地下径流总量,m^3;

Q_{gm}——地下径流过程线的洪峰流量,m^3/s;

T_g——地下径流过程总历时,s;

h_g——地下净雨深,mm;

F——流域面积,km^2。

一般情况下,湿润地区的设计洪水过程线是设计地面洪水过程线、设计地下洪水过程线和基流三部分叠加而成的,而干旱地区的设计地面洪水过程线即为所求的设计洪水过程线。

【例题1-11】　江苏省某流域属于山丘区,流域面积$F = 118\text{km}^2$,干流平均坡度$J = 0.05$,$P = 1\%$的设计地面净雨过程($\Delta t = 6\text{h}$),$h_1 = 15\text{mm}$、$h_2 = 25\text{mm}$,设计地下总净雨深$h_g = 9.5\text{mm}$,基流$Q_{基} = 5\text{m}^3/\text{s}$,地下径流历时为地面径流的2倍。已根据《江苏省暴雨洪水手册》查得该地瞬时单位线数学方程中的参数$n = 3$,$K = 7$。试求该流域$P = 1\%$的设计洪水过程线。

解:(1)将各时段$N = 0,1,2\cdots$依次填入表1-20第(1)栏。

(2)因$\Delta t = 6\text{h}$,用$t = N\Delta t$,$N = 0,1,2\cdots$计算出t,进而计算t/K,列于第(3)栏;利用t/K值,查瞬时单位线S曲线查用表得瞬时单位线的$S(t)$曲线,见第(4)栏。

(3)将$S(t)$曲线顺时序向后移一个时段($\Delta t = 6\text{h}$),得$S(t - \Delta t)$曲线,列于第(5)栏,利用公式$u(\Delta t, t) = S(t) - S(t - \Delta t)$计算无因次时段单位线,列于第(6)栏。

(4)利用公式$q_i = \frac{10F}{3.6\Delta t} u_i(\Delta t, t)$将第(6)栏的无因次时段单位线转换为有因次的时段单位线,列于第(7)栏。此处可利用$R = \frac{3.6\Delta t \sum q_i}{F} = 10\text{mm}$检验计算是否正确。

(5)各时段设计地面净雨换算成10的倍数后,分别去乘单位线的纵坐标得到相应的部分地面径流过程,列于第(8)栏;然后把它们分别错开一个时段后叠加便得到设计地面洪水过程,列于第(9)栏。

(6)因地下径流历时为地面径流的2倍,所以:

$$T_g = 2T_s = 2 \times 16 \times 6 = 192(\text{h})$$

根据公式 $Q_{gm} = \dfrac{2W_g}{T_g} = \dfrac{2000h_g F}{T_g}$ 计算得 $Q_{gm} = 3.2\text{m}^3/\text{s}$，按直线比例内插的每一时段地下径流的涨落均为 $0.2\text{m}^3/\text{s}$。经计算即可得出第(10)栏的设计地下径流过程。

(7)将第(9)栏设计地面径流、第(10)栏地下径流及第(11)栏的基流相加，得设计洪水过程线。列于第(12)栏。

表 1-30　设计洪水过程线计算

时段 (6h)	设计净雨 /mm	t/K	$S(t)$	$S(t-\triangle t)$	$u(t)$	$q(t)$ /(m^3 $\cdot \text{s}^{-1}$)	部分地面径流 /($\text{m}^3 \cdot \text{s}^{-1}$)		$Q_s(t)$ /(m^3 $\cdot \text{s}^{-1}$)	$Q_g(t)$ /(m^3 $\cdot \text{s}^{-1}$)	$Q_{基}$ /(m^3 $\cdot \text{s}^{-1}$)	Q_p /(m^3 $\cdot \text{s}^{-1}$)
							15mm	25mm				
(1)	(2)	(3)	(4)	(5)	(6)	(7)	(8)		(9)	(10)	(11)	(12)
0	15	0.0	0.000		0.000	0.0	0.0		0.0	0.0	5.0	5.0
1	25	0.9	0.063	0.000	0.063	3.4	5.2	0.0	5.2	0.2	5.0	10.4
2		1.7	0.243	0.063	0.180	9.8	14.8	8.6	23.4	0.4	5.0	28.8
3		2.6	0.482	0.243	0.239	13.1	19.6	24.6	44.2	0.6	5.0	49.8
4		3.4	0.660	0.482	0.178	9.7	14.6	32.6	47.2	0.8	5.0	53.0
5		4.3	0.803	0.660	0.143	7.8	11.7	24.3	36.0	1.0	5.0	42.0
6		5.1	0.884	0.803	0.081	4.4	6.6	19.5	26.2	1.2	5.0	32.4
7		6.0	0.938	0.884	0.054	3.0	4.4	11.1	15.5	1.4	5.0	21.9
8		6.9	0.968	0.938	0.030	1.6	2.5	7.4	9.8	1.6	5.0	16.4
9		7.7	0.983	0.968	0.015	0.8	1.2	4.1	5.3	1.8	5.0	12.1
10		8.6	0.991	0.983	0.008	0.4	0.7	2.0	2.7	2.0	5.0	9.7
11		9.4	0.995	0.991	0.004	0.2	0.3	1.1	1.4	2.2	5.0	8.6
12		10.3	0.998	0.995	0.003	0.2	0.2	0.5	0.8	2.4	5.0	8.2
13		11.1	0.999	0.998	0.001	0.1	0.1	0.4	0.5	2.6	5.0	8.1
14		12.0	1.000	0.999	0.001	0.1	0.1	0.1	0.2	2.8	5.0	8.0
15				1.000	0.000	0.0	0.0	0.1	0.1	3.0	5.0	8.1
16								0.0	0.0	3.2	5.0	8.2
17										3.0	5.0	8.0
18										2.8	5.0	7.8
										2.6	5.0	7.6
合计					1.0	54.6						

工作任务五　水库调度的基本概念

一、径流调节分类

水库是一种蓄水工程,具有径流调节的作用。所谓水库的兴利调节,就是当来水大于用水时,水库将余水暂时蓄存起来;等到来水小于用水时,再放水补充,保证缺水期供水。

水库的蓄泄随来水与用水的变化而变化,水库由库空到蓄满,再到放空,循环一次所经历的时间称为调节周期。按照调节周期的长短,水库兴利调节可分为日调节、周调节、年调节和多年调节。

1. 日调节

河川天然来水在一昼夜(24h)基本上是均匀的,而生产、生活用水和发电用水一般在白天多于夜间,昼夜间不均匀。水库将夜间多余的来水蓄存起来,待白天用水多时再放出,将昼夜间基本均匀的来水进行重新分配,这就是径流的日调节,如图1-71所示。

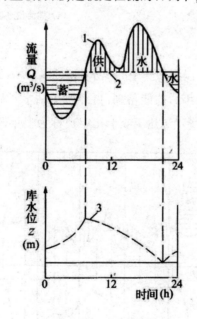

图 1-71　径流日调节
1.用水流量　2.天然日平均流量　3.库水位变化过程线

2. 周调节

一周内,在用水少的日子里,将余水量蓄存起来,在其他用水多的日子里放出,调节周期为一周,称为周调节,如图1-72所示。

3. 年调节

河川径流一般在年内变化也很大,洪水期流量和枯水期流量相差悬殊,常常出现丰水期水量过剩,枯水期水量不足的现象。按照用水部门的年内需水过程,将一年中丰水期多余水量蓄存起来,用以提高枯水期的供水量,其调节周期为一年,称为年调节,如图1-73所示。

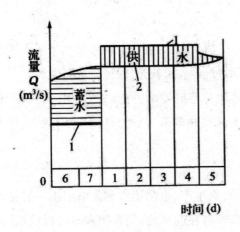

图1-72　径流周调节

1.用水流量　2.天然流量

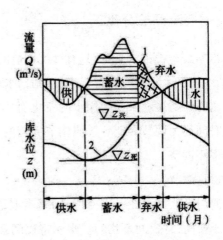

图1-73　径流年调节

1.天然流量过程线　2.库水位变化过程线

4. 多年调节

如果水库的容积比较大,可以将多年中的丰水期水量蓄存入库,用以补充枯水期的用水不足,这样水库往往需要经若干年后才能蓄满,再经若干枯水年后才能将蓄水用掉,而并非年年蓄满或放空,即调节周期为多年(几年或十几年),称为多年调节,如图1-74所示。

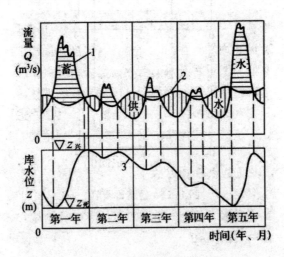

图1-74　径流多年调节

1.天然流量过程线　2.用水流量过程线　3.库水位变化过程线

相对于一定的河流来水量而言,如果水库蓄水容积越大,它的调节周期也就越长,调节的程度也就越完善。多年调节的水库可同时进行年调节、周调节、日调节。同理,年调节水库也可同时进行周调节、日调节。

按径流利用程度来分,水库兴利调节又可分为完全调节和不完全调节。完全调节是指水库在调节周期中没有弃水,不完全调节过程中则有弃水。

二、水库特性曲线

水库特性曲线是用来反映水库库区地形特性的曲线,有水位—面积曲线和水位—容积曲线两种。水库特性曲线和特征水位是水库规划设计的重要依据。

1. 水位—面积曲线

水库的水位—面积曲线简称水库面积曲线,反映了水库的水面面积随着库水位而变化的情况。水库面积曲线可根据库区地形图,用求积仪或电子版地图借助于 CAD 绘图软件以及利用数字化地图配备地理信息系统的可视化方法,在等高线与坝轴线所围成的闭合地形图上,量测计算每一水位所包围的面积;然后以水位为纵坐标,以相应水库面积为横坐标,即可点绘成水位—面积曲线。水库面积曲线的绘制方法可参看图 1-75 所示。

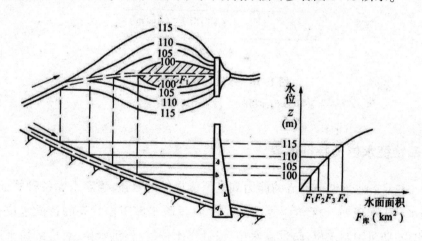

图 1-75 水库面积曲线绘制方法示意图

2. 水位—容积曲线

水库的水位—容积曲线简称水库容积曲线,是反映水库水位与水库容积的关系曲线,可由面积曲线积分求得。实际工作中,一般是通过计算相邻水位间的部分容积,再自库底向上累加而得各水库水位对应的库容。

相邻水位间的容积可用下式计算:

$$\Delta V = \frac{F_上 + F_下}{2} \Delta Z$$

式中：

ΔV —— 相邻水位间的库容；

$F_上$、$F_下$ —— 相邻上、下两水位对应的水库水面面积；

ΔZ —— 水位差。

相邻水位间的容积还可采用以下较准确的公式计算：

$$\Delta V = \frac{1}{3}\left(F_下 + \sqrt{F_下 \, F_上} + F_上\right)\Delta Z$$

水库容积曲线绘制方法可参看图1-76所示。

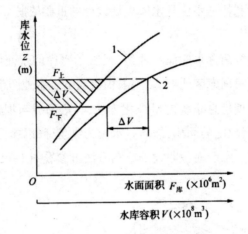

图1-76 水位—容积曲线

1. 水库面积曲线 2. 水库容积曲线

三、水库特征水位及特征库容

库容大小决定着水库调节径流的能力和它所能提供的效益,确定水库各种特征水位及相应库容是水利工程规划、设计的主要任务之一。反映水库工作状态的特征水位有:死水位、正常蓄水位、防洪限制水位、防洪高水位、设计洪水位、校核洪水位;对应的特征库容有:死库容、兴利库容、结合库容、防洪库容、拦洪库容、调洪库容、总库容和有效库容,如图1-77所示。

1. 死水位和死库容

水库在正常运用的情况下,允许消落的最低水位称死水位。死水位以下的容积称死库容或垫底库容。死库容一般用于容纳水库泥沙、抬高坝前水位和库内水深。除遇特殊情况(如排洪、检修和战略需要等)外,死库容不参与径流调节,也不放空。

2. 正常蓄水位和兴利库容

水库在正常运用情况下,为满足设计的兴利要求,在开始供水时应蓄到的水位,称正常蓄水位或正常高水位。正常蓄水位与死水位之间的库容,称为兴利库容或调节库容,是水库实际可用于径流调节的库容。正常蓄水位与死水位之间的深度,称为消落深度或工作深度。

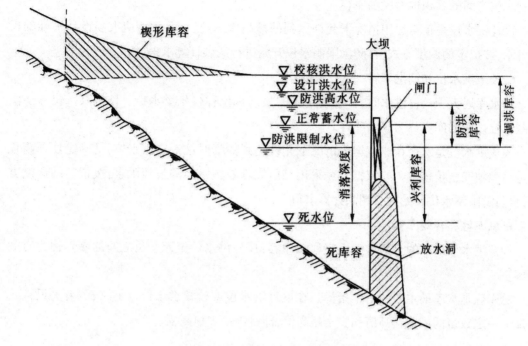

图1-77 水库特征水位及特征库容

3. 防洪限制水位和结合库容

水库在汛期允许兴利蓄水的上限水位,称防洪限制水位。修建水库后,为了确保汛期安全泄洪和减少泄洪设备,常要求有一部分库容作为拦蓄洪水和削减洪峰之用。该水位以上的库容用来调节洪水,只有在出现洪水时,水库水位才允许超过防洪限制水位。一旦洪水开始消退,水库应尽快泄洪,使库水位降到防洪限制水位,以便应对下一次洪水的来临。

防洪限制水位常定在正常蓄水位之下,防洪限制水位与正常蓄水位之间的库容,称为结合库容,又称共用库容或重叠库容。结合库容在汛期是防洪库容的一部分,在汛后又是兴利库容的一部分。

4. 防洪高水位和防洪库容

当遇到下游防护对象的设计标准洪水时,水库为控制下泄流量而拦蓄洪水,这时在坝前(上游侧)达到的最高水位称为防洪高水位。防洪高水位与防洪限制水位间的库容称为防洪库容。

只有当水库承担下游防洪任务时,才需要确定防洪高水位。防洪高水位可采用相应下游防洪标准的各种典型洪水,按拟定的防洪调度方式,自防洪限制水位开始进行水库调洪计算求得。

5.设计洪水位和拦洪库容

当水库遇大坝设计洪水时,在坝前达到的最高水位称设计洪水位。设计洪水位与防洪限制水位之间的容积称为拦洪库容。

设计洪水位是正常运用情况下允许达到的最高库水位,可采用相应大坝设计标准的设计洪水,按拟定的调洪方式,自防洪限制水位开始进行调洪计算求得。

6.校核洪水位和调洪库容

当水库遇大坝校核洪水时,在坝前达到的最高水位称校核洪水位。校核洪水位与防洪限制水位之间的库容称为调洪库容。

校核洪水位是水库在非常运用情况下允许达到的临时性最高洪水位,是确定坝顶高程及进行大坝安全校核的主要依据。可采用相应大坝校核标准的校核洪水,按拟定的调洪方式,自防洪限制水位开始进行调洪计算求得。

7.总库容和有效库容

校核洪水位以下的全部水库库容称总库容;校核洪水位至死水位之间的库容称为有效库容。

总库容是水库最主要的一个指标。在设计洪水位或校核洪水位以上,按照有关设计规程加上一定数量的风浪爬高值和安全超高值,即可确定坝顶高程。

四、设计保证率

由于河川径流在年际、年内间水量均有变化,在丰水年份各兴利部门的正常用水要求较易满足;但在很少出现的特殊枯水年份,如要满足这些部门的正常用水要求,则要修建库容很大的水库,并配套相应的水利设施;这在技术上可能有困难,在经济上也不合理。为此,一般不要求在设计使用年限的全部时间内都能绝对保证正常供水,而是可以在非常情况下允许水库适当的断水或减少供水量。

各用水部门的正常用水得到保证的程度,常用正常供水保证率 P 来衡量,也称设计保证率,一般以正常供水的年数或供水不被破坏的年数占总年数的百分数来表示,即:

$$P = \frac{正常供水年数}{总年数 + 1} \times 100\%$$

例如,设计保证率 $P = 90\%$,表示平均每 100 年中,由水库供水可保证 90 年遇旱不成灾。

目前,设计保证率是水库规划设计中最常用的形式,如灌溉供水、蓄水式电站、工业和民用供水等的设计保证率都是用多年工作期中能保证正常工作的相对年数来表示的。例如我国水利工程灌溉规范中规定的灌溉设计保证率可参看表 1-31。

表1-31　水利工程灌溉设计保证率

地区	作物种类	灌溉设计保证率 $P/\%$
缺水地区	以旱作物为主	50~75
	以水稻为主	70~80
丰水地区	以旱作物为主	70~80
	以水稻为主	75~95

工作任务六　水库的兴利调节计算

一、水库兴利调节所需的基本资料

水库的兴利调节,是通过水库的蓄泄操作使来水过程适应需水过程的要求。水库的来水、用水及各种损失资料是进行水库兴利调节计算的基本资料。

(一)来水资料

水库的来水资料是指河川径流资料,它是水库兴利调节的基本依据。由于水文现象具有随机性和多变性的特点,通常只能用以往的资料来预估水库运行期间的水文情势和来水特性。可利用前面所述的设计年径流的计算方法,求得水库在未来运行期间的设计来水过程。

(二)用水资料

水库的用水资料是指各兴利部门的用水要求。这是水库兴利调节计算的基本依据之一。国民经济用水总体上可以划分为:农业用水、工业用水、居民生活用水和生态环境用水等。确定用水过程,需了解与掌握用水部门的用水情况,以及当前和远景的发展规划。在用水调查的基础上,作出用水预测,求得水库在未来运行期间的设计用水过程。

(三)水库水量损失

水库建成后,改变了天然河流的原状,形成了人工湖泊,增加的蒸发损失和渗漏损失,统称为水库水量损失。在水库规划设计和运用中,必须考虑这些水量损失,以保证正常供水。

1. 水库的蒸发损失

修建水库前,除原河道有水面蒸发外,整个库区都是陆面蒸发。建成水库后,库区内原陆面面积变为水库水面的这部分面积,由原来的陆面蒸发变为水面蒸发,因水面蒸发比陆面蒸发量大,这部分额外增加的蒸发量就是水库的蒸发损失,用 $W_{蒸}$ 表示:

$$W_{蒸} = 1000(E_{水} - E_{陆})F_{库}$$

式中：

$W_{蒸}$——水库的蒸发损失量，m^3；

$E_{水}$——一年内水面蒸发深度，mm；

$E_{陆}$——一年内陆面蒸发深度，mm；

$F_{库}$——水库计算面积，km^2，即水库库面面积与建库前原有水面面积之差，当原有水面面积相对库面面积较小时，则取库面面积。

2. 水库的渗漏损失

水库建成蓄水后，由于水位抬高，水压力增大，水库中的蓄水可通过能透水的坝身、闸门、库底以及库岸四周向外渗漏，渗漏量的大小与库区、坝址的地质及水文地质条件，以及坝的施工质量有关。其值可根据水文地质条件，参考已建水库的实际渗漏资料，选用经验指标进行估算，可参看表 1-32。

表 1-32　计算渗漏损失的经验数值表

水文地质条件	月渗漏量与水库蓄水量之比（%）	年渗漏量与水库蓄水量之比（%）
优良	0.0~1.0	0~10
中等	1.0~1.5	10~20
恶劣	1.5~3.0	20~40

二、水库兴利调节计算原理和水库运用分析

（一）水库兴利调节计算的任务

一般来说，水库兴利调节计算的任务主要有以下三种类型：

（1）根据用水要求，确定设计兴利库容及正常蓄水位；

（2）根据设计兴利库容，确定设计保证率条件下的调节流量；

（3）根据设计兴利库容和水库操作方案，确定水库的运用过程。

（二）水库兴利调节计算的基本原理

水库兴利调节计算的基本原理是水库水量平衡。水库从死水位开始蓄水，达到正常蓄水位后又泄放消落到死水位所经历的时间称为调节周期。调节计算时，将整个调节周期划分为若干个计算时段，然后逐时段进行水量平衡计算。在任一时段内，进入水库的水量和流出水库的水量之差，等于水库在这一时段内蓄水量的变化。对于某一时段 Δt 内水库水量平衡方程可用下式表示：

$$\Delta V = (Q_{入} - q_{出})\Delta t$$

式中：

ΔV——计算时段 Δt 内水库蓄水量的变化值,蓄水量增加时为正,蓄水量减少时为负,$\mathrm{m^3}$；

$Q_\text{入}$——计算时段 Δt 内平均入库流量,$\mathrm{m^3/s}$；

$q_\text{出}$——计算时段 Δt 内自水库取用及消耗的平均流量,包括各兴利部门的用水流量、水量损失流量以及水库蓄满后产生的无益弃水流量等,$\mathrm{m^3/s}$。

计算时段 Δt 的长短,应根据调节周期的长短和来、用水变化的剧烈程度而定。对于日调节水库,Δt 一般以小时计;对于年调节或多年调节水库,Δt 一般以月或旬计。

(三)水库运用情况分析

水库的蓄泄过程称为水库的运用。在水库调节计算时,必须分析调节周期内水库的运用情况,以便正确确定水库的兴利库容。在整个调节周期内,按照来水和用水过程的配合情况,年调节水库可分为一回运用、两回运用和多回运用。

1. 一回运用

水库在整个调节年度内充蓄一次和泄放一次,称为一回运用。如图 1-78 所示,水库自调节年度开始的 t_0 时刻起,至 t_2 时刻止,来水 Q 均大于用水 q,共产生余水 V_1。自 t_2 时刻起,至调节年度终了时刻 t_3 止,来水 Q 均小于用水 q,缺水总量为 V_2,且 $V_1 > V_2$。于是,水库只需在余水期蓄满 V_2 的水量,就能保证该年的用水要求。所以,该年度所需的调节库容,即兴利库容 $V_\text{兴} = V_2$。由于 $V_1 > V_2$,水库在保证蓄满的前提下,还将产生 $V_1 - V_2$ 的弃水。

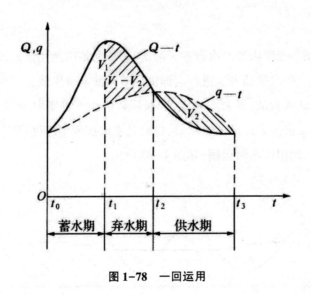

图 1-78　一回运用

2. 两回运用

水库在整个调节年度内充蓄两次和泄放两次,称为两回运用。在总余水量大于总缺水量的前提下,兴利库容的判别可根据余、缺水量的分配情况进行。

(1)如图 1-79(a)所示,如 $V_1 > V_2$,$V_3 > V_4$,则 $V_兴 = \max\{V_2, V_4\}$;又因 $V_2 > V_4$,于是 $V_兴 = V_2$。也就是说,当两个余水量大于其后的两个缺水量时,水库的两回运用是相互独立的,兴利库容为两个缺水量中的较大者。

(2)如图 1-79(b)所示,如 $V_1 > V_2$,$V_3 < V_4$,则 $V_兴 = \max\{V_2, V_4, V_2 + V_4 - V_3\}$;当 $V_2 < V_4$,则 $V_兴 = V_4$。即水库可在 $t_0 \sim t_1$ 时段内,蓄满兴利库容 V_4;在 $t_1 \sim t_2$ 时段内供水 V_2;在 $t_2 \sim t_3$ 时段内,由于 $V_3 > V_2$,水库又可蓄满兴利库容,并正好满足 $t_3 \sim t_4$ 时段的缺水量。

(3)如图 1-79(c)所示,如 $V_1 > V_2$,$V_3 < V_4$,$V_3 < V_2$,则 $V_兴 = V_2 + V_4 - V_3$。由于 $V_3 < V_2$,所以水库在 $t_0 \sim t_1$ 时段内除应蓄满 V_2 水量外,尚应再多蓄 $V_4 - V_3$ 的水量,用以满足 $t_3 \sim t_4$ 时段的缺水量。

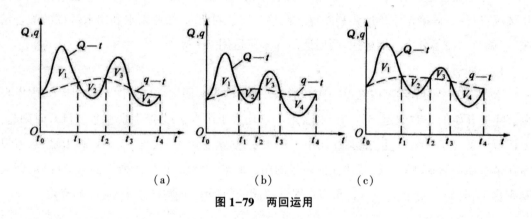

图 1-79 两回运用

3. 多回运用

当水库在一个调节年度内蓄泄次数多于两次时,称为多回运用。此时,兴利库容的判断可采用逆时序累积余、缺水量的方法进行。即由调节年度末水库放空时刻起,逆时序往前进行水量平衡计算,见缺水就加,见余水就减,若减后数值小于零则取为零。求出各时段末的应蓄水量,其中的最大值为累计最大缺水量,也就是水库该调节年度所需的兴利库容。这种方法同样适用于一回运用或两回运用,如图 1-80 所示。

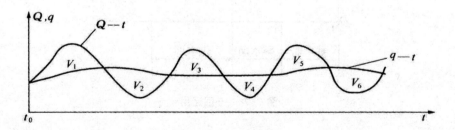

图 1-80 多回运用

三、年调节水库兴利调节计算

年调节水库兴利计算多采用列表计算法,根据调节年度内来水过程系列和用水过程系列,进行逐时段(月或旬)的水量平衡计算,以求得水库蓄泄过程和兴利库容。根据是否考虑水库的水量损失,又分为不计水量损失和计入水量损失列表计算两种情况。不计水量损失的列表计算法常用于方案比较阶段,而水库兴利库容的确定必须考虑水库的水量损失。

(一)不计水量损失的年调节列表计算法

以下通过一案例介绍不计水量损失的年调节列表计算法。

【例题 1-12】 表 1-33 所示为某水库 1978 年 7 月至 1979 年 6 月调节年度资料。第(1)栏为计算时段(月份),各月的入库水量列于表中第(2)栏,用水部门各月需水量列于表中第(3)栏。试根据已知条件进行不计水量损失的年调节列表计算。

表 1-33 列表法年调节计算

(单位:万 m³)

时间	来水量	用水量	来水量-用水量		早蓄方案		迟蓄方案	
			余水(+)	亏水(-)	水库月末蓄水量	弃水量	水库月末蓄水量	弃水量
(1)	(2)	(3)	(4)	(5)	(6)	(7)	(8)	(9)
1978 年 7 月	21140	8356	12784		0		0	3711
1978 年 8 月	8560	2941	5619		12784		9073	
1978 年 9 月	6390	930	5460		18403		14692	
1978 年 10 月	7360	640	6720		23863		20152	
1978 年 11 月	4500	2205	2295		30583	1541	26872	
1978 年 12 月	1860	0	1860		31337	1860	29167	
1979 年 1 月	1320	1930		610	31337		31027	
1979 年 2 月	1255	335	920		30727	310	30417	
1979 年 3 月	1487	5204		3717	31337		31337	
1979 年 4 月	2524	11169		8645	27620		27620	
1979 年 5 月	3362	14416		11054	18975		18975	
1979 年 6 月	4624	12545		7921	7921		7921	
合计	64382	60671	35658	31947	0	3711	0	
校核	64382-60671=3711		35658-31947=3711					3711

解:将各月余、亏水量列于表 1-33 的第(4)栏和第(5)栏,可以看出本案例为两回运用。

调节年度内余、亏水情况为：

1978 年 7 月~1978 年 12 月：余水 34738 万 m³；

1979 年 1 月： 亏水 610 万 m³；

1979 年 2 月： 余水 920 万 m³；

1979 年 3 月~1979 年 6 月：亏水 31337 万 m³；

此案例属于两回运用中的第二种情况，兴利库容应为 1979 年 3 月~1979 年 6 月的亏水量 31337 万 m³。

1979 年 2 月末为库满点，即 1979 年 2 月末水库必须蓄水 31337 万 m³，否则就不能保证 1979 年 3 月~1979 年 6 月的用水量。1979 年 6 月末为库空点，此时兴利库容正好用完。表 11-33 中第（6）~（9）栏在分析该调节年度所需兴利库容后，采用早蓄方案及迟蓄方案计算的水库蓄水过程和弃水过程。早蓄方案中，水库在蓄水期有余水就蓄，兴利库容蓄满后有多余再弃水。早蓄方案一般采用顺时序计算，水库在规划设计中主要采用早蓄方案。而迟蓄方案采用逆时序计算较为方便，水库兴利库容调度图的编制工作中多采用迟蓄方案。

（二）计入水量损失的年调节列表计算法

不计水量损失的年调节水库兴利计算结果比较粗糙，一般只能用于水库的项目建议书或可行性研究阶段。在水库设计阶段，尤其是水量损失比较大的水库，兴利调节计算时必须计入水量损失。

计入水量损失的列表计算法是在不计水量损失列表计算的基础上进行的。即先根据不计入水量损失近似求得水库各时段的蓄水库容，进而求出水库各时段的水量损失，将水库的水量损失作为增量加到用水量中，然后重新进行调节计算，求得计入水量损失后水库所需的兴利库容。

【例题 1-13】 表 1-34 所示为某水库 1956 年 7 月至 1957 年 6 月调节年度资料。第（1）栏为计算时段（月份），各月的入库水量列于表中第（2）栏，各月灌溉用水量列于表中第（3）栏。已知死库容 $V_{死} = 200$m³，试根据已知条件，进行计入水库水量损失的年调节列表计算。

解：首先不考虑水量损失，计算各时段的蓄水量，注意表中第（6）栏水库蓄水量中加死库容 200 万 m³。

第（7）栏月平均蓄水量 $\bar{V} = \frac{1}{2}(V_1 + V_2)$，即各时段初、末蓄水量的平均值。

第（8）栏月平均水面面积 $\bar{A}$ 为与月平均蓄水量 $\bar{V}$ 对应的水库月平均水面面积，可由第（7）栏的 $\bar{V}$ 查水库的 $z - V$ 曲线和 $z - A$ 曲线获得。

第（9）栏蒸发损失标准由当年实测资料计算而得。

第（10）栏蒸发损失水量 $W_{蒸}$ =第（8）栏×第（9）栏，注意单位转换。

表 1-34 计入水量损失的年调节计算表

时间	来水量 W/万 m³	灌溉用水量 W/万 m³	来水-用水		水库蓄水量 V/万 m³	月平均蓄水量 V/万 m³	月平均水面面积 A/万 m²	水库水量损失				总水量损失 W/万 m³	考虑损失后的用水量 M/万 m³	来水-用水		水库蓄水量 V'/万 m³	弃水量 W/万 m³
			余水(+)/万 m³	亏水(-)/万 m³				蒸发		渗漏				余水(+)/万 m³	亏水(-)/万 m³		
								标准/mm	W/万 m³	标准/%	W/万 m³						
(1)	(2)	(3)	(4)	(5)	(6)	(7)	(8)	(9)	(10)	(11)	(12)	(13)	(14)	(15)	(16)	(17)	(18)
1956年7月	1989	520	1469		200 / 1669	935	103	122	13	以当月水库蓄水量的1%计	9	22	542	1447		200 / 1647	
1956年8月	2657	262	2395		2399	2034	160	91	15		20	35	297	2360		2613	1394
1956年9月	725	1280		555	1844	2122	165	76	13		21	34	1314		589	2024	
1956年10月	330	262	68		1912	1878	153	63	10		19	28	290	40		2063	
1956年11月	208	262		54	1858	1885	154	32	5		19	24	286		78	1985	
1956年12月	93	262		169	1689	1774	147	20	3		18	21	283		190	1796	
1957年1月	65	262		197	1492	1591	137	23	3		16	19	281		216	1579	
1957年2月	53	262		209	1283	1388	124	27	3		14	17	279		226	1353	
1957年3月	180	262		82	1201	1242	117	58	7		12	19	281		101	1252	
1957年4月	287	731		444	757	979	104	113	12		10	22	753		466	787	
1957年5月	259	605		346	411	584	81	160	13		6	19	624		365	422	
1957年6月	338	549		211	200	306	56	129	7		3	10	559		221	200	
合计	7184	5519	3932	2267				914	104		167	271	5790	3846	2452		1394
校核	$\sum(2) - \sum(3) - \sum(13) - \sum(18) = 7184 - 5519 - 271 - 1394 = 0$																

第(11)栏为渗漏损失标准,因本案例中库区地质及水文地质条件属于中等,故按水库当月平均蓄水量的1%计。

第(12)栏渗漏损失量 $W_渗$ =第(7)栏×第(11)栏,注意单位转换。

第(13)栏总水量损失 $W_损$ =第(10)栏+第(12)栏。

第(14)栏考虑水库水量损失后的用水量 M =第(3)栏+第(13)栏。

第(15)栏为多余水量,当第(2)栏−第(14)栏为正时,填入此栏。

第(16)栏为不足水量,当第(2)栏−第(14)栏为负时,填入此栏。

第(17)栏为加上死库容后的各时段水库蓄水量,反映水库的蓄、泄水过程。

第(18)栏为水库的弃水量。

校核:水库经过充蓄和泄放,在1957年6月末水库兴利库容应放空,即放到死库容200万 m^3。此外,应满足 $\sum W_来 - \sum W_用 - \sum W_损 - \sum W_弃 = 0$,本案例中对应的数值为7184−5519−271−1394=0,说明计算正确无误。

四、水库设计兴利库容的确定

根据水库某一调节年度的来水与用水过程,可以采用前述的列表计算法确定当年所需的兴利库容。但由于天然来水量各年不同,年内分配也不一样,用水过程不同年份间也不一定完全相同。所以,计算出来每年所需的兴利库容也不一样。通常可根据资料情况及对精度的要求,采用长系列法或代表年法来确定水库的设计兴利库容。

(一)长系列法

假设有 n 年来水及用水资料,可利用前述列表计算法确定 n 个年调节库容,然后将这 n 个年调节库容按由小到大的顺序进行排列,用经验频率公式 $P = \frac{m}{n+1} \times 100\%$ 求出每一库容的频率,点绘出库容频率曲线,据用水设计保证率($P_设$),查库容频率曲线即可求得相应的设计兴利库容 $V_{兴,P}$ 。

(二)代表年法

所谓代表年法,是指选择一个合适的年型进行年调节计算,求得的兴利库容即为设计兴利库容。在中、小型水库的规划设计中资料缺乏,或者在初步设计阶段进行多方案比较等情况下常用代表年法。根据代表年的选择原则的不同,可分为实际代表年法和设计代表年法两类。

实际代表年法就是选用符合或接近设计保证率的实际年份作为代表年,以该年实测的来水和用水过程为代表,进行调节计算确定水库的设计兴利库容。

设计代表年法就是利用频率计算的方法,求得相应于设计保证率的设计年径流量及年内分配,作为水库设计枯水年的来水过程,再根据选定的设计枯水年的用水资料,进行调节计算确定水库的设计兴利库容。

水库的设计兴利库容确定后,由设计兴利库容加上死库容查水库容积曲线即可得到水库的正常蓄水位。

工作任务七　水库的防洪计算

一、水库防洪计算的任务和基本原理

(一)水库防洪计算的任务

不同阶段,水库防洪计算的任务有所不同。规划设计阶段,水库防洪计算主要是根据水文计算提供的设计洪水资料,通过调节计算和工程的效益投资分析,确定水库的调洪库容、最高洪水位、最大泄流量、坝高和泄洪建筑物尺寸等。运行管理阶段,水库防洪计算主要是求出某种频率洪水,确定水库洪水位与最大下泄流量的定量关系,为编制防洪调度规程,制订防洪措施,提供科学依据。

水库防洪计算主要有以下三个步骤:

(1)拟定比较方案。根据地形、地质、施工条件和洪水特性等,拟定若干个泄洪建筑物形式、位置、尺寸以及起调水位方案。

(2)调洪计算。求得每个方案对应于各种安全标准设计洪水的最大泄流量、调洪库容和最高洪水位。

(3)方案选择。根据调洪计算成果,计算各方案的大坝造价、上游淹没损失、泄洪建筑物投资、下游堤防造价及下游受淹损失等,通过经济技术比较,选择最优的方案。

本书主要介绍水库调洪计算的原理与方法。

(二)水库调洪计算的基本原理

水库的蓄泄过程受水流的连续性方程和能量方程支配。连续性方程用水库水量平衡方程表示,能量方程可用水库蓄泄方程(蓄泄曲线)表示。水库调洪计算就是从起调时刻开始,逐时段联立求解这两个方程,求出各时段的下泄流量和水库蓄水量。

1. 水库水量平衡方程

在计算时段 Δt 内,进入水库的水量与水库下泄水量之差,应等于该时段内水库蓄水量的变化。因此,水库水量平衡方程为:

$$\frac{Q_1 + Q_2}{2}\Delta t - \frac{q_1 + q_2}{2}\Delta t = V_2 - V_1$$

式中：

Q_1、Q_2——计算时段始、末的入库流量，m^3/s；

q_1、q_2——计算时段始、末的出库流量，m^3/s；

V_1、V_2——计算时段始、末的水库蓄水量，m^3；

Δt——计算时段，其长短可根据进度要求，视入库洪水过程的变化情况而定，s。

2.水库蓄泄方程或水库蓄泄曲线

水库蓄泄方程一般是指水库蓄水量与水库下泄流量之间的关系方程。水库的泄洪建筑物主要是指溢洪道和泄洪洞，水库的下泄流量就是它们的过水流量。在泄洪建筑物形式、尺寸一定的情况下，水库通过泄洪建筑物的流量取决于水头 H，即 $q = f(H)$。例如在溢洪道无闸门控制或闸门全开的情况下，溢洪道的泄流量可按堰流公式计算，即：$q = m_1 BH^{3/2}$，其中 m_1 为溢洪道流量系数，B 为溢洪道堰顶宽度，H 为溢洪道堰上水头；泄洪洞的泄流量可按有压管流计算，即：$q = m_2 F H_{洞}^{3/2}$，其中 m_2 为泄洪洞流量系数，F 泄洪洞洞口的断面面积，H 为泄洪洞的计算水头。

同时，根据水库的水位容积曲线可知，泄流水头 H 是水库蓄水量 V 的单值函数，所以泄流量 q 也是水库蓄水量 V 的单值函数，即：

$$q = f(V)$$

上式就是水库的蓄泄方程，也称蓄泄曲线。由于水库容积曲线没有具体的函数形式，故很难列出 $q = f(V)$ 的具体函数式。水库的蓄泄方程只能用列表或图示的方式表示。蓄泄曲线是由静库容曲线和泄流计算公式综合而成。

联立上两方程求解就可求得时段末的水库蓄水量 V_2 和泄流量 q_2。而逐时段联立求解方程式，便可以求得与入库洪水过程相应的水库蓄水过程和泄流过程。

但对于狭长的河川式水库，在通过洪水流量时，由于回水影响，水面常呈现明显的坡降。在这种情况下，按静库容曲线进行调洪计算常带来较大误差，这时就要考虑动库容影响，此部分内容可参看相关文献，本书主要介绍按静库容曲线进行的调洪计算。

二、调洪计算的列表试算法

不考虑动库容的调洪计算假设水库水面为水平，常采用列表试算法。这种方法是通过列表试算逐时段联立求解水量平衡方程和蓄泄方程，以求得水库的下泄流量过程线，其主要步骤是：

（1）引用水库的入库洪水过程线 $Q(t)$。

（2）求水库的蓄泄曲线 $q - V$。首先，应根据库区地形资料，绘制出水库水位容积关系曲线 $z - V$，并根据拟定的泄洪建筑物类型、尺寸，用相应的水力学公式计算并绘制水库的 $q - V$ 曲线。

（3）调洪计算。从第一时段开始调洪，由起调水位（即汛前水位）查 $z-V$ 曲线和 $q-V$ 曲线，得出水量平衡方程中的 V_1 和 q_1；由入库洪水过程线 $Q(t)$ 查得 Q_1、Q_2；假设一个 q_2，根据水量平衡方程计算出 V_2。由 V_2 在 $q-V$ 曲线上查得 q_2，若假设的 q_2 与 $q-V$ 曲线上查得的 q_2 相等，则 q_2 即为所求。否则，应重新假设 q_2，重复以上过程，直至两者相等为止。

（4）将上一时段末的 V_2、q_2 值作为下一时段的起始条件，重复上述试算过程。这样，逐时段试算就可求得水库泄流过程和相应的水库蓄水量。

（5）将入库洪水过程线 $Q(t)$ 和计算的 $q(t)$ 曲线点绘在一张图上，若计算求得的最大下泄流量 q_m 正好是两条曲线的交点，说明计算的 q_m 是正确的。否则，说明计算的 q_m 有误，应改变时段 Δt 重新进行试算，直至计算的 q_m 正好是两条曲线的交点为止。

（6）由 q_m 查 $q-V$ 曲线，得最高洪水位时的总库容 V_m，从中减去堰顶以下的库容，即可得到调洪库容 V；由 V_m 查 $z-V$ 曲线，得最高洪水位 z。显然，当入库洪水为设计标准的洪水时，求得的 q_m、$V_{调}$、$z_{洪}$ 即为设计标准的最大泄流量、设计调洪库容和设计洪水位。当入库洪水为校核标准的洪水时，求得的 q_m、$V_{调}$、$z_{洪}$ 即为校核标准的最大泄流量、校核调洪库容和校核洪水位。

三、坝顶高程的确定

由入库设计洪水或校核洪水经调洪计算，可得出相应于某一溢洪道尺寸的水库坝前设计洪水位 $z_{设}$ 或校核洪水位 $z_{校}$。为了确保水库安全，非溢流坝的坝顶高程 H 必须超过 $z_{设}$ 或 $z_{校}$，坝顶高程 H 可按下两式计算，并取其中较大者作为最后选定的方案。

$$H = z_{设} + H_{浪,设} + \Delta h_{设}$$
$$H = z_{校} + H_{浪,校} + \Delta h_{校}$$

式中：

$H_{浪,设}$、$H_{浪,校}$——设计和校核条件下的风浪爬高，按有关规范计算；

$\Delta h_{设}$、$\Delta h_{校}$——设计和校核条件下的安全超高，按有关规范计算。

技能训练题

一、判断题

1.从多年平均情况看，全球的多年平均降水量等于平均蒸发量。

2.同一场降雨的降雨强度随着降雨历时的增加而变大。

3.可降水量是指单位面积上自地面到高空水汽顶层空气柱中总水汽量凝结后所相当的水量。

4. 潜水和地表水不存在相互补给和排泄的水力关系。

5. 在实际生产中,田间持水量是划分水分保持在土壤中和向下渗透的重要依据。

6. 由达西定律求到的渗透流速即等于土壤空隙中平均的流速。

7. 同一场降雨的降雨强度随降雨历时而变化但不随空间变化。

8. 水文随机变量抽样误差随样本容量 n 变大而变小。

9. 频率 $P=95\%$ 的枯水年,其重现期等于 2 年。

10. 在超渗产流中,形成地面径流的必要条件是降雨量大于下渗能力。

11. 按蓄满产流概念,在湿润地区降雨使包气带未达到田间持水量之前不产流。

12. 气候变化影响水分循环,改变降水时空分布及强度,极易造成极端气候异常的发生,导致干旱、洪水的频次及强度增加,影响水资源供需平衡。

13. 一个国家或地区水资源丰富还是匮乏,主要取决于地表水的多少,它是水资源的补给来源。

14. 降雨、径流、下渗、地表水蒸发等现象称为水文特征。

15. 重现期是指某一水文事件出现的间隔时间。

16. 改进水文测验仪器和测验方法,可以减小水文样本系列的抽样误差。

17. 水位就是河流、湖泊等水体自由水面线的海拔高度。

18. 地表水资源量通常用河川径流表示。

19. 气候、水文、地质、地貌、土壤地质、植被和人为活动都是影响土壤水力侵蚀的因素。

20. 设计洪水过程线可以通过实测的典型洪水过程线缩放求得。

21. 水文系列的总体是有限长的,也是客观存在的。

22. 洪水自古以来就是一种自然灾害。

23. 可能最大暴雨量即是可降水的最大值。

24. 由暴雨资料推求设计洪水的基本假定是:暴雨与洪水同频率。

25. 系列长度相同时,由暴雨资料推求设计洪水的精度高于由流量资料推求设计洪水的精度。

26. 设计洪水的标准,是根据工程的规模及其重要性,依据国家有关规范选定。

27. 水利枢纽校核洪水标准一般高于设计洪水标准,设计洪水标准一般高于防护对象的防洪标准。

28. 对某一地点典型洪水过程线放大计算中,同倍比放大法中以峰控制推求的放大倍比与同频率放大法的洪峰放大倍比应是相等的。

29. 在某一地点典型洪水过程线放大计算中,同倍比放大法中以量控制推求的放大倍比与同频率放大法中最长时段洪量的放大倍比应是相等的。

30. 同频率法放大典型洪水过程线,划分的时段越短,推求得的放大倍比越多,则放大后的设计洪水过程线越接近典型洪水过程线形态。

31. 在洪峰与各时段洪量的相关分析中,洪量的统计历时越短,则峰量相关程度越高。

32. 根据水资源管理的概念,水资源管理的内容包括法律管理、行政管理、经济管理和技术管理等方面。

33. 水资源属于国家所有,即全民所有,这是实施水资源管理的基本点。

34. 地球上虽然淡水资源有限,但是海水资源却极其丰富,但是其不可以被利用。

35. 大量工业废水、生活污水及农业废水的产生,使得清洁的淡水资源受到污染,加剧了水资源短缺的危机,更严重的是威胁到了人类健康。

36. 我国对水资源管理决策支持系统的研究起步始于19世纪80年代中。

二、单项选择题

1. 每年的台风给中国带来的主要好处是(   )。
A. 带来湿润空气　　　　　　　　　B. 带来水资源
C. 使得农作物增产　　　　　　　　D. 便于果林生长

2. 随着降雨历时增加,流域的产流面积的变化特点是(   )。
A. 流域的产流面积增加　　　　　　B. 流域的产流面积不变
B. 流域的产流面积变小　　　　　　D. 无法确定流域的产流面积变化趋势

3. 我国规定,在进行水资源供需情况分析时,枯水年保证率 P 为(   )。
A. 25%　　　　B. 50%　　　　C. 75%　　　　D. 90%

4. 枯水径流变化相当稳定是因为它主要来源于(   )。
A. 地下潜流　　　B. 地表径流　　　C. 河网蓄水　　　D. 融雪径流

5. 某河段上、下断面的河底高程分别为625m和325m,河段长120km,则河段的河道纵比降为(   )。
A. 2‰　　　　B. 2.5‰　　　　C. 0.25　　　　D. 2.5

6. 某闭合流域多年平均降雨量为850mm,多年平均径流深为400mm,则多年平均年蒸发量为(   )mm。
A. 400　　　　B. 450　　　　C. 850　　　　D. 1250

7. 由于降雨过大或降雨连绵造成地下水位抬高,土壤含水量过大,形成的灾害为(   )。
A. 洪灾　　　B. 渍灾　　　C. 涝灾　　　D. 地质灾害

8. 水文测验中断面流量的确定,关键是(   )。
A. 测流期间水位的观测　　　　　　B. 计算垂线平均流速
C. 测点流速的实测　　　　　　　　D. 实测过水断面

9. 在总水量平衡中,计算地表水资源和地下水资源的主要依据(　　)。

A. 降水、径流、消耗　　　　　　　　　　B. 降水、径流、渗漏

C. 降水、渗漏、径流　　　　　　　　　　D. 降水、径流、蒸发

10. 河川径流一般可划分为(　　)。

A. 地面径流、表层流、地下径流

B. 地面径流、表层流、坡面径流

C. 地面径流、地下径流、深层地下径流

D. 地面径流、浅层地下径流潜水、深层地下径流

11. 我国年径流深分布的总趋势基本上是(　　)。

A. 分布基本均匀　　　　　　　　　　　　B. 自西向东递减

C. 自东南向西北递减　　　　　　　　　　D. 自东南向西北递增

12. $P=5\%$的丰水年,其重现期T等于(　　)年。

A. 5　　　　　　B. 20　　　　　　C. 50　　　　　　D. 95

13. 平原河流的水面比降一般比山区河流的水面比降(　　)。

A. 相当　　　　　　B. 平缓　　　　　　C. 小　　　　　　D. 大

14. 某流域设有三个雨量站,按泰森多边形划分法,它们控制的面积分别为52、63和38km^2。同一时段内测得雨量分别是112、98和103mm,则流域在该时段的平均降雨量为(　　)。

A. 198mm　　　　　　B. 165mm　　　　　　C. 132mm　　　　　　D. 104mm

15. 以下哪一种描述不符合P—Ⅲ型概率密度曲线的几何分布特点(　　)。

A. P-Ⅲ型的概率密度曲线是单峰曲线

B. P-Ⅲ型的概率密度曲线二端均为无限的对称单峰曲线

C. P-Ⅲ型的概率密度曲线是不对称的

D. P-Ⅲ型的概率密度曲线一端有限而另一端无限

16. 下列选项中降雨入渗补给系数最大的是(　　)。

A. 黏土　　　　　　B. 粉沙土　　　　　　C. 细沙土　　　　　　D. 粗沙土

17. 年径流系列的变差系数是指(　　)。

A. 某年的径流量与多年径流平均值的比值

B. 年径流系列的均方差与年径流平均值的比值

C. 年径流系列的离均系数与年径流平均值的比值

D. 年径流系列的偏态系数与年径流平均值的比值

18. 某水文站控制面积为680km^2,多年平均径流模数为10L/(s.km^2),则换算成年径流深为(　　)。

A. 267mm　　　　　　B. 315mm　　　　　　C. 463mm　　　　　　D. 523mm

19.地面净雨可定义为(   )。

A.降雨扣除植物截留、地面填洼、蒸发后的水量

B.降雨扣除地面填洼、蒸发和下渗后的水量

C.降雨扣除蒸发、下渗和植物截留后的水量

D.降雨扣除植物截留、地面填洼、蒸发及下渗后的水量

20.气候变化影响(   ),改变降水时空分布及强度,极易造成极端气候异常事件的发生,导致干旱、洪水的频次及强度增加,影响水资源供需平衡。

A.水分多少　　　　　B.水量大小　　　　　C.降水时间　　　　　D.水分循环

21.由暴雨资料推求设计洪水时,对于小流域一般假定(   )。

A.设计洪水的频率大于设计暴雨的频率

B.设计洪水的频率等于设计暴雨的频率

C.设计洪水的频率小于设计暴雨的频率

D.设计洪水的频率与设计暴雨的频率无任何关系

22.目前北京密云水库的主要功能是(   )。

A.发电　　　　　B.农业灌溉　　　　　C.向城市供水　　　　　D.养鱼

23.水库的洪水调节作用主要目的是(   )。

A.增加枯水期的径流量

B.减少枯水期的径流量

C.增加汛期下游河道的洪峰流量

D.减少汛期下游河道的径流量以达到防洪的目的

24.水文资料的三性审查不包括(   )。

A.完整性　　　　　B.代表性　　　　　C.一致性　　　　　D.可靠性

25.设计洪水是指(   )。

A.任一频率的洪水　　　　　　　　　　B.历史最大的洪水

C.设计断面的最大洪水　　　　　　　　D.符合设计标准要求的洪水

26.用同倍比缩放法(按洪峰倍比缩放)得到的设计洪水过程线可以满足(   )。

A.设计洪水过程线不同时段的洪量值等于设计洪水相应时段的洪量值

B.设计洪水过程线不同时段的洪量值大于设计洪水相应时段的洪量值

C.设计洪水过程线的洪峰值等于设计洪水的洪峰值

D.设计洪水过程线的洪峰值大于设计洪水的洪峰值

27.用典型洪水过程线同倍比法(按洪量倍比)放大推求的设计洪水禁用的工程类型是(   )。

A.水库工程　　　　　B.桥梁　　　　　C.河道水闸　　　　　D.涵洞

28. 在求洪流量经验频率 $P=m/(n+1)\times100\%$ 的公式中,是洪峰流量的实测系列的总项数(即样本容量),那么 m 的含义是( )。

A. 洪峰流量由小到大地排序号

B. 洪峰流量由大到小的排序号

C. 洪峰流量任意的排序号

D. 洪峰流量平均值相应的序号

29. 某河流断面,在同一水位情况下,一次洪水中涨洪段相应的流量比落洪段的流量( )。

A. 小 B. 相等 C. 大 D. 不能肯定

30. 一次洪水中,涨水期历时比落水期历时( )。

A. 长 B. 短 C. 一样长 D. 不能肯定

31. 资料系列的代表性是指( )。

A. 是否有特大洪水

B. 系列是否连续

C. 能否反映流域特点

D. 样本的频率分布是否接近总体的概率分布

32. 对设计流域历史特大暴雨调查考证的目的是( )。

A. 提高系列的一致性 B. 提高系列的可靠性

C. 提高系列的代表性 D. 使暴雨系列延长一年

33. 用典型暴雨同倍比放大法推求设计暴雨,则( )。

A. 各历时暴雨量都等于设计暴雨量

B. 各历时暴雨量都不等于设计暴雨量

C. 各历时暴雨量可能等于、也可能不等于设计暴雨量

D. 所用放大倍比对应的历时暴雨量等于设计暴雨量,其他历时暴雨量不一定等于设计暴雨量

34. 用典型暴雨同频率放大法推求设计暴雨,则( )。

A. 各历时暴雨量都不等于设计暴雨量

B. 各历时暴雨量都等于设计暴雨量

C. 各历时暴雨量都大于设计暴雨量

D. 不能肯定

三、多项选择题

1. 水文地质一般给将承压水含水层分为以下取哪几水种区段( )。

A. 补给区 B. 承压区 C. 取水区 D. 排泄区

2.水文学中常用的统计参数有( )。

A.平均数 B.均方差 C.离差系数 D.偏差系数

3.水文循环的基本要素是指( )。

A.降水 B.蒸发 C.径流 D.下渗

4.降水的三要素是指( )。

A.降水量 B.径流量 C.降水历时 D.降水强度

5.推求流域面降雨量的方法有( )。

A.算术平均法 B.泰森多边形法 C.综合指数法 D.等值线法

6.水文站的测验河段一般应布设的测验断面包括( )。

A.基本水尺断面 B.河床坡度测定断面

C.流速仪测流断面 D.浮标测流断面

7.土面蒸发与水面蒸发共同的影响因素是( )。

A.气温 B.风力 C.空气湿度 D.土壤性质

8.同倍比放大(按洪峰放大)推求的设计洪水适用于水利工程规划设计的有( )。

A.铁路涵洞 B.堤防工程 C.公路桥 D.水库

9.洪水是指江河水量迅猛增加及水位急剧上涨的自然现象,洪水的形成往往受( )等自然因素与人类活动因素的影响。

A.地面 B.下垫面 C.降雨 D.气候

10.通常用洪水三要素,即( )来表示洪水的大小。

A.洪水历时 B.洪峰流量 C.洪水总量 D.洪水过程线

11.平常情况下,水库中水的损失主要有( )。

A.水库水面蒸发损失 B.水库渗漏损失

C.汛期水库中水从溢洪道排泄 D.发电用水的消耗

12.洪水的变化具有( )。

A.偶然性 B.周期性 C.随机性 D.规律性

13.洪水具有( )等特征。

A.不确定性 B.社会性 C.地域性 D.损失多样性

14.为保证经济建设的顺利发展和人民生命财产的安全,防汛的工作方针是安全第一( )。

A.常备不懈性 B.以防为主 C.全力抢险 D.筑堤为主

15.水库的特征库容主要有( )。

A.调洪库容 B.兴利库容 C.静库容 D.动库容

16.《防洪法》规定,防洪工作按照流域或者区域实行( )的制度。

A. 统一规划   B. 政府负责与群众参与相结合

C. 分级实施   D. 流域管理与行政区域管理相结合

17. 在洪水期,当入库流量( )出库流量时,水库出现最高洪水位和最大下泄流量。

A. 大于   B. 等于   C. 小于   D. 不等于

四、简答题

1. 水资源的含义有哪些?各有什么特点?

2. 水资源有哪些基本特性?我国水资源的特点是什么?

3. 什么是水资源评价?为什么要进行水资源评价?

4. 水资源评价在水资源规划、管理中有何作用?

5. 用等值线图如何推求多年径流量?

6. 有充分径流资料时河川径流量年内分配如何计算?

7. 水资源供需分析包括哪些内容?

8. 供水预测包括哪些内容?

9. 需水预测包括哪些内容?

10. 水资源论证的程序是什么?

11. 水资源管理有哪些任务?

12. 实施流域水资源管理的优点有哪些?

第二篇

水利工程

项目一　农田水利与灌溉排水工程

工作任务一　农田水分状况

一、农田水分存在形式

农田水分存在三种基本形式,即地面水、土壤水和地下水,农田水分状况系指农田地面水、土壤水和地下水的多少及其在时间上的变化。一切农田水利措施都是为了调控农田水分状况,以改善土壤中的水、肥、气、热等状况,达到促进农业增产的目的。

在农田水分中,土壤水是与作物生长关系最为密切的水分存在形式。

土壤水按其存在形态可分为固态水、气态水、液态水三种。固态水只有在土壤冻结时才会出现;气态水是存在于未被水分占据的土壤孔隙中,有利于微生物的活动,对植物根系有利,但因气态水数量很少,在计算时常忽略不计;液态水是主要的土壤水分形态,对农业生产意义最大。在不同的温度条件下,土壤水的三种形态可相互转化。

液态水按其受力和运动特征可分为吸着水、毛管水和重力水三种类型。

(一)吸着水

吸着水是由于受土壤颗粒吸附作用而不易移动的水分,包括吸湿水和薄膜水两种形式(见图 2-1)。

1. 吸湿水

单位体积的土壤颗粒表面积很大,因此具有很强的吸附力,能够将周围环境中的水汽分子吸附于自身表面,这种束缚在土壤颗粒表面的水汽分子称为吸湿水。吸湿水被紧束于土粒表面,不能呈液态流动,也不能被作物吸收利用,是土壤中的无效含水量。

2. 薄膜水

当吸湿水达到最大值时,土粒分子的引力已不能再从空气中吸附水汽分子,但土粒表面仍有剩余的分子引力,一旦土壤与液态水接触,分子引力便可将液态水吸附在土粒周围,在吸湿水外层形成水膜,称为薄膜水,或称膜状水。薄膜水只能沿土粒表面进行缓慢的移动,作物根毛与薄膜水接触时,可以吸收利用一部分,但在薄膜水尚未被全部消耗之前,作物已因缺水而凋萎。

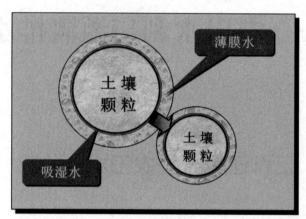

图 2-1 吸湿水和薄膜水示意图

(二)毛管水

毛管水是借助毛管力保持在土壤孔隙中的水,即在重力作用下不易排除的水分中超过吸着水的部分,毛管水在土壤中可以上下左右移动,是植物吸收利用的主要水分类型。根据水分补给情况不同,毛管水可分为上升毛管水和悬着毛管水两种(见图 2-2)。

1. 上升毛管水

是指在地下水埋深较浅的情况下,从地下水面沿毛管上升而保持在毛管中的水。毛管水上升的高度和速度与土壤质地、结构等因素有关。不同土壤类型的毛管水最大上升高度见表 2-1。

表 2-1 毛管水最大上升高度

单位:m

土壤类型	毛管水最大上升高度	土壤类型	毛管水最大上升高度
黏土	2.0~4.0	砂土	0.5~1.0
黏壤土	1.5~3.0	泥炭土	1.2~1.5
砂壤土	1.0~1.5	碱土或盐土	1.2

2. 悬着毛管水

是指不受地下水补给时,在降雨或灌溉之后,渗入土壤中并被毛细管保持下来的水。悬着毛管水是旱田土壤保证作物用水的主要方式。

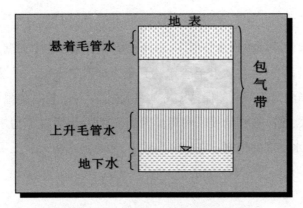

图 2-2　上升毛管水和悬着毛管水示意图

(三) 重力水

当土壤水的含量超过土粒的分子引力和毛细管的作用范围时,就不能被土壤所保持,而会在重力作用下向下移动,这部分水称作重力水。重力水可被作物吸收利用,但易流失,重力水向下渗到下层较干燥的土壤时,一部分转化为其他形式的水(如毛管水),另一部分则继续下渗,但因水量逐渐减少,最后完全停止下渗。如果重力水下渗至地下水面,就会补充地下水,并抬高地下水位。

二、土壤水分常数

土壤水分常数是指在不同水分形态下的土壤特征含水量,包括吸湿系数、凋萎系数、最大分子持水量、田间持水量、毛管持水量、饱和含水量等。

(一) 吸湿系数

吸湿系数是指当气温为20℃,空气湿度接近饱和时,土壤吸湿水达到最大值时的土壤含水量。在吸湿系数范围内的水,因被土粒牢固吸持而不能被作物吸收。吸湿系数的大小与土壤质地有密切关系,土壤质地越细,土粒的表面能越大,吸湿系数也越大。

(二) 凋萎系数

作物发生永久性凋萎现象(叶子萎蔫后,即使放在水汽饱和的空气中过夜,叶子仍不能恢复正常)时的土壤含水量称为凋萎系数。凋萎系数包括全部吸湿水和部分薄膜水,可作为有效土壤水分的下限值,约为吸湿系数的1.5~2.0倍。凋萎系数的大小,除与作物的耐旱能力有关外,主要决定于土壤质地。

(三) 最大分子持水量

最大分子持水量是指当薄膜水达到最大时的土壤含水量。它包括全部吸湿水和薄膜水,其数量大小与土壤的矿物组成、腐殖质含量有关,约为吸湿系数的2.0~4.0倍。

（四）田间持水量

田间持水量是指在灌溉或降水条件下，田间土层中全部孔隙中充满水，经过一段时间排水后所能保持的水量，此时也是悬着毛管水达到最大值时的土壤含水量。田间持水量是土壤在不受地下水影响的情况下所能保持水分的最大数量指标，超过此限值，再渗入土壤的水分一般只能渗入深层，难以被作物吸收利用。因此，田间持水量常作为旱田灌溉的水分上限指标，常用作计算灌水定额的依据。在生产实践中，常将灌水两天后土壤所能保持的含水量作为田间持水量。

（五）毛管持水量

上升毛管水达到最大时的土壤含水量称为毛管持水量。其大小取决于土壤质地和结构，以及距地下水面的距离。毛管持水量在数量上一般在田间持水量和饱和含水量之间变动。

（六）饱和含水量

土壤中所有孔隙全部充满水时的土壤含水量称为饱和含水量，也称全持水量。

三、土壤水分的有效性

土壤中能被植物利用的水量称为土壤有效含水量，不能被植物吸收利用的那部分水称为无效水。土壤水分的有效性是指土壤水分是否能被植物利用及其被利用的难易程度。通常以凋萎系数作为土壤有效水的下限，田间持水量作为土壤有效水的上限。所以：

$$土壤最大有效含水量（\%）= 田间持水量（\%）-凋萎系数（\%）$$
$$土壤有效含水量（\%）= 土壤自然含水量（\%）-凋萎系数（\%）$$

土壤最大有效含水量主要受土壤质地、结构、容重和有机质含量等的影响。一般地，壤土的土壤最大有效含水量最高，砂土最低，黏土田间持水量虽高，但因其凋萎系数也高，故有效水含量并不高。各种质地土壤的田间持水量与有效水量参见表2-2。

表2-2　各种质地土壤的田间持水量与有效水量

单位:%

土壤质地	田间持水量	凋萎系数	有效水量
砂土	8~16	3~5	5~11
砂壤土、轻壤土	12~22	5~7	7~15
中壤土	20~28	8~9	12~19
重壤土	22~28	9~12	13~15
黏土	23~30	12~17	11~13

注：均为占干土重的百分数。

土壤水分的有效性与水分形态及水分常数的关系见图 2-3。

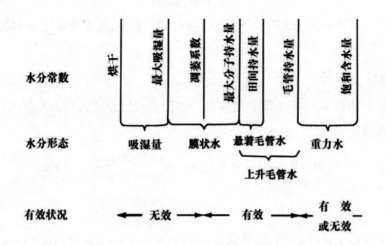

图 2-3　土壤水分的有效性与水分形态及水分常数的关系图

四、土壤含水量及其表示方法

土壤含水量是衡量土壤含水多少的数量指标,也称土壤含水率,或土壤湿度。土壤含水量常用重量含水量、体积含水量、水层厚度、土壤水饱和度、相对含水量等五种方法表示。

(一)重量含水量

也称质量含水量,以土壤中水分质量占干土质量的百分数表示,其计算公式为:

$$重量含水量(\%) = \frac{水分质量}{烘干土质量} \times 100\%$$

(二)体积含水量

是指土壤水分体积占土壤体积的百分数,其计算公式为:

$$体积含水量(\%) = \frac{水分体积}{土壤体积} \times 100\%$$

(三)水层厚度

它是将某一土层所含的水量折算成水层厚度来表示土壤的含水量,以 mm 为单位,这种方法便于和大气降水、蒸发以及作物耗水之间进行比较。

$$土层厚度(mm) = 土层深度(mm) \times 体积含水量$$
$$= 土层深度(mm) \times 重量含水量 \times 容量$$

(四)土壤水饱和度

是指土壤水分体积占土壤孔隙体积的百分数,即:

$$饱和度(\%) = \frac{土壤水分体积}{土壤孔隙体积} \times 100\%$$

这种方法能清楚地表明土壤水分占据土壤孔隙的程度,便于直接了解土壤中水、气之间的关系。

（五）相对含水量

在农田水量计算中,常用土壤自然含水量占田间持水量或饱和含水量的百分数表示土壤水的相对含量。

$$旱地土壤的相对含水量(\%) = \frac{土壤含水量}{田间持水量} \times 100\%$$

$$水田土壤的相对含水量(\%) = \frac{土壤含水量}{饱和含水量} \times 100\%$$

这种方法便于直接判断土壤水分状况是否适宜,以便制定相应的灌排措施。

【例2-1】 某土样如右图2-4所示,土样体积为100cm³,干土质量为125g,水的质量为25g,土层深度为5cm,土壤密度为1.25g/cm³。请计算土壤含水量,分别用重量含水量、体积含水量、水层厚度三种形式表示。

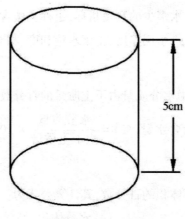

图2-4 土样示意图

解:(1)重量含水量计算:

$$重量含水量(\%) = \frac{水分质量}{烘干土质量} \times 100\% = \frac{25}{125} \times 100\% = 20\%$$

(2)体积含水量计算:

$$水分体积 = \frac{水分质量}{水分密度} = \frac{25}{1} = 25(cm^3)$$

$$体积含水量(\%) = \frac{水分体积}{土壤体积} \times 100\% = \frac{25}{100} \times 100\% = 25\%$$

（3）水层厚度计算

水层厚度(mm) = 土层深度(mm) × 体积含水量 = 50 × 25% = 12.5(mm)

工作任务二　作物需水量

一、作物需水量及其影响因素

（一）作物耗水与作物需水

农田水分消耗主要有三种途径,即植株蒸腾、株间蒸发和深层渗漏(或田间渗漏),见图 2-5。

1. 植株蒸腾

植株蒸腾是指作物根系从土壤中吸入体内的水分,通过叶片的气孔蒸散到大气中去的现象。试验证明,植株蒸腾要消耗大量水分,作物根系吸收的水分有 99% 以上消耗于蒸腾,只有不足 1% 的水量留在植物体内,成为植物体的组成部分。

2. 株间蒸发

株间蒸发是指植株间土壤或水面的水分蒸发。株间蒸发和植株蒸腾均受气象因素的影响,但植株蒸腾因植株的繁茂而增加,株间蒸发因植株造成的地面覆盖率加大而减小,所以植株蒸腾和株间蒸发二者互为消长。一般地,作物生育初期植株小,地面裸露大,以株间蒸发为主;随着植株增大,叶面覆盖率增大,植株蒸腾逐渐大于株间蒸发;到作物生育后期,其生理活动减弱,蒸腾耗水又逐渐减少,株间蒸发又相对增加。

3. 深层渗漏(田间渗漏)

深层渗漏是指旱田中由于降雨量或灌溉水量过多,使土壤水分超过了田间持水量,向根系活动层以下的土层产生渗漏的现象。深层渗漏一般是无益的,且易造成水分和养分的流失。田间渗漏是指水稻田的渗漏。由于水稻田经常保持一定的水层,所以水稻田常产生渗漏,且数量较大。适当的渗漏量可以促进土壤通气,改善还原条件,消除有毒物质,有利于作物生长;但渗漏量过大,会造成水量和肥料的流失,与开展节水灌溉的理念存在一定矛盾。

在上述几项水量消耗中,植株蒸腾和株间蒸发合称为腾发,两者消耗的水量称为腾发量,通常又把腾发量称为作物需水量。旱作物在正常灌溉条件下,不允许发生深层渗漏,因此旱作物需水量即为腾发量。对于水稻田而言,适宜的渗漏是有益的,通常将水稻田渗漏量计入需水量之内,称为水稻的田间耗水量,以使与需水量概念有所区别。

植株蒸腾

株间蒸发

深层渗漏

图2-5 农田土壤水分消耗途径示意图

(二)作物需水量的影响因素

影响作物需水量的因素很多,如气象、土壤、作物本身条件等。

1.气象条件

如气温、日照、空气湿度和风速等气象因素均对作物需水量影响很大。气温愈高、日照时间愈长、太阳辐射愈强、空气湿度愈低、风速愈大,则作物需水量愈大。

2.土壤条件

种植在砂性土壤上的作物比种植在黏性土壤上的作物需水量大。对于同一种土壤,土壤表层湿润程度对作物需水量影响很大。在一定范围内,作物需水量随土壤含水量的增加而增加。但当土壤含水量较长时间接近或超过田间持水量时,土壤中大部分孔隙被充盈,通气性差,根系呼吸减弱,引起根系生长发育不良,会导致根系吸水和蒸腾的减少,作物需水量此时会随土壤含水量的增加而减小。

3.作物种类

不同种类作物的需水量是不同的。一般地,生长期长、叶面积大、生长速度快、根系发达的作物需水量大。生长在陆地上在植物,大致可以分为湿生植物、旱生植物和中生植物三种类型。在同一气候条件下,在一定范围内,作物需水量是随产量的增加而增加的。但二者不成直线比例关系,当产量达到某一水平时,需水量趋于稳定。

4.作物生育阶段

同一种作物各生育阶段的需水量是不同的。就春播和夏播作物来讲,一般苗期气温较低,叶面积小,以株间蒸发为主,作物需水量不大;随着作物生长,叶面积不断扩大,植株蒸腾量急剧增加,作物需水量达到高峰;作物生长晚期直至成熟,由于叶面积减少和生理机能的减弱,植株蒸腾量减小,需水量有所下降。冬小麦、玉米的日需水量过程线见图2-6、图2-7。

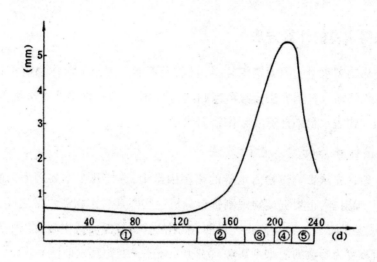

图 2-6　冬小麦需水强度过程线(河北)
①播种→返青;②返青→拔节;③拔节→抽穗;④抽穗→灌浆;⑤灌浆→成熟

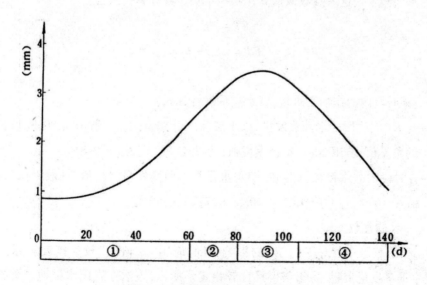

图 2-7　玉米需水强度过程线(东北)
①播种→拔节;②拔节→抽穗;③抽穗→灌浆;④灌浆→成熟

5. 农业技术措施和灌排措施

农业技术措施间接影响作物需水量的变化。播种密度大、施肥多,会影响作物叶面积的大小和株高的变化,可间接影响需水量的大小。

灌排措施通过改变土壤含水量,或者通过改变农田小气候以至于作物生长状况也可间接影响作物需水量的变化。一般情况下,地面灌溉方法下的作物蒸发蒸腾量大于喷、滴灌条件下的作物蒸发蒸腾量。

二、作物需水量的计算方法

由于影响作物需水量的因素错综复杂,目前尚不能从理论上对作物需水量进行精确计算。现在计算作物需水量的方法大致可以归纳为两类:一类是直接计算作物需水量,一类是通过计算参照作物需水量来计算实际作物需水量。

(一)直接计算作物需水量的方法

此方法一般是先从影响作物需水量的诸多因素中,选择几个主要因素,如水面蒸发、气温、湿度、日照、辐射等,再根据试验观测资料分析这些因素与作物需水量之间存在的数量关系,最后归纳成某种形式的经验公式。目前,常用的这类经验公式主要有以下两种。

1. 以水面蒸发为参数的需水系数法(简称"α 值法"或称蒸发皿法)

大量灌溉试验资料表明,气象因素是影响作物需水量的主要因素,而水面蒸发又是各种气象因素综合作用的结果,水面蒸发量和作物需水量之间存在一定的相关关系。因此,可以利用当地的水面蒸发量这一参数来估算作物需水量。其计算公式为:

$$ET = \alpha E_0$$

或

$$ET = aE_0 + b$$

式中:

ET——某时段内的作物需水量,以水层深度计,mm;

E_0——与 ET 同时段的水面蒸发量,以水层深度计,mm;E_0 一般采用 80cm 口径蒸发皿的蒸发值,若用 20cm 口径蒸发皿(见图 2-8),则 $E_{80} = 0.8E_{20}$;

α——各时段的需水系数,即同时期需水量与水面蒸发量之比值,一般由试验确定,水稻 $\alpha = 0.9 \sim 1.3$,旱作物 $\alpha = 0.3 \sim 0.7$;

a、b——经验常数。

在水稻地区,气象条件对 ET、E_0 的影响相同,应用"α 值法"较为接近实际,且"α 值法"只需要水面蒸发量资料,易于获得且比较稳定。所以,该法在我国水稻地区曾被广泛采用。对于水稻及土壤水分充足的旱作物,用"α 值法"计算,其误差一般小于 20% ~ 30%;对土壤含水量较低的旱作物和实施湿润灌溉的水稻,因其作物需水量还与土壤水分有密切关系,所以此法不太适宜。

图 2-8　20cm 口径蒸发皿

2. 以产量为参数的需水系数法(简称"K 值法")

作物产量是太阳能的累积与水、土、肥、热、气诸因素的协调及农业技术措施综合作用的结果。所以,在一定的气象条件和农业技术措施条件下,作物需水量将随产量的提高而增加,如图 2-9 所示,但需水量的增加并不与产量成比例。由图 2-9 还可以看出,单位产量的需水量随产量的增加而逐渐减小,说明当作物产量达到一定水平后,要进一步提高产量就不能仅靠增加水量,而必须同时改善作物生长所必需的其他条件,如改善农业技术措施、增加土壤肥力等。作物总需水量与产量之间的关系可用下式表示:

$$ET = KY$$

或
$$ET = KY^n + c$$

式中:

　　ET——作物全生育期内总需水量,$m^3/$亩;

　　Y——作物单位面积产量,kg/亩;

　　K——以产量为指标的需水系数,对于公式 $ET = KY$,K 代表单位产量的需水量,m^3/kg;

　　n、c——经验指数和常数。

　　K、n、c 值可由试验确定。

此法只要确定计划产量后,便可算出需水量,比较简便;且该方法将需水量与产量相联系,便于进行灌溉经济分析。对于旱作物,在土壤水分不足而影响高产的情况下,需水量随产量的提高而增大,用此法推算较为可靠,误差多在 30% 以下,宜采用。但对于土壤水分充足的旱田以及水稻田,需水量主要受气象条件影响,产量与需水量关系不明确,用此法推算的误差较大。

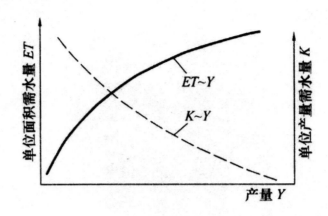

图 2-9　作物需水量与产量关系示意图

需要注意的是,用上述方法计算得出的是全生育期作物需水量。在生产实践中,常根据已确定的全生育期作物需水量,按照各生育阶段需水规律,以需水模系数按一定比例进行分配,即:

$$ET_i = \frac{1}{100}K_i ET$$

式中:

　　ET_i——某一生育阶段作物需水量;

　　K_i——需水模系数,即某一生育阶段作物需水量占全生育期作物需水量的百分数,可以　　　　　从试验资料中取得或运用类似地区资料分析确定。

按上述方法求得的各阶段作物需水量在很大程度上取决于需水模系数的准确度。但由于影响需水模系数的因素很多,如作物品种、气象条件以及土、水、肥条件和生育阶段的划分等,同品种作物同一生育阶段在不同年份内的需水模系数并不稳定,而不同品种的作物需水模系数则变幅更大。因而,大量试验分析结果表明,用此方法推求各阶段需水量的误差常在±(100%~200%),但是用该类方法计算全生育期总需水量仍有一定的参考价值。

(二)通过计算参照作物需水量来计算实际作物需水量的方法

目前,作物需水量的理论计算方法是通过计算参照作物需水量来计算实际作物需水量。在计算出参照作为需水量 ET_0 后,根据作物系数 K_c 对 ET_0 进行修正,得到某种作物的实际需水量。在水分亏缺时,再用土壤水分修正系数 K_w 进行修正,即可求出某种作物在水分亏缺时的实际需水量 ET_{ai}。相对来说,这种方法在理论上比较完善。

所谓参照作物需水量 ET_0 是指土壤水分充足、地面完全覆盖、生长正常、高矮整齐的开阔(地块的长度和宽度都大于 200m)矮草地(草高 8~15cm)上的作物需水量,一般是指在这种条件下的苜蓿草的需水量。因为参照作物需水量主要受气象条件的影响,故都是根据当地的气象条件分阶段计算的。

1. 参照作物需水量的计算

计算参照作物需水量的方法很多,其中以能量平衡原理比较成熟、完整。其基本思想是:将作物腾发看作能量消耗的过程,通过平衡计算求出腾发所消耗的能量,然后再将能量折算为水量,即作物需水量。

根据能量平衡原理以及水汽扩散等理论,英国的彭曼(Pen-man)提出了可以利用普通的气象资料计算参考作物蒸发蒸腾量的公式。后经联合国粮农组织修正,正式向各国推荐作为计算参照作物需水量的通用公式。其基本形式如下:

$$ET_0 = \frac{\dfrac{p_0}{p}\dfrac{\Delta}{\gamma}R_n + E_a}{\dfrac{p_0}{p}\dfrac{\Delta}{\gamma} + 1}$$

式中:

ET_0——参考作物需水量,mm/d;

$\dfrac{\Delta}{\gamma}$——标准大气压下的温度函数,其中 Δ 为平均气温时饱和水汽压随温度之变率,即

$\dfrac{de_a}{dt}$ (e_a 为饱和水汽压, t 为平均气温); γ 为湿度计常数, $\gamma = 0.66\text{hPa}/℃$;

$\dfrac{p_0}{p}$——海拔高度影响温度函数的改正系数,其中 p_0 为海平面的平均气压, $p_0 = 1013.$

25hPa; p 为计算地点的平均气压,hPa;

R_n——太阳净辐射,以蒸发的水层深度计,mm/d,可用经验公式计算,从有关表格中查得或用辐射平衡表直接测取;

E_a——干燥力,mm/d, $E_a = 0.26(1 + 0.54u)(e_a - e_d)$,其中 e_d 为当地的实际水汽压, u 为离地面 2m 高处的风速,m/s。

2. 实际需水量的计算

已知参照作物需水量 ET_0 后,在充分供水条件下,采用作物系数 K_c 对 ET_0 进行修正,即可得作物实际需水量 ET :

$$ET = K_c ET_0$$

需要注意的是,上式中 ET 与 ET_0 应取相同单位。

作物系数 K_c 是指某一阶段的作物需水量与相应阶段内的参考作物需水量的比值,它反映了作物本身的生物学特性、产量水平、土壤耕作条件等对作物需水量的影响。根据各地的试验资料,作物系数 K_c 不仅随作物而变化,更主要的是随作物的生育阶段而异。多年来,我国灌溉科技工作者对不同作物进行了研究,总结了地面灌溉条件下部分农作物

K_c 值,见表 2-3~表 2-5,在用于滴灌等局部灌溉时,此 K_c 值应作适当修正。

表 2-3　部分地区夏玉米 K_c 值

地区＼时间	6 月	7 月	8 月	9 月	全期
山西	0.47~0.88	0.92~1.08	1.27~1.58	1.06~1.28	1.05~1.18
河北	0.49~0.65	0.60~0.84	0.94~1.22	1.34~1.76	0.48~0.96
河南	0.47~0.85	1.30~1.35	1.67~1.79	1.06~1.32	0.99~1.14
陕西	0.51~0.54	0.67~1.05	0.94~1.43	1.00~1.87	1.85~1.07

表 2-4　部分地区棉花 K_c 值

地区＼时间	4 月	5 月	6 月	7 月	8 月	9 月	10 月	全期
山东	0.54~0.62	0.60~0.67	0.52~0.72	1.20~1.43	1.40~1.43	1.06~1.60	0.94~0.97	0.94~0.96
河北	0.37~0.78	0.38~0.62	0.53~0.73	0.78~1.07	1.07~1.21	0.89~1.39	0.74~0.78	0.71~0.75
河南	0.32~0.69	0.32~0.69	0.48~1.05	1.07~1.23	1.23~1.73	0.55~1.40	0.55~1.20	0.87~0.89
陕西	0.66~0.67	0.60~0.73	0.70~0.77	1.16~1.23	1.30~1.44	1.20~1.59	1.60~1.65	0.96~0.97
江苏（徐州）		0.49	0.85	1.32	1.26	1.10	1.09	
辽宁（延年）		0.46	0.59	0.90	1.09	0.75	0.42	0.681

表 2-5　部分地区春小麦 K_c 值

地区	3 月	4 月	5 月	6 月	7 月	8 月	9 月	全期
辽宁		0.58~0.82	0.77~1.03	0.89~1.24	1.19~1.30			0.82~1.08
内蒙古		0.47~0.55	0.78~0.90	1.16~1.59	0.42~1.48			0.92~1.03
青海	0.26~0.64	0.15~0.75	0.13~0.75	0.97~1.30	0.98~1.19	1.01~1.13	1.41	0.78~1.16
宁夏	0.90	0.50	1.43	1.31	0.61			1.18~1.16

　　用上式计算所得的是在土壤水分充足,能完全满足作物腾发条件下的作物需水量。而实际上土壤水分不是在任何时候都能达到上述条件,因此还必须根据土壤条件进行修正,方可确定作物蒸发蒸腾量,即:

$$ET_{ai} = K_w ET = K_w K_c ET_0$$

式中：

ET_{ai} ——缺水条件下作物的实际蒸发蒸腾量，mm/d；

K_w ——土壤水分修正系数，其物理意义是指缺水条件下的作物蒸发蒸腾量与充分供水条件下的蒸发蒸腾量的比值。

K_w 的计算公式为：

$$K_w = \begin{cases} 1.0 & \theta_i \geq \theta_j \\ C\left(\dfrac{\theta_i - \theta_p}{\theta_j - \theta_p}\right) & \theta_i < \theta_j^d \end{cases}$$

式中：

θ_p ——凋萎系数（占干土质量的百分数），%；

θ_i ——计算时段内平均土壤含水量（占干土质量的百分数），%；

θ_j ——土壤临界含水量（即毛管断裂含水量：当土壤含水量降低到一定程度时，悬着毛管水的连续状态断裂，但细小毛管孔隙中仍存有水时的含水量）（占干土质量的百分数），%；

C、d ——经验系数，由实测资料确定，随作物生育阶段和土壤条件而变化。

工作任务三　作物灌溉制度

一、作物灌溉制度内涵及其确定方法

(一)作物灌溉制度内涵

作物的灌溉制度是指作物播种前（或水稻插秧前）及全生育期内灌水次数、每次灌水日期、灌水定额和灌溉定额。灌水定额是指一次灌水单位灌溉面积上的灌水量或灌水深度；各次灌水定额之和叫灌溉定额。灌水定额和灌溉定额的单位常以 m³/亩、m³/hm² 或 mm 表示。灌溉制度是灌区规划及管理的重要依据。

(二)制定灌溉制度的方法

制定灌溉制度常采用以下三种方法。

1.总结群众丰产经验

群众在长期的生产实践中，积累了丰富的灌水经验，这是制定灌溉制度的重要依据。灌溉制度调查应根据设计要求的干旱年份，调查这些年份当地不同生育阶段的作物田间耗水强度、灌水次数、灌水时间间隔、灌水定额及灌溉定额。根据调查资料可分析确定这些年份的灌溉制度。表2-6、表2-7列举了一些实际调查的灌溉制度。

表2-6　湖北省水稻泡田定额及全生育期灌溉定额调查成果表(中等干旱年份)

单位:m²/亩

项目	早稻	中稻	一季晚稻	双季晚稻
泡田定额	70~80	80~100	70~80	30~60
灌溉定额	200~250	250~350	350~500	240~300
总灌溉定额	270~330	330~450	420~580	270~360

表2-7　我国北方地区几种主要旱作物的灌溉制度(调查)

作物	生育期灌溉制度			备注
	灌水次数/次	灌水定额/($m^3 \cdot 亩^{-1}$)	灌溉定额/($m^3 \cdot 亩^{-1}$)	
小麦	3~6	40~80	200~300	
棉花	2~4	30~40	80~150	干旱年份
玉米	3~4	40~60	150~250	

2. 根据灌溉试验资料制定灌溉制度

为达到科学灌溉的目的,我国许多灌区设置了灌溉试验站,试验项目一般包括作物需水量、灌溉制度、灌水技术等。灌溉试验站积累的试验资料是制定灌溉制度的主要依据。但在选用试验资料时,一定要注意原试验的条件,不能一概照搬。

3. 按水量平衡原理分析制定灌溉制度

根据农田水量平衡原理分析制定作物灌溉制度有一定的理论依据,但还必须根据当地具体条件,参考群众丰产灌水经验和田间试验资料,这样所制定的灌溉制度才更为合理与完善。

二、充分灌溉条件下旱作物的灌溉制度

灌溉制度分为充分灌溉制度和非充分灌溉制度。充分灌溉制度是指灌溉供水能够满足作物各生育阶段的需水量要求而设计制定的灌溉制度。长期以来,人们是按照充分灌溉条件下的灌溉制度来对灌溉工程进行规划设计的。因此,研究制定充分灌溉条件下的灌溉制度有重要的意义。下面介绍应用水量平衡原理制定旱作物灌溉制度的方法。

(一)水量平衡方程

用水量平衡分析法制定旱作物灌溉制度时,通常以主要根系吸水层作为灌水时的土壤计划湿润层,并要求该层土壤的储水量保持在作物所要求的范围内,使土壤的水、气、热等状

态适合作物生长。

旱作物在生育期内任一时段 t ,土壤计划湿润层内储水量的变化取决于需水量和来水量的多少,其来去水量见图 2-10,它们的关系可用下列水量平衡方程表示:

$$W_t - W_0 = W_T + P_0 + K + M - ET$$

式中:

W_0——时段初的土壤计划湿润层内的储水量;

W_t——任一时段 t 时的土壤计划湿润层内的储水量;

W_T——由于计划湿润层深度增加而增加的水量,如时段内计划湿润层无变化则无此项,即 $W_T = 0$;

P_0——时段 t 内保存在土壤计划湿润层内的有效降水量;

K——时段 t 内地下水(或下部土层)对计划湿润层土壤的补给量, $K = kt$, k 为 t 时段内平均每昼夜地下水(或下部土层)补给量;

M——时段 t 内的灌水量;

ET——时段 t 内的作物田间需水量, $ET = et$, e 为 t 时段内平均每昼夜的作物田间需水量。

以上各值可以用 mm 或 m³/亩计。

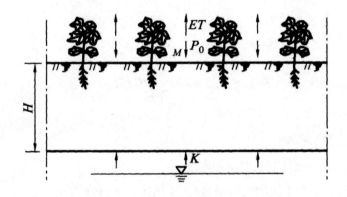

图 2-10　土壤计划湿润层水量平衡示意图

为了满足作物正常需水的要求,任一时段内土壤计划湿润层的土壤储水量必须经常保持在一定的适宜范围内,即通常要求不低于作物允许的最小允许储水量 $W_{\min}$,不大于作物允许的最大储水量 $W_{\max}$ 。在天然情况下,由于需水量是一种经常性的消耗,而降雨则是间断性的补给。因此,当某时段内降雨量很小,甚至于没有降雨量时,土壤计划湿润层内的储水量往往很快就降低到或接近于作物允许的最小允许储水量 $W_{\min}$,此时就需要进行灌溉,以补充土壤中消耗的水量。

例如,某时段内没有降雨量,则根据上式可写出这一时段的水量平衡方程为:

$$W_{\min} = W_0 - ET + K = W_0 - t(e - k)$$

式中：

$W_{\min}$ ——土壤计划湿润层内允许的最小储水量；

其余符号意义同前。

如图 2-11，设时段初土壤储水量为 W_0，则由上式可推算出开始进行灌水时的时间间距为：

$$t = \frac{W_0 - W_{\min}}{e - k}$$

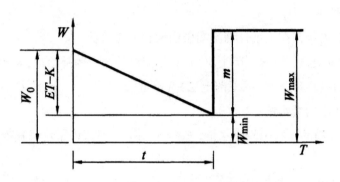

图 2-11 土壤计划湿润层内储水量变化

这一时段末的灌水定额为：

$$m = W_{\max} - W_{\min} = 667nH(\theta_{\max} - \theta_{\min})$$

或

$$m = W_{\max} - W_{\min} = 667\frac{\gamma}{\gamma_{水}}H(\theta'_{\max} - \theta'_{\min})$$

式中：

m ——灌水定额，$m^3/$亩；

H ——该时段内土壤计划湿润层的深度，m；

n ——计划湿润层内土壤的孔隙率，以占土壤体积的百分数计；

$\theta_{\max}$、$\theta_{\min}$ ——该时段内允许的土壤最大含水量和最小含水量（以占土壤孔隙体积的百分数计）；

γ ——计划湿润层内土壤的干密度，t/m^3；

$\gamma_{水}$ ——水的密度，t/m^3；

$\theta'_{\max}$、$\theta'_{\min}$ ——该时段内允许的土壤最大含水量和最小含水量（以占干土重的百分数计）。

同理可以求出其他时段在不同情况下的灌水间距与灌水定额，从而确定作物全生育期内的灌溉制度。

(二)基本资料的确定

利用水量平衡原理制定的旱作物灌溉制度是否合理,关键在于方程中各项数据(如计划湿润层深度、作物允许的土壤含水量变化范围、有效降雨量等)选用是否合理。

1.土壤计划湿润层深度(H)

土壤计划湿润层深度是指在对旱作物进行灌溉时,计划调节控制土壤水分状况的土层深度。它随作物生长发育、根系活动层深度、土壤性质、地下水埋深等因素而变。在作物生长初期,根系虽然很浅,但为了给作物根系生长创造适宜条件,需要在一定土层深度内保持适当的含水量,一般采用30~40cm;随着作物的生长和根系的发育,需水量增多,计划湿润层也应逐渐增加;生长至末期,由于作物根系停止发育,需水量减少,计划湿润层深度不宜继续加大,一般不超过0.8~1.0m。在地下水位较高的盐碱化地区,计划湿润层深度不宜大于0.6m。表2-8列出了几种作物不同生育阶段主要根系活动层深度。

表2-8　几种作物不同生育阶段主要根系活动层深度和适宜含水量表

作物	生育阶段	主要根系活动层深度/cm	适宜土壤含水量(以占田间持水量的百分数计,%)
冬小麦	苗期-越冬	20~30	70~80
	返青-拔节	30~40	
	拔节-孕穗	40	
	孕穗-灌浆	40~50	
春小麦	苗期	20~30	80~90
	拔节-孕穗	30~40	
	孕穗-灌浆	40~50	
玉米	苗期-拔节	30	苗期-拔节 60~70 后期 80~90
	拔节-抽穗	40	
	抽穗-灌浆	50~60	
高粱	苗期-拔节	30	苗期-拔节 60~70 后期 70~90
	拔节-孕穗	40	
	孕穗-灌浆	50~60	
谷子	苗期-拔节	20~30	苗期 60~70 后期 70~80
	拔节-孕穗	30~40	
	孕穗-灌浆	40~50	
大豆	苗期-拔节	20~30	苗期-分枝 70~80
	开花-鼓粒	40~50	开花-鼓粒 90~100

作物	生育阶段	主要根系活动层深度 /cm	适宜土壤含水量（以占田间持水量的百分数计,%）
棉花	苗期	20	苗期65~90
	现蕾-开花	30	现蕾-开花70~90
	花铃期	30~40	花铃期75~90
	吐絮期	20~30	吐絮期65~90
花生	苗期	30	苗期50~70
	花针期	40~50	花针期55~75
	结荚期	50~60	结荚期60~80
	饱果期	40~50	饱果期60~80
油菜	苗期	20	苗期60~80
	薹花期	30~40	薹花期75~95
	角果期	40~50	角果期60~80
甘蔗	苗期	25	苗期60~70
	分蘖期	30	分蘖期60~80
	伸长期	40	伸长期70~90
	成熟期	40	成熟期60~70
烟草	移栽-缓苗	20~30	移栽-缓苗期60~80
	成活-团棵	40	成活-团棵期60~70
	团棵-现蕾	50~60	团棵-现蕾期70~90
	现蕾-成熟	50~60	现蕾-成熟期60~80
苜蓿	二年生	40~50	70~90
蔬菜	生长前期	20~30	80~90
	生长后期	30~40	
苹果	壮龄果园	40~60	70~90
葡萄	壮龄果园	40~50	70~90

2. 土壤适宜含水量及允许的最大、最小含水量

土壤适宜含水量是指最适宜作物生长发育的土壤含水量。它是确定旱作物灌溉制度的重要指标,随作物种类、生育阶段、土壤性质及施肥情况等因素而异,应通过专门的灌水试验加以确定。表2-8中所列不同作物不同生育阶段土壤适宜含水量数值可供参考。

由于作物需水的持续性与农田灌水或降水的间歇性,计划湿润层内土壤含水量不可能经常保持在最适宜的水平,为了保证作物正常生长,应将土壤含水量控制在允许最大和允许最小含水量之间。在实践中,常以田间持水量($\theta_\text{田}$)作为允许最大含水量,即$\theta_\text{max} = \theta_\text{田}$,这样可以避免造成深层渗漏。允许最小含水量应以充分利用土壤水而不致影响作物产量为原则,应大于凋萎系数,一般取田间持水量的60%~70%,即$\theta_\text{min} = (0.6 \sim 0.7)\theta_\text{田}$。

表2-9列出了不同类型土壤田间持水量的范围值可供参考。

表2-9 不同类型土壤田间持水量的参考值

土壤类型	质地	田间持水量 (重量百分比)	地区
黄绵土 垆土 蝼土	砂壤土	18~20	黄河中游地区
	壤土	20~22	
	壤黏土	22~24	
华北地区 非盐土	砂土	16~22	华北平原
	砂壤土	22~30	
	壤土	22~28	
	壤黏土	22~32	
	黏土	25~35	
华北地区 盐土	砂土	28~34	华北平原
	砂壤土	28~34	
	壤土	26~30	
	壤黏土	28~32	
	黏土	33~45	
红壤	壤土	23~28	华南地区
	壤黏土	32~36	
	黏土	32~37	
淮北地区土壤	砂土	16~27	淮北平原
	砂壤土	22~35	
	壤土	21~31	
	壤黏土	22~36	
	黏土	28~35	

在土壤盐碱化比较严重的地区,土壤溶液浓度往往较高,会妨碍作物正常生长所需的水分,此时土壤允许最小含水量还要依据不同生育阶段允许的土壤溶液浓度作为控制条件来综合确定。

3. 有效降雨量（P_0）

有效降雨量 P_0 是指天然降雨量 P 扣除地表径流和深层渗漏等损失 $P_{损失}$ 后，蓄存在土壤计划湿润层内可供作物吸收利用的雨量，即：

$$P_0 = P - P_{损失}$$

有效降雨量一般用入渗系数来表示，即：

$$P_0 = \alpha P$$

式中：

α ——降雨入渗系数，其值与一次降雨量、降雨强度、降雨延续时间、土壤性质、地面覆盖及地形等因素有关。一般认为：当一次降雨量小于 5mm 时，α 为 0；当一次降雨量在 5~50mm 时，α 为 0.8~1.0；当一次降雨量大于 50mm 时，α 为 0.7~0.80。

4. 地下水补给量（K）

地下水补给量是指地下水借土壤毛细管作用上升至作物根系吸水层而被作物利用的水量，其大小与地下水埋深、土壤性质、作物种类、作物需水强度、计划湿润层含水量等因素有关。地下水位越接近根系活动层，毛管作用越强，地下水补给量也越大。试验资料表明，当地下水埋深超过 2.5m 时，补给量很小，可忽略不计；当地下水埋深小于 2.5m 时，其补给量一般为作物需水量的 5%~25%。河南省人民胜利渠灌区测定冬小麦区地下水埋深在 1.0~2.0m 时，地下水补给量可达作物需水量的 20%。因此，在制定灌溉制度时，不能忽视地下水补给量，必须根据当地或类似地区的试验、调查资料估算。

5. 由于计划湿润层增加而增加的水量（W_T）

作物生育期内计划湿润层的深度是不断变化的。若计算时段内计划湿润层深度变化不大，则 W_T 可设定为零；若时段内计划湿润层变化较大，由于计划湿润层的增加，可利用一部分深层土壤的原有储水量，W_T 可按下式计算：

$$m = 667(H_2 - H_1)n\bar{\theta}\,(\text{m}^3/\text{亩})$$

或

$$m = 667(H_2 - H_1)\frac{\gamma}{\gamma_水}\bar{\theta}'\,(\text{m}^3/\text{亩})$$

式中：

H_1——计划时段初计划湿润层的深度，m；

H_2——计划时段末计划湿润层的深度，m；

n ——计划湿润层内土壤的孔隙率，以占土壤体积的百分数计；

$\bar{\theta}$ —— （$H_2 - H_1$）深度土层的平均含水量，以占孔隙率的百分数计；

γ ——计划湿润层内土壤的干密度，t/m^3；

$\gamma_{水}$——水的密度,t/m^3;

$\overline{\theta'}$——$(H_2 - H_1)$深度土层的平均含水量,以占干土重的百分数计。

确定了以上参数的合理取值后,便可分别计算旱作物的播前灌水定额和生育期内各次灌水定额。

(三)旱作物播前灌水定额的确定

播前灌水的目的是使土壤有足够的底墒,以保证种子发芽和出苗;或将水储于土壤中,供作物生育期使用。播前灌水往往只进行一次,其灌水定额(M_1)一般可按下式计算:

$$M_1 = 667nH(\theta_{max} - \theta_0)$$

或

$$M_1 = 667\frac{\gamma}{\gamma_{水}}H(\theta'_{max} - \theta'_0)$$

式中:

M_1——播前灌水定额,$m^3/$亩;

H——土壤计划湿润层的深度,应根据播前灌水要求确定,m;

n——计划湿润层内土壤的孔隙率,以占土壤体积的百分数计;

θ_{max}——一般为田间持水量,以占土壤孔隙体积的百分数计;

θ_0——播前H土层内的平均含水量,以占土壤孔隙体积的百分数计;

θ'_{max}、θ'_0——同θ_{max}、θ_0,但以占干土重的百分数计。

(四)旱作物生育期灌溉制度的拟定

根据水量平衡原理,可用图解法或列表法制定旱作物全生育期的灌溉制度,其计算时段一般以旬为单位。

需要指出的是,按水量平衡方法制定灌溉制度时,如果作物耗水量和降雨量资料比较精确,其计算结果比较接近实际情况。但对于大型灌区,由于自然地理条件差别较大,应分区制定灌溉制度,并与前面调查和试验结果相互核对,以求切合实际。

工作任务四 不同灌溉形式及其特点

一、喷灌技术

喷灌是利用自然水头落差或机械加压把灌溉水通过管道系统输送到田间,利用喷洒器(喷头)将水喷射到空中,并使水分散成细小水滴后均匀地洒落在田间进行灌溉的一种灌水方法。喷灌几乎适用于除水稻外的所有大田作物,以及蔬菜、果树等。同传统的地面灌溉方法相比,它具有适应性强、节水、节地、省电、省工、灌水均匀、有利于实现灌溉自动化等优点。但喷灌具有受风影响大、蒸发、漂移损失大、能耗大、一次性投资及运行管理维修费用高等缺点。世界喷灌技术的发展方向为:一是低压、节能型方向发展;二是喷、微灌相互配合,既发扬了喷灌射程远、效率高和微灌节能、节水等优点,同时又克服了喷灌能耗大、微灌易堵塞等缺点;三是改进设备,提高性能,并且使产品日趋标准化。

（一）喷灌的优点

(1)节约用水。由于喷灌用管道输水,输水损失很小,而且灌溉时能使水比较均匀地洒在地面,基本上不产生深层渗漏和地面径流,所以,一般可比地面灌溉省水30%~50%,灌溉水利用系数可达80%以上。

(2)增加作物产量。由于喷灌能适时适量地进行灌溉,便于控制土壤水分,使土壤中的水、气、热、营养状况良好,并能调节田间小气候,增加近地表层空气湿度,有利于作物的生长,一般可增产10%~20%。

(3)适应性强。喷灌适用于蔬菜、果园、苗圃和多种作物灌溉,对地形和土壤的适应性强。特别是地形复杂、陡坡、土层薄,渗漏严重,不适合地面灌溉的地区,最适于发展喷灌。

(4)省地、省工。喷灌可减少田间内部沟渠、田埂的占地。减少土地平整量、田间工程量少,节约劳力。据统计,喷灌用工只为地面灌的1/6,可节省土地7%~13%。

(5)有利于实现灌水机械化和自动化,并结合喷灌进行喷肥、喷药、防干热风、防霜冻等。

（二）喷灌的缺点

(1)受风的影响大。在风速大于3级时,水的飘移损失增加,不宜进行喷灌。

(2)设备投资高。由于喷灌需要一定的设备和管材,因而投资一般较高。如固定管道式喷灌系统每亩需投资900~1200元,半固定管道式喷灌系统每亩需投资300~450元。

(3)耗能。喷灌要利用水的压力使水流破碎成细小的水滴并喷洒在规定范围内,显然喷灌需要消耗一部分能源。从节省能源的角度考虑,喷灌应向低压化方向发展。

二、微灌技术

微灌是根据作物需水要求,通过低压管道系统与安装在末级管道上的灌水器,将作物生长所需的水分和养分以较小的流量均匀、准确地直接输送到作物根部附近的表面或土层中的灌水方法。微灌是一种现代化、精细高效的节水灌溉技术,包括滴灌、微喷灌、地表下滴灌和涌泉灌等,是用水效率最高的节水技术之一。与地面灌和喷灌相比,它局部灌溉,具有省水节能、灌水均匀、适应性强、操作方便等优点。微灌缺点在于系统建设一次性投资较大,灌水器易堵塞等。在微灌技术方面,以色列、美国等国家在世界上处于领先地位,以色列的微灌系统遍布在全国城乡各个角落,将微灌技术已广泛应用于果树、花卉、蔬菜灌溉,不仅利用微灌灌水,而且结合施肥,基本上实现了灌溉过程自动化。目前全世界微灌面积只占总灌溉面积的 1%左右。

(一) 微灌的优点

(1)省水。微灌系统全部由管道输水,很少有沿程渗漏和蒸发损失;灌水时一般只湿润作物根部附近的部分土壤,因灌水流量小,不易发生地表径流和深层渗漏;另外,微灌能适时适量地按作物生长需要供水,水的利用率较其他灌水方法高。因此,微灌一般比地面灌溉省水 1/3~1/2,比喷灌省水 15%~25%。

(2)节能。微灌的灌水器在低压条件下运行,一般工作压力为 50~150kPa,比喷灌低;又因微灌比地面灌溉省水,灌水利用率高,对提水灌溉来说,因抽水量减少和抽水扬程降低,就意味着减少了能耗。

(3)灌水均匀。微灌系统能有效地控制每个灌水器的出水量,灌水均匀度高,一般可达 80%~90%。

(4)增产。微灌能适时适量地向作物根区供水供肥,有的还可调节株间的温度和湿度,为作物生长提供了良好的条件,因而有利于实现高产稳产,提高产品质量。许多地方的实践证明,微灌较其他灌水方法一般可增产 30%左右。

(5)对土壤和地形适应性强。微灌系统可有效地控制灌水速度,使不同入渗率的土壤均不产生地表径流和深层渗漏;而且微灌是压力管道输水,适应性强,对地面平整程度要求不高。

(6)节省劳动力和耕地,利于自动控制。微灌系统不需平整土地、筑渠和开沟打畦,还可实行自动控制,大大减少了田间灌水的劳动量和劳动强度,一般比地面灌溉省工约 50%以上。

(7)在一定条件下可以利用咸水资源。微灌条件下,作物根系层土壤经常保持较高含水状态,因而局部的土壤溶液浓度较低,作物根系可以正常吸收水分和养分而不受盐碱危害。实践证明,在使用含盐量在 2~4g/L 的咸水进行滴灌时,作物仍能正常生长,并能获得较高产量。但利用咸水滴灌会使滴水湿润区外围形成盐斑,长期使用会使土质恶化,应尽可能在灌溉季节末期采用淡水进行洗盐。

(二) 微灌的缺点

(1)灌水器易于堵塞。灌水器的堵塞是当前微灌应用中最主要的问题。由于微灌灌水器的孔径较小,容易被灌溉水中的杂质、污物堵塞,严重时会使整个系统无法正常工作,甚至报废。因此,微灌对水质要求较严,一般均应经过过滤,必要时还需经过沉淀和化学处理。

(2)可能限制根系的发展。由于微灌只湿润作物根部附近的部分土壤,加之作物的根系有向水性,这样就会引起作物根系集中向湿润区生长。因此在干旱地区采用微灌时,应正确地布置灌水器,在平面上要布置均匀,在深度上最好采用深埋方式。在补充性灌溉的半干旱地区,由于每年有一定量的降雨补充,上述问题不是很突出。

(3)会引起盐分积累。当在含盐量高的土壤上进行微灌或是利用咸水微灌时,盐分会积累在湿润区的边缘。如遇到小雨,这些盐分可能会被冲到作物根区而引起盐害,这时应继续进行微灌。在没有充分冲洗条件的地区或是秋季无充足降雨的地区,不要在高含盐量的土壤上进行微灌或利用咸水微灌。

(4)造价一般较高。微灌需要大量设备、管材、灌水器,所以造价较高。

三、管道输水技术

管道输水灌溉(简称"管灌"),是目前较为先进的以管道输水代替明渠的一种地面灌溉工程新技术。通过一定的压力,将灌溉水由分水设施直接输送到田间沟畦灌溉作物,以减少水在输送过程中的渗漏和蒸发损失的技术措施。管道输水灌溉具有省水、节能、少占耕地、管理方便、省工省时等优点,水的有效利用率可达95%。由于管道输水灌溉技术的一次性投资较低,要求设备简单,管理也很方便,农民易于掌握,故特别适合我国农村当前的经济状况和土地经营管理模式。实践证明,管道输水灌溉是我国北方地区发展节水灌溉的重要途径之一,是一项很有发展前途的节水灌溉新技术。

管灌与其他灌溉方式相比,具有以下明显的优势:

(1)节水、节能。管道输水可减少水的沿途渗漏和蒸发损失,与土垄沟相比,管道输水损失可减少5%,水的利用率比土渠提高了30%~40%,比混凝土等衬砌方式节水5%~15%。对于机井提水灌区来说,节水就意味着节能,根据各地经验,管道输水比土渠输水一般省电20%~30%。

(2)省地、省时、省工。用土渠输水,田间渠道用地一般占灌溉面积的1%~2%,有的多达3%~5%,而管道输水只占灌溉面积的0.5%,提高了土地利用率。用土渠输水需要几十分钟至几个小时才能将水送到田间地头,沿途还要专人巡渠以防渠道跑水;而管道输水速度很快,电闸一合水就进地,既省时间又省工。

(3)投资低、效益高。管灌投资较低,半固定式管道灌溉系统每公顷投资500~1000元,远低于喷灌或微灌的投资。同等水源条件下,由于管道输水能适时适量灌溉,满足作物生长期需水要求,同时又节水,可扩大灌溉面积。一般年份可增产15%,干旱年份可增产20%以上。

(4)对地形适应性较强。压力管道输水,可以越沟、爬坡和跨路,不受地形限制,施工安装方便,便于群众掌握,便于推广。输水管道埋在地下,不影响田间农业机械耕作和交通运输,配上地面移动软管,可解决零散地块浇水问题,适合当前农业生产责任制形式。

四、渠道防渗技术

渠道防渗技术是为了减少输水渠道渠床的透水或建立不易透水的防护层面而采取的各种技术措施。根据所使用的防渗材料,可分为土料压实防渗、三合土料护面防渗、石料衬砌防渗、混凝土衬砌防渗、塑料薄膜防渗、沥青护面防渗等。渠道是我国农田灌溉主要输水方式。传统的土渠输水渗漏损失大,约占引水量的50%~60%,一些土质较差的渠道渗漏损失高达70%以上,是灌溉水损失的重要方面。据有关资料分析,全国渠系每年渗漏损失水量约为1700多亿 m^3,水量损失非常严重。所以,在我国大力发展渠道防渗技术、减少渠道输水损失,是缓解我国水资源紧缺的重要途径,是发展节水农业不可缺少的技术措施。渠道防渗不仅可以显著地提高渠系水利用系数,减少渠水渗漏,节约大量灌溉用水,而且可以提高渠道输水安全保证率,提高渠道抗冲性能,增加输水能力等。

工作任务五　渠道灌溉工程

一、灌溉渠道系统的组成与规划布置

(一)渠道灌溉系统组成

灌溉渠道系统由各级灌溉渠道和退(泄)水渠道组成。按控制面积大小和水量分配层次,灌溉渠道依次分为干渠、支渠、斗渠、农渠等若干等级,农渠以下的小渠道一般为季节性的临时渠道,灌溉渠道系统不宜越级设置渠道。退(泄)水渠道包括渠首排沙渠、中途泄水渠和渠尾退水渠,其主要作用是定期冲刷和排放渠首段的淤沙、排泄入渠洪水、退泄渠道剩余水量及下游出现工程事故时断流排水等,以达到调节渠道流量、保证渠道及建筑物安全运行的目的。灌溉排水系统示意图见图2-12。

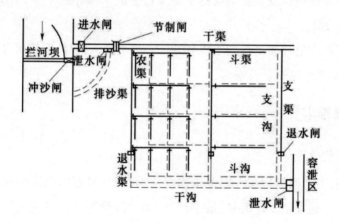

图2-12　灌溉排水系统示意图

(二)渠道灌溉系统规划布置

灌溉渠道系统布置应符合灌区总体设计和灌溉标准要求,并应遵循以下原则:

（1）灌溉渠道应依干渠、支渠、斗渠、农渠顺序设置固定渠道，也可增设总干渠、分干渠、分支渠和分斗渠，灌溉面积较小的灌区可减少渠道级数。灌溉渠道系统不宜越级设置渠道。

（2）各级渠道应选择在各自控制范围内地势较高地带。干渠、支渠宜沿等高线或分水岭布置，斗渠宜与等高线交叉布置。

（3）渠线应避免通过风化破碎的岩层、可能产生滑坡或其他地质条件不良的地段。无法避免时应采取相应的工程措施。

（4）渠线宜短而平顺，并应有利于机耕。宜避免深挖、高填和穿越城镇、村庄和工矿企业。无法避免时，应采取安全防护措施。

（5）渠系布置宜兼顾行政区划和管理体制。

（6）自流灌区范围内的局部高地，经论证可实行提水灌溉。

（7）井渠结合灌区不宜在同一地块布置自流与提水两套渠道系统。"长藤结瓜"式灌溉系统的渠道布置，还应符合下列规定：渠道不宜直接穿过库、塘、堰；渠道布置应便于发挥库、塘、堰的调节与反调节作用；库、塘、堰的布置宜满足自流灌溉的需要，也可设泵站或流动抽水机组向渠道补水。

（8）667hm² 以上灌区的干渠、支渠应按续灌方式设计，斗渠、农渠应按轮灌方式设计。支渠也可按轮灌方式设计。轮灌组数宜取 2~3 组，各轮灌组的供水量宜协调一致。

（9）4 级及 4 级以上的土渠弯道曲率半径应大于该弯道段水面宽度的 5 倍，石渠或刚性衬砌渠道的弯道曲率半径不应小于水面宽度的 2.5 倍。通航渠道的弯道曲率半径还应与航运部门的有关要求相协调。

（10）干渠上主要建筑物及重要渠段的上游应设置泄水渠、闸，干渠、支渠和位置重要的斗渠末端应有退水设施。

（11）对渠道沿线沟道坡面洪水应予以截导。必须引洪入渠时，应校核渠道的泄洪能力，并应设置排洪闸、溢洪堰等安全设施。

二、渠道流量推求

（一）渠道流量分类

在灌溉实践中，渠道流量是在一定范围内变化的，设计渠道的纵横断面时，要考虑流量变化对渠道的影响。通常用设计流量、最小流量、加大流量覆盖流量变化的范围，代表在不同运行条件下的工作流量。

1. 设计流量

在灌溉设计标准条件下，为满足灌溉用水要求，需要渠道输送的最大流量。通常根据设计灌水模数（设计灌水率）和灌溉面积进行计算的。

在渠道输水过程中,有水面蒸发、渠床渗漏、闸门漏水、渠尾退水等水量损失。需要渠道提供的灌溉流量称为渠道的净流量,计入水量损失后的流量称为渠道的毛流量,设计流量是渠道的毛流量,它是设计渠道断面和渠系建筑物尺寸的主要依据。

2. 最小流量

在灌溉设计标准条件下,渠道在工作过程中输送的最小流量。用修正灌水模数图上的最小灌水数值和灌溉面积进行计算,渠道最小流量可以校核对下一级渠道的水位控制条件和确定修建节制闸的位置等。

3. 加大流量

考虑到在灌溉工程运行过程中可能出现一些难以准确估计的附加流量,把设计流量适当放大后所得到的安全流量。加大流量是渠道运行过程中可能出现的最大流量,它是设计渠堤堤顶高程的依据。

(二) 灌溉渠道水量损失

由于渠道在输水过程中有水量损失,就出现了净流量(Q_{dj})、毛流量(Q_d)、损失流量(Q_L),他们之间的关系是:

$$Q_d = Q_{dj} + Q_L$$

渠道的水量损失包括渠道水面蒸发损失、渠床渗漏损失、闸门漏水和渠道退水等。水面蒸发损失一般不足渗漏损失水量的 5%,在渠道流量计算中常忽略不计;闸门漏水和渠道退水取决于工程质量和用水管理水平,可以通过加强灌区管理工作予以限制,计算渠道流量时不予考虑;将渠床渗漏损失水量近似地看作总输水损失水量。在已建成灌区的管理运用中,渗漏损失水量应通过实测确定。在灌溉工程规划设计工作中,常用经验公式或经验系数估算输水损失水量。

1. 用经验公式估算输水损失水量

常用的经验公式是:

$$\sigma = \frac{K}{100Q_{dj}^m}$$

式中:

σ——每公里渠道输水损失系数;

K——渠床土壤透水系数;

m——渠床土壤透水指数;

Q_{dj}——渠道净流量,m^3/s。

土壤透水性参数 K 和 m 应根据实测资料分析确定,在缺乏实测资料的情况下,可采用表 2-10 中的数值。

表 2-10 土壤透水参数表

渠床土质	透水性	K	m
黏土	弱	0.70	0.30
重壤土	中弱	1.30	0.35
中壤土	中	1.90	0.40
轻壤土	中强	2.65	0.45
砂壤土	强	3.40	0.50

渠道输水损失流量按下式计算：

$$Q_L = \sigma L Q_{dj}$$

式中：

Q_L——渠道输水损失流量，$\mathrm{m^3/s}$；

L——渠道长度，km；

σ——意义同前，这里以小数表示；

Q_{dj}——渠道净流量，$\mathrm{m^3/s}$。

用上式计算出来的输水损失水量是在不受地下水顶托影响条件下的损失水量。如灌区地下水位较高，渠道渗漏受地下水壅阻影响，实际渗漏水量比计算结果要小。这种情况下，就要给以上计算结果乘以表 2-11 所给的修正系数加以修正，即

$$Q'_L = \gamma Q_L$$

式中：

Q'_L——有地下水顶托影响的渠道损失流量，$\mathrm{m^3/s}$；

γ——地下水顶托修正系数；

Q_L——自由渗流条件下的渠道损失量，$\mathrm{m^3/s}$。

表 2-11 地下水顶托修正系数 γ

渠道流量 /$(\mathrm{m^3 \cdot s^{-1}})$	地下水埋深/m							
	小于3m	3m	5m	7.5m	10m	15m	20m	25m
1	0.63	0.79	–		–	–	–	
3	0.50	0.63	0.82	–	–	–	–	–
10	0.41	0.50	0.65	0.79	0.91	–	–	–
20	0.36	0.45	0.57	0.71	0.82	–	–	–
30	0.35	0.42	0.54	0.66	0.77	0.94		
50	0.32	0.37	0.49	0.60	0.69	0.84	0.97	–
100	0.28	0.33	0.42	0.52	0.58	0.73	0.84	0.94

上述自由渗流或顶托渗流条件下的损失水量都是根据渠床天然土壤透水性计算出来的。如拟采取渠道衬砌护面防渗措施,则应观测研究不同防渗措施的防渗效果,以采取防渗措施后的渗漏损失水量作为确定设计流量的根据。如无试验资料,可给上述计算结果乘以表 2-12 给出的经验折减系数,即:

$$Q''_L = \beta Q_L$$

式中:

Q''_L——采取防渗措施后的渗漏损失流量,m^3/s;

β——采取防渗措施后渠床渗漏水量的折减系数;

其他符号的意义同前。

表 2-12　全断面衬砌渠道渗水损失修正系数 β

防渗措施	β
渠槽翻松夯实(厚度大于 0.5m)	0.30~0.20
渠槽原土夯实(影响厚度不小于 0.4m)	0.70~0.50
灰土夯实(或三合土夯实)	0.15~0.10
混凝土护面	0.15~0.05
黏土护面	0.40~0.20
浆砌石护面	0.20~0.10
沥青材料护面	0.10~0.05
塑料薄膜	0.10~0.05

2. 用经验系数估算输水损失水量

总结已建成灌区的水量量测资料,可以得到各条渠道的毛流量和净流量以及灌入农田的有效水量,经分析计算,可以得出以下几个反映水量损失情况的经验系数。

(1)渠道水利用系数。某渠道的净流量与毛流量的比值称为该渠道的渠道水利用系数,用符号 η_c 表示:

$$\eta_c = \frac{Q_{dj}}{Q_d}$$

渠道水利用系数反映一条渠道的水量损失情况,或反映同一级渠道水量损失的平均情况。

(2)渠系水利用系数。灌溉渠系的净流量与毛流量的比值称为渠系水利用系数,用符号 η_s 表示。农渠向田间供水的流量就是灌溉渠系的净流量,干渠或总干渠从水源引水的流量就是渠系的毛流量。渠系水利用系数的数值等于各级渠道水利用系数的乘积。即:

$$\eta_s = \eta_{\mp} \eta_{\pm} \eta_{\div} \eta_{\mathclap{\text{农}}}$$

渠系水利用系数反映整个渠系的水量损失情况。它不仅反映出灌区的自然条件和工程技术状况,还反映出灌区的管理工作水平。GB 50288—2018《灌溉与排水工程设计规范》规定,灌区设计应采取提高渠系水利用系数的措施,其设计值不应低于表2-13所列数值。

表2-13 渠系水利用系数

灌溉面积/hm^2	≥20000	<20000,且≥667	<667
渠系水利用系数	0.55	0.65	0.75

(3)田间水利用系数。田间水利用系数是实际灌入田间的有效水量(对旱作农田,指蓄存在计划湿润层中的灌溉水量;对水稻田,指蓄存在格田内的灌溉水量)和末级固定渠道(农渠)放出水量的比值,用符号 η_f 表示:

$$\eta_f = \frac{A_{农} m_n}{W_{农净}}$$

式中:

$A_{农}$——农渠的灌溉面积,hm^2;

m_n——净灌水定额,m^3/hm^2;

$W_{农净}$——农渠供给田间的水量,m^3。

田间水利用系数是衡量田间工程状况和灌水技术水平的重要指标。在田间工程完善、灌水技术良好的条件下,旱作农田的田间水利用系数可以达到0.9以上,水稻田的田间水利用系数可以达到0.95以上。

(4)灌溉水利用系数。灌溉水利用系数是实际灌入农田的有效水量和渠首引入水量的比值,用符号 η_0 表示。它是评价渠系工作状况、灌水技术水平和灌区管理水平的综合指标,可按下式计算:

$$\eta_0 = \frac{Am}{W_g}$$

式中:

A——某次灌水全灌区的灌溉面积,hm^2;

m_n——净灌水定额,m^3/hm^2;

W_g——某次灌水渠首引入的总水量,m^3。

以上这些经验系数的数值与灌区大小、渠床土质和防渗措施、渠道长度、田间工程状况、灌水技术水平以及管理工作水平等因素有关。在引用别的灌区的经验数据时,应注意这些条件要相近。选定适当的经验系数之后,就可根据净流量计算相应的毛流量。

(三)渠道的工作制度

渠道的工作制度就是渠道的输水工作方式,分为续灌和轮灌两种。

1. 续灌

在一次灌水延续时间内,自始至终连续输水的渠道称为续灌渠道。这种输水工作方式称为续灌。

为了各用水单位受益均衡,避免因水量过分集中而造成灌水组织和生产安排的困难,一般灌溉面积较大的灌区,干、支渠多采用续灌。

2. 轮灌

同一级渠道在一次灌水延续时间内轮流输水的工作方式叫作轮灌。实行轮灌的渠道称为轮灌渠道。

实行轮灌时,缩短了各条渠道的输水时间,加大了输水流量,同时工作的渠道长度较短,从而减少了输水损失水量,有利于农业耕作和灌水工作的配合,有利于提高灌水工作效率。但是,因为轮灌加大了渠道的设计流量,也就增加了渠道的土方量和渠道建筑物的工程量。如果流量过于集中,还会造成劳力紧张,在干旱季节还会影响各用水单位的均衡受益。所以,一般较大的灌区,只在斗渠以下实行轮灌。

实行轮灌时,渠道分组轮流输水,分组方式可归纳为以下两种:

(1)集中编组。将邻近的几条渠道编为一组,上级渠道按组轮流供水,见图2-13(a)。采用这种编组方式;上级渠道的工作长度较短,输水损失水量较小。但相邻几条渠道可能同属一个生产单位,会引起灌水工作紧张。

(2)插花编组。将同级渠道按编号的奇数或偶数分别编组,上级渠道按组轮流供水,见图2-13(b)。这种编组方式的优缺点恰好和集中编组的优缺点相反。

实行轮灌时,无论采取哪种编组方式,轮灌组的数目都不宜太多,以免造成劳动力紧张,一般以2~3组为宜。

划分轮灌组时,应使各组灌溉面积相近,以利配水。

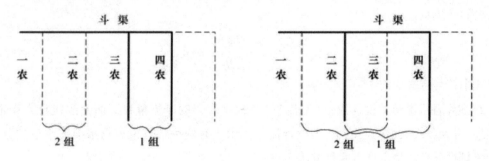

图2-13 轮灌方式示意图

(a)集中编组 (b)插花编组

(四)渠道设计流量推算

渠道的工作制度不同,设计流量的推算方法也不同,下面分别予以介绍。

1. 轮灌渠道设计流量的推算

因为轮灌渠道的输水时间小于灌水延续时间,所以,不能直接根据设计灌水模数和灌溉面积自下而上地推算渠道设计流量。常用的方法是:根据轮灌组划分情况自上而下逐级分配末级续灌渠道(一般为支渠)的田间净流量,再自下而上逐级计入输水损失水量,推算各级渠道的设计流量。

(1)自上而下分配末级续灌渠道的田间净流量。设同时工作的斗渠为 n 条,每条斗渠里同时工作的农渠为 k 条。

1)计算支渠的设计田间净流量。在支渠范围内,不考虑损失水量的设计田间净流量为:

$$Q_{支田净} = A_支 \, q_设$$

式中:

$Q_{支田净}$——支渠的田间净流量,$\mathrm{m^3/s}$;

$A_支$——支渠的灌溉面积,万亩;

$q_设$——设计灌水模数,$\mathrm{m^3/(s \cdot 万亩)}$。

2)由支渠分配到每条农渠的田间净流量:

$$Q_{支田净} = \frac{Q_{农田净}}{nk}$$

式中:

$Q_{农田净}$——农渠的田间净流量,$\mathrm{m^3/s}$。

在丘陵地区,受地形限制,同一级渠道中各条渠道的控制面积可能不等。在这种情况下,斗、农渠的田间净流量应按各条渠道的灌溉面积占轮灌组灌溉面积的比例进行分配。

(2)自下而上推算各级渠道的设计流量

1)计算农渠的净流量。先由农渠的田间净流量计入田间损失水量,求得田间毛灌流量,即农渠的净流量:

$$Q_{农净} = \frac{Q_{农田净}}{\eta_f}$$

式中符号意义同前。

2)推算各级渠道的设计流量(毛流量)。根据农渠的净流量自下而上逐级计入渠道输水损失,得到各级渠道的毛流量,即设计流量。由于有两种估算渠道输水损失水量的方法,由净流量推算毛流量也就有两种方法。

用经验公式估算输水损失的计算方法。根据渠道净流量、渠床土质和渠道长度用下式计算:

$$Q_d = Q_{dj}(1 + \sigma L)$$

式中:

Q_d——渠道的毛流量,$\mathrm{m^3/s}$;

Q_{dj}——渠道的净流量，m^3/s；

σ——每公里渠道损失水量与净流量比值；

L——最下游一个轮灌组灌水时渠道的平均工作长度，km。计算农渠毛流量时，可取农渠长度的一半进行估算。

用经验系数估算输水损失的计算方法。根据渠道的净流量和渠道水利用系数用下式计算渠道的毛流量：

$$Q_d = \frac{Q_{dj}}{\eta_c}$$

若支渠数量较多，且支渠以下的各级渠道实行轮灌，如都按上述步骤逐条推算各条渠道的设计流量，工作量很大。为了简化计算，通常选择一条有代表性的典型支渠(作物种植、土壤性质、灌溉面积等影响渠道流量的主要因素具有代表性)按上述方法推算支、斗、农渠的设计流量，计算支渠范围内的灌溉水利用系数 $\eta_{支水}$，以此作为扩大指标，用下式计算其余支渠的设计流量。

$$Q_{农} = \frac{qA_{农}}{\eta_{支水}}$$

同样，以典型支渠范围内各级渠道水利用系数作为扩大指标，可计算出其他支渠控制范围内的斗、农渠的设计流量。

2.续灌渠道设计流量计算

续灌渠道一般为干、支渠道，渠道流量较大，上、下游流量相差悬殊，这就要求分段推算设计流量，各渠段采用不同的断面。另外，各级续灌渠道的输水时间都等于灌区灌水延续时间，可以直接由下级渠道的毛流量推算上级渠道的毛流量。所以，续灌渠道设计流量的推算方法是自下而上逐级、逐段进行推算。

由于渠道水利用系数的经验值是根据渠道全部长度的输水损失情况统计出来的，它反映出不同流量在不同渠道上运行时输水损失的综合情况，而不能代表某个具体渠段的水量损失情况。所以，在分段推算续灌渠道设计流量时，一般不用经验系数估算输水损失水量，而用经验公式估算。具体推算方法以图2-14为例说明如下：

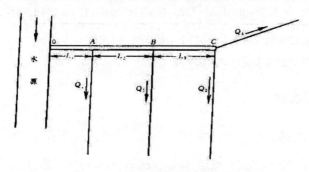

图2-14 续灌渠道流量推算示意图

图中表示的渠系有一条干渠和四条支渠,各支渠的毛流量分别为 Q_1、Q_2、Q_3、Q_4,支渠取水口把干渠分成三段,各段长度分别为 L_1、L_2、L_3,各段的设计流量分别为 Q_{OA}、Q_{AB}、Q_{BC},计划公式如下:

$$Q_{BC} = (Q_3 + Q_4)(1 + \sigma_3 L_3)$$

$$Q_{AB} = (Q_{BC} + Q_2)(1 + \sigma_2 L_2)$$

$$Q_{OA} = (Q_{AB} + Q_1)(1 + \sigma_1 L_1)$$

(五)渠道最小流量和加大流量的计算

1. 渠道最小流量的计算

渠道最小流量是指在设计标准条件下,渠道在正常工作中输送的最小灌溉流量。以修正灌水模数图上的最小灌水模数值作为计算渠道最小流量的依据,计算的方法步骤和设计流量的计算方法相同,不再赘述。

对于同一条渠道,其设计流量($Q_设$)与最小流量($Q_{最小}$)相差不要过大,否则在用水过程中,有可能因水位不够而造成引水困难。为了保证对下级渠道正常供水,目前有些灌区规定渠道最小流量以不低于渠道设计流量的40%为宜;也有的灌区规定渠道最低水位等于或大于70%的设计水位。在实际灌水中,如某次灌水定额过小,可适当缩短供水时间,集中供水,使流量大于最小流量。

2. 渠道加大流量计算

渠道加大流量的计算是以设计流量为基础,给设计流量乘以"加大系数"即得。按下式计算:

$$Q_J = J Q_d$$

式中:

Q_J——渠道加大流量,m^3/s;

J——渠道流量加大系数,见表2-14;

Q_d——渠道设计流量,m^3/s。

表 2-14　渠道流量加大系数

设计流量/($m^3 \cdot s^{-1}$)	<1	1~5	5~20	20~50	50~100	100~300	>300
加大系数	1.35~1.30	1.30~1.25	1.25~1.20	1.20~1.15	1.15~1.10	1.10~1.05	<1.05

注1:表中加大系数在湿润地区可取小值,在干旱地区可取大值。

注2:泵站供水的续灌渠道加大流量应为包括备用机组的全部装机流量。

三、渠道横断面设计

(一)断面形式选择

防渗明渠可供选择的断面形式有梯形、弧形底梯形、弧形坡脚梯形、复合形、U形、矩形;无压防渗暗渠的断面形式可选用城门洞形、箱形、正反拱形和圆形。各类防渗渠道形式详见图2-15。

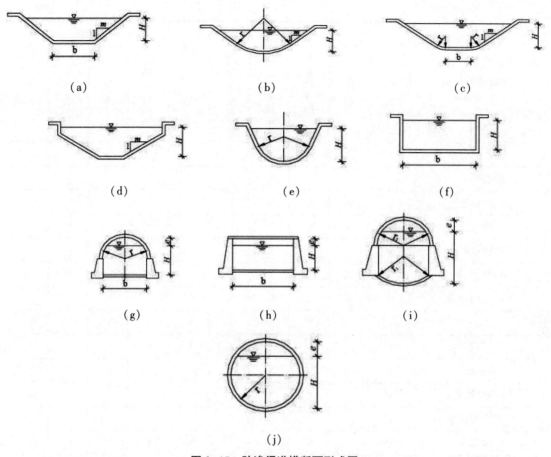

图 2-15 防渗渠道横断面形式图

(a)梯形断面;(b)弧形底梯形断面;(c)弧形坡脚梯形断面;(d)复合形断面;(e)U 形断面;

(f)矩形断面;(g)城门洞形暗渠;(h)箱形暗渠;(i)正反拱形暗渠;(j)圆形暗渠

防渗渠道断面形式的选择应结合防渗结构的选择一并进行。不同防渗结构适用的断面形式可按表 2-15 选定。

表 2-15 不同防渗结构适用的断面形式对照表

防渗结构类别	明渠						暗渠			
	梯形	矩形	复合形	弧形底梯形	弧形坡脚梯形	U形	城门洞形	箱形	正反拱形	圆形
黏性土	√			√	√					
灰土	√	√	√	√	√		√		√	

防渗结构类别	明渠						暗渠			
	梯形	矩形	复合形	弧形底梯形	弧形坡脚梯形	U形	城门洞形	箱形	正反拱形	圆形
黏砂混合土	√			√	√					
膨润混合土	√			√	√					
三合土	√	√	√	√	√		√		√	
四合土	√	√	√	√	√					
塑性水泥土	√		√	√	√					
干硬性水泥土	√	√	√	√	√		√		√	
料石	√	√	√	√	√	√	√		√	√
块石	√	√	√	√	√	√	√		√	
卵石	√		√	√	√	√	√		√	
石板	√		√	√	√					
土保护层膜料	√									
沥青混凝土	√			√	√					
混凝土	√	√	√	√	√	√	√	√	√	√
刚性保护层膜料	√	√	√	√	√	√	√	√	√	√

(二)断面参数比选

1.比降

渠底比降 i 是指在坡度均一的渠段内,两端渠底高差和渠段长度的比值。i 值选择的是否合理关系到工程造价和控制面积,应根据渠道沿线的地面坡度、下级渠道进水口的水位要求、渠床土质、水源含沙情况、渠道设计流量及当地灌区经验选择。

为了减少工程量,应尽可能选用和地面坡度相近的渠底比降。一般随着设计流量的逐级减小,渠底比降应逐级增大。清水渠道易产生冲刷,比降宜缓;浑水渠道易产生淤积,比降宜陡;抽水灌区的渠道应在满足泥沙不淤的条件下尽量放缓,以减少提水扬程和灌溉成本。在设计中,可参考地面坡度和下级渠道的水位要求先初选一个比降,试算断面尺寸时若不满足要求,修改后重新计算。

2.边坡系数

渠道的边坡系数 m 是渠道边坡倾斜程度的指标,其值等于边坡在水平方向的投影长度和在垂直方向投影长度的比值。m 值的大小关系到渠坡的稳定,按 GB/T 50600—2020《渠道防渗衬砌工程技术标准》要求计算或选定。

(1)堤高超过 3m 或地质条件复杂的填方渠道,堤岸为高边坡的深挖方渠道,大型的黏性土、黏砂混合土防渗渠道的最小边坡系数,应通过边坡稳定计算确定。

(2)土保护层膜料防渗渠道的最小边坡系数可按表 2-16 选定;大、中型渠道的边坡系数宜按规范通过分析计算确定。

表 2-16　土保护层膜料防渗的最小边坡系数表

保护层土质类别	渠道设计流量			
	$<2\text{m}^3/\text{s}$	$2\sim5\text{m}^3/\text{s}$	$5\sim20\text{m}^3/\text{s}$	$>20\text{m}^3/\text{s}$
黏土、重壤土、中壤土	1.50	1.50~1.75	1.75~2.00	2.25
轻壤土	1.50	1.75~2.00	2.00~2.25	2.50
砂壤土	1.75	2.00~2.25	2.25~2.50	2.75

(3)混凝土、沥青混凝土、砌石、水泥土等刚性材料防渗渠道,以及用这些材料作保护层的膜料防渗渠道的最小边坡系数,可按表 2-17 选定。

表 2-17　刚性材料防渗渠道的最小边坡系数表

渠基土质类别	渠道设计水深/m											
	<1m			1~2m			2~3m			>3m		
	挖方	填方		挖方	填方		挖方	填方		挖方	填方	
	内坡	内坡	外坡	内坡	内坡	外坡	内坡	内坡	外坡	内坡	内坡	外坡
稍胶结的卵石	0.75			1.00			1.25			1.50		
夹砂的卵石或砂石	1.00			1.25			1.50			1.75		
黏土、重壤土、中壤土	1.00	1.00	1.00	1.00	1.00	1.00	1.25	1.25	1.00	1.50	1.50	1.25
轻壤土	1.00	1.00	1.00	1.00	1.00	1.00	1.25	1.25	1.25	1.50	1.50	1.50
砂壤土	1.25	1.25	1.25	1.25	1.50	1.50	1.50	1.50	1.50	1.75	1.75	1.50

3. 糙率

渠床的糙率 n 是反映渠床粗糙程度的技术参数。糙率的选择直接影响到设计成果的精度。如果 n 值选得太大,设计的渠道断面就偏大,不仅增加了工程量,而且会因实际水位低于设计水位而影响下级渠道的进水;反之,n 值选得太小,设计的渠道断面就偏小,输水能力不足,影响灌溉用水。防渗渠道糙率应根据防渗结构类别、施工工艺、养护情况合理选用。根据 GB/T 50600-2020《渠道防渗衬砌工程技术标准》,将不同防渗结构渠道糙率列于表 2-18。

表 2-18 不同材料防渗渠道糙率表

防渗结构类别	防渗渠道表面特征	糙率
黏性土、黏砂混合土	平整顺直,养护良好	0.0225
	平整顺直,养护一般	0.0250
	平整顺直,养护较差	0.0275
灰土、三合土、四合土	平整,表面光滑	0.0150~0.0170
	平整,表面较粗糙	0.0180~0.0200
水泥土	平整,表面光滑	0.0140~0.0160
	平整,表面粗糙	0.0160~0.0180
砌石	浆砌料石、石板	0.0150~0.0230
	浆砌块石	0.0200~0.0300
	干砌块石	0.0300~0.0330
	浆砌卵石	0.0250~0.0275
	干砌卵石,砌工良好	0.0275~0.0325
	干砌卵石,砌工一般	0.0325~0.0375
	干砌卵石,砌工粗糙	0.0375~0.0425
混凝土	抹光的水泥砂浆面	0.0120~0.0130
	金属模板浇筑,平整顺直,表面光滑	0.0120~0.0140
	刨光木模板浇筑,表面一般	0.0150
	表面粗糙,缝口不齐	0.0170
	修整及养护较差	0.0180
	预制板砌筑	0.0160~0.0180
	预制渠槽	0.0120~0.0160
	平整的喷浆面	0.0150~0.0160
	不平整的喷浆面	0.0170~0.0180
	波状断面的喷浆面	0.0180~0.0250
沥青混凝土	机械现场浇筑、表面光滑	0.0120~0.0140
	机械现场浇筑、表面粗糙	0.0150~0.0170
	预制板砌筑	0.0160~0.0180

砂砾石保护层膜料防渗渠道的糙率可按下式计算确定：

$$n = 0.028d_{50}^{0.1667}$$

式中：

d_{50}——通过砂砾石重50%的筛孔直径,mm。

渠道护面采用几种不同材料的综合糙率,当最大糙率与最小糙率的比值小于1.5时,可按湿周加权平均计算。

4. 不冲、不淤流速

(1)不冲流速。防渗渠道的允许不冲流速,可按表2-19选用。

表 2-19 防渗渠道的允许不冲流速表

防渗结构类别	防渗材料名称及施工情况	允许不冲流速/(m·s⁻¹)
土料	轻壤土	0.60~0.80
	中壤土	0.65~0.85
	重壤土	0.70~1.00
	黏土、黏砂混合土	0.75~0.95
	灰土、三合土、四合土	<1.00
土保护层膜料	砂壤土、轻壤土	<0.45
	中壤土	<0.60
	重壤土	<0.65
	黏土	<0.70
	砂砾料	<0.90
水泥土	现场浇筑施工	<2.50
	预制铺砌施工	<2.00
沥青混凝土	现场浇筑施工	<3.00
	预制铺砌施工	<2.00
砌石	浆砌料石	4.00~6.00
	浆砌块石	3.00~5.00
	浆砌卵石	3.00~5.00
	干砌卵石挂淤	2.50~4.00
	浆砌石板	<2.50
混凝土	现场浇筑施工	3.00~5.00
	预制铺砌施工	<2.50

注:表中土料防渗及土保护层膜料防渗的允许不冲流速为水力半径 $R=1$m 时的情况。当 $R \neq 1$m 时,表中的数值应乘以 R^{α}。砂砾石、卵石,疏松的砂壤土和黏土, $\alpha=1/3~1/4$;中等密实的砂壤土、壤土和黏土, $\alpha=1/4~1/5$。

（2）不淤流速。防渗渠道的不淤流速可按适宜于当地条件的经验公式计算。

（三）断面尺寸确定

1. 一般断面的水力计算

这是广泛使用的渠道设计方法,经反复试算求解渠道的断面尺寸。

$$Q = \omega \frac{1}{n} R^{2/3} i^{1/2}$$

$$\left| \frac{Q - Q_{\text{计算}}}{Q} \right| \leq 0.05$$

$$v_{\text{不淤}} < v = \frac{Q}{\omega} < v_{\text{不冲}}$$

式中:

Q ——渠道设计流量,m^3/s;

ω ——过水断面面积,m^2;

n ——渠床糙率;

R ——渠道水力半径,m;

i ——渠道比降;

v ——渠道设计流速,m。

2. 水力最佳断面及实用经济断面的水力计算

水力最佳断面及实用经济断面的水力计算,可按 GB 50288—2018《灌溉与排水工程设计规范》、GB/T 50600—2020《渠道防渗衬砌工程技术标准》中规定的方法进行。断面尺寸确定后流速计算和校核方法与采用一般断面时相同,如设计流速不满足校核条件时,说明不宜采用水力最佳断面或实用经济断面形式。

四、渠道纵断面设计

灌溉渠道不仅要满足输送设计流量的要求,还要满足水位控制的要求。横断面设计通过水力计算确定了能通过设计流量的断面尺寸,满足了前一个要求。纵断面设计的任务是根据灌溉水位要求确定渠道的空间位置,先确定不同桩号处的设计水位高程,再根据设计水位确定渠底高程、堤顶高程、最小水位等。

（一）灌溉渠道的水位推算

为了满足自流灌溉的要求,各级渠道入口处都应具有足够的水位。这个水位是根据灌溉面积上控制点的高程加上各种水头损失,自下而上逐级推算出来的。水位公式如下:

$$H_{\text{进}} = A_0 + \Delta h + \sum Li + \sum \varphi$$

式中：

$H_\text{进}$——渠道进水口处的设计水位，m；

A_0——渠道灌溉范围内控制点的地面高程(m)。控制点是指较难灌到水的地面，在地形均匀变化的地区，控制点选择的原则是：如沿渠地面坡度大于渠道比降，渠道进水口附近的地面最难控制；反之，渠尾地面最难控制；

Δh——控制点地面与附近末级固定渠道设计水位的高差，一般取 0.1~0.2m；

L——渠道的长度，m；

i——渠道的比降；

φ——水流通过渠系建筑物的水头损失(m)，可参考表 2-20 所列数值选用。

表 2-20   渠道建筑物水头损失最小数值表

单位：m

渠别	控制面积/万亩	进水闸/m	节制闸/m	滤槽/m	倒虹吸/m	公路桥/m
干渠	10~40	0.1~0.2	0.10	0.15	0.40	0.05
支渠	1~6	0.1~0.2	0.07	0.07	0.30	0.03
斗渠	0.3~0.4	0.05~0.15	0.05	0.05	0.20	0
农渠		0.05				

上式可用来推算任一条渠道进水口处的设计水位，推算不同渠道进水口设计水位时所用的控制点不一定相同，要在各条渠道控制的灌溉面积范围内选择相应的控制点。

(二)渠道纵断面图的绘制

渠道纵断面图包括：沿渠地面高程线、渠道设计水位线、渠道最低水位线、渠底高程线、堤顶高程线、分水口位置、渠道建筑物位置及其水头损失等。

渠道断面图按以下步骤绘制：

(1)绘制地面高程线。在方格纸上建立直角坐标系，横坐标表示桩号，纵坐标表示高程。根据渠道中心线的水准测量成果(桩号和地面高程)按一定的比例点绘出地面高程线。

(2)标绘分水口和建筑物的位置。在地面高程线的上方，用不同符号标出各分水口和建筑物的位置。

(3)绘制渠道设计水位线。参照水源或上一级渠道的设计水位、沿渠地面坡度、各分水点的水位要求和渠道建筑物的水头损失，确定渠道的设计比降，绘出渠道的设计水位线。该设计比降作为横断面水力计算的依据。如横断面设计在先，绘制纵断面图时所确定的渠道设计比降应和横断面水力计算时所用的渠道比降一致；如二者相差较大，难以采用横断面水力计算所用比降时，应以纵断面图上的设计比降为准，重新设计横断面尺寸。所以，渠道的纵断面设计和横断面设计要交错进行，互为依据。

（4）绘制渠底高程线。在渠道设计水位线以下，以渠道设计水深为依据，绘制渠底高程线。

（5）绘制渠道最小水位线。从渠底线向上，以渠道最小水深（渠道设计断面通过最小流量时的水深）为间距，画渠底线的平行线，此即渠道最小水位线。

（6）绘制堤顶高程线。从渠底线向上，以加大水深（渠道设计断面通过加大流量时的水深）与安全超高之和为间距，作渠底线的平行线，此即渠道的堤顶线。

（7）标注桩号和高程。在渠道纵断面的下方画一表格，把分水口和建筑物所在位置的桩号、地面高程线突变处的桩号和高程、设计水位线和渠底高程线突变处的桩号和高程以及相应的最低水位和堤顶高程，标注在表格内相应的位置上。桩号和高程必须写在表示该点位置的竖线的左侧，并应侧向写出。在高程突变处，要在竖线左、右两侧分别写出高、低两个高程。

（8）标注渠道比降在标注桩号和高程的表格底部，标出各渠段的比降。

工作任务六　排水沟（管）道

一、排水沟（管）道的一般要求

（1）排水形式应根据灌区的排水任务与目标，地形与水文地质条件，并应综合考虑投资、占地等因素，通过技术经济比较确定，可选择明沟、暗管、井排水或其他组合排水形式。

（2）有排涝、排渍和改良盐碱地或防治土壤盐碱化任务要求，在无塌坡或塌坡易于处理地区或地段，宜采用明沟。

（3）排渍、改良盐碱地或防治土壤盐碱化地区，当采用明沟降低地下水位，不易达到设计控制深度，或者明沟断面结构不稳定塌坡不易处理时，宜采用暗管。

（4）当采用明沟或暗管降低地下水位，不易达到设计控制深度时且含水层的水质和出水条件较好的地区可采用井排。

二、明沟排水

排水沟的设置应与灌溉渠道相对应，可依干沟、支沟、斗沟、农沟顺序设置固定沟道。沟道的级数可根据排水区的形状和面积大小以及承担的排水任务增减。

排水沟的布置应符合下列规定：

（1）排水沟宜布置在低洼地带，并宜利用天然河沟。

（2）1级~3级排水沟线路宜避免高填、深挖和通过淤泥、流沙及其他地质条件不良地段。

（3）排水沟线路宜短而平顺。

（4）1级~3级排水沟之间及其与承泄河道之间的交角宜为30°~60°。

（5）排水沟出口宜采用自排方式。受承泄区或下一级排水沟水位顶托时,应设涵闸抢排或设泵站提排。

（6）排水沟可与其他形式的田间排水设施结合布置。

（7）水旱间作地区,水田与旱田之间宜布置截渗排水沟。

（8）排洪沟(截流沟)应沿傍山渠道一侧及灌区边界布置,并应就近汇入排水干沟或承泄区,交会处应设防冲蚀护面。

三、暗管排水

暗管的分级与管道类型及规格应根据所承担的排水任务、规模、地形及土质等因素综合分析确定。

暗管布置应符合下列规定:

（1）吸水管应有足够的吸聚地下水能力,其管线平面布置宜相互平行,与地下水流动方向的夹角不宜小于40°。

（2）集水管宜顺地面坡向布置,与吸水暗管夹角不应小于30°且应集排通畅。

（3）各级排水暗管的首端与相应上一级灌溉渠道的距离不宜小于3m。

（4）吸水管长度超过200m或集水管长度超过300m时宜设检查井。集水管穿越道路或渠、沟的两侧应设置检查井。集水管纵坡变化处或集水管与吸水管连接处也应设置检查井。检查井间距不宜小于50m,井径不宜小于800mm,井的上一级管底应高于下一级管顶100mm,井内应预留300mm~500mm的沉沙深度。明式检查井顶部应加盖保护,暗式检查井顶部覆土厚度不宜小于500mm。

（5）水稻区和水旱轮作区的吸水管或集水管出口处宜设置排水控制口门。吸水管出口可逐条设置,也可按田块多条集中设置。

（6）暗管排水进入明沟处应采取防冲措施。

（7）暗管可与浅密明沟或其他形式的排水设施组合布置。

四、井排水

（1）井排水应根据排水区的水文地质条件和排水需要,经济合理地选择井位、井型和布置形式。

（2）排水井宜采用管井,结构可与灌溉管井相同。当浅层各类岩性的透水性较好时,宜设置成浅井,井管应全部采用过滤管;当浅层岩性透水性较差时,宜选取辐射井、大口井、卧管井等形式的排水井。

（3）排水水质符合灌溉要求时，排水井应作为灌溉补充水源，利用排水量灌溉农田。排水区排水量、水质均满足灌溉要求时，可布置成兼顾排水与灌溉双重任务的"以灌代排"井，井数及井型可结合灌溉要求确定。

（4）改良盐碱地或防治土壤盐碱化需要排除含盐地下水时，排水井的过滤管段宜控制在含盐地下水层内，并应封闭其他含水层段。

（5）排出的含盐水应利用沟（管）道直接排入承泄区。利用排出的含盐水进行灌溉时，应进行专门的试验研究。

（6）排水井群布置形式可采用方格网形、梅花形、圆弧形、线形等。水文地质条件差异小、排水要求基本相同地区或地段，可均匀布井；水文地质条件复杂时，井距应通过现场试验确定。

工作任务七　喷灌工程规划与设计

一、收集规划设计资料

（一）地形资料

喷灌系统的规划布置应有实测的地形图，其比例视灌区大小、地形的复杂程度以及设计阶段要求的不同而定。一般应有 1/1000～1/10000 比例的地形图，地形图上应标明行政区划、灌区范围以及水利设施等。

（二）气象资料

收集降水、气温、地温、风向、风力等与喷灌有密切关系的农业气象资料，据以分析确定喷灌任务、喷灌制度、喷灌的作业方法、田间喷灌网的合理布局。

（三）水文资料

主要包括河流、库塘、井泉的历年水量、水位、水温和水质（含盐量、含沙量和污染情况）等。

（四）土壤资料

一般应了解土壤的质地、干密度和土壤田间持水率等，用于确定土壤允许喷灌强度和灌水定额。

（五）种植结构及需水特点

了解灌区内各种作物的种植比例、种植行向、生育阶段划分、需水临界期需水强度。

（六）动力和机械设备资料

调查有关喷头、水泵、动力设备、管材产品和工程材料及价格等。

二、喷灌用水量及水源工程规划

喷灌工程的水源规划与一般灌溉工程水源规划相似。以下着重说明不同水源类型在水量计算时需要注意的问题。

当水源为河流，大、中型渠道或来水量稳定的引水沟时，在取水段应取得较长的径流资料，通过频率计算求出符合设计频率的年来水量，年内各月径流量、灌溉季节日平均流量及水位等。当取水口资料较少时，可通过相关分析进行插补延长。当取水口无实测资料时，可利用当地水文手册、图集或经验公式并结合实地调查确定。

若水源为地下水，则必须根据当地水文地质资料，分析本区域地下水开采条件，通过抽水试验或对邻近农用机井情况调查，确定井的动水位和出水量。

（一）机井

一般农用机井出水量相对稳定，平衡计算的目的主要是确定单井可控面积，或校核机井出水量是否满足喷灌用水要求，机井的可灌面积为：

$$A = \frac{Q_{井} \, t}{10 E_{a\max}}$$

式中：

A ——机井可灌面积，hm^2；

$Q_{井}$ ——机井的稳定出水量，m^3/h；

$E_{a\max}$ ——作物需水临界期平均最大日耗水量，mm/d；

t ——机井每天供水小时数，h/d，当使用柴油机作动力时，t 一般取 16h；当采用电动机时，t 一般取 20h。

若 $A \geq A_{设}$（$A_{设}$ 为设计灌溉面积），则 $A_{设}$ 为确定的设计灌溉面积；若 $A < A_{设}$，则 A 为设计灌溉面积，这时应重新调整单井控制面积。

（二）塘坝

许多山区、丘陵地区水资源缺乏，常常利用小股山泉或塘坝蓄水进行喷灌。由于此类水源容量有限，一般必须经过调蓄，才能满足喷灌用水要求。水利计算的任务是确定可灌面积和蓄水池的容积。

（三）溪流

由于溪流流量变化大，水利计算的任务主要，是确定可灌面积。计算时可选择供水临界期（溪水水量小而用水量大的时期）的流量和灌溉水量作为确定可灌面积的依据。

三、喷灌系统形式选择

喷灌系统形式应根据喷灌的地形、作物种类、经济条件、设备供应等情况,综合考虑各种形式喷灌系统的优缺点,经技术经济比较后选定。如在喷灌次数多、经济价值高的蔬菜、果园等经济作物种植区,可采用固定管道式喷灌系统;大田作物喷洒次数少,宜采用半固定式或机组式喷灌系统;在地形坡度较陡的山丘区,移动喷灌设备困难,可考虑用固定式;在有自然水头的地方,尽量选用自压式喷灌系统,以降低设备投资和运行费用。

四、喷灌系统总体布置

（一）管道系统布置

1. 布置原则

管道系统应根据灌区地形、水源位置、耕作方向及主要风向和风速等条件提出几套布置方案,经技术比较后选定。布置时一般应考虑以下一些原则:

（1）管道布置时应使管道总长度尽量小,并能迅速分散流量以降低工程投资。在平原区选择灌溉地块时,应尽量使水源和泵站位于地块中心,这样管线最短,管径也小,有利于减少输水水头损失、节省管道投资及系统运行费用。

（2）山丘地区布置喷灌系统时,一般应使干管沿主坡方向布置,支管平行等高线布置。这样有利于控制支管的水头损失,使支管上各喷头工作压力尽量均匀,也有利于保持竖管铅垂,使喷头在水平方向上旋转。在梯田上布置时,支管一般要求沿梯田水平方向布置,否则支管与梯田相交,不仅弯头过多,而且移动、拆装都很困难。

喷头的流量和射程是随工作压力变化的,一条支管将装有若干个喷头。为了保持各喷头喷洒均匀,要求首尾流量差不超过10%,因此,应通过计算,确定适宜的支管管径,使支管的首尾工作压力差不超过20%。

（3）管道布置应考虑各用水户的需要,便于农民用水和管理,有利于进行轮灌。

（4）支管的布置应尽量与作物耕作方向一致,这样对于固定式喷灌系统,可减少竖管对机耕的影响;对于半固定式喷灌系统,便于在田埂上装卸支管,避免拆装管道时践踏庄稼。如条件许可,还应使喷灌支管垂直主风向。

（5）充分考虑地形,力求使支管长度一致,规格统一。管线的纵剖面应力求平顺,减少折点,并尽量避免管线出现起伏,防止管道产生气阻现象。

（6）管线的布置应密切与排水系统、道路、林带、供电系统及行政村、自然村界的规划相结合。喷灌系统管道布置的好坏,不仅直接影响到灌水质量、管道长度、管径大小和管道附件的多少等,而且还关系到设备成本和运行费用及今后管理的方便程度。

2. 布置形式

管道系统的布置形式主要有"丰"字形和"梳齿"形两种,其形式见图2-16、图2-17所示。

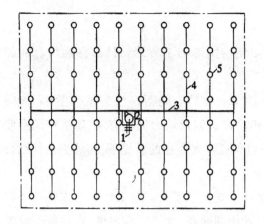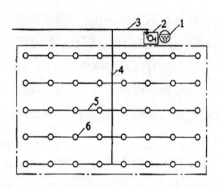

图2-16 "丰"字形布置

1-蓄水池;2-泵站;3-干管;4-分干管;5-支管;6-喷头

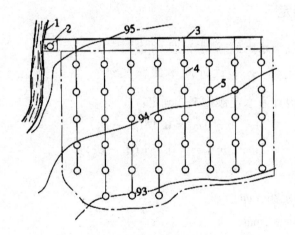

图2-17 "梳齿"形布置

1-河流;2-泵站;3-干管;4-支管;5-喷头

(二)喷头选型与组合间距的确定

1. 喷头的选择

选择喷头主要根据作物种类、土壤性质和当地设备供应情况而定。喷头选择包括喷头型号、喷嘴直径和工作压力的选择。在喷头选定之后,其性能参数也就确定了,但要符合下列要求:

(1)组合后的喷灌强度不超过土壤的允许喷灌强度值。

（2）组合后的喷灌均匀度不低于规范规定的数值。

（3）雾化指标应符合作物要求的数值。

（4）有利于减少喷灌工程的年费用。

2. 喷头的组合方式和组合间距的确定

在管道式喷灌系统中，喷头的组合方式主要使用矩形和正方形。计算得到组合间距后，还应作必要调整，适应管道的长度规格。

喷头组合间距是指喷头在一定组合形式下工作时，支管布间距 b 与支管上喷头布置间距 a 的统称。喷头的组合间距与喷头的射程和组合形式以及风力大小有关，还受喷灌强度和喷灌均匀度的制约。因此，组合间距的确定应在保证喷灌质量的前提下，与喷头选择结合进行。

在管道式喷灌系统中，喷头的作业方式主要有单支管多喷头同时工作和多支管喷头同时工作形式。根据不同的作业方式，确定喷头有效控制面积，计算喷灌强度，再根据土质类型及坡度，确定允许喷灌强度。若喷灌强度大于土壤允许喷灌强度，则应调整喷头性能参数或改选喷头，重新确定喷头组合间距，直到喷灌强度满足为止。

五、灌溉制度确定

喷灌制度主要包括灌水定额、灌水日期、和灌溉定额。

（一）最大灌水定额 m_s 和设计灌水定额 m

最大灌水定额和设计灌水定额按下式确定：

$$m \leq m_s = 0.1h(\beta_1 - \beta_2)$$

或

$$m \leq m_s = 0.1\gamma h(\beta_1' - \beta_2')$$

式中：

m_s ——最大灌水定额，mm；

m ——设计灌水定额，mm；

γ ——土壤干密度，g/cm³；

h ——土壤计划湿润层深度（大田作物一般取 40~60cm，蔬菜 20~30cm，果树 80~100cm）；

β_1、β_2 ——适宜土壤含水量上、下限（体积百分比）；

β_1'、β_2' ——适宜土壤含水量上、下限（重量百分比）。

灌水定额除以水层深度（mm）表示外，还常以单位面积的水体积（m³/亩）表示，两者的关系是：3mm＝2m³/亩。

（二）设计喷灌周期 T

灌水周期是指在连续无雨条件下，某种作物需水临界期的允许最大灌水时间间隔。一般采用下式计算：

$$T = \frac{m}{ET_d}$$

式中：

T——设计灌水周期，计算值取整，d；

ET_d——作物日蒸发蒸腾量，取设计代表年灌水高峰期平均值，mm/d；

其余符号意义同前。

公式含义是在无降雨的情况下，周期初期所灌的水量在周期末就消耗完了，这是就应当继续灌溉，否则作物的正常生长就会受到影响了。

生产实践中，大田作物的喷灌周期常用 5~10d，蔬菜为 1~3d。

（三）灌溉定额

设计灌溉定额应依据设计代表年的灌溉试验资料确定，或按水量平衡原理确定。按下式计算：

$$M = \sum_{i=1}^{n} m_i$$

式中：

M——作物全生育期内的灌溉定额，mm；

m_i——第 i 次灌水定额，mm；

n——全生育期灌溉次数，mm；

六、喷灌工作制度的制定

在灌水周期内，为保证作物适时适量地获得所需要的水分，必须制定一个合理的喷灌工作制度。喷灌工作制度包括喷头在一个喷点上的喷洒时间，每次需要同时工作的喷头数以及确定轮灌分组和轮灌顺序等。

（一）喷头在工作点上喷洒的时间

喷头在工作点上喷洒的时间与灌水定额、喷头流量和组合间距有关，即：

$$t = \frac{mab}{1000q_p\eta_p}$$

式中：

t——一个工作位置的灌水时间，h；

a——喷头沿支管的布置间距，m；

b——支管的布置间距，m；

m——设计灌水定额，mm；

q_p ——喷头设计流量, m^3/h。

η_p ——田间喷洒水利用系数,根据气候条件可按下列范围内选取;

风速低于 $3.4m/s$, $\eta_p = 0.8 \sim 0.9$;

风速为低于 $3.4 \sim 5.4m/s$, $\eta_p = 0.7 \sim 0.8$;

（二）一天工作位置数

$$n_d = \frac{t_d}{t}$$

式中:

n_p ——一天工作位置数;

t_d ——设计日灌水时间, h。

（三）同时工作的喷头数

对于每一喷头可独立启闭的喷灌系统,每次同时喷洒的喷头数可用下式计算:

$$n_p = \frac{N_p}{n_d T}$$

式中:

n_p ——同时工作喷头数;

N_p ——灌区喷头总数。

（四）同时工作的支管数

可按下式计算:

$$n_z = \frac{n_p}{n_{zp}}$$

式中:

n_z ——同时工作的支管数;

n_{zp} ——一根支管上的喷头数,可以根据支管的长度除以喷头间距求得。

如果计算出来的 n_z 不是整数,则应考虑减少同时工作的喷头数或适当调整支管长度。

（五）确定轮灌分组及支管轮灌方案

为使管道的利用率提高,从而降低设备投资,需进行轮灌编组并确定轮灌顺序。确定轮灌方案时,应考虑以下要点:

(1)轮灌的编组应该有一定规律,力求简明,方便运行管理。

(2)相同类型的轮灌组的工作喷头总数应尽量接近,从而使系统的流量保持在较小的变动范围之内。

(3)轮灌编组应该有利于提高管道设备利用率,并尽量使系统实际轮灌周期与设计灌溉周期接近。

（4）轮灌编组时,应使地势较高或路程较远组别的喷头数略少,地势较低或路程较近组别的喷头数略多,以利于保持增压水泵始终工作在高效区。

（5）制定轮灌顺序时,应将流量迅速分散到各配水管道中,避免流量集中于某一条干管。

轮灌方案确定好后,干、支管的设计流量即可确定。支管设计流量为支管上各喷头的设计流量之和,干管设计流量依支管的轮灌方式而定。

七、管道设计

(一)管径计算

1. 干管管径计算

从经济的角度出发,遵循投资和年费用最小原则,干管管径采用如下经验公式计算:

$$Q < 120\text{m}^3/\text{h 时}, D = 13\sqrt{Q}$$

$$Q \geq 120\text{m}^3/\text{h 时}, D = 11.5\sqrt{Q}$$

式中:

D——管的内径,mm;

Q——管道的设计流量,m^3/h。

2. 支管管径计算

支管管径的确定除与支管设计流量有关之外,还有受允许压力差的限制,一般同一条支管的任意两个喷头间的工作压力差应在设计喷头工作压力的 20%以内,用公式表示为:

$$h_w + \Delta z \leq 0.2 h_p$$

式中:

h_w——同一条支管中任意两喷头间支管水头损失加上两竖管水头损失之差(一般情况下,可用支管段的沿程水头损失计算),m;

Δz——两喷头的进水口高程差(顺坡铺设支管时 $\triangle z$ 为负值,反之取正值),m;

h_p——设计喷头工作压力,m。

设计时,一般先假定管径,然后计算支管沿程水头损失,再按上述公式校核,最后确定管径。算得支管管径之后,还需按现有管材规格确定实际管径。对半固定式、移动式灌溉系统的移动支管,考虑运行与管理的要求,应尽量使各支管取相同的管径,至少也需在一个轮灌片上统一,最大管径应控制在 100mm 以下,以利移动。对固定式喷灌的地埋支管,管径可以变化,但规格也不宜很多,一般最多变径两次。

(二) 水头损失计算

1. 沿程水头损失计算

应按下式计算:

$$h_f = f \frac{LQ^m}{d^b}$$

式中:

h_f——沿程水头损失, m;

f——沿程摩阻系数;

L——管道长度, m;

Q——流量, m^3/h;

d——管内径, mm;

m——流量指数, 与摩阻损失有关;

b——管径指数, 与摩阻损失有关。

各种管材的 f、m 及 b 值可按表 2-21 确定。

表 2-21　f、m、b 值表

管道种类		f(Q:m^3/h, d:mm)	m	b
混凝土管、钢筋混凝土管	$n=0.013$	1.312×10^6	2.00	5.33
	$n=0.014$	1.516×10^6	2.00	5.33
	$n=0.015$	1.749×10^6	2.00	5.33
钢管、铸铁管		6.250×10^5	1.90	5.10
硬塑料管		0.948×10^5	1.77	4.77
铝制管、铝合金管		0.861×10^5	1.74	4.74

注: n 为粗糙系数

在喷灌系统中, 通常沿支管安装许多喷头, 支管的流量自上而下将逐渐减少, 应逐渐计算两喷头之间管道的沿程水头损失。但为了简化计算, 常将 h_f 乘以一个多口系数 F 加以修正, 从而获得多口管道实际沿程水头损失, 即:

$$h'_{f_z} = h_{f_z} F$$

计算多口系数的近似公式为

$$F = \frac{N \left(\dfrac{1}{m+1} + \dfrac{1}{2N} + \dfrac{\sqrt{m-1}}{6N^2} \right) - 1 + X}{N - 1 + x}$$

式中:

N——喷头或孔口数目;

m ——流量指数;

X ——支管入口至第一个喷头(或孔口)的距离与喷头(或孔口)间距之比。

不同管材其多孔系数不同,表 2-22 仅列出了铝合金管的多孔系数,对于其他管材,可查阅有关书籍。

表 2-22　多孔系数 F 值表

管道出水口数目		1	2	3	4	5	6	7	8	9	10
F	X=1	1	0.651	0.548	0.499	0.471	0.452	0.439	0.430	0.422	0.417
	X=0.5	1	0.534	0.457	0.427	0.412	0.402	0.396	0.392	0.388	0.386
管道出水口数目		11	12	13	14	15	16	17	18	19	20
F	X=1	0.412	0.408	0.404	0.401	0.399	0.396	0.394	0.393	0.391	0.390
	X=0.5	0.384	0.382	0.380	0.379	0.378	0.377	0.376	0.376	0.375	0.375

注:X 为第一个喷头到支管进口距离与喷头间距之比值。

2.局部水头损失计算

局部水头损失一般可按下式计算:

$$h_j = \xi \frac{v^2}{2g}$$

式中　ξ ——局部阻力系数,可查有关管道水力计算手册;

v ——管道流速,m/s;

g ——重力加速度,取 9.81m/s^2;

h_j ——局部水头损失,m。

局部水头损失有时也可按沿程水头损失的 10%~15% 估算。

八、水泵及动力机选择

选择水泵和动力,首先要确定喷灌系统的设计流量和扬程。

(一)喷灌系统设计流量

喷灌系统设计流量应为全部同时工作的喷头流量之和:

$$Q = \sum_{i=1}^{n_p} q_p / \eta_G$$

式中:

Q ——喷灌系统设计流量,m^3/h;

η_G ——管道系统水利用系数,取 0.95~0.98;

其余符号意义同前。

(二)喷灌系统设计扬程

选择最不利轮灌组极其不利喷头,并以该最不利喷头为典型喷头。自典型喷头推算系统的设计扬程。

$$H = Z_d - Z_s + h_s + h_p + \sum h_f + \sum h_j$$

式中:

H——喷灌系统设计水头,m;

Z_d——典型喷点的地面高程,m;

Z_s——水源水面高程,m;

h_s——典型喷点的竖管高度,m;

h_p——典型喷点喷头的工作压力水头,m;

$\sum h_f$——由水泵进水管到典型喷点喷头进口处之间管道的沿程水头损失,m;

$\sum h_j$——由水泵进水管到典型喷点喷头进口处之间管道的局部水头损失,m。

确定了喷灌系统的设计流量和设计扬程,即可选择水泵,再根据水泵的配套功率选配动力设备。喷灌用动力多采用电动机,只用在电源供应不足的地区,才考虑用柴油机。

九、管道及泵站结构设计

结构设计应详细确定各级管道的连接方式,选定阀门、三通、四通、弯头等各种管件规格,绘制管道纵剖面图(如图 2-18)、管道系统结构示意图(如图 2-19)、阀门井、镇墩(如图 2-20)等附属建筑物结构图等。泵站结构设计可参阅《水泵与水泵站》教材,泵站结构示意图如图 2-21 所示。

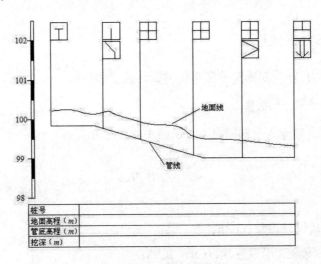

图 2-18　管道纵剖面图

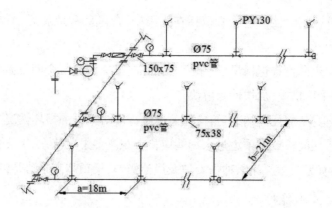

图 2-19　管道系统结构示意图

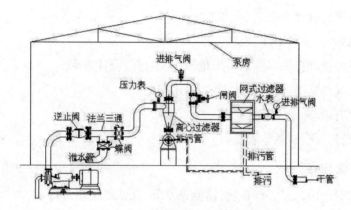

图 2-20　系统首部泵站立面示意图

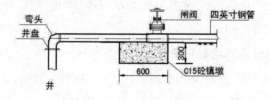

图 2-21　镇墩结构示意图

工作任务八　灌溉渠系及配套建筑物的管理养护

一、灌溉渠系的管理

(一)灌溉渠系的检查

1.经常性检查。经常性检查包括平时检查和汛期检查。

2. 临时性检查。临时性检查主要包括在大雨中，台风后和地震后的检查。检查有无沉陷、裂缝、崩塌及渗漏。

3. 定期检查。定期检查包括汛前、汛后、封冻前、解冻后进行全面细致的检查，如发现弱点和问题，应及时采取措施，加快修复解决。

4. 对北方地区有冬灌任务的渠道，应注意冰凌冻害对渠道的损坏情况。

5. 渠道在过水期间检查。渠道过水期间应检查观测各渠段流态，有无阻水、冲刷淤积和渗漏损害等现象，有无较大漂浮物冲击渠坡及风浪影响，渠顶超高是否足够等。

(二) 渠道正常工作标志

灌溉渠道正常工作标志归纳如下：

1. 输水能力符合设计要求。

2. 水流平稳均匀，不淤不冲。

3. 渠道水量的管理损失和渗漏损失量最小，不超过设计要求。

4. 渠堤断面规则完整，符合设计要求，输水安全。

5. 渠道内没有杂草。

6. 沿渠堤进行绿化，树林生长良好。

(三) 渠道管理运用的一般要求

1. 经常清理渠道内的垃圾堆积物，清除杂草等，保证渠道正常行水。

2. 禁止在渠道上垦殖、铲草及滥伐护渠林；禁止在保护范围内取土挖沙埋坟。

3. 渠道两旁山坡上的截流沟或泄水沟要经常清理，防止淤塞，尽量减少山洪进渠，以免造成渠堤漫溢决口或冲刷淤积。

4. 不得在排水沟内设障碍堵截影响排水。

5. 禁止向渠道倾倒垃圾、废渣及其他腐烂物，以保持渠水清洁，防止污染环境，并应定期进行水质检验，如发现污染应及时报告有关部门并采取措施处理。

6. 禁止在渠道毒鱼、炸鱼。

7. 对有通航任务的渠道，机动船的行驶速度不应过大，不准使用尖头撑篙，渠道上不准抛锚。

8. 对渠道局部冲刷破坏之处，要及时修复，必要时可采取砌石、土工编织袋等防冲措施。

9. 未经管理部门批准，不得在渠道上修建建筑物和退泄污水、废水；不准私自抬高水位。

10. 每年春秋两季，应组织灌区受益群众，定期对渠道进行清淤整修，渠底、边坡等应达到原设计断面高度。

11. 不得在渠堤内外坡随意种植庄稼。

12. 填方渠道外坡附近，不得任意打井、修塘、建筑。

13. 渠道放水、停水,应逐渐增减,尽量避免猛增猛减。

(四)渠道的管理运用应注意的问题

1. 水位控制。为了保证输水安全,避免漫堤决口事故,渠道水位距戗道和堤顶的超高,应有明确的规定。

2. 流速控制。渠道中流速过大或过小,将会发生冲刷或淤积,影响正常输水。所以,管理运用时必须控制流速。总的要求是渠道最大流速不应超过开始冲刷渠床流速的90%,最小的流速不应小于落淤流速(一般不小于 0.2~0.3m/s)。如果引用泉水、井水、库水等清水,流速可降低至 0.2m/s。

3. 流量控制。渠道过水流量一般不超过正常设计流量,如遇特殊用水要求,可以适当加大流量,但是时间不宜过长。尤其是有滑坡危险或冬季放水的渠道中更要特别注意,每次改变流量最好不超过 10%~20%。浑水淤灌的渠道可以适当加大。冰冻期间渠道输水,在不影响用水要求的原则下,尽量缩短输水时间,并要密切注意气温变化和冰情发生情况,同时组织人员巡渠,进行打水,清除冰凌,防止流凌壅塞,造成渠堤漫溢成灾。

二、灌溉渠道整修养护

灌溉渠道的整修养护,主要包括防淤、防冲、防漏、防坍塌、防洪、防冻胀等方面。

(一)防淤

在灌溉渠系中大于 0.10~0.15mm 的泥沙,不要进入渠道。一般采用措施是:

1. 水源上游全面进行水土保持治理,砌护冲刷河段防止泥沙入渠。在上游的集水面积及受冲刷的河段,采用生物措施,并推广小流域承包治理的办法防止水土流失,减少水源的泥沙含量。

2. 渠道枢纽设置防沙、排沙的工程措施。

3. 带冲刷闸的沉沙槽,槽内设分水墙、导沙坎,构成一套较强的冲沙设备。按照操作规程,启闭冲刷闸和进水闸,合理运用,防止底沙进渠,这样排沙效果良好。

4. 冲沙闸。在进水闸相距不远的地方,利用天然地形设置排沙闸,将沉积在渠首干渠段内的大颗粒泥沙定时冲走,泄入河道或沟道。

5. 拦沙底槛。在无坝引水时底槛设计于进水闸前一定距离的河床上,其高度应为河道中一般水流深度的 1/3~1/4,底槛与水流方向应成 20°~30° 的角度,底槛长度应以河道流向及进水闸设计而定,一般原则上是既有拦沙效果,又不影响进水闸引水。在设计底槛时必须注意加护槛前的河床,防止冲刷,并要定期清除淤积在槛后的泥沙。

6. 其他设施。其他防止泥沙进渠的工程还有不少,如导流装置、沉沙池、导流丁坝、隔水沙门等,可根据当地实际情况选用。

7. 混凝土衬砌渠道。采用混凝土U形渠槽铺预制板或现场浇筑等办法,减小渠床糙率,加大渠道流速,从而增加挟沙能力,减少淤积。

为了保证渠道能按计划进行输水,每年必须编制清淤计划,确定清淤量、清淤时间、清淤方法及清淤组织等。干、支渠清淤,一般由渠道管理单位负责;斗、农、毛渠等田间工程清淤,一般由受益单位按受益面积摊工完成。清淤方法有水力清淤、人工清淤、机械清淤等。选择清淤方法时一般以成本低、用工少、效率高为原则。

渠道除草一般包括以下几种方法:(1)工程衬砌法。用混凝土或砌石等刚性材料衬砌渠道,基本上可以杜绝杂草丛生。(2)机械除草法。用人工除草是我国较普遍的方法,一般多在放水前进行。(3)化学除草法。化学除草使用的药剂很多,如二硝基磷、甲苯酸、氯胺基钙以及英国的克无迹、氟乐灵加等,效果均好。(4)浑水淤灌法。有引洪条件的渠道,在发洪水季节,可引洪水灌渠,使土质干重增加,孔隙率减小,造成杂草生长不利条件,但此法有时不一定有效。(5)生物除草法。在经常通水的渠道中放养草鱼等食草型鱼类,既消灭了杂草,又收到养鱼之利。(6)树木遮阴法。在渠旁有计划地造林植树,造成树阴,以减少杂草丛生与繁殖。

(二)防冲

渠道冲刷原因和处理方法:

1. 渠道土质或施工质量问题。渠道土质不好,施工质量差,又未采取砌护措施,引起大范围的冲刷。可采取夯实渠堤、弯道及填方渠段,用黏土、土工编织袋或块石砌护,以防止冲刷。

2. 渠道设计问题。渠道设计流速和渠床土壤允许流速不相称,即通过渠道的实际流速超过了土壤的抗冲流速,造成冲刷塌岸。可采取增建跌水、陡坡、潜堰、砌石护坡护底等办法,调整渠道纵坡,减缓流速,使渠道实际流速与土壤抗冲流速相适应,达到不冲的目的。

3. 渠道建筑物进出口砌护长度不够。下游的水未能全部消除,造成下游堤岸冲塌、渠底冲深,这是灌区较普遍的现象。改善的办法是增设或改善消力设施,加长下游护砌段,上、下游护坡及渠堤衔接处要夯实,以防冲刷。

4. 风浪冲击。水面宽、水深大的渠道,如遇大风或通航,往往会掀起很大的风浪,冲击渠岸,其处理办法是两岸植树,降低风速,防止水流的直接冲刷。最好是用块石或混凝土护坡并超过风浪高度,通航渠道要限制航速。

5. 渠道弯曲,水流不顺。渠道弯曲半径应不小于5倍水面宽度,否则将会造成凹岸冲刷。根治办法是:如地形条件许可裁弯曲直,适当加大弯曲半径,使水流平缓顺直,或在冲刷段用土工编织袋装土,干砌片石、浆砌块石、混凝土衬砌等办法护堤,则效果更好。

6. 管理运用不善。渠道流量猛增猛减,流冰或其他漂浮物撞击渠坡,在渠道上打土堰截水、堵水等,造成局部地段的冲刷塌岸,必须严加制止。拆除堵截物,清除流冰或其他漂浮物,避免渠道流量猛增猛减。

（三）防洪

灌区建成后，各级渠道必将截断许多河流、沟道，打乱了原有的天然水系，沿渠线形成许多小块集雨面积。每当夏秋暴雨季节山洪暴发，如果这些小块集雨面积上的洪水处理不当，必将造成山洪灾害，破坏渠系工程，影响渠系的正常运行。要做好渠道防洪，应着重解决以下问题：

1. 复核干、支渠道的防洪标准。应根据其控制面积大小、历年洪水灾害情况及其对政治、经济的影响，结合防洪具体条件，复核渠道设计流量的防洪标准。

2. 复核渠道立体交叉建筑物防洪标准。凡渠道跨越天然河、沟时，均应设置立体交叉排洪建筑物，以保证洪水畅通无阻。

3. 傍山（塬）的渠道，应设拦洪、排洪沟道，将坡面的雨水、洪水就近引入天然河、沟。小面积洪水，在保证渠道安全的条件下，可退入灌排渠道；灌区外的地面洪水，可从灌区边界设置的排洪沟或截水沟排走。

4. 傍山（塬）渠的山坡、沟壑治理。对傍山（塬）的渠道，山坡要大搞水土保持，减轻洪水威胁。

5. 渠道上排洪、泄洪工程的管理。对渠道上的排、泄洪工程要加强管理养护，保持流水畅通，注意进出口的渗漏及堤岸完整等问题。

（四）防风沙

在气候干旱、风沙很大的地区，渠道常会遭到风沙埋没，影响渠道正常运用。风沙的移动强度决定于风力、风向和植被对固沙的作用。一般 $3 \sim 4m/s$ 的风速，就可以使 $0.25mm$ 直径的沙颗粒移动。防止风沙埋渠，有以下几种方法：

1. 选择渠线时应考虑风向。渠道选线时，如条件许可，渠道走向尽量与当地一般风向一致，这样渠道就不易被风沙埋没。

2. 营造防风固沙林带。防风固沙林带是解决风沙问题的根本措施。陕北榆林地区一般在渠旁 50m 宽范围内，垂直风的主要方向营造林带，交叉种植乔木和灌木。种植一些生长较快的灌木草皮，如沙蒿、柠条、沙柳、苜蓿等，可以较快地起到防风固沙的作用。根据当地气候条件，春季种沙蒿，生长快，当年即可起到防沙的作用；继而种苜蓿，两年后沙蒿逐渐衰退，苜蓿即生长起来；再种柠条，到五六年后苜蓿衰退，柠条生长起来。一茬接一茬，可以逐渐地起到防沙作用。在这些防风固沙林带，一定要加强管理养护，并禁止放牧。

3. 引水冲沙拉沙。如当地有充足的水源条件，可用水力冲沙，用水拉平渠道两旁的沙丘、沙梁，使渠道远离沙丘，也能减少风沙危害。

4. 设置沙障。在固沙林带还没有长起来以前，还可以用梢料，如沙蒿、柠条、柴草等编织成沙障，垂直于当地主风的方向，以挡风沙。沙障一般可筑 1.0m 高的明障或 0.5m 的暗障，且在沙障之间埋设柴草,可起固沙作用。

三、渠系建筑物管理运行

(一)渠系建筑物完好和正常运用的基本标志

1. 过水能力符合设计要求,能准确、迅速地控制运用。

2. 建筑物各部分经常保持完整,无损坏。

3. 挡土墙。护坡和护低填实无空隙部位,且挡土墙后及护低板下危险性渗漏。

4. 闸门和启闭机械工作正常,闸门和闸槽无漏水现象。

5. 建筑物上游无冲刷淤积现象。

6. 建筑物上游雍高水位时不能超过设计水位。

(二)渠系建筑物管理中应注意的几个问题

1. 各主要建筑物要备有一定的照明设备,行水期和防汛期均有专人管理,不分昼夜地轮流看守。

2. 对主要建筑物应建立检查制度及操作规程,随时进行观察,并认真加以记录。如发现问题,认真分析原因,及时研究处理,并报主管机关。

3. 在配水枢纽的边墙、闸门上及大渡槽、大倒虹吸的入口处,必须标出最高水位,防水时不能超过最高水位。

4. 不能在建筑物附近进行爆炸,200m 以内不准用炸药炸岩石,500m 以内不准在水内炸鱼。

5. 建筑物上不可堆放超过设计荷重的重物,各种车道距护坡边墙至少保持 2m 以上距离。

6. 为了保证行人和操作人员的安全,建筑物必要部分应加栏杆,重要桥梁设置允许荷重的标志。

7. 主要建筑物应有管理用房,启闭机应有房(罩)等保护措施。重要建筑物上游附近应有退、泄水闸,以便在建筑物发生故障时,能及时退水。

8. 不能在渠道中增加和改建建筑物。

9. 建筑物附近根据管理需要划定管理范围,由当地县人民政府发给土地使用证书。

10. 不可在建筑物专用通信、电力线路上架线或接线。

11. 渠道中放木行船,要加强管理,不能损害建筑物。

12. 与河、沟的交叉工程,应注意做好导流、护岸等工程,防止洪水淘刷基础。

(三)渠系建筑物的养护

渠系上主要建筑物有渡槽、倒虹吸、隧洞、涵洞、跌(坡)水、桥梁、各种闸及量水设备等。

1. 渡槽

渡槽为渠道跨越河、沟的交叉建筑物,在管理养护中应注意:

(1)渡槽入口处设置最高水位标志,防水时绝不允许超过最高水位。

(2)水流应均匀平稳,过水时不冲刷进口及出口部分。为此,出入口均需加强护砌,与渠道衔接处要经常检查,如发现沉陷、裂缝、漏水、弯曲等变形,应立即停水修理。

(3)渡槽槽身漏水严重的应及时修补,钢筋混凝土渡槽防水后应立即排干,禁止在下游壅水或停水后在槽内积水,特别在冬季更要注意。

(4)渡槽旁边无人行道设备时,应禁止在渡槽内穿行,必要时在上、下两端设置栏杆、盖板及照明设备等。

(5)洪水期间,要防止柴草、树木、冰块等漂浮物壅塞,产生上淤下冲的现象或决口满溢事故。

(6)渡槽的伸缩缝必须保持良好状态,缝内不能有杂物充填堵塞,如有损坏,要立即按设计修复。

(7)跨越河、沟时,要经常清理阻挡在支墩上的漂浮物,减轻支墩的外加荷重,同时要注意做好河岸及沟底护砌工程,防止洪水淘刷槽墩基础。

(8)渡槽的中部,特别应注意支墩、梁和墙的工作状况,以及槽底与侧墙的渗水和漏水,如发现漏水严重,应停水及时处理。

(9)渡槽时湿时干最易干裂漏水,即使在非灌溉时期,除冬季停水外,最好使槽内经常蓄水,防止漏水。秋季停水后,最好用煤焦油等防腐剂涂刷维修。

2. 倒虹吸管

(1)倒虹吸管上的保护措施,如有损坏或失效,应及时修复。

(2)进出口应设立水尺,标出最大、最小的极限水位,经常观测水位流量变化,保证通过的流量、流速符合设计规定。

(3)水流状态保持平稳,不冲刷淤塞。倒虹吸管两端必须设拦污栅,并要及时清理。

(4)常检查与渠道衔接处有无不均匀沉陷、裂缝、漏水,管道是否变形,进出口护坡是否完整,如有异常现象,应立即停水修复。

(5)倒虹吸管停水后,应关闭进出口闸门,防止杂物进入洞内或发生人身事故。

(6)渠道及沉沙、排沙设施,应经常清理。暴雨季节防止山洪淤积洞身,倒虹吸管如有底孔排水设备,冬季放水后或管内淤积时,应立即开启闸阀,排水冲淤,保持管道畅通。

(7)直径较大的裸露式倒虹吸管,在高温或低温季节要妥善保护,以防发生冻裂、冻胀破坏。

(8)倒虹吸管顶冒水,停水后在内部勾缝填塞处理,严重者挖开填土彻底处理。

3. 跌水和陡坡

(1)防止水流对建筑物本身及下游护坦的冲刷,防止跌坎的崩塌与陡坡的滑塌、鼓起及开裂等现象。

（2）冬季停水期和用水前对下游消力设施应详细检查，及时补修。

（3）冬季停水后应清除池内积水，防止冻裂。

（4）下游护坡与渠道连接处，如有沉陷、裂缝，应及时填土夯实，防止冲刷。

（5）利用跌水、陡坡进行水能利用时，应另修引水口，不可在跌水口上游任意设闸壅水。

（6）为了防止跌水、陡坡下游冲刷范围的扩大，可采用护坦后加长砌石的办法，其砌护长度一般为原消力池护坦长度的3~6倍，以保证下游渠道的安全。

4. 涵洞与涵管

（1）出口如有冲刷或气蚀损坏现象，应及时处理。

（2）尽量避免在明流、满流过渡状态下运行，每次充水或放空过程中应缓慢进行，不可猛减流量，以免洞内产生超压、负压、水锤等现象而引起损坏。

（3）洞内不使用的工作支洞和灌浆管道等应清理并堵塞严实，如有漏水现象，应立即停水处理。

（4）洞身如有坍塌、渗漏，应查明原因，进行处理。

（5）洞顶部或洞顶岩石厚度小于3倍洞径的隧洞顶部，禁止堆放重物或修建其他建筑物。

（6）渠道下的涵管应特别注意涵洞顶渠道的渗漏，防止涵管周围填料被淘刷流失，造成基础沉陷、建筑物悬空，或涵管崩裂。

（7）涵洞放水时，如发现涵洞振动、流水混浊或其他异常现象，应立即停止放水，查明原因后即作处理。

5. 桥梁

（1）桥梁旁边应设置标志，标明其载重能力和行车速度，禁止超负荷的车辆通行。

（2）通车桥梁栏杆两端，应埋设大块石料或混凝土桩，防止车辆撞坏栏杆。

（3）钢筋混凝土桥或砌石桥梁，应定期进行桥面养护或填土修路工作，要防止桥面裸露而被磨损。

（4）钢结构桥梁，应定期进行涂刷防腐剂、检查各部位构件损坏及维修更换等工作。

（5）桥梁前及桥孔内的柴草、碎渣、冰块等应及时清除打捞，防止阻塞壅水。

（6）桥孔上下游护坡、护底应经常检查，如有淘空、掉块、砌石松动或勾缝脱落等现象，应及时整修，使桥身完整，水流畅通。

6. 特设量水设备

（1）经常检查水标尺的位置与高程，如有错位、变动的，应及时修复，水标尺刻画不清晰的，要描画清楚，以便于准确观测。

（2）经常注意检查量水设备上下游冲刷或淤积情况，如有淤积或冲刷，要及时处理，尽量恢复原来水流状态，以保持其精度。

（3）定期检查边墙、翼墙、底板等部位有无淘空、冲刷、沉陷、错位等状况,发现后及时修复。

（4）有钢、木结构的量水设备,应注意各构件连接部位有无松动、扭曲、错位等情况,发现问题及时修理,并要定期涂料防腐、防锈,以延长使用年限。

（5）配有观测井的量水设备,要定期清理观测井内杂物,并经常疏通观测井与渠道水的连通管道,使量水设备经常处于完好状态。

项目二　水工建筑物

工作任务一　水工建筑物概述

人类需要适时适量的水,水量偏多或偏少往往造成洪涝或干旱等灾害,旱、涝灾害一直是世界自然灾害中损失最大的两种灾害。水资源受气候影响,在时间、空间上分布不均匀,不同地区之间、同一地区年际之间及年内汛期和枯水期的水量相差很大。例如,我国内陆的某些地区干旱少雨,而东南沿海季风区则雨水充沛;同一地区,汛期（东部地区的北方,一般为6—9月,南方5—8月）可集中全年雨量的60%～80%,而汛期中最大一个月的雨量又占全年的25%～50%,因而,出现了来水和用水之间不相适应。国民经济各用水部门为了解决这一矛盾,实现水资源在时间上、地区上的重新分配,做到蓄洪补枯、以丰补缺,消除水旱灾害,发展灌溉、发电、供水、航运、养殖、旅游和维护生态环境等事业,都需要因地制宜地修建必要的蓄水、引水、提水或跨流域调水工程,以使水资源得到合理的开发、利用和保护。对自然界的地表水和地下水进行控制和调配,以达到除害兴利目的而兴建的各项工程,总称为水利工程。

一、水利枢纽与水利工程

图2-22是位于湖北省巴东县境内清江上的水布垭水利枢纽工程布置图。这是一座以发电、防洪为主,兼有其他效益的综合利用的大型水利工程。水库总库容45.8亿 m³,最大

坝高 233m,是目前世界最高的混凝土面板堆石坝,电站装机容量为 1600MW。

枢纽主要由混凝土面板堆石坝、溢洪道、地下电站、放空洞以及导流洞等建筑物组成。从水布垭水利枢纽工程实例可以看出,为了获得发电、防洪等方面的效益,需要在河流的适宜河段修建不同类型的建筑物,用来控制和分配水流,这些建筑物统称为水工建筑物,而不同类型水工建筑物组成的综合体称为水利枢纽。

一个水利枢纽的功能可以是单一的,如防洪、发电、灌溉、引水等,但多数是兼有几种功能的,称为综合利用水利枢纽。水利枢纽按其所在地貌形态分为平原地区水利枢纽和山区(包括丘陵区)水利枢纽;也可按承受水头的大小分为高、中、低水头水利枢纽。有些水利枢纽常以其主体工程(坝或水电站)或形成的水库名称来命名,如埃及的阿斯旺高坝、中国的新安江水电站及官厅水库等。

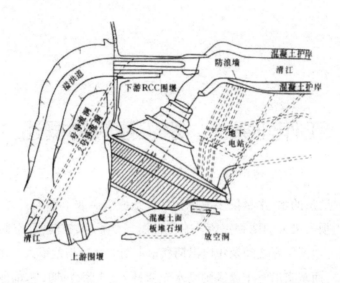

图 2-22　某水利枢纽工程布置图

二、水工建筑物的分类

(1)按用途及作用分类

水工建筑物按用途可分为多种用途的一般建筑物和专门用途的专门建筑物两大类。

1. 一般建筑物

1)挡水建筑物。用以拦截江河,形成水库或壅高水位,如各种坝和水闸;以及为抗御洪水或挡潮,沿江河海岸修建的堤防、海塘等。

2)泄水建筑物。用以宣泄多余水量、排放泥沙和冰凌,或为人防、检修而放空水库、渠道等,以保证坝和其他建筑物的安全。如各种溢流坝、坝身泄水孔;又如各式岸边溢洪道和泄水隧洞等。

3)输水建筑物。为满足灌溉、发电和供水的需要,从上游向下游输水用的建筑物,如引水隧洞、引水涵管、渠道、渡槽等。

4)取(进)水建筑物。输水建筑物的首部建筑,如引水隧洞进口段、灌溉渠首和供水用的进水闸、扬水站等。

5)整治建筑物。用以改善河流的水流条件,调整水流对河床及河岸的作用以及防护水库、湖泊中的波浪和水流对岸坡的冲刷,如丁坝、顺坝、导流堤、护底和护岸等。

2.专门建筑物。为灌溉、发电、过坝需要而兴建的建筑物,如专为发电用的压力前池、调压室、电站厂房;专为灌溉用的沉沙池、冲沙闸;专为过坝用的船闸、升船机、鱼道、过木道等。

应当指出的是,有些水工建筑物的功能并非单一,难以严格区分其类型,例如,各种溢流坝,既是挡水建筑物,又是泄水建筑物;水闸既可挡水,又可泄水,有时还可作为灌溉渠首或供水工程的取水建筑物。

(二)按使用期限及重要性进行分类

按建筑物的使用期限分类,可分为永久性建筑物和临时性建筑物。

(1)永久性建筑物,是指运行期间长期使用的建筑物。依其重要性又分为:

1)主要建筑物。是工程的主体建筑物,其失事将造成灾害或严重影响工程效益。如挡水坝(闸)、泄洪建筑物、取水建筑物及电站厂房等。

2)次要建筑物。是指其失事后不致造成灾害或对工程效益影响不大、易于修复的附属建筑物。如挡土墙、分流墩及护岸等。

(2)临时性建筑物。是指工程施工期间使用的建筑物,如施工围堰、导流建筑物、临时房屋等。

水工建筑物分类的重要性在于,确定了工程(枢纽)的建筑物组成后,要根据其功能先定工程(枢纽)等别,再定各建筑物级别。级别不同则相应的水利工程设计7个主要方面的安全要求(①洪水标准;②安全超高;③稳定与强度;④防火;⑤抗震;⑥抗冰冻;⑦劳动安全等均不同。建筑物级别是工程设计的根本依据。

(三)水利工程的特点

水利工程与一般土建工程相比,除了工程量大、投资多、工期长之外,还具有以下几方面的特点:

(1)工作条件复杂

地形、地质、水文、社会经济、施工等条件对选定坝址、闸址、洞线、枢纽布置和水工建筑物的形式等都有极为密切的关系。具体到每一个工程都有其自身的特定条件,因而水利枢纽和水工建筑物都具有一定的个性。

水文条件对工程规划、枢纽布置、建筑物的设计和施工都有重要影响,要在有代表性、一致性和可靠性资料的基础上进行合理的分析与计算,以做出正确的估计。

水工建筑物的地基,有的是岩基,有的是土基。在岩基中,经常遇到节理、裂隙、断层、破碎带、软弱夹层等地质构造;在土基中,可能遇到压缩性大的土层或流动性较大的细砂层。为此,设计前必须进行周密的勘测,做出正确的判断,以便为建筑物选型和地基处理提供可靠的依据。

由于上、下游水位差,挡水建筑物要承担相当大的水压力,为了保证安全,建筑物及其地基必须具有足够的强度和稳定性。与此同时,库水从坝基、岸边和坝体向下游渗流形成的渗流压力不仅对建筑物的稳定和强度不利,而且还可能由于物理和化学的作用使坝基受到破坏。另外,渗流对地下工程(隧洞、调压室、埋藏式压力钢管、地下厂房等)产生的外水压力,也应作为一项主要荷载。

由泄水建筑物下泄的水流能量大,而且集中,对下游河床及岸坡具有很大的冲淘作用,必须采取适当的消能及防护措施。对高水头泄水建筑物,还需处理好由于高速水流带来的一系列问题,如空蚀、掺气、脉动和振动,以及挟沙水流对过水表面的磨蚀等。

在多泥沙河流上修建水库,泥沙淤积不仅会减小有效库容,缩短水库寿命,而且还将由于回水延长和抬高,产生其他一些不利影响。在含沙量较大的河流上修建水利枢纽时,如何防沙、排沙、减小淤积是一个值得重视的问题。地震时,建筑物要承受地震惯性力,库水、淤沙对建筑物还将产生附加的地震动水压力和动土压力。

(2)受自然条件制约,施工难度大

在河道中兴建水利工程,首先,需要解决好施工导流,要求施工期间,在保证建筑物安全的前提下,让河水顺利下泄,这是水利工程设计和施工中的一个重要课题;其次,工程进度紧迫,截流、度汛需要抢时间、争进度,否则就要拖延工期;第三,施工技术复杂,如大体积混凝土的温控措施和复杂地基的处理;第四,地下、水下工程多,施工难度大;第五,交通运输比较困难,特别是高山峡谷地区更为突出等。

(3)效益大,对环境影响也大

一方面,水利工程,特别是大型水利枢纽的兴建,对发展国民经济、改善人民生活具有重大意义,对美化环境也将起到重要作用。例如,丹江口水利枢纽建成后,防洪、发电、灌溉、航运和养殖等效益十分显著,在防洪方面,大大减轻了汉江中、下游的洪水灾害;装机容量90万kW,自1968年10月开始发电至1983年年底,已发电524亿kW·h,经济效益达34亿元,相当于工程总造价的4倍。另一方面,由于水库水位抬高,在库区内造成淹没,需要移民和迁建;库区周围地下水位升高,对矿井、房屋、耕地等产生不利影响;由于水质、水温、湿度的变化,改变了库区小气候,并使附近的生态平衡发生变化;在地震多发区修建大、中型水库,有可能诱发地震等。

（4）失事后果严重

作为蓄水工程主体的坝或江河的堤防，一旦失事或决口，将会给下游人民的生命财产和国家建设带来重大的损失。据统计，近年来世界上每年的垮坝率虽较过去有所降低，但仍在0.2%左右。例如，1975年8月，我国河南省遭遇特大洪水，加之板桥、石漫滩两座水库垮坝，使下游1100万亩农田受淹，京广铁路中断，死亡达9万人，损失惨重。又如，1993年8月青海省沟后水库垮坝，使下游农田受淹，房屋倒塌，死亡320余人。

三、水利水电工程分等和水工建筑物分级

（一）水利水电工程分等

水利工程是改造自然、开发水资源的举措，能为社会带来巨大的经济效益和社会效益。例如，我国沿海地区，20世纪90年代初1m³/s供水量一年可获得20亿元的产值，1亿kW·h电可生产1亿元产品。随着社会经济的发展，这种关系还将越来越紧密。但是，这种紧密的经济结构有其脆弱的一面，即不宜承受水利设施失效的影响。水利工程工作失常，会直接影响经济收益，而工程失事，将给社会带来巨大的财产损失和人为的灾害。直接损失尚可估量，间接损失就更为严重。水利是国民经济的基础产业，工作失常会导致社会经济运转受到阻滞和破坏，甚至形成社会问题。因此，应从社会经济全局的利益出发，高度重视工程安全，将之与经济性合理地统一考虑。有关规范将水利水电工程按重要性分等，将枢纽中的建筑物分级，就是体现了这种意图。

根据《水利水电工程等级划分及洪水标准》（SL 252—2000）的规定，水利水电枢纽工程的等别，根据其工程规模、效益和在国民经济中的重要性划分为五等，按表2-23中，表2-24中的防洪分等指标中，城市和工矿的重要性，参考表2-25确定。

表2-23 水利水电工程分等指标

| 工程等别 | 工程规模 | 水库总库容/亿m³ | 防洪 | | 治涝 | 灌溉 | 供水 | 发电 |
			保护城镇及工矿企业的重要性	保护农田/万亩	治涝面积/万亩	灌溉面积/万亩	供水对象重要性	装机容量/万kW
Ⅰ	大（1）型	≥10	特别重要	≥500	≥200	≥150	特别重要	≥120
Ⅱ	大（2）型	10~1.0	重要	500~100	200~60	150~50	重要	120~30
Ⅲ	中型	1.0~0.10	中等	100~30	60~15	50~5	中等	30~5
Ⅳ	小（1）型	0.10~0.01	一般	30~5	15~3	5~0.5	一般	5~1
Ⅴ	小（2）型	0.01~0.001		<5	<3	<0.5		<1

注：1.水库总库容指水库最高水位以下的静库容。

2.治涝面积和灌溉面积均指设计面积。

在表 2-23 中,对于综合利用的水利水电工程,如按表中分等指标分属几个不同等别时,整个工程的等别应以其中的最高等别为准。表 2-23 中的供水工程指直接从江河取水的取水工程、区域引水或跨流域调水的总干渠工程等。供水对象主要为城镇、工矿企业,也常包括一部分农业灌区。供水对象重要性指标也参考表 2-25 确定。

（二）水工建筑物级别

水利水电枢纽工程中的水工建筑物,根据其所属工程等别、使用期限及其在工程中的作用划分。永久性水工建筑物级别按所属工程等别及其在工程中的重要性划分为五级,可按表 2-2 确定。对于施工期使用的临时性挡水和泄水建筑物的级别,按表 2-3 确定。在表 2-3 中,当临时性水工建筑物根据表中指标分属不同级别时,其级别应按其中最高级别确定。但对 3 级临时性水工建筑物,符合该级别规定的指标不得少于两项。

表 2-24 永久性水工建筑物级别

工程等别	Ⅰ	Ⅱ	Ⅲ	Ⅳ	Ⅴ
主要建筑物	1	2	3	4	5
次要建筑物	3	3	4	5	5

表 2-25 临时性水工建筑物级别

级别	保护对象	失事后果	使用年限/年	临时性水工建筑物规模 高度/m	库容/亿 m³
3	有特殊要求的 1 级永久性水工建筑物	淹没重要城镇、工矿企业、交通干线或推迟总工期及第一台(批)机组发电,造成重大灾害和损失	>3	>50	>1.0
4	1、2 级永久性水工建筑物	淹没一般城镇、工矿企业或影响工程总工期及第一台(批)机组发电而造成较大经济损失	3~1.5	50~15	1.0~0.1
5	3、4 级永久性水工建筑物	淹没基坑,但对总工期及第一台(批)机组发电影响不大,经济损失较小	<1.5	<15	<0.1

表 2-26　城镇及工矿企业分类表

城镇			工矿企业	
重要性	规模	非农业人口/万人	规模	货币指标/亿元
特别重要	超大、特大城市	≥100	特大型	≥50
重要	大城市	100~50	大型	50~5
中等	中等城市	50~20	中型	5~0.5
一般	小城市	<20	小型	<0.5

注：工矿企业货币指标为年销售收入和资产总额，两者均必须满足要求。

(三)级别的调整

确定建筑物级别的主要依据是表 2-23 和表 2-24。在特殊情况下,经过充分论证,可适当提高或降低建筑物的级别。对于表 2-24 中的主要永久性水工建筑物,在下列情况,经过论证并报批准,对其级别可作适当调整:对建筑物失事后损失巨大或影响十分严重的 2~5 级主要永久性水工建筑物,可提高一级;对于 2 级、3 级永久性水工建筑物,如坝高超过表 2-27 所示指标,则其级别可提高一级,但洪水标准可不提高;当建筑物基础的工程地质条件复杂或采用新型结构时,对 2~5 级建筑物可提高一级设计,但洪水标准不予提高;对于失事后造成损失不大的水利水电工程 1~4 级主要永久性水工建筑物,可降低一级。

表 2-27　水库大坝提级指标　　　　　　　　　　　　　　单位:m

级别	坝型	坝高	级别	坝型	坝高
2	土石坝	90	3	土石坝	70
	混凝土坝、浆砌石坝	130		混凝土坝、浆砌石坝	100

当利用临时性水工建筑物挡水发电、通航时,经过技术经济论证,3 级以下临时性水工建筑物的级别可提高一级。简言之就是,定等应就高,定级可少变,变级不变等。

水利水电工程中常包括通航、过木、桥梁和渔业等建筑物,这些建筑物的级别划分,还应符合国家现行的其他有关标准。

对不同级别的水工建筑物,在抗御洪水能力、结构强度和稳定性、建筑材料和运行可靠性等方面有着不同的要求。即使同一级别的水工建筑物,当采用不同形式时,其要求也有所不同,这些不同要求将在以后各章中分别加以叙述。

工作任务二 重力坝

一、重力坝的概述

重力坝是用混凝土或石料等材料修筑,主要依靠坝体自重保持稳定的坝。重力坝按其结构形式可分为实体重力坝、宽缝重力坝和空腹重力坝;按是否溢流可分为溢流重力坝和非溢流重力坝;按筑坝材料可分为混凝土重力坝和浆砌石重力坝。

(一)重力坝的工作原理及特点

重力坝在水压力及其他荷载作用下,主要依靠坝体自重产生的抗滑力来满足稳定要求,同时依靠坝体自重产生的压应力来抵消由于水压力所引起的拉应力以满足强度要求。重力坝基本剖面呈三角形。在平面上,坝轴线通常呈直线,有时为了适应地形、地质条件,或为了枢纽布置上的要求,也可布置呈折线或曲率不大的拱向上游的拱形。为了适应地基变形、温度变化和混凝土的浇筑能力,沿坝轴线用横缝将坝体分隔成若干个独立工作的坝段,如图2-23所示。

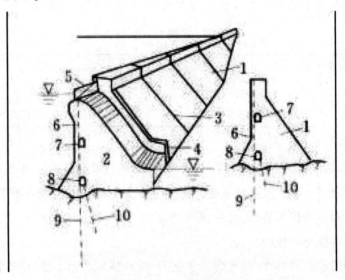

图2-23 重力坝示意图

1-1-非溢流重力坝;2-溢流重力坝;3-横缝;4-导墙;5-闸门;6-坝体排水管;

1-2-7-交通、检查和坝体排水廊道;8-坝基灌浆、排水廊道;9-防渗帷幕;

10-坝基排水孔幕

重力坝之所以得到广泛采用,是因其具有以下几方面的优点:

(1)结构作用明确,设计方法简便,安全可靠。重力坝沿坝轴线用横缝分成若干坝段,各坝段独立工作,结构作用明确,稳定和应力计算都比较简单。重力坝剖面尺寸大,坝内应力较低,而筑坝材料强度高,耐久性好,因而抵抗洪水漫顶、渗流、地震和战争破坏的能力都比较强。据统计,在各种坝型中,重力坝的失事率是较低的。

(2)对地形、地质条件适应性强。任何形状的河谷都可以修建重力坝。因为坝体作用于地基面上的压应力不高,所以对地质条件的要求也较拱坝低,甚至在土基上也可以修建高度不大的重力坝。

(3)枢纽泄洪问题容易解决。重力坝可以做成溢流的,也可以在坝内不同高度设置泄水孔,一般不需另设溢洪道或泄水隧洞,枢纽布置紧凑。

(4)便于施工导流。在施工期可以利用坝体导流,一般不需要另设导流隧洞。

(5)施工方便。大体积混凝土,可以采用机械化施工,在放样、立模和混凝土浇筑方面都比较简单,并且补强、修复、维护或扩建也比较方便。

与此同时,重力坝也存在以下一些缺点:

(1)坝体部面尺度大,材料用量多。

(2)坝体应力较低,材料强度不能充分发挥。

(3)坝体与地基接触面积大,相应坝底扬压力大,对稳定不利。

(4)坝体体积大,由于施工期混凝土的水化热和硬化收缩,将产生不利的温度应

(5)力和收缩应力,因此,在浇筑混凝土时,需要有较严格的温度控制措施。

(二)重力坝的类型

重力坝通常根据坝的高度、筑坝材料、泄水条件和断面的结构形式进行分类。

(1)按坝的高度分类。重力坝按坝的最大高度(不包括小局部深度)分为低坝、中坝、高坝。坝高小于30m的为低坝,坝高30~70m的为中坝,坝高大于70m的为高坝。

(2)按筑坝材料分类。按坝体的建筑材料,分为混凝土重力坝和浆砌石重力坝。重要的和较高的重力坝,大都用混凝土建造,有浇筑的(常规的、埋石的)和碾压的之分。

(3)按泄水条件分类。一座重力坝往往是河床中部坝段溢流,其余坝段不溢流。其中溢流部分称为溢流坝段,不溢流部分则称为非溢流坝段。

(4)按坝的结构形式分类。有实体重力坝、空腹重力坝和宽缝重力坝等之分。实体重力坝构造简单,对地形、地质条件适应性强;空腹和宽缝重力坝,也称非实体重力坝,都是为了有效地减少扬压力,较好地利用材料强度,以节省坝体工程量。

(三)重力坝的组成

坝体:通常由溢流坝段及坝顶建筑物、非溢流坝段及坝顶建筑物和坝内各种孔口组成。

（四）重力坝的工作条件

任何形状的河谷都可以修建重力坝。地质条件要求也较低,土基上也可以修建高度不大的重力坝。

重力坝对岩基的要求:有足够的强度、抗压缩和整体均匀性,能承受建筑物的压力,保证抗滑稳定,且不产生过度的位移和沉陷;足够的抗渗、耐久性,减少扬压力和渗漏量,不在长期侵蚀下恶化。地基处理的主要任务:防渗;提高基岩的强度和整体性。岩基加固和防渗处理的方法有开挖清基、固结灌浆、帷幕灌浆和软弱带的处理等。

二、重力坝的荷载及组合

（一）作用与荷载

作用是指外界环境对水工建筑物的影响。进行结构分析时,如果开始即可用一个明确的外力来代表外界环境的影响,则此作用(外力)可称为荷载。一部分作用在结构分析开始时不能用力来代表,它的作用力及其产生的作用效应只能在结构分析中同步求出,例如,温度作用、地震作用等。作用分为:①永久作用,如结构物自重、土压力;②可变作用,如各种水荷载、温度作用;③偶然作用,如地震作用、校核洪水。为了与工程界习惯一致,除地震作用和温度作用外,其他作用可用外力来代表,则直接称为荷载。

重力坝承受的荷载与作用主要有:①自重(包括固定设备重);②静水压力;③扬压力;④动水压力;⑤浪压力;⑥泥沙压力;⑦冰压力;⑧土压力;⑨地震作用;⑩温度作用等。

1. 自重

建筑物的重量可以较准确地算出,材料容重应实地量测或参考荷载规范定出。

2. 静水压力

静水压力随上、下游水位而定。静水压强 p 为:

$$p = \gamma h (\text{kPa})$$

式中:h 为水面以下的深度,m;γ 为水的容重,一般取 9.81kN/m^3。

水深为 H 时,单位宽度上的水平静水压力 P 为:

$$P = \frac{1}{2}\gamma H^2 (\text{kN})$$

斜面、折面、曲面承受的总静水压力,除水平静水压力外,还应计入其垂直分力(即水重或上浮力),如图 2-24 所示。

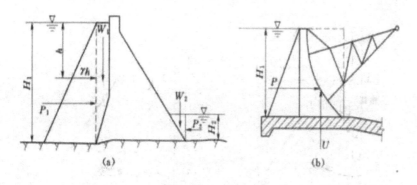

图 2-24 静水压力

3. 扬压力

扬压力包括上浮力及渗流压力。上浮力是坝体在下游水位以下部分受到的浮力;渗流压力是在上、下游水位差作用下,水流通过基岩节理、裂隙而产生的向上的静水压力。

因为岩体中节理裂隙的产状十分复杂,所以,地基内的渗流以及作用于坝底面的渗流压力也难以准确确定。图 2-25 是由实测得出的坝底面渗流压力分布图(以下游水位为基准线)。目前在重力坝设计中采用的坝底面扬压力分布图形见图 2-26(a),图中 abcd 是下游水深产生的浮托力;defc 是上、下游水位差产生的渗流压力。在排水孔幕处的渗流压力为 arH,其中,H 为上、下游水位差;a 为扬压力折减系数,与岩体的性质和构造、帷幕的深度和厚度、灌浆质量、排水孔的直径、间距和深度等因素有关。我国 SL 319—2005《混凝土重力坝设计规范》规定:河床坝段 a=0.2~0.25;岸坡坝段 a=0.3~0.35。坝体内各计算截面上的扬压力,因坝身排水管幕有降低渗压的作用,计算图形如图 2-26(b)所示。SL 319—2005《混凝土重力坝设计规范》规定在排水管幕处的折减系数 a_3 值宜采用 0.15~0.2。

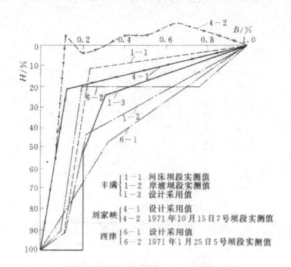

图 2-25 实测坝底面渗流压力分布图

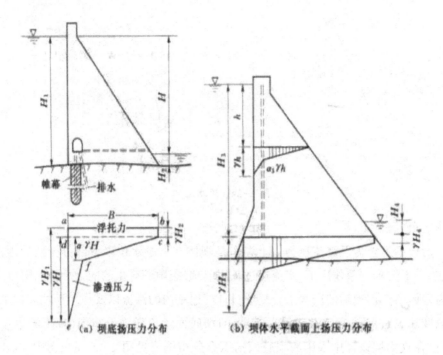

图 2-26　设计采用的扬压力计算简图

混凝土坝体和地基岩体都是透水性材料,在已经形成稳定渗流场的条件下,坝体和地基承受的渗流压力应按渗流体积力计算。近年来在重力坝计算中已开始采用有限元法,并按照渗流体积力计算重力坝的渗流压力。

4. 动水压力

当水流流经曲面(如溢流坝面或泄水孔洞的反弧段),由于流向改变,在该处产生动水压力,如图 2-27 所示。

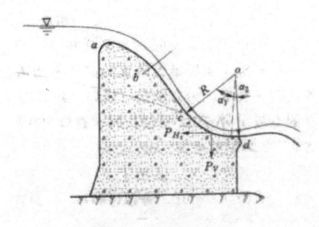

图 2-27　动水压力计算简图

由动量方程可求得单宽反弧段上的动水压力分量

$$P_H = \frac{\gamma q}{g} V (\cos a_2 - \cos a_1)$$

$$P_V = \frac{\gamma q}{g} V (\sin a_1 - \sin a_2)$$

式中：P_H、P_V 分别为总动水压力的水平和铅直分量，kN；a_1、a_2 分别为反弧最低点两侧弧段所对的中心角，(°)；q 为单宽流量，$m^3/(s \cdot m)$；v 为水的容重，kN/m^3；g 为重力加速度，m/s^2；V 为水的流速，m/s。

合力作用点可近似地取在反弧中点。

5.波浪压力

波浪作用使重力坝承受波浪压力，而波浪压力与波浪要素和坝前水深等有关。波浪的几何要素如图 2-28 所示，波高为 h_L，波长为 L，波浪中心线高于静水面产生的壅高为 h_s。波高、波长和壅高合称为波浪三要素。当波浪推进到坝前，由于铅直坝面的反射作用而产生驻波，波高为 $2h_t$，而波长仍保持 L 不变。

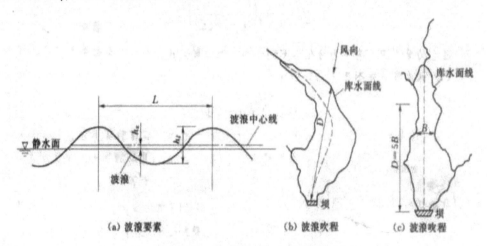

图 2-28　波浪几何要素及吹程

影响波浪形成的因素很多，目前主要用半经验公式确定波浪要素。SL. 319-2005《混凝土重力坝设计规范》对峡谷水库和平原水库分别介绍了适用公式。官厅水库公式为

$$h_l = 0.0166 V_0^{5/4} D^{1/3} (m)$$

$$L = 10.4 (h_l)^{0.8} (m)$$

$$h_s = \frac{\pi h_1^2}{L} \text{cth} \frac{2\pi H}{L}$$

式中：V_0 为计算风速，m/s，是指水面以上 10m 处 10min 的风速平均值水库为正常蓄水位和设计洪水位时，宜采用相应季节 50 年重现期的最大风速，校核洪水位时，宜采用相应洪

水期最大风速的多年平均值;D 为风作用于水域的长度,km,称为吹程或风区长度,为自坝前(风向)到对岸的距离,当吹程内水面有局部缩窄,若缩窄处的宽度 B 小于 12 倍波长时,近似地取吹程 D=5B(也不小于自坝前到缩窄处的距离);H 为坝前水深,m。

官厅水库公式,适用于 $V_0<20m/s$ 及 $D<20km$ 的山区峡谷水库。波高 h_1,当 $gD/V=20\sim250$ 时,为累计频率 5% 的波高 $h_5\%$;当 $gD/V_0^2=250\sim1000$ 时,为累计频率 10% 的波高 $h_{10\%}$。

事实上,波浪系列是随机性的,即相继到来的波高有随机变动,是个随机过程。天然的随机波列用其统计特征值表示,如超值累计概率(又称保证率)为 P 的波高值以 h_p 表示。不同累计频率 P(%)下的波高 hp 可参照 SL274-2001《碾压式土石坝设计规范》有关表格求得。

当坝前水深大于半波长,即 $H>Lm/2$ 时,波浪运动不受库底的约束,这种条件下的波浪称为深水波。水深小于半波长而大于临界水深 H_0,即 $Lm/2>H>H_0$ 时,波浪运动受到库底影响,称为浅水波。水深小于临界水深,即 $H<H_0$ 时,波浪发生破碎,称为破碎波临界水深 H_0 的计算公式为

$$H_0=\frac{L_m}{4\pi}\ln\left(\frac{L_m+2\pi h_{1\%}}{L_m-2\pi h_{1\%}}\right)$$

波态情况不同,浪压力分布也不同,浪压力计算公式为

(1)深水波,如图 2-29(a)所示。

$$P_l=\frac{\gamma L_m}{4}(h_{1\%}+h_z)$$

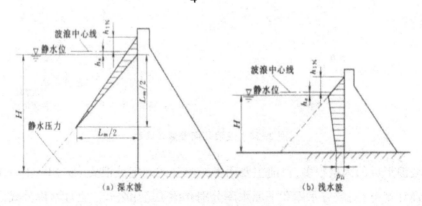

图 2-29　波浪压力分布

(2)浅水波,如图 2-28(b)所示。

$$P_l=\left[(h_{1\%}+h_s)(\gamma H+p_{ls})+Hp_{ls}\right]/2$$

$$p_{ls}=\gamma h_{1\%}\text{sech}\frac{2\pi H}{L_m}$$

式中:p_{ls} 为建筑物基面处浪压力的剩余强度。

6. 土压力及泥沙压力

当建筑物背后有填土或淤沙时,随建筑物相对于土体的位移状况,将受到不同的土压力作用。建筑物向前侧移动时,承受主动土压力;向后侧移动时,承受被动土压力;不动时,承受静止土压力。

水库蓄水后,流速减缓,河流挟带的粗颗粒泥沙将首先淤积在水库的尾部,细颗粒可被带到坝前,极细颗粒随泄水排到下游。随着水库逐渐淤积,最终粗颗粒泥沙也将到达坝前,并泄到下游,水库达到新的冲淤平衡。水库淤积(包括坝前泥沙淤积)是河床泥沙冲淤演变的产物,其分布情况与河流的水沙情况、枢纽组成及布置、坝前水流流态及水库运用方式关系密切。统计表明,当水库库容与年入沙量的比值大于100时,水库淤积缓慢,一般可不考虑泥沙淤积的影响;当该比值小于30时,工程淤沙问题比较突出,应将淤沙压力视为基本荷载,可按水库达到新的冲淤平衡状态的条件推定坝前淤积高程。一般情况下,应通过数学模型计算及物理模型试验,并比照类似工程经验,分析推定设计基准期内坝前的淤积高程。

低高程的泄水孔或电站进水口附近,淤沙形成漏斗状,可取进水口底高程作为漏斗底,考虑漏斗侧坡来确定坝前沿的局部坝段的淤积高程。我国利用泄洪底孔排泄泥沙异重流的方法(蓄清排浑),能有效地保存水库的工作库容。

淤沙的容重及内摩擦角与淤积物的颗粒组成及沉积过程有关。淤沙逐渐固结,容重与内摩擦角也逐年变化,而且各层不同,使得泥沙压力不易准确算出,一般按下式计算。

$$P_s = \frac{1}{2}\gamma_{sb}h_s^2\tan^2\left(45°\frac{\varphi_s}{2}\right)$$

式中:P_s 为坝面单位宽度上的水平泥沙压力,kN/m;v_s 为淤沙的浮容重,kN/m³;h_s 为坝段前泥沙淤积厚度,m;φ_s 为淤沙的内摩擦角,(°)。

黄河流域几座水库泥沙取样试验结果,浮容重为 7.8~10.8kN/m³。淤沙以粉砂和沙粒为主时,φ_s 为 26°~30°;淤积的细颗粒土的孔隙率大于 0.7 时,内摩擦角接近于零。

7. 冰压力和冰冻作用

冰压力分为静冰压力和冻冰压力两种,可参照 SL 319—2005《混凝土重力坝设计规范》、DL 5077—1997《水工建筑物荷载设计规范》和 DL/T 5082—1998《水工建筑物抗冰冻设计规范》等有关条文加以确定。

(1)静冰压力

在寒冷地区的冬季,水库表面结冰,冰层厚度自数厘米至1m以上。当气温升高时,冰层膨胀,对建筑物产生的压力称为静冰压力。静冰压力的大小与冰层厚度、开始升温时的气温及温升率有关,可参照表2-26确定。静冰压力作用点在冰面以下1/3冰厚处。

表 2-28　静冰压力

冰厚/m	0.4	0.6	0.8	1.0	1.2
静冰压力/(kN·m⁻¹)	85	180	215	245	280

注：对小型水库冰压力应乘以 0.87，对大型平原水库乘以 1.25。

（2）冻冰压力

（1）冰块垂直或接近垂直撞击在坝面产生的动冰压力可按下式计算

$$F_{b1} = 0.07 V_i d_i \sqrt{A f_k}$$

式中：F_{b1} 为冰块撞击坝面的动冰压力，MN；V_i 为冰块流速，应按实测资料确定，无实测资料时，对于水库可取流冰期内保证率为 1% 的风速的 3%，一般不超过 0.6m/s，对于过冰建筑物可采用建筑物前流冰的行进速度；d_i 为计算冰厚，取当地最大冰厚的 0.7～0.8 倍，m；A_i 为冰块面积，m²；f_{ic} 为冰块的抗压强度，宜由试验确定，当无试验资料时，对水库可采用 0.3MPa，对于河流，流冰初期可采用 0.45MPa，后期可采用 0.3MPa。

（2）冰块撞击在闸墩产生的动冰压力可按下式计算

$$F_{b2} = m f_{ib} b d_i$$

式中：F_{b2} 为冰块撞击闸墩的动冰压力，MN；f_{ib} 为冰块的挤压强度，流冰初期可取 0.75MPa，后期可取 0.45MPa；b_i 为建筑物在冰作用处的宽度，m；m 为与闸墩前沿平面形状有关的系数，对于半圆形墩头 m 可取 0.9，对于矩形墩头 m 可取 1.0，对于三角形墩头 m 可按有关规范选取；d_i 为计算冰厚。

对于低坝、闸墩或胸墙等，冰压力有时会成为重要的荷载。例如，20 世纪 30 年代在黑龙江省建成的一座 7m 高的混凝土坝即被 1m 厚的冰层所推断。流冰作用于独立的进水塔、墩、柱上的冰压力，也会对建筑物产生破坏作用。实际工程中应注意在不宜承受冰压力的部位，例如，闸门、进水口等处应加强采取防冰、破冰措施。

（3）冰冻作用

严寒使地基土中的水分结冰成为冻土，冻土层内的土体冻胀，受到建筑物和下面未冻土层的约束，将对建筑物或其保护层形成冻胀力，使之变位，甚至失稳、破坏。

冻土融化时，强度骤减，严重时可使建筑物受到破坏。因此，在设计寒冷地区的水工建筑物时，要遵循有关规范的规定。

8. 温度作用

坝体混凝土温度变化会产生膨胀或收缩，当变形受到约束时，将会产生温度应力。结构由于温度变化产生的应力、变形、位移等，称为温度作用效应。

热量的来源主要为气温、日照、水温以及水泥的水化热等。

坝体外界气温的年周期变化过程可用下式表示。

$$T_a = T_{am} + A_a \cos\omega(\tau - \tau_0)$$

式中：T_a 为多年月平均气温，℃；τ 为时间变量，月；τ_0 为初始相位，对于高纬度地区（纬度大于 30°），取 $\tau_0 = 6.5$（月），对于低纬度地区，取 $\tau_0 = 6.7$（月）；ω 为圆频率，$\omega = 2\pi/12, 1/$月；T_{am} 为多年年平均气温，℃；A_a 为多年平均气温年变幅，℃。

气温的短周期变化，如旬变化、日变化，在混凝土体内影响很浅，仅能使结构产生表面裂缝。

水库的水温受气温、来水情况、水库水下地貌和水库运行方式的影响，需要具体分析，但据多个水库实测记录的统计分析，水库坝前的年水温过程可用下式表示。

$$T_\omega(y, \tau) = T_{um}(y) + A_\omega(y) \cos\omega[\tau - \tau_0 - \varepsilon(y)]$$

式中：$T_\omega(y, \tau)$ 为水深 y（以 m 计）处，τ 时刻的多年月平均水温；τ_0 为气温年变化的初始相位；$T_{\omega m}(y)$ 为水深 y 处的多年年平均水温；$A_\omega(y)$ 为水深 y 处的多年平均水温年变幅；$\varepsilon(y)$ 为水深 y 处的水温与气温年变化间的相位差。

对于坝前水深超过 $50\sim60$m 的非多年调节水库，$T_{\omega m}$、A_ω、ε 等项可按下式确定。

$$T_{um}(y) = (7.77 + 0.75T_{am})\exp(-0.01y)$$

$$A_\omega(y) = (2.94 + 0.778A_a^*)\exp(-0.025y)$$

$$\varepsilon(y) = 0.53 + 0.03y$$

式中：A_a 为坝址多年平均气温年变幅，但在寒冷地区（$T_{am} < 10$℃），水库表面在冬季结冰，冰盖减少了水库的热散失，应将 A_a 按下式进行修正。

$$A_a^* = \frac{1}{2}T_{a7} + \Delta a$$

式中：T_{a7} 为 7 月多年平均气温；$\triangle a$ 为阳光辐射所引起的温度增量，可取为 $1\sim2$℃。水库下游水温假定沿水深均匀分布，其年周期变化过程近似于相应的上游水库取水区的水温过程。

受到日光直接照射的结构表面，因阳光辐射热而增温，能使年平均温度提高 $2\sim4$℃，温度年变幅增加 $1\sim2$℃。

大体积混凝土结构在施工期内产生大量的水泥水化热，且不易散发，而混凝土的强度增长缓慢，当气温降低时极易产生表面裂缝甚至贯穿裂缝。混凝土结构的温度变化过程可分为 3 个阶段：①早期，自混凝土浇筑开始至水泥水化热作用基本结束为止；②中期，自水泥水化热作用基本结束起至混凝土冷却到稳定温度止；③晚期，混凝土到达稳定温度后，结构的温度仅随外界温度变化而波动。各期应分别计算所产生的温度作用效应。

混凝土体随其龄期还会产生体积变化，称为自生体积变形，视水泥品种、骨料成分及保养条件而定，可能膨胀，也可能收缩，其作用效应与温度作用相似，一般并入温度作用一起分析。

9. 风作用

风能引发开阔的水域形成波浪。风作用在建筑物表面产生风压力。迎风面为正压,在背风面或角隅还可能产生负压。一般情况可以不计风压,但对高耸孤立的水工建筑物则应予考虑。迎风面基本风压计算公式为

$$\omega_0 = v_0^2 / 1600 \, (\text{kN/m}^2)$$

式中:ω_v。为风速,m/s,取空旷地区、距地面 10m 高度处,30 年一遇的 10min 平均最大风速。

基本风压也可由中国基本风压分布图查定,实际应用时还应考虑结构体形,附近地形、地貌条件,风力沿高度变化及结构物刚性等加以修正。

重力坝设计一般不计入风压,但在计算波浪因素时,其中计算风速的取值应遵循下列规定:①当浪压力参与荷载基本组合时,采用重现期为 50 年的最大风速;②当浪压力参与荷载特殊组合时,采用多年平均年最大风速。

10. 地震作用

地震引发地层表面作随机运动,能使水工建筑物产生严重破坏。破坏情况取决于地震过程特点和建筑物的动态反应特性。

(1)地震惯性力

NB35047—2015《水电工程水工建筑物抗震设计规范》规定:重力坝抗震计算应进行坝体强度和沿建基面的整体抗滑稳定分析。工程抗震类别为甲类,工程抗震类别为乙、丙类但设计烈度Ⅷ度及以上的或坝高大于 70m 的重力坝其地震作用效应采用动力法;设计烈度小于Ⅷ度且坝高小于等于 70m 的可采用拟静力法。以下介绍拟静力法。

一般情况下,水工建筑物可只考虑水平向地震作用。设计烈度为Ⅷ、Ⅸ度的 1、2 级重力坝,应同时计入水平向和竖向地震作用。混凝土重力坝沿高度作用于质点 i 的水平向地震惯性力代表值 E 可按下式计算。

$$F_i = a_h \xi G_{Ei} a_i / g$$

式中:F_i 为作用在质点 i 的水平向地震惯性力代表值,kN;a_h 为水平向设计地震加速度代表值,当设计烈度为Ⅶ、Ⅷ、Ⅹ度时,a_h 分别取 0.1g、0.2g 和 0.4g;为地震作用的效应折减系数,一般取 $=0.25$;G_{Ei} 为集中在质点 i 的重力作用标准值,kN;g 为重力加速度;a_i 为质点 i 的动态分布系数,按下式计算。

$$a_i = 1.4 \times \frac{1 + 4(h_i/H)^4}{1 + 4\sum_{j=1}^{n} \frac{G_{Ej}}{G_E}(h_j/H)^4}$$

式中:n 为坝体计算质点总数;H 为坝高,溢流坝的 H 应算至闸墩顶,m;h_i、h_j 分别为质点 i、j 的高度,m;G_{Ej} 为集中在质点 j 的重力作用标准值,kN;G_E 为产生地震惯性力的建筑物总重力作用的标准值,kN。

当需要计算竖向地震惯性力时,应以竖向地震系数 a_v 代替 a_h。据统计,竖向地震加速度的最大值约为水平地震加速度最大值的2/3,即 $a_v \approx 2/3a_h$。

当同时计入水平和竖向地震惯性力时,竖向地震惯性力还应乘以遇合系数0.5。

(2)地震动水压力

地震时,坝前、坝后的水也随着震动形成作用在坝面上的激荡力。在水平地震作用下,重力坝铅直面上沿高度分布的地震动水压力的代表值为

$$P_\omega(y) = a_h \xi \psi(y) \rho_w H_1$$

式中:$P_\omega(y)$ 为水深 y 处的地震动水压力代表值,kPa;$\psi(y)$ 为水深 y 处的地震动水压力分布系数,按表2-29选用;ρ_ω 为水体质量密度标准值,kN/m^2;H_1 为坝前水深,m;其他符号的意义同前。

表2-29 水深 y 处的地震动水压力分布系数 Ψ(y)

y/H_1	0	0.1	0.2	0.3	0.4	0.5	0.6	0.7	0.8	0.9	1.0
$\psi(y)$	0.00	0.43	0.58	0.68	0.74	0.76	0.76	0.75	0.71	0.68	0.67

(二)荷载组合

设计时,须按照实际情况,考虑不同的荷载组合,按其出现的概率,给予不同的安全系数。作用在坝上的荷载,按其性质可分为基本荷载和特殊荷载。

1. 基本荷载

(1)坝体及其上固定设备的自重。

(2)正常蓄水位或设计洪水位时的静水压力。

(3)相应于正常蓄水位或设计洪水位时的扬压力。

(4)泥沙压力。

(5)相应于正常蓄水位或设计洪水位时的浪压力。

(6)冰压力。

(7)土压力。

(8)相应于设计洪水位时的动水压力。

(9)其他出现概率较大的荷载。

2. 特殊荷载

(1)校核洪水位时的静水压力。

(2)相应于校核洪水位时的扬压力。

(3)相应于校核洪水位时的浪压力。

(4)相应于校核洪水位时的动水压力。

（5）地震作用。

（6）其他出现概率很小的荷载。

荷载组合可分为基本组合与特殊组合两类。基本组合按设计情况或正常情况,由同时出现的基本荷载组成。特殊组合属校核情况或非常情况,由同时出现的基本荷载和一种或几种特殊荷载组成。设计时,应从这两类组合中选择几种最不利的、起控制作用的组合情况进行计算,使之满足规范中规定的要求。

表2-3为SL 319—2005《混凝土重力坝设计规范》中所规定的几种组合情况。

表2-30　荷载组合

荷载组合	主要考虑情况	荷载										附注
		自重	静水压力	扬压力	淤沙压力	浪压力	冰压力	地震荷载	动水压力	土压力	其他荷载	
基本组合	（1）正常蓄水位情况	(1)	(2)	(3)	(4)	(5)	—	—		(7)	(9)	土压力根据坝体外是否填有土石而定
	（2）设计洪水位情况	(1)	(2)	(3)	(4)	(5)	—	—	(8)	(7)	(9)	静水压力及扬压力按相应冬季库水位计算
	（3）冰冻情况	(1)	(2)	(3)	(4)	—	(6)	—		(7)	(9)	
特殊组合	（1）校核洪水情况	(1)	(10)	(11)	(4)	(12)	—	—	(13)	(7)	(15)	
	（2）地震情况	(1)	(2)	(3)	(4)	(5)	—	(14)	—	(7)	(15)	静水压力、扬压力和浪压力按正常蓄水位计算,有论证时可另作规定

注:1. 应根据各种荷载同时作用的实际可能性,选择计算中最不利的荷载组合。

2. 分期施工的坝应按相应的荷载组合分期进行计算。

3. 施工期的情况应作必要的核算,作为特殊组合。

4. 根据地质和其他条件,如考虑运用时排水设备易于堵塞,需经常维修时,应考虑排水失效的情况,作为特殊组合。

5. 地震情况,如按冬季计及冰压力,则不计浪压力。

三、重力坝的稳定性分析

在任何可能出现的荷载组合情况下,挡水建筑物都不能失去稳定,重力坝更是如此。稳定分析是重力坝设计的一项最重要内容。

（一）重力坝稳定分析的原理

重力坝的稳定分析仍是建立在经典力学基础上。

1. 重力坝失稳的可能性

理论上看,重力坝失稳的可能性应该有三种:滑动、倾倒和浮起。但历史上发生的失稳破坏都是滑倾破坏。理论分析、野外和室内试验研究以及原型观测结果表明,岩基上重力坝的失稳破坏一般有以下两种类型:①坝沿抗剪能力不足的层面滑动,包括沿坝与基岩接触面间的表层滑动;沿坝基内方向不利而又连续延伸的软弱面的深层滑动;②如图 2-30 所示,坝伴随着坝踵出现倾斜拉伸裂缝,而在坝趾出现压碎区而倾倒。

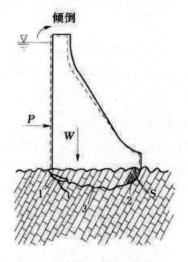

图 2-30　倾倒破坏示意图

1-拉伸裂缝;2-压缩区;3-地基破坏线;4-抗压反力

（1）薄弱滑动面分析

坝与基岩的接触面界面结合较差,抗剪强度较低,水平合力较大,发生滑动的可能性最大,一定要进行抗滑稳定校核。

（2）坝体内薄弱层面

断面突变,应力集中,主要依靠结构措施,并保证坝体施工质量,对某些情况应进行抗滑稳定校核。

（3）坝基软弱层面、岸坡与坝体接触面

主要依靠专门的地基处理措施解决,对某些情况应进行抗滑稳定校核。所以,重力坝的抗滑稳定分析,主要是核算坝底面的抗滑稳定性。抗滑稳定计算公式建立在依靠重力在滑动面上产生的抗剪(阻滑)力来抵抗滑动力的前提上。下面依据《混凝土重力坝设计规范》（SL 319—2005）,着重介绍重力坝的抗滑稳定分析方法。

（二）抗滑稳定计算公式及参数选择

重力坝的抗滑稳定问题,涉及到抗剪强度试验方法、计算参数的选择以及稳定计算方法三个方面。现有的抗滑稳定计算公式很多,常用的有以下几类。

1. 抗剪强度计算法

此法把滑动面视为一种接触面,而不是胶结面,在滑动面上的阻滑力只考虑摩擦力,不考虑凝聚力。此法只考虑滑动面上的摩擦力,俗称纯摩公式。当滑动面为水平时(图 2-31),按抗剪强度计算的抗滑稳定安全系数 K,应满足下式要求

$$K = \frac{阻滑力}{滑动力} = \frac{f(\sum W - U)}{\sum P} \geqslant [K]$$

式中:$\sum P$——作用于滑动面以上的力对滑动平面的切向分值,kN;

$\sum W$——作用于滑动面以上的力(扬压力除外)对滑动平面的法向分值,kN;

U——作用于滑动面上的扬压力;

f——滑动面的抗剪摩擦系数。

将公式中的扬压力 U 单列,是因为在后续的应力计算中,要分别计算计入扬压力和不计扬压力情况的力和力矩时,比较方便。

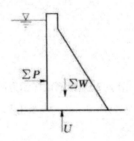

图 2-3 1 坝基面呈水平面时的稳定计算图

抗滑稳定安全系数 K 不应小于表 2-31 规定的允许抗滑稳定安全系数[K]数值。当考虑排水失效情况或施工期情况作为一种特殊组合时,其安全系数[K]按表中特殊组合(1)采用;对于 4 级、5 级坝,可参照 3 级坝采用。

表 2-31　抗滑稳定安全系数 K

荷载组合		坝的级别		
		1	2	3
基本组合		1.10	1.05	1.00
特殊组合	(1)	1.05	1.00	1.00
	(2)	1.00	1.00	1.00

2. 抗剪断强度计算法

此法认为坝与基岩胶结良好,直接通过胶结面的抗剪断试验来求得抗剪断强度的两个参数 f′ 和 C′,总阻滑力为 $f(\sum W - U) + C'A$。此法考虑了滑动面上的抗剪断力,俗称剪摩公式。当滑动面为水平时(图 2-22),按抗剪断强度计算的抗滑稳定安全系数 K′,应满足下式要求:

式中,f′——坝体混凝土与坝基接触面的抗剪断摩擦系数;

C′——坝体混凝土与坝基接触面的抗剪断凝聚力,kPa;

A——坝基接触面截面积,m^2;

其余符号同前。

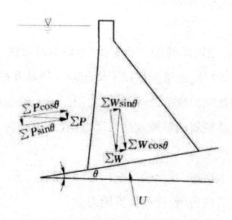

图 2-32 坝基面成反坡的稳定计算图

允许的抗滑稳定安全系数[K′]值不论坝的级别,对应表 2-4 所示,基本组合采用 3.0;特殊组合(1)采用 2.5;特殊组合(2)不小于 2.3;

(三)计算参数的选择

抗滑稳定计算公式中的参数 f、C′ 或 f 的选择非常重要,对材料用量、工程量、投资的影响很大。例如位于我国黄山脚下形成千岛湖和水电站的新安江重力坝,取 f=0.58。若取 f=0.57,则要多浇筑 20 万 m^3 混凝土,若以 300 元/m^3 计算,则要多花 6000 万元。但计算参数如果选择得过大,万一垮坝,损失更是无法估计。所以,认真、实际、科学、慎重地选择计算参数是关键。花再长的时间,做再多的试验,参考再多的工程,也是值得的。

(四)坝体抗滑稳定计算要点

坝体抗滑稳定计算主要核算坝基面滑动条件,应按抗剪断强度式或抗剪强度式计算坝基面的抗滑稳定安全系数。两种公式并列是因为工程实践表明,坝基岩体条件较好时,采用抗剪断强度公式是合适的;当坝基岩体条件较差时,如软岩或存在软弱结构面时,采用抗剪强度公式也是可行的。所以设计时应根据工程地质条件选取适当的计算公式。

　　当坝基岩体内存在软弱结构面、缓倾角裂隙时,需核算深层抗滑稳定。根据滑动面的分布情况综合分析后,可分为单滑面、双滑面和多滑面的计算模式,以刚体极限平衡法(见规范SL 319—2005)计算为主,必要时可辅以有限元法、地质力学模型试验等方法分析深层抗滑稳定,并进行综合评定,其成果可作为坝基处理方案选择的依据。

　　当坝基岩体内无不利的顺流向断层裂隙及横缝设有键槽并灌浆,核算深层抗滑稳定时可计入相邻坝段的阻滑作用。

　　在坝体抗滑稳定计算中,经论证可考虑位于坝后的水电站厂房或其他大体积建筑物与坝体的联合作用,但应做好相应的结构设计。

(五)保证坝体抗滑稳定性措施

1. 节省措施

　　为了满足坝体的抗滑稳定性,单纯加大断面,增加坝重的做法是不科学的。除了认真做好地基处理(开挖、填塞、灌浆)外,还可采取以下措施减少坝基开挖量和坝体工程量:

　　(1)上游迎水面坝坡稍微倾斜或部分倾斜,以利用斜坡上的水重。

　　(2)坝基面开挖成向上游倾斜的单坡或多段缓坡(合计总长为坝底宽度的70%~80%),以利用荷载产生的阻滑分力。

　　(3)采用有效的防渗排水措施,甚至抽水减压,降低渗透压力。

　　(4)坝踵或坝趾处设抗剪浅齿墙,提高抗剪能力。

2. 工程措施

　　(1)利用水重。当坝底面与基岩的抗剪强度参数较小时,常将坝的上游面做成倾向上游,利用坝面上的水重来提高坝的抗滑稳定性。注意上游坡度不宜过缓,否则在上游坝面容易产生拉应力,对强度不利。

　　(2)采取有利的开挖轮廓线。开挖坝基时,最好利用岩面的自然坡度,使坝基面倾向上游。当基岩比较坚固时,可开挖成锯齿状,形成局部的倾向上游的斜面,但能否开挖成齿状,主要取决于基岩节理裂隙的产状。

　　(3)设置齿墙。当基岩内有倾向下游的软弱面时,可在坝踵部位设齿墙,切断较浅的软弱面。在坝趾部位设齿墙,将坝趾放在较好的岩层上,在一定程度上改善了坝踵应力,同时由于坝踵压应力较大,坝趾下齿墙的抗剪能力也相应增加。

　　(4)抽水措施。在坝基面设置排水系统,定时抽水以减少坝底浮托力。

　　(5)加固地基。

　　(6)横缝灌浆。将部分或整个坝体的横缝进行局部或全部灌浆,以增强坝的整体性和稳定性。

　　(7)预应力措施。靠近坝体上游面,采用深孔锚固高强度钢索,并施加预应力,可增强坝

体的抗 滑稳定,又可消除坝踵处的拉应力。

四、重力坝的分缝与温度控制

(一)重力坝分缝的分类

1. 横缝

垂直于坝轴线,将坝体分为若干独立坝段。作用是:减小温度应力、适应地基不均匀变和满足施工要求。如:混凝土浇筑能力及温度控制等。

永久横缝:做成竖直平面,不设键槽,缝内不灌浆,需设止水,止水后设排水井。临时性横缝缝面设键槽和灌浆系统。

坝段与基岩面的连接:当基岩横向(对岸方向)坡度缓于 1:2 时,用帷幕灌浆对接触面进行灌浆封实;当横向坡度陡于 1:2 时,设止水;当横向坡度陡于 1:1 时,按临时性横缝处理,进行接缝灌浆。

2. 纵缝

为适应混凝土的烧筑能力和减小施工期的温度应力,在平行坝轴线方向设纵缝,将一个坝段分成几个琐块,待温度降到稳定温度后再进行接缝灌浆。纵缝为临时缝,缝面设水平向三角形键槽,并布设灌浆系统。

3. 水平施工缝

要传力、防渗,必须处理好——清洗、凿毛、铺水泥砂浆 2~3 厘米厚 h。

(二)表面裂缝、深层裂缝、贯穿性裂缝类

横向贯穿性裂缝会导致漏水和渗透侵蚀性破坏,纵向贯穿性裂缝会损坏坝的整体性,平向贯穿性裂缝会降低大坝的抗剪强度。横向和纵向贯穿性裂缝多发生在降温过程因混凝土收缩受到基岩约束的情况下。

为防止大坝裂缝,除适当分缝、分块和提高混凝土质量外,还应对混凝土进行温度控制。

(三)温度控制目的

对大体积混凝土进行温度控制的目的,一是防止由于混凝土温升过高、内外温差过大及温骤降产生各种温度裂缝;二是为做好接缝灌浆,满足结构受力要求,提高施工工效,简化施工程序提供依据。

(四)温度控制措施

1. 降低混凝土的初浇温度

预冷骨料、加冰屑拌和;采用合理的混凝土分区,埋设块石,掺用适宜的外加剂和塑性剂等尽量减少水泥用量;采用低热水泥;并在运输中注意隔热保温。

2. 减少混凝土水化热温升

混凝土硬化初期发热量最大,温升最快,采用冷却水管进行初期冷却或减小浇筑层厚度,利用仓面天然散热,可以有效地减小水化热温升。

3. 加强对混凝土表面的养护和保护

在混凝土浇筑后初期需要对坝块表面加覆盖、浇水养护。冬季要抵御寒潮袭击,夏季要防止热量回灌进入混凝土。

综合考虑工程的具体条件和设计原则研究确定以上措施,并同时做好施工组织设计、安排好施工季节、施工进度、坝块浇筑顺序等。

五、重力坝的地基处理

修建在岩基上的重力坝,其坝址由于经受长期的地质作用,一般都有风化、节理、裂隙等缺陷,有时还有断层、破碎带和软弱夹层,所有这些都需要采取适当的有针对性的工程措施,以满足建坝要求。坝基处理时,要综合考虑地基及其上部结构之间的相互关系,有时甚至需要调整上部结构形式,使其与地基工作条件相协调。地基处理的主要任务是:①防渗;②提高基岩的强度和整体性。

(一)、坝基的开挖与清理

坝基开挖与清理的目的是使坝体坐落在稳定、坚固的地基上。NB/T35026—2014《混凝土重力坝设计规范》要求:混凝土重力坝的建基面应根据岩体物理性质,大坝稳定性,坝基应力,地基变形和稳定性,上部结构对地基的要求,地基加固处理效果及施工工艺、工期和费用等经济技术条件比较确定。原则上应在考虑地基加固处理后,在满足坝的强度和稳定性的前提下减少开挖量。坝高超过 100m 时,可建在新鲜、微风化或弱风化下部基岩上;坝高在50~100m 时,可建在微风化至弱风化上部基岩上;坝高小于 50m 时,可建在弱风化中部至上部基岩上;两岸岸坡较高部位的坝段其利用基岩的标准可适当放宽。

靠近坝基面的缓倾角软弱夹层应尽可能清除。顺河流流向的基岩面尽可能略向上游倾斜,以增强坝体的抗滑稳定性。基岩面应避免有高低悬殊的突变,以免造成坝体内应力集中。在坝踵或坝趾处可开挖齿槽以利稳定。采用爆破开挖时应避免放大炮,以免造成新的裂隙或使原有裂隙张开。基岩开挖到最后 0.5~1.0m,应采用手风钻钻孔,小药量爆破;遇有易风化的页岩、黏土岩等,应留 0.2~0.3m 的保护岩层,待到浇筑混凝土前再挖除。从改善坝体应力分布的角度考虑,地基刚度较低反而能改善坝踵的应力情况,所以,国外有的工程适当放宽了对坝踵附近地基开挖的要求。对岸坡坝段,在平行坝轴线方向宜开挖成台阶状,但须避免尖角,或不用台阶而采取其他结构措施,如锚系钢筋、横缝灌浆等,以确保坝段的侧向稳定。

坝基开挖后,在浇筑混凝土前,需要进行彻底的清理和冲洗,包括:清除松动的岩块,打掉突出的尖角。基坑中原有的勘探钻孔、井、洞等均应回填封堵。

(二)坝基的固结灌浆

固结灌浆的目的是:提高基岩的整体性和强度,降低地基的透水性。现场试验表明:在节理裂隙较发育的基岩内进行固结灌浆后,基岩的弹性模量可提高 2 倍甚至更多,在灌浆帷幕范围内先进行固结灌浆可提高帷幕灌浆的压力。

固结灌浆孔一般布置在应力较大的坝踵和坝趾附近以及节理裂隙发育和破碎带范围内。灌浆孔呈梅花状或方格状布置,如图 2-33 所示,孔距、排距和孔深取决于坝高和基岩的构造情况。孔距和排距一般从 10~20m 开始,采用内插逐步加密的方法,最终约为 3~4m。孔深 5~8m,必要时还可适当加深,帷幕上游区的孔深一般为 8~15m。钻孔方向垂直于基岩面。当存在裂隙时,为了提高灌浆效果,钻孔方向尽可能正交于主要裂隙面,但倾角不能太大。灌浆时先用稀浆,而后逐步加大浆液的稠度。

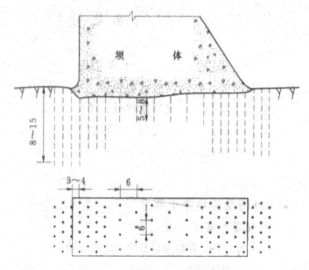

图 2-33　固结灌浆孔的布置(单位:m)

在无混凝土盖重灌浆时,灌浆压力以不抬动地基岩石为原则,一般为 0.2~0.4MPa;有混凝土盖重时其灌浆压力为 0.4~0.7MPa。

(三)帷幕灌浆

帷幕灌浆的目的是:降低坝底渗流压力,防止坝基内产生机械或化学管涌,减少坝基渗流量。灌浆材料最常用的是水泥浆,有时也采用化学灌浆。化学灌浆的可灌性好,抗渗性强,但较昂贵,且污染地下水质,使用时需慎重。在国外,已较少采用化学灌浆。

防渗帷幕布置于靠近上游面坝轴线附近,自河床向两岸延伸。钻孔和灌浆常在坝体内特设的廊道内进行,靠近岸坡处也可在坝顶、岸坡或平洞内进行。平洞还可以起排水作用,有利于岸坡的稳定。钻孔方向一般为铅直,必要时也可有一定斜度,以便穿过主节理裂隙,但角度不宜太大,一般在10°以下,以便施工。

防渗帷幕的深度根据作用水头和基岩的工程地质、水文地质情况确定。当地基内的透水层厚度不大时,帷幕可穿过透水层深入相对隔水层3~5m。NB/T 35026—2014《混凝土重力坝设计规范》规定:岩体相对隔水层的透水率(q)根据不同坝高可采用下列标准:坝高100m以上,q在1~3Lu(在1MPa的压力下,钻孔1m段长,在1min内压入岩石裂隙的水量为1L时,则这时岩石的透水率为1Lu。);坝高为50~100m,q=3~5Lu;坝高50m以下,q=5Lu。

对抽水蓄能电站或水源短缺水库,q值控制标准宜取小值。

如相对隔水层埋藏较深,则帷幕深度可根据渗流计算,并结合考虑工程地质条件、地层的透水性、坝基扬压力、排水以及工程经验等因素研究确定,通常采用坝高的0.3~0.7倍。

帷幕深入两岸的部分,原则上也应达到上述标准,并与河床部位的帷幕保持连续。当相对隔水层距地面不远时,帷幕应伸入岸坡与该层相衔接。当相对隔水层埋藏很深时,可以伸到原地下水位线与最高库水位的交点B处,如图2-34所示,在BC以上设置排水,以降低水库蓄水后库岸的地下水位。

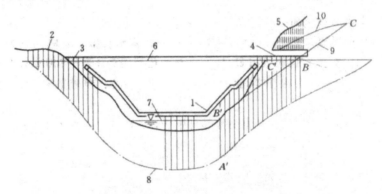

图2-34 防渗帷幕沿坝轴线的布置

1-灌浆廊道;2-山坡钻进;3-坝顶钻进;4-灌浆平洞;5-排水孔;6-最高库水位;
7-原河水位;8-防渗帷幕底线;9-原地下水位线;10-蓄水后地下水位线

防渗帷幕的厚度应当满足抗渗稳定的要求,即帷幕内的渗流坡降不应超过规定的容许值,见表2-32。

表2-32 防渗帷幕的容许渗流坡降

帷幕区的透水率 q/Lu	帷幕区的渗流系数 k/(cm·s^{-1})	容许渗流坡降 J
<5	<$1×10^{-4}$	10
<3	<$6×10^{-5}$	15
<1	<$2×10^{-5}$	

灌浆所能得到的帷幕厚度 l 与灌浆孔排数有关,如图 2-35 所示,图中 r 为浆液扩散半径。当有 n 排灌浆孔时,有 $l=(n-1)c_1+c'$

式中:c_1 为灌浆孔排距,一般 $c_1=(0.6\sim0.7)c$;c 为孔距;c' 为单排灌浆孔时的帷幕厚度,$c'=(0.7\sim0.8)c$。

帷幕灌浆孔的排数,在一般情况下,高坝可设两排,中、低坝设一排,对地质条件较差的地段还可适当增加。当帷幕由 n 排灌浆孔组成时,一般仅将其中一排孔钻灌至设计深度,其余各排的孔深可取设计深度的 1/2~2/3。孔距一般为 1.5~4.0m,排距宜比孔距略小。钻孔方向可以是铅直的,也可有一定的倾斜度,依工程地质情况而定,如图 2-34 所示。

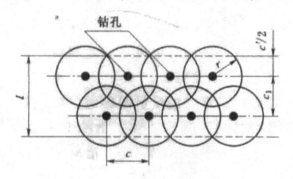

图 2-35　防渗帷幕厚度

帷幕灌浆必须在浇筑一定厚度的坝体混凝土后施工。灌浆压力一般应通过试验确定,通常在帷幕表层段不宜小于 1~1.5 倍坝前静水头,在孔底段不宜小于 2~3 倍坝前静水头,但应以不破坏岩体为原则。

(四)坝基排水

为进一步降低坝底面的扬压力,应在防渗帷幕后设置排水孔幕。排水孔幕与防渗帷幕下游面的距离,在坝基面处不宜小于 2m。排水孔幕一般略向下游倾斜,与帷幕呈 10°~15° 交角。排水孔孔距为 2~3m,孔径约为 150~200mm,不宜过小,以防堵塞。孔深一般为帷幕深度的 0.4~0.6 倍,高、中坝的排水孔深不宜小于 10m。

排水孔幕在混凝土坝体内的部分要预埋钢管,待帷幕灌浆后才能钻孔。渗水通过排水钢管进入排水沟,再汇入集水井,最终经由横向排水管自流或由水泵抽水排向下游,如图 2-36 所示。

对较高的坝,当下游尾水较深时,可以采用抽排降压措施,除上述排水孔幕(主排水孔幕)外,沿坝基面设辅助排水孔幕 2~3 排,中坝设 1~2 排,布置在纵向排水廊道内,孔距约 3~5m,孔深 6~12m。纵向廊道用作排水孔幕施工和检查维修。必要时还可沿横向排水廊道或在宽缝内设置排水孔。纵向廊道与坝基面的横向廊道或宽缝(有时还有基面排水管)相连通,构成坝基排水系统,如图 2-37 所示。

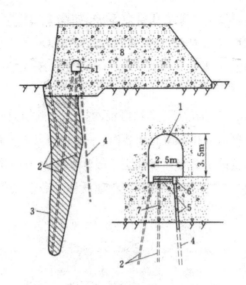

图 2-36 防渗帷幕和排水孔幕布置

1-坝基灌浆排水廊道;2-灌浆孔;3-灌浆帷幕;4-排水孔幕;5-100 排水钢管;

6-100 三通;7-75 预埋钢管;8-坝体

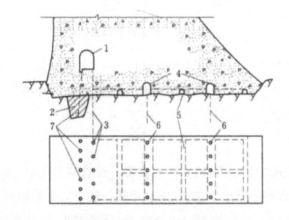

图 2-37 坝基排水系统

1-灌浆排水廊道;2-灌浆帷幕;3-主排水孔幕;4-纵向排水廊道;5-半圆混凝土管;6-辅助排水孔幕;7-灌浆孔

渗水汇入集水井内,用水泵抽水排向下游。如尾水较深,且历时较久,尚宜在坝趾增设一道防渗帷幕。

我国新安江、丹江口、刘家峡等工程重力坝的坝基排水均采用这种布置,实测结果表明,坝底面扬压力较常规扬压力设计图形可减小 30%以上,减压效果明显。浙江峡口重力坝、湖南镇梯形重力坝在设计中考虑了抽水减压作用,收到了良好的经济效果。

灌浆帷幕和排水孔幕在渗流控制中的作用不同,前者主要是减小坝基渗流量,而后者主要是降低扬压力。我国工程实践和理论研究认为,对透水性较大的岩基,应首先做好灌浆帷幕,使坝基保持渗流稳定,并设排水孔幕降低扬压力;对透水性较小的岩基,应采取排水为主的原则,灌浆只是为了封堵局部的洞穴或裂隙;对弱透水的岩浆岩,甚至只设排水幕而不设灌浆帷幕,以降低扬压力。

六、溢流重力坝

河道中修建的重力坝,常将其主河床部分做成溢流坝(段),宣泄洪水方便,可节省在岸边修建泄水建筑物的投资。溢流重力坝既是挡水建筑物又是泄水建筑物,它除具有与非溢流重力坝相同的工作条件(稳定强度、抗渗要求)外,还需从坝顶和下游坝面宣泄洪水(安全泄流、抗冲要求)。所以,与挡水有关的问题,如作用荷载、基本剖面、抗滑稳定、坝体应力等,与非溢流重力坝基本相同,本节只介绍与泄水有关的问题(水力条件和下游消能)。溢流坝的主要组成部分为:溢流孔口、溢流面曲线与下游消能设施的连接以及下游消能设施。

(一)溢流孔口的设计

1.孔口形式及特点

溢流坝的溢流孔口是开敞式的泄水道,坝体的顶部就是泄水道底部的溢流堰。为了提高孔口的过水能力,坝顶剖面形式(堰型)一般采用曲线形非真空实用堰。因为曲线型真空使用剖面堰溢流时坝面产生负压,会引起空蚀且水流不稳定,故采用较少。曲线型实用堰的流量系数、曲线坐标以及孔口过水能力的计算见《水力学》。

大型溢流坝的孔口一般设有闸门,以便利用一部分有效库容参加调洪,达到降低挡水建筑物高度、减小上游淹没损失等目的。设置闸门的堰顶低于正常蓄水位,正常蓄水位减堰顶高程后再加 $0.1 \sim 0.3 \mathrm{m}$ 的闸门超高即为闸门高度。还可在闸门上部设置胸墙,以进一步降低堰顶高程及减小闸门高度,增大水库的防洪作用。但是,设固定式胸墙的孔口,不利于宣泄漂浮物,且泄洪时成为孔口出流,故宣泄特大洪水时的超泄能力受到限制,这时可考虑将胸墙做成活动式的。但设闸门后将增加闸门及启闭设备的投资,运用时期增加了管理费用。所以,小型溢流坝一般不设闸门。不设闸门的坝顶高程即为水库的正常蓄水位。

溢流孔口一般用闸墩分为若干孔(不设闸门的孔口也常因交通要求而设置桥墩),闸(桥)墩顶上要布置交通桥、机架桥(闸门启闭台)、检修桥等上部结构,其形式和布置可参考第七章水闸中的相关内容。每孔净宽应综合考虑:闸门形式及运用条件;闸门定型及宽高比;启闭设备的配套;坝顶布置与坝段分缝(墩缝、堰缝)等条件选定。设闸墩(或桥墩)厚度为 d,若溢流段长度 $B = nb + (n-1)d$,则分孔数目 n 就可以确定。

溢流孔口两端,一般应向下游延伸出导墙,以防止坝面溢流对两侧的冲刷等不利影响。导墙顶面应高出掺气的溢流水面 $1.0 \mathrm{m}$ 以上,顶厚 $0.5 \sim 2.0 \mathrm{m}$,每隔 $15 \mathrm{m}$ 左右设一道伸缩缝,缝中设止水,导墙构造如图 2-38 所示。

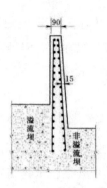

图 2-38　溢流重力坝的导墙(单位:cm)

2. 堰顶高程和溢流段长度 B 的确定

堰顶高程和溢流坝段长度的设计依据及要求是:由建筑物级别所决定的洪水标准与相应的洪水过程线;洪水预报条件和预报时间;由规划决定的防洪要求,如对上游最高洪水位的限制和下游允许的最大下泄流量 Qmax(安全泄量)等;地形、地质条件和根据坝趾地质条件控制的允许单宽流量[q];整个枢纽工程必须是运用可靠而又安全、经济。

坝趾处控制的允许单宽流量一般不超过 $50 \sim 70 m^3/s$;对于裂隙发育的岩基和半岩基不超过 $30 m^3/s$;对于坚固完整的岩基,可以增加到 $90 \sim 100 m^3/s$,甚至可达 $120 m/s$;如果单宽流量较大时,应进行专门研究。根据下游允许的最大下泄流量 Qmax 和允许单宽流量[q],可初拟孔口净宽 $nb = Q_{max}/[q]$。

确定堰顶高程和溢流坝段长度须通过方案比较,其步骤是:首先,根据上述设计依据和要求,以溢流段长度尽量大和堰顶高程尽量高的原则,拟定出溢流孔口布置形式和各部尺寸的第一个方案,进行调洪演算得出上游最高洪水位,最大下泄流量和相应单宽流量;

其次,在分析研究第一方案及其调洪演算的成果的基础上再拟定若干个比较方案,并分别进行调洪演算;第三,对满足防洪等要求的各方案,相应拟定其枢纽各建筑物的布置和主要尺寸并计算工程量;最后,进行技术、经济比较,选出最优方案。

(二)溢流重力坝的剖面设计

溢流重力坝的基本剖面仍然是三角形,上游面垂直或成折坡,堰顶为实用堰,溢流面由堰顶曲线段、斜坡直线段和衔接反弧段组成(图 2-39)。

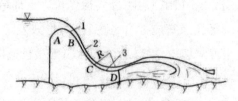

图 2-39　溢流坝形势

1-顶部;2-直线段;3-反弧段

1. 堰顶曲线段

堰顶曲线段的形状对泄流能力和流态有很大影响。根据设计情况下溢流面是否出现真空(负压),可分为非真空实用堰和真空实用堰两种类型。非真空实用堰曲线是稍稍切入相应于薄壁堰的溢流水舌,在设计洪水及以下流量时,坝面不致发生真空。真空实用堰较相应的非真空实用堰后,坝面与自由水舌脱开,由于坝面与水舌间隙中的空气被水带走,水舌才贴合坝面,但已形成了负压。负压能加大流量系数,但如负压过大,将引起坝体振动和堰面空蚀。

我国水利水电工程中应用较广泛的为克—奥曲线和幂曲线两种非真空实用堰曲线。对于开敞式堰面的堰顶下游堰面,《混凝土重力坝设计规范》(SL 319—2005)推荐采用 WES 幂曲线 $X^n = KH_s^{n-1}y$,以及相应的堰顶上游堰头曲线,推荐了双圆弧曲线、三圆弧曲线和椭圆曲线。

绘制溢流面曲线,确定非真空实用堰形状的方法,是对一定的堰上设计水头 H_d 而言的。以校核洪水流量确定的堰上设计水头 H_d(等于堰上最大水头 $H_{校核}$)做出的堰顶曲线,虽可保证不出现负压,但流量系数减小,剖面偏肥,不经济。按设计洪水流量确定的堰上设计水头 Ha(等于 $H_{设计}$),宣泄校核洪水时,堰面将出现负压,允许其值不得超过 $30 \sim 60\text{kPa}$($3 \sim 6\text{m}$ 水头)。一般根据溢流洪水出现的几率,取 $Ha = (0.75 \sim 0.85)H_{校核}$ 作出的堰顶曲线,比较经济、安全。

对于要求闸门在部分开启的条件下泄流或设有胸墙时的堰顶孔口溢流曲线,当堰顶水头 H 与孔口高度 D 的比值 $H/D > 1.5$ 时(图 2-40),应按孔口射流曲线设计

$$y = \frac{x^2}{4\varphi^2 H_d}$$

式中:

H_d——堰上设计水头,一般取孔口中心至最高库水位的 $75\% \sim 90\%$;

φ——孔口收缩断面上的流速系数,一般 $\varphi = 0.96$;设有检修门槽时,取 $\varphi = 0.95$。

绘制堰顶曲线时,坐标原点设在堰顶最高点。原点的上游段仍采用复合圆弧或椭圆曲线与上游坝面相连接,胸墙的下缘也应采用圆弧或椭圆曲线。若 H/D 在 $1.2 \sim 1.5$ 之间时,堰面曲线应通过模型试验决定。

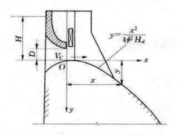

图 2-40 孔口射流曲线

2. 斜坡直线段

溢流面的中部为直线段,上端与堰顶曲线相切,下端与反弧相切(图2-41),公切线的坡度可取为与非溢流坝下游边相同的坡度,当不满足稳定和强度要求时。

应作适当修改。对于低坝,堰顶曲线可能直接与下部反弧相切而省去直线段。

3. 衔接反弧段

溢流面的下部为反弧段,其作用是使水流平顺地按要求的消能方式与下游水面衔接。反弧段通常采用圆弧曲线,其半径 R 的数值与溢流坝的高度、堰顶水头及消能方式等有关,可在(4~10)h,范围内选取(h,为校核洪水位闸门全开时反弧处的水深)。反弧处的流速小于 16m/s 时,可取下限;流速大时,水流转向困难,宜采用较大值,以至上限;当采用底流消能,反弧段与护坦相连时,反弧半径宜采用上限值。

在坚固完好的岩基上,满足稳定及强度要求的基本三角形剖面较窄,按上述原则所拟定的溢流坝剖面可能超出基本三角形 ABC 以外,为了节约坝体工程量并满足水流条件,可将基本三角形平移到 A′B′C′位置(图2-42),使下游边 A′B′与溢流面的公切线相重合,上游阴影部分可以省去。为了不影响泄流能力,应保留高度为 h,的悬臂突体,且使 $h_1 > H_e/2$(H_e 为堰顶最大水头)。

具有挑流鼻坎的溢流重力坝,当鼻坎超出基本三角形剖面以外时(图2-41),若 l/h>0.5,须核算 B-B′截面处的应力。若拉力较大,可考虑在 B-B′截面处设置结构缝,把鼻坎和坝体分开,如石泉等工程都采用了这种结构形式。

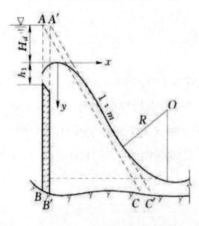

图 2-41　溢流坝剖面的绘制

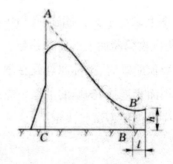

图 2-42　挑流鼻坎的结构处理

(三)溢流重力坝的消能设计

1. 消能防冲原理

通过坝体的下泄水流具有很大的能量。当水流下泄时,巨大的能量主要耗损于两个方面:一是水流内部的作用,如摩擦、冲击、紊动、旋涡等;二是水流与固体边界的作用,如摩擦、冲刷等。冲击下游河床形成冲刷坑,当冲刷坑扩展到坝(趾处),会危及坝体安全。国内外坝工实践中,由于坝下消能措施不当遭受严重冲刷的情况很多。例如西班牙的里拜约坝最大冲坑深度达 70m,冲走岩石的总体积达 100 万 m^3,美国威尔逊溢流坝的下泄水流,冲走的岩块有重达 200t 的。由此可见,对于溢流重力坝的下泄水流,必须采取有效的消能措施,以减轻对下游河床的冲刷,确保建筑物的安全。

消能设计的原则是,尽量使下泄水流的能量消耗于水流内部的紊动中,限制下泄水流对河床的冲刷范围,保证不至于危及坝体安全。岩基上溢流重力坝采用的消能方式,主要有鼻坎式的挑流消能、面流消能和戽流消能。也有采用平顺式的底流消能的。消能形式的选择取决于水利枢纽的具体条件,主要影响因素有:水头、单宽流量、下游水深及其变幅、坝基地质特性、水工建筑物的总体布置等。挑流消能适用于下游河床抗冲能力强的高坝或中坝情况;面流消能适用于下游水深较大,河床抗冲能力强的情况;戽流消能仅用于下游水深小,河床抗冲能力差的情况。以下介绍挑流式消能工的布置、结构特点和运用条件。

2. 挑流消能设计

挑流消能是利用鼻坎将下泄的高速水流向空中挑射,使水流扩散并掺入大量空气,水流在与空气摩擦的过程中消耗其能量,约可消耗总能量的 20%。然后跃入下游河床水垫中,形成强烈的旋滚区,并冲刷河床形成冲刷坑。冲坑逐渐扩大,水垫越来越厚,大部分能量消耗在水流的摩擦中,冲刷坑逐渐趋于稳定。因此,如下游有较大的水深,就可以减轻对河床的冲刷。

挑流消能设计的要求是:选择合适的鼻坎形式、反弧半径、鼻坎高程和挑射角度,使挑射水流形成的冲刷坑不致影响坝体安全。

常用的挑流鼻坎形式有连续式和差动式两种。

(1)连续式挑流鼻坎

连续式挑流鼻坎如图 2-43 所示,构造简单,射程远,鼻坎上水流平顺,一般不产生空蚀。

根据我国的工程经验,在一般情况下,鼻坎挑射角取 $\theta = 20° \sim 25°$ 为好;对于深水河槽,以选用 $\theta = 15° \sim 20°$ 为宜。如鼻坎挑射角 θ 取值偏大(例如 30° ~ 35°或更大),水舌挑距虽然大些,但入水角(水舌与下游水面的交角)加大,水舌入水后扩散较差,会使冲刷坑加深。

鼻坎反弧半径 R 最小为 5~6h,以 8~10h 为宜,h 为鼻坎上水深。R 太小时,水流转向不够平顺;R 过大时,鼻坎向下游延伸太长,将增加工程量。国外有的工程采用抛物线形反弧,曲率半径由大到小,水流转向比较容易适应。

鼻坎高程一般是定在下游水位附近。

连续式挑流鼻坎的水流射程,可按抛射原理计算。试验和原型观测表明:冲刷坑的最深点大致在水舌外缘的延长线上,挑距计算简图见图(2-43),公式如下:

$$L = \left[v_1^2 \sin\theta\cos\theta + v_1\cos\theta\sqrt{v_1^2\sin^2\theta + 2g(h_1 + h_2)} \right]/g$$

式中：

　　L——水舌挑距，m；

　　g——重力加速度，9.81m/s²；

　　v_1——坎顶水面流速，m/s，按鼻坎处平均流速 $v=(2gs)$ 的 1.1 倍计；s 为上游水位与鼻坎顶之间的高差；亚为流速系数；

　　θ——鼻坎的挑射角，(°)；

　　h_1——h 在铅直方向的投影，m；$h_1=h\cos\theta$（h 为鼻坎顶平均水深）；

　　h_2——鼻坎顶至河床面高差，m；如冲刷坑已经形成，计算冲刷坑进一步发展时，可算至冲刷坑底。

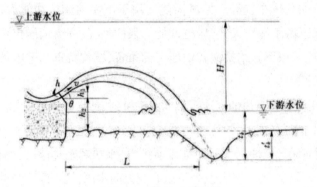

图 2-43　连续式挑流鼻

　　至于冲刷深度的计算，目前还没有比较精确的方法，据统计，在比较接近的几个公式中，计算结果相差可达 30%~50%。工程上常用的估算公式如下：

$$t_k = aq^{0.5}H^{0.25}$$

式中：

　　t_k——水垫厚度，自水面算至冲刷坑底，m；

　　q——单宽流量，m3/(s·m)；

　　H——上、下游水位差，m；

　　a——冲坑系数，坚硬完整的基岩 a=0.9~1.2，坚硬但完整性较差的基岩 a=1.2~1.5，软弱破碎、裂隙发育的基岩 a=1.5~2.0。

　　挑射水流所形成的冲刷坑，是否会延伸至坝趾危及坝的安全，取决于最大冲坑深度 t_k'（自河床面算至冲刷坑底，见图 2-42）和挑射距离 L 两个因素，一般用 L/t 的比值来判断。岩层倾角较陡的基岩，冲刷坑上游边坡系数一般小于 2.5，岩层倾角较缓的，一般小于 5.0。因此可以认为，对于前者 L/t_k'>2.5，对于后者 L/t_k'>5.0，才不至于危及坝的安全。很明显，这是一个相当粗略的判别指标。湖南双牌溢流坝，虽然 L/t_k'=(2.28~2.71)<5.0，没有达到规定的安全指标，但冲刷坑的上游边坡并没有实际延伸至坝趾。可是，由于坝体修建在倾向

下游的缓倾角夹层上,冲刷坑构成了坝基软弱夹层的临空面,失去了岩体支撑,有可能导致坝体及部分基岩沿软弱夹层产生深层滑动,为此而采取了相当复杂的加固措施。因此,在评定挑流消能的安全性时,还要根据河床、河岸基岩层面及节理裂隙发育情况,判断冲刷坑形成是否会引起坝体的深层滑动,以及两岸山坡是否会失去支撑岩体而坍塌。

挑射水流由于大量掺气和扩散,使附近地区产生"雾化",设计时应充分估计好雾化区的范围,将输电线路、交通道路及居住区布置在雾化区以外,或采取可靠的防护措施,免受雾化的影响。

(2)差动式挑流鼻坎

常用的差动式挑流鼻坎有矩形齿坎和梯形齿坎两种,见图2-44。

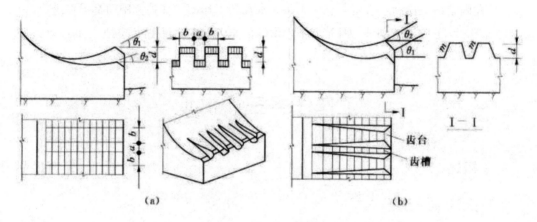

图2-44 差动式挑流鼻坎

(a)矩形差动式鼻坎;(b)梯形差动式鼻坎

矩形差动鼻坎见图2-44(a)所示,使下泄水流通过高坎(齿)和低坎(槽),分成两股水流射出,在垂直方向有较大的扩散,水舌的厚度(上、下游方向入水的宽度)增加,减小了单位面积上的冲刷能量,两股水流在空中互相撞击,掺气加剧,也消耗了一部分能量。因此,这种鼻坎所形成的冲刷深度较浅。据试验分析,比连续式鼻坎挑流的冲刷坑深度减少约35%,但冲刷坑最深点距坝趾的距离却缩短了10%~30%。另外,矩形差动鼻坎的下泄水流所引起的水位波动也较小,与连续式挑流鼻坎相比,在一定程度上改善了航运和电站运行条件。据模型试验研究,一般矩形差动鼻坎的尺寸可取为:高低坎的挑角 θ_1 和 θ_2 的平均值,即 $(\theta_1 + \theta_2)/2 = 20° \sim 30°$,角度差 $\triangle\theta_1 = \theta_1 - \theta_2 = 5° \sim 10°$;齿和槽的宽度比 $b/a = 1.5 \sim 2.0$,使两股水流大致相等,齿台高度 d 与鼻坎上水深 h 之比 $d/h = 0.5 \sim 1.0$,这样消能效果较好。

矩形差动鼻坎的主要缺点是在高坎侧面极易形成负压区而产生空蚀破坏,这是由于齿坎绕流分离的结果。为了防止空蚀破坏,曾经采取过一些措施,如采用抗侵蚀性强的材料,改进齿坎形状以及在齿坎负压区设置通气孔等。梯形差动齿坎见图2-44(b),虽有少数工程用过,但也未能完全避免空蚀,还需要进一步研究改进。

3. 溢流重力坝的泄水孔

在重力坝坝体上往往设有泄水孔。出口正对着下游主河床,进口一般位于深水之下,故又称深式泄水孔或泄水底孔。

泄水孔有多方面用途,如配合溢流坝泄放洪水;预泄库水以备调洪;放空水库进行大坝检修或满足人防的要求;排泄淤沙以延长水库寿命;保证其他建筑物正常运行;向下游放水,供发电、航运、灌溉、城市供水之用;施工导流等。

泄水孔的类型,按孔内水流状态分为有压泄水孔和无压泄水孔两种类型。发电孔为有压孔,其他用途的泄水孔或放水孔,可以是有压或无压的。有压泄水孔的工作闸门一般都设在出口,孔内始终保持满水有压状态。无压泄水孔的工作闸门和检修闸门都设在进口。

泄水孔设计的关键是进水口体形和泄水道线形能使水流平顺,避免空蚀,运行维修方便。

工作任务三　拱坝

一、概述

(一)拱坝的工作特点

拱坝是一个空间的壳体挡水结构物,平面上呈拱形拱向上游(图 2-45)。在水和淤积泥沙等水平为主的荷载作用下,大部分荷载将通过拱的作用传递到两岸基岩上,少部分荷载将通过垂直梁的作用传给坝底基岩。所以,主要依靠两岸拱端的反力作用维持其稳定性是拱坝的工作特点。

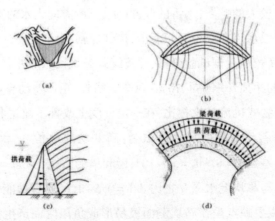

图 2-45　拱坝结构图

(a)拱坝壳体结构;(b)拱坝平面布置图;(c)垂直剖面(悬臂梁);(d)水平截面(拱)

由于设计上追求拱坝在外荷载作用下主要产生轴向压力,拱圈断面上弯矩将很小,断面应力分布也较均匀,从而可充分利用混凝土或浆砌石料的抗压强度,使坝体厚度较薄,节省筑坝材料。与同高度重力坝相比,其工程量可节省 1/3~2/3。拱坝的抗震能力也较高。

拱坝是周边固支的高次超静定空间壳体结构,当外荷载增大或某部位产生局部开裂时,坝体中梁和拱的作用将会自行调整。拱坝的抗震能力也较高。根据模型试验成果,拱坝的超载能力可以达到设计荷载的 5~11 倍。

另一方面,由于拱坝是嵌固于基岩上的整体结构,坝体一般不设永久伸缩缝,所以地基变形和温度变化对坝体内力的影响较大。故设计时,地基变形与温度荷载也列为主要荷载,对坝肩地质条件和处理措施更应特别重视。由于坝体较薄,形状复杂,故对施工质量、材料强度和防渗要求等方面也都比较严格。

早在罗马帝国时代就修筑有圆筒形圬工拱坝。20 世纪以来,随着施工技术、计算理论和试验手段的不断改进,拱坝发展很快。

(二)拱坝坝址选择

1. 地形条件

地形条件是选择拱坝结构形式、枢纽布置以及经济性的主要影响因素,可从河谷剖面形状、坝址地形变化等方面进行分析。理想的地形条件应是两岸对称,岸坡平顺,平面上向下游收缩的峡谷地段,且拱端下游有足够厚的岩体支承,以利稳定,见图 2-45。

一般将可能建拱坝的河谷形状大致分为 V 形、梯形和 U 形三种典型剖面,见图 2-46。

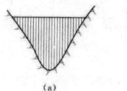 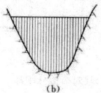 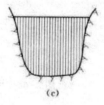

图 2-46　河谷断面形状

(a)V 形河谷;(b)梯形河谷;(c)U 形河谷

从承受水压及拱厚变化等条件分析,以 V 形剖面最为有利,适宜于修建薄拱坝。

河谷形状特征,常用坝顶处基岩间的河谷宽度 L′与坝高 H′的比值 L′/H′表示,称为宽高比。拱坝的相对厚度常以坝底厚度 T 和坝高 H′的比值 T/H′表示,称为厚高比。

通常认为:T/H′<0.2 为薄拱坝;

T/H′>0.2~0.35 为中厚拱坝(一般拱坝);

T/H′>0.35 为厚拱坝(重力拱坝)。

根据工程设计经验,对 L′/H′<1.5 的深窄河谷宜修建薄拱坝;L′/H′=1.5~3.0 的较宽

河谷宜修建一般拱坝;$L'/H'=3.0\sim4.0$ 的宽河谷多修建重力拱坝;对 $L'/H'>4.5$ 的宽浅河谷,拱的作用已很小,主要由梁系来承荷、传力,宜采用重力坝等其他坝型。以上指标是反映地形因素的一个侧面,国内外一些工程实践已突破上述界限。还须指出,河谷剖面形状是指开挖以后的基础岩面(图2-47)。有些坝址,开挖前较窄;开挖后可能较宽,勘测、设计中必须注意。

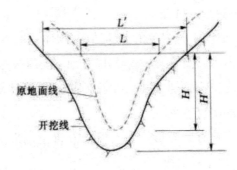

图 2-47　坝基开挖

从水压荷载分布的情况分析,对称 V 形河谷最适于发挥拱的特点。近坝底部分虽然水的压强较大但拱跨较短,所需底拱厚度可以相对较薄;而 U 形河谷近坝底部分拱的作用很小,大部分荷载由梁来承担,所以厚度较大(见图2-48)。

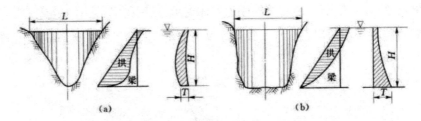

图 2-48　河谷形状对荷载分配和坝体剖面的影响

(a)V 形河谷;(b)U 形河谷

2. 地质条件

地质条件的好坏是修建拱坝的一个关键问题。拱坝要求河谷两岸的基岩应能承受拱端传来的巨大推力,任何情况下都应保持稳定,而不致危及坝体安全。良好的地质条件应是基岩均匀、完整、无断层破碎带、无严重节理裂隙、有足够的强度、透水性小、抗风化能力强等。实际上完美无缺的坝址是没有的,节理、裂隙、局部的断层、破碎带总是存在的,所以对地基应进行妥善的处理。对穿过坝肩的断层、破碎带应特别注意,采取必要的工程措施。有可能时,上下移动坝址,以避开破碎地带。如图2-49所示中 A-A 坝址虽工程量较少,但有断层 I 穿越坝肩,岩体有局部滑动的可能,故宜将坝址移至 B-B 线。

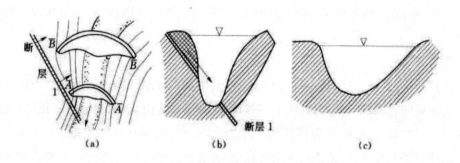

图 2-48　坝址选择的地质条件

(a)平面;(b)A-A 剖面;(c)B-B 剖面

选择坝址时,一般还需进行综合分析和多种方案的技术经济比较。如考虑枢纽的整体布置、施工方案、建材供应情况、管理单位要求、今后发展综合经营的可能等。

(三)拱坝的类型

拱坝的布置是拱坝设计的重要程序。具体内容包括:结合坝址的地形、地质、水文、枢纽运用要求和施工条件等选择合理坝型,拟定坝体基本尺寸(初选拱冠梁剖面,选定各高程拱圈的圆心位置、中心角、半径和厚度等参数),进行平面布置;然后按拟定尺寸作应力及稳定分析,再根据分析成果修正坝体布置,使最终达到安全经济合理的目的。

为达到安全、经济、合理的目的,适应具体的地形、地质和运用条件,随着技术的进展,拱坝有多种类型(结构形式)。常见的有单曲拱坝、双曲拱坝、斜拱坝、周边缝拱坝、双拱坝、空腹拱坝、预应力拱坝等。

1.单曲拱坝

修建在 U 形河谷中的拱坝,常采用定圆心、等外半径的布置形式,见图 2-50。这样,各层拱圈,尤其是靠下部的拱圈,仍能采用较大中心角,充分发挥拱的作用,减小坝体厚度。对 V 形或梯形河谷,为改善坝体应力状态,减薄坝体厚度,可采取变圆心、变半径的布置形式,沿坝高随河谷跨度的减小,变动各层拱圈的圆心位置,减小半径,使各层拱圈都能有较大的中心角,加强拱的作用,但应注意控制"倒悬"现象。

2.双曲拱坝

双曲拱坝是近 20 年来采用较多的一种坝型,它同时具有平面和竖直拱的作用,能充分发挥拱、梁结构的受力特性和材料强度,改善坝体应力状态、增加强度的安全度。这类拱坝也常采用变圆心、变半径的布置形式,使各层拱圈都具有较理想的中心角。当坝顶溢流时,可使坝身向下游倒悬,以便水舌跳射远离坝脚。

3.斜拱坝

斜拱坝有两类:一类是拱坝坝身倒向下游,利用斜拱作用,把荷载传给坝底基岩;另一类是对于上部岸坡地质较差情况,通过设缝把上部坝体布置成斜拱,使上部荷载通过斜拱传给坝底基岩。

4. 周边缝拱坝

也叫铰接拱坝,特点是坝体与基岩铰接,如安徽黄山寨西拱坝。其优点是周边缝能松弛坝体周边弯曲应力;缝与基岩间的座垫可传递和扩散荷载,使应力、变形的变化均匀;且座垫的形状尺寸可机动调整,以适应不同的地形、地质条件;有座垫也便于提前进行地基处理。其主要缺点是施工较复杂,整体性和刚度较差,容易渗漏等。周边缝的作用和应力分析方法等还有待进一步探讨。

5. 双拱坝

如贵州猫跳河窄巷口拱坝,河床砂砾石覆盖层很深。为避免大量开挖,横跨河床修建一座基础拱桥,在拱桥上又修建一座双曲混凝土拱坝。

6. 空腹拱坝

如湖南凤滩混凝土空腹重力拱坝。这种坝型可减少坝体工程量,降低扬压力,也有利于坝体散热和解决泄洪问题,空腹内还可布置厂房。

7. 预应力拱坝

在坝体内埋设预应力锚索,可利用对坝体预先施加的压应力抵消其他荷载产生的拉应力,如瑞士的杜尔德马叶拱坝。

拱坝按过水条件还可分为溢流与非溢流的。

拱坝按建筑材料又分有混凝土(常态的、碾压的)和浆砌石的。

混凝土拱坝按其坝高分为低坝(小于30m)、中坝(30~70m)和高坝(大于70m)。

二、拱坝的体形和布置

拱坝属于空间壳体结构,其体形设计要比重力坝复杂得多,拱坝的体形设计与河谷地形、枢纽的整体布置密切相关。合理的体形应该是:在满足枢纽布置、运用和施工等要求的前提下,通过调整其外形和尺寸,使坝体材料强度得以充分发挥,不出现不利的应力状态,并保证坝肩岩体的稳定,而工程量最省,造价最低。

(一)拱圈的形式

1. 圆弧拱圈的几何参数与应力、稳定的关系

水平拱圈以圆弧拱最为常用。为了说明拱圈的几何参数与应力的关系,如图 2-50 所示,取单位高度的等截面圆拱,拱圈厚度为 T,中心角为 $2\varphi_A$,设沿外弧承受均匀压力 p,截面平均应力为 σ,由"圆筒公式"可得

$$T = \frac{pR_u}{\sigma}$$

式中：R_u 为外弧半径。

因为　$R_u = R + \dfrac{T}{2} = \dfrac{l}{\sin\varphi_A} + \dfrac{T}{2}$

所以　$T = \dfrac{2lp}{(2\sigma - p)}\sin\varphi_A$

对于一定宽度的河谷，拱中心角越大，拱圈厚度越小，材料强度越能得到充分利用，因而适当加大中心角是有利的。然而加大中心角会使拱圈的弧长增加，在一定程度上抵消了减薄拱圈厚度所节省的工程量，经过演算，可以得出使拱圈体积最小的中心角 2A = 133.57°。但从稳定条件考虑，过大的中心角将使拱轴线与河岸基岩等高线间的交角过小，以致拱端推力过于趋向岸边，不利于坝肩岩体的稳定。现代拱坝，顶拱中心角多为 70°～120°；对于向下游缩窄的河谷，可采用 110°～120°；当坝址下游基岩内有软弱带或坝肩支承在比较单薄的山嘴时，则应适当减小拱的中心角，使拱端推力转向岩体内侧，以加强坝肩稳定，例如，日本的矢作拱坝最大中心角为 76°，菊花拱坝为 74°。

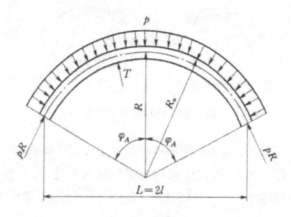

图 2-50　圆弧拱圈

由于拱坝的最大应力常在坝高 1/3～1/2 处，所以，有的工程在坝的中下部采用较大的中心角，由此向上向下中心角都减小，如：我国的泉水拱坝，最大中心角为 101°24′，约在 2/5 坝高处；伊朗的卡雷迪拱坝，最大中心角为 117°，位于坝的中下部。

2. 水平拱圈的形式选择

合理的拱圈形式应当是压力线接近拱轴线，使拱截面内的压应力分布趋于均匀。在河谷狭窄而对称的坝址，水压荷载的大部分靠拱的作用传到两岸，采用圆弧拱圈，在设计和施工上都比较方便。但从水压荷载在拱梁系统的分配情况看，拱所分担的水荷载并不是沿拱圈均匀分布，而是从拱冠向拱端逐渐减小。近年来，对建在较宽河谷中的拱坝，为使拱圈中间部分接近于均匀受压，并改善坝肩岩体的抗滑稳定条件，拱圈形式已由早期的单心圆拱向三心圆拱、椭圆拱、抛物线拱和对数螺旋线拱等多种形式（图 2-51）发展。

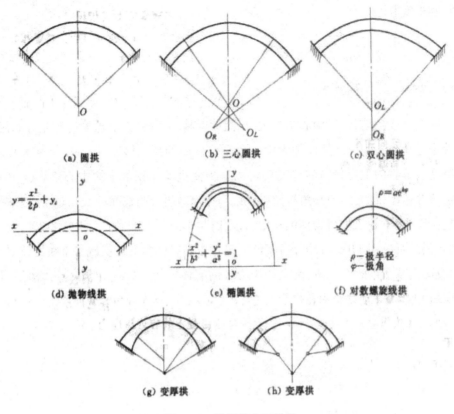

图 2-51 拱坝的水平拱圈

三心圆拱由三段圆弧组成,通常是两侧弧段的半径比中间的大,从而可以减小中间弧段的弯矩,使压应力分布趋于均匀,改善拱端与两岸的连接条件,更有利于坝肩的岩体稳定。美国、葡萄牙、西班牙等国采用三心圆拱坝较多,我国的白山拱坝、紧水滩拱坝和李家峡拱坝都是采用的三心圆拱坝。

椭圆拱、抛物线拱和对数螺旋线拱均为变曲率拱,拱圈中段的曲率较大,向两侧逐渐减小,使拱圈中的压力线接近中心线,拱端推力方向与岸坡线的夹角增大,有利于坝肩岩体的抗滑稳定。例如,瑞士 1965 年建成的康脱拉双曲拱坝是当前最高的椭圆拱坝,高 220m;日本的集览寺拱坝,高 82m,两岸山头单薄,采用了顶拱中心角为 75° 的抛物线拱,坝肩岩体稳定得到了改善。日本、意大利等国采用抛物线形拱坝较多。我国已建成的二滩拱坝、东风拱坝、小湾拱坝和溪洛渡拱坝也是采用的抛物线形拱坝。已建成的拉西瓦拱坝采用的是对数螺旋线形拱坝。

当河谷地形不对称时,可采用人工措施使坝体尽可能接近对称,例如,①在较陡的一岸向深处开挖;②在较缓的一岸建造重力墩;③设置垫座及周边缝等。有的情况下也可采用不对称的双心圆拱布置。

(二)拱坝布置的一般步骤和原则

1. 步骤

由于拱坝体形比较复杂,剖面形状又随地形、地质情况而变化,因此,拱坝的布置并无一成不变的固定程序,而是一个从粗到细反复调整和修改的过程。根据经验,大致可以归纳为以下几个步骤:

(1)根据坝址地形图、地质图和地质查勘资料,定出开挖深度,画出可利用基岩面等高线地形图。

(2)在可利用基岩面等高线地形图上,试定顶拱轴线的位置。在实际工程中常以顶拱外弧作为拱坝的轴线。顶拱轴线的半径可用 $R = 0.6L_1$,(L_1 为坝顶高程处拱端可利用基岩面间的河谷宽度,m)或参考其他类似工程初步拟定。将顶拱轴线在地形图上移动,调整位置,尽量使拱轴线与基岩等高线在拱端处的夹角不小于 30°,并使两端夹角大致相近。按选定的半径、中心角及顶拱厚度画出顶拱内外缘弧线。

(3)按初拟拱冠梁剖面尺寸,自坝顶往下,一般选取 5~10 道拱圈,绘制各层拱圈平面图,布置原则与顶拱相同。各层拱圈的圆心连线在平面上最好能对称于河谷可利用基岩面的等高线,在竖直面上圆心连线应能形成光滑的曲线。

(4)切取若干铅直剖面,检查其轮廓线是否光滑连续,有无上层突出下层的倒悬现象,确定倒悬程度。为了便于检查,可将各层拱圈的半径、圆心位置以及中心角分别按高程点绘,联成上、下游面圆心线和中心角线。必要时,可修改不连续或变化急剧的部位,以求沿高程各点连线达到平顺光滑为度。

(5)进行应力计算和坝肩岩体抗滑稳定校核。如不符合要求,应修改坝体布置和尺寸,重复以上的工作程序,直至满足要求为止。

(6)将坝体沿拱轴线展开,绘成坝的立视图,显示基岩面的起伏变化,对突变处应采取削平或填塞措施。

(7)计算坝体工程量,作为不同方案比较的依据。

归纳起来,拱坝布置的基本原则是:坝体轮廓力求简单,基岩面、坝面变化平顺,避免有任何突变。

2. 拱端的布置原则

拱坝两端与基岩的连接也是拱坝布置的一个重要方面。拱端应嵌入开挖后的坚实基岩内。拱端与基岩的接触面原则上应做成全半径向的,以使拱端推力接近垂直于拱座面。但在坝体下部,当按全半径向开挖将使上游面可利用岩体开挖过多时,允许自坝顶往下由全半径向拱座渐变为 1/2 半径向拱座,如图 2-52(a)所示。此时,靠上游边的 1/2 拱座面与基准面的交角应大于 10°。如果用全半径向拱座将使下游面基岩开挖太多时,也可改用中心角大于半径向中心角的非径向拱座,如图 2-52 所示,此时,拱座面与基准面的夹角,根据经验应不大于 80°。

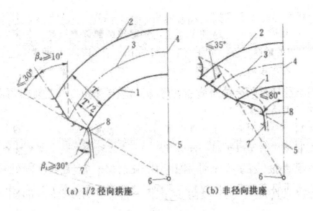

图 2-52 拱座形状准则

1-内弧面;2-外弧面;3-拱轴线;4-拱冠,5-基准面;6-坝轴线圆心;7 可利用基岩面线;8-原地面线

三、拱坝的荷载及荷载组合

(一)拱坝的荷载

拱坝承受的荷载包括:自重、静水压力、动水压力、扬压力、泥沙压力、冰压力、浪压力、温度作用以及地震作用等,基本上与重力坝相同。但由于拱坝本身的结构特点,有些荷载的计算及其对坝体应力的影响与重力坝不尽相同。本节仅介绍这些荷载的不同特点。

1. 一般荷载的特点

(1)水平径向荷载。水平径向荷载包括:静水压力、泥沙压力、浪压力及冰压力。其中,静水压力是坝体承受的最主要荷载,应由拱、梁系统共同承担,可通过拱梁分载法来确定拱系和梁系上的荷载分配。

(2)自重。混凝土拱坝在施工时常采用分段浇筑,最后进行灌浆封拱,形成整体。这样,由自重产生的变位在施工过程中已经完成,全部自重应由悬臂梁承担,悬臂梁的最终应力是由拱梁分载法算出的应力加上由于自重而产生的应力。在实际工程中,如遇:①需要提前蓄水,要求坝体浇筑到某一高程后提前封拱;②对具有显著竖向曲率的双曲拱坝,为保持坝块稳定,需要在其冷却后先行灌浆封拱,再继续上浇;③为了度汛,要求分期灌浆等情况。灌浆前的自重作用应由梁系单独承担,灌浆后浇筑的混凝土自重参加拱梁分载法中的变位调整。有时为了简化计算,也常假定自重全由梁系承担。由于拱坝各坝块的水平截面都呈扇形,如图所示,截面 A1 与 A2 间的坝块自重 G 可按辛普森公式计算

$$G = \frac{1}{6}\gamma_c \Delta Z (A_1 + 4A_m + A_2)$$

式中：v_c 为混凝土容重，kN/m^3；$\triangle Z$ 为计算坝块的高度，m；A_1、A_2、A_m 分别为上、下两端和中间截面的面积，m^2。或简略地按下式计算：

$$G=\frac{1}{2}\gamma_c\Delta Z(A_1+A_2)$$

（3）水重。水重对于拱、梁应力均有影响。但在拱梁分载法计算中，一般近似假定由梁承担，通过梁的变位考虑其对拱的影响。

（4）扬压力。从近年美国对一座中等高度拱坝坝内渗流压力所作的分析表明，由扬压力引起的应力在总应力中约占 5%。由于所占比重很小，设计中对于薄拱坝可以忽略不计，对于重力拱坝和中厚拱坝则应予以考虑；在对坝肩岩体进行抗滑稳定分析时，必须计入渗流水压力的不利影响。

（5）动水压力。拱坝采用坝顶或坝面溢流时，应计及溢流坝面上的动水压力。对溢流面的脉动压力和负压的影响可以不计。

实践证明，岩体赋存于一定的地应力环境中，对修建在高地应力区的高拱坝，应当考虑地应力对坝基开挖、坝体施工、蓄水过程中的坝体应力以及坝肩岩体抗滑稳定的影响。

2. 温度作用

温度作用是拱坝设计中的一项主要荷载。实测资料分析表明，在由水压力和温度变化共同引起的径向总变位中，后者约占 1/3～1/2，在靠近坝顶部分，温度变化的影响更为显著。拱坝系分块浇筑，经充分冷却，待温度趋于相对稳定后，再灌浆封拱，形成整体。封拱前，根据坝体稳定温度场（图 2-53），可定出沿不同高程各灌浆分区的封拱温度。封拱温度低，有利于降低坝内拉应力，一般选在年平均气温或略低时进行封拱。封拱温度即作为坝体温升和温降的计算基准，以后坝体温度随外界温度作周期性变化，产生了相对于上述稳定温度的改变值。由于拱座嵌固在基岩中，限制坝体随温度变化而自由伸缩，于是就在坝体内产生了温度应力。上述温度改变值，即为温度作用，也就是通常所称的温度荷载。坝体温度受外界温度及其变幅、周期、封拱温度、坝体厚度及材料的热学特性等因素制约，同一高程沿坝厚呈曲线分布。设坝内任一水平截面在某一时刻的温度分布如图 2-54（a）所示。为便于计算，可将其与封拱温度的差值，即温差视为三部分的叠加，如图 2-54（b）所示。

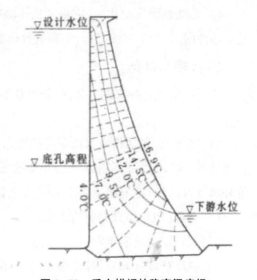

图 2-53　重力拱坝的稳定温度场

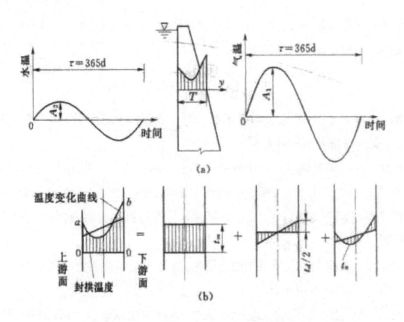

图 2-54　坝体外界温度变化、坝体内温度分布及温差分解示意图

（1）均匀温度变化 t_m。即温差的均值，这是温度荷载的主要部分。它对拱圈轴向力和力矩、悬臂梁力矩等都有很大影响。

（2）等效线性温差 t_a。等效线性化后，上、下游坝面的温度差值，用以表示水库蓄水后，由于水温变幅小于下游气温变幅沿坝厚的温度梯度 t_a/T。它对拱圈力矩的影响较大，而对拱圈轴向力和悬臂梁力矩的影响很小。

（3）非线性温度变化 t。它是从坝体温度变化曲线 $t(y)$ 扣去以上两部分后剩余的部分，是局部性的，只产生局部应力，不影响整体变形，在拱坝设计中一般可略去不计。

（二）荷载组合

作用在拱坝上的荷载组合，可分为基本组合和特殊组合。为便于列表，将各项荷载编号如下：

（1）水压力（包括相应水位下的扬压力）：（1a）正常蓄水位时的上、下游静水压力；（1b）校核洪水位时的上、下游静水压力和动水压力；（1c）水库死水位或运行最低水位时的上、下游静水压力；（1d）施工期遭遇洪水时的静水压力。

（2）自重（包括铅直方向的水重）。

（3）泥沙压力及浪压力。

（4）温度荷载：（4a）设计正常温降；（4b）设计正常温升；（4c）接缝灌浆部分坝体设计正常温降；（4d）接缝灌浆部分坝体设计正常温升。

表 2-32　荷载组合

荷载组合	组合情况	水压力	自重	泥沙及浪压力	温度荷载	地震力
基本组合	Ⅰ.正常蓄水位	(1a)	2)	3)	(4a)	
	Ⅱ.运行最低水位	(1c)	2)	3)	(4b)	
	Ⅲ.其他常遇的不利组合					
特殊组合	Ⅳ.非常泄洪	(1b)	2)	3)	(4b)	
	Ⅴ.设防地震	(1a)	2)	3)	(4a)	
	Ⅵ.施工期接缝未灌浆$\frac{1}{2}$	(1d)	2)			5)
	Ⅶ.施工期分期灌浆$\frac{1}{2}$	(1d)	2)		(4c)或(4d)	
	Ⅷ.其他稀遇的不利组合	2)	2)		(4d)	

四、拱坝的材料和构造

(一)拱坝对材料的要求

用于修建拱坝的材料主要是混凝土,中、小型工程常就地取材,使用浆砌块石。对混凝土和浆砌石材料性能指标的要求和重力坝相同,在此不再列举。混凝土应严格保证设计规范对强度、抗渗、抗冻、低热、抗冲刷和抗侵蚀等方面的要求。

坝体混凝土的极限抗压强度一般以 90d 或 180d 龄期强度为准,极限抗拉强度一般取极限抗压强度的 1/15~1/10。此外,还应注意混凝土的早期强度,控制表层混凝土 7d 龄期的标号不低于 C10 号,以确保早期的抗裂性。高坝近地基部分混凝土的 90d 龄期标号不得低于 C25 号,内部混凝土 90d 龄期不低于 C20 号。

除强度外,还应保证抗渗性、抗冻性和低热等方面的要求。为此,对坝体混凝土的水灰比必须严格控制,对较高的拱坝,坝体外部混凝土的水灰比应限制在 0.45~0.5 的范围内,内部可为 0.6~0.65。在承受高速水流和挟沙水流冲刷的部位,混凝土应具有很好的抗磨性。用水灰比低的、振捣密实并表面抹光的混凝土,抗磨性能较高。实践证明,水灰比大于 0.55 的混凝土,抗磨性能常不能满足要求。对于高度不大,厚度小于 20m 的薄拱坝,可以不改变混凝土标号。对于高拱坝或较厚的重力拱坝,由于应力有较大的差异,可在坝体内部、外部和拱端分别采用不同标号,拱端应力较大,可提高标号,坝体内部应力较低,可用较低标号;如有抗震要求,坝体中、上部是高应力区,在考虑混凝土标号分区时应予以注意;对于溢流面及孔管内壁需设有专门的混凝土面层。

(二)拱坝分缝与接缝处理

拱坝是整体结构,为便于施工期间混凝土散热和降低收缩应力,防止混凝土产生裂缝,需要分段浇筑,各段之间设有收缩缝,在坝体混凝土冷却到年平均气温左右、混凝土充分收缩后,再用水泥浆封填,以保证坝的整体性。

收缩缝有横缝和纵缝两类,如图 2-55 所示。横缝是半径向的,间距一般取 15~20m。在变半径的拱坝中,为了使横缝与半径向一致,必然会形成一个扭曲面。有时为了简化施工,对不太高的拱坝也可以中间高程处的径向为准,仍用铅直平面来分缝。横缝底部缝面与建基面或垫座面的夹角不得小于 60°,并应尽可能接近正交。缝内设铅直向的梯形键槽,以提高坝体的抗剪强度。拱坝厚度较薄,一般可不设纵缝,对厚度大于 40m 的拱坝,经分析论证,可考虑设置纵缝。相邻坝块间的纵缝应错开,纵缝的间距约为 20~40m。为方便施工,一般采用铅直纵缝,到缝顶附近应缓转与下游坝面正交,避免浇筑块出现尖角。

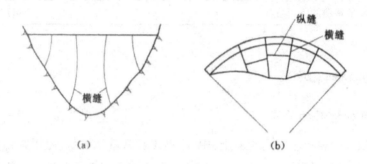

图 2-55 拱坝的横缝和纵缝

收缩缝是两个相邻坝段收缩后自然形成的冷缝,缝的表面做成键槽,预埋灌浆管与出浆盒,在坝体冷却后进行压力灌浆。

横缝和纵缝都必须进行接缝灌浆。灌浆时坝体温度应降到设计规定值。缝的张开度不宜小于 0.5mm。缝两侧坝体混凝土龄期,在采取有效措施后,不宜小于 4 个月。

灌浆浆液结石达到预期强度后,坝体方能蓄水。

横缝上游侧应设置止水片。止水片可与上游止浆片结合。止水的材料和做法与重力坝相同。

根据对已建成的拱坝实地检查,收缩缝灌浆的效果也不尽如人意,它仍然是坝体的薄弱面。因此,现代拱坝建设的趋向是,尽可能减少收缩缝,在施工期加强冷却措施,实践证明效果良好。对于较薄的拱坝,须注意第一期冷却不宜过快,否则可能导致拉裂。

收缩缝的灌浆工艺和重力坝相同。

应该指出,在一定的条件下,也可将横缝的一部分保持为永久性的明缝。如近拱端有一岸或两岸自坝顶至某一高程范围内的地质条件很差,不足以承担拱端的巨大推力时,可将这一范围内的横缝保持为永久缝,或自拱冠顶部起向两侧往下逐渐加深明缝,使拱端推力向下斜传入两岸基岩,如日本黑部第四拱坝和我国的隔河岩拱坝就是这样设计的。

(三)坝顶与坝面

拱坝坝顶高程应不低于校核洪水位。坝顶上游侧防浪墙顶超高值应包括风浪壅高、风浪波高和安全超高,其结构形式和尺寸应按使用要求来决定。当无交通要求时,非溢流坝的顶宽一般不小于3m。溢流坝段坝顶工作桥、交通桥的尺寸和布置必须能满足泄洪、闸门启闭、设备安装、运行操作、交通、检修和观测等的要求。地震区的坝顶工作桥、交通桥等结构应尽量减轻自重,以提高结构的抗震性能。

现代拱坝一般只是在上游面约$(1/15 \sim 1/10)h$(h为水面下深度)厚度内浇筑抗渗和抗冻性较好的混凝土,在下游面$1 \sim 2m$范围内浇筑抗冻性较好的混凝土。除特殊情况外,一般都不配筋。但在严寒地区,有的薄拱坝可在顶部配筋以防渗水冻胀而开裂。建在地震区的拱坝由于坝顶易开裂,可穿过横缝布置钢筋,以增强坝的整体性。其他如遇特殊地基,对薄拱坝也可考虑局部配筋。

对滑雪道式的溢流面,由于泄槽溢流面板与坝身结合处的构造比较复杂,既要保持水流平顺衔接,又要使两者能相对移动,在设计和施工中应予注意。

(四)廊道与排水

为满足检查、观测、灌浆、排水和坝内交通等要求,需要在坝体内设置廊道与竖井。廊道的断面尺寸、布置和配筋基本上和重力坝相同。对于高度不大、厚度较薄的拱坝,在坝体内可只设置一层灌浆廊道,而将其他检查、观测、交通和坝缝灌浆等工作移到坝后桥上进行,桥宽一般为$1.2 \sim 1.5m$,上下层间隔$20 \sim 40m$,在与坝体横缝对应处留有伸缩缝,缝宽约$1 \sim 3cm$。

建在无冰冻地区的薄拱坝,坝身可不设排水管。对较厚的或建在寒冷地区的薄拱坝,则要求和重力坝一样布置排水管,一般间距为$2.5 \sim 3.5m$,管径为$15 \sim 20cm$。

(五)管孔

为泄洪用的泄水孔断面如前所述多为矩形,因流速较高,最好用钢板衬砌,以防止孔壁混凝土受冲刷、减小对水流的摩阻力、避免内水向坝体渗透和改善孔口附近的应力状态。由于钢板衬砌施工不便,且钢板外壁易产生空隙,故当内水压力不大时,也可不用。矩形孔口的尖角处应抹圆,以消除应力集中,并需局部配筋。

为引水发电、灌溉和供水等目的在坝体内设置的管孔,一般泄流量和断面都较小,常用圆形断面,进口多为矩形,中间需设渐变段相连接。

(六)垫座与周边缝

对于地形不规则的河谷或局部有深槽时,可在基岩与坝体之间设置垫座,在垫座与坝体间形成周边缝,如图2-56所示。周边缝一般做成二次曲线或卵形曲线,使垫座以上的坝体尽量接近对称。在径向断面上,周边缝多数为圆弧曲线[图2-56(c)],其半径取该处坝体厚度的一倍以上,缝面略向上游倾斜,与坝体传至垫座的压力线正交,也有的做成一般弧线[图2-56(a)]或直线[图2-56(b)]。

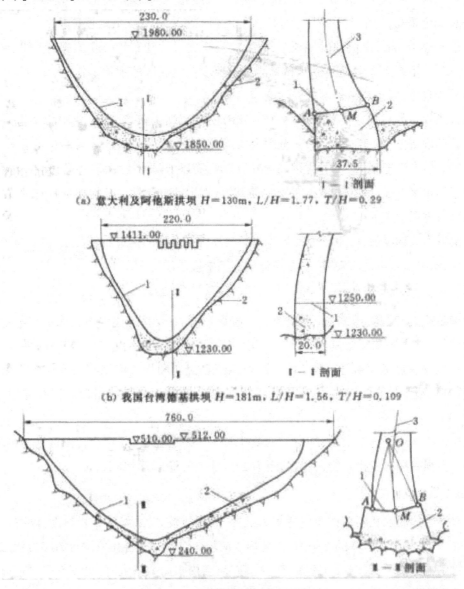

图 2-56 拱坝周边缝布置(单位:m)

1-周边缝;2-垫座;3-坝体中线

拱坝设置周边缝后,梁的刚度有所减弱,相对加强了拱的作用,这就改变了拱梁分载的比例。周边缝还可减小坝体传至垫座的弯矩,从而可减小甚至消除坝体上游面的竖向拉应力,使坝体和垫座接触面的应力分布趋于均匀,并可利用垫座增大与基岩的接触面积,调整和改善地基的受力状态。垫座作为一种人工基础,可以减少河谷地形的不规则性和地质上局部软弱带的影响,改进拱坝的支承条件。由于周边缝的存在,坝体即使开裂,只能延伸到缝边就会停止发展。若垫座开裂,也不致影响到坝体。根据意大利安卑斯塔拱坝模型试验成果表明,地震时垫座的振动较坝体振动强烈,说明垫座对坝体振动起缓冲作用。

(七)重力墩

重力墩是拱坝坝端的人工支座,可用于:河谷形状不规则,为减小宽高比,避免岸坡的大量开挖;河谷有一岸较平缓,用重力墩与其他坝段(如重力坝或土石坝)或岸边溢洪道相连接等情况。我国龙羊峡水电站枢纽布置时,在其左、右坝肩设置重力墩后,使坝体可基本上保持对称。

通过重力墩可将坝体传来的作用力传到基岩。坝体与重力墩之间的传力作用和重力墩本身的刚度有关。与坝高相比,如重力墩高度不大,可假设重力墩的刚度与基岩相同,按拱端支承于基岩的条件求得拱端作用力,然后将此作用力施加到重力墩上来校核重力墩的稳定和应力。

工作任务四　土石坝

土石坝是一种极为古老的坝型,也是历史最为悠久的一种坝型。地球上现有的挡水坝中,多数为土石坝。目前世界上两座最高的坝均为土石坝,都建在塔吉克斯坦,一座为罗贡斜心墙坝,坝高325m;另一座为努列克坝,坝高317m。据统计,至20世纪末,我国坝高15m以上的大坝有18000多座,其中85%以上为土石坝。

一、土石坝的概述

(一)土石坝的特点

土石坝得以广泛应用和发展的主要原因(优点)是:

((1)可以就地取材、就近取材、节省大量水泥、木材和钢材,减少工地外的运输量。由于设计和施工技术的发展,放宽了对筑坝材料的要求,几乎任何土石料均可筑坝。

(2)能适应各种不同的地形、地质和气候条件。任何不良的坝址地基,经处理后均可筑坝。特别是在气候恶劣、工程地质条件复杂和高烈度地震区的情况下,土石坝实际上是唯一可取的坝型。

(3)结构简单,施工工序少,施工技术容易掌握,既可用简单机械施工,也可高度机械化施工。

（4）运用管理方便,寿命长,加高、扩建、维修较容易。

（5）大容量、多功能、高效率施工机械的发展,提高了土石坝施工质量,加快了进度,降低了造价,促进了高土石坝建设的发展。

（6）由于土石坝设计理论、试验手段、计算技术和施工技术的综合发展,提高了大坝分析计算的水平,加快了设计进度,进一步保障了大坝设计的安全可靠性。对加速土石坝的建设和推广也起了重要的促进作用。

土石坝的主要缺点是:土石坝由散状材料填筑而成,抗剪强度低、体积大、工程量大;为了确保安全,以土石坝为挡水建筑物的水库,一般不允许坝顶溢流(低水头溢流土石坝除外),必须在河岸上另开溢洪道或其他泄水建筑物;在河谷狭窄、洪水流量很大的河道上施工时,导流比较困难;黏性土料的施工受天气的影响较大。

（二）土石坝的类型

1. 按坝高分

按土石坝的坝体最大剖面高度,分为高坝、中坝和低坝。坝高在 70m 以上者为高坝;高度在 30~70m 之间者为中坝;低于 30m 者为低坝。

2. 按施工方法分

（1）碾压式土石坝

由土石料分层填筑碾压而成的坝。一般的土料、砂卵石料及风化石渣等均可用于这种坝型,故碾压式土石坝是目前采用最多的一种坝型。

（2）水力冲填坝

用水力机械或水力方法完成土石料的开采、运输和填筑全部工序而修成的土石坝。典型的水力冲填坝是用高压水枪在料场将土体冲击成泥浆,然后自流和用泥浆泵将泥浆送上坝面,分层淤填而成。我国西北地区的一种水坠坝实际上也是一种冲填坝,它是选择比坝顶高的土场,用水枪冲击、用爆破松土配合人工挖土,进行土料开采,泥浆经沟渠自流到坝面。用这种方法筑坝,不需土料运输机械及碾压机械,施工方法简单,工效较高,一般成本较低。要求料场位置合适,并有足够的水和电力。但是坝体的干容重较小,抗剪强度较低,剖面尺寸比碾压式土石坝大。

（3）水中填土坝

这种坝是在填筑范围内用土埂围成畦格,在畦格内灌水填土,逐层填筑,利用上层土重、运输工具重和排水固结而成。固结过程中能适应较大变形,无须机械碾压。只要有充足的水源,有浸水易崩解、一定透水性、易脱水固结的黏性土、砂质或砾质黏壤土等,均可采用此法施工。因为施工期土料的抗剪强度较低,应控制施工速度和加强排水措施以防滑坡。

（4）定向爆破坝

当坝址两岸地势较高、河谷狭窄及岩石结构较为紧密时,可以利用定向爆破方法,将岸坡土石料抛填建坝位置再整理成土石坝。定向爆破筑坝只需在山体内开挖洞室,安放炸药,一次爆破即可形成坝体的大部甚至绝大部分。这种方法筑坝,节省人力、物力和工期。缺点是对山体破坏作用大,恶化隧洞、溢洪道等建筑物的地质条件,两岸岩体裂隙增大,成为绕坝渗流的通道。坝体建成后的沉陷过大容易造成防渗结构破坏。

3. 按坝体材料分

根据坝体所用的主要材料,土石坝可分为土坝、堆石坝及土石混合坝。土和砂砾占50%以上填筑的为土坝;土和砂砾占50%以下,其他由各种石料填筑的为土石混合坝;只有防渗体是土料或沥青混凝土或钢筋混凝土,其他都由各种石料填筑的为堆石坝。

总之,它们的材料比例不同,使它们的工作条件,施工方法也不完全相同。但是,对它们的结构形式、稳定、渗流控制的要求基本相同。本章着重讲述一般的碾压式土坝,对堆石坝及土石混合坝只作简单介绍,其具体的技术要求可参阅有关规范和专著。

（三）碾压式土石坝的类型

碾压式土石坝虽然需用较多的碾压机具,但适用的土料范围广,且可以控制含水量使抗剪强度较高,工程量相对较小,所以仍是当前广泛应用的坝型。根据碾压式土石坝的土料组合和防渗设施的位置不同,可分为以下几种类型:

1. 均质坝

如图 2-57（a）、（b）所示,整个坝体基本上由一种透水性较弱的土料（如壤土、砂壤土）填筑而成,坝体既是防渗体又是支承体。由于黏性土抗剪强度较低且施工碾压较困难,故多用于低坝。

2. 心墙坝

如图 2-57（c）、（d）、（e）所示,坝体的中央用透水性较弱的土料或其他材料（钢筋混凝土或沥青混凝土或土工膜等人工材料）做成坝体的中央防渗心墙,两侧用透水性较大的土石料做成坝壳。

3. 斜墙坝

如图 2-57(f)、（g）、（h）所示,上游侧用透水性弱的土料或其他材料（钢筋混凝土、沥青混凝土或土工膜等人工材料）做成防渗斜墙,其下游侧用透水性较大的土石料做成支承体。

4. 多种土质坝

由多种透水性大小不同的土石料筑成,土石料的排列方式有两种:

（1）如图 2-57(i)所示,土石料的透水性自上游向下游逐渐增大,原理如斜墙坝。

（2）如图 2-57(j)所示,土石料的透水性自中央向两侧逐渐增大,原理如心墙坝。

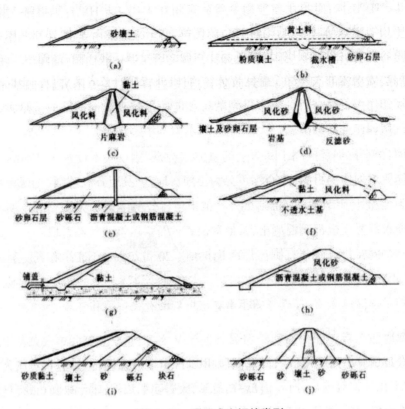

图 2-57　碾压式土坝的类型

上述 4 种坝型除均质坝外,都是将弱透水性材料布置在上游或中央,以达防渗目的;将透水性强的材料布置在下游或两侧,以维持坝坡的稳定。强透水性材料布置在下游侧还起到有利于排水以降低浸润线的作用。尽管土石坝剖面的形式在不断地变化和发展,但这种布置材料的原则不变。

二、土石坝的工作特点及设计要求

土石坝主要是由散状的土石料填筑而成的挡水建筑物。由于土石料颗粒间黏聚力较低,水力、自重及其他外力对散粒结构的稳定性影响很大,所以土石坝剖面构造形式的设计要求不同于其他坝型。在渗流、冲刷、沉降、冰冻、地震等因素的作用和影响下,表现出相应的工作特点,从而决定了土石坝设计时应考虑下述几方面的问题。

(一)稳定方面

1.结构特点

土石坝依靠无胶结的土石颗粒间的薄弱连接维持稳定,连接强度低,抗剪能力小,坝坡缓,剖面为梯形,体积庞大,所以不会发生沿坝基面的整体滑动。

2. 失稳形式

其失稳的主要形式是由于坝坡过陡,坝体抗剪强度不足,产生坝坡滑动;或坝基抗剪强度不足,致使坝坡连同部分坝基一起滑动的剪切破坏;以及松散(粒径均匀、级配不连续的)饱和的颗粒,在振动作用下的液化失稳;还有坝体或坝基中的软黏土,在荷载作用下被挤出的塑性流动。都会严重影响土石坝的正常工作,进一步的发展会导致工程失事。

3. 设计要求

土石坝的边坡和坝基稳定是大坝安全的基本保证。国内外土石坝的失事,约有1/4是由滑坡造成的,保持坝坡稳定是首要的。为了保证土石坝在各种工作条件下能保持稳定,应根据土石料的性质、荷载的条件,采取有效的防渗排水设施,减少渗透压力影响;合理选择填筑材料及填筑标准,提高抗剪强度;合理设计坝坡(施工期、稳定渗流期、水位骤降期还有地震时,作用在坝坡上的荷载和土石料的抗剪强度指标都将发生变化,应分别进行核算);认真做好坝基处理,并将软黏土挖除,以保持坝坡和坝基的稳定。

(二)渗流方面

1. 特点

土石坝的坝体、坝基都是比较透水的,在上下游水位差的作用下,水库里的水将通过坝体、坝基及两岸向下游渗透,在坝体和坝基的结合面和坝与其他建筑物的结合面,更是渗流易于通过而产生集中渗流的地方。

2. 危害

一是蓄水量减少;二是降低了坝的稳定性;三是可能产生渗透变形。

渗流在坝体剖面内的自由水面称为浸润面,浸润面以上有一毛细管水区,浸润面以下的土体为饱和水区,如图2-58所示。饱和水区的土体受到水的浮力作用而减轻了填筑材料的有效重力,并使其抗剪强度(内摩擦角和黏聚力)降低;下游水位以下土体受到浮力作用而减轻了土体的有效重量。毛管水区以上为自然含水量,雨后的渗水使毛细管内水面抬高(相当于抬高了浸润线);在重力(产生渗透压力)作用下渗流;同时渗流对土体还作用有动水压力,如果渗透流速和水力坡降超过一定的界限,会使坝体和坝基以及各结合面附近的土体产生渗透变形。这些都增加了坝坡滑动的可能性,严重时会引起土石坝的失事。

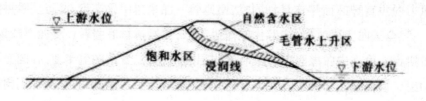

图2-58 土坝坝体渗流示意图

3. 设计要求

为了消除或减轻上述渗流的不利影响,必须采用有效的防渗排水设施,以降低浸润线,减少渗漏,保证稳定。防渗设施与坝基、岸坡和其他建筑物连接应稳妥可靠,以防止产生集中渗流。

(三)冲刷方面

1. 特点、危害

由于松散料的抗冲能力很低,降落在坝上的雨水,会沿坝坡下流而冲刷坝面;库面波浪对坝面有强烈的冲击作用,很容易使坝面淘刷破坏,甚至产生塌坡事故;风浪或洪水漫过坝顶溢流会很快造成决口;下游的尾水有时也会冲刷坝脚,造成下游滑坡。

2. 设计要求

坝顶应高出最高库水位,有一定的超高并要有保护结构,而且还应设有足够泄洪能力的坝外泄水建筑物,以保证洪水不漫溢坝顶。为了防止雨水和风浪对坝面的冲刷破坏,上、下游坝坡均需设置有效的保护措施(护坡)及坝面排水措施,以避免风浪、雨水的破坏。

(四)沉陷方面

1. 特点、危害

由于填筑颗粒间存在空气和水且很容易产生相对移动,因此在坝体自重和水压力等荷载的作用下,坝体和坝基都会由于压缩而产生沉降。沉降过大会造成坝顶高程不足而影响土石坝的正常工作。过大的不均匀沉降会引起坝体开裂,甚至造成漏水的通道而威胁坝的安全。

2. 设计要求

为了减少沉降,要合理设计坝体剖面及细部构造,正确选择坝体填筑料及分区,施工时填筑料的压实要符合设计标准,质量要均匀一致。沉降要经过相当长的时间才能完成,沉降量的大小与土料性质、荷载大小(坝高)及施工压实质量等有关。根据观测统计资料,完工时的沉降量一般可达总沉降量的70%~80%,为了防止由于沉降而引起坝高不足,在施工中要留有沉降值。完工后的沉降量大小与施工质量关系很大,施工质量一般的中小高度土坝,坝基无压缩性很大的土层时,坝顶高程可按坝高的1%~2%预留沉降值;对于重要的土坝或高坝应由沉降量计算确定。

(五)其他方面

1. 冰冻影响

严寒地区,库面处冬季结冰形成的冰盖层与坝坡冻结在一起,冰盖层膨胀时对坝坡产生很大的静冰压力,会导致护坡的破坏。水位以上土壤冻胀再融化时,抗剪强度指标大为降低而滑塌;黏性土冻融后会产生孔穴或裂缝。应结合防止冲刷等破坏,做好坝面保护措施。

2. 高温干旱

高温季节坝面会因大量失水而干缩开裂,雨水进入裂缝引起集中渗流并进一步发展。应结合防止冲刷等破坏,做好坝面保护措施。

3. 地震破坏

地震力作用,会增加坝坡坍塌的可能性,坝体或坝基中的饱和砂土在振动作用下易产生液化破坏。为了防止这些不利现象的发生,应结合稳定方面的设计,采取有效措施。

4. 生物破坏

老鼠、白蚁、黄鼠狼等动物做穴,会使"千里之堤,毁于蚁穴",应结合防止冲刷等破坏,做好坝面保护措施。

从上述工作特点可以看出,造成土石坝破坏的原因是多方面的。根据一些国家对土石坝失事的统计,由于水流漫顶失事的占 30%;由于坝坡坍塌失事的占 25%;由于坝基渗漏失事的占 25%;坝下涵管出问题的占 13%,其他占 7%。但是,只要针对土石坝的工作特点,在设计中采取相应的有效措施,精心施工保证质量,加强运行管理维护,就能够保证土石坝的安全运行。

三、土石坝的剖面尺寸与构造

土石坝体的设计,首先是根据坝址附近可用于筑坝土石料的分布情况及坝高和坝的等级、地形地质条件,选定合适的坝型及坝体材料分区。其次根据施工、运行条件等,参照现有工程的实践经验初步拟定坝的基本尺寸,包括坝顶高程、坝坡、坝顶宽度以及防渗体及排水设备、护坡等的尺寸,使之满足土石坝的工作要求。然后通过渗流计算和稳定分析,进一步修正原拟定的尺寸与构造,最终确定合理的剖面尺寸,使之达到既安全又经济的目的。

(一)坝顶高程

为了保证库水不漫过坝顶,坝顶高程应在水库正常运用和非常运用的静水位以上,并有足够的坝顶超高。规范规定,坝顶高程等于水库静水位与坝顶超高之和,应按以下运用条件计算,取其最大值:①设计洪水位加正常运用条件的坝顶超高;②正常蓄水位加正常运用条件的坝顶超高;③校核洪水位加非常运用条件的坝顶超高;④正常蓄水位加非常运用条件的坝顶超高,再按《水工建筑物抗震设计规范》(SL 203—97)的规定加地震安全加高(0.5~1.5m)。

$$坝顶超高值 \ d = R + e + A$$

式中:

　　d——坝顶超出水库静水位的高度,m,如图 2-59 所示;

　　R——最大对应的波浪在坝坡上的频率爬高,m,计算方法见后;

　　e——最大对应的风壅水面高度,m,计算方法见后;

A——安全加高,m,根据坝的级别按表2-33选取。

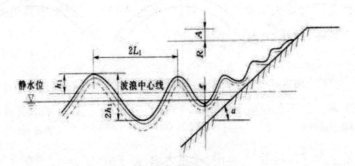

图 2-59　坝顶超高示意图

表 2-33　坝顶安全加高 A 值

单位:m

坝的级别		1	2	3	4.5
设计		1.50	1.00	0.70	0.50
校核	山区、丘陵区	0.70	0.50	0.40	0.30
	平原、滨海区	1.00	0.70	0.50	0.30

设计的坝顶高程是针对坝沉降稳定以后的情况而言的,因此,竣工时的坝顶高程应预留足够的沉降量。根据以往工程经验,土质防渗体分区坝预留沉降量一般为坝高的1%。

地震区的土石坝,坝顶高程应在正常运行情况的超高上附加地震涌浪高度。根据地震设计烈度和坝前水深情况,地震涌浪高度可取为0.5~1.5m。对库区内可能因地震引起大范围塌岸和滑坡时,涌浪高度应进行专门研究。设计地震烈度为Ⅰ、Ⅶ、区度时,尚应考虑坝和地基在地震作用下的附加沉降量。

(二) 坝顶宽度

坝顶宽度根据运行、施工、构造、交通和地震等方面的要求综合研究后确定。

规范规定高坝顶宽宜选为10~15m,中、低坝宜选为5~10m。

坝顶宽度必须考虑心墙或斜墙顶部及反滤层布置的需要。在寒冷地区,坝顶还须有足够的厚度以保护黏性土料防渗体免受冻害。

(三) 坝体分区

筑坝材料应按其性质和所担负的功能,将其配置在坝体的不同部位,以有利于大坝的安全运行。坝体分区经技术经济比较确定。

均质坝宜分为坝体、排水体、反滤层和护坡等区。土质防渗体土石坝宜分为防渗、反滤层、过渡层、坝壳、排水体和护坡等区。防渗体设在上游面时,各区渗透性宜从上游至下游逐步增大;防渗体设在坝中部时,各分区的渗透性宜向上、下游方向逐步增大。

(四)坝坡

1.坝坡坡度

坝坡坡度对坝体稳定以及工程量的大小都有着重要影响。土石坝坝坡的坡度取决于坝型、坝高、筑坝土料的性质、地质条件及地震情况等因素。通常是根据选定的坝型参照已建工程初步选定坝坡,通过稳定计算分析,逐步修正后确定合理的坝坡。一般遵循以下规律:

(1)上游坝坡长期处于饱和状态,水库水位也可能快速降落,为了保持坝坡稳定,上游坝坡常比下游坝坡为缓。但堆石料上、下游坝坡坡度的差别要比砂土料为小。

(2)土质防渗体斜墙坝上游坝坡的稳定受斜墙土料特性的控制,所以斜墙坝的上游坝坡一般较心墙坝为缓。而心墙坝,特别是厚心墙坝的下游坝坡,因其稳定性受心墙土料特性的影响,一般较斜墙坝为缓。

(3)黏性土料的稳定坝坡应为曲面,上部坡陡,下部坡缓,所以用黏性土料做成的坝坡,常沿高度分成数段,每段10~30m,从上而下逐段放缓,相邻坡率差值取0.25或0.5。砂土和堆石的稳定坝坡为一平面,可采用均一坡度。由于地震荷载一般沿坝高呈非均匀分布,所以,砂土和石料坝坡有时也做成变坡形式。上部坡陡于下部坡。

(4)由粉土、砂、轻壤土修建的均质坝,透水性较大,为了保持渗流稳定,一般要求适当放缓下游坝坡。

(5)当坝基或坝体土料沿坝轴线分布不一致时,应分段采用不同坡度,在各段间设过渡区,使坝坡缓慢变化。

初步拟定坝坡时,坡比可大致参考表2-34中的数据,砂性土可采用较陡值,黏性土采较缓值。中、低高度的均质坝,其平均坡度约为1:3。

表2-34 土坝坝坡比参考值

坝高/m	上游坝坡	下游坝坡	坝高/m	上游坝坡	下游坝坡
<10	1:2.00~1:2.50	1:1.50~1:2.00	20~30	1:2.50~1:3.00	1:2.25~1:2.75
10~20	1:2.25~1:2.75	1:2.00~1:2.25	>30	1:3.00~1:3.50	1:2.50~1:3.00

2.护坡构造

土石坝上游坡面要经受波浪淘刷、顺坡水流冲刷、冰层和漂浮物等的危害作用;下游坡面要遭受雨水、大风、尾水部位的风浪、冰层和水流的作用以及动物、冻胀、干裂等因素的破坏作用。因此,上下游坝面必须设置护坡,只有石质下游坡可以例外。

护坡的材料及形式,应坚固耐久能抵抗上述各种因素的破坏作用。为了经济,应尽可能就地取材、施工简便、维修方便。上游护坡的常用形式为砌石或堆石,石块的大小、级配和厚度应根据浪压力大小及波浪要素参照规范建议的公式计算确定。为了防止雨水集中冲刷下游坝坡,下游坝坡上应设置纵、横连通的坝面排水沟系统。若下游为堆石、干砌石护坡,其下有垫层时可不设排水沟系统。纵向(坝轴向)排水沟常设置于马道的内侧,横向排水沟间距约 50~100m,排水沟横剖面为梯形或矩形,剖面尺寸可根据土坝级别和每小时暴雨量统计概率 1%~10% 的集流量计算。

(1)砌石护坡

人工砌筑于碎石垫层上的块石护坡。块石要坚硬、不易风化(一般其抗压强度不低于 $3 \times 10^4 \sim 5 \times 10^4 kPa$),砌筑要紧密嵌实。通常用的单层砌石的石块直径不宜小于 0.20~0.35m,下面垫 0.15~0.25m 厚的碎石或砾石;双层干砌石的上层用大于 0.25~0.35m 直径的块石,下层用 0.15~0.25m 直径的块石,砌石下垫 0.15~0.25m 厚的碎石或砾石垫层。适用于浪高小于 2m 的情况,浪高较大时可用水泥砂浆或细粒混凝土填塞砌缝(应留排水缝隙)。马道内侧处应设置阻滑基脚,如仍有滑动可能时可在坡中部设置阻滑齿墙。

(2)混凝土或钢筋混凝土板护坡

当地缺乏石料时,可在上游采用混凝土及钢筋混凝土板护坡。混凝土板厚 0.3~0.5m;钢筋混凝土板厚 0.15~0.25m。矩形板平面尺寸,现场浇筑时一般为 5m×5m~10m×10m;预制板可小些,一般为 1.5m×1.5m~3m×3m。六角形板一般小于 1m²。现在大多采用带锁扣的预制板,尺寸更小些。板的拼缝宽 0.5~1cm,缝中用木板或沥青构成伸缩缝,但拼缝要保证透水性,所以拼缝很小时可不填料。垫层厚 0.15~0.25m,是否设计成反滤层应根据坝坡土料性质决定。

(3)草皮护坡

在坝坡上种草或移植 0.1~0.2m 厚的草皮,草在土中生根,草蔓延于坝坡面,能起到较好的保土作用。若坝坡为砂性土,需在草皮下先铺一层厚 0.2~0.3m 的腐殖土,然后再铺草皮。草皮护坡施工简单、造价低,是我国的中小型土坝下游护坡的基本形式。

一般根据施工人员情况、材料、对护坡的要求等,选择在技术、经济上合理的护坡形式。适用于上游护坡的形式有砌石护坡、混凝土或钢筋混凝土板护坡,还有其他的形式,如抛石、沥青或油渣混凝土、水泥土、土质缓坡等。有丰富的石料可利用时,尽量采用抛石或堆石护坡。下游护坡较简单,通常采用干砌石、碎石或砾石护坡,厚约 0.3m。对气候适宜地区的黏性土均质坝也可以采用草皮护坡。另外,还有堆石(或卵石)、框格填石等护坡形式。

上游护坡应由坝顶护至最低库水位以下 2m 左右,如有放空库容的要求时应护至坝底。下游应由坝顶护至排水体(无排水体时应护至坝脚)。为了防止两岸山坡上的雨水冲刷护坡,在坝体与岸坡连接处,也应设岸坡排水沟。

位于严寒地区的黏性土坝坡,为防止因冻胀而变形,护坡厚度不得小于当地的冻结深度。各种护坡在马道、坝脚及护坡末端,均需设置基脚。

（五）坝体防渗设施

透水和不透水是相对的概念,所谓防渗体,是指这部分比其他部分更不透水,它的作用是降低坝体内浸润线的位置,并保持渗流稳定。

1 土质防渗体

在土石坝中,土质防渗体是应用最为广泛的防渗结构,可用作防渗体的土料范围很广。除均质土坝因坝体土料透水性较小（一般渗透系数 $K<1×10-1cm/s$）可直接起防渗作用外,其他坝型均应设置专门的坝体防渗设施。防渗体的主要结构形式为心墙和斜墙。

（1）黏土心墙（图2-60）

心墙位于坝体中央或稍偏上游,由透水性很小的黏性土筑成。心墙顶部在静水位以上的超高,在正常运用情况下不小于 $0.3~0.6m$,非常运用情况不得低于非常运用的静水位。当防渗体顶部设有稳定、坚固、不透水且与防渗体紧密结合的防浪墙时,可将防渗体顶部高程放宽至正常运用的静水位以上即可。心墙顶部厚度按构造和施工要求不得小于 $1.0~3.0m$;底部厚度根据防渗要求及土料的允许渗透坡降决定,一般不宜小于水头的 $1/4$ 且不得小于 $3.0m$。心墙自顶到底逐渐加厚。边坡过陡,容易由于心墙的沉降被坝壳钳制而使心墙产生水平裂缝,为了使心墙和两侧坝壳的结合紧密,心墙边坡可适当放缓,边坡通常采用 $1:0.15~1:0.25$。

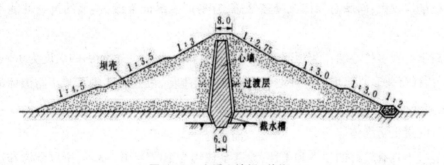

图2-60 土质心墙坝（单位:m）

为了防冻、防裂,心墙顶部应设砂性土保护层,厚度应大于冰冻和干裂深度,通常不小1.0m。心墙与上、下游坝体之间,应设过渡层,以起过渡、反滤及排水作用。过渡层应按反滤原则设计。

施工时,心墙的上升高度一般略高于坝壳,为了保证心墙断面符合设计要求,在铺筑时,心墙上、下游应留有余量,待两侧削坡之后再填筑过渡层及坝体。

（2）黏土斜墙（图2-61）

斜墙位于坝体上游面。对土料的要求及斜墙尺寸确定的原则与心墙相同。斜墙厚度是指垂直于斜墙上游面的厚度。斜墙底部厚度一般不宜小于水头的1/5。斜墙顶部高程应高于正常运用情况的静水位0.6~0.8m,且不得低于非常运用情况下的静水位。

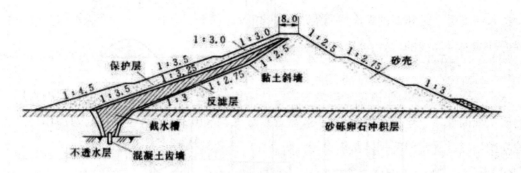

图2-61 土质斜墙坝(单位:m)

斜墙上游应设保护层,以防止冰冻和干裂,其厚度应大于冻结和干燥深度,一般均大于1.0m。斜墙下游与坝体之间按反滤层原则设置垫层。保护层及斜墙上游坡度应根据稳定计算确定。斜墙内坡视坝体材料及施工情况而定,若坝体为砂砾石,内坡一般不陡于1:2,以维持斜墙填筑前的坝体稳定。填筑斜墙时,应先将坝体上游面修坡。

与黏土心墙比较,采用黏土斜墙作为坝体防渗设施的主要优点是:坝体施工不受斜墙的限制,可先行施工,上升速度快。而黏土心墙会由于心墙土料因冬季、雨季不宜施工或因心墙下的地基处理而影响整个坝体的施工速度。斜墙土石坝的缺点是:上游坝坡较缓,防渗体和坝体工程量均较大;斜墙对坝体沉降较敏感,容易产生纵向裂缝,斜墙的抗震性能不如心墙坝。

近代高土石坝多将心墙作成顶部略倾向上游的斜心墙,向上游倾斜的坡度为1:0.25~1:0.75。这样可兼取心墙坝上游坝坡可较陡节省工程量,以及斜墙坝可减小防渗体的拱效应,有利于防止裂缝,同时下游坝坡可较陡的优点。

2. 沥青混凝土防渗体

沥青混凝土具有较好的塑性和柔性,渗透系数约为 $10^{-10} \sim 10^{-7}$ cm/s,所以防渗和适应变形的能力均较好。产生裂缝时,有一定的自行愈合的功能,而且施工受气候的影响也小,故适合作土石坝的防渗体材料。20世纪60年代以来,应用沥青混凝土作防渗体的土石坝发展较快,世界各国已建200多座。奥地利的欧申立克沥青混凝土斜墙堰石坝,坝高106m。我国近20年来已建成20多座,其中,陕西石砭峪沥青混凝土斜墙定向爆破堆石坝,坝高82.5m。

沥青混凝土防渗体可作成斜墙或心墙。早期的沥青混凝土斜墙常做成双层的形式,即在两层密实的沥青混凝土防渗层之间夹一层由疏松沥青混凝土铺成的排水层,其作用是排除透过防渗层的渗水,但许多工程运用的实践表明,其效果并不明显。所以近年来倾向于不设排水层。斜墙应铺筑在垫层上,垫层的作用是调节坝体变形。

垫层一般为厚约 1~3m 的碎石或砾石,其上铺有 3~4cm 厚的沥青碎石层作为斜墙的基垫。斜墙本身由密实的沥青混凝土防渗层组成,厚 20cm 左右,分层铺压,每一铺层厚 3~6cm 左右。在防渗层的迎水面涂一层沥青玛蹄脂保护层,可减缓沥青混凝土的老化,增强防渗效果。由于保护层表面光滑,尚可减轻结冰引起的冻害。斜墙与地基防渗结构连接的周边要作成能适应变形和错动的柔性结构。按铺筑施工的要求,沥青混凝土斜墙的上游坝坡不应陡于 1:1.6~1:1.7。沥青混凝土心墙可作成竖直的或倾斜的。对于中低坝,其底部厚度可采用坝高的 1/60~1/40,但不小于 40cm,顶部厚度不小于 30cm。如采用埋块石的沥青混凝土心墙。其最小厚度不宜小于 50cm。心墙两侧各设一定厚度的过渡层。

心墙与基岩连接处设观测廊道,用以观测心墙的渗水情况。心墙与地基防渗结构的连接部分也应做成柔性结构。用作防渗体的沥青混凝土,要求具有良好的密度、热稳定性、水稳定性、防渗性、可挠性和易性和足够的强度。

(六)坝基防渗设施

岩基中的防渗帷幕见重力坝章节有关的讲述;黏土地基渗透性较小,可不做坝基防渗设施。这里只介绍砂或砂砾坝基中常用的防渗设施。

1. 截水槽

截水槽是坝体防渗体向透水地基中的延伸,如图 4-62 和图 4-63 所示。先沿坝轴向在地基中开挖一道连续的梯形断面槽,槽底达不透水层(或相对不透水层),然后在槽内回填黏性土并分层压实与坝身防渗体连成整体。均质坝下的截水槽位置,选在距上游坝脚 1/3~1/2 坝底宽度处。此形式适用于透水层深度小于 10~15m 的情况,过深则挖方量过大、施工排水困难而不经济。截水槽是构造简单、防渗有效、稳妥可靠的坝基防渗设施。

槽底宽度应根据回填土料的容许渗透比降、与基岩接触面抗渗流冲刷的容许比降以及施工条件确定。槽的边坡一般不陡于 1:1~1:1.5 并由其边坡稳定性决定。槽两侧设置反滤层或过渡层。槽底与不透水层的结合形式如图 2-62 所示。不透水层为岩基时,可在结合面上做混凝土或钢筋混凝土齿墙,如图 2-62(a)所示。齿墙一般的尺寸如图 2-63 所示,应嵌入基岩至少 0.2~0.5m(若基岩较破碎,可在齿墙以下进行帷幕灌浆)。齿墙插入黏性土截水槽内的尺寸,应使接合面有足够的长度以使其平均渗透坡降不超过下列范围:黏土 5,壤土 3 左右。齿墙侧面的坡度不陡于 1:0.1,以利于与土质防渗体紧密结合。齿墙每 15~20m 长应设伸缩沉陷缝,缝中设止水。齿墙适用于大型土坝,对于中小型土坝可在槽底基岩内再挖一条齿槽以延长接合面的渗径,如图 2-62(b)所示。若不透水层为土层时,截水槽可直接嵌入不透水土层 0.5~1.0m,如图 2-62(c)所示。

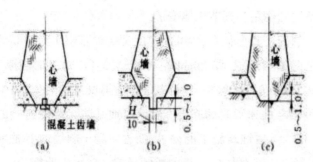

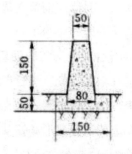

图 2-62　截水槽与不透水层的结合(单位:m)　　　　图 2-63　混凝土齿墙(单位:cm)

2. 铺盖

铺盖是均质坝体或心墙或斜墙向上游水平的延伸(见图 2-64)。铺盖不能截断坝基透水层中的渗流,主要是延长坝基渗流的渗径,以控制渗透坡降和渗流量在允许的范围内。铺盖面积大而厚度薄,地质不均匀时易断裂而使防渗效果不理想。对于中低坝坝基砂砾级配良好且渗透系数不很大时,只要施工质量良好,坝下游做好排水减压设施,是能够达到防渗要求的,所以多用于中、低坝做截水槽(墙)有困难或坝上游有天然的不透水层可利用的情况。坝基为透水性很大的砂砾层或渗透稳定性很差的粉细砂时,则不宜采用铺盖;高坝由于水头大,铺盖的防渗效果也不显著。

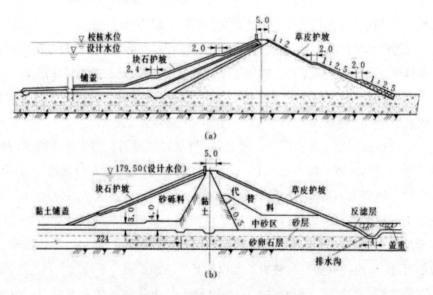

图 2-64　具有铺盖的土坝(单位:m)

(a)带铺盖的斜墙坝;(b)带铺盖的心墙坝

铺盖土料的渗透系数应小于 10^{-5} cm/s,且至少要小于坝基透水层的渗透系数的 1/100。铺盖向上游延伸的长度应根据防渗要求计算确定,一般最长不超过 6~8 倍水头,因为再增长而防渗效果增加很少。铺盖的厚度,上游端按构造要求不小于 0.5m。向下游逐渐加厚使某断面处在顶、底水头差作用下其渗透比降在允许范围内(允许比降值与心墙底部厚度的要求相同),在与坝体防渗体连接处要适当加厚以防断裂。

铺盖上应设保护层,以防止蓄水前干裂、冻蚀和运用期的风浪或水流冲刷,铺盖底应设置反滤层保护铺盖土料不流失。

3. 混凝土防渗墙

混凝土防渗墙,见图2-65,在防渗体下的透水层中用钻机打孔成槽,用黏土浆固壁,在槽中浇注水下混凝土,沿坝轴方向分段施工,最终使槽中混凝土连成整体地下混凝土墙,以阻截坝基中渗流。我国目前常用冲击钻打孔、成槽。

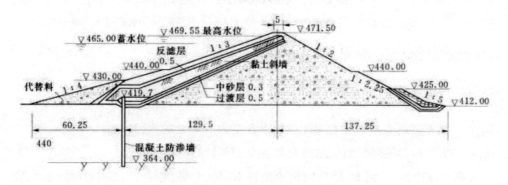

图 2-65 具有混凝土防渗墙的土坝(单位:m)

根据我国目前的钻机情况,墙厚一般限于 0.6~0.8m(最大可达 1.3m),墙的深度为 60~80m,每个槽孔的长度一般为 7~11m,墙底端嵌入弱风化基岩不小于 0.5~1.0m,墙顶端做成光滑的楔形插入坝身防渗体内,插入高度应大于 1/10 坝高且不少于 2m,以保证坝沉陷时仍能与墙紧密结合。墙的混凝土抗渗标号一般采用 $S_4 \sim S_6$,其允许渗透比降为 80~100。墙是埋在地下的,其内力难以准确计算,但强度稍差些尚不致断裂破坏。水头高、墙深大时宜用钢筋增强,以防出现较大裂缝。混凝土防渗墙上为心墙时,坝沉陷时防渗墙顶两侧的土心墙可能出现裂缝,所以防渗墙顶附近的心墙应采用较高塑性的黏土。因为防渗墙位于坝下不能检修,所以对于其混凝土的"碳化"和防渗性溶蚀的预防等耐久性问题,要给予足够的重视。混凝土防渗墙的防渗效果好,所需人力少,施工速度较快。但需设备多,施工技术性高,质量较难控制。国外有采用自凝水泥黏土的,凝固前用于施工成槽固壁,凝固后即成为地下防渗墙,较能适应地基变形而不开裂。

4. 灌浆帷幕

在坝的防渗体下钻孔,孔中置灌浆管,用压力将水泥浆或黏土浆灌压入砂砾的孔隙中,胶凝土粒而成防渗帷幕,如图2-66所示。

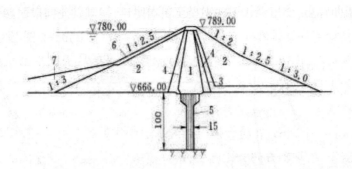

图 2-66 法国谢尔邦松坝(单位:m)

1-心墙;2-透水坝壳;3-下游排水设施;4-过渡段;5-灌浆帷幕;6-护坡;7-上游护脚

在砂或砂砾坝基中灌浆,可用可灌比 M 来评价坝基的可灌性:

$$M = D_{15}/d_{85}$$

式中:

D_{15}——地基砂砾石层的颗粒级配曲线上含量为 15% 处的粒径,mm;

d_{85}——灌浆材料的颗粒级配曲线上含量为 85% 处的粒径,mm。

M 大则可灌性好,一般 M 大于 10 时可灌注水泥黏土浆,M 大于 15 时可灌注水泥浆。另外,受灌层土质的级配、渗透系数、渗透流速、小于 0.1mm 颗粒含量都可能影响灌浆材料的使用及灌浆效果,所以可灌性宜通过室内及现场试验来确定。当粒状灌浆材料在粉、细砂中难以灌进时,可采用化学浆材。

帷幕厚度 T 可按 T=H/J 估算,H 是最大作用水头,J 是帷幕的允许渗透比降(可采用 3~4),帷幕深度较大时也可沿深度采用不同的厚度。孔距、排距可初选 2~3m,梅花形布置。灌浆压力可选 200~500kPa,逐渐加大,一般是孔越深灌浆压力越大,可近似按灌浆层以上的土层厚度的 3~6 倍相当的水头初选。孔、排距及灌浆压力都应通过现场试验来确定。

为了保证防渗效果,水泥黏土浆的水泥含量应为水泥和黏土总重量的 20%~50%。灌浆结束后应将墙顶未胶结好部分挖除,再将坝的防渗体筑在完整的帷幕上(帷幕的 28 天强度应达到 400~500kPa)。必要时可设置混凝土齿墙等,以利于坝的防渗体与帷幕接合良好。

(七)坝体与坝基、岸坡、非土质建筑物的接合及其防渗要求

1. 坝体与坝基的接合

坝基范围内的杂草、树根、垃圾废料、乱石等都应清除掉。工程性质不良的土(如低强度、高压缩性的腐殖土、软土、淤泥、粉细砂等),也应清除掉或进行处理。

均质坝与土基接合时常用接合槽,如图 2-67(a)所示。槽深至少 0.5m,槽宽 2~3m,槽数应使接触渗径长度大于坝底宽度的 1.05~1.10 倍。与岩基接合时可用接合槽或几道混凝土齿墙,如图 2-67(b)所示,槽或齿布置于坝底中部或稍偏向上游。

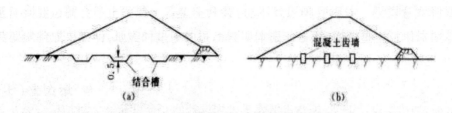

图 2-67　均质坝与坝基的接合(单位:m)

(a)接合槽;(b)混凝土齿墙

心墙、斜墙与坝基的接合与均质坝相同。基岩应开挖至新鲜岩面或弱风化层面,用砂浆封堵节理、裂隙和断层,用混凝土将心、斜墙与基岩分隔开以防止土料由裂隙中流失。易风化基岩在开挖时应预留保护层。

2. 坝体与岸坡的接合

岸坡上的坝高变化较大,要防止坝不均匀沉陷产生裂缝。岸坡应清理成斜坡或折坡,如图 2-68 所示。若土坡不陡于 1:1.5,岩坡不陡于 1:0.75,则不会产生向河谷中滑动的趋势,不允许台阶式岸坡更不允许有反坡。与防渗体接合的岩坡应开挖至裂隙较少,透水性较小的层面,且在中等强度时不会发生冲蚀或溶滤。坡面上浇注或喷射混凝土盖面后,再填筑防渗体,以防止裂隙中的冲蚀或溶滤。心墙、斜墙与岸坡接合处,心墙、斜墙应扩大断面,心墙扩大 1/3~1/2,斜墙扩大一倍以上,以加大接触渗径。岸坡上有透水性大的覆盖层或强风化岩层时,可用截水槽与防渗体连接以截断绕流。心墙与脊背形山梁岸坡接合时,为有利于稳定,心墙应坐落在山梁的上游侧,如图 2-69 所示中的 a 坝线;或整平山梁,使心墙底面能压紧。此种情况下,由于斜墙上的水压力自然地指向坝基,故而情况要好些。

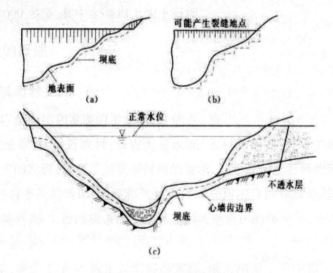

图 2-68　土坝与岸坡的连接

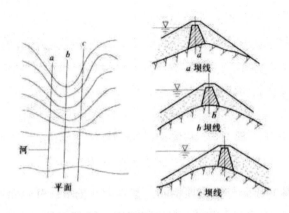

图 2-69 山脊上土心墙位置选择

3.坝体与非土质建筑物的连接

土坝枢纽布置时,常采用坝下输水管道;在坝端岸坡上布置坝头溢洪道;有时混凝土重力坝两岸的高河滩处建为土坝;这些非土质建筑物与土坝连接的好坏直接影响着土坝的安全。其连接处的处理,原则上要求:①加长接触渗径以降低渗透比降;②接合面应紧密且能适应不均匀沉陷,以免产生断裂而发生集中渗流;③接触渗流的出口处应做好排水、反滤设施。其连接常采用下述形式:

(1)插入式连接。是土坝与混凝土坝的连接形式,即把混凝土坝插入土坝中,插入长度应不小于该坝段设计情况时上下游水位差的 0.5 倍,如图 2-70 所示。插入土坝中的混凝土坝不应建在土坝的填方土体上,为了减小混凝土坝插入部分的断面可计入上下游侧的土压力。土心墙与混凝土坝连接时,可在混凝土坝末端伸出一个刺墙插入土心墙中,如图 2-71 所示,该段心墙宜采用黏性较大的土料。刚性心墙时可与混凝土坝直接连接,但必须有不透水的伸缩缝,缝的下游侧最好设置观测井以检查运用期的变形和渗漏情况以便监护运用。

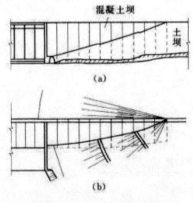

图 2-70 插入式接合剖面图

(a)立面图;(b)平面图

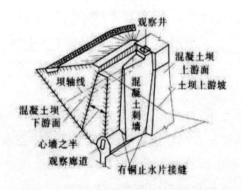

图 2-71 土心墙与混凝土坝的插入式连接

（2）重力楔形墩式连接。是土坝与重力坝连接的一种形式，将重力坝端做成楔形墩，墩顶面有楔槽且沿坝轴向呈 1:0.5~1:0.85 的斜坡，楔形墩插入土坝心墙的下部像土坝的天然岸坡一样。楔形槽面与心墙结合紧密且渗径较长，抗震性也较好，日本的一些坝中已采用这种连接，并较成功地抗御过 8 度地震。

（3）翼墙式连接。即土坝与混凝土建筑物之间用翼墙（或侧墙）相连接的形式，常用于土坝与水闸、溢洪道的连接。翼墙可以是斜降式见图 2-72（a），可以是反翼墙式见图 2-72（b），也可以是上游为反翼墙式下游为斜降式，反翼墙可插入土坝内。为增长土坝侧的接触渗径可在翼墙背后设置一至几道刺墙，刺墙厚度至少 0.6m 且最好与上游翼墙整体连接。与土坝相接的翼墙背面坡度应不陡于 10:1，以能够紧密接合，该处坝料应人工仔细夯实。土心墙、斜墙与翼墙连接时，翼墙背面坡度应不陡于 1:0.5~1:0.7（该处坝高大于 20m 时）或不陡于 1:0.25~1:0.5（该处坝高小于 20m 时）。均质坝、心墙、斜墙坝与翼墙连接段，均应适当加大断面以延长渗径。刚性心墙、斜墙可与翼墙直接连接，其接缝中应设置可靠的止水。

（4）土坝与坝下埋管的连接。坝下输水管处的土坝防渗体应适当扩大断面以增长接触渗径，在管道上设置不少于三道的截流环，如图 2-72（c）所示。管道接头、管道与截流环均宜采用柔性连接。输水管应保证不漏水不断裂。

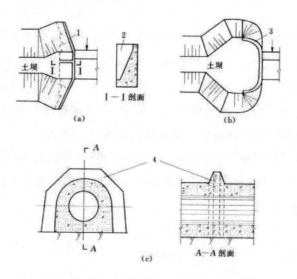

图 2-72　土坝与混凝土建筑物的连接

（a）翼墙、（b）反翼墙；（c）截流环

1-斜降式翼墙；2-刺墙；3-反翼墙；4-截流环

（八）土坝排水设施

土坝防渗体能有效地减少渗流，但不能完全截断渗流。土石坝渗流控制的基本原则是阻滞与疏导相结合，排水和反滤是疏导的基本设施。所以，土坝一般还应设置排水设施，作用是控制和引导渗流,进一步降低浸润线位置,加速孔隙水压力消散,减小渗流逸出比降,减小溢出区渗透破坏的可能性,提高下游坝坡的稳定性,并降低下游坝坡含水量以免遭冬季冻胀破坏。排水设施材料,常用块石、碎石、排水管做成,为防止渗流带走坝体、坝基中土粒,土坝的排水设施构造,由排水体和反滤层两部分构成。

1. 坝体排水

坝体排水有以下几种常用的形式。

(1)堆石棱体排水

在下游坝脚处用块石堆成的棱体。棱体顶宽不小于 1.0m,顶面超出下游最高水位的高度,对 1 级、2 级坝不小于 1.0m,对 3 级、4 级坝不小于 0.5m,而且还应保证浸润线位于下游坝坡面的冻层以下。棱体内坡根据施工条件决定,一般为 1:1.0~1:1.5,外坡取为 1:1.5~1:2.0。棱体与坝体以及土质地基之间均应设置反滤层,在棱体上游坡脚处应尽量避免出现锐角。

棱体排水是一种可靠的、被广泛采用的排水设施。它可以降低浸润线,防止坝坡冻胀,保护下游坝脚不受尾水淘刷,还有支持坝体增加稳定性的作用。但石料用量大,费用较高,与坝体施工有干扰,检修也较困难。

(2)贴坡式排水

贴坡式排水,又称表面排水。它是用 1~2 层堆石或砌石加反滤层直接铺设在下游坝坡表面,不伸入坝体的排水设施。排水顶部需高出浸润线溢出点并高于下游最高水位,对 1 级、2 级坝不小于 2.0m,对 3 级、4 级、5 级坝不小于 1.5m。贴坡排水的厚度应大于当地的冰冻深度。排水底脚应伸入坝基,起到稳定支承作用,还应设置排水沟或排水体,并具有足够的深度,以便在水面结冰后,使冰盖以下有足够的排水过水断面。

这种形式的排水构造简单,用料节省,施工方便,易于检修,能防止坝坡冻胀、风浪淘刷。但不能降低浸润线,且易因冰冻而失效。常用于中小型工程下游无水的均质坝或是浸润线位置较低的中等高度坝。

(3)坝内排水

包括褥垫排水层、水平排水层、竖向排水体等。

褥垫排水是沿坝基面平铺的由块石组成的水平排水层、外包反滤层。其伸入坝内的深度一般不超过坝底宽的 1/4~1/3,块石层厚约 0.4~0.5m,应通过渗流计算确定。排水体倾向下游的纵坡取 0.005~0.1。当下游无水时,它比堆石棱体更能有效地降低浸润线,有助于坝基排水,加速软黏土地基的固结,而加大下游坝坡稳定性。所以多用于坝体土料渗透系数较小的土坝(如均质土坝),下游无水或水位很低的情况。主要缺点是建造时往往影响坝体施工,用石料较多;对不均匀沉降的适应性差,易断裂;埋入坝下的部分很难检修;当下游水位高过排水设备时,降低浸润线的效果将显著降低。

对于黏性土等弱透水材料填筑的均质坝或分区坝,为了加速坝壳内孔隙水压力的消散,改变渗流方向,防止渗流沿坝体的某些层面渗出坝外,为增加坝的稳定,可在坝内不同高程处设置网状排水带或排水管,构成水平排水层,其位置、层数和厚度可根据计算确定,但其厚度不宜小于30cm。伸入坝体内的长度一般不超过各层坝宽的1/3。在运用期须将上游侧的水平排水层用灌浆堵塞。还可在坝体防渗体的下游竖向设置网状排水带或排水管,构成竖向排水层,效果更明显。

(4)综合式排水

在实际工程中常根据具体情况,把几种不同形式的排水组合在一起,成为综合式排水,以兼取各种形式的优点。例如:当下游高水位持续时间不长时,为了节省石料,可考虑在正常水位以上用贴坡排水以下用棱体排水;在其他情况,还可采用褥垫排水与棱体排水组合或贴坡、棱体与褥垫排水组合的形式等。

排水设施应具有充分的排水能力,以保证自由地向下游排出全部渗水;同时,能有效地控制渗流,避免坝体和坝基发生渗流破坏。此外,还要便于观测和检修。

2. 坝基排水

坝基排水是在土坝下游坝脚附近布置的排水设施。透水坝基中虽已设置防渗设施,但有些不能截断渗流(如铺盖),有些本身就具有相当大的透水性(如砂砾坝基中的灌浆帷幕),坝基中仍有一定的渗流量。冲积层地基,往往是多层次且透水性大小不一的地层,当表层为透水性小的土层时,渗流主要是沿透水性大的下卧层流向下游,至坝脚时仍保留相当大的压力水头(称为剩余水头);也可能是单层结构的坝基,因其沉积成因,水平渗透系数远大于垂直渗透系数,也会在坝趾附近存在较大的剩余水头。剩余水头大时会顶穿表层产生渗透破坏,危及坝趾安全并使坝下游附近沼泽化,也会抬高坝内浸润线,对下游坝坡稳定不利。因此,当可能发生上述危害时,必须设置坝基排水减压设施,与坝体、坝基防渗设施共同组成一套完整的土坝防渗系统。坝趾附近的排水减压设施的任务,是把穿过坝基的渗流安全顺利地导出排走。

常用的排水减压设施有:反滤排水沟,排水减压井,反滤排水沟与排水减压井相结合的形式及其他形式。

(1)反滤排水沟。沿坝轴向在坝趾附近挖一条渠沟,挖穿不透水表层使沟底坐落于透水层上。沟的周边设置反滤层,使透水层中的有压渗流通过反滤层进入渠中,再沿与渠沟正交的横沟流入下游河道,图2-73即是这种明渠形式。可与贴坡排水体相结合,适用于不透水表层不厚且剩余水头不很大的情况。若剩余水头较大时,可在渠中填入块石,其上部再设置反滤加盖重层即成为暗渠的形式,并能阻止排水渠被淤。渠沟的位置在不影响坝坡稳定的条件下尽可能靠近坝趾处。

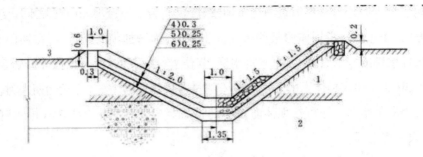

图 2-73　反滤排水沟(单位:m)

1-粉质壤土;2-砂砾层;3-原地面;4-干砌石;5-碎石;6-粗砂

(2)排水减压井,见图 2-74。当不透水表层较厚,使排水沟不能坐落于下卧透水层上,或需排水沟断面过大而不经济时可采用排水减压井,或者下卧层很厚且剩余水头大,采用排水沟不能完全消除剩余水头,仍可能危害下游表土层安全时,也应采用减压井或井、沟相结合的形式。承压水由滤水管进入井内,经升水管、出水管导排进入反滤排水沟,然后由横沟引入下游河道。一排减压井设置在距坝趾不远处,在不使坝基中渗透比降超过允许值的情况下应尽量靠近坝趾。若为了避免坝趾处沼泽化也可设置在距坝趾远一些。井距一般约 15~30m。井深取决于地质条件,下卧透水层不厚时井可穿越透水层,若下卧透水层很厚而打深井有困难时,井管至少应伸入透水层深度的 50%~70%,多层结构地质时井深越大效果越好。钻孔孔径约为 60~75cm,井管内径一般为 15~30cm,井管直径小则出水量小,但超过 30cm 时减压效果增加不大。设置减

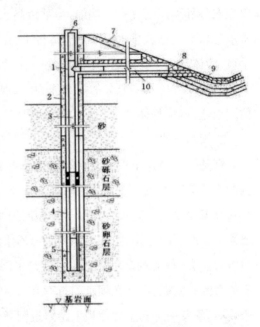

图 2-74　减压井构造

1-混凝土三通;2-回填土;3-升水管;

4-滤水管;5-沉淀管;6-混凝土井帽

7-碎石护坡;8-出水口;9-反滤排水沟;

10-混凝土出水管

压井后一般坝基渗流量会增大,其渗透比降、流速也将增大,设计时应充分估计到这一情况,其设计可参考坝工丛书《土坝设计》。在排水沟、减压井的建造和运用过程中应加强管理,防止淤塞失效是十分重要的。

(九)反滤层和过渡层

反滤层是防止管涌的有效方法,广泛应用于水工建筑物中。如果设计、施工得正确能起到很好的排水、滤土作用,在渗透比降 $J = \triangle H/L$ 很大(达 7~20)的情况下也不会产生管涌。

对下游侧具有承压水的土层,还可起压重作用。按《碾压式土石坝设计规范》(SL 274—2001)规定:土质防渗体(心墙、斜墙、铺盖、截水槽等)与坝壳或坝基透水层之间以及渗流逸出处都必须设置反滤层。在分区坝坝壳内各土层之间、坝壳与透水坝基的接触部位均应尽量满足反滤原则。坝壳及坝基为砂性土,其层间关系满足反滤要求时,应经过论证才可不设置专门的反滤层。反滤层一般由 1~3 层不同粒径的砂、砾石等组成,层面大致与渗流方向正交,各层的粒径沿流向由细到粗,如图 2-75 所示。

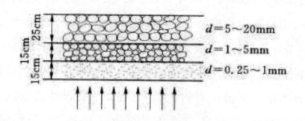

图 2-75　反滤层构造图

过渡层的作用是避免在刚度相差较大的两种土料之间产生急剧变化的变形和应力。反滤层可以起到过渡层的作用,而过渡层却不一定能满足反滤要求。在分区坝的防渗体与坝壳之间,根据需要与土料情况可以只设置反滤层,也可兼顾设置反滤层和过渡层。

反滤层按其工作条件可以划分为两种类型如图 2-76、图 2-77 所示:①Ⅰ型反滤,反滤层位于被保护土的下部,渗流方向主要由上向下,如斜墙后的反滤层;②Ⅱ型反滤,反滤层位于被保护土的上部,渗流方向主要由下向上,如位于地基渗流逸出处的反滤层。

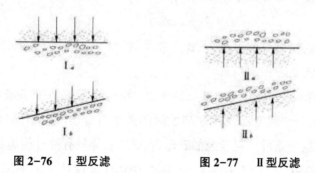

图 2-76　Ⅰ型反滤　　　　　图 2-77　Ⅱ型反滤

渗流方向水平而反滤层成垂直向的形式,属过渡型,可归为Ⅰ型。如减压井、竖式排水等的反滤层。Ⅰ型反滤要承受自重和渗流压力的双重作用,其防止渗流变形的条件更为不利。

反滤层必须满足下列条件:①反滤层的透水性应大于被保护土的透水性,能畅通地排除渗水;②反滤层每一层自身不发生渗透变形,粒径较小的一层颗粒不应穿过粒径较大一层颗粒间的孔隙;③被保护土的颗粒不应穿过反滤层而被渗流带走;④特小颗粒允许通过反滤层的孔隙,但不得堵塞反滤层,也不破坏原土料的结构。如果在防渗体下游铺反滤层,则还应满足在防渗体出现裂缝的情况下,土颗粒不会被带出反滤层,能使裂缝自行愈合。如果反滤层的每一层都采用专门筛选过的土料,是很容易满足上述要求的,但造价较高。实际工程中,应尽可能找到可直接应用的天然砂料作反滤料。

四、土石坝的渗流分析

渗流分析的目的在于为坝的防渗设计布置、选择合理的渗控方案提供技术依据,保障坝各部位的渗流稳定性,防止发生管涌、流土等渗流破坏。渗流分析的内容包括:①确定坝体内浸润线及其下游溢出点的位置;②确定坝体和坝基各个部位的渗流坡降;③确定通过坝体、坝基以及绕坝的渗流量。渗流计算应考虑水库运行过程中的不利条件,包括以下各种计算工况:①上游正常蓄水位与下游相应的最低水位;②上游设计洪水位与下游相应的水位;③上游校核洪水位与下游相应的水位;④库水位降落是对上游坝坡稳定最不利的情况。在坝与水库失事事故的统计中约有1/4是由于渗流问题引起的,这表明深入研究渗流问题和设计有效的控制渗流措施是十分重要的。

(一)土石坝中的渗流特性

坝体和河岸中的渗流均为无压渗流,有浸润面存在,大多数情况下可看作为稳定渗流。但水库水位急降时,则产生不稳定渗流,需要考虑渗流浸润面(线)随时间变入料子使用后对坝坡稳定的影响。

土石坝中渗流流速 v 和坡降 J 的关系一般符合如下的规律

$$v = kJ^{1/\beta}$$

式中:k 为渗流系数,量纲与流速相同;β 为参量,β = 1~1.1 时为层流,β = 2 时为紊流,β = 1.1~1.85 时为过渡流态。

注意,上式中的 v 是指概化至全断面的流速,实际土体孔隙中的流速较此为高。

在渗流分析中,一般假定渗流流速和坡降的关系符合达西定律,即 β = 1。细粒土如黏土、砂等,基本满足这一条件。粗粒土如砂砾石、砾卵石等只有部分能满足这一条件,当其渗流系数 k 达到 1~10m/d 时, = 1.05~1.72,这时按达西定律计算的结果和实际会有一定出入。堆石体中的渗流,坝基和河岸中裂隙岩体中的渗流,各自遵循不同的规律,均需做专门的研究。

渗流系数通常在一定范围内变化。为安全计,在实际工程中计算渗流流量时,宜采用土层渗流系数的大值平均值,计算水位降落时的浸润线则宜采用小值平均值。土石坝施工时,坝体分层碾压,天然坝基也多由分层沉积形成,从而使水平向的渗流系数大于垂直向的数值。据了解,羊足碾碾压的土层,k_x 和 k_y 的比值在 2~10 范围内变化,平均为 4 左右;气胎碾碾压时,k_x 和 k_y 的比值可达到 20～30,甚至更大。这使稳定渗流期实测的浸润线高于不考虑渗流系数各向异性的情况,并且渗流量也有所增加,渗流坡降加大。因此,渗流计算应考虑坝体和坝基渗流系数的各向异性影响。此外,黏性土由于团粒结构的变化以及化学管涌等因素的影响,渗流系数还可能随时间而变化。一般说来,土体中的渗流取决于孔隙大小的变化,从而取决于土石坝中的应力和变形状态,对高坝而言,渗流分析和应力分析是有耦联影响的。

对于宽广河谷中的土石坝,一般采用二维渗流分析即可满足要求。对狭窄河谷中的高坝和岸边的绕坝渗流,则需进行三维渗流分析。

(二)渗流分析的基本方程

根据达西定律和连续条件

$$v_x = -k_x \frac{\partial H}{\partial x}, v_y = -k_y \frac{\partial H}{\partial y}$$

$$\frac{\partial v_x}{\partial x} + \frac{\partial v_y}{\partial y} = 0$$

可得二维渗流方程

$$\frac{\partial}{\partial x}\left(k_x \frac{\partial H}{\partial x}\right) + \frac{\partial}{\partial y}\left(k_y \frac{\partial H}{\partial y}\right) = 0$$

式中:v_2、v,分别为 x 向和 y 向的渗流流速;k_x、k_y 分别为 x 向和 y 向的渗流系数;H 为渗流场中某一点的渗压水头。

(三)渗流分析的水力学方法

有许多方法可用来进行渗流分析,其中,水力学方法和流网法比较简单实用,同时也具有一定的精度,以下扼要阐述这些方法。对于 1 级、2 级坝和高坝,则需要采用有限元等数值解法。

水力学方法可用来近似确定浸润线的位置,计算渗流流量、平均流速和比降。水力学方法采用的基本假定如下:

(1)渗流为缓变流动,等势线和流线均缓慢变化。渗流区可用矩形断面的渗流场模拟[图4.20(a)],渗流量 q 和渗流水深 H,的计算公式可表示为

$$q = k \frac{H_1^2 - H_2^2}{2L}$$

$$H_x = \sqrt{H_2^2 + (H_1^2 - H_2^2) x/L}$$

式中:H_1、H_2 分别为上、下游水深;L 为渗流区长度;x 为计算点至上游面的距离。

(1)渗流系数相差在 5 倍以内的竖向条带土层或是水平条带土层均可以用一等效的均质土层代替。代替土层的厚度 d_l 或宽度 d_h 按所通过的渗流量不变的原则予以确定。

$$d_l = d_1 + \frac{k_1}{k_2}d_2 + \frac{k_1}{k_3}d_3 + \cdots$$

$$d_h = d_1 + \frac{k_2}{k_1}d_2 + \frac{k_3}{k_1}d_3 + \cdots$$

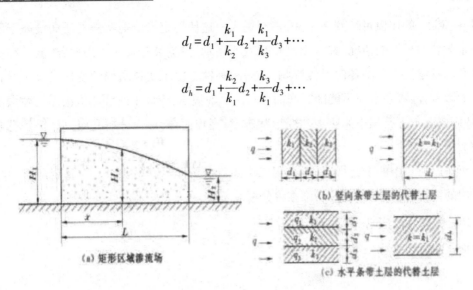

图 2-78　水力学方法计算简图

（3）上游三角形棱体可以用一等效的矩形体代替，如图 2-78（a）所示。当坝体和坝基渗流系数相同时，可以足够精确地认为等效矩形的宽度 b=0.4H1。当上游坝坡较陡时（$m_1 < 2$），可取

$$b = \frac{m_1}{1 + 2m_1}H_1$$

式中：m_1 为上游坝坡坡率。

（4）当坝体和坝基渗流系数相同时，浸润线在下游坡面上的逸出高度△可近似确定为

$$\Delta = 1.2\left[A + \sqrt{A^2 + 0.4DH_2}\right]$$

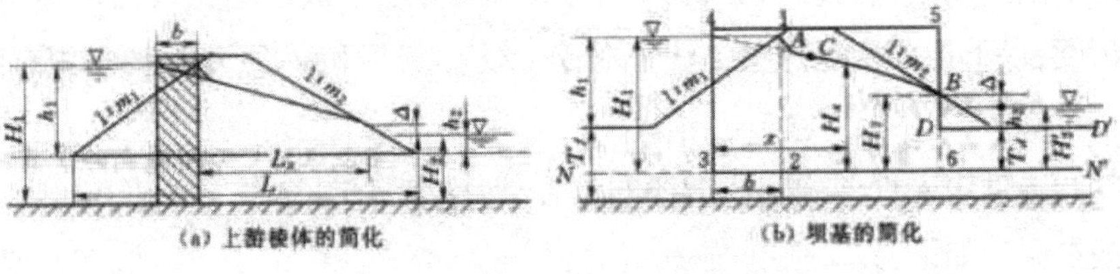

图 2-79　均质坝的渗流计算图形

其中

$$\left.\begin{array}{l}A = 0.5\left[D_{m2} - \left(1 + \frac{0.4}{m_2}\right)^{H2}\right]\\[3mm]D = \frac{q}{k} \approx \frac{H_1^2 - H_2^2}{2(L_x + 0.4H_1)}\end{array}\right\}$$

式中：m_2 为下游坝坡坡率；其余符号的含义参见图 2-79。

图 2-80 中所示的斜墙坝，斜墙后的渗流也可看作是缓变流动，其下游出口水深可假设为

H_2。斜墙后的水深 H 可按通过斜墙的渗流量等于通过坝体的渗流量这一连续条件加以确定。

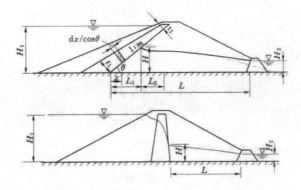

图 2-80　斜墙坝和心墙坝的渗流计算图形

通过斜墙的渗流包括两部分：

(1)水深小于 H 的斜墙下部,作用的水头为常值 H_1-H,斜墙的厚度为

$t=t_1-(t_1-t_2)x/(L_1+L_2)$ 通过该段的渗流量为

$$q_1=k_1\int_0^{L_1}\frac{H_1-H}{t_1-(t_1-t_2)x/(L_1+L_2)}\frac{dx}{\cos\theta}$$

(1)水深大于 H 的斜墙上部,渗流在重力作用下自由降落,作用在斜墙上的水头为上游水面与斜墙底面高度之差 H_1-y,通过该段的渗流量为

$$q_2=k_1\int_{L_1}^{L_1+L_2}\frac{H_1-y}{t_1-(t_1-t_2)x/(L_1+L_2)}\frac{dx}{\cos\theta}$$

应用以下几何关系

$$y=x/m$$

$$L_1+L_2\approx mH_1$$

$$L_1=mH$$

$$L_2\approx m(H_1-H)$$

通过积分并求和,即可得到通过斜墙的渗流量为

$$q=\frac{k_1m}{\cos\theta(t_1-t_2)}[H_1(1+a_1)-H(2+a_1)+a_2]$$

其中

$$a_1=H_1\ln\frac{t_1H_1}{t_1H_1-H(t_1-t_2)}$$

$$a_2=\frac{H_1t_2}{t_1-t_2}\ln\frac{t_2H_1+H(t_1-t_2)}{t_1H_1-H(t_1-t_2)}$$

式中:m 为斜墙背水坡坡率;k_1 为斜墙土料的渗流系数。

通过坝体内的渗流量为

$$q = k_2 \frac{H^2 - H_2^2}{2(L - mH)}$$

式中：k_2 为坝壳土料的渗流系数。

令心墙上、下部的平均厚度为 t_c。则通过心墙的渗流量为

$$q = \frac{k_1(H_1^2 - H^2)}{2t_c}$$

通过心墙下游坝壳的渗流量为

$$q = \frac{k_2(H^2 - H_2^2)}{2L}$$

式中：k_1、k_2 分别为心墙土料和坝壳土料的渗流系数。

对多种土层的地基可参照上述方法换算，简化为单一土层。在应用水力学方法时要注意适用条件，例如，给出的断面平均流速和坡降一般只有在远离排水处才是适宜的。

（四）土石坝的渗流变形及防护

1. 渗流变形及其危害

渗流对土体产生渗流力，从宏观上看，这种渗流作用力将影响坝的应力和变形形态，应用连续介质力学方法可以进行这种分析。从微观角度看，渗流力作用于无黏性土的颗粒以及黏性土的骨架上，可使其失去平衡，产生以下几种形式的渗流变形：

（1）管涌型。指渗流作用下，土中的细颗粒由骨架孔隙通道中被带走而流失的现象。这主要出现在较疏松的无黏性土中。

（2）流土型。指在向上渗流作用下，表层局部土体发生隆起或是粗颗粒群发生浮动而流失的现象。前者多发生在表层为黏性土或其他细粒土组成的土层中，后者多发生在不均匀砂土层中。

（3）接触冲刷型。指渗流沿着渗流系数不同的两种土层接触面上，或是建筑物与地基接触面上流动时，将细颗粒沿接触面带走的现象。

（4）接触流失型。指在渗流系数相差悬殊的两种土层交界面上，由于渗流垂直于层面流动，将渗流系数较小土层中的细颗粒带入渗流系数较大土层中的现象。

前两种渗流变形主要出现在单一土层中，后两种渗流变形则多出现在多层结构坝体和坝基土层中。黏性土的渗流变形形式主要是流土。渗流变形可在小范围内发生，也可发展至大范围，导致坝体沉降、坝坡塌陷或形成集中的渗流通道等，危及坝的安全。

土石坝的防渗设计在于选择好筑坝土料以及坝的防渗结构形式、过渡区和排水反滤等，以防止渗流变形对坝的危害。防渗体用以控制渗流，减小逸出坡降和渗流量。过渡区用以实现心墙或斜墙等防渗体与坝壳土料的可靠连接，并防止渗流变形。反滤则是实现坝体、坝

基与排水的连接,防止管涌与流土。

2.防止渗透变形的工程措施

土体产生渗透变形主要与渗透坡降、土的颗粒组成及孔隙率、土层及土与建筑物交接界面情况等因素有关。防止渗透变形的工程措施,主要是降低渗透坡降、增强抵抗产生渗透变形的能力。

(1)在坝体和坝基内设置防渗体,如防渗心墙、斜墙、截水墙和铺盖等,以加长渗径、降低渗透坡降或截阻渗流。

(2)设置反滤减压井或反滤排水沟,降低渗流出口处的渗透压力,有效地排除坝基渗水。

(3)在坝的下游可能产生流土的地段加设盖重(同时注意反滤排水),防止渗流逸出处表层土体被掀起或浮动。

(4)在防渗体与坝壳或两种土体颗粒粒径相差较大时,应设置过渡层或反滤过渡层,以填补土料颗粒粒径的不连续性,避免防渗体等部位发生裂缝或控制裂缝的开展,防止两种土料界面产生接触管涌或接触流土。

(5)在土质防渗体与坝支承体,或与坝基透水层联结处,以及渗流逸出处,都必须设置反滤层。其作用是滤土排水,防止在水工建筑物渗流逸出处产生渗透变形。

五、土石坝的稳定性分析

土坝失稳的形式,主要是坝坡或坝坡连同部分坝基沿某一剪切破坏面的滑动。稳定计算之目的是核算初拟的坝剖面尺寸在各种运用情况下坝坡是否安全、经济。工程实践表明,剪切破坏时的滑动面形状比较复杂。一般在黏性土中近似于圆弧形,非黏性土中近似于直线或折线形,斜墙坝还可能是沿斜墙底面或顶面的折线形。所以稳定计算时应首先根据土料及坝型选择出滑动面的形状,然后选取合适的方法及公式核算该滑动面的稳定性,下面分述不同形状滑动面的稳定计算方法。

(一)土石坝滑动面的形式

工程实践表明,剪切破坏时的滑动面形状比较复杂。滑动面的形状与坝体结构、筑坝材料性质、坝基和坝体的工作条件等密切相关,大致可归纳为以下三种。

1.曲线滑动面

如图2-81(a)、(b)所示。此类滑动多发生在黏性土坡中,滑动面呈上陡下缓的曲面,近似圆弧。当坝基为岩基或坚硬土层时,滑弧多从坝脚处滑出;当坝基与坝体土质相近或遇软弱地基时,滑动面可能深入坝基从坝脚以外滑出。

2.直线或折线滑动面

如图2-81(c)、(d)所示,此类滑动多发生在非黏性土坡中。当砂土坡处于完全干燥或全部浸水情况,可能发生沿一个平面的直线滑动;当砂土坡处于部分浸水时,将产生折线滑动;斜墙坝失稳时,常沿斜墙与坝体交界面呈折线滑裂面滑动。

3. 复合滑动面

如图 2-81(e)、(f)所示,当滑裂面通过多种土质组成的坝体或滑裂面下切至软弱夹层时,可能产生复合滑动面。图 2-81(e)即为通过黏土心墙的圆弧面与通过砂砾土坝壳的直线滑裂面构成的复合滑动面;而图 2-81(f)则表示通过坝体和坝基的两段圆弧与通过软弱夹层的直线构成的复合滑动面。

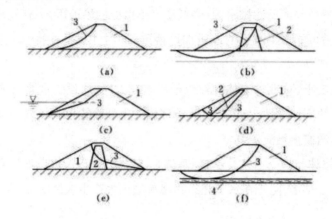

图 2-81 剪切破坏的滑动面形状

1-支承体;2-防渗体;3-滑动面;4-软弱层

(二)土石坝的稳定分析方法

目前,土石坝的稳定分析仍基于极限平衡理论,采用假定滑动面的方法。依据滑弧的不同形式,可分为圆弧滑动法、折线滑动法和复合滑动法。

《碾压式土石坝设计规范》(SL 274—2001)规定:对于均质坝、厚斜墙坝和厚心墙坝,宜采用计及条块间作用力的简化毕肖普(Simplified Bishop)法;对于有软弱夹层、薄斜墙、薄心墙坝的坝坡稳定分析及任何坝型,可采用满足力和力矩平衡的摩根斯顿-普赖斯(Morgenstern-Price)等方法;也可采用满足力平衡的滑楔法。

非均质坝体和坝基稳定安全系数的计算,应考虑安全系数的多极值特性。滑动破坏面应在不同的土层进行分析比较,直到求得最小稳定安全系数。

1. 瑞典圆弧滑动法

对于均质坝、厚斜墙坝和厚心墙坝来说,滑动面往往接近于圆弧,故采用圆弧滑动法进行坝坡稳定分析。为了简化计算和得到较为准确的结果,实践中常采用条分法。规范采用的圆弧滑动静力计算公式有两种:一是不考虑条块间作用力的瑞典圆弧法;二是考虑条块间作用力的毕肖普法。由于瑞典圆弧法不考虑相邻土条间的作用力,因而计算结果偏于保守。

若计算时假定相邻土条界面上切向力为零,即只考虑条块间的水平作用力,就是简化毕肖普法。下面以瑞典圆弧法为例介绍圆弧滑动法的基本原理,再过渡到增加考虑条块间的水平作用力的简化毕肖普法。

(1)计算原理

假定滑动面为圆柱面,将滑动面内土体视为刚体,边坡失稳时该土体绕滑弧圆心 O 作转动。分析计算时常沿坝轴线取单宽坝体按平面问题,采用条分法,将滑动土体按一定的宽度分为若干个铅直土条,不计相邻土条间的作用力,分别计算出各土条对圆心 O 的抗滑力矩 M_r 和滑动力矩 M_s,再分别求其总和。当土体绕 O 点的抗滑力矩 M_r 大于滑动力矩 M_s,坝坡保持稳定;反之,坝坡丧失稳定。

(2)计算步骤

将滑弧内土体用铅直线分成 m 个条块,为方便计算,取各土条宽度 b=R/m 相等。

一般取为 m=10~20。对各土条进行编号,以圆心正下方的一条编号 i=0,并依次向上游为 i=1,2,3,…,向下游为 i=-1,-2,-3,…,见图 2-82。

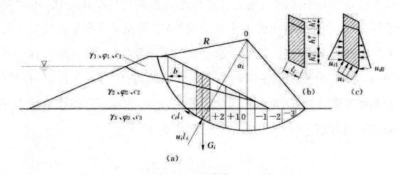

图 2-82　圆弧滑动法计算简图

不计相邻条块间的作用力,任取第 i 条为例进行分析,作用在该条块上的作用力有:

(1)土条自重 G_i 方向垂直向下。其值为 $G_i = (\gamma_1 h_i' + \gamma_2 h_i'' + \gamma_3 h_i''')b$,其中 γ_1、γ_2、γ_3 分别表示该土条中对应土层的重度;h'、h''、h''' 表示相应的土层高度;b 为土条宽度。可以将 G_i 沿滑弧面的法向和切向进行分解,得法向分力 $N = G_i\cos\alpha$,切向分力 $T' = G_i\sin\alpha$。

(2)作用于该土条底面上的法向反力 N_i 与 N′ 大小相等、方向相反。

(3)作用于土条底面上的抗剪力 T_{fi} 其可能发挥的最大值等于土条底面上土体的抗剪强度与滑弧长度的乘积,方向与滑动方向相反。

根据以上作用力,可求得边坡稳定安全系数为:

$$K_c = \frac{\sum (G_i\cos\alpha_i - u_i l_i)\tan\varphi_i' + \sum c_i' l_i}{\sum G_i\sin\alpha_i}$$

式中:

u_i——作用于 i 土条底面的孔隙压力;其余符号意义同前。

用上式计算坝坡抗滑稳定安全系数时,若考虑地震作用,可采用拟静力法。进行受力分析时,假定每一土条重心处受到一水平地震惯性力 Q。对于设计烈度为 8 度、9 度的 1、2 级坝,同时还需计入竖向地震惯性力 V,此时的稳定安全系数为:

$$K_c = \frac{\sum \left[(G_i \pm V_i)\cos\alpha_i - Q_i\sin\alpha_i - u_il_i \right]\tan\varphi'_i + \sum c'_il_i}{\sum \left[(G_i \pm V_i)\sin\alpha_i + M_c/R \right]}$$

式中:

Q_i、V_i——水平向、竖直向地震惯性力代表值,取不利于稳定的方向;

M_c——水平向地震惯性力 Q 对圆心的力矩;

c_i、φ_i——土体在地震作用下的凝聚力和摩擦角;

其余符号意义同前。

2. 简化的毕肖普法

由于瑞典圆弧滑动法是不考虑土条间相互作用力影响的简单条分法,不完全满足每一土条力的平衡条件,一般会使计算出的安全系数偏低(工程偏于安全但浪费),个别情况可达60%。毕肖普法在这方面作了改进,近似考虑了土条间相互作用力的影响,其计算简图如图2-83 所示。图中 E_i 和 X_i 分别表示土条间的法向和切向力;G 为土条自重,在浸润线上、下分别按湿容重和饱和容重计算;Q 为水平地震惯性力;V_i 为垂直向地震惯性力;N_i 和 T_i 分别为土条底部的总法向力和总切向力,其余符号如图2-83 所示。

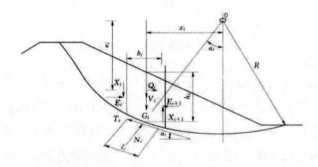

图 2-83 简化的毕肖普法

为使问题可解,毕肖普假设可略去土条间的切向力 X_i,故称简化的毕肖法。若暂不考虑垂直向地震惯性力 V_i 的作用,根据摩尔一库伦条件(对 i 土条的底面列出抗滑稳定系数公式 K_i),应有

$$T_i = \frac{1}{K_c}\left[C'_il_i + (N_i - u_il_i)\tan\varphi'_i \right]$$

由每一土条竖向力的平衡($\sum Y = 0$)得

联合上面两式得出

$$\sum G_i x_i - \sum T_i R + \sum Q_i e_i = 0$$

式中:

$$m_i = \cos\alpha_i (1 + \tan\alpha_i \tan\varphi'_i / K_c)$$

则有 $K_C = \dfrac{\sum \left[c'_i l_i + (N_i - u_i l_i) \tan\varphi'_i \right]}{\sum \left[G_i \sin\alpha_i + M_c / R \right]}$

式中:$M_c = Q_i e_i$。当选择好一定的旋转中心时,此法也可推广应用于非圆弧滑动面的土体。

若考虑垂直向地震惯性力 V_i 的作用,上式仍然适用,只需将公式中的 G 用 $(G_i \pm V)$ 代替即可(V 取不利于稳定的方向)。也可通过变换写成下式

$$K_C = \frac{\sum \left\{ \left[(G_i \pm V_i) \sec\alpha_i - u_i b_i \sec\alpha_i \right] \tan\varphi' + c' b_i \sec\alpha_i \right\} \left[1 / (1 + \tan\alpha_i \tan\varphi' / K_c) \right]}{\sum \left[(G_i \pm V_i) \sin\alpha_i + M_c / R \right]}$$

3. 折线滑动法(滑楔法)

非黏性土坝坡,如心墙坝的上下游坝坡,斜墙坝的下游坝坡、上游防渗斜墙及保护层,当产生滑动时,常呈折线滑动面,故可采用折线滑动静力计算方法或滑楔法进行计算。

滑楔法是一种仅考虑满足静力平衡的稳定分析方法,当滑楔间作用力假定得不合理时,计算出的稳定安全系数与正确的值相差较大。但考虑到滑楔法计算比较简单,能迅速估计出结果,而且使用此法已经有一定经验,因此,在坝坡稳定计算中仍然是一种常用方法。

(1)心墙坝上游坝坡部分浸水时的稳定计算

如 2-84 所示,以心墙坝上游坝坡为例,说明折线滑动法按极限平衡理论进行计算的方法和步骤。

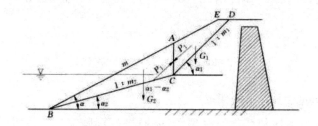

图 2-84 折线滑动法计算简图

(1)画出计算剖面,拟取一上游水位(危险水位一般在 1/3~1/2 坝高附近),由于部分浸水,折坡点 C 与拟取的上游水位齐平。

(2)拟取滑楔的底坡 m_2 及相应的 m_1,得拟取滑动面 BCD,过 C 点引铅垂线 CA,将滑动土体分为上下两块,其重量分别为 G_1、G_2,抗剪强度指标分别为 φ_1、φ_2,假定条块之间的作用力为 P_1,其方向平行于 CD 面。

（3）令 f_1、f_2 为维持滑动土体稳定所需要的摩擦系数 $f_1=tan\varphi_1/K_c$、$f_2=tan\varphi_2/K_c$ 取土体 ACDE 为脱离体，其平衡式为 $P_1-G_1sin\alpha_1+f_1G_1cos\alpha_1=0$，同样取土体 ABC 为脱离体，其平衡式为 $f_2G_2cos\alpha_2+f_1P_1sin(\alpha_1-\alpha_2)-G_2sin\alpha_2-P_1cos(\alpha_1-\alpha_2)=0$

联解上两式，即可求得安全系数 K_c 值。

当 $K_c\langle 1.0$ 时，土体 ABCDE 已失稳；

当 $K_c=1.0$ 时，土体 ABCDE 处于极限平衡状态；

当 $K_c>1.0$ 时，土体 ABCDE 处于稳定状态。

由于计算水位和折线滑动面是任拟的，所以 K_c 值应通过大量试算，寻求最小值。当上下滑动土体抗剪强度指标相同时，即 $\varphi_=\varphi_2=\varphi$，则滑动土体维持平衡所需的摩擦系数 $f=tan\psi/Kc=f_1=f_2$，故上两式可改写为

$$Af^2-Bf+C=0$$

其中

$$A=G_1cos\alpha_1sin(\alpha_1-\alpha_2)$$
$$B=G_1cos\alpha_1cos(\alpha_1-\alpha_2)+G_2cos\alpha_2+G_1sin\alpha_1sin(\alpha_1-\alpha_2)$$
$$C=G_2sin\alpha_2+G_1sin\alpha_1cos(\alpha_1-\alpha_2)$$

利用一元二次方程的求根公式，解上式得

$$f=\frac{B-\sqrt{B^2-4AC}}{2A}$$

故抗滑稳定安全系数：$K=tan\psi/f$（满水的上游坡或全干的下游坡）

若为平行坝坡的直线滑动时，则 $d_1=d_2=0$，得系数 $A=Gcos\theta$；$B=G_2cos\theta+G_1sin\theta$；$C=G_2sin\theta$，代入上式得

$$f=tan\theta=\frac{1}{m} \quad K_c=mtan\varphi$$

即应以 $m=K_c/tan\psi=K_cctan\psi$，拟定坝坡。

（2）寻求最小安全系数和最危险滑裂面，需通过试算确定。一般应至少试算三个水位（在危险水位范围内），对每一计算水位，至少应任选三个 α_2，对每一个 α_2 应至少任选三个 α_1。因此，要求出相应于每一计算水位的最小安全系数 K_{imin}，至少需要计算 9 个滑动面，故试算三个水位，至少需计算 27 个滑动面，才能算出上游坝坡的最小安全系数。

4. 复合滑动面法

当滑动面通过不同的土料时，滑动面的形状为直线与圆弧线的组合，通过砂性土为直线，通过黏性土为圆弧。如 2-85 所示。

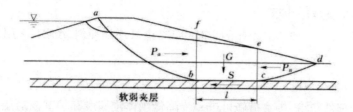

图 2-85　坝基有软弱夹层的稳定计算简图

当坝基内不深处有软弱夹层时,滑动面可能通过地基的软弱夹层,形成如图所示的 abcd 滑动曲面,其中 ab、cd 为圆弧,bc 为沿软弱夹层的直线段。上述滑裂面称复合滑动面。计算时,将滑动土体分为三块,土体 abf 的滑动力为 P_a,土体 cde 的抗滑力为 P_n,分别作用于 fb 及 ec 面上,由土体 bcef 产生的抗滑力 S 作用于 bc 面上,则稳定安全系数用下式计算,即

$$K_C = \frac{s}{P_a - P_n} = \frac{G\tan\varphi + cl}{P_u - P_n}$$

式中:

G——土体 bcef 所受的重力;

φ、c——软弱夹层的内摩擦角和黏聚力。

求 P_a 及 P_n 时,可将圆弧段土体 abf 及 cde 分成若干竖向土条,按水平方向作用,并用刚体极限平衡法计算。先假定 K_c 值,然后按前述折线法的原理求出各条块对下一条块的推力,土体 abf 从左边条块开始推算,土体 cde 则从右边条块开始推算,分别推算至最后一条块时,可得 Pa 及 P_n 代入上式算出 K_c 值,若与原先假定的 K_c 值相等,则 K_c 即为沿 abcd 面的抗滑稳定安全系数,否则应重新假定 K_c 值,直至相等为止。为了简化计算,P_a 及 P_n 也可近似地按主动土压力和被动土压力公式计。另外,还必须变动 ab 弧及 cd 弧的位置,经过多次试算,才能求得最危险滑动面的安全系数。

(三)提高土石坝坝坡稳定性措施

土石坝产生滑坡的原因往往是由于坝体抗剪强度太小,坝坡偏陡,滑动上体的滑动力超过抗滑力,或由于坝基土的抗剪强度不足因而会连同坝体一起发生滑动。滑动力大小主要与坝坡的陡缓有关,坝坡越陡,滑动力越大。抗滑力大小主要与填土性质、压实程度以及渗透压力有关。因此,在拟定坝体断面时,如稳定复核安全性不能满足设计要求,可考虑从以下几个方面来提高坝坡抗滑稳定安全系数。

1. 提高填土的填筑标准

较高的填筑标准可以提高填筑料的密实性,使之具有较高的抗剪强度。因此,在压实功能允许的条件下,提高填土的填筑标准可提高坝体的稳定性。

2. 坝脚加压重或放缓边坡

坝脚设置压重,既可增加滑动体的重量,同时也可增加原滑动面上作用的抗滑力,因而有利于提高坝坡稳定性。

3. 加强防渗、排水措施

通过采取合理的防渗、排水措施可进一步降低坝体浸润线和坝基渗透压力,从而降低滑动力,增加其抗滑稳定性。

4. 加固地基

对于由地基引起的稳定问题,可对地基采取加固措施,以增加地基的稳定,从而达到增加坝体稳定的目的。

工作任务五　河岸溢洪道

一、概述

在水利枢纽中,必须设置泄水建筑物。溢洪道是一种最常见的泄水建筑物,用于宣泄规划库容所不能容纳的洪水,防止洪水漫溢坝顶,保证大坝安全。

溢洪道可以与坝体结合在一起,也可以设在坝体以外。混凝土坝一般适于经坝体溢洪或泄洪,如在大坝的河床部分设置坝身上的泄水建筑物,主要有溢流坝和泄水孔。此时,坝体既是挡水建筑物又是泄水建筑物,枢纽布置紧凑、管理集中,这种布置一般是经济合理的。但对于土石坝、堆石坝以及某些轻型坝,一般不容许从坝身溢流或大量泄流;或当河谷狭窄而泄洪量大,难以经混凝土坝泄放全部洪水时,需要在坝体以外的岸边或天然垭口处建造溢洪道(通常称为岸边溢洪道)或开挖泄水隧洞。

溢洪道除了应具备足够的泄流能力外,还要保证其在工作期间的自身安全和下泄水流与原河道水流获得妥善的衔接。一些坝的失事,往往是由于溢洪道泄流能力不足或设计、运用不当而引起的。所以安全泄洪是水利枢纽设计中的重要问题。

溢洪道的使用率,取决于洪水特性、工程开发性质和水库设计标准。一般只是在汛期持续出现较大的流量,超过其他设施泄流能力的情况下,才启用溢洪道泄水。如库容较大或具有泄量较大的泄水孔或泄水隧洞,溢洪道是不会经常工作的。

岸边溢洪道按泄洪标准和运用情况,可分为正常溢洪道(包括主、副溢洪道)和非常溢洪道,其定义和功能关系如下:

$$
岸边溢洪道\begin{cases} 正常溢洪道——宣泄设计洪水\begin{cases} 主溢洪道——宣泄常遇洪水 \\ 副溢洪道——按设计泄量与主溢洪道泄量之差设计 \end{cases} \\ 非常溢洪道——宣泄超过正常溢洪道泄流能力的洪水 \end{cases}
$$

正常溢洪道的泄洪能力应能满足宣泄设计洪水的要求。超过此标准的洪水由正常溢洪道和非常溢洪道共同承担。正常溢洪道在布置和运用上有时也可分为主溢洪道和副溢洪道,但采用这种布置是有条件的,应根据地形、地质条件、枢纽布置、坝型、洪水特性及其对下游的影响等因素研究确定,主溢洪道宣泄常遇洪水,常遇洪水标准可在20年一遇至设计洪水之间选择。非常溢洪道在稀遇洪水时才启用,因此运行机会很少,可采用较简易的结构,以获得全面、综合的经济效益。

岸边溢洪道按其结构形式可分为正槽溢洪道、侧槽溢洪道、井式溢洪道和虹吸式溢洪道等。在实际工程中,正槽溢洪道被广为采用,也较典型。

二、正槽溢洪道

正槽溢洪道通常由引水渠、控制段、泄槽、出口消能段及尾水渠等部分组成,流堰轴线与泄槽轴线接近正交,过堰水流流向与泄槽轴线方向一致。其中,控制段、泄槽及出口消能段是溢洪道的主体。

(一)引水渠

由于地形、地质条件限制,溢流堰往往不能紧靠库岸,需在溢流堰前开挖引水渠,将库水平顺地引向溢流堰,当溢流堰紧靠库岸或坝肩时,此段只是一个喇叭口。为了提高溢洪道的泄流能力,引水渠中的水流应平顺、均匀,并在合理开挖的前提下减小渠中水流流速,以减少水头损失。流速应大于悬移质不淤流速,小于渠道的不冲流速,设计流速宜采用 3~5m/s。引水渠越长,流速越大,水头损失就越大。在山高坡陡的岩体中开挖溢洪道,为了减少土石方开挖,也可考虑采用较大的流速。例如,碧口水电站的岸边溢洪道,经技术经济比较,其引水渠中的水流流速,在设计情况下选用了 5.8m/s。

引水渠的渠底视地形条件可做成平底或具有不大的逆坡。渠底高程要比堰顶高程低些,因为在一定的堰顶水头下,行近水深大,流量系数也较大,泄放相同流量所需的堰顶长度要短。因此,在满足水流条件和渠底容许流速的限度内,如何确定引水渠的水深和宽度,需要经过方案比较后确定。

引水渠在平面布置上应力求平顺,避免断面突然变化和水流流向的急剧转变。通常把溢流堰两侧的边墩向上游延伸构成导水墙或渐变段,其高度应高于最高水位,这样水流能平稳、均匀地流向溢流堰,防止在引水渠中因发生漩涡或横向水流而影响泄流能力。此外,导水墙也起保护岸坡或上游邻近坝坡的作用。引水渠在平面上如需转弯时,其轴线的转弯半径一般约为 4~6 倍渠底宽度,弯道至溢流堰一般应有 2~3 倍堰上水头的直线长度,以便调整水流,使之均匀平顺入堰。当堰紧靠库岸时,导水墙在平面上常呈喇叭口状。引水渠前沿库面要求水域开阔,不得有山头或其他建筑物阻挡。

引水渠的横断面,在岩基上接近矩形,边坡根据岩层条件确定,新鲜岩石一般为 $1:0.1\sim$ $1:0.3$,风化岩石为 $1:0.5\sim1:1.0$;在土基上采用梯形,边坡根据土坡稳定要求确定,一般选用 $1:1.5\sim1:2.5$。

引水渠应根据地质情况、渠线长短、流速大小等条件确定是否需要砌护。岩基上的引水渠可以不砌护,但应开挖整齐。对长的引水渠,则要考虑糙率的影响,以免过多地降低泄流能力。在较差的岩基或土基上,应进行砌护,尤其在靠近堰前区段,由于流速较大,为了防止冲刷和减少水头损失,可采用混凝土板或浆砌石护面。保护段长度,视流速大小而定,一般与导水墙的长度相近。砌护厚度一般为 0.3m。当有防渗要求时,混凝土砌护还可兼作防渗铺盖。

(二) 控制段

溢洪道的控制段包括:溢流堰及其两侧的连接建筑。控制段的顶部高程,在宣泄校核洪水时不应低于校核洪水位加安全加高值;挡水时应不低于设计洪水位或正常蓄水位加波浪的计算高度和安全加高值;当溢洪道紧靠坝肩时应与大坝坝顶高程协调一致。

溢流堰是水库下泄洪水的口门,是控制溢洪道泄流能力的关键部位,因此必须合理选择溢流堰段的形式和尺寸。

1. 溢流堰的形式

溢流堰按其横断面的形状与尺寸可分为:薄壁堰、宽顶堰、实用堰(堰断面形状可为矩形、梯形或曲线形);按其在平面布置上的轮廓形状可分为:直线形堰、折线形堰、曲线形堰和环形堰;按堰轴线与上游来水方向的相对关系可分为:正交堰、斜堰和侧堰等。

溢流堰通常选用宽顶堰、实用堰,有时也用驼峰堰、折线形堰。溢流堰体形设计的要求是:尽量增大流量系数,在泄流时不产生空穴水流或诱发危险振动的负压等。

(1) 宽顶堰

宽顶堰的特点是结构简单,施工方便,但流量系数较低(约为 0.32~0.385)。

由于宽顶堰堰矮,荷载小,对承载力较差的土基适应能力强,因此,在泄量不大或附近地形较平缓的中、小型工程中,应用较广。宽顶堰的堰顶通常需进行砌护。对于中、小型工程,尤其是小型工程,若基岩有足够的抗冲刷能力,也可以不加砌护,但应考虑开挖后岩石表面不平整对流量系数的影响。

(2) 实用堰

实用堰的优点是流量系数比宽顶堰大,在相同泄流量条件下,需要的溢流前缘较短,工程量相对较小,但施工较复杂。大、中型水库,特别是岸坡较陡时,多采用此种形式。

溢洪道中的实用堰一般都较低矮,其流量系数介乎溢流重力坝与宽顶堰之间。为了提高泄流能力,应当合理选用堰高、定型设计水头、堰面曲线,并保证堰面曲线具有足够的长度。

溢流堰堰面曲线对泄流能力影响很大。堰面曲线有真空和非真空两种形式,通常多采用非真空型堰面曲线。国内外对非真空溢流堰面曲线形式都做过系统的研究,建议的堰面曲线形式很多。我国最常采用的是 WES 型、克-奥型和幂次曲线形。上述实用堰的特征参数可从《水力学》或有关手册中查到。对于重要工程,应进行水工模型试验。

(3)驼峰堰

驼峰堰是一种复合圆弧的低堰,是我国从工程实践中总结出来的一种新堰型,其流量系数一般为 0.40~0.46。岳城水库溢洪道就是采用的驼峰堰,其模型试验资料表明,流量系数 m 可达 0.46 左右。1971 年进行原型观测,当堰上水头 $H = 5.30m$ 时,$m = 0.47$;$H = 5.57m$ 时,$m = 0.458$。说明驼峰堰流量系数较大,但流量系数随堰上水头增加而有所减小。

驼峰堰的堰体低,流量系数较大,设计与施工简便,对地基要求低,适用于软弱地基。

(4)折线形堰

为获得较长的溢流前沿,在平面上将溢流堰做成折线形,称为折线形堰。堰体由若干个折线组成,形同迷宫,也称为迷宫堰。中、小型水库溢洪道,尤其是小型水库溢洪道,常不设闸门,而利用与正常蓄水位齐平的堰顶来控制库水位。此时,若采用迷宫堰不仅结构简单、工作可靠、节省工程量,而且因溢流前沿加长,堰顶可相应抬高,有利于增大兴利库容。

(三)泄槽

正槽溢洪道在溢流堰后多用泄水陡槽与出口消能段相连接,以便将过堰洪水安全地泄向下游河道。泄槽一般位于挖方地段,设计时要根据地形、地质、水流条件及经济等因素合理确定其形式和尺寸。由于泄槽内的水流处于急流状态,高速水流带来的一些特殊问题,如冲击波、水流掺气、空蚀和压力脉动等,均应认真考虑,并采取相应的措施。

泄槽的平面布置应因地制宜加以确定。泄槽在平面上宜尽可能采用直线、等宽、对称布置,这样可使水流平顺、结构简单、施工方便。但在实际工程中,由于地形、地质等原因,或从减少开挖、处理洪水归河和有利消能等方面考虑,常需设置收缩段、扩散段或弯曲段。常见的溢流堰布置形式,溢流堰后先接收缩段,再接等宽泄槽,最后接出口扩散段。设置收缩段的目的在于节省泄槽土石方开挖量和衬砌工程量;设置出口扩散段的目的在于减小出口单宽流量,有利于下游消能和减轻水流对下游河道的冲刷。

(四)出口消能及尾水渠

溢洪道宣泄洪水,一般是单宽流量大、流速高、能量集中。若消能措施考虑不当,高速水流与下游河道的正常水流不能妥善衔接,下游河床和岸坡就会遭受冲刷,甚至危及大坝的安全。

对于溢洪道的消能防冲设施设计的洪水标准,因稀遇洪水出现的几率很少,持续时间很短,可低于泄水建筑物设计的洪水标准,根据泄水建筑物的级别按表 2-35 确定。对超过消能防冲设施设计标准的洪水,容许消能防冲设施出现局部破坏,但必须不危及挡水建筑物以及其他主要建筑物的安全,且易于修复,不致长期影响工程运行。

表 2-35　消能防冲设施设计的洪水标准

永久泄水建筑物级别	1	2	3	4	5
洪水重视期/年	100	50	30	20	10

随着高坝建设的增多,挑流消能发展迅速,新型消能工不断出现,如扭曲挑坎、斜挑坎、窄缝式挑坎等。其特点是:通过不同形式的消能工,强迫能量集中的水流沿纵向、横向和竖向扩散和水股间互相冲击,促进紊动掺气,扩大射流入水面积,减小和均化河床单位面积上的冲击荷载,以减轻冲刷,但同时也带来了雾化问题。

三、其他形式溢洪道

(一)侧槽溢洪道

如果没有合适的垭口地形,要采用正槽式溢洪道则需劈开又高又厚的山坡。而采用侧槽式溢洪道则只需部分开挖山坡,大大减少劈山工程量。

侧槽式可布置在坝肩附近的山坡上,控制堰和侧槽的轴线大致与等高线平行,向山体内开辟出较平坦的一段,将控制堰和侧槽建在其上。控制堰进口直接面临水库,洪水过堰后进入侧槽并在侧槽中大约转 90°方向,调整水流平稳后进入泄槽;泄槽轴线与等高线斜交布置,在山坡上劈挖成陡坡泄水槽。因距大坝较近,对大坝安全影响较大,所以一般应建在完整、坚固的岩基上并需要良好的衬砌保护。侧槽式比正槽式多出个侧槽及调整段,但控制堰溢流前缘长度 B 易于拓宽。其控制段、泄槽、消能防冲设施、出水渠的布置和构造都与正槽式相同。侧槽式溢洪道的侧堰可采用实用堰,堰顶可不设闸门。侧槽断面宜采用窄深式梯形断面,靠山一侧边坡可根据基岩特性确定,靠堰一侧边坡可取 1:0.5～1:0.9。

与正槽溢洪道相比较,侧槽溢洪道具有以下优点:①可以减少开挖方量;②能在开挖方量增加不多的情况下,适当加大溢流堰的长度,从而提高堰顶高程,增加兴利库容;③使堰顶水头减小,减少淹没损失,非溢流坝的高度也可适当降低。

侧槽溢洪道的水流条件比较复杂,过堰水流进入侧槽后,形成横向旋滚,同时侧槽内沿流程流量不断增加,旋滚强度也不断变化,水流紊动和撞击都很强烈,水面极不平稳。而侧槽又多是在坝头山坡上劈山开挖的深槽,其运行情况直接关系到大坝的安全。因此,侧槽多建在完整坚实的岩基上,且要有质量较好的衬砌。除泄量较小者外,不宜在土基上修建侧槽溢洪道。

侧槽溢洪道的溢流堰多采用实用堰,堰顶上可设闸门,也可不设。泄水道可以是泄槽,也可以是无压隧洞,视地形、地质条件而定。如果施工时用隧洞导流,则可将泄水隧洞与导流隧洞相结合。侧槽溢洪道与正槽溢洪道的主要区别在于侧槽部分,所以,下面只讨论侧槽设计,其他部分的设计可参照正槽溢洪道和水工隧洞设计进行。

(二)井式溢洪道

井式溢洪道通常由溢流喇叭口、渐变段、竖井、弯段、泄水隧洞和出口消能段等部分组成。井式溢洪道大多通过竖井与原导流洞相连接,其进水口位置的选择不受导流洞转弯的限制,有较宽挑选余地,而且竖井施工容易。因此,在峡谷中建坝而岸坡陡峭,布置常规溢洪道困难的情况下,可在地质条件良好、又有适宜的地形布置环形溢流喇叭口,或导流隧洞可以改建为退水隧洞的一部分时,采用井式溢洪道较为有利。这样可避免大量的土石方开挖,造价可能较其他形式溢洪道低。当水位上升,喇叭口溢流堰顶淹没后,堰流即转变为孔流,所以井式溢洪道的超泄能力较小。当宣泄小流量、井内的水流连续性遭到破坏时,水流很不稳定,容易产生振动和空蚀。因此,我国目前较少采用。

溢流喇叭口的断面形式有实用堰和平顶堰两种,前者较后者的流量系数大。在两种溢流堰上都可以布置闸墩,安设平面或弧形闸门。在环形实用堰上,由于直径较小,为了避免设置闸墩,有时可采用漂浮式的环形闸门,溢流时闸门下降到堰体以内的环形门室,但在多泥沙河道上,门室易被堵塞,不宜采用。在堰顶设置闸墩或导水墙可起导流和阻止发生立轴漩涡的作用。

(三)虹吸溢洪道

除了前面讲述的正槽溢洪道、侧槽溢洪道和井式溢洪道之外,还有一种可以与坝体结合在一起,也可以建在岸边的虹吸溢洪道。虹吸溢洪道的优点是:①利用大气压强所产生的虹吸作用,能在较小的堰顶水头下得到较大的泄流量;②管理方便,可自动泄水和停止泄水,能比较灵敏地自动调节上游水位。虹吸溢洪道通常包括下列几部分:①断面变化的进口段;②虹吸管;③具有自动加速发生虹吸作用和停止虹吸作用的辅助设备;④泄槽及下游消能设施。

虹吸溢洪道的缺点是:①结构较复杂;②管内不便检修;③进口易被污物或冰块堵塞;④真空度较大时,易引起混凝土空蚀;⑤超泄能力较小等。一般多用于水位变化不大和需要随时进行调节的水库以及发电、灌溉的渠道上,作为泄水及放水之用。

四、非常泄洪设施

泄水建筑物选用的洪水设计标准,应当根据有关规范确定,当校核洪水与设计洪水的泄流量相差较大时,应当考虑设置非常泄洪设施。目前常用的非常泄洪设施有:非常溢洪道和破副坝泄洪。在设计非常泄洪设施时,应注意以下几个问题:①非常泄洪设施运行机会很少,设计所用的安全系数可适当降低;②枢纽总的最大下泄量不得超过天然来水最大流量;③对泄洪通道和下游可能发生的情况,要预先做出安排,确保能及时启用生效;④规模大或具有两个以上的非常泄洪设施,一般应考虑能分别先后启用,以控制下泄流量;⑤非常泄洪设施应尽量布置在地质条件较好的地段,要做到既能保证预期的泄洪效果,又不致造成变相垮坝。

（一）非常溢洪道

非常溢洪道用于宣泄超过设计情况的洪水,其启用条件应根据工程等级、枢纽布置、坝型、洪水特性及标准、库容特性及其对下游的影响等因素确定。

非常溢洪道宜选在库岸有通往天然河道的垭口处或平缓的岸坡上。通常正常溢洪道与非常溢洪道分开布置,以达到降低总造价的目的,有时也可结合布置在一起,如河北省王快水库的溢洪道。非常溢洪道的溢流堰顶高程要比正常溢洪道稍高,一般不设闸门。由于非常溢洪道的运用概率很低,结构可以做得简单些,有的只做溢流堰和泄槽;在较好的岩体中开挖泄槽,可不做混凝土衬砌;在宣泄超过设计标准的洪水时,可允许消能防冲设施发生局部损坏。有时为了增加保坝情况下的泄流量,可将堰顶高程降低;或为了多蓄水兴利,常在堰顶筑土埝,土埝顶应高于最高洪水位,要求土埝在正常情况下不失事,在非常情况下能及时破开。

非常溢洪道应满足以下的要求:①最好是岩基,否则应衬砌保护,因为溃坝泄洪水时龙口会愈冲愈深,使下泄流量过大而无法控制,下游仍会遭遇洪水灾害;②正常情况时能正常挡水,非常情况下启用时能按照设计的速度破溃泄洪;③洪水归河问题易解决,又能进行事先安排,能减小归河沿途的灾害;④坝底、坝顶高程按启用洪水标准决定,非常溢洪道的启用标准应根据工程等级、枢纽布置、坝型、洪水特性及标准、库容特性及对下游的影响等因素确定;⑤非常溢洪道控制段下游各部分结构,可结合地形、地质条件适当简化。

自溃式土石坝的形式一般有漫顶自溃式、引冲自溃式、爆破引溃式。

1. 漫顶自溃式

库水位超过坝顶时即开始漫坝冲溃,至全部溃决。溃决速度快,泄洪流量增加急骤造成下游护防困难。可将溃坝用隔墙分隔成几段,各段坝顶高程逐渐放低,间隔一定的时间逐段溃决,以减小泄洪流量的骤增。

2. 引冲自溃式

在溃坝顶留有引冲作用的水槽,洪水先由引水槽中下泄以助坝地冲溃,直至全部溃决。也可采用分段的方法减小泄洪流量的增大速度。引冲槽一般不衬砌,若想延长引溃时间也有用砖、混凝土衬砌的,有利于下游防护。适应的坝高范围较大,故采用较广泛。

3. 爆破引溃式

用爆破的方法把坝顶一定尺寸范围内的坝体炸松,并使坝顶出现缺口,起到引水槽引冲、溃坝的作用。爆破设计的任务,是选择存放炸药的导洞和药室的合理位置及合理的炸药量。导洞和药室位置应不影响自溃坝的正常挡水运用,启用时进行爆破能形成要求的爆破口断面尺寸。

爆破引溃式的优点是保坝准备工作在平时进行,可安全从容地准备,当突然发生特大洪水时可迅速破坝泄洪,溃坝保证率高。但比其他形式的溃坝造价高,大中型土坝枢纽宜采取这种方式。

非常溢洪道的堰顶高程(即溃坝的底高程),应不低于正常溢洪道的堰顶高程或汛前限制水位,以利于洪水过后的修复工作,使水库较快地恢复正常运用。

(二)破坝溢洪道

当水库没有开挖非常溢洪道的适宜条件,而有适于破开的副坝时,可考虑破副坝的应急措施,其启用条件与非常溢洪道相同。

被破的副坝位置,应综合考虑地形、地质、副坝高度、对下游的影响、损失情况和汛后副坝恢复工作量等因素慎重选定。最好选在山坳里,与主坝间有小山头隔开,这样副坝溃决时不会危及主坝。

破副坝时,应控制决口下泄流量,使下泄流量的总和(包括副坝决口流量及其他泄洪建筑物的流量)不超过入库流量。如副坝较长,除用裹头控制决口宽度外,也可预做中墩,将副坝分成数段,遇到不同频率的洪水,可分段泄洪。

五、溢洪道的布置和选择

溢洪道的布置和形式应根据水库水文、坝址地形、地质、水流条件、枢纽布置、施工、环境、管理条件以及造价等因素,通过技术经济比较后确定。下面介绍地形条件、地质条件、枢纽总体布置和运用管理、施工条件、环境的影响对溢洪道布置和形式选择的影响。

(一)地形条件

地形条件对溢洪道开挖方量影响很大。当坝址附近有马鞍形山口,山口高程接近水库正常蓄水位,其下游山沟能使下泄洪水很快回归河槽时,适于设置正槽溢洪道。另外,岸边平缓或有阶状台地时,也宜采用正槽溢洪道。如果两岸山高坡陡,溢洪道布置在一岸开挖方量太大时,可考虑将其分设在两岸。也可考虑采用侧槽溢洪道,因为它的溢流堰可沿岸边等高线布置,溢流前沿长而泄槽较窄,开挖方量较少。还可采用通过隧洞泄洪的侧槽溢洪道或井式溢洪道。井式溢洪道的入口,应设在水库岸边易于开挖成平台处,以保持四周进水通畅。有时受地形限制,可将其入口布置成半圆形的溢流堰,下接隧洞。洞中水流可为有压流亦可为无压流。

(二)地质条件

布置溢洪道时,必须考虑当水库蓄满水后,在其近处岸坡的稳定性,防止因山坡塌滑造成堵塞。要避免把溢洪道布置在大断层和滑坡体等地质条件很差的地段。

在岩基上,可以修筑各种形式的溢洪道。如果山坡覆盖层不厚,应将溢洪道布置在岩基上。若岩石表层风化严重或有软弱夹层,或当挖方过深会引起坍方以及为削缓陡峻岸坡而增加开挖方量时,可考虑采用通过隧洞泄水的溢洪道。在非岩基上,可修筑正槽溢洪道,当泄槽线路的坡降较陡时,可以考虑采用多级跌水。

(三)枢纽总体布置和运用管理

从枢纽总体布置方面考虑,溢洪道进口与土坝坝体之间应有适当距离,避免泄洪时由于进口附近的横向水流冲刷上游坝坡。由于条件限制,必须与大坝紧接时,则应修建导水墙将两者隔开,并应加强邻近坝坡的保护和作好防渗连接。溢洪道的溢流堰应靠近水库,以缩短引水渠的长度,减少水头损失。要特别注意溢洪道下游出口的布置,出口距坝脚及其他建筑物应有一定的距离,以免水流或回流冲刷影响建筑物的安全。水位波动不应影响水电站或通航建筑物等的正常运行。应力求避免泄流冲刷河床形成堆丘,壅高下游水位,影响电站出力,若冲坑太深要防止岸坡塌滑。从宣泄洪水方面来看,当上游水位超出正常蓄水位后,正槽溢洪道随着堰顶水头的增加,泄流量增加较快。侧槽式溢洪道,如其下接泄槽或无压隧洞,其泄水性能与正槽溢洪道相似。而井式溢洪道和虹吸式溢洪道的工作情况则不同,它们的泄流能力,随水位增加而泄流量增加缓慢,与堰流相比,泄放同一流量,将使库水位壅高,从而加大了坝高和淹没损失。所以,这类溢洪道不宜用在设计洪水和校核洪水相差较大的枢纽中。

从出口消能、宣泄漂浮物和养护维修方面考虑,也以正槽溢洪道最为方便。

从管理方便、反应灵敏方面考虑,虹吸式溢洪道较好,它宜于用在需要随时调节和库水位变化不大的水利枢纽中。

在设计洪水与校核洪水相差较大的枢纽中,可以考虑设置非常溢洪道。因非常溢洪道使用概率很小,建筑物的设计标准可以适当降低,从而达到降低枢纽总造价的目的。

(四)施工条件

溢洪道布置在离枢纽主坝较远处,施工方便、干扰少,但不易集中管理。在靠近主坝岸边修筑溢洪道,与坝身施工可能有干扰,但可以利用开挖溢洪道的土、石料填筑坝体,可实现挖、填平衡,取得经济效益。在施工布置时应仔细考虑出渣路线及堆渣场所,要做到相互协调,避免干扰。

竖井和隧洞的开挖、衬砌比明挖复杂,需要熟练技工和大量的施工机械,而且工期较长。施工导流隧洞与泄洪隧洞结合,一洞多用常是经济合理的。导流隧洞一般可以不做衬砌,改做泄洪隧洞时,则需加做衬砌,两者是否结合使用应通过技术经济比较以及施工工期是否有可能等因素确定。

(五)环境的影响

近年来,随着公众环境意识的增强和国家对环保要求的提高人们不仅关心水电站泄洪消能雾化对电站建筑物本身的影响,同时关注雾化产生的水雾对环境的影响,尤其是对电站附近企业和居民的影响。如向家坝水电站,水富县城和大型企业云南天然气化工厂,位于向家坝水电站大坝下游约 0.5~2km。若采用挑流消能方式,会在大坝下游一定范围内出现较强的泄洪雾化而使局部地区湿度加大,不能满足云天化厂区对湿度的严格要求。而采用雾化影响小的底流消能方式,很好地解决了环境保护的问题。

泄流结构在泄洪过程中由于水流的强烈紊动,一般都存在振动问题。在设计中要保证建筑物本身安全,也要考虑建筑物周边场地的振动。例如,前面提到的向家坝水电站距水富县城距离过近,下泄水流紊动剧烈,消力池内旋滚水流对周边建筑物将会产生巨大随机脉动作用力。在电站及下游水富县城居民区均发生了一定程度的振动现象,具体表现为:中孔启闭机室声振、塔带机立柱振动及少部分民居门窗振动,并在建筑物表面出现了一定程度的裂缝。这一现象引起居民的不满。后经过大量研究并通过原型和模型实验,优化了泄水孔口泄洪顺序及孔口开度的调度、房屋隔振和减振、房屋门窗改造等。使泄洪诱发建筑物周边场地振动得到了控制,减少至允许的范围。

大型水库的进水口高程过低,下泄的低温水可能对下游河道生态环境如农业灌溉、鱼类繁殖等造成较大影响,对社会经济和生态的可持续发展也带来不利影响。进水口采用分层取水设施可有效保证下游的生态环境。

工作任务六 水闸

一、水闸的类型、组成和设计要求

(一)水闸的功能及分类

水闸是一种利用闸门挡水和泄水的低水头水工建筑物。关闭闸门,可以拦洪、挡潮、抬高水位以满足上游引水和通航的需要;开启闸门,可以泄洪、排涝、冲沙或根据下游用水需要调节流量。水闸在各种工程中的应用十分广泛。

我国修建水闸的历史可追溯到公元前 6 世纪的春秋时期,据《水经注》记载,在位于今安徽寿县城南的芍陂灌区中即设有进水和供水用的 5 个水门。1988 年建成的长江葛洲坝水利枢纽,其中的二江泄洪闸,共 27 孔,闸高 33m,最大泄量达 83900m³/s,位居全国之首,运行情况良好。现代的水闸建设,正在向形式多样化、结构轻型化、施工装配化、操作自动化和遥控化方向发展。目前世界上最高和规模最大的荷兰东斯海尔德挡潮闸,共63孔,闸高53m,闸身净长3000m,连同两端的海堤,全长4425m,被誉为海上长城。水闸按其承担任务不同,主要有六种类型。

(1)节制闸。拦河或在渠道上建造,枯水期用于拦截河道,抬高水位,以满足上游引水或航运的需要;洪水期则提闸泄洪,控制下泄流量和上游水位,保证下游河道安全或根据下游用水需要调节放水流量。位于河道上的节制闸也称拦河闸。

(2)进水闸。建在河道、水库或湖泊的岸边,用来控制引水流量,以满足灌溉、发电或供水的需要。位于干渠首部的进水闸又称渠首闸,位于支渠首部的进水闸通常称为分水闸,位于斗渠首部的进水闸通常称为斗门。

(3)分洪闸。常建于河道的一侧,用来将超过下游河道安全泄量的洪水泄入湖泊和洼地(分洪区或滞洪区),以削减洪峰,保证下游河道的安全。其特点是泄水能力很大,而经常没有水的作用。

(4)排水闸。常建于江河沿岸,用以排除内河或低洼地区对农作物有害的渍水。当外河水位上涨时,关闸防止外水倒灌。当洼地有蓄水、灌溉要求时,也可关门蓄水或从江河引水,具有双向挡水,有时还有双向过流的特点。

(5)挡潮闸。建在入海河口附近,涨潮时关闸,防止海水倒灌;退潮时开闸泄水。其特点是双向挡水,且闸门启闭频繁。

(6)冲沙闸(排沙闸)。建在多泥沙河流上,用于排除进水闸、节制闸前或渠系中沉积的泥沙,减少引水水流的含沙量,防止渠道和闸前河道淤积。冲沙闸常建在进水闸一侧的河道上与节制闸并排布置或设在引水渠内的进水闸旁。

此外还有为排除冰块、漂浮物等而设置的排冰闸、排污闸等。

水闸按闸室结构形式可分为开敞式、胸墙式、涵洞式及双层式等。

对有泄洪、过木、排冰或其他漂浮物要求的水闸,如:节制闸、分洪闸大都采用开敞式。胸墙式一般用于上游水位变幅较大、水闸净宽又为低水位过闸流量所控制、在高水位时尚需用闸门控制流量的水闸,如:进水闸、排水闸、挡潮闸多用这种形式。涵洞式多用于穿堤取水或排水。对于既要求具有面层溢流能力,又要求具有底层泄流能力的水闸,可采用双层式,将闸室分为上、下两层,分别装设闸门。如拦河节制闸、进水闸、分水闸以及软弱地基上的水闸,均可采用此种形式。

另外,还可按最大过闸流量对水闸分类:最大过闸流量在5000m³/s以上的为大(1)型水闸;5000~1000m³/s的为大(2)型水闸;1000~100m/s的为中型水闸;100~20m³/s的为小(1)型水闸;20m³/s以下的为小(2)型水闸。

(二)水闸的组成部分

水闸一般由闸室控制段、上游连接段和下游连接段三部分组成。闸室是水闸的主体,包括:闸门、闸墩、边墩(岸墙)、底板、胸墙、工作桥、交通桥、启闭机等。闸门用来挡水和控制过闸流量。闸墩用以分隔闸孔和支承闸门、胸墙、工作桥、交通桥。底板是闸室的基础,用以将闸室上结构的重量及荷载传至地基,还可利用底板与地基之间的抗滑力来维持闸室的稳定;同时兼有防渗和防冲的作用。工作桥和交通桥用来安装启闭设备、操作闸门和联系两岸交通。

上游连接段,包括:两岸的翼墙和护坡以及河床部分的铺盖,有时为保护河床免受冲刷加做防冲槽和护底。用以引导水流平顺地进入闸室,保护两岸及河床免遭冲刷,并与闸室等共同构成防渗地下轮廓,确保在渗透水流作用下两岸和闸基的抗渗稳定性。

下游连接段,包括:护坦、海漫、防冲槽以及两岸的翼墙和护坡等。用以消除过闸水流的剩余能量,引导出闸水流均匀扩散,调整流速分布和减缓流速,防止水流出闸后对下游的冲刷。

(三)水闸的工作特点

水闸既可建在岩基上,也可建在软土地基上。本章主要讲述建在软土地基上的水闸。建在软土地基上的水闸具有以下一些工作特点:

(1)软土地基的压缩性大,承载能力低,细砂容易液化,抗冲能力差。在闸室自重及外荷作用下,地基可能产生较大的沉降或沉降差,造成闸室倾斜,止水破坏,闸底板断裂,甚至发生塑性破坏,引起水闸失事。

(2)水闸泄流时,尽管流速不高,但水流仍具有一定的剩余能量,而土基的抗冲能力较低,可能引起水闸下游冲刷。此外,水闸下游常出现的波状水跃和折冲水流,将会进一步加剧对河床和两岸的淘刷。同时,由于闸下游水位变幅大,闸下出流可能形成远驱水跃、临界水跃直至淹没度较大的水跃。因此,消能防冲设施要在各种运用情况时都能满足设计要求。

(3)土基在渗透水流作用下,容易产生渗流变形,特别是粉、细砂地基,在闸后易出现翻砂冒水现象,严重时闸基和两岸会被淘空,引起水闸沉降、倾斜、断裂甚至倒塌。基于上述特点,设计中需要解决好以下几个问题:

(1)选择适宜的闸址。

(2)选择与地基条件相适应的闸室结构形式,保证闸室及地基的稳定。

(3)做好防渗排水设计,在水闸上游侧布置防渗设施,如防渗铺盖、垂直防渗体,特别是上游两岸连接建筑物及其与铺盖的连接部分,要在空间上形成防渗整体。在水闸下游侧布置排水设施,如排水孔和反滤层等。做到防渗与排水相结合,以便防止渗流变形,减少底板渗流压力,增加闸室抗滑稳定性。

(4)做好消能、防冲设计,避免出现危害性的冲刷。

二、闸址选择和孔口设计

(一)闸址选择

水闸的建设会对河道演变产生很大影响,所以闸址选择关系到工程建设的成败和经济效益的发挥,是水闸设计中的一项重要内容。应当根据水闸承担的任务,综合考虑地形、地质条件和水文、施工等因素,通过技术经济比较,选定最佳方案。

闸址宜优先选用地质条件良好的天然地基。土质地基中,以地质年代较久的黏土、重壤土地基为最好;中壤土、轻壤土、中砂、粗砂和砂砾石也可以作为水闸的地基。要尽量避开淤泥质土和粉、细砂地基,必要时,应采取妥善的处理措施。

建闸后,过闸水流的形态是选择闸址时需要考虑的重要因素。要求做到:过闸水流平顺,流速分布均匀,不出现偏流和危害性冲刷或淤积。拦河闸宜选在河床稳定、水流顺直的河段上,闸的上、下游应有一定长度的平直段。在以拦河闸为主,兼有取水和通航要求的水利枢纽中,拦河闸可选在稳定的弯曲河段上,将进水闸和船闸分别设在凹岸和凸岸。无坝取水枢纽的进水闸应选在弯曲河段的凹岸顶点或稍偏下游,引水方向与河道主流方向间的夹角,最好在 30° 以内。分洪闸一般设在弯曲河段的凹岸或顺直河道的深槽一侧。排水闸宜选择在地势低洼、出水通畅处,且将闸址设在靠近主要涝区和容泄区的江河老堤的堤线上。冲沙闸大多布置在拦河闸与进水闸之间、紧靠拦河闸河槽最深的部位,有时也建在引水渠内的进水闸旁。还有挡潮闸,肯定在入海口,注意不要被淤死。

在河道上建造拦河闸,为解决施工导流问题,常将闸址选在弯曲河段的凸岸,利用原河道导流,裁弯取直,新开上、下游引水和泄水渠。新开渠道既要尽量缩短其长度,又要使其进、出口与原河道平顺衔接。

(二)孔口设计

闸孔设计的任务是确定闸孔的形式、尺寸和闸槛高程。闸孔形式是指闸底板的形式(堰型)和是否设置胸墙。闸孔尺寸包括孔口的净宽、孔数和孔高。不设胸墙的孔高是指闸门高度;设置胸墙的孔高为胸墙底缘到闸底板顶面(闸槛)的高度。

1. 设计条件

设计孔口时,首先要分析水闸在进流期间可能出现的最不利情况,以此作为设计条件,该设计条件因水闸类型不同而异。

进水闸上游设计水位的确定方法,与取水方式有关。对于无坝取水的进水闸,闸外的河道水位是经常变化的,为了使取水流量得到必要的保证,可从历年的灌溉临界期(河道来水条件与灌溉用水要求矛盾特别尖锐的时期)平均水位的系列中,选取相应于灌溉或供水保证率的水位,作为闸外河道的设计水位。如果河道来水流量大、取水流量较小、取水后又对河道流量及水位的影响都不大时,可直接取闸外河道的设计水位作为闸上游设计水位。如取水流量的比例较大时,则须考虑因取水而产生的水位降低影响。如图 6.1 所示,考虑到取水时部分位能转化为动能,取水口前的水位要比下游水位降低 z_2 值,该 z_2 可按下式计算,即

$$z_2 = \frac{3}{2} \times \frac{k}{1-k} \times \frac{v_2^2}{2g}$$

式中：

    k——取水流量 Q 与河道来水流量 Q_1 的比值，即 $k = Q/Q_1$；

    v_2——相应于取水口下游河道流量 Q_2 的平均流速。

根据上述方法可以计算取水口前的水位为 $\nabla_2 - z_2$，若该水位小于进水闸下游河道的临界水位 ∇（此时流量为 Q_2），则取 ∇_R 为取水口前的水位，即为闸上游设计水位。

如果进水闸前的进水渠长度 $L > 20H_1$ 时（H_1 为进水闸底板以上的上游水深），还应计及进水渠的进口及沿程的水头损失。无坝取水进水闸的设计取水流量，可选取历年的灌溉临界期最大取水流量系列中相应于灌溉保证率的流量。

有坝取水的进水闸，上游设计水位即为闸后渠道设计水位再加过闸的水头损失（一般为 0.1~0.3m）。当引水渠较长时，同样应计入进口及沿程的水头损失。

对于拦河闸，闸前设计水位主要受上游淹没问题控制，要考虑建闸后上游水位的壅高值 $\triangle H$（即上下游水位差）。应尽量减少上游淹没损失或防洪工程的投资。例如，江苏省的一些河道，纵坡较缓，水深较大，一般取 $\triangle H = 0.1m$；浙江省的一些河道，回水影响距离较短，常取 $\triangle H = 0.2m$。下游水位可从闸后原河道的水位流量关系曲线查得，但还要考虑建闸后河床可能发生的冲刷或淤积，因为这会使水位相应地降低或抬高。

2. 孔口形式

闸孔形式一般有宽顶堰孔口、低实用堰孔口以及胸墙孔口等三种。一般情况下采用不设胸墙的孔口，其优点是结构简单，施工方便，又利于排泄冰块等漂浮物。当上游水位变化较大而又须限制过闸单宽流量时，可采用胸墙孔口。

宽顶堰是水闸中最常采用的一种形式。它有利于泄洪、冲沙、排污、排冰、通航，且泄流能力比较稳定，结构简单，施工方便；但自由泄流时流量系数较小，容易产生波状水跃。

低实用堰有梯形的、曲线形的和驼峰形的。实用堰自由泄流时流量系数较大，水流条件较好，选用适宜的堰面曲线可以消除波状水跃；但泄流能力受尾水位变化的影响较为明显，当 $h_s > 0.6H$ 以后，泄流能力将急剧降低，不如宽顶堰泄流时稳定，同时施工也较宽顶堰复杂。当上游水位较高，为限制过闸单宽流量，需要抬高闸槛高程时，常选用这种形式。

3. 确定闸槛高程

如何确定闸槛高程（即堰顶高程），是孔口设计的关键。若将闸槛高程定得低些，则可加大过闸水深，从而加大过闸单宽流量，闸室总宽度可以减小，但是，水闸高度有所增加；如将闸槛高程定得高些，则情况正好相反。因此，应进行综合比较，以求经济合理。

对于小型水闸，由于闸室宽度相对较小，两岸连接建筑的工程量在整个水闸中所占比重较大。如闸槛高程定得高些，虽然闸室宽度增大，但闸室和两岸连接建筑物的高度却减小了，因而总的工程造价可能是经济的。在大、中型水闸中，由于闸室工程量所占比重较大，因而适当降低闸槛高程，常常是有利的。

除考虑上述因素外,还首先要考虑选定的过闸单宽流量 q 是否合适。因为过闸单宽流量将直接影响消能防冲的工程量和工程造价。为此,需要结合河床或渠道的土质情况、上下游水位差、下游水深、河道宽度与闸室宽度的比值等因素,选用适宜的最大过闸单宽流量。根据我国的经验,对粉砂、细砂、粉土和淤泥地基河槽,可选取 $5 \sim 10 \mathrm{m}^3 /(\mathrm{s} \cdot \mathrm{m})$;砂壤土地基河槽,取 $10 \sim 15 \mathrm{m}^2 /(\mathrm{s} \cdot \mathrm{m})$;壤土地基河槽,取 $15 \sim 20 \mathrm{m}^3 /(\mathrm{s} \cdot \mathrm{m})$;黏土地基,取 $15 \sim 25 \mathrm{m}^3 /(\mathrm{s} \cdot \mathrm{m})$ 。

一般情况下,拦河闸和冲沙闸的闸槛高程宜与河底齐平;进水闸的闸槛高程在满足引用设计流量的条件下,应尽可能高一些,以防止推移质泥沙进入渠道;分洪闸的闸槛高程也应较河床稍高;排水闸则应尽量定得低些,以保证将涝水迅速排走,但要避免排水出口被泥沙淤塞;挡潮闸兼有排水闸作用时,其闸槛高程也应尽量定低一些。

4.计算闸孔总净宽

根据给定的设计流量、上下游水位和初拟的孔口形式及闸槛高程,便可按下列公式确定闸孔总净宽。

1.当水流呈堰流时

$$B_0 = \frac{Q}{\sigma \varepsilon m \sqrt{2g} H_0^{3/2}}$$

式中:

Q——过闸流量,$\mathrm{m}^3 / \mathrm{s}$;

B_0——闸孔总净宽,m;

H_0——计入行近流速水头的堰上水深,m;

σ、ε——堰流淹没系数、侧收缩系数,可由《水闸设计规范》(SL 265—2001)的附表中查得;

m——堰流流量系数,可采用 0.385;

g——重力加速度,可采用 $9.81 \mathrm{m/s}^2$ 。

当堰流处于高淹没度($h_s / H_0 \geqslant 0.9$)时,闸孔总净宽按下式计算:

$$B_0 = \frac{Q}{\mu_0 h_s \sqrt{2g(H_0 - h_s)}}$$

$$\mu_0 = 0.877 + \left(\frac{h_s}{H_0} - 0.65\right)^2$$

式中:

μ_0——淹没堰流的综合流量系数;

h_s——由堰顶算起的下游水深,m。

2.当水流呈孔流时

$$B_0 = \frac{Q}{\sigma' \mu h_e \sqrt{2g H_0}}$$

式中：

h_e——闸门开度或胸墙下孔口高度,m;

σ'——孔流淹没系数,可由 SL 265—2001 的附表中查得;

μ——孔流流量系数,可由 SL 265—2001 的附表中查得。

下面以堰流为例说明闸孔尺寸的确定方法。由于孔径是未知数,故侧收缩系数 ε 不能直接查表或按有关公式计算,可先假定 $\varepsilon=1$;由于闸孔总宽也是未知数,因此,流量公式中的 H_0 可暂用堰前水深代替。

算出闸孔总净宽 B_0 后,即可进行分孔。每孔的净宽 b_0。(孔径),应根据闸门形式、地基条件、启闭设备条件、闸孔的运用要求(如泄洪、排冰或漂浮物、过船等)和工程造价,并参照闸门系列综合比较选定。大、中型水闸的孔径一般为 8~12m,小型水闸的孔径一般为 1~3m。选定孔径后便可确定所需要的孔数 n,即 $n \approx B_0/b_0$,n 应取略大于计算要求值的整数。当 n 值较小(少于 8 孔)时,闸孔数目宜采用单数,以便于控制过闸水流均匀。闸室总宽度 $L_1=nb_0+(n-1)d$,其中,d 为闸墩厚度。

按上述方法拟定孔径时,由于 ε 和 H_0 均为假定值,故在拟定孔径后还需对过闸流量进行验算。即按拟定的孔径、中墩及边墩的形状、尺寸等有关资料计算 ε,并在上游护底附近计算 H_0(也可直接引用上游防冲槽附近的渠道平均流速计算 H_0),然后验算过闸流量。如不符合要求,则需调整孔径和闸槛高程。

从过水能力和消能防冲两方面考虑,闸室总宽度应与上下游河(渠)道宽度相适应。根据治理海河工程的经验,当河(渠)道宽 B=50~100m 时,两者的比值应不小于 0.6~0.75;当河(渠)道宽 B=100~200m 时,两者的比值 y 应不小于 0.75~0.85;当 B>200m 时,y 应不小于 0.85。

三、水闸的防渗、排水设计

水闸建成后,由于上、下游水位差,在闸基及边墩和翼墙的背水一侧产生渗流。渗流对建筑物不利,主要表现为:①降低了闸室的抗滑稳定及两岸翼墙和边墩的侧向稳定性;②可能引起地基的渗流变形,严重的渗流变形会使地基受到破坏,甚至失事;③损失水量;④使地基内的可溶物质加速溶解。防渗、排水设计的任务在于拟定水闸的地下轮廓线和做好防渗、排水设施的构造设计。

(一)水闸的防渗长度及地下轮廓的布置

1.防渗长度的确定

图 2-86 为水闸的防渗布置示意图,其中,上游铺盖、板桩及底板都是相对不透水的,护坦上因设有排水孔,所以不阻水,在水头 H 作用下,闸基内的渗流,将从护坦上的排水孔等处逸出。不透水的铺盖、板桩及底板与地基的接触线,即是闸基渗流的第一根流线,称为地下

轮廓线,其长度即为水闸的防渗长度。

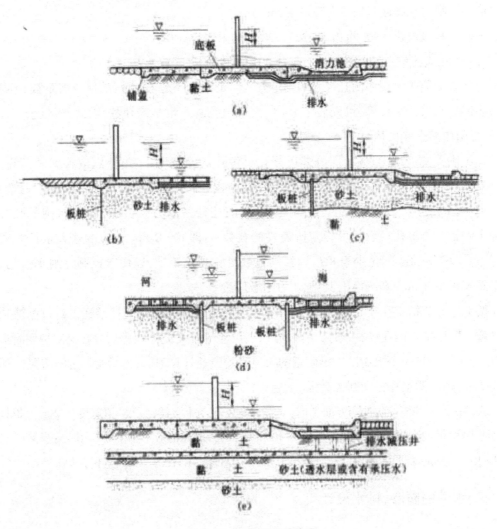

图 2-86 水闸的防渗布置

水闸防渗、排水布置应根据闸基地质条件和水闸上、下游水位差等因素综合分析确定。SL 265—2001《水闸设计规范》规定,为保证水闸安全,初步拟定所需的防渗长度应满足下式的要求。

$$L = CH$$

式中:L 为水闸的防渗长度,即闸基轮廓线水平段和垂直段长度的总和,m;ΔH 为上、下游水位差,m;C 为允许渗径系数,依地基土的性质而定,参见表 2-36,当闸基内设有板桩时,可采用表中所列规定值的小值。

表 2-36 允许渗径系数值

排水条件	地基类别									
	粉砂	细砂	中砂	粗砂	中砾、细砾	粗砾夹卵石	轻粉质砂壤土	砂壤土	壤土	黏土
有反滤层	13~9	9~7	7~5	5~4	4~3	3~2.5	11~7	9~5	5~3	3~2
无反滤层	—	—	—	—	—	—	—	—	7~4	4~3

表 2-36 中除了壤土和黏土以外的各类地基,只列出了有反滤层时的允许渗径系数值,因为在这些地基上建闸,必须设反滤层。

2. 地下轮廓的布置

水闸的地下轮廓可依地基情况并参照条件相近的已建工程的实践经验进行布置。按照防渗与排水相结合的原则,在上游侧采用水平防渗(如铺盖)或垂直防渗(如齿墙、板桩、混凝土防渗墙、灌浆帷幕等)延长渗径,以减小作用在底板上的渗流压力,降低闸基渗流的平均坡降;在下游侧设置排水反滤设施,如面层排水、排水孔、减压井与下游连通,使地基渗水尽快排出,防止在渗流出口附近发生渗流变形。由于黏性土地基不易发生管涌破坏,底板与地基土间的摩擦系数较小,在布置地下轮廓时,主要考虑的是如何降低作用在底板上的渗流压力,以提高闸室的抗滑稳定性。为此,可在闸室上游设置水平防渗,而将排水设施布置在消力池底板下,甚至可伸向闸底板下游段底部。由于打桩可能破坏黏土的天然结构,在板桩与地基间造成集中渗流通道,所以对黏性土地基一般不用板桩,如图 2-86(a)所示。

当地基为砂性土时,因其与底板间的摩擦系数较大,而抵抗渗流变形的能力较差,渗流系数也较大,因此,在布置地下轮廓时应以防止渗流变形和减小渗漏为主。对砂层很厚的地基,如为粗砂或砂砾,可采用铺盖与悬挂式板桩相结合,而将排水设施布置在消力池下面,如图 2-86(b)所示;如为细砂,可在铺盖上游端增设短板桩,以增长渗径,减小渗流坡降。当砂层较薄,且下面有不透水层时,最好采用齿墙或板桩切断砂层,并在消力池下设排水,如图 2-86(c)所示。对于粉砂地基,为了防止液化,大都采用封闭式布置,将闸基四周用板桩封闭起来,如图 2-86(d)所示。

当弱透水地基内有承压水或透水层时,为了消减承压水对闸室稳定的不利影响,可在消力池底面设置深入该承压水或透水层的排水减压井,如图 2-86(e)所示。

(二)防渗及排水设施

防渗设施是指构成地下轮廓的、起阻渗作用的铺盖、板桩及齿墙,而排水设施则是指铺设在护坦、浆砌石海漫底部或闸底板下游段起导渗作用的砂砾石层。排水常与反滤层结合使用。

1. 铺盖

铺盖布置在闸室上游一侧,主要用来延长渗径,应具有相对的不透水性;为适应地基变形,也要有一定的柔性。铺盖常用黏土、黏壤土或沥青混凝土做成,有时也用钢筋混凝土、土工膜作为铺盖材料。

(1)黏土和黏壤土铺盖

铺盖的渗透系数应比地基土的渗透系数小100倍以上,最好达1000倍。铺盖的长度可根据闸基防渗需要确定,一般采用上下游最大水位差的3~5倍。铺盖的厚度应根据铺盖土料的允许水力坡降值计算确定,其前端最小厚度不宜小于0.6m,向闸室方向逐渐加厚,靠近闸室处的厚度不小于1.0~1.5m。铺盖与底板连接处为一薄弱部位,在该处需将铺盖加厚;常将底板前端做成倾斜面,使黏土能借自重及上部荷重与底板紧贴;在连接处铺设油毛毡等止水材料,一端用螺栓固定在斜面上;另一端埋入黏土中,见图2-87。为了防止铺盖在施工期遭受破坏和运行期间被水流冲刷,应在其表面铺砂层,然后在砂层上再铺设单层或双层块石护面。

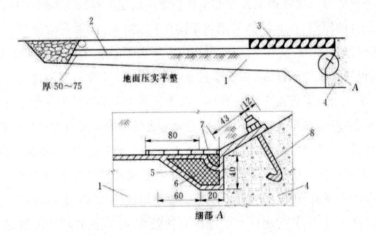

图2-87　黏土铺盖的细部构造(单位:cm)

1-黏土铺盖;2-垫层;3-浆砌块石保护层(或混凝土板);4-闸室底板;
5-沥青麻袋;6-沥青填料;7-木盖板;8-斜面上螺栓

(2)沥青混凝土铺盖

在缺少黏性土料的地区,可采用沥青混凝土铺盖。沥青混凝土的渗透系数较小,约为$k = 10^{-8} \sim 10^{-2}$cm/s,防渗性能好;且有一定的柔性,可适应地基的变形;造价也较低。

沥青混凝土铺盖的厚度一般为5~10cm,在与闸室底板连接处应适当加厚,接缝多为搭接形式。为提高铺盖与底板间的黏结力,可在底板混凝土面先涂一层稀释的沥青乳胶,再涂一层较厚的纯沥青。沥青混凝土铺盖可以不分缝,但要分层浇筑和压实,各层的浇筑缝要错开。

(3)钢筋混凝土铺盖

当缺少适宜的黏性土料或需要铺盖兼作阻滑板时,常采用钢筋混凝土铺盖。钢筋混凝土铺盖的厚度不宜小于0.4m,在与底板连接处应加厚至0.8~1.0m,并用沉降缝分开,缝中设止水,见图2-88(a)。在顺水流和垂直水流流向均应设沉降缝,缝距8~20m,在接缝处局部加厚,并设止水。

钢筋混凝土铺盖内需双向配置构造钢筋 $\phi10mm@25\sim30cm$。如利用铺盖兼作阻滑板,还须配置轴向受拉钢筋。受拉钢筋与闸室在接缝处应采用铰接的构造形式,见图 2-88(b)。接缝中的钢筋断面面积要适当加大,以防锈蚀。用作阻滑板的钢筋混凝土铺盖,在垂直水流流向仅有施工缝,不设沉降缝。

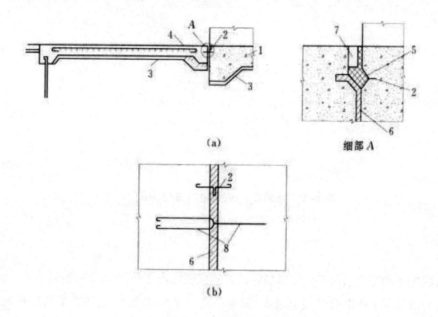

图 2-88　钢筋混凝土铺盖

1-闸底板;2-止水片;3-混凝土垫层;4-钢筋混凝土铺盖;5-沥青玛瑞脂;6—油毛毡两层;7-水泥砂浆;8-铰接钢筋

（4）土工膜防渗铺盖

土工膜防渗铺盖的厚度应根据作用水头、膜下土体可能产生裂隙宽度、膜的应变和强度等因素确定,但不宜小于 0.5mm。防渗土工膜下部应设垫层,上部应设保护层。

2. 板桩

板桩一般设在闸室底板高水位一侧或设在铺盖起端。板桩长度视地基透水层的厚度而定。当透水层较薄时,可用板桩截断,并插入不透水层至少 1.0m;若不透水层埋藏很深,则板桩深度一般采用 0.8～1.0 倍上下游最大水位差。用作板桩的材料有木材、钢筋混凝土及钢材三种。木板桩厚约 8～12cm,宽约 20～30cm,一般长 3～5m,最长 8m,可用于砂土地基,但现在用得不多。钢筋混凝土板桩使用较多,一般在现场预制,厚度不宜小于 20cm,宽度不宜小于 40cm,入土深度可达 15～20m,两桩之间设榫槽,以增加不透水性。可用于各种地基,包括砂砾石地基。钢板桩在我国较少采用。

板桩与闸室底板的连接形式有两种,一种是把板桩紧靠底板前缘,顶部嵌入黏土铺盖一定深度,见图 2-89(a);另一种是把板桩顶部嵌入底板底面特设的凹槽内,桩顶填塞可塑性较大的不透水材料,见图2-89(b)。前者适用于闸室沉降量较大,而板桩尖已插入坚实土层的情况;后者则适用于闸室沉降量小,而板桩桩尖未达到坚实土层的情况。

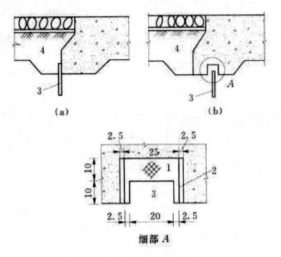

图2-89 板桩与底板的连接(单位:cm)
1-沥青;2-预制挡板;3-板桩;4-铺盖

3.齿墙

齿墙有浅齿墙和深齿墙两种。浅齿墙常设在闸室底板上下游两端及铺盖起始处。底板两端的浅齿墙均用混凝土或钢筋混凝土做成,深度一般为0.5~1.5m。这种齿墙既能延长渗径,又能增加闸室抗滑稳定性。深齿墙常用于如下情况:①当水闸在闸室底板后面紧接斜坡段,并与原河道连接时,在与斜坡段连接处的底板下游侧采用深齿墙(墙深大于1.5m),其作用主要是防止斜坡段冲坏后危及闸室安全;②当闸基透水层较浅时,可用深齿墙截断透水层,此时,齿墙可用混凝土、钢筋混凝土或黏性土等材料,齿墙底部需插入不透水层0.5~1.0m;③在小型水闸中,有时为了增加渗径和抗滑稳定性,也使用深齿墙。

4.其他防渗设施

近年来,垂直防渗设施在我国有较大进展,就地浇筑混凝土防渗墙、灌注式水泥砂浆帷幕、高压旋喷法构筑防渗墙以及土工膜垂直防渗等方法已成功地用于水闸建设,详细内容可参阅有关文献。

(三)排水反滤设施

为了减小渗透压力,增加闸室的抗滑稳定性,需要在闸室下游侧设置排水设施,如排水孔、减压井、反滤层和垫层等。排水设施要有良好的透水性,并与下游畅通;同时能够有效地防止地基土产生渗透变形。

通常在地基表面铺设反滤层或垫层,并在消力池底部设排水孔(见图2-90),让渗透水流畅通至下游。设置反滤层是防止地基土产生渗透变形的关键性措施,其末端的渗透坡降必须小于地基土在无反滤层保护时的允许坡降,应以此原则来确定反滤层铺设长度。

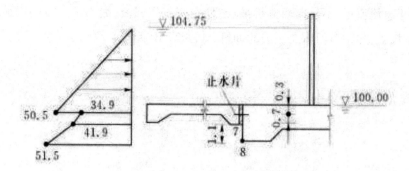

图 2-90　闸室上游水平水压力计算图
(单位:高程为 m;压强为 kPa)

反滤层常由 2~3 层不同粒径的石料(砂、砾石、卵石或碎石)组成,层面大致与渗流方向正交,其粒径则顺着渗流方向由细到粗排列。在黏土地基上,由于黏土颗粒有较大的黏聚力,不易产生管涌,因而对反滤层级配的要求可以低些,常铺设 1~2 层。

四、水闸的消能、防冲

水闸泄水时,部分势能转为动能,流速增大,而土质河床抗冲能力低,所以,闸下冲刷是一个普遍的现象。不危害建筑物安全的冲刷,一般说来是允许的,但对于有害的冲刷,则必须采取妥善的防范措施。闸下消能、防冲是水闸设计的一项重要内容,应仔细做好,对于重要工程,需要通过水工模型试验加以验证。

闸下发生冲刷的原因是多方面的,有的是由于设计不当造成的,有的则是由于运用管理不善造成的。为了防止对河床的有害冲刷,保证水闸的安全运行,首先要选用适宜的最大过闸单宽流量;其次是合理地进行平面布置,以利于水流扩散,避免或减轻回流的影响;第三是消除水流的多余能量和采取相应的消能、防冲设施,保护河床及岸坡;第四是拟定合理的运行方式,严格按规定操作运行。

(一)过闸水流的特点

初始泄流时,闸下水深较浅,随着闸门开度的增大而逐渐加深,闸下出流由孔流到堰流,由自由出流到淹没出流都会发生,水流形态比较复杂。

1.闸下易形成波状水跃

由于水闸上、下游水位差较小,相应的弗劳德数 Fr 较低($F_r=v_c/\sqrt{gh_c}$,h_c 为第一共轭水深,v_c 为 h_c 处的断面平均流速),容易发生波状水跃,特别是在平底板的情况下更是如此。试验表明,当下游河床与底板顶面齐平时,在共轭水深比 $h''/h_c\leq2$,即当 $1.0<Fr<1.7$ 时,会

出现波状水跃。此时无强烈的水跃漩滚,水面波动,消能效果差,具有较大的冲刷能力;另外,水流处于急流流态,不易向两侧扩散,致使两侧产生回流,缩小了过流的有效宽度,使局部单宽流量增大,加剧对河床及岸坡的冲刷,如图2-91所示。

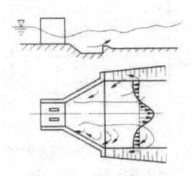

图2-91　波状水跃示意图

2.闸下易出现折冲水流

拦河闸的宽度通常只占河床宽的一部分,水流过闸时先行收缩,出闸后再行扩散,如果布置或操作运行不当,出闸水流不能均匀扩散,即容易形成折冲水流。此时水流集中,左冲右撞,蜿蜒蛇行,淘刷河床及岸坡,并影响枢纽的正常运行,如图2-92所示。

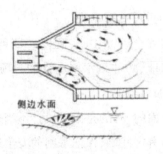

图2-92　闸下折冲水流

(二)底流消能工

平原地区的水闸,由于水头低,下游水位变幅大,一般都采用底流式消能。对于小型水闸,还可结合当地的自然条件(地质、河道含沙量等)、运行情况和经济条件,选用更简易的消能方式,例如,利用设在闸底板末端的格栅和梳齿板消能;在底板末端建足够深的齿墙,并在其下游侧河床铺石加糙,借以消除水流中的余能等。

1.底流消能工的布置

底流消能工的作用是通过在闸下产生一定淹没度的水跃消除余能,保护水跃范围内的河床免遭冲刷。淹没度过小,水跃不稳定,表面漩滚前后摆动;淹没度过大,较高流速的水舌潜入底层,由于表面漩滚的剪切,掺混作用减弱,消能效果反而减小。淹没度取1.05~1.10

较为适宜。

当尾水深度不能满足要求时,可采取:①降低护坦高程;②在护坦末端设消力坎;③既降低护坦高程又建消力坎等措施形成消力池,促使水流在池内产生一定淹没度的水跃,有时还可在护坦上设消力墩等辅助消能工。

消力池的形式主要受跃后水深与实际尾水深相对关系的制约:一般当尾水深约等于跃后水深时,宜采用辅助消能工或消力坎;当尾水深小于跃后水深 1.0~1.5m 时,宜采用降低护坦高程形成消力池;当尾水深小于跃后水深 1.5~3.0m 时,宜采用综合式消力池;当尾水深小于跃后水深 3.0m 以上时,应做一级消能和多级消能的方案比较,从中选择技术上可靠、经济上合理的方案。

消力池布置在闸室之后,池底与闸室底板之间用斜坡连接,斜坡面的坡度不宜陡于 1:4。为防止产生波状水跃,可在闸室之后留一水平段,并在其末端设置一道小坎,如图 2-93(a)所示;为防止产生折冲水流,还可在消力池前端设置散流墩,如图 2-93(b)所示。如果消力池深度不大(1.0m 左右),常把闸门后的闸室底板用 1:3 的坡度降至消力池底的高程,作为消力池的一部分。

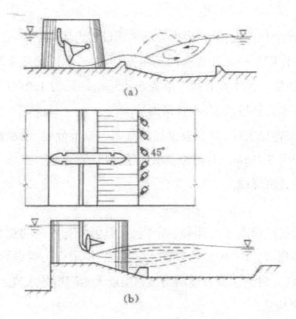

图 2-93 小坎及散流墩布置示意图

消力池末端一般布置尾坎,用以调整流速分布,减小出池水流的底部流速,且可在坎后产生小横轴漩滚,防止在尾坎后发生冲刷,并有利于平面扩散和消减下游边侧回流。

2. 辅助消能工

消力池中除尾坎外,有时还设有消力墩等辅助消能工,用以使水流受阻,给水流以反力,在墩后形成涡流,加强水跃中的紊流扩散,从而达到稳定水跃、减小和缩短消力池深度和长度的作用。

消力墩可设在消力池的前部或后部。设在前部的消力墩,对急流的反力大,辅助消能作用强,缩短消力池长度的作用明显,但易发生空蚀,且需承受较大的水流冲击力。设在后部的消力墩,消能作用较小,主要用于改善水流流态。消力墩可做成矩形或梯形,设两排或三排交错排列,墩顶应有足够的淹没水深,墩高约为跃后水深 h" 的 1/5～1/3。在出闸水流流速较高的情况下,宜采用设在后部的消力墩。

辅助消能工的作用与其自身的形状、尺寸、在池内的位置、排数以及池内水深、泄量变化等因素有关,应通过水工模型试验确定。

3. 消力池的构造

消力池底板一般用标号 C15 或 C20 混凝土浇筑而成,并需配置 10～12mm、φ25～30cm 的构造钢筋。大型水闸消力池底板的顶、底面均需配筋,中、小型水闸消力池底板可只在顶面配筋。对于消力墩等辅助消能工,由于承受水流的直接冲击,可能遭受空蚀破坏,有时还受到漂浮物的撞击及泥沙磨损等作用,应采用更高标号的混凝土,并配置适量的构造钢筋。

为增强护坦板的抗滑稳定性,常在消力池的末端设置齿墙,墙深一般为 0.8～1.5m,宽为 0.6～0.8m。为了减小作用在护坦底板上的扬压力,可在水平段的后半部设置排水孔,并在该部位的底面铺设反滤层。排水孔孔径一般为 5～25cm,间距为 1.0～3.0m,呈梅花状排列。但在多泥沙河道上,排水孔易被堵塞,不宜采用。

为增强消力池的整体稳定性,护坦板垂直水流向一般不分缝,顺水流向分缝,并应与闸室分缝间错布置,缝距为 8～15m。有防渗要求的缝,要设置止水。在消力池与闸室底板、翼墙及海漫之间,均应设置沉降缝。

4. 海漫

水流经过消力池,虽已消除了大部分多余能量,但仍留有一定的剩余动能,特别是流速分布不均,脉动仍较剧烈,具有一定的冲刷能力。因此,护坦后仍需设置海漫等防冲加固设施,以使水流均匀扩散,并将流速分布逐渐调整到接近天然河道的水流形态。

(1)海漫的布置和构造

一般在海漫起始段做 5～10m 长的水平段,其顶面高程可与护坦齐平或在消力池尾坎顶以下约 0.5m,水平段后做成不陡于 1:10 的斜坡,以使水流均匀扩散,调整流速分布,保护河床不受冲刷,如图 2-94 所示。

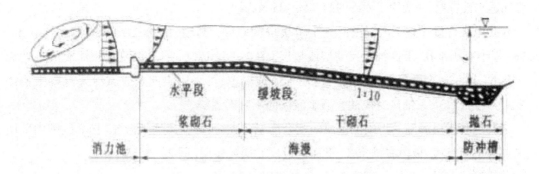

图 2-94 海漫布置及其流速分布示意图

对海漫的要求有:①表面有一定的粗糙度,以利进一步消除余能;②具有一定的透水性,以便使渗水自由排出,降低扬压力;③具有一定的柔性,以适应下游河床可能的冲刷变形。常用的海漫结构有以下几种:

干砌石海漫。一般由块径大于 30cm 的块石砌成,厚度为 0.4~0.6m,下面铺设碎石、粗砂垫层,厚 10~15cm[图 2-95(a)]。干砌石海漫的抗冲流速为 2.5~4.0m/s。为了加大其抗冲能力,可每隔 6~10m 设一浆砌石埂。干砌石常用在海漫后段。

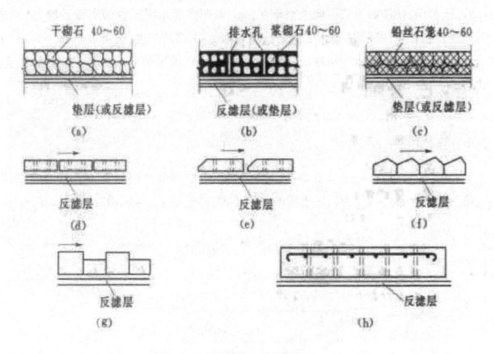

图 2-95 海漫构造示意图(单位:cm)

浆砌石海漫。采用 50 号或 80 号水泥砂浆砌块石,块径大于 30cm,厚度为 0.4~0.6m,砌石内设排水孔,下面铺设反滤层或垫层[图 2-95(b)]。浆砌石海漫的抗冲流速可达 3~6m/s,但柔性和透水性较差,一般用于海漫的前部约10m范围内。

混凝土板海漫。整个海漫由混凝土板块拼铺而成,每块板的边长2~5m,厚度为0.1~0.3m,板中有排水孔,下面铺设反滤层或垫层[图2-95(d)、(e)]。混凝土板海漫的抗冲流速可达6~10m/s,但造价较高。有时为增加表面糙率,可采用斜面式或城垛式混凝土块体[图2-95(f)、(g)]。铺设时应注意顺水流流向不宜有通缝。

钢筋混凝土板海漫。当出池水流的剩余能量较大时,可在尾坎下游5~10m范围内采用钢筋混凝土板海漫,板中有排水孔,下面铺设反滤层或垫层[图2-95(h)]。

其他形式海漫。如铅丝石笼海漫[图2-95(c)]等。

(三)防冲槽及末端加固

水流经过海漫后,尽管多余能量得到了进一步消除,流速分布接近河床水流的正常状态,但在海漫末端仍有冲刷现象。为保证安全和节省工程量,常在海漫末端设置防冲槽或采用其他加固设施。

1.防冲槽

在海漫末端预留足够的块径大于30cm的石块,当水流冲刷河床,冲刷坑向预计的深度逐渐发展时,预留在海漫末端的石块将沿冲刷坑的斜坡陆续滚下,散铺在冲坑的上游斜坡上,自动形成护面,使冲刷不致再向上游侧扩展。参照已建水闸工程的实践经验,防冲槽大多采用宽浅式,其深度一般取1.5~2.5m,底宽6取2~3倍的深度,上游坡率$m_1 = 2 \sim 3$,下游坡率$m_2 = 3$,如图2-96所示。防冲槽的单宽抛石量V应满足护盖冲坑上游坡面的需要,可按下式估算。

$$V = At''$$

其中,$t'' = 1.1 \dfrac{q'}{[v_0]} - t$

式中:A为经验系数,一般采用2~4;t"为海漫末端的可能冲刷深度,m;q'为海漫末端的单宽流量,$m^3/(s \cdot m)$;$[v_0]$为河床土质的容许不冲流速,m/s;t为海漫末端的水深,m。

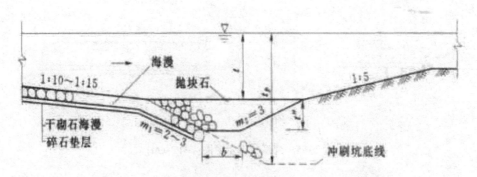

图2-96 防冲槽

2.防冲墙

防冲墙有齿墙、板桩、沉井等形式。齿墙的深度一般为1~2m,适用于冲坑深度较小的工程。如果冲深较大,河床为粉、细砂时,以采用板桩、井柱或沉井较为安全可靠,此时应尽量缩短海漫长度,以减小工程量。

（四）翼墙与护坡

上游翼墙除挡土外,最主要的作用是将上游来水平顺地导入闸室,其次是配合铺盖起防渗作用,因此,其平面布置要与上游进水条件和防渗设施相协调。顺水流流向的长度应满足水流条件的要求,上游端插入岸坡,墙顶要超出最高水位至少0.5~1.0m。当泄洪过闸落差很小、流速不大时,为减小翼墙工程量,墙顶也可淹没在水下。如铺盖前端设有板桩,还应将板桩顺翼墙底延伸到翼墙的上游端。

下游翼墙除挡土外,其主要作用是导引出闸水流沿翼墙均匀扩散,避免在墙前出现回流漩涡等不利流态。翼墙的平均扩散角每侧宜采用7°~12°,其顺水流流向的投影长度应大于或等于消力池长度,下游端插入岸坡。墙顶一般要高出下游最高泄洪水位。当泄洪落差小,且闸室总宽度与下游水面宽度相差不大时,也可低于泄洪水位。为降低作用于边墩和岸墙上的渗流压力,可在墙上设排水孔,或在墙后底部设排水暗沟,将渗水导向下游。

根据地基条件,翼墙可做成重力式、悬臂式、扶臂式或空箱式。在松软地基上,为减小边荷载对闸室底板的影响,在靠近边墩的一段,宜用空箱式。

常用的翼墙布置有以下几种形式:

（1）曲线式。翼墙从边墩开始,向上、下游用圆弧或1/4椭圆弧的铅直面与岸边连接,或从边墩开始,向上、下游延伸一定距离后,转弯90°,插入岸坡,墙面铅直(通称反翼墙),如图2-97(a)、(b)所示。这种布置的优点是:水流条件和防渗效果好,但工程量大。适用于上、下游水位差及单宽流量较大的大、中型水闸。

（2）扭曲面式。翼墙的迎水面,从边墩端部的铅直面向上、下游延伸渐变为与其相连的河岸(或渠道)坡度为止,成为扭曲面,如图2-97(c)所示。其优点是:进、出闸水流平顺,工程量较省,但施工复杂。这种布置在渠系工程中应用最广。

（3）斜降式。翼墙在平面上呈八字形,高度随其向上、下游延伸而逐渐降低,至末端与河底齐平,如图2-97(d)所示。这种布置的优点是:工程量省、施工简便,但水流在闸孔附近容易产生立轴漩滚、冲刷岸坡,而且岸墙后渗径较短,有时需要另设刺墙,只能用于小型水闸。

对边墩不挡土的水闸,也可不设翼墙,采用引桥与两岸连接,在岸坡与引桥桥墩间设固定的挡水墙,如图2-97(e)所示。在靠近闸室附近的上、下游采用钢筋混凝土、混凝土或浆砌块石护坡,再向上、下接块石护坡。这种布置的优点是:省去了岸墙和翼墙,减小了边荷载对闸孔的影响,适用于中、小型水闸。

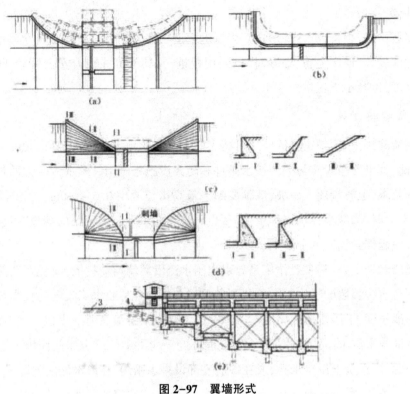

图 2-97 翼墙形式

1-空箱岸墙;2-空箱翼墙;3-回填土面;4-浆砌石墙;

5-启闭机操纵室;6-钢筋混凝土挡水墙

(五)土工合成材料在水闸工程中的应用

土工合成材料具有重量轻、强度大、施工简便、节省劳力和造价低等优点,因而在水利工程中得到了广泛的采用。它不仅能用于防渗、排水、反滤和防护,还可用于土体加筋和隔离。

葛洲坝水利枢纽二江泄水闸,为降低作用在底板上的扬压力和保护地基内的软弱夹层,在闸基内设排水井,贴井壁采用直径 60mm 聚丙烯硬质塑料花管,套以环形聚氯酯软泡沫塑料,再包以有纺斜纹土工织物的柔性组合滤层,运行十余年,工作正常,降压、防渗效果良好。

有些工程在海漫或护坦底面用土工织物代替砂石料反滤层,收到了良好效果。

江苏江都扬水站西闸,由于超载运行(过闸流量超过设计值的 2.65 倍),流速加大,致使河床遭受严重冲刷(上游冲深 6~7m,下游冲深 2~3m)。为制止冲刷继续扩展,曾考虑采用块石护砌方案,由于造价高和影响送水抗旱,后决定采用由聚丙烯编织布、聚氯乙烯绳网以及放置于其上面的混凝土块压重三种材料组成的软体沉排,沉放在预定需要防护的地段。从1980年整治后至今,沉排稳定,覆盖良好,上游落淤,下游不冲,有效地保护了河床。采用软体沉排不仅保证了施工期间扬水站不停止工作,而且工程费用较块石护砌方案节约了近 90%。

五、闸室的布置和构造

(一)底板

闸室底板有平底板、低堰底板和折线底板等形式,其中平底板用得较多。当上游水位较高,而过闸单宽流量又受到限制时,或因地基表层松软需要降低闸底建基高程,或在多泥沙河流上有拦沙要求时,可将闸槛抬高,做成低堰底板。在坚实或中等坚实的地基上,当闸室高度不大,但上、下游河(渠)底高差较大时,可采用折线底板,其后部可作为消力池的一部分。

对多孔水闸,为适应地基不均匀沉降和减小底板内的温度应力,需要沿水流方向用横缝(温度沉降缝)将闸室分成若干段,每个闸段可为单孔、两孔或三孔,见图2-98。对软弱地基上或地震区的水闸,宜将横缝设在闸墩中间,闸墩与底板连在一起,称为整体式底板。整体式底板闸孔两侧闸墩之间不会出现过大的不均匀沉降,对闸门启闭有利,且抗震性能好,用得较多。整体式底板常用实心结构;当地基承载力较差,如只有 $30\sim40$ kPa 左右时,则需考虑采用刚度大、重量轻的箱式底板。

在坚硬、紧密或中等坚硬、紧密的地基上,单孔底板上设双缝,将底板与闸墩分开的,称为分离式底板,见图2-98(b)。分离式底板闸室上部结构的重量将直接由闸墩或连同部分底板传给地基。底板厚度根据自身稳定的需要确定,可用混凝土或浆砌块石建造。当采用浆砌块石时,应在块石表面再浇一层厚约15cm 的 C15 混凝土或加筋混凝土,以使底板表面平整并具有良好的防冲性能。施工时,先建闸墩及浆砌块石底板,待沉降接近完成时,再浇表层混凝土。

如地基较好,相邻闸墩之间不致出现不均匀沉降的情况下,还可将横缝设在闸孔底板中间,见图2-98(c)。

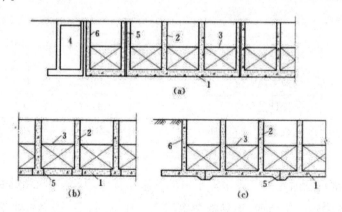

图 2-98　水平底板

1-底板;2-闸墩;3-闸门;4-空箱式岸墙;5-温度沉降缝;6-边墩

底板顺水流方向的长度,取决于上部结构布置并满足结构强度和抗滑稳定、渗透稳定的要求。底板长度可根据(满足渗透稳定的)经验拟定:对卵砾石、碎石土地基,可取(1.5~2.5)H(H为上、下游最大水位差);砂土和砂壤土地基,取(2.0~3.5)H;黏壤土地基,取(2.0~4.0)H;黏土地基,取(2.5~4.5)H。底板厚度必须满足强度和刚度的要求,大、中型水闸可取(1/6~1/8)ba(ba为闸孔净宽),一般为1.0~2.0m,最薄不小于0.7m,但小型水闸也有用到0.3m的。底板内布置钢筋较多,但最大含钢率不得超过0.3%。底板混凝土应满足强度、抗渗、抗冲等要求,常用C15或C20。

(二)闸墩

闸墩的作用主要是分隔闸门,同时也支承闸门、胸墙、工作桥及交通桥等上部结构。闸墩长度应满足上部结构布置的要求,该值一般等于底板长度,也可以小于底板长度。

闸墩分中墩和边墩两种。通常将闸室胸墙或闸门挡水线上游闸墩和岸墙的顶部高程称为闸顶高程。水闸闸顶高程应根据挡水和泄水两种运用情况确定。挡水时,闸顶高程不应低于水闸正常蓄水位(或最高挡水位)加波浪计算高度与相应安全超高值之和;泄水时,闸顶高程不应低于设计洪水位(或校核洪水位)与相应安全超高值之和。水闸安全超高下限值见表2-37。为了不致使上游来水(特别是洪水)漫过闸顶,危及闸室结构安全,上述挡水和泄水两种情况下的安全保证条件应该同时得到满足。上述规定中,泄水时之所以未考虑波浪高度是由于此时流速较大,水面不会形成较高的波浪,仅能出现很小的浪高值,这已包括在安全超高内。无论是正常蓄水位或最高挡水位条件下的关门挡水,由于风力作用,闸前均会出现波浪(立波或破碎波波形),因而,此时必须考虑波浪高度对闸顶高程的影响。中墩下游部分的顶部高程可以适当降低。

表2-37 水闸安全超高下限值

运用情况	水闸级别	1	2	3	4、5
挡水时	正常蓄水位	0.7	0.5	0.4	0.3
	最高挡水位	0.5	0.4	0.3	0.2
泄水时	设计洪水位	1.5	1.0	0.7	0.5
	校核洪水位	1.0	0.7	0.5	0.4

选择闸墩外部形状时主要考虑水流平顺的基本条件,以减小侧收缩的影响,提高闸孔过水能力,但也要考虑到施工简便、不易损坏等因素。闸墩头部一般做成半圆形;尾部宜做成流线型;如沉降缝设在闸墩中间形成缝墩时,则缝墩两端多为半圆形;小型水闸多为矩形或尖角形。闸墩材料多用混凝土及少筋混凝土。浆砌块石常用在小型水闸中。

闸墩厚度必须满足稳定和强度的要求,混凝土和少筋混凝土闸墩厚约 0.9~1.4m,浆砌石闸墩厚约 0.8~1.5m。闸墩在门槽处厚度不宜小于 0.4m。如采用油压启闭,闸墩门槽处厚度应根据油压管布置的需要加以确定,有时为了布置油缸,可以不增加墩厚而将闸墩两侧门槽前后错开布置[图 2-99(a)]。

平面闸门的门槽尺寸应根据闸门尺寸及支承方式而定。门槽深度一般为 0.2~0.3m,门槽宽度约为 0.5~1.0m。检修门槽深度约为 0.15~0.20m,宽度约为 0.15~0.30m。检修门槽与工作门槽之间净距不得小于 1.5m,以便检修[图 2-99(b)]。

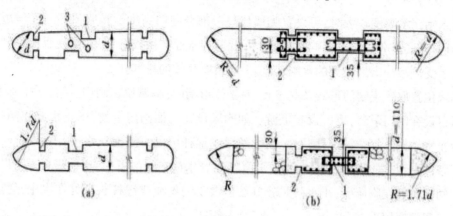

图 2-99　闸墩布置(单位:cm)

1-工作门槽;2-检修门槽;3-油缸

如水闸地基较好或采用桩基处理时,则除采用上述闸墩形式外,还可考虑采用框架式闸墩(图 2-100)。

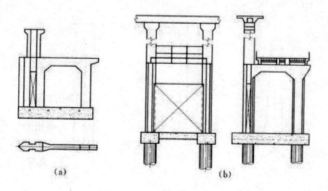

图 2-100　框架式闸墩

(三)闸门

闸门形式的选择,应根据运用要求、闸孔跨度、启闭机容量、工程造价等条件比较确定。

闸门在闸室中的位置与闸室稳定、闸墩和地基应力,以及上部结构的布置有关。平面闸门一般设在靠上游侧,有时为了充分利用水重,也可移向下游侧。弧形闸门为不使闸墩过长,需要靠上游侧布置。

露顶式闸门顶部应在可能出现的最高挡水位以上有 $0.3 \sim 0.5m$ 的超高。对胸墙式水闸,闸门高度根据构造要求稍高于孔口即可。

闸门不承受冰压力,为此,应采用压缩空气、开凿冰沟或漂浮芦柴捆等方法,将闸门与冰层隔开。

(四)胸墙

当水闸挡水高度较大时,可设置胸墙代替一部分闸门高度。胸墙顶部高程与边墩顶部高程相同,其底部高程应不影响闸孔过水。底部迎水面应做成圆弧形,以使水流平顺进入闸孔。对于受风浪冲击力较大的水闸,胸墙上应留有足够的排气孔。

胸墙位置取决于闸门形式及其位置,对于弧形闸门,胸墙设在闸门上游;对于平面闸门,胸墙可以设在闸门下游,也可设在上游。如胸墙设在平面闸门上游,则止水放在闸门前面,这种前止水结构较复杂,且易磨损。但钢丝绳或螺杆可以不浸泡在水中,不易锈蚀,这对闸门运行条件有利。如胸墙设在平面闸门下游,则止水放在闸门后面,这种后止水可以利用水压力把闸门压紧在胸墙上,止水效果较好。但由于钢丝绳或螺杆长期处在水中,易于锈蚀,因此在工程中使用不多。

胸墙一般用钢筋混凝土做成板式或梁板式的,见图 2-101。板式胸墙适用于跨度小于 6.0m 的水闸,墙板可做成上薄下厚的楔形板[图 2-101(a)]。跨度大于 6.0m 的水闸可采用梁板式,由墙板、顶梁和底梁组成[图 2-101(b)]。当胸墙高度大于 5.0m,且跨度较大时,可增设中梁及竖梁构成肋形结构[图 2-101(c)]。

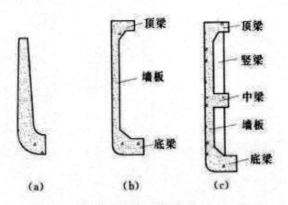

图 2-101　胸墙的形式

板式胸墙顶部厚度一般不小于 20cm。梁板式的板厚一般不小于 12cm;顶梁梁高约为胸墙跨度的 $1/12 \sim 1/15$,梁宽常取 $40 \sim 80cm$;底梁由于与闸门顶接触,要求有较大的刚度,梁高约为胸墙跨度的 $1/8 \sim 1/9$,梁宽为 $60 \sim 120cm$。

胸墙的支承形式分为简支式和固接式两种,见图2-102。简支胸墙与闸墩分开浇筑,缝间涂沥青,并设置油毛毡;也可将预制墙体插入闸墩预留槽内,做成活动胸墙。简支胸墙可避免在闸墩附近迎水面出现裂缝,但截面尺寸较大。固接式胸墙与闸墩同期浇筑,胸墙钢筋伸入闸墩内,形成刚性连接,截面尺寸较小,可以增强闸室的整体性,但受温度变化和闸墩变位影响,容易在胸墙支点附近的迎水面产生裂缝。整体式底板可用固接式,分离式底板多用简支式。

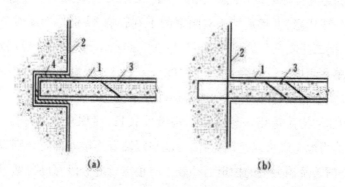

图2-102　胸墙的支承形式

(a)简支式;(b)固接式

1-胸墙;2-闸墩;3-钢筋;4-涂沥青

(五)交通桥及工作桥

当公路通过水闸时,须设公路桥。即使无公路通过,闸上也应建有供行人及拖拉机通行的交通桥。交通桥一般设在水闸下游一侧,可采用板式、梁板式或拱形结构。采用拱桥时要考虑荷载在拱脚产生的推力对闸墩和底板的影响。跨度小于3~6m的水闸常采用板式结构;跨度在6~20m的常采用T形梁结构,也可采用I字梁微弯板或空心板结构;跨度大于20m的则应采用预应力钢筋混凝土结构。交通桥多数采用单跨简支,其设计应符合交通部门制定的规范要求。

为了安装闸门启闭机和便于操作管理,需要在闸墩上设置工作桥。小型水闸的工作桥一般采用板式结构;大、中型水闸多采用装配式梁板结构。

工作桥高度视闸门和启闭设备的形式及闸门高度而定。一般应使闸门开启后,门底高于最高洪水位0.5m以上,以免阻碍过闸水流。采用固定式启闭机的平面闸门闸墩,由于闸门开启后悬挂的需要,桥高应为门高的两倍再加1.0~1.5m的富裕高度;若采用活动式启闭机,桥高则可适当降低。若采用升卧式平面闸门,由于闸门全开后接近平卧位置,因而工作桥可以做得较低。

工作桥除应满足启闭设备所需的宽度外,还应在桥的两侧各留0.6~1.2m以上的富裕宽度,以供工作人员操作及设置栏杆之用,桥面总宽度约为3~5m。

（六）分缝方式及止水设备

1.分缝方式

多孔水闸沿轴线每隔一定距离设置永久缝,以防止由于地基不均匀沉降、温度变化和混凝土干缩引起底板断裂和裂缝。建在岩基上的水闸缝距不宜大于20m;建在土基上的不宜大于35m,缝宽一般为2~3cm。

整体式底板的温度沉降缝设在闸墩中间,一孔、二孔或三孔成为一个独立单元。靠近岸边,为了减轻岸墙(或边墩)及墙后填土对闸室的不利影响,特别是当地质条件较差时,最好采用单孔,而后再接二孔或三孔的闸室,如图2-108(a)所示。若地基条件较好,也可将缝设在底板中间或在单孔底板上设双缝,见图2-108(c)、(b)。闸墩上不设缝,不仅可以减少工程量,而且还可以减小底板的跨中弯矩,但必须确保闸室能正常运行。

此外,凡是相邻结构荷重相差悬殊或结构尺寸较长,面积较大的地方,也要设缝分开,如:铺盖与底板、消力池与底板以及铺盖、消力池与翼墙等连接处都要分别设缝;翼墙较长时需要设缝;混凝土铺盖及消力池的护坦面积较大时也需设缝分段、分块,见图2-103。

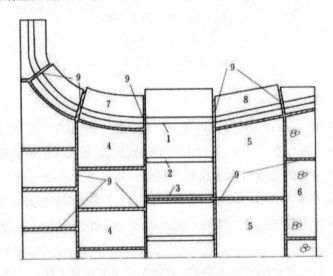

图2-103 分缝的平面位置示意图

1-边墩;2-中墩;3-缝墩;4-钢筋混凝土铺盖;5-消力池;
6-浆砌石海漫;7-上游翼墙;8-下游翼墙;9-温度沉降缝

2.止水设备

水闸设缝后,凡是具有防渗要求的缝都须设止水设备。止水分铅直止水及水平止水两种。前者设在闸墩中间,边墩与翼墙间以及上游翼墙本身;后者设在铺盖、消力池与底板和翼墙、底板与闸墩间以及混凝土铺盖及消力池本身的温度沉降缝内。

图2-104为水闸上常用的铅直止水构造图,其中,图2-104(a)和图2-104(c)的紫铜

片、橡皮或塑料止水片浇在混凝土内,这种止水形式施工简便、可靠,采用较广;图2-104(b)为沥青井型,井内设有加热管,供熔化沥青用,井的上、下游端设有角钢,以防沥青熔化后流失。这种止水形式能适应较大的不均匀沉降,但施工较为复杂;图2-104(d)为沥青或柏油油毛毡井,适用于边墩与翼墙间的铅直止水。

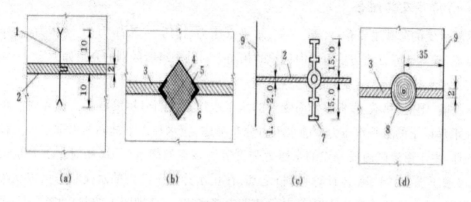

图2-104　铅直止水构造(单位:cm)

1-紫铜片;2-沥青油毛毡;3-沥青油毛毡及沥青杉板;4-沥青填料;5-加热设备;

6-角钢;7-橡皮或塑料止水;8-沥青油毛毡;9-迎水面

图2-105为常用的几种水平止水构造图。其中,图2-105(a)缝内设有紫铜片、橡皮或塑料止水,用得较多;图2-105(b)多用于闸孔底板中的温度沉降缝;图2-105(c)不设止水片或止水带,只铺沥青麻布封底止水,适用于地基沉降较小或防渗要求较低的情况。必须妥善处理好两个止水交叉处的连接,这样才能形成一个完整的止水体系。

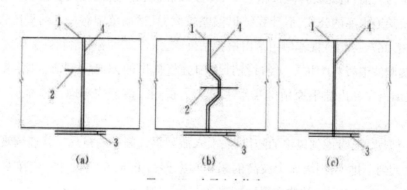

图2-105　水平止水构造

1-温度沉降缝;2-止水片或止水带;3-沥青麻布封底止水;4-沥青油毛毡

六、闸室的稳定分析和地基处理

闸室在施工、检修、运用期都应该是稳定的。水闸竣工时,地基所受的压力最大,沉降也较大。过大的沉降,特别是不均匀沉降,会使闸室倾斜,影响水闸的正常运行。当地基承受的荷载过大,超过其容许承载力时,将使地基整体发生破坏。水闸在运用期间,受水平推力的作用,有可能沿地基面或深层滑动。因此,必须分别验算水闸在刚建成、运行、检修以及施工期等不同工作情况下的稳定性。

(一)荷载及其组合

水闸承受的荷载主要有:自重、水重、水平水压力、扬压力、浪压力、泥沙压力、土压力及地震力等,基本计算方法与重力坝中讲授的相同。对其中有所区别的介绍如下:

1. 水平水压力

指胸墙、闸门、闸墩、底板等侧面受到的水平水压力。当有钢筋混凝土铺盖时(如图2-88),止水片以上的水平水压力按静水压力分布考虑,止水片以下缝内的水平水压力按下述方法计算:由于渗流区内任一点的水压力强度等于该点的静水压强(相对于下游水位的高差)与渗透压强(由闸基渗流计算得到)之和,在止水片以下缝内的水流状态可以认为是静止的,所以,缝内渗透压强处处相等,其数值即为缝底这一点(即图2-88中的第7点)的渗透压强,而缝内静水压强按一般方法进行计算。如图2-88所示,已知第7点渗透压强为31.9kPa,第8点渗透压强为30.5kPa,通过上述计算即可获得该图所示的闸室上游面各点水平水压强度及其分布情况。

闸室底板上下游浅齿墙的内侧斜面上也有水平水压力,两者方向相反且数值相差较小,可略而不计。

2. 浪压力

计算浪压力之前,首先要计算波浪要素,即波高和波长。过去我国多使用史蒂文生、安得烈雅诺夫及鹤地水库的公式,但计算结果偏差较大,且适用范围有一定的局限性。《水闸设计规范》(SL 267—2001)推荐使用莆田试验站公式,该公式系南京水利科学研究院以浅水港湾6年的实测波浪资料为依据,经过统计回归分析提出的,对深水水域和浅水水域均适用,对我国东南沿海和内陆平原地区浅水水域尤为适用。该公式考虑因素全面,计算精度较高。

对于大中型水闸,考虑到风浪的随机性,引入波列累计频率的概念。若连续观测100个波高,进行由大到小排列,则第5个波高的累积频率即为 $P_i = 5\%$。设计时应按水闸级别的不同,按表2-37确定应采用的波列累计频率。

表2-37 P值

水闸级别	1	2	3	4	5
P/%	1	2	5	10	20

计算波浪要素时,首先要按下两式计算平均波高 h 和平均波周期 T,即

$$\frac{gh_m}{v_0^2} = 0.13\tanh\left[0.7\left(\frac{gH_m}{v_0^2}\right)^{0.7}\right]\tanh\left\{\frac{0.0018\left(\frac{gD}{v_0^2}\right)^{0.45}}{0.13\tanh\left[0.7\left(\frac{gH_m}{v_0^2}\right)^{0.7}\right]}\right\}$$

$$\frac{gT_m}{v_0} = 13.9\left(\frac{gh_m}{v_0^2}\right)^{0.5}$$

式中:

h_m——平均波高,m;

v_0——计算风速,当浪压力参与荷载的基本组合时,可采用当地气象台站提供的重现期为 50 年的年最大风速;当浪压力参与荷载的特殊组合时,可采用当地气象台站提供的多年平均年最大风速,m/s;

D——风区长度,即吹程,m;

H_m——风区内的平均水深,m;

T_m——平均波周期,s。

然后,根据平均波高 h_m 由表 2-38 换算出相应的波列累积频率的波高 h,

最后,按下式计算相应的波长

$$L_m = \frac{gT_m^2}{2\pi}\tanh\frac{2\pi H}{L_m}$$

式中:

H——闸前水深,m;

L_m——平均波长,m。

需要注意的是,上式两边均有 L_m,需要用试算法求解。

表 2-38　h_m/H_m 值

$\dfrac{h_m}{H_m}$	P/%				
	1	2	5	10	20
0.0	2.42	2.23	1.95	1.71	1.43
0.1	2.26	2.09	1.87	1.65	1.41
0.1	2.09	1.96	1.76	1.59	1.37
0.3	1.93	1.82	1.66	1.52	1.34
0.4	1.78	1.68	1.56	1.44	1.30
0.5	1.63	1.56	1.46	1.37	1.25

波浪要素(波高、波长和周期)确定后,即可按重力坝章节中的有关公式计算浪压力。

3. 地震力

根据《水工建筑物抗震设计规范》(SDJ10-78 或 1995 年 10 月送审稿),地震力按拟静力法计算。沿水闸高度作用于质点 i 的水平地震惯性力 P,可按下式计算。

$$P_i = K_H C_z a_i W_i (kN)$$

式中:

K_n——水平地震系数,当设计烈度分别为 7、8、9 度时,其相应值分别为 0.1、0.2、0.4;

C_z——作用效应折减系数,取 1/4;

a_i——沿闸墩及闸顶机架高度的动力放大系数,见表 2-39;

W_i——集中在质点 i 的重量,kN。

表 2-39　水闸的动力放大系数 αi

荷载组合分为基本组合和特殊组合。基本组合由同时出现的基本荷载组成。特殊组合由同时出现的基本荷载再加一种或几种特殊荷载组成。基本组合包括:正常蓄水位情况,设计洪水位情况,冰冻情况和完建情况等。特殊组合包括:校核洪水位情况,地震情况,施工情况和检修情况等。

(二)闸室沉降

土基上建闸,往往容易产生较大的沉降和沉降差。而过大的沉降差,将引起闸室倾斜、裂缝、止水破坏,甚至使建筑物顶部高程不足,影响建筑物的正常运行。为此,除须采取措施以减小沉降外,还应在施工时根据预计沉降量 S 将原设计高程增加 S 值。根据建闸经验,天然土基上闸室最大沉降量不宜超过 15cm,相邻部位的最大沉降差不宜超过 5cm。

为了减小过大的沉降及沉降差,可以采取下列几种措施:①使用轻型结构,加大底板长度,以减小基底应力;②调整闸室布置,尽量使基底应力均匀分布,最大值与最小值之比不超过规定的允许值;③减小相邻建筑物之间的重量差,安排重量大的建筑物先行施工,使它提前沉降;④进行地基处理,以提高地基承载力。

(三)地基处理

水闸设计中应尽可能利用天然地基,如遇有淤泥质土、高压缩性黏土和松砂等软弱地基,即使选择轻型的水闸结构形式,也很难满足地基沉降量及稳定要求,此时需要进行地基处理。常用的地基处理方法有以下几种。

1. 换土垫层

换土垫层是工程上广为采用的一种地基处理方法,适用于软弱黏性土,包括淤泥质土。当软土层位于基面附近,且厚度较薄时,可全部挖除;如软土层较厚不宜全部挖除,可采用换土垫层法处理,将基础下的表层软土挖除,换以紧密的垫层材料,并分层夯实或振密,使水闸建在新换的地基上,见图 2-106。

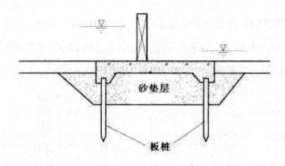

图 2-106 换土垫层布置

换土垫层的主要作用是使闸室传至垫层底部的应力,通过垫层的扩散作用而减小,从而提高地基的稳定性,并有效地减小地基沉降量。此外,铺设在软黏土上的砂层,具有良好的排水作用,有利于软土地基加速固结。

垫层厚度应由垫层底面的平均压力不大于地基容许承载力的原则确定,一般垫层厚度为 1.5~3.0m。垫层的宽度,通常选用建筑物基底压力扩散至垫层底面的宽度再加 2~3m。换土垫层材料以采用黏粒含量为 10%~20%的壤土最为适宜;含砾黏土也是较好的垫层材料;级配良好的中砂和粗砂,易于振动密实,用作垫层材料,也是适宜的;至于粉砂、细砂和轻砂壤土,因其容易"液化",不宜作为垫层材料。近年来,有些水闸工程采用土工合成材料加筋垫层,效果较好,可以推广使用。

2. 桩基础

当闸室结构重量较大,软土层较厚而地基承载力又不够时,可考虑采用桩基础。桩基础有支承桩和摩擦桩两种形式,见图2-107。支承桩穿过软土层支承在坚硬岩石或密实土层上,桩上荷载全部由岩石或密实土层承担。摩擦桩则主要依靠桩周的摩阻力承担上部荷载。在水闸工程中,一般采用摩擦桩,用以保证闸室防渗安全。如果采用支承桩,当桩尖以上的地基土压缩时,底板与地基土的接触面上有可能"脱空",从而引起地下渗流的接触冲刷而危及闸室安全。

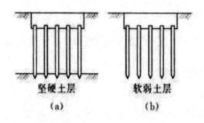

图2-107 桩基

(a)支承桩;(b)摩擦桩

3. 沉井基础

沉井基础与桩基础同属深基础,也是工程上广为采用的一种地基处理方法。沉井可作为闸墩或岸墙的基础,用以解决地基承载力不足和沉降或沉降差过大;也可与防冲加固结合考虑,在闸室下或消力池末端设置较浅的沉井,以减少其后防冲设施的工程量,如图2-108所示。

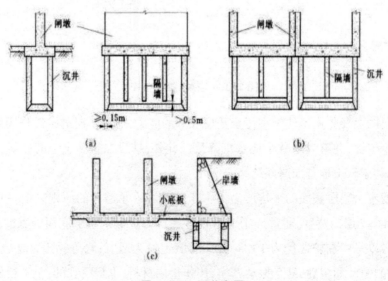

图2-108 沉井布置

过去,沉井都用钢筋混凝土。近来,也有采用少筋混凝土或浆砌石建造的。在平面上多呈矩形,长边不宜大于30m,长宽比不宜大于3,以便于均匀下沉。沉井分节浇筑高度,应根据地基条件、控制下沉速度及沉井的强度要求等因素确定。沉井深度取决于地基下卧坚实土层的埋置深度和相邻闸孔或岸墙的沉降计算;如兼作防冲设施还需考虑闸下可能的冲坑深度。为了保证沉井顺利下沉到设计标高,需要验算自重是否满足下沉要求,其下沉系数(沉井自重与井壁摩阻力之比)可采用1.15~1.25。沉井是否需要封底,取决于沉井下卧土层的容许承载力。若容许承载力能满足要求,应尽量采用不封底沉井,因为沉井开挖较深,地下水影响较大,施工比较困难。不封底沉井内的回填土,应选用与井底土层渗透系数相近的土料,并且必须分层夯实,以防止渗透变形和过大的沉降,使闸底与回填土脱开。

当地基内存在承压水层且影响地基抗渗稳定性时,不宜采用沉井基础。

4. 振冲砂石桩

这是近期发展起来的一种较好的地基处理方法。它是利用一个直径为0.3~0.8m,长约2m,下端设有喷水口的振冲器,先在土基内造孔,下管,然后向上移动,边振动,边沿管向下填注砂石料形成砂石桩。桩径一般为0.6~0.8m,间距1.5~2.5m,呈梅花形或正方形布置。桩的深度根据设计要求和施工条件确定,一般为8~10m。振冲桩的砂石料宜有良好的级配,碎石最大粒径不宜大于5cm。振冲砂石桩对沙土或沙壤土地基尤为适用。

5. 强夯法

它是由重锤夯实法发展起来的。用100~250kN重锤从10~20m高处自由落下,撞击土层,2次/min或3次/min。该法适用于松软的、透水性好的碎石土或砂土地基。在透水性差的黏性土地基上,如设置砂井,也可收到较好的效果。

常用的地基处理方法除上述的以外,还有预压加固、爆炸法、高速旋喷法及深层搅拌法等,这些方法经论证后也可采用。

七、闸室结构计算

闸室为一空间结构,它不仅要承受自重和各种外荷载,还要考虑闸室两侧的边荷载对闸室结构的影响,受力情况比较复杂,可用有限元法对两道沉降缝之间的一段闸室进行整体分析。但为简化计算,一般都将其分解为胸墙、闸墩、底板、工作桥及交通桥等若干部件分别进行结构计算,同时又考虑它们之间的相互作用。下面分别介绍底板、闸墩和胸墙的结构计算。

(一)底板的结构计算

底板支承在地基上,因其平面尺寸远大于厚度,可视为地基上的一块板结构。按照不同的地基情况可以采用不同的计算方法:对相对紧密度$D_r>0.5$的非黏性土地基或黏性土地基,可采用弹性地基梁法。对于相对紧密度 $D_r \leqslant 0.5$ 的非黏性土地基,因地基松软,底板刚度相对较大,变形容易得到调整,可以采用地基反力沿水流流向呈直线分布、垂直水流流向为均匀分布的反力直线分布法。对小型水闸,则常采用倒置梁法。

1. 弹性地基梁法

弹性地基梁法在大中型水闸设计中应用甚广。该法认为梁和地基都是弹性体,共同受力与变形。梁在外荷作用下发生弯曲变形,地基受压而沉降,根据变形协调条件和静力平衡条件,确定地基反力和梁的内力,同时还计及底板范围以外的荷载对梁的影响。

底板连同闸墩在顺水流方向的刚度很大,可以忽略底板沿该方向的弯曲变形,假定地基反力呈直线变化(即梯形分布),在垂直水流方向按曲线型即弹性分布。在垂直水流流向截取单宽板条及墩条作为脱离体(地基梁),按弹性地基梁计算地基反力和底板内力。

其计算步骤如下:

(1)用偏心受压公式计算闸底纵向(顺水流流向)的地基反力。

(2)计算板条及墩条上的不平衡剪力。以闸门为界,将底板分为上、下两段,分别在两段的中央截取单宽板条及墩条进行分析,如图 2-109(a)所示。作用在板条及墩条上的力有:底板自重(q_1)、水重(q_2)、中墩重(G_1/b_i)及缝墩重(G_2/b_i),中墩及缝墩重中包括其上部结构及设备自重在内,在底板的底面有扬压力(q_3)及地基反力(q_n),见图 2-109(b)。

由于底板上的荷载在顺水流流向是有突变的,而地基反力是连续变化的,所以,作用在单宽板条及墩条上的力是不平衡的,即在板条及墩条的两侧必然作用有剪力 Q_1 及 Q_2,并由 Q_1 及 Q_2 的差值来维持板条及墩条上力的平衡,差值 $\triangle Q = Q_1 - Q_2$,称为不平衡剪力。以下游段为例,根据板条及墩条上力的平衡条件,取 $\sum F_y = 0$,则

$$\frac{G_1}{b_2} + 2\frac{G_2}{b_2} + \Delta Q + (q_1 + q_2' - q_3 - q_4)L = 0$$

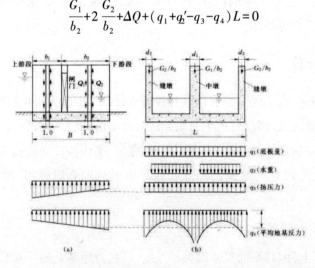

图 2-109 作用在单宽板条及墩条上的荷载及地基反力示意图

(3)确定不平衡剪力在闸墩和底板上的分配。不平衡剪力△Q 应由闸墩及底板共同承担,各自承担的数值,可根据剪应力分布图(图 2-110)面积按比例确定,也可直接应用积分法求得。假定闸室在顺水流方向为一受弯构件,闸墩和底板形成组合梁,按受弯构件的公式来确定截面上的剪应力 τ_y,即:

$$\tau_y = \frac{\Delta Q}{bJ}S \quad (\text{kPa}) \quad \text{或} \quad b\tau_y = \frac{\Delta Q}{J}S$$

式中:

ΔQ——不平衡剪力,kN;

J——截面惯性矩,m^2;

S——计算截面以下的面积对全截面形心轴的面积矩,m^3;

b——截面在 y 处的宽度,底板部分 b=L,闸墩部分 $b=d_1+2d_2$,m。

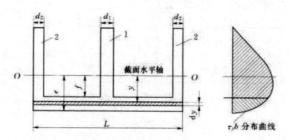

图 2-110 不平衡剪力△Q 分配计算简图

1-中墩;2-缝墩

显然,底板截面上的不平衡剪力△Q 板应为

$$\Delta Q_{板} = \int_f^e \tau_y L\mathrm{d}y = \int_f^e \frac{\Delta QS}{JL}L\mathrm{d}y = \frac{\Delta Q}{J}\int_f^e S\mathrm{d}y$$

$$= \frac{\Delta Q}{J}\int_f^e (e-y)L\left(y+\frac{e-y}{2}\right)\mathrm{d}y$$

$$= \frac{\Delta QL}{2J}\left[\frac{2}{3}e^3 - e^2f + \frac{1}{3}f^3\right]$$

$$\Delta Q_{墩} = \Delta Q - \Delta Q_{板}$$

一般情况,不平衡剪力的分配比例是:底板约占 10%~15%,闸墩约占 85%~90%。

(4)计算地基梁上的荷载。

1)将分配给闸墩上的不平衡剪力与闸墩及其上部结构的重量作为梁的集中力

中墩集中力 $\quad P_1 = \dfrac{G_1}{b_2} + \Delta Q_{墩}\left(\dfrac{d_1}{d_1+2d_2}\right)$

缝墩集中力 $\quad P_2 = \dfrac{G_2}{b_2} + \Delta Q_{墩}\left(\dfrac{d_2}{d_1+2d_2}\right)$

2)将分配给底板的不平衡剪力化为均布荷载,并与水重及扬压力等合并,作为梁的均布荷载,即

$$q=q_1+q_2'-q_3+\frac{\Delta Q_板}{L}$$

《水闸设计规范》(SL 265—2001)指出:当采用弹性地基梁法时,可不计闸室底板自重,即取 $q_1=0$;但当作用在基底面上的均布荷载为负值时,则仍应计及底板自重的影响,计及的百分数则以使作用在基底面上的均布荷载值 q 等于零为限度确定。

(5)考虑边荷载的影响。边荷载是指计算闸段底板两侧的闸室或边墩背后回填土及岸墙等作用于计算闸段上的荷载。如图 2-111 所示,计算闸段左侧的边荷载为其相邻闸孔的闸基压应力,计算时将其简化为均匀分布,以便直接利用现成表格。右侧的边荷载为回填土的重力(梯形分布)以及侧向土压力所产生的弯矩。

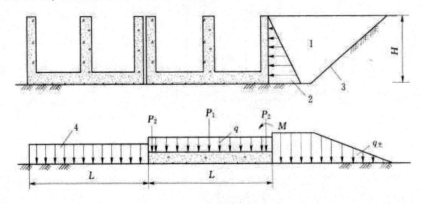

图 2-111 边荷载示意图

1-回填土;2-侧向土压力;3-开挖线;4-相邻闸孔的闸基压应力

边荷载对底板内力的影响,与地基土质、边荷载大小及作用位置、地基可压缩土层厚度和施工程序等有关。一般可按下述原则考虑:由于边荷载使底板内力增加时,必须考虑100%的影响。如果由于边荷载作用使底板内力减小,在砂性土地基中只考虑50%的影响;在黏性土地基中则不计其影响。

计算采用的边荷载作用范围可根据基坑开挖及墙后土料回填的实际情况确定,通常可采用弹性地基梁长度的 1 倍或可压缩土层厚度的 1.2 倍。

(6)计算地基反力及梁的内力。用弹性地基梁法分析闸室底板应力时,首先要根据可压缩土层厚度 T 与弹性地基梁半长 L/2 的比值来判别所需采用的计算方法。当比值 2T/L⟨0.25 时,可按基床系数法(文克尔假定)计算;当 2T/L⟩2.0 时,可按半无限深的弹性地基梁法计算;当 2T/L=0.25~2.0 时,可按有限深的弹性地基梁法计算。然后利用相应的已编制好的数表计算地基反力和梁的内力,最后验算强度并进行配筋。

这里简要介绍半无限深弹性地基梁的计算方法。工程设计中,为了简化计算工作,通常借助于郭尔布诺夫——波萨多夫表(简称郭氏表)以及华东水利学院编制的集中边荷载的计算用表,计算弹性地基反力以及梁的内力。

使用郭氏表计算梁的内力的步骤如下:

1)计算梁的柔性指数:柔性指数是反映梁与地基之间相对刚度的一种指标,可近似地用下式推算

$$t = 10 \frac{E_0}{E_h} \left(\frac{l}{h} \right)^3$$

式中:

E_0——地基土的变形模量,可参照表 2-40 选用,kN/m^2;

E_a——混凝土的弹性模量,按表 2-41 选用,kN/m^2;

l——地基梁的一半长度,m;

h——梁的高度,这里指底板厚度,m。

表 2-40 土的变形模量 E_0

土的种类	E_0	
砾石与卵石	65000~54000	
碎石	65000~29000	
砂砾	42000~14000	
粗砂及砾砂	密实的	中实的
	48000	36000
中砂	42000	31000
干的细砂	36000	25000
湿的和饱和的细砂	31000	19000
干的粉砂	21000	17500
湿的粉砂	17500	14000
饱和的粉砂	14000	9000
干的砂壤土	16000	12500
湿的砂壤土	12500	9000
饱和砂壤土	9000	5000
黏土	坚硬状态	塑性状态
	59000~16000	16000~4000
砂质黏土	39000~16000	16000~4000

注:当液性指数 $I_L \leq 0$ 时的黏性土属坚硬状态,$0 < I < 1$ 时属塑性状态,$I_L > 1$ 时属流动状态。

表 2-41 　混凝土的弹性模量 E_h

混凝土标号	C10	C15	C20	C25	C30
弹性模量	1.75×10^7	2.20×10^7	2.55×10^7	2.80×10^7	3.00×10^7

由上式可知, E_0/E_h 比值愈小,表示梁愈刚硬;而梁愈长(即 l 愈大)愈薄(即 h 愈小),表示梁愈柔软。根据不同的 t 值,可查用相应的表格。当算出的 t 值有小数值时(如 2.4),可查用相近 t 值(如 t=2)的表。

当 t<1 时,可将梁视作绝对刚性的梁;当 $1 \leqslant t \leqslant 50$(均布荷载)或 $1 \leqslant t \leqslant 10$(集中荷载)时,视为短梁;当 t>50(均布荷载)或 t>10(集中荷载)时,视为长梁。软土地基上的水闸底板一般为短梁。

2. 倒置梁法

倒置梁法是将垂直水流方向截取的单位宽度板条,视为倒置于闸墩上的连续梁,即把闸墩当作底板的支座[图 2-112(b)]。作用在梁上的荷载有底板自重 q_1、水重 q_2、扬压力 q_3 及地基反力 q_4 同样,假定顺水流流向地基反力呈直线变化(梯形分布),垂直水流流向均匀变化(矩形分布)。因此,倒置梁上的均布荷载 $q=q_3+q_4-q_1-q_2$。最后,按连续梁计算底板内力并配筋。

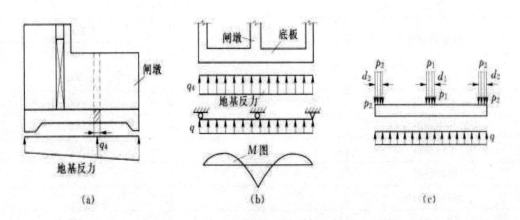

图 2-112 　(a)和(b)倒置梁法及(c)反力直线分布法计算简图

倒置梁法计算简便,但是:①没有考虑底板与地基间的变形相容条件;②假设底板在横向的地基反力为均匀分布与实际情况不符;③闸墩处的支座反力与实际的铅直荷载也不相等。因而,倒置梁法计算误差较大,仅在小型水闸中使用。

3. 反力直线分布法(荷载组合法、截面法)

反力直线分布法仍假定地基反力在顺水流方向按梯形分布,垂直水流方向按矩形分布。

在垂直水流方向截取单位宽度的板条作为脱离体,但不把闸墩当作底板的支座,而认为闸墩是作用在底板上的荷载,按截面法进行内力计算。

其计算步骤是:

(1)用偏心受压公式计算闸底纵向地基反力。

(2)确定单宽板条及墩条上的不平衡剪力。

(3)将不平衡剪力在闸墩和底板上进行分配,通常闸墩分配到的不平衡剪力约占90%,底板的约为10%。

(4)计算作用在底板梁上的荷载:将计算确定的中墩集中力 P_1 和缝墩集中力 P_2 化为局部均布荷载[图 2-112(c)],其强度分别为 $p_1 = P_1/d_1$、$p_2 = P_2/d_2$,同时将底板承担的不平衡剪力化为均布荷载,则作用在底板底面的均布荷载 q 为

$$q = q_3 + q_4 - q_1 - q_2' - \frac{\Delta Q_{板}}{L}$$

(5)按静定结构计算底板内力。反力直线分布法计算很简单,可在大中型水闸设计中使用,在小型水闸设计中,能替代倒置梁法,且保持较好的精度。

(二)闸墩的结构计算

闸墩主要承受结构自重(包括上部结构与设备重)和水压力等荷载,在地震区,还需计入地震力。

闸墩结构计算的内容主要包括闸墩应力计算及平面闸门门槽(或弧形闸门支座)的应力计算。

1. 平面闸门闸墩

(1)闸墩应力计算

闸墩应力包括纵向(顺水流方向)应力和横向(垂直水流方向)应力。各个高程处的闸墩应力都不相同,最危险的断面是闸墩与底板的接合面,因此,应以此接合面作为计算截面,并把闸墩视为固接于底板的悬臂梁,近似地用偏心受压公式计算应力。

在水闸运行期,当闸门关闭时,纵向计算的最不利条件是闸墩承受最大的上下游水位差所产生的水压力(设计水位或校核水位)、闸墩自重及其上部结构自重等荷载(图 2-113)。在此情况下,可用下式验算闸墩底部上下游处的铅直正应力 σ

$$\sigma_{下}^{上} = \frac{\sum G}{A} \mp \frac{\sum M_x}{I_x} \times \frac{L}{2} (kPa)$$

式中:

$\sum G$——铅直方向作用力的总和,kN;

A——闸墩底截面面积,m^2;

ΣM——全部荷载对墩底截面形心轴 x—x 的力矩总和,kN·m;

Ix——闸墩底截面对 x—x 轴的惯性矩,m4,I_x 值可近似地取为 Ix = d(0.98L)3/12;d 为

闸墩厚度,m;

L——闸墩长度,m。

在水闸检修期,当一孔检修,而相邻闸孔运行(闸门关闭或开启)时,闸墩承受侧向水压力、闸墩自重及其上部结构自重等荷载(图 2-113),这是横向计算最不利的情况。此时,闸墩底部两侧铅直正应力 σ,可按下式计算,即

$$\sigma' = \frac{\sum G}{A} \pm \frac{\sum M_y}{L_y} \times \frac{d}{2}(kPa)$$

式中:

$\sum M_y$——全部荷载对闸墩底截面形心轴 y—y 的力矩总和,kN·m;

I——闸墩底截面对 y—y 轴的惯性矩,m。

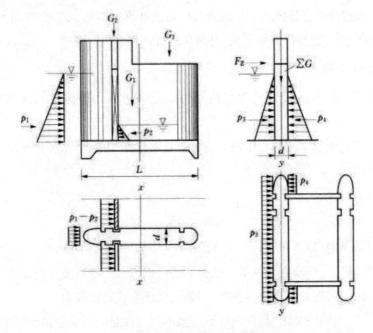

图 2-113 闸墩结构计算简图

p_1、p_2—上下游水平水压力;p_3、p_a—闸墩两侧水平水压力;F_z—交通桥上车辆刹车制动力;

G_1—闸墩自重;G_2—工作桥重及闸门重;G_3—交通桥重

(2)门槽应力计算

门槽承受闸门传来的水压力后将产生拉应力,故需对门槽颈部进行应力分析。如图 2-114 所示,取 1m 高闸墩作为计算单元。由左、右侧闸门传来的水压力为 P,在单元上、下水平截面上将产生剪力 $Q_上$ 和 $Q_下$,剪力差 $Q_下$—$Q_上$ 应等于 P。假设剪力 $Q_上$ 和 Q 下呈均匀分

布,并取门槽前的闸墩作为脱离体,由力的平衡条件可求得此 1m 高门槽颈部(亦即门上游墩体)所受的拉力 P_1 为

$$P_1 = (Q_{下} - Q_{上})\frac{A_1}{A} = P\frac{A_1}{A}(\text{kN})$$

式中:

    A_1——门槽颈部以前闸墩的水平截面积,m^2;

    A——闸墩的水平总截面积,m^2。

从上式可以看出,门槽颈部所受拉力 P_1 与门槽的位置有关,门槽愈靠下游,P_1 愈大。1m 高闸墩在门槽颈部所产生的拉应力 σ 为

$$\sigma = \frac{P_1}{b}(\text{kPa})$$

式中:

    b——门槽颈部厚度,m。

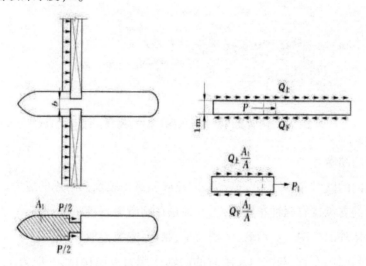

图 2-114 门槽应力计算简图

当拉应力小于混凝土的容许拉应力时,可按构造配筋;否则,应按实际受力情况配筋。由于水压力是沿高度变化的,故应沿高度分段计算钢筋用量。

由于门槽承受的荷载是由滚轮或滑块传来的集中力,因而还应验算混凝土的局部承压强度或配以一定数量的构造钢筋。

对于实体闸墩,除闸墩底部及门槽外,一般不会超过闸墩材料的容许应力,只需配置构造钢筋,图 2-115 是闸墩及门槽的配筋图。

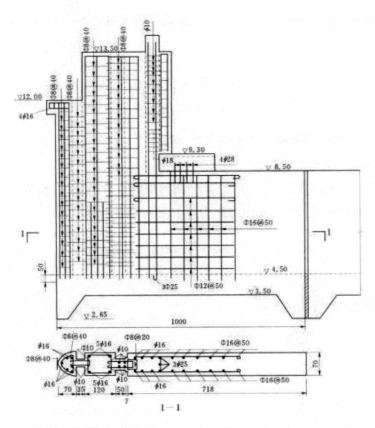

图 2-115 闸墩及门槽的配筋图(单位:高程,m;尺寸,cm)

2. 弧形闸门闸墩

对弧形闸门的闸墩,除计算底部应力外,还应验算牛腿及其附近的应力。

弧形闸门的支承铰有两种布置形式:一种是在闸墩上直接布置铰座;一种是将铰座布置在伸出于闸墩体外的牛腿上。后者,结构简单,制造、安装方便,应用较多。

牛腿轴线呈斜向布置,与闸门关闭时的门轴作用力方向接近,一般为 $1:2.5\sim1:3.5$,宽度 b 不小于 $50\sim70cm$,高度 h 不小于 $80\sim100cm$,端部做成 $1:1$ 的斜坡,见图 2-116。牛腿承受弯矩、剪力和扭矩作用,可按短悬臂梁计算内力并据以配置钢筋和验算牛腿与闸墩的接触面积。

作用在弧形闸门上的水压力通过牛腿传递给闸墩,远离牛腿部位的闸墩应力仍可用前述方法进行计算,但牛腿附近的应力集中现象则需采用弹性理论进行分析。三向偏光弹性试验结果表明:仅在牛腿前约 2 倍牛腿宽,$1.5\sim2.5$ 倍牛腿高范围内(图 2-116 中虚线所示)的主拉应力大于混凝土的容许应力,需要配置受力钢筋,其余部位的拉应力较小,可按构造配筋。上述成果,只能作为中、小型弧形门闸墩牛腿附近的配筋依据,对于大型闸墩的配筋需要进行深入研究。

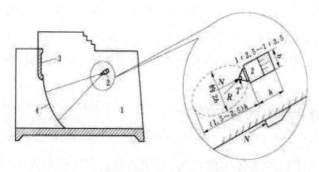

图 2-116　弧形门牛腿布置及其附近的应力集中区

1-闸墩；2-牛腿；3-胸墙；4-弧形门

(三)胸墙的结构计算

胸墙承受的荷载,主要为静水压力和浪压力。计算简图应根据其结构形式和边界支承情况而定。

1. 板式胸墙

分段选取 1m 高的板条,板条上承受均布荷载 q(板条中心的静水压力及浪压力强度),按简支或固端梁计算内力,并沿高度分段进行配筋计算。

2. 梁板式胸墙

梁板式胸墙一般为双梁式结构,板的上、下端支承在梁上,两侧支承在闸墩上。当板的长边与短边之比小于或等于 2 时,为双向板,可按承受三角形荷载的四边支承板计算内力。当板的长边与短边之比大于 2 时,为单向板,可以沿长边方向截取宽为 1m 的板条,进行内力计算与配筋。

顶梁与底梁可视为简支或固接在闸墩上的梁,其内力计算可参阅有关结构力学教程。

胸墙经常处于水下,必须严格限制裂缝开展的宽度。

八、水闸与两岸的连接建筑物

(一)连接建筑物的作用

水闸与两岸或土坝等建筑物相接,必须设置连接建筑,包括上、下游翼墙和边墩(或边墩和岸墙),有时还设有防渗刺墙,其作用是:

(1)挡住两侧填土,保证土坝及两岸的稳定。

(2)当水闸泄水或引水时,上游翼墙主要用于引导水流平顺进闸,下游翼墙使出闸水流均匀扩散,减少冲刷。

(3)保护两岸或土坝边坡不受过闸水流的冲刷。

(4)控制闸室侧向绕流,防止与其相连的岸坡或土坝产生渗透变形。

(5)在软弱地基上设有独立岸墙时,可以减少地基沉降对闸身应力的影响。

在水闸工程中,两岸连接建筑在整个工程中所占比重较大,有的可达工程总造价的15%~40%,闸孔愈少,所占比重愈大。因此,在水闸设计中,对连接建筑的形式选择和布置,应予以足够的重视。

(二)连接建筑物的形式和布置

1.边墩和岸墙

建在较为坚实地基上、高度不大的水闸,可用边墩直接与两岸或土坝连接。此时,边墩即是挡土墙,承受迎水面的水压力、背水面的土压力和渗透压力,以及自重、扬压力等荷载。边墩与闸底板的连接,可以是整体式或分离式的,视地基条件而定。边墩可做成重力式、悬臂式或扶壁式、空箱式等,见图2-117(a)、(b)、(c)、(d)。重力式墙可用浆砌石或混凝土建造。这种形式的优点是:结构简单、施工方便;缺点是耗用材料较多。重力式墙适用于墙高不超过6m的水闸。悬臂式墙一般为钢筋混凝土结构,适用高度为6~10m。扶壁式墙通常采用钢筋混凝土建造,适用于墙高在10m以上的水闸。

在闸身较高且地基软弱的条件下,如仍用边墩直接挡土,则由于边墩与闸身地基所受的荷载相差悬殊,可能产生较大的不均匀沉降,影响闸门启闭,在底板内引起较大的应力,甚至产生裂缝。此时,可在边墩背面设置岸墙。边墩与岸墙之间用缝分开,边墩只起支承闸门及上部结构的作用,而土压力则全部由岸墙承担。岸墙可做成悬臂式、扶壁式、空箱式或连拱式,见图2-117(e)、(f)、(g)、(h)。这种连接形式可使作用在地基上的荷载从闸室向两岸过渡,从而减小边墩和底板的应力及不均匀沉降。

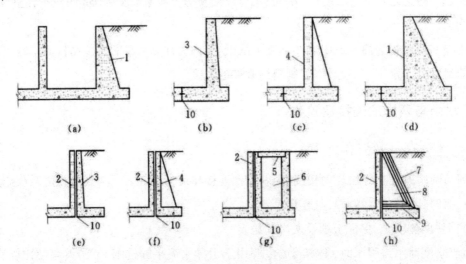

图2-117 水闸闸室与河岸或土坝的连接形式

1-重力式边墩;2-边墩;3-悬臂式边墩或岸墙;4-扶臂式边墩或岸墙;5-顶板;

6-空箱式岸墙;7-连拱板;8-连拱式空箱支墩;9-连拱底板;10-沉降缝

如地基承载力过低,还可采用保持河岸的原有坡度或将土坝修整成稳定边坡,用钢筋混凝土挡水墙连接边墩与河岸或土坝,边墩不挡土的形式。

2. 翼墙

上游翼墙除挡土外,最主要的作用是将上游来水平顺地导入闸室,其次是配合铺盖起防渗作用,因此,其平面布置要与上游进水条件和防渗设施相协调。顺水流流向的长度应满足水流条件的要求,上端插入岸坡,墙顶要超出最高水位至少 $0.5 \sim 1.0$ m。当泄洪过闸落差很小,流速不大时,为减小翼墙工程量,墙顶也可淹没在水下。如铺盖前端设有板桩,还应将板桩顺翼墙底延伸到翼墙的上端。

下游翼墙除挡土外,其主要作用是导引出闸水流沿翼墙均匀扩散,避免在墙前出现回流漩涡等不利流态。翼墙的平均扩散角每侧宜采用 $7° \sim 12°$,其顺水流流向的投影长应大于或等于消力池长度,下端部插入岸坡。墙顶一般要高出下游最高泄洪水位。当泄洪落差小,且闸室总宽度与下游水面宽度相差不大时,也可低于泄洪水位。为降低作用于边墩和岸墙上的渗透压力,可在墙上设排水孔,或在墙后底部设排水暗沟,将渗水导向下游。

根据地基条件,翼墙可做成重力式、悬臂式、扶臂式或空箱式等形式。在松软地基上,为减小边荷载对闸室底板的影响,在靠近边墩的一段,宜用空箱式。

常用的翼墙布置有以下几种形式:

(1)曲线式。翼墙从边墩开始,向上、下游用圆弧或 1/4 椭圆弧的铅直面与岸边连接,或从边墩开始,向上、下游延伸一定距离后,转弯 90°,插入岸坡,墙面铅直(又称弧线反翼墙),见图 2-118(a)。图 2-118(b)为折线反翼墙。这种布置的优点是:水流条件和防渗效果好,但工程量大。适用于上下游水位差及单宽流量较大的大、中型水闸。

(2)扭曲面式。翼墙的迎水面,从边墩端部的铅直面,向上、下游延伸渐变为与其相连的河岸(或渠道)坡度为止,成为扭曲面,见图 2-118(c)。其优点是:进、出闸水流平顺,工程量较省,但施工复杂。这种布置在渠系工程中应用最广。

(3)斜降式。翼墙在平面上呈八字形,高度随其向上、下游延伸而逐渐降低,至末端与河底齐平,见图 2-118(d)。这种布置的优点是:工程量省,施工简便,但水流在闸孔附近容易产生立轴旋涡、冲刷岸坡,而且岸墙后渗径较短,有时需要另设刺墙,只能用于小型水闸。

(4)斜坡式。对边墩不挡土的水闸,也可不设翼墙,采用引桥与两岸连接,在岸坡与引桥桥墩间设固定的挡水墙,见图 2-118(e)。在靠近闸室附近的上、下游采用钢筋混凝土、混凝土或浆砌块石护坡,再向上、下接以块石护坡。这种布置的优点是:省去了岸墙和翼墙,减小边荷载对闸孔的影响,适用于中、小型水闸。

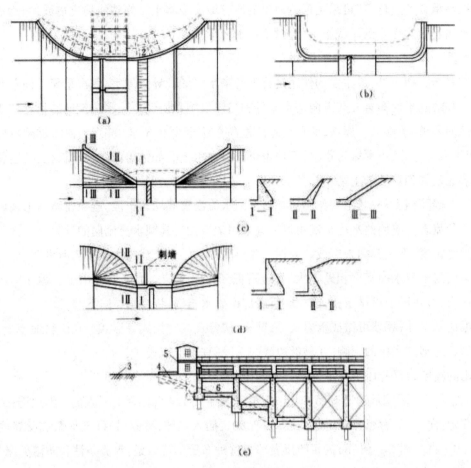

图 2-118　翼墙形式

1-空箱岸墙;2-空箱翼墙;3-回填土面;4-浆砌石墙;5-启闭机操纵室;6-钢筋混凝土挡土墙

3. 刺墙

当侧向防渗长度难以满足要求时,可在边墩后设置插入岸坡的防渗刺墙。有时为防止在填土与边墩、翼墙接触面间产生集中渗流,也可做一些短的刺墙。

刺墙应嵌入岸坡一定深度,伸入的长度可通过绕渗计算确定。墙顶应高出由绕流计算求得的浸润面。刺墙一般用混凝土或浆砌石筑成,其厚度应满足强度要求。刺墙对防渗虽有一定的作用,但造价较高,是否采用,应与其他方案进行比较后确定。

(四)侧向绕渗及防渗、排水设施

1. 侧向绕渗计算

水闸与两岸或土坝连接部分的渗流称为绕渗,见图 2-119。绕渗不利于翼墙、边墩或岸墙的结构强度和稳定,有可能使填土发生危害性的渗透变形,增加渗漏损失。

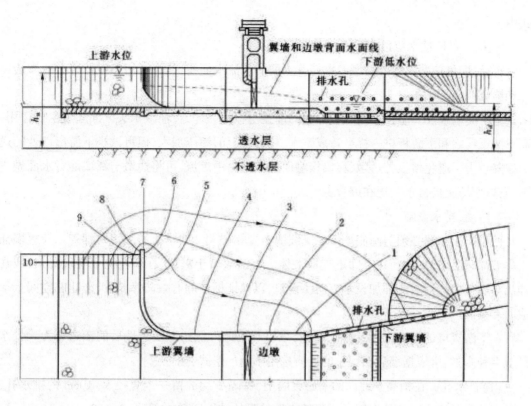

图 2-119 绕过连接建筑的渗流

绕渗是一个三维的无压渗流问题,可以用电比拟实验求得解答。当岸坡土质均一,透水层下有水平不透水层时,可将三维问题简化为二维问题,用解析法求得解答。此时,渗流运动的基本方程为

$$\frac{\partial^2 h^2}{\partial x^2}+\frac{\partial^2 h^2}{\partial y^2}=0$$

可见,具有不透水层无压渗流的运动规律和闸基有压渗流一样,也可用拉普拉斯方程来表达,所不同的只是以水深平方函数 h^2 代替水深函数 h 而已,因而可以利用解决底板下有压渗流的方法来解决绕渗问题。

边墩及上游顺水流流向的翼墙相当于闸室的底板和铺盖,反翼墙及刺墙相当于板桩和齿墙,连接建筑的背面轮廓即为第一根流线,上、下游水边线为第一条和最后一条等势线。首先,按闸基有压渗流分析方法(流网法、阻力系数法等)求出渗透轮廓上任意点的化引水头 h,和化引流量 q_r(当渗透系数 k = 1 和上、下游水位差 H = 1 时所确定的数值),然后,根据绕流渗透势函数的特点,用下两式算出相应任意点在不透水层基面以上的水深 h_r 和渗流量

$$h=\sqrt{(h_n^2-h_d^2)\,h_r+h_d^2}$$

$$q=kq_r\left(\frac{h_n^2}{2}-\frac{h_d^2}{2}\right)$$

式中：

h_u，h_d——不透水层以上的上、下游水深，m。

再后，即可依照求得的边墩及翼墙背水面的渗流水面线，估算作用在墩及墙上的渗透压力和渗流坡降。

上游翼墙及反翼墙正如闸底板上游的铺盖与板桩一样，在消减水头方面起着主要作用，而下游反翼墙和下游板桩一样会造成壅水，使边墩上的渗压加大，但可减小下游出口处的逸出坡降。为了避免填土与边墩、翼墙接触面间产生集中渗流，可将边墩与翼墙的背水面做成斜面，以便填土借自重紧压在墙背上。

2.防渗、排水设施

两岸防渗布置必须与闸底地下轮廓线的布置相协调。要求上游翼墙与铺盖以及翼墙插入岸坡部分的防渗布置，在空间上连成一体。若铺盖长于翼墙，在岸坡上也应设铺盖，或在伸出翼墙范围的铺盖侧部加设垂直防渗设施，以保证铺盖的有效防渗长度，防止在空间上形成防渗漏洞。

在下游翼墙的墙身上设置排水设施，可以有效地降低边墩及翼墙后的渗透压力。排水设施多种多样，可根据墙后回填土的性质选用不同的形式，如：

（1）排水孔。在稍高于地面的下游翼墙上，每隔2~4m留一个直径5~10cm的排水孔，以排除墙后的渗水。这种布置适用于透水性较强的砂性回填土，见图2-120(a)。

（2）连续排水垫层。在墙背上覆盖一层用透水材料做成的排水垫层，使渗水经排水孔排向下游，见图2-120(b)。这种布置适用于透水性很差的黏性回填土。连续排水垫层也可沿开挖边坡铺设，见图2-120(c)。

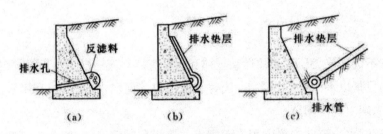

图2-120 下游翼墙后的排水设施

工作任务七 渠系建筑物

为保证渠道正常并安全运用，在渠道上修建的各种建筑物，统称为渠道系统的水工建筑物,或简称渠系建筑物。

渠系建筑物的种类很多,一般按其作用分类,主要有:①控制水位的节制闸和调节流量的分水闸、斗门等配水建筑物;②测定流量的量水堰、量水喷嘴、量水槽或其他形式的量水建筑物;③保证渠道安全的泄水闸、泄洪涵洞、泄洪渡槽和沉积、排除泥沙的沉沙地、排沙闸等防洪保安全建筑物;④开凿穿过山冈的穿山建筑物——隧洞;⑤渠道与河流、溪谷、道路交叉或渠道与渠道交叉时所建的渡槽、桥梁、倒虹吸管和涵洞等交叉建筑物;⑥渠道通过坡度较陡或有集中落差的地段而修建的陡坡、跌水等落差建筑物;⑦为船只通航的船闸,利用集中落差发电的水电站和水力加工站等专门建筑物;⑧便民利民的行人桥、踏步、码头、船坞等便民建筑物。

各种渠系建筑物的作用虽各有不同,但具有较多的共同点:①单个工程的规模一般都不很大,但数量多,总的工程量往往是渠首工程的若干倍;②建筑物位置分散在整个渠道沿线,同类建筑物的工程条件常相近。因此,宜采用定型化结构和装配式结构,以简化设计,加快施工进度,缩短工期,降低造价,节省劳力和保证工程质量。

一、引水构筑物

(一)取水枢纽的作用和类型

取水枢纽的作用是将河流或水库中的水引入渠道,以满足农田灌溉、水力发电、工业及生活用水等的需要;并要求防止粗颗粒泥沙进入渠道,以免引起渠道的淤积和对水轮机或水泵叶片的磨损,保证渠道及水电站正常运行。因为取水枢纽位于渠道的首部,所以又叫渠首工程。

取水枢纽的类型,按照河道水位和流量的变化情况,一般可分为水库放水、泵站提水和自流引水三大类。

水库放水:就是修建水库对河流水量进行调节后再放入渠道供下游使用的一种取水方式。这种枢纽在蓄水枢纽一章中已有介绍。

泵站提水:河道水量可满足引水要求,但水位很低,不能满足自流引水条件时,可在灌区附近修建抽水站提水灌溉,这种取水枢纽称为提水引水枢纽。这种取水枢纽将在《泵与泵站》课程中学习。本章主要介绍自流引水枢纽。

自流引水枢纽:自流引水枢纽根据其是否具有拦河建筑物,又可分为无坝取水枢纽和有坝取水枢纽。

1. 无坝取水枢纽

当河道枯水时期的水位和流量都能满足引水要求时,不必在河床上修建拦河建筑物,只需在河流的适当地点开渠,并修建必要的建筑物自流引水,这种取水枢纽称为无坝取水枢纽。其优点是工程简单、投资少、施工比较容易、工期短、收效快,并且对河床演变的影响较小。缺点是不能控制河道水位和流量,枯水期引水保证率低。在多泥沙河流上引水时,如果布置不合理还可能引入大量泥沙,造成渠道淤积,不能正常工作。

2.有坝取水枢纽

当河道枯水时间的流量能满足引水要求,但河道水位较低不能自流引水时,需修建拦河建筑物以抬高水位,以满足自流引水的要求。这种取水枢纽称为有坝取水枢纽。不过在有些情况下,虽然水位和流量均可满足引水要求,但为了达到某种目的,也要采用有坝取水的方式。比如:采用无坝取水方式需开挖很长的引水渠,工程量大,造价高时;在通航河道上由于引水量大而影响正常航运时;河道含沙量大,要求有一定的水头冲洗取水口前淤积的泥沙时。有坝取水枢纽的优点是工作可靠,引水保证率高,便于引水防沙和综合利用,故应用较广。但相对无坝取水枢纽来说,工程复杂,投资较多,拦河建筑物破坏了天然河道的自然状态,改变了水流、泥沙的运动规律,尤其是在多泥沙河流上,如果布置不合理时,会引起渠首附近上下游河道的变形,影响渠首的正常运行。

二、配水建筑物

用以调节水位和分配流量,如:节制闸、分水闸等。

分水闸:上级渠道向下级渠道分水的闸门,同时是下级渠道的进水闸。作用是控制和调节向下级渠道的配水流量。

节制闸:垂直渠道中心线布置,其作用是根据需要抬高上游渠道的水位或阻止渠水继续流向下游,(1)渠道进水口渠底高程较高,进水困难,在分水口下游设节制闸;(2)下级渠道轮灌时,在轮灌组分界处设节制闸;(3)在泄水间和被保护建筑物之间设节制闸。

三、交叉建筑物

渠道与山谷、河流、道路、山岭等相交时所修建的建筑物,例如,渡槽、倒虹吸管、涵洞等。

(一)渡槽

渡槽是输送渠道水流跨河渠、道路、山冲、谷口等的架空交叉建筑物,如图 2-121 所示。

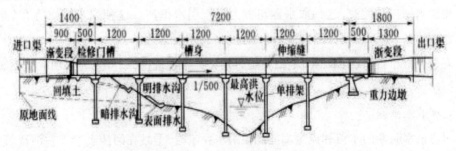

图 2-121　输水渡槽(单位:cm)

1. 渡槽的发展

人类应用渡槽已有 2700 多年的历史,早在公元前 700 余年亚美尼亚人就用石块砌造渡槽。水泥发明以后,高强度、抗渗漏的钢筋混凝土渡槽便应运而生,目前我国广东东江深圳供水改造工程中兴建的 3 座(旗岭、樟洋、金湖)渡槽,总长 3.93km,设计流量为 90m³/s,纵坡 1/1000,槽身内径 7.0m,槽高 5.4m,最薄处壁厚 30cm,设计标号 C40,成为世界同类型现浇预应力混凝土 U 形薄壳渡槽中规模最大的。混凝土渡槽的形式也不断演变,从单一的梁式、拱式(板拱、肋拱、双曲拱、箱形拱、桁架拱、折线拱)、斜拉式、悬吊式,发展到组合式(拱梁和斜撑梁组合式等)。渡槽断面也造型各异,有矩形、箱形和 U 形等多种形式。另外,大型现浇钢筋混凝土渡槽采用先进的大桥施工技术,可摆脱地面条件的限制,具有施工简便、工效高、免吊装、施工质量好的特点。我国翁沟渡槽和南水北调中线孤柏嘴穿黄渡槽,就采用了现浇混凝土施工方案。拟采用 2300t 的移动式造桥机在支墩上逐段移动,对每跨渡槽进行自动立模、钢筋绑扎、浇筑、张拉等工序的施工。

2. 渡槽的组成及分类

渡槽是由槽身及其支承结构、基础、进口建筑物和出口建筑物四大部分组成的。槽身置于支承结构上,槽身重及槽中水重等荷载通过支承结构传给基础,再传至地基。槽身及支承结构的类型各式各样,所用材料又有不同,组合不同,施工方法也各异,因而分类方式很多。

按施工方法分,有现浇整体式、预制装配式及预应力渡槽等。

按所用材料分,有木渡槽、砖石渡槽、无筋及少筋混凝土渡槽、钢筋混凝土渡槽以及钢丝网水泥渡槽等(本章主要讨论砌石、混凝土及钢筋混凝土渡槽)。

按槽身断面形式分,有 U 形槽、矩形槽、梯形槽、抛物线或椭圆线槽和圆形管等。

按支承结构形式分,有梁式、拱式、桁架拱式、悬吊式、斜拉式等。此外,尚有三铰片拱式(或片拱式)、马鞍式、拱管式等过水结构与承重结构相结合的特殊拱型渡槽。

简言之,渡槽是"过水的桥",所以渡槽的类型与桥梁的类型类似。渡槽的类型,一般是指输水槽身及其支承结构的类型。按支承结构形式的分类,能反映渡槽的结构特点、受力状态、荷载传递方式和结构计算方法的区别,是渡槽设计的主要分类依据。

与桥梁相比,渡槽一般不通车则以恒载为主,不承受桥梁那样复杂的活载,所以在结构设计方面要简单得多。但由于过水的渗漏会对结构造成破坏,所以渡槽对适应变形的防渗和止水的构造要求却很高。

(二)倒虹吸管

1. 概述

倒虹吸管是设置在渠道与河流、山沟、谷地、道路相交处的立交有压输水建筑物(连通管)。它与渡槽相比较,具有造价低、施工方便的优点,但水头损失大,运行管理不如渡槽方便。

在难以修建渡槽,采用高填方或绕线渠道方案又有困难时,经过经济技术比较,倒虹吸管往往是常被采用的方案。当渠道与道路或河流平面交叉,渠道水位与路面高程或河水位相接近时,不便采用渡槽或其他交叉建筑物时,通常也采用倒虹吸管。

即使在自流水头不珍贵的情况下,采用倒虹吸管也要特别注意水流衔接问题。

倒虹吸管断面通常为圆形,具有水力条件和受力条件好,造价低等优点。但在流量大,水头小的平原地区渠系上,还有穿过道路的倒虹吸管,也常采用施工方便的矩形断面。

2. 布置

倒虹吸管一般由进口、管身和出口组成。管路布置应根据地形、地质、施工、水流条件,以及所通过的道路交通、河道洪水等具体情况综合分析,力求与河流、谷地、道路正交,以缩短管长。同时应选择较缓的地形,以保证管身稳定和便于施工。一般情况下,应避免将进口、出口修建在高填方上,不得已时,应采取加固和防渗排水措施,防止沉陷、渗漏引发的垮塌。为减少施工开挖量,管身一般按地形坡度布置。如河谷地形变化复杂时,应尽量避免转弯过多,以减小水头损失和减少施工难度。在地质上应避开滑坡、崩塌等不稳定地段。

根据管路埋设情况及压力水头大小,倒虹吸管的布置有下列几种形式:

(1)竖井式

竖井式多用于压力水头较小(H<3~5m),穿越道路的情况。进出口一般用砖石或混凝土砌筑成竖井,竖井断面为矩形或圆形,其尺寸稍大于管身,底部设 0.5m 深的集沙坑,以沉积泥沙和便于清淤及检修管路时排水用。管身断面一般为矩形、圆形或其他形式。这种形式构造简单、管路短,施工比较容易。但水流条件差,一般用于较小的倒虹吸管。

(2)斜管式

斜管式多用于压力水头较小穿越渠道、河流的情况。斜管式倒虹吸管构造简单,施工方便,水流条件好,实际工程中采用较多。

(3)曲线型

当岸坡较缓(土坡 m≥1.5~2.0,岩石 m≥1.0),为减少开挖工程量,管道随地面敷设成曲线型。管身常为圆形的混凝土管、钢筋混凝土管,可现浇也可预制安装,能承受较大的压力水头。管身一般设置管座(参见涵管),压力水头较小或地基很坚实时,也可直接敷设在地基上。在管道转折处应设置镇墩,并将管接头包在镇墩内。为了防止温度引起的不利影响,减小温度应力,管身一般埋于地下,为减小工程量,埋置不宜过深。应注意,有不少已建的倒虹吸管工程因温度影响或土基不均匀沉陷,造成管身裂缝,有的渗漏严重,危及工程安全。

(4)桥式倒虹吸管

当渠道通过较深的复式断面河道或窄深河谷时,为减小施工困难,降低管道承受的最大压力水头,减小水头损失和缩短管道长度,可在深槽部位建桥,管道敷设在桥面上或支承在桥墩等支承结构上。桥下应有足够的净空高度,以满足泄洪和通航要求。在桥头、山坡等管道转弯处应设置镇墩,并在墩上设置放水孔(可兼作进人孔),以便于检修。

(三)涵洞

1.概述

涵洞是渠道与溪沟谷地、道路相交叉时,为了宣泄溪谷来水或输送渠水,在填方渠道或交通道路下修建的交叉建筑物。涵洞一般不设置闸门,其跨度往往较小。当涵洞进口设置挡水和控制流量的闸门时,应称为涵洞式水闸(简称涵闸或涵管)。

涵洞在布置上其方向应与原溪谷方向一致,以使进出口水流顺畅,避免上淤下冲。洞轴线力求与渠、路正交,以缩短洞身长度。洞底高程等于或接近原溪沟底高程。纵坡可等于或稍陡于天然沟道底坡。

涵洞建筑材料主要为砖石、混凝土、钢筋混凝土。在四川、新疆等地区采用干砌卵石拱涵已有悠久历史,积累了丰富经验。

2.涵洞的工作特点和类型

涵洞由于承担的任务、水流状态及结构形式等的不同,有不同的工作特点和类型。

(1)按水流状态的不同,涵洞可能是有压的、无压的或半有压的。①有压涵洞的水流充满整个洞身,从进口到出口处都是有压的;②无压涵洞的水流从进口到出口都保持有自由水面;③半有压涵洞的进口洞顶为水流封闭,但洞内的水流具有自由表面。

(2)按承担任务的不同,有输水涵、排水涵、交通涵。

1)设在填方渠道或道路下面,用以输送渠水的涵洞称输水涵洞。为了减小水头损失,上下游水位差一般不大,其流速在2m/s左右,所以常设计成无压的,其水流状态与无压隧洞或渡槽相似。一般不考虑防渗、排水和出口消能问题。

2)用以宣泄溪谷来水的涵洞称排水涵洞。可以设计成无压的、有压的或半有压的。在宣泄洪水时,由于流量的变化,可能出现明流和满流交替的水流状态而产生强烈震动,危及工程安全。又由于上下游水位差较大,出口流速较大,设计时应考虑消能防冲,加强安全保护措施。排水涵洞在宣泄小河溪谷的洪水时期一般较短,其防渗排水不是主要问题,设计时视具体情况予以考虑。

3)设置在填方渠道下用于交通的涵洞称交通涵。要特别注意渗漏水的影响。

3.涵洞的形式

涵洞由进口、洞身和出口组成,其顶部往往有填土。涵洞的形式一般是指洞身的形式,根据用途、工作特点及结构形式和建筑材料等常分为圆形、箱形、盖板式和拱式等几种。

(1)圆形管涵

水力条件和受力条件较好,能承受较大的填土压力和内水压力。多用混凝土或钢筋混凝土建造,是涵洞常采用的形式。其优点是构造简单,工程量小,施工方便。当泄量大时可采用双管或名管。

四铰管涵是一种新型管涵结构,它是将圆形管涵的管顶、管腹和管底用铰(缝)分开,采用钢筋混凝土或混凝土预制构件装配而成。适用于明流涵洞。由于设计计算中考虑和利用了填土的被动抗力,改善了受力条件,因而可节省钢材、水泥,降低工程造价。通常管径为1.0~1.5m,壁厚为12~16cm。

(2)箱形涵洞

为四边封闭的钢筋混凝土整体结构。其特点是对地基不均匀沉陷适应性好,可调节高宽比来满足过流量要求。小跨径箱涵一般作成单孔,当跨径大于3m,可作成双孔或多孔。

当荷载较大时,常设置补角以改善受力条件。单孔箱涵壁厚一般为其总宽的1/8~1/12,双孔箱涵顶板厚度一般为其总宽的1/9~1/10,侧墙厚度一般为其高度的1/12~1/13,内隔墙厚度可稍薄。箱涵适用于洞顶填土厚、跨径较大和地基较差的无压或低压涵洞,可直接敷设在砂石地基或砌石、混凝土垫层上。小跨度箱涵可分段预制,现场安装成整体。

(3)盖板式涵洞

断面为矩形,由边墙、底板和盖板组成。侧墙及底板常用浆砌石或混凝土建造,设计时可将盖板和底板视为侧墙的铰支撑,并计入填土的土抗力,能节省工程量。底板视地基条件,可作成分离式或整体式的。盖板多为预制钢筋混凝土板,厚度为跨径的1/5~1/12。盖板顶面以2%的坡度向两侧倾斜,以利排水。适用于洞顶填土薄、跨径较小和地基较好的无压或低压涵洞。

(4)由拱圈、侧墙及底板组成。

在两侧填土能保证拱结构稳定的前提下,能发挥拱结构抗压强度高的优势,多用于填土较厚、跨度较大、泄流量较大的明流涵洞。

四、衔接建筑物

当渠道输水、分水、泄水或退水遇到陡峻的地形时,为避免落差集中或坡度较陡会发生冲刷破坏而兴建的落差建筑物。有跌水、陡坡、跌井、悬臂式跌水等。

(一)跌水

跌水是使水流经由跌水缺口流出,呈自由抛射状态跌落于消力塘,解决集中落差防止冲刷破坏的渠系建筑物。一般有单级跌水和多级跌水的形式。跌水通常由进口、跌水墙、消力塘和出口组成。

1.单级跌水

单级跌水的落差一般为3~5m。一般由进口、跌水墙、消力塘、出口四部分组成。

2. 多级跌水

当集中落差大于 5m,修建单级跌水不经济时(比如跌水墙断面尺寸及消力塘的尺寸过大),可考虑修建多级跌水。

多级跌水由多个连续的或分散的单级跌水组成,多级跌水分级的方法一般有两种:一种是按水面落差相等分级;另一种是使各级的台阶叠差相等分级。根据经验,当第二共轭水深 h_2 与收缩水深 h_c 的比值 $h_2/h_c = 5 \sim 6$ 时,每级的高度以 $3 \sim 5m$ 为宜。其水力计算与单级跌水的相同。

多级跌水有设消力槛和不设消力槛两种形式。不设消力槛的消能不完善,易产生冲刷现象,采用的很少。

(二)陡坡

陡坡是利用正坡陡槽连接上下游渠道,使水流沿陡坡急流状态冲入消力塘,利用淹没水跃消能解决坡度较陡时与下游渠道的水流衔接,防止冲刷破坏的渠系建筑物。陡坡的底坡度大于临界水力坡度。灌溉渠道上常采用的陡坡形式有:等底宽陡坡、变底宽陡坡及菱形陡坡等。陡坡通常由进口、陡槽、消力塘和出口组成。其进口形式及其水力计算与跌水相同,陡槽段要专门进行水力计算(原理同河岸溢洪道)。

1. 等底宽陡坡

(1)陡槽比降

应根据修建陡坡处的地形、土质、落差及流量的大小而定。当流量大,土质差,落差大时,陡槽比降应缓一些;当流量较小,土质好,落差小时,则可陡一些。陡槽比降通常取 $1:2.5 \sim 1:5.0$。陡槽比降的确定,还要考虑地基土壤的抗滑稳定。

(2)陡槽及消力塘构造

陡槽的横断面有矩形或梯形的,梯形断面的边坡坡度通常应陡于 $1:1$。较长的陡坡,应沿槽身长度每隔 $5 \sim 20m$ 设一接缝,以适应温度变化引起的结构变形,防止裂缝。并在接缝处做齿坎增加抗滑能力,设止水以减少接缝渗漏。

对于软弱地基(如湿陷性黄土),可采用夯实或掺灰土夯实等办法进行地基处理;有条件时,最好进行强夯地基加固,以提高地基的强度和抗渗性,减少沉陷及其影响。大型陡坡的槽底板厚度,应通过抗滑稳定计算来确定。

一般陡坡的槽底板厚度,常根据已成工程的经验选取。混凝土或钢筋混凝土衬砌的厚度为 $20 \sim 50cm$,浆砌块石的厚度为 $30 \sim 60cm$。

陡槽边墙的高度 H,在落差较小时,可取为进水缺口处边墙高度和消力塘边墙高度的连线;当落差较大时,应按计算的最大水面线加一定的安全超高确定;当槽内水流流速大于 $10m/s$ 时,应考虑水深的掺气影响。

（3）陡槽的人工加糙

在槽底设置人工加糙，可促使水流扩散，增加水深，降低流速和改善下游的消能状况。但人工加糙会引起底板和边墙震动，一般只在水流能量不太大的情况下应用。

通常的加糙形式有双人字形槛、交错式矩形糙条、单人字形槛、棋布形方墩等。当陡槽比降为 1：2~1：3、落差较大时，在陡槽上加设交错式矩形糙条，比

用其他的形式下游的消能效果好；当陡槽比降为 1：1.5~2：2.5、落差较小、陡槽水平扩散角 θ＝9°~20°时，采用单人字形槛可使陡槽水流迅速扩散，下游消能效果良好；当陡槽比降为 1：4~1：5、落差为 3~5m，陡槽水平扩散角很小或为零时，采用双人字形槛，效果较好。

2. 变底宽陡坡

陡槽底宽变化可改变其单宽流量和水深。陡槽底宽变化的陡坡有底宽扩散和底宽缩窄两种。若受地质及其他条件限制，消力塘不宜深扩，而下游水深又较小，消能不利时，可将陡槽底宽扩散，使单宽流量变小，以满足消能抗冲要求。若要增加陡槽内的水深，或为了使陡槽水深保持一定、使陡槽末端水深与下游渠道的水深相等，减少土石方开挖量和衬砌量，则可考虑将陡槽的底宽缩窄。底宽变化可以沿陡槽全长均匀变化，也可局部段变化。常见的情况是陡槽始端处缩窄，末端处扩散。

但是，陡槽内的流速一般较高，在考虑采用底宽收缩或扩散时，应避免产生冲击波或其他使流态恶化的因素，一般采取限制底宽变化率的方法。当底宽缩窄时，其收缩角不宜大于 15°；当底宽扩散时，扩散角应小于 5°~7°。

3. 菱形陡坡

菱形陡坡的陡槽上部扩散，下部收缩，在平面上呈菱形，消能效果较好，但工程量较大，适用于落差为 2.5~5m 的情况。

4. 其他形式的陡坡和跌水

1. 压力管式陡坡

由进口、压力管、半压力式消力塘和出口组成。其特点是陡槽部分用倾斜的压力管所代替，斜管上面覆盖土石。在我国南方的一些退、泄水渠道上常采用，其落差宜小于 5m。

2. 悬臂式跌水

悬臂（挑流）式跌水一般由进口、陡槽、悬臂挑流鼻坎、支承结构及基础组成。通常在下游的抗冲能力较强时选用。

五、泄水建筑物

为保护渠道及建筑物安全或进行维修，用以放空渠水的建筑物，例如，泄洪闸、虹吸泄洪道等。

作用:防止由于沿渠坡面径流汇入渠道或因下级游)渠道事故停水而使渠道水位突然升高,进而威胁渠道安全位置:①重要建筑物和大填方段的上游;②山洪入渠处的下游类型:溢流堰,泄水闸。

六、量水建筑物

用以计量输配水量的设施,例如,量水堰、量水管嘴等。渠系中的建筑物,一般规模不大,但数量多,总的工程量和造价在整个工程中所占比重较大。为此,应尽量简化结构,改进设计和施工,以节约原材料和劳力,降低工程造价。

七、冲砂和沉沙建筑物

为防止和减少渠道淤积,在渠首或渠系中设置的冲沙和沉沙设施,例如,冲沙闸、沉沙池等。

项目三 典型水工建筑物图的识读

水利工程兴建的不同阶段需要绘制出相应的图样,水工图主要有工程规划图、枢纽布置图、结构图、施工图和竣工图等。

工程规划图主要表达的是水利工程所在的地理位置以及周边与其相关的河流、道路、建筑物与村庄等,一般采用 1：5000~1：10000 甚至更小的比例,建筑物一般采用示意图的形式表达。

枢纽布置图主要表达的是整个水利枢纽在平面和立面的布置情况,绘制在地形图上。其中,结构上的细部构造和次要轮廓线一般省略不画,只标注建筑物的外形轮廓尺寸以及定位尺寸、主要部位的高程和填挖方坡度等。

结构图主要表达的是水工建筑物的结构形状、尺寸大小、建筑材料、与相邻结构的连接方式以及建筑物的工作条件等,一般采用 1：5~1：200 的比例,还可以采用详图来表达一些细部构造。

施工图和竣工图则是分别表达水利工程施工组织、施工方法和工程完工后工程全貌的图样。

此处主要以水工结构图识读为主,读懂水工建筑物的形状、大小、结构特点、建筑材料等。

工作任务一 渠道图识读

灌溉渠道一般可分为干、支、斗、农、毛五级。其中,前四级为固定渠道,后者多为临时性渠道。一般干、支渠主要起输水作用,称为输水渠道;斗、农渠主要起配水作用,称为配水渠道。

(一)渠道横断面

渠道横断面的形状常用梯形,它便于施工并能保持渠道边坡的稳定,如图 2-121(a)、

（b）所示；在坚固的岩石中开挖渠道时,宜采用矩形断面,如图2-121（c）、（d）所示；当渠道通过城镇工矿区或斜坡地段,渠宽受到限制时,可采用混凝土等材料砌护,如图2-121（e）、（f）所示；深挖方渠道横断面宜采用复式断面,如图2-121（g）所示。

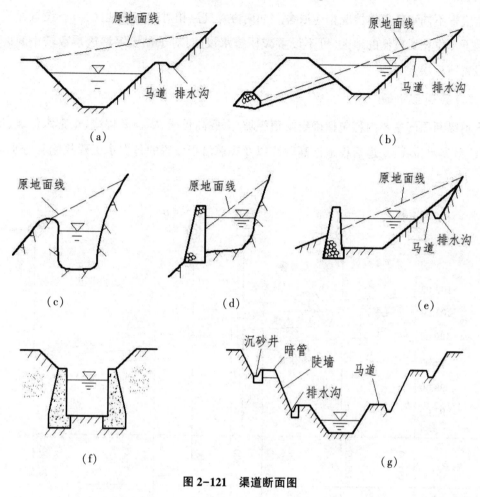

图2-121　渠道断面图

【例题2-1】　识读如图2-122所示混凝土梯形明渠断面典型设计图。

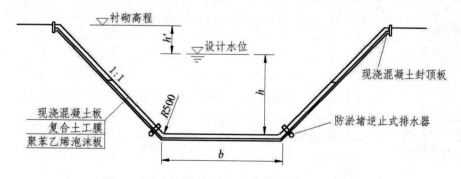

图2-122　现浇混凝土梯形明渠横断面典型设计图

本图为现浇混凝土梯形明渠横断面典型设计图。渠道底宽为 b,两侧边坡系数均为 1∶1,设计水深 h,设计超高 h'。渠道断面结构综合考虑了防渗、防冻胀、防扬压等多种因素,采用了现浇混凝土板衬砌、复合土工膜防渗、聚苯乙烯泡沫板保温、逆止式排水器减压。实际应用中应视不同地区具体情况相应取舍。如南方等气温相对较高的地区,可不设置保温层;对于地下水位相对较低的地区,可不设置减压排水设施;对于黏土等渗透系数较小的渠道,可不设置防渗层。

(二)渠道纵断面

渠道纵断面图主要内容包括确定渠道纵坡、渠底高程线、堤顶高程线、正常水位线、最低水位线、最高水位线、渠道沿程地面高程线以及渠道沿程设置的各类水工建筑物与分水点的位置。如图 2-123 所示。

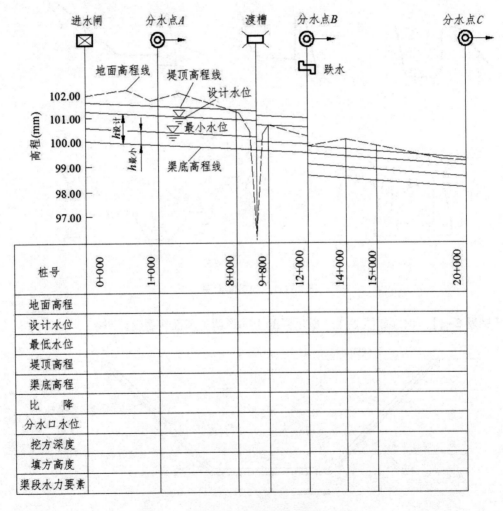

图 2-123　渠道纵断面图

工作任务二 大坝图识读

坝的类型很多,按筑坝材料可分为土石坝、混凝土坝、木坝、钢坝、橡胶坝等;按结构特点可分为重力坝、拱坝、支墩坝。此外,还有两种或多种坝构成的混合坝型。

常见的主要坝型有土石坝和混凝土坝两大类。土石坝有均质坝、心墙坝及面板堆石坝等;混凝土坝主要有重力坝、拱坝和支墩坝。

一、土石坝图

土石坝泛指由当地土料、石料或混合料,经过抛填、碾压等方法堆筑成的挡水坝。土石坝坝体断面通常为上窄下宽的梯形。结构简单、抗震性能好,除干砌石坝外均可机械化施工,对地形和地质条件适应性强。

当坝体材料以土石砂砾为主时,称为土坝;以石渣、卵石、爆破石料为主时,称为堆石坝。用单一土料填筑的土坝称为均质土坝,如图 2-124(a)所示;由几种不同土料筑成的土坝称为多种土质坝,如图 2-124(b)所示;当土石材料均占相当比例时,称为土石混合坝,如图 2-124(c)所示;防渗体位于坝体中部的称为心墙坝,如图 2-124(d)所示;防渗体靠近土坝坝体上游坡的为斜墙坝,如图 2-124(e)所示;防渗体介于心墙和斜墙位置之间的称为斜心墙坝,如图 2-124(f)所示。

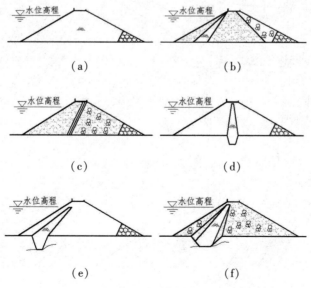

图 2-124　现浇混凝土梯形明渠横断面典型设计图

【例题2-2】 识读如图2-125~2-129所示贵州省某水电站混凝土面板堆石坝的平面布置图、上游立视图与典型断面图。

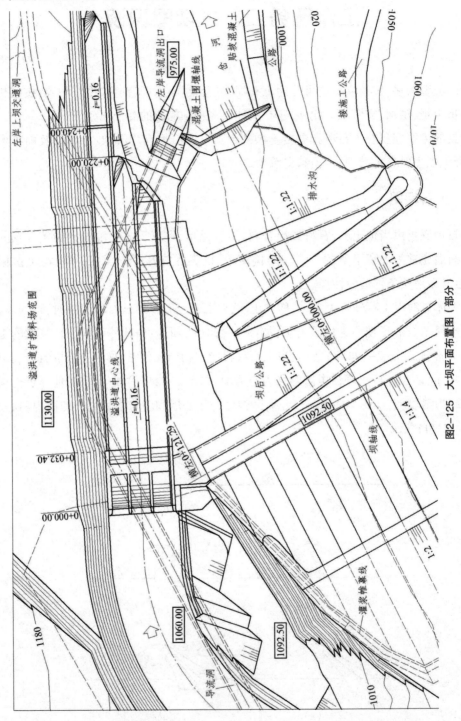

图2-125 大坝平面布置图（部分）

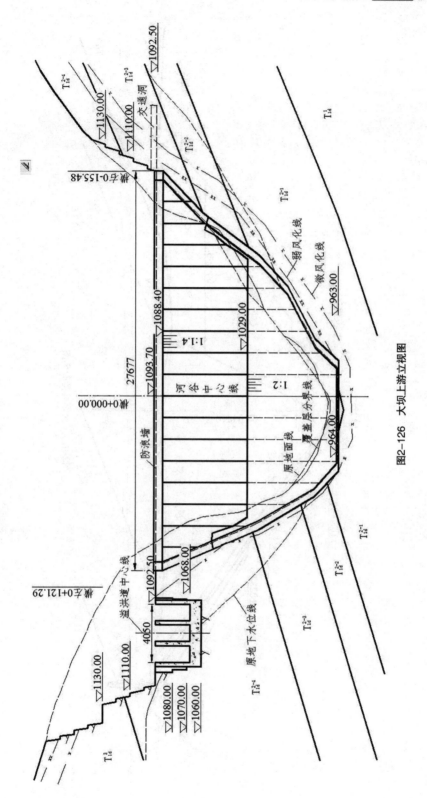

图2-126 大坝上游立视图

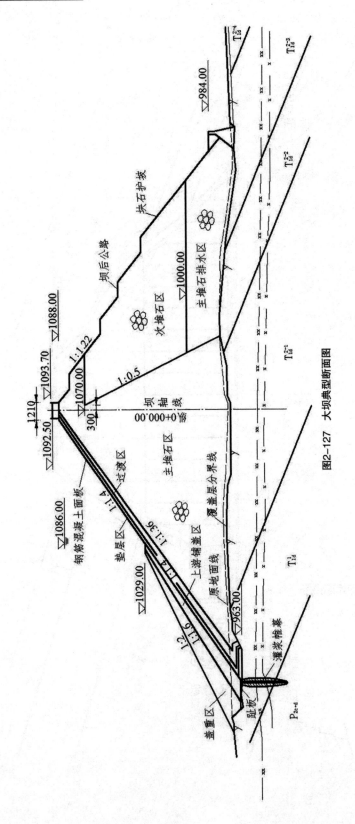

图2-127 大坝典型断面图

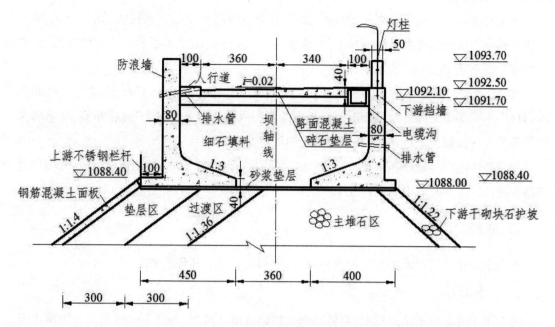

图 2-128 坝顶结构断面图

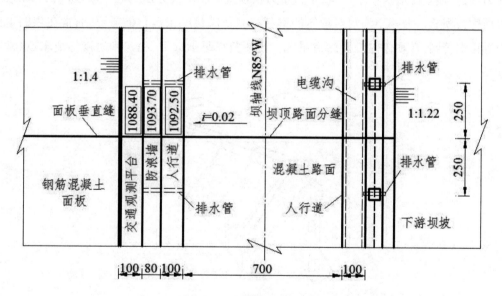

图 2-129 坝顶结构平面图

　　该工程枢纽主要由钢筋混凝土面板堆石坝、左岸溢洪道、右岸引水系统和岸边厂房等建筑物构成。本图采用了平面布置图、上游立视图、典型断面图和坝顶结构断面与平面图综合表达大坝枢纽的结构形式。

　　平面布置图中可看出大坝轴线、溢洪道、导流洞、坝后上坝公路等结构所在的平面位置。引水系统和岸边厂房位于右岸,由于距大坝较远,本图中未得以体现。

上游立视图中表达了大坝上游坝面、溢洪道等结构以及原地下水位线、原地面线、地质分界线的分布情况。大坝上游面板共分 18 块,每块宽 15m;溢洪道紧靠大坝左岸布置,为本工程唯一泄洪通道。

典型断面图中反映了坝体上游钢筋混凝土面板、垫层区、盖重区、过渡区、主堆石区和次堆石区等不同部位的分区布置情况。趾板坐落在弱风化灰岩上,采用平趾板布置;坝基防渗帷幕灌浆均在趾板上进行,帷幕随趾板的走向而定。

坝顶结构图中可看出坝轴线方位 N85°W,坝顶高程 1092.50m,坝顶宽度 10.6m,坝顶上游防浪墙高度 5.7m,防浪墙顶高程 1093.70m。上游坝坡 1:1.4,下游坝坡 1:1.22。

二、混凝土坝图

混凝土坝按结构形式主要分为重力坝、拱坝和支墩坝等几种类型。

(一)重力坝

重力坝主要靠自重维持稳定,坝体断面大致呈直角三角形,如图 2-130 所示。为减小温度应力、适应地基变形及便于施工,常将重力坝垂直于坝轴线分割为若干坝段。相邻坝段的接触面称为横缝。为减小渗水对坝体的不利影响及满足施工运行的需要,通常在坝的上游侧设置排水管网,在坝体内设置廊道系统。为使其满足承载力、稳定和防渗等要求,也常对其地基进行处理。

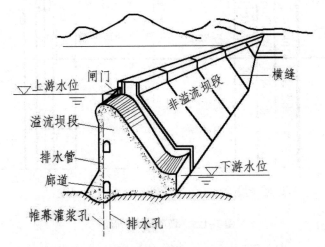

图 2-130　混凝土重力坝示意图

重力坝按结构可分为实体重力坝,如图 2-131(a)所示、宽缝重力坝,如图 2-131(b)所示、空腹重力坝,如图 2-131(c)所示。

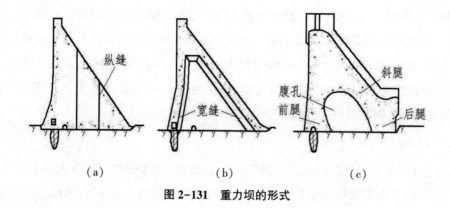

（a）　　　　　　（b）　　　　　　（c）

图 2-131　重力坝的形式

【例题 2-3】　识读如图 2-132 所示某混凝土重力坝横断面图。

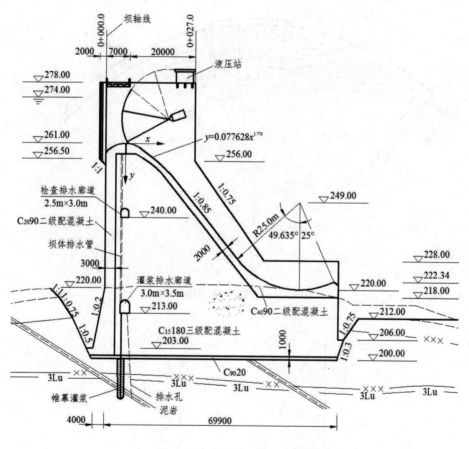

图 2-132　混凝土重力坝横断面图

根据图中坝轴线、桩号及尺寸标注可知，堰顶宽度为 29m，其中交通桥为 7m。上游面标示出坝顶高程 278.00m 及正常蓄水位、设计洪水位等特征水位值。闸墩内部标示出闸门和液压站的示意图，可看出此重力坝采用的是弧形闸门，液压启闭。堰顶部位给出了堰顶曲线的坐标原点和堰面曲线方程,可以据此计算出堰面坐标。溢流段采用挑流式消能,挑流坎半径为 25m,挑流坎末端高程为 222.34m。坝体内部设置检查排水廊道和灌浆排水廊道,底部高程分别为 240.00m 和 213.00m,城门洞型结构。坝体内部混凝土强度等级为三级配 $C_{15}180$;上游面混凝土等级为二级配 $C_{20}90$,厚度为 3m,溢流面混凝土强度等级为二级配 $C_{40}90$,厚度为 2m,两种材料分界线位于堰顶。

(二)拱坝

拱坝是在平面上呈现凸向上游的拱形挡水建筑物,通过拱的作用将大部分水平向荷载传给两岸岩体,并主要依靠拱端反力维持稳定的坝。拱坝在空间呈壳体状,在平面上呈拱形,如图 2-133 所示。拱坝按坝体竖向曲率可分为单曲拱坝和双曲拱坝两种,其横断面如图 2-134 所示。

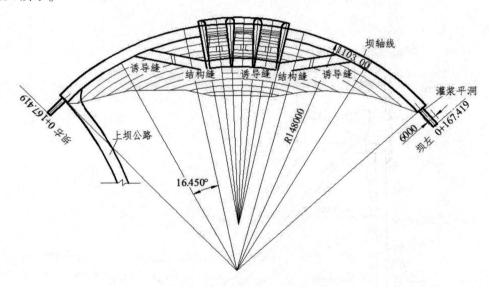

图 2-133　拱坝平面示意图

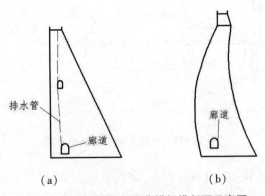

图 2-134　单曲拱坝、双曲拱坝横断面示意图

（三）支墩坝

支墩坝是由一系列倾斜的面板和支承面板的支墩所组成的坝。面板直接承受上游水压力和泥沙压力等荷载,通过支墩将荷载传给地基。支墩坝按挡水面板的形状可分为平板坝[如图2-135(a)所示]、连拱坝[如图2-135(b)所示]和大头坝[如图2-135(c)]所示等三种形式。

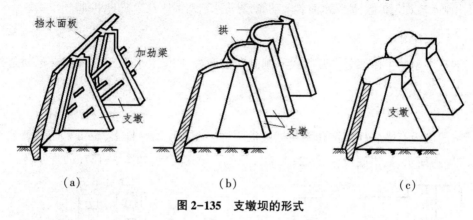

（a）　　　　　　　　（b）　　　　　　　　（c）

图2-135　支墩坝的形式

工作任务三　水闸图识读

水闸按作用可分为节制闸(拦河闸)、进水闸、排水闸、分洪闸、冲沙闸等类型;按闸室结构可分为开敞式、涵洞式两种。水闸一般由闸室段、上游连接段和下游连接段三部分组成。如图2-136所示。

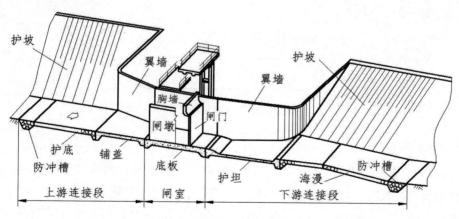

图2-136　水闸的组成

闸室是水闸的主体,设有底板、闸门、启闭机、闸墩、胸墙、工作桥、交通桥等。闸门用来挡水和控制闸流量;闸墩用以分隔闸孔和支承闸门、胸墙、工作桥和交通桥等;底板是闸室的基础,将闸室上部结构的重量及荷载向地基传递,兼有防渗和防冲作用。上游连接段由防冲槽、护底、铺盖、两岸翼墙和护坡等组成,用以引导水流平顺地进入闸室,延长闸基及两岸的渗径长度,确保渗透水流沿两岸和闸基的抗渗稳定性。下游连接段一般由护坦、海漫、防冲槽、两岸翼墙和护坡等组成,用以引导出闸水流均匀扩散,消除水流剩余动能,防止水流对河床及岸坡的冲刷。

(一)闸室图

闸室是水闸的主体部分。开敞式水闸闸室由底板、闸墩、闸门、工作桥和交通桥等组成,有的还设有胸墙。

(1)底板

闸室的底板有平底板和钻孔灌注桩底板两种。在特定的条件下,也可采用低堰底板,如图2-137(a)所示、反拱底板,如图2-137(b)所示、箱式底板,如图2-137(c)所示等。

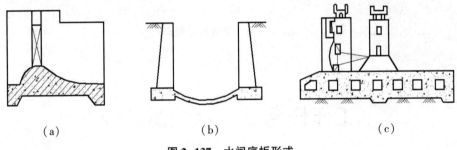

| (a) | (b) | (c) |

图2-137 水闸底板形式

(2)闸墩

闸墩结构形式根据闸室结构抗滑稳定性和闸墩纵向刚度要求采取实体式。外形轮廓应满足过闸水流平顺、侧向收缩小,过流能力大的要求。闸墩的墩头和墩尾形状多采用半圆形或流线型,如图2-138所示。

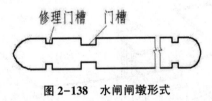

图2-138 水闸闸墩形式

(3)胸墙

胸墙顶部高程与闸墩顶部高程齐平,胸墙底高程应根据孔口泄流量要求确定。胸墙相对于闸门的位置,取决于闸门的形式。对于弧形闸门,胸墙位于闸门的上游侧;对于平面闸门,可设置在闸门下游侧,也可设置在上游侧。胸墙结构形式根据闸孔孔径大小和泄水要求选用,一般有板式,如图2-139(a)所示、板梁式,如图2-139(b)所示和肋形板梁式,如图2-139(c)所示等几种类型。

（4）工作桥

工作桥是为安装启闭机和便于工作人员操作而设在闸墩上的桥。当桥面很高时,可在闸墩上部设排架支承工作桥。小型水闸的工作桥一般采用板式结构,大中型水闸多采用梁板结构,如图 2-140 所示。

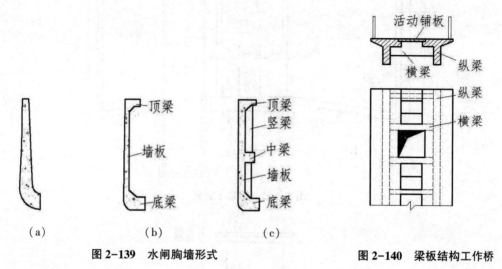

（a）　　　　　（b）　　　　　（c）

图 2-139　水闸胸墙形式

图 2-140　梁板结构工作桥

【例题 2-4】　识读如图 2-141~2-146 所示某水闸设计图。

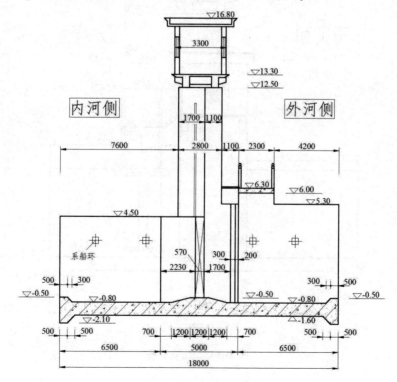

图 2-141　闸室剖视图

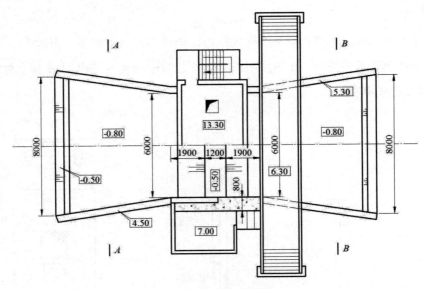

图 2-142　闸室平面图

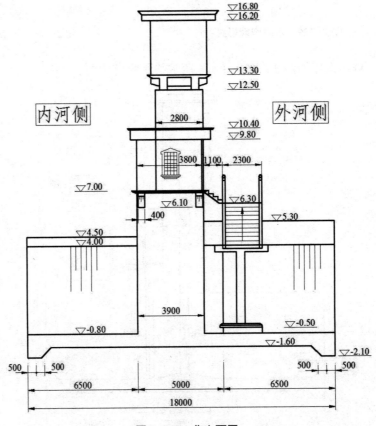

图 2-143　北立面图

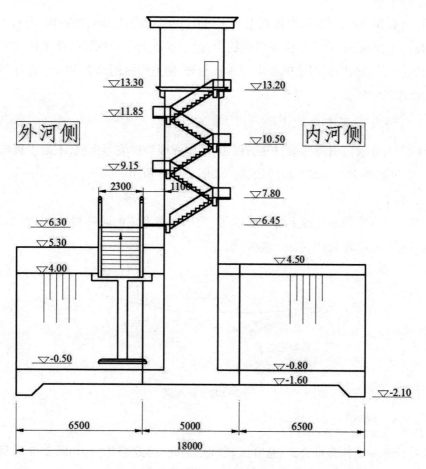

图 2-144　南立面图

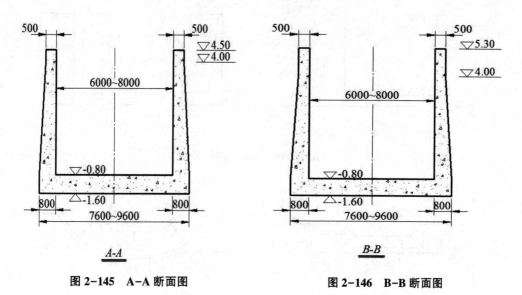

图 2-145　A-A 断面图　　　　图 2-146　B-B 断面图

该闸室采用钢筋混凝土整体式结构。单孔,孔宽 6m;底板顶面高程-0.80m,底板厚

0.8m;闸顶高程 5.30m,闸室墙厚度自上而下由 0.5m 渐变成 0.8m,闸室长 18m,排架顶高程 12.50m,排架上设 3.3m 宽工作桥及启闭机房,控制室及上启闭机房的踏步设在闸室墙上的牛腿上,闸室及翼墙两侧根据通航要求布置系船环,闸室外河侧设 2.30m 工作便桥。上下游消力池均设在闸室底板上,池深 0.3m。

(二)水闸上下游连接段图

水闸的上游连接段由防冲槽、护底、铺盖、两岸翼墙和护坡等组成,下游连接段一般由护坦、海漫、防冲槽、两岸翼墙和护坡等组成。如图 2-136 所示。

(1)防冲槽

防冲槽是建在水闸末端或上游护底前端、挖槽抛石形成的防冲棱体,如图 2-147 所示。防冲槽的常见形式有堆石体、齿墙、板桩、沉井等。

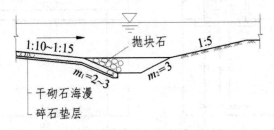

图 2-147　防冲槽

(2)翼墙

翼墙根据地质条件有重力式、悬臂式、扶壁式和空箱式等几种,如图 2-148 所示。常见的布置形式有反翼墙、圆弧式或曲线式翼墙和扭面式翼墙三种,如图 2-149 所示。

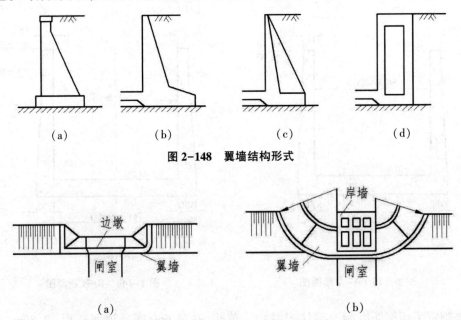

(a)　　　　(b)　　　　(c)　　　　(d)

图 2-148　翼墙结构形式

(a)　　　　　　　　(b)

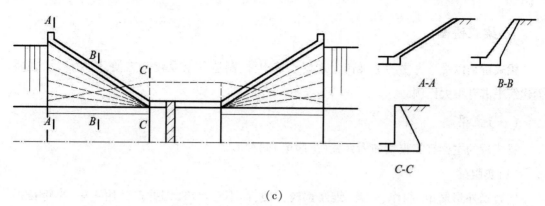

（c）

图 2-149　翼墙的布置形式

（3）海漫

海漫的作用是消除消力池未消除完的余能,按结构形式可分为干砌石海漫、浆砌石海漫、混凝土板海漫、铅丝块石笼海漫等几种。

工作任务四　桥梁图识读

桥梁一般由上部结构、下部结构和附属构造物组成,上部结构主要指桥跨结构和支座系统;下部结构包括桥台、桥墩和基础;附属构造物则指桥头搭板、锥形护坡、护岸、导流工程等。如图 2-150 所示。

桥梁按结构形式可分为梁式桥、拱桥、刚架桥、悬索承重(悬索桥、斜拉桥)四种类型;按用途可分为公路桥、公铁两用桥、人行桥、舟桥、机耕桥、过水桥等;按跨径大小和多跨总长可分为小桥、中桥、大桥、特大桥。

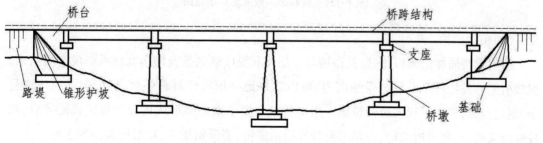

图 2-150　桥梁的基本组成

一、梁式桥图

梁式桥是以受弯为主的主梁作为主要承重构件,制造和架设较为方便,使用广泛,在桥梁建筑中占有很大比例。

(一)主梁

梁式桥的主梁有实腹梁和桁架梁(空腹梁)两种形式。

(1)实腹梁

实腹梁外形简单,制作、安装、维修都较方便,但不够经济,因此广泛用于中、小跨径桥梁。实腹梁按截面形式可分为板梁、□形梁、T形梁或箱形梁等。如图 2-151 所示。

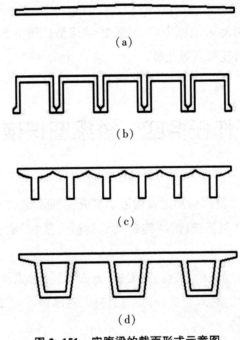

(a)

(b)

(c)

(d)

图 2-151 实腹梁的截面形式示意图

(2)桁架梁桥

桁架梁桥简称桁梁桥,一般是由两片主桁架和纵向联结系及横向联结系组成空间结构。组成桁架的各杆件基本只承受轴向力,可以较好地利用杆件材料强度,但桁架梁的构造复杂、制造费工,多用于较大跨径桥梁。桁梁桥按主要承重桁架形式可分为单柱式桁梁桥、双柱式桁梁桥、三角形桁梁桥、三角形再分节间桁梁桥、菱形桁梁桥、K形桁梁桥等多种。如图 2-152 所示。

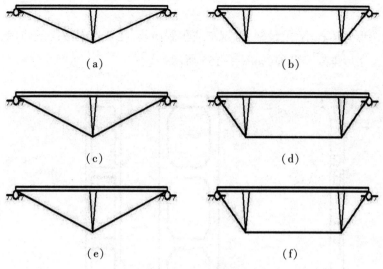

图 2-152　各式桁架桥

(二)支承结构

梁式桥的支承形式有桥墩和排架两种。

(1)桥墩

桥墩一般为重力墩,有实体墩和空心墩两种形式。桥墩的墩头常制作成半圆形或尖角形,空心墩的体型与实体墩基本相同,其截面形式有圆矩形、矩形、双工字形、圆形等,如图 2-153 所示。

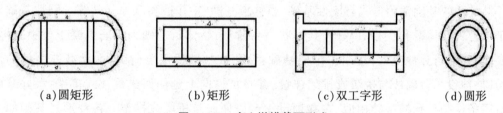

(a)圆矩形　　　(b)矩形　　　(c)双工字形　　　(d)圆形

图 2-153　空心墩横截面形式

桥梁与两岸连接时,常用重力式边墩,也称桥台。其构造如图 2-154 所示。

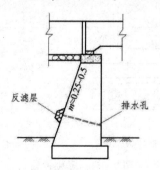

图 2-154　重力式桥台

（2）排架

排架的支承形式体积小、重量轻,可现浇或预制吊装,在工程中被广泛使用,其形式有单排架、双排架、A 字形排架等多种,如图 2-155 所示。

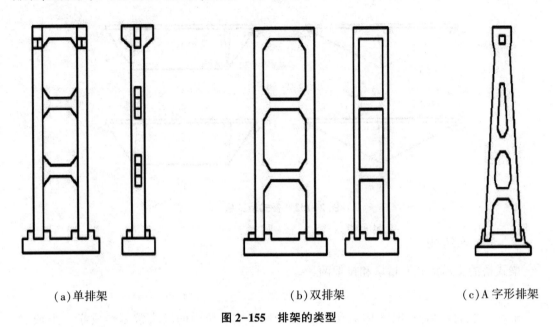

(a)单排架　　　　　　　　　(b)双排架　　　　　　　　　(c)A 字形排架

图 2-155　排架的类型

（三）基础

梁式桥的基础常用形式有刚性基础、整体板基础、钻孔桩和沉井基础等。刚性基础常用于重力式实体墩和空心墩基础,其形状呈台阶形;整体板基础为钢筋混凝土梁板结构,其底面积大,可弹性变形,常用作排架基础;钻孔桩基础适用于荷载大、承载能力低的地基,其桩顶设承台以便与桥墩或排架连接,并将桩柱向上延伸而成桩柱式排架;沉井基础的适用条件与钻孔桩基础相似,在井顶设承台以便修筑桥墩或排架。各种形式基础如图 2-156 所示。

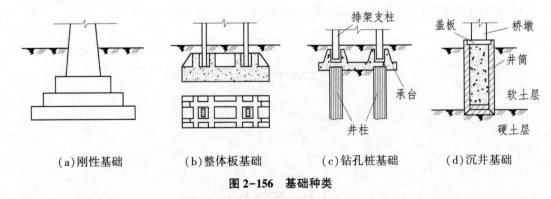

(a)刚性基础　　　　(b)整体板基础　　　　(c)钻孔桩基础　　　　(d)沉井基础

图 2-156　基础种类

【例题 2-5】　识读如图 2-157~2-161 所示某生产桥结构图。

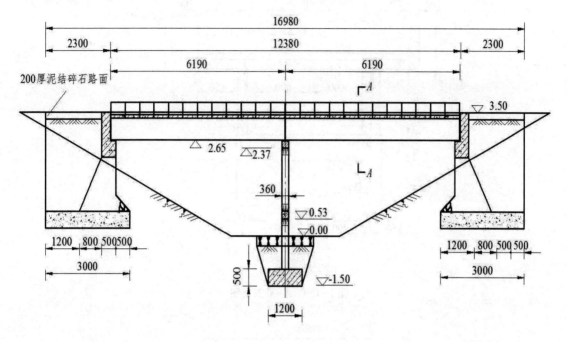

图 2-157　生产桥纵断面图

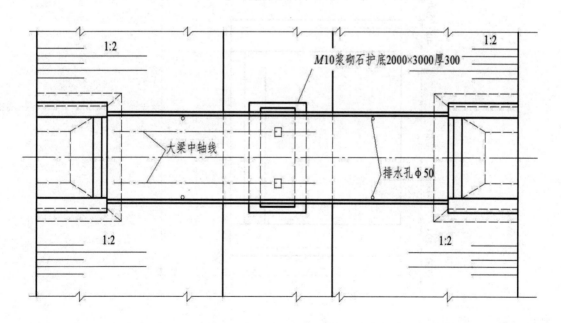

图 2-158　生产桥平面图

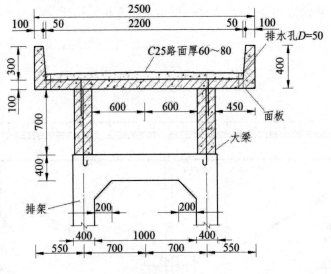

图 2-159 A-A 剖视图

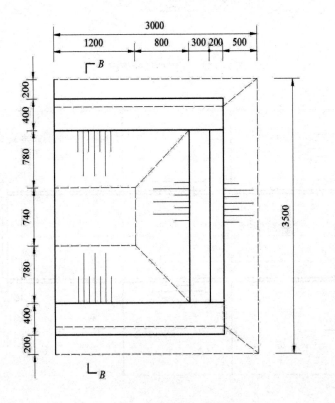

图 2-160 桥台平面图

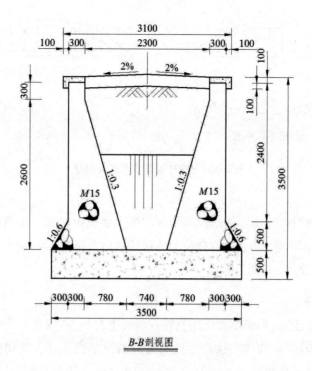

B-B剖视图

图 2-161　B-B 剖视图

　　纵断面与平面图表达了该生产桥的整体形状与大小,双跨,每跨 6m,桥面标高 3.50m。A-A 剖视图中可看出该桥面净宽 2.2m,总宽 2.5m,以及 T 形梁结构的其他细部尺寸。桥台平面图及 B-B 剖视图则反映了桥台的具体构造。

二、拱桥图

　　拱桥和其他体系桥梁一样,也是由桥跨结构和下部结构组成。按桥面位置不同,拱桥的桥跨结构可分成上承式、中承式和下承式三种,如图 2-162 所示。

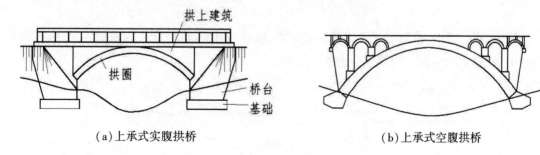

(a)上承式实腹拱桥　　　　　　　　　　(b)上承式空腹拱桥

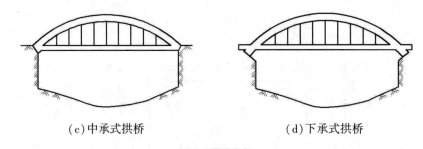

（c）中承式拱桥　　　　　　　　　　（d）下承式拱桥

图 2-162　拱桥的基本形式与组成

（一）拱圈

上承式拱桥的桥跨结构由主拱圈及其上面的拱上建筑所构成。拱圈是拱桥的主要承重结构，承受桥上的全部荷载，并通过它把荷载传递给墩台及基础。工程中常用的拱圈截面形式有板拱、肋拱和双曲拱。

（二）拱上建筑

由于主拱圈是曲线形，车辆荷载无法直接在弧面上行驶，所以在行车道系与主拱圈之间需要有传递荷载的构件和填充物，这些主拱圈以上的行车道系和传载构件或填充物称为拱上建筑。拱上建筑可做成实腹式或空腹式，相应称为实腹式拱和空腹式拱，如图 2-42（a、b）所示。

（三）墩台及基础

拱桥的墩台及基础的结构形式与梁式桥类似。桥墩和桥台多采用实体的重力式结构，底部扩大浇筑成刚性基础。对于软弱地基，则采用桩基础或沉井基础。

工作任务五　渡槽图识读

渡槽也叫过水桥，是输送渠道水流跨越河渠、溪谷、洼地和道路的架空水槽，一般由进出口段、槽身、支承结构和基础等部分组成。如图 2-163 所示。

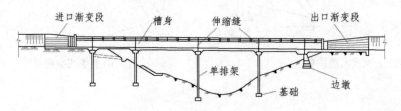

图 2-163　渡槽结构示意图

(一)进出口段

渡槽的进出口段主要包括进出口渐变段、与两岸渠道连接的槽台、挡土墙等。其作用是使槽内水流与渠道水流平顺衔接,减小水头损失并防止冲刷。

(二)槽身

渡槽的槽身主要起输水作用,对于梁式、拱上结构为排架式的拱式渡槽,槽身还起纵向梁的作用。槽身的横断面形式有矩形、梯形、U 形、半椭圆形和抛物线形等,其中矩形和 U 形较为常见,如图 2-164 所示。

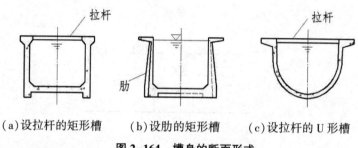

(a)设拉杆的矩形槽　　(b)设肋的矩形槽　　(c)设拉杆的 U 形槽

图 2-164　槽身的断面形式

(三)支承结构和基础

渡槽的支承结构和基础属于其下部结构,构造与桥梁的下部结构相类似。

【例题 2-6】 识读如图 2-165~2-168 所示某渡槽设计图。

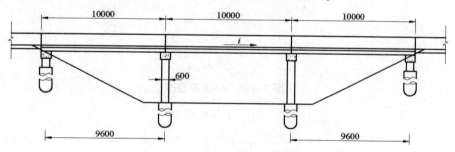

图 2-165　梁式渡槽纵断面图

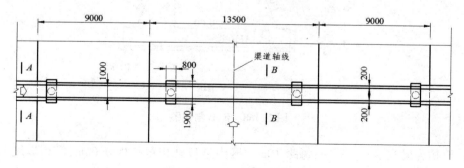

图 2-166　梁式渡槽平面图

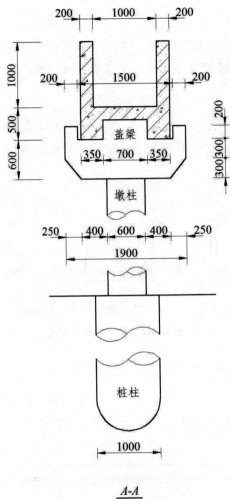

$\underline{A-A}$

图 2-167　A-A 剖视图

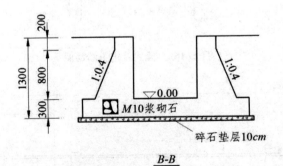

$\underline{B-B}$

图 2-168　B-B 剖视图

　　该渡槽为梁式结构。三跨，每跨 10m。槽内进口处相对高程 0.00m，沿程坡度 i。采用桩基向上延伸与槽墩连接。细部结构尺寸见剖视详图。

工作任务六　倒虹吸管图识读

倒虹吸管是指用以输送渠道水流穿过河渠、溪谷、洼地、道路的压力管道,其管道的特点是两端与渠道相接,中间向下弯曲。常用钢筋混凝土材料制成,也有用混凝土、钢管制作的,主要根据承压水头、管径和材料供应情况选用。倒虹吸管由进口段、管身段、出口段三部分组成。

(一)管身段

倒虹吸管根据管路埋设情况及高差的大小可分为竖井式、斜管式、曲线式和桥式四种类型。竖井式倒虹吸管由进出口竖井和中间平洞所组成,如图 2-169 所示。竖井的断面常为矩形或圆形,其尺寸稍大于平洞,并在底部设置集沙坑,以便于清除泥沙及检修管路时排水。平洞的断面通常为矩形、圆形或城门洞形。竖井式倒虹吸管构造简单、管路较短、占地较少、施工容易、但水力条件较差,通常用于工程规模较小的情况。

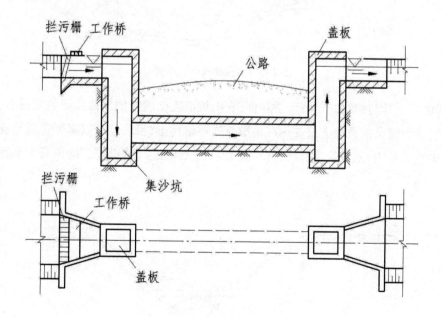

图 2-169　竖井式倒虹吸管

斜管式倒虹吸管进出口为斜卧段,中间为平直段,如图 2-170 所示。斜管式倒虹吸管构造简单,与竖井式相比,水流通畅,水头损失较小。

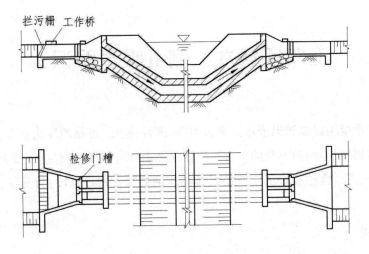

图 2-170　斜管式倒虹吸管

曲线式倒虹吸的管道,一般是沿坡面的起伏爬行铺设而成为曲线形,如图 2-171 所示。

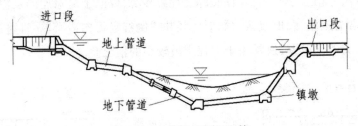

图 2-171　曲线式倒虹吸管

桥式倒虹吸管与曲线式倒虹吸管相似,在沿坡面起伏爬行铺设曲线形的基础上,在深槽部位建桥,管道铺设在桥面上或支承在桥墩等支撑结构上,目的是可以降低管道承受的压力水头,减少水头损失,缩短管身长度,并可避免在深槽中进行管道施工的困难。如图 2-172 所示。

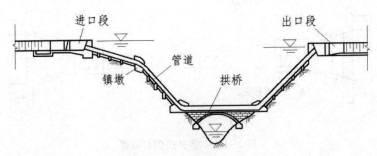

图 2-172　桥式倒虹吸管

(二)进出口段

渡槽的进口段主要由渐变段、进水口、拦污栅、闸门、工作桥及退水闸等部分组成,对于多泥沙的渠道,一般还应设置沉沙池。如图 2-173 所示。渡槽的出口段包括出水口、闸门、消力池和渐变段等,如图 2-174 所示。

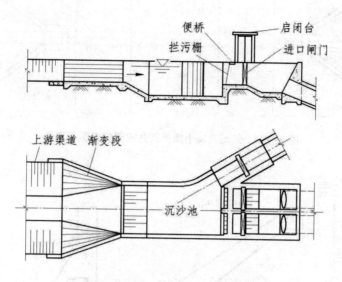

图 2-173　渡槽进口段构造图

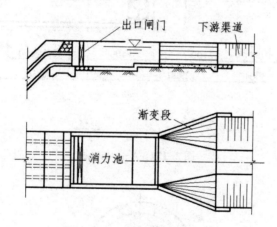

图 2-174　渡槽出口段构造图

【**例题 2-7**】识读如图 2-175~2-181 所示某倒虹吸设计图。

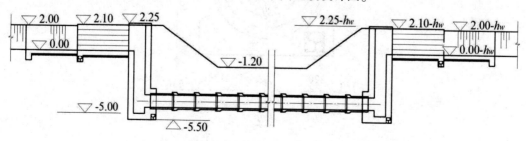

图 2-175　预制混凝土圆管竖井式倒虹吸纵剖视图

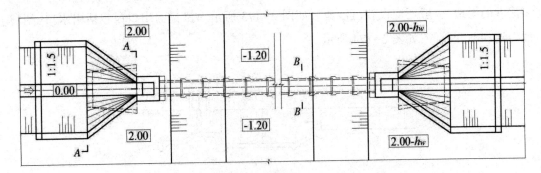

图 2-176　预制混凝土圆管竖井式倒虹吸纵平面图

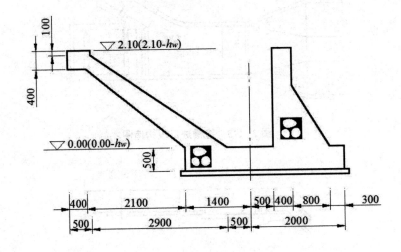

A-A

图 2-177　A-A 剖视图

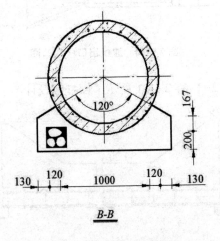

B-B

图 2-178　B-B 剖视图

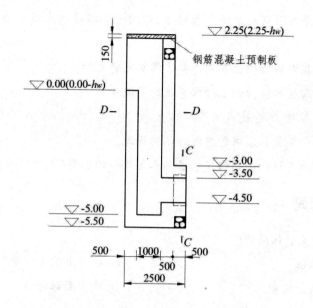

图 2-179 竖井部分大样图

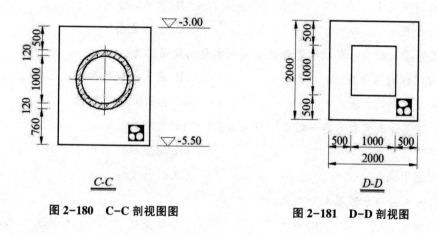

图 2-180 C-C 剖视图图   图 2-181 D-D 剖视图

该倒虹吸管为竖井式结构。竖井的断面为矩形,并在底部设置集沙坑。管身部分采用预制混凝土圆管承插连接。细部结构尺寸各部分详图。

技能训练题

一、判断题

1. 作物的蒸腾、蒸发量是不可控制的。

2. 旱作物的需水量是指作物蒸腾量和棵间土面蒸发量。

3. 植物发生永久性凋萎现象时的土壤含水率称为干旱系数。

4.田间持水量是在灌溉或者降水条件下,田间一定深度的土层中所能保持的最大毛管悬着的水量。

5.灌溉定额是指农作物全生育期内各次灌水定额之和。

6.灌水率是指灌区单位面积上所需灌溉的毛流量。

7.滴灌是局部灌溉,不会造成深层渗漏。

8.喷灌仅适用于蔬菜和果树等经济作物的灌溉。

9.灌溉水利效率是指作物的腾发水量与水源供给的水量(毛灌溉水量)的比值。

二、单项选择题

1.农田排水的主要作用是(   )。

A.降低地下水位　　　　　　　　　　　B.减少土壤含水量

C.减少地下水开采量　　　　　　　　　D.减少面源污染

2.滴灌的主要缺点(   )。

A.适用范围小　　　　　　　　　　　　B.灌水流量太小

C.易堵塞　　　　　　　　　　　　　　D.管理复杂

3.实际灌入农田的有效水量和渠首引入水量的比值称为(   )。

A.田间水利用系数　　　　　　　　　　B.渠系水利用系数

C.渠道水利用系数　　　　　　　　　　D.灌溉水利用系数

4.土壤允许最大含水率一般以不致造成(   )的原则。

A.渍害　　　　　　　　　　　　　　　B.地下水位上升

C.深层渗漏　　　　　　　　　　　　　D.作物受淹

5.农田水分存在的基本形式包括(   )。

A.土壤水　　　　　　B.作物水　　　　　　C.地下水　　　　　　D.地面水

6.实际灌入农田的有效水量和渠首引入水量的比值称为(   )。

A.田间水利用系数　　　　　　　　　　B.渠系水利用系数

C.渠道水利用系数　　　　　　　　　　D.灌溉水利用系数

7.(   )是与作物生长关系密切的水分存在形式。

A.大气水　　　　　　B.地表水　　　　　　C.土壤水　　　　　　D.地下水

8.液态水是指存在于土壤中的液态水分,是土壤水分存在的主要形态,对农业生产意义最大的是(   )。

A.吸着水　　　　　　B.薄膜水　　　　　　C.毛管水　　　　　　D.重力水

9.灌溉水利用系数是衡量灌溉水量损失情况的指标,其计算式为(   )。

A.损失水量/毛灌溉用水量

B. 损失水量/净灌溉用水量

C. 净灌溉用水量 /毛灌溉用水量

D. 灌入田间的水量/渠首引入的水量

10. 渠系水利用系数是输配水过程中水量损失情况的指标,是指末级固定渠道放出的总水量与(　　　)之比值。

A. 干渠引进的总水量　　　　　　　　　B. 支渠引进的总水量

C. 斗渠引进的总水量　　　　　　　　　D. 毛渠引进的总水量

11. 下渗的水分运动,是在(　　　)作用下进行的。

A. 分子力　　　　　　　　　　　　　　B. 重力

C. 毛管水　　　　　　　　　　　　　　D. 分子力、毛管力和重力综合

三、多项选择题

1. 影响作物需水量的主要因素有(　　　)。

A. 作物特性　　　　B. 气象条件　　　　C. 土壤性质　　　　D. 农业技术措施

2. 通常用(　　　)指标来判断综合农业节水措施的效果与潜力。

A. 渠系水利用率　　　B. 田间水利用率　　　C. 水的利用率　　　D. 水分生产率

3. (　　　)属于农业节水的指标。

A. 渠系水利用率　　　B. 田间水利用率　　　C. 灌水均匀系数　　　D. 水分生产率

4. 下列灌水方式中属于田间局部灌溉的有(　　　)。

A. 膜上灌　　　　B. 滴灌　　　　C. 渗灌　　　　D. 微喷灌

5. 农田水分消耗的主要途径有(　　　)。

A. 植株蒸腾　　　　B. 株间蒸发　　　　C. 深层渗漏　　　　D. 机井抽水

6. 为杜绝大水漫灌,节约用水,在畦灌灌溉中常常采用(　　　)等改进畦灌技术。

A. 长畦改短畦　　　B. 宽畦改窄畦　　　C. 大畦改小畦　　　D. 增加畦埂高度

7. 管道式喷灌系统可分为(　　　)。

A. 机组式喷灌系统　　　　　　　　　B. 固定式喷灌系统

C. 半固定式喷灌系统　　　　　　　　D. 移动式喷灌系统

8. 人们在陆地上常见的三种水体分别为(　　　)。

A. 地表水　　　　B. 土壤水　　　　C. 地下水　　　　D. 再生水

9. 关于灌溉制度的制定方法,下列选项正确的有(　　　)。

A. 根据群众丰产灌水经验确定

B. 根据灌溉试验资料制定

C. 根据作物的生理、生态指标制定

D. 按水量平衡原理分析制定

10. 灌溉渠道上的特设量水设施主要有(   )。

A. 量水堰   B. 堰闸   C. 量水槽   D. 倒虹吸管

11. 以地表水为灌溉水源的灌溉管道系统首部枢纽组成中不包括(   )。

A. 灌水器   B. 过滤器   C. 压力表   D. 给水栓

四、识图题

41. 识读并抄绘图 2-182 所示溢流坝图。

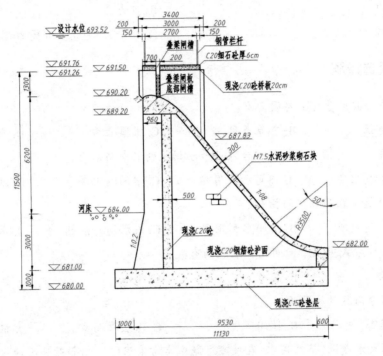

溢流坝段剖视图 1:100

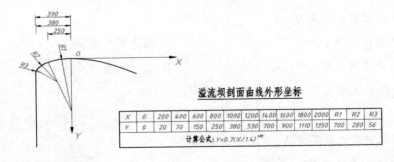

溢流坝剖面曲线外形坐标

X	0	200	400	600	800	1000	1200	1400	1600	1800	2000	R1	R2	R3
Y	0	20	70	150	250	380	530	700	900	1110	1350	700	280	56

计算公式：$Y = 0.7(X/1.4)^{1.85}$

溢流面大样 1:20

图 2-182　溢流坝图

42. 识读并抄绘图 2-183 所示水库进水闸图。

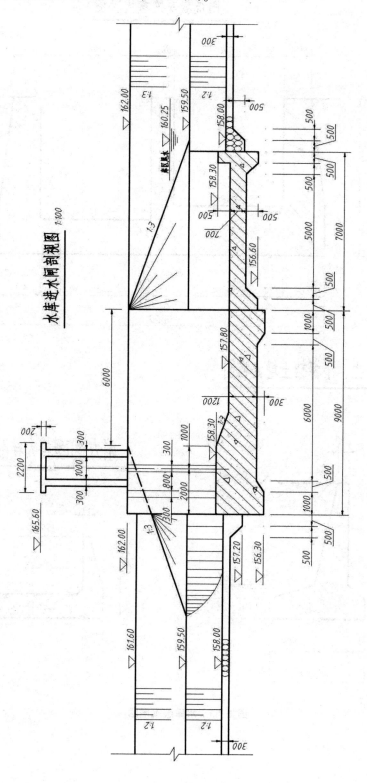

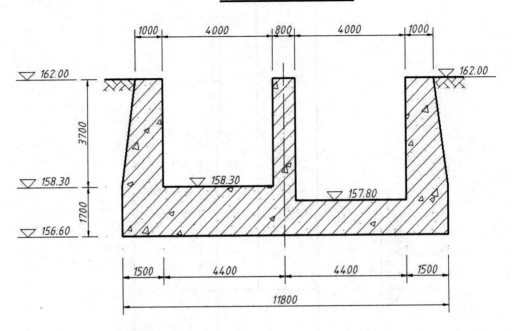

闸底板及闸墩大样图 1:100

上、下游挡土墙大样图 1:50

消力池U型槽大样图 1:100

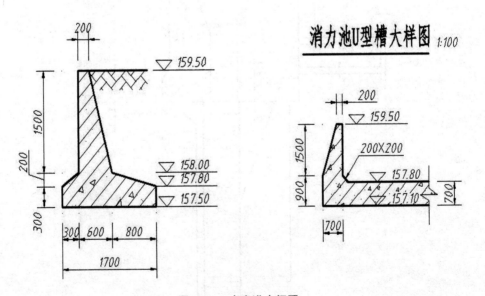

图 2-83　水库进水闸图

43.识读并抄绘图 2-184 所示跌水图。

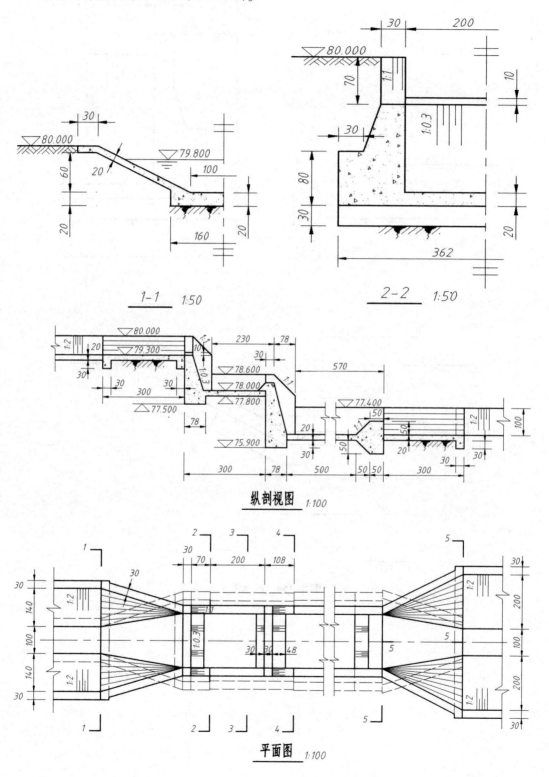

1-1 1:50

2-2 1:50

纵剖视图 1:100

平面图 1:100

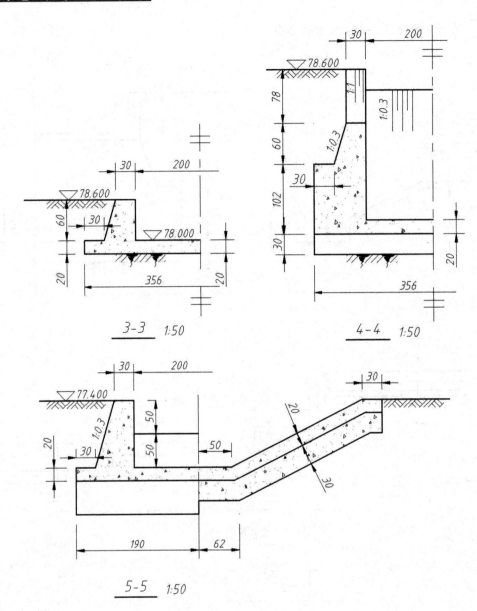

图 2-184　跌水图

44. 识读并抄绘图 2-185 所示渡槽图。

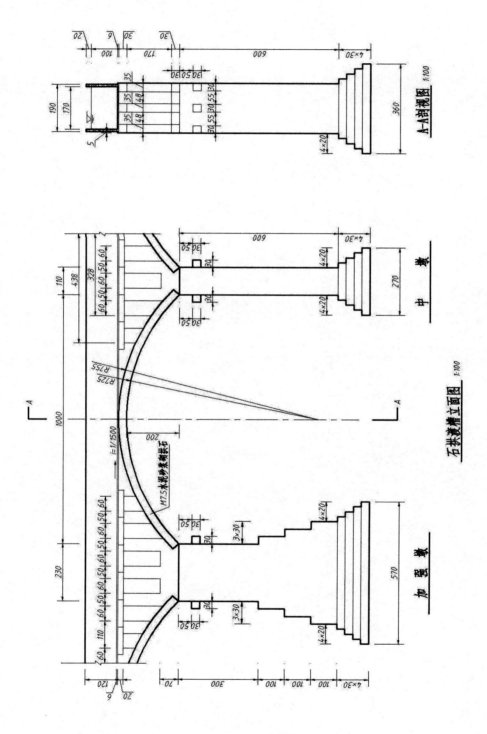

图 2-185　渡槽图

第三篇

水利管理

项目一　中国水法规

我国关于水的法规主要有《中华人民共和国水法》《中华人民共和国环境保护法》《中华人民共和国水污染防治法》《中华人民共和国水土保持法》《中华人民共和国防洪法》等。

一、《中华人民共和国水法》

中国调整水事关系的基本法律。1988 年 1 月 21 日经六届全国人民代表大会常务委员会第 24 次会议审议通过,自 1988 年 7 月 1 日起施行。2002 年 8 月 29 日第九届全国人民代表大会常务委员会第二十九次会议修订通过,根据 2009 年 8 月 27 日第十一届全国人民代表大会常务委员会第十次会议通过的《全国人民代表大会常务委员会关于修改部分法律的决定》修改,根据 2016 年 7 月 2 日第十二届全国人民代表大会常务委员会第二十一次会议通过的《全国人民代表大会常务委员会关于修改〈中华人民共和国节约能源法〉等六部法律的决定》修改。包括:总则;开发利用;水、水域和水工程的保护;用水管理;防汛与抗 洪;法律责任;附则等,共 7 章 53 条。

二、《中华人民共和国环境保护法》

1989 年 12 月 26 日第七届全国人民代表大会常务委员会第十一次会议通过 2014 年 4 月 24 日第十二届全国人民代表大会常务委员会第八次会议修订,包括第一章 总则、第二章 监督管理、第三章 保护和改善环境、第四章 防治污染和其他公害、第五章 信息公开和公众参与、第六章 法律责任和第七章 附则。

三、《中华人民共和国水污染防治法》

1984 年 5 月 11 日第六届全国人民代表大会常务委员会第五次会议通过 根据 1996 年 5 月 15 日第八届全国人民代表大会常务委员会第十九次会议《关于修改〈中华人民共和国水污染防治法〉的决定》第一次修正 2008 年 2 月 28 日第十届全国人民代表大会常务委员会第三十二次会议修订 根据 2017 年 6 月 27 日第十二届全国人民代表大会常务委员会第二十八次会议《关于修改〈中华人民共和国水污染防治法〉的决定》第二次修正。包括第一章 总则、

第二章 水污染防治的标准和规划、第三章 水污染防治的监督管理、第四章 水污染防治措施、第五章 饮用水水源和其他特殊水体保护、第六章 水污染事故处置、第七章 法律责任和第八章 附则。

四、《中华人民共和国水土保持法》

1991 年 6 月 29 日第七届全国人民代表大会常务委员会第二十次会议通过 2010 年 12 月 25 日第十一届全国人民代表大会常务委员会第十八次会议修订 2010 年 12 月 25 日中华人民共和国主席令第三十九号公布 自 2011 年 3 月 1 日起施行,包括第一章 总则、第二 规划、第三章 预防、第四章 治理、第五章 监测和监督、第六章 法律责任和第七章 附则。

五、《中华人民共和国防洪法》

1997 年 8 月 29 日第八届全国人民代表大会常务委员会第二十七次会议通过 根据 2009 年 8 月 27 日第十一届全国人民代表大会常务委员会第十次会议《关于修改部分法律的决定》第一次修正 根据 2015 年 4 月 24 日第十二届全国人民代表大会常务委员会第十四次会议《关于修改<中华人民共和国港口法>等七部法律的决定》第二次修正 根据 2016 年 7 月 2 日第十二届全国人民代表大会常务委员会第二十一次会议《关于修改<中华人民共和国节约能源法>等六部法律的决定》第三次修正。包括第一章 总则、第二章 防洪规划、第三章 治理与防护、第四章 防洪区和防洪工程设施的管理、第五章 防汛抗洪、第六章 保障措施、第七章 法律责任和第八章 附则。

项目二　水资源管理

工作任务一　水资源管理的概念及内容

一、水资源管理的概念

所谓管理,就是为了实现某种目的而进行的决策、计划、组织、指导、实施、控制的过程。水资源管理的含义可以包括:

1. 法律

立法、司法、水事纠纷的调解处理等;

2. 行政

机构组织、人事、教育、宣传等;

3. 经济

筹资、收费等

4. 技术

勘测、规划、建设、调度运行等方面构成一个以水资源开发(建设)、供水、利用、保护组成的水资源管理系统。

这个管理系统的特点是把自然界存在的有限水资源通过开发、供水系统与社会、经济、环境的需水要求紧密联系起来的一个复杂的动态系统。社会经济发展,对水的依赖性增强,对水资源管理要求愈高,各个国家不同时期的水资源管理与其社会经济发展水平和水资源开发利用水平密切相关;同时,世界各国由于政治、社会、宗教自然地理条件和文化素质水平、生产水平以及历史习惯等原因,其水资源管理的目标内容和形式也不可能一致。但是,水资源管理目标的确定都与当地国民经济发展目标和生态环境控制目标相适应,不仅要考虑自然资源条件以及生态环境改善,而且还应充分考虑经济承受能力。

水资源管理的目的是提高水资源的有效利用率,保护水资源的持续开发利用,充分发挥水资源工程的经济效益,在满足用水户对水量和水质要求的前提下,使水资源发挥最大的社会、环境和经济效益。

二、水资源管理的内容

根据水资源管理的概念,水资源管理的内容包括法律管理、行政管理、经济管理和技术管理等方面,分别简述如下。

1. 法律管理

法律管理即国家或地方政府为合理开发利用和监督保护水资源,防止水环境恶化而制定的水资源管理法规。把水资源管理的政策、措施、办法用法律的形式固定下来用以规范社会一切水事活动,以取得社会一致遵守的效力,做到依法管水、用水和治水。

2. 行政管理

为保证水资源管理法规及经济技术措施的贯彻执行,必须建立国家的或地方政府(区域或流域)的一套统一的水政水资源、行政与专业管理机构,负责全国或地区范围内的水资源开发利用和水污染控制及管理工作,以确定总的管理目标。因此,行政管理意旨以法律为准绳和依据,依靠行政手段和水政策来指导水事活动。

3. 经济管理

除采用法律、行政和经济手段对水资源的开发和利用进行管理外,考虑到水资源形成水资源管理的目的在于贯彻资源有偿使用和合理补偿的指导思想,把水资源作为种商品纳入整个经济运行结构之中,通过经济杠杆调控国民经济各行业对水资源进行合理开发和充分利用,控制对水的浪费和破坏,并监督保护水环境和生态,促使资源—环境—经济协调稳定发展。具体措施在于将水资源作为商品对待,有偿使用,有偿排污,通过水资源价格和水价的调整,对过度用水达到有效抑制,使水资源在新的供求关系基础上达到动态平衡。同时,利用经济手段获取充分资金,实现以水养水,促进水资源进一步开发并进行水环境治理和保护。

4. 技术管理

除采用法律、行政和经济手段对水资源的开发和利用进行管理外,考虑到水资源形成的复杂的自然条件以及人类活动与自然环境间的关系,而水资源本身又具有其独特的时间和地域分布特征,人类对水资源无论是开发或利用以及对开发和利用过程中产生的水环境问题的处理都是通过一定的工程措施实现的。所以,技术管理包含以下几方面:

(1)在对开发或利用水资源的各类工程从规划、设计、建设及其运行的全过程都必须科学合理,这样才能保证水资源合理开发,也不致产生由工程建设和运行而导致出现与之相关的水环境问题;

(2)在水工程运行中能适时调整供用水关系,并做到对各类用水合理调配,促使供用水部门实行计划用水、节约用水;

(3)解决如对水资源适时补偿,保护水质并对各种污染进行切实有效的预防和治理。在这个意义上,技术管理包括了工程管理和用水管理两方面内容。

工作任务二 水资源管理的原则及管理体制

一、水资源管理的原则

水资源管理要遵循以下基本原则:

(1)水资源属于国家所有,即全民所有,这是实施水资源管理的基本点。由于国家是一个抽象的概念,由代表国家利益的中央政府行使水资源的所有权,对水资源进行分配。水资源的分配,即使用权的管理职能由国务院水行政主管部门承担。

(2)开发利用水资源和防治水害,应当全面规划、统筹兼顾、综合利用、讲究效益,充分发挥水资源的多种功能。国家鼓励和支持开发利用水资源与防治水害的各项事业。

(3)国家对水资源实行统一管理和分级管理相结合的管理制度。特别是在水的资源管理上,必须统一,即由国务院水行政主管部门和其授权的省(区)水行政主管部门及流域机构实施水资源的权属管理。对于水资源开发利用的管理,可由不同部门管理,但开发利用水资源必须首先取得水行政主管部门许可。

(4)国家对直接从地下或江河、湖泊取水的,实行取水许可制度。国家保护依法开发利用水资源的单位和个人的合法权益。取水许可制度是现阶段我国水资源使用权管理的制度,还需不断完善。

(5)实行水资源的有偿使用制度。依法取得水资源使用权的单位和个人,必须按使用水量的多少向国家缴纳一定的费用。

(6)调蓄径流和分配水量,应当兼顾不同地区和部门的合理用水需求,优先保证城乡居民和生态基本用水需求,兼顾工农业生产用水。

二、水资源管理体制

我国水资源管理体制分为集中管理和分散管理两大类型。集中型是由国家设立专门机构对水资源实行统一管理,或者由国家指定某一机构对水资源进行归口管理,协调各部门的水资源开发利用。分散型是由国家有关各部门按分工职责对水资源进行分别管理,或者将水资源管理权交给地方政府,国家只制定法令和政策。美国从 1930 年开始强调水资源工程的多目标开发和统一管理,并在 1933 年成立了全流域统一开发管理的典型田纳西河流域管理局(TVA),1965 年成立了直属总统领导、内政部长为首的水利资源委员会,向全国统一管理的方向发展;20世纪80年代初又开始加强各州政府对水资源的管理权,撤销了水利资源委员会而代之以国家水政策局,趋向于分散型管理体制。英国从20世纪60年代开始改革水资源管理体制,设立水资源局,70年代进一步实行集中管理,把英格兰和威尔士的29个河流水务局合并为10个,并设立了国家水理事会,在各河流水务局管辖范围内实行对地表水和地下水、供水和排水、水质和水量的统一管理;1982年撤销了国家水理事会,加强各河流水务局的独立工作权限,但水务局均由政府环境部直接领导,仍属集中型管理体制。中华人民共和国的水资源管理涉及水利电力部、地质矿产部、农牧渔业部、城乡建设环境保护部、交通部等,各省、自治区、直辖市也都设有相应的机构,基本上属于分散型管理体制。80年代以后,中国北方水资源供需关系出现紧张情况,有的省市成立了水资源管理委员会统管该地区的地表水和地下水;1984年国国务院指定由水利电力部归口管理全国水资源的统一规划、立法、调配和科研,并负责协调各用水部门的矛盾,开始向集中管理的方向发展。

1988年,国家重新组建水利部,并明确规定水利部为国务院的水行政主管部门。负责全国水资源的统一管理工作。1994年,国务院再次明确水利部是国务院水行政主管部门,统一管理全国水资源,负责全国水利行业的管理等职责。此后,在全国范围内兴起的水务体制改革则反映了我国水资源管理方式由分散管理模式向集中管理模式的转变。在我国的水资源管理组织体系中,水利部是负责国家水资源管理的主要部门。其他各部门也管理部分水资源,如地矿部管理和监测深层地下水,生态环境部负责水环境保护与管理,住建部管理城市地下水的开发与保护,农业部负责建设和管理农业水利工程。省级组织中有水利部所属流域委员会和省属水利厅,更下级是各委所属流域管理局或水保局及市、县水利局。两个组织系统并行共存,内部机构设置基本相似,功能也类似,不同之处是流域委员会管理范围以河流流域来界定,而地方政府水利部门只以行政区划来界定其管辖范围。

工作任务三　水资源管理的层次和基本制度

人类开发利用水资源一般要经过以下过程:水资源的评价和分配—开发—供水利用—保护等步骤。据此,水资源管理可分为三个层次:第一层次是水的资源管理属宏观范畴;第二层次是水资源的开发和供水管理,属中观范畴;第三层次是用水管理,属微观范畴。这三个层次构成一个以资源—开发(建设)—供水—利用—保护组成的水资源管理系统。

一、水的资源管理

水的资源管理属于高层次的宏观管理,包括水的权属管理和水资源开发利用的监督管理,是各级政府及水资源主管部门的重要职责。按照《中华人民共和国水法》的规定,水资源属于国家所有,因此这里所指的水资源的权属管理指水资源使用权的管理。

水资源的权属管理是水资源主管部门依据法规和政府的授权,对已发现并查明的水资源进行资源登记,根据国民经济发展和环境用水需求进行规划、分配、转让(水资源的再分配)及对水资源再生过程中的消长变化进行监控和资源的注销等。权属管理的主要工作内容包括:水资源综合科学调查评价;水资源综合利用规划和水长期供求计划的制订;水资源使用权的审核和划拨,实施取水许可制度;水资源的保护以及为促使水资源的合理利用和保护而制定的法规、政策等。

水资源开发利用的监督管理就是通过监测、调查、评估等手段对各部门开发利用水资源的活动进行监督和控制,以避免水资源的污染、浪费和不合理的使用;监控在开发利用状态下水资源再生过程的消长变化;跟踪检验原水资源规划和分配是否科学合理,以便修正和调整。

实践证明,这一层次的管理必须高度集中,统一管理,保持政策的相对稳定,切忌政出多门,权力分散和政策多变。

水资源属于国家所有,但国家是一个抽象概念,一般由代表国家利益的中央政府(即国务院)行使,使用权的管理即水资源权属管理的职能由国务院水行政主管部门承担。1998年3月,水资源的权属管理统一归国务院水行政主管部门——水利部,从而在体制上保证了水资源权属管理的统一。需要注意的是,无论是跨地区的水资源还是一个行政区域内部的水资源,它的所有权均应由中央政府行使,地方政府不得随意转让国家所有的水资源,并具有保护水资源不受侵害和破坏的责任。

按照《中华人民共和国水法》规定,国务院水行政主管部门代表国家负责全国水资源的权属管理,组织全国取水许可管理工作。按照统一管理和分级管理的原则,国务院水行政主管部门可将水资源的权属管理授权给流域机构和省(区)水行政主管部门,其中流域机构主要负责跨省区或对全流域水资源利用有重大影响的水资源使用权的管理,发放取水许可证;其他部分的水资源权属管理可由地方水行政主管部门按照授权,分级组织发放取水许可证。各级主管部门要相互协调,下级水行政主管部门要按照上级水行政主管部门核定的水量和授权,实施水资源的权属管理,不能越级或超越核定水量发放取水许可证。

权属管理的前提和基础是将水资源的使用权进行分配。目前,我国七大江河中只有黄河制订了水量分配方案,因此应加快其他大江大河水量分配方案的制订。黄河水量分配方案也需进一步细化,增强可操作性,其他跨行政区域的河流也应尽快制订水量分配方案。同时,应尽快完善权属管理的法规建设,为水权分配和转让(再分配)提供完善的法规保障。

二、开发和供水管理

水资源的开发和供水管理是第二层次的管理,介于宏观管理与微观管理之间。它是指有关部门在取得水资源主管部门授予的水资源使用权后,组织水资源开发工程建设及工程建成后对用水户实施配水等活动。从获得水资源的使用权到工程供水给各用水户,这期间的管理活动均属于第二层次的管理。按照管理的对象不同,可分为供水工程建设的管理、供水工程的运行管理和供水水源、供水量的管理三大部分;按照供水对象的不同,又可分为农业供水管理和城市供水管理。由于水资源的多功能性,不同部门如水利、航运、渔业可按照各自的需求进行开发,因此也可将此层次的管理称为水资源开发、加工、利用的产业管理。

供水管理的工作内容很多,其中供水工程的审批、供水计划的审批、按照基建程序监督供水工程的建设、划定供水水源保护区、制定供水管理的法规规章和政策属于水行政主管部门的行政行为,但供水设施的维护保养、计划供水、提供良好的供水服务则属于供水部门的经营性行为。供水部门的供水行为要接受水行政主管部门的监督管理。

水资源的开发和供水对国民经济发展具有至关重要的作用,是联系水资源与经济社会的纽带,起承上启下的作用,因此必须加强本层次的管理,其主要管理任务是组织、协调和服务。由于水资源的可流动性、多功能性和开发的多目标性,水资源开发和工程建设往往由一个或多个行业或部门统筹进行。供水设施属于国民经济发展的基础设施,从整体看,我国供水设施还不能满足国民经济发展的需要,应根据国家经济建设的需要适当发展。但水资源的开发和工程建设,必须在流域或区域规划的指导下进行,服从防洪的总体安排,实行兴利与除害相结合。同时,兴建水资源开发利用工程需向水行政主管部门申请水资源的使用权后方能开展建设。

随着经济建设的发展,供水系统越来越复杂,一般单个供水系统就可由不同的供水水源、多个取水、净水工程和庞大的输水渠道或管网组成,特别是在多个供水系统共用一个水源的情况下,又组成了一个更加庞大的供水系统。因此,供水的组织、协调是本层次管理中最重要的管理任务,应自上而下建立健全供水管理组织,科学调度计划供水,合理配水,制定专门的供水管理和工程管理办法。在严重缺水的黄河流域自1999年实施全河水量调度,由流域机构负责全河水量统一调度,各供水部门按照省区水利厅(局)或黄河河务部门制订的供水计划取水并有组织地配水到各用水户,取得了显著成绩,既兼顾了不同用水需求,又协调了不同供水部门的矛盾。供水的组织协调不仅存在于不同的供水部门之间,而且单个的供水系统内部也要对供水进行组织及协调。

三、用水管理

用水管理属微观管理,是指为合理、高效用水,对地区、部门以及单位和个人使用水资源所进行的管理活动,主要手段包括运用水中长期供求计划、水量分配取水许可制度、征收水费和水资源费、计划用水和节约用水。用水管理的最终目标是实现合理用水,以水资源的可持续利用保障国民经济的可持续发展。用水管理可分为两个层次,一是水行政主管部门和行业主管部门的用水管理,其任务包括对用水户进行用水水平调查和指标测试,制定合理用水定额,审批和下达用水计划,制订供水计划,进行用水统计,确定排污指标;二是具体用水户(某一个企业或矿山)的用水管理,按照主管部门或供水部门下达的用水指标组织实施,并对其基层单位进行考核。这一层次的管理工作,应从实际出发,采取灵活、多样的方式,切忌一刀切。

进行用水管理是基于水资源相对人类社会的进步与发展来说,是一种不可替代但又稀缺的自然资源。从资源开发角度看,用水量及其未来需水量的多少,将决定供水的规模;从水资源管理角度而言,用水管理的水平高低,将对供水管理和水的资源管理产生重大影响;从供水与需求的关系出发,人类开发利用水资源已经历了供大于求—供需基本平衡—供需失衡等阶段,其中用水量由小到大决定了上述不同发展阶段及不同阶段水资源管理的基本任务和目标。因此,随着国民经济的发展和用水量的增加,加强用水管理显得日益重要。

用水管理的核心是计划用水和节约用水,《中华人民共和国水法》第七条也规定了"国家实行计划用水,厉行节约用水"的内容。计划用水是用水管理的基本制度是指在水长期供求计划和水量分配方案等的宏观控制下,按照年度来水预测、可供水量、需水要求,制订年度用水计划,并组织实施和监督。实际上计划用水和计划供水是紧密相连的,在缺水地区,供水计划的制订除了要考虑用水户编制的用水需求计划,更重要的是依据年度来水预测,按照以供定需的原则制订供水计划、核定用水计划。在流域计划用水管理中,其主要任务是审批用水计划并实施监督管理黄河流域在用水管理方面颇具代表性,在国务院批准的《黄河水量调度管理办法》中,规定用水计划的审批要经过以下几个阶段:用水户编制自己的年度用水需求计划—各省区对本辖区内的年度用水需求计划进行汇总和总量平衡,报黄河水利委员会—黄河水利委员会进行全流域的汇总和总量平衡,编制黄河年度水量分配和调度预案报水利部—水利部进行审批—各省区根据批准的黄河年度水量分配预案制订年度供水计划,并配水到各用水户。在实施过程中,黄河水利委员会根据年度水量分配预案,制订月度调度方案,各省(区)根据月度调度方案,安排辖区内各用水户的月用水计划。从上述过程中可以看出,从用水计划到供水计划是一个反复循环的过程,先有用水需求计划,再形成正式的供水计划,最终制订真正执行的用水计划其中的原因是要考虑年度来水情况。

节约用水就是使用水户合理、高效用水。我国是一个水资源贫乏的国家,虽然水资源总量居世界第6位,约2.8万亿 m^3,但人均水量约只占世界平均水平的1/4;同时,水资源的时空分布极不均匀,且与人口、耕地、矿产资源的分布不匹配,水资源短缺已成为制约我国经济发展的主要因素。另外,用水浪费、效益低下,又大大加剧了全国性的供需矛盾。据调查,我国渠灌区水的利用率仅0.4~0.5,农田灌溉水量超过作物需水量的1/3甚至1倍以上。绝大多数地区工业单位产品耗水量高于发达国家数倍甚至10余倍,水的重复利用率较低,多数城市为30%~50%,而美国、日本等发达国家在20世纪80年代水的重复利用率已达75%

以上。我国城市生活人均用水量较低,也存在用水浪费问题。基于对国情的正确认识,我国将节约用水作为国家的基本国策。节水管理包括编制节水规划,制订年度节水计划、行业用水定额和相应的管理办法,推广先进的节水技术和节水措施,利用水费和征收水资源费等经济手段促进节约用水等。

新中国成立以来,我国用水增长十分迅速。全国总用水量1949年约1030亿m^3,2002年已达到5497亿m^3。目前,水资源供需矛盾比较突出,据分析统计,中等干旱年份,全国按目前的正常需要和不超采地下水,年缺水总量约为360亿m^3。水资源短缺已成为我国经济可持续发展的一个重要制约因素。根据"中国可持续发展水资源战略研究报告集"分析,通过适量的扩展开发、积极利用当地径流、多种水资源的联合利用、废污水的处理、回用以及开发替代水源等一系列措施和技术,在维持水资源持续开发利用的总原则下,预计到2030年,我国当地水资源供水能力将达到7 220亿m^3,2050年可超过7500亿m^3。从南北地区分布看,2050年南方供水能力预计将达到4225亿m^3,可供水量为3945亿m^3;北方则为3275亿m^3,可供水量为2905亿m^3。从水资源的供需发展趋势分析看,人均水资源占有量将进一步减少。根据社会经济发展的需要,预计2030年全国缺水量约130亿m^3。由此可见加强需水管理的重要性。水管理不是为水的需求寻求一些适当的供给,而是着眼于现存的水资源供给,通过各种手段使需水控制在合理、可接受的程度,寻求在用水效益和供水费用之间适当的平衡。需水管理的主要内容是分析现有用水需求的合理性,通过用水调查摸清现有供水水源、供水设施和用水需求的种类、实际用水量,分析其节水的潜力,提出切实可行的节水措施,制定行业用水标准,并通过行政措施强制执行,收取水费和水资源费利用经济措施促进节约用水,编制和审批用水计划,并按计划实施配水和用水。总之需水管理就是利用一切手段,控制需水规模,抑制需水增长速度,实现水资源的可持续利用。需水管理的一条重要原则就是以供定需,即根据当地的水资源条件和现有的供水能力,将需水量控制在合理的程度。

工作任务四　水资源管理的方法

水资源管理的方法归纳起来有法律方法、行政方法、经济方法和技术方法等。

一、水资源管理的法律方法

法律是统治阶级意志的表现,在社会主义制度下,各种法律规范是人民利益和意志的表现。水资源管理的法律方法就是通过制定并贯彻执行各种水法规来调整人们在开发利用、保护水资源和防治水害过程中产生的多种社会关系和活动。《中华人民共和国水法》的颁布实施是我国依法管理水资源的重要标志。水法有广义和狭义之分。狭义的水法就是指《中华人民共和国水法》。广义的水法是指调整在水的管理、保护、开发、利用和防治水害过程中所发生的各种社会关系的法律规范的总称。它包括国家法律、行政法规、国家水行政主管机关颁布的规章和地方性法规等法律规范。新中国成立以来，特别是《中华人民共和国水法》颁布以来，我国出台了许多水法规，已初步形成了我国水法规体系。我国水法规体系可分为四个层次：全国人大制定的法律；国务院制定的行政法规；国务院有关部委制定的规章；省、自治区、直辖市地方权力机关制定的地方性法规。

水资源管理的法律方法有以下特点：一是权威性和强制性。水法规是由国家权力机关制定和颁布的，并以国家机器的强制力为其坚强后盾，带有相当的严肃性，任何组织和个人都必须无条件地遵守，不得对水法规的执行进行阻挠和抵抗。二是规范性和稳定性。水法规文字表述严格准确，其解释权在相应的立法、司法和行政机构，绝不允许对其作出任意性的解释。同时水法规一经颁布施行，就将在一定时期内有效并执行，具有稳定性。

目前，我国已颁布的水法律有《中华人民共和国水法》、《中华人民共和国水污染防治法》等。另外，与水资源管理密切相关的法律有《中华人民共和国环境保护法》《中华人民共和国行政处罚法》《中华人民共和国行政复议法》等。水资源管理的行政法规和部规章主要有《取水许可制度实施办法》、《水利工程核计、计收和管理办法》《水利产业政策》等。

水资源管理法律方法的主要作用在于：维护了正常的管理秩序；加强了管理系统的稳定性；有效调节各种管理因素之间的关系；不断推进管理系统的发展。

二、水资源管理的行政方法

行政方法又称为行政手段，它是依靠行政组织或行政机构的权威，运用决定、命令、指令、规定、指示、条例等行政措施，以鲜明的权威和服从为前提，直接指挥下属工作。因此，行政管理方法带有强制性。

管理要有一定的权威性，否则管理功能无法实现。水资源是人类社会生存和发展不可替代的自然资源，不同地区、部门甚至个人都在开发或利用水资源，而水资源又是一种极其有限的自然资源，过度无序的开发活动将会导致水资源总量减少、水质功能下降，人类社会可持续发展难以维持，并引发地区间、部门间的水事矛盾，这就需要对各项开发利用水资源的活动进行管理、指导、协调和控制不同地区、部门和用水户的水事活动。《中华人民共和国水法》规定，水资源属于国家所有，政府负责对水资源的分配和使用进行管理和控制。为了有效开发利用水资源，协调不同地区、部门和各用水户之间的关系以及使经济社会发展和水资源承载能力相适应，需要政府发挥其行政机构的权威，采取强有力的行政管理手段，制订计划、控制指标和任务，发布具有强制性的命令、条例和管理办法，来规范行为、保证管理目标的实现。当然,水资源的行政管理必须依据水资源的客观规律,结合本地区水资源的条件开发利用现状及未来的供求形势,分析做出正确的行政决议、决定、命令、指令、规定、指示等,切忌主观主义和个人专断式的瞎指挥。

行政方法是目前我国进行水资源管理最常用的方法。新中国成立以来,我国在水的行政管理方面取得了很大成绩,国务院、水利部以及地方人大、政府都颁布了大量的有关水资源管理的规章、命令和决定,这些规章、命令和决定在水资源管理中起到了统一目标、统一行动的作用。如水利部根据 1993 年国务院颁布的《取水许可制度实施办法》,分别于 1994年、1995 年、1996 年发布了《取水许可申请审批程序规定》《取水许可水质管理规定》、《取水许可监督管理办法》等,从而保证了取水许可制度的有效实施;1990 年水利部颁发了《制定水长期供求计划导则》,规范了水长期供求计划编制的技术要求。长期的水资源管理实践证明,有许多水事问题需要依靠行政权威处置,所以《中华人民共和国水法》规定:地区间的水事纠纷由县级以上人民政府处理这是行政手段在法律上的运用。《中华人民共和国水法》还规定,水量分配方案由各级水行政主管部门制订并报同级政府批准和执行,这都是以服从为前提的行政方法在水资源管理中的运用。

三、水资源管理的经济方法

水资源管理的经济方法是运用经济手段,按照经济原则和经济规律办事,讲究经济效益,运用一系列经济手段为杠杆,组织、调节、控制和影响管理对象的活动,从经济上规范人们的行为,使水资源的开发、利用、保护等活动更趋合理化,间接地强制人们为实现水资源的管理目标而努力。

水资源管理的经济方法是通过经济政策来实现的。长期以来,我国实行水资源的无偿使用和低水价政策,即水资源使用权的获得是无偿的,国家将水资源、无偿划拨给用水户使用,水价标准低于供水成本,供水工程的运行、维护不足部分由国家补贴这种无偿使用和低水价政策的后果是用水需求增长过快,水资源的利用效率不高,浪费严重,人们的节水意识不强。实践证明,单纯依靠行政手段,难以有效解决上述问题,利用经济手段则可以弥补行政手段的不足。经济手段通过提高用水的机会成本促使用水户减少用水而少支付相应的费用,从而达到抑制用水需求的增长速度和节约用水的目的。

水资源管理的经济方法包括:一是制定合理的水价、水资源费(或税)等各种水资源价格标准;二是制定水利工程投资政策,明确资金渠道,按照工程类型和受益范围受益程度合理分摊工程投资;三是建立保护水资源、恢复生态环境的经济补偿机制任何造成水质污染和水环境破坏的,都要缴纳一定的补偿费用,用于消除危害;四是采用必要的经济奖惩制度,对保护水资源及计划用水、节约用水等各方面有功者实行经济奖励,而对那些破坏水资源,不按计划用水,任意浪费水资源以及超标准排污等行为实行严厉的罚款;五是培育水市场,允许水资源使用权的有偿转让。

经济方法的实践：20 世纪 70 年代后期，我国北方地区出现了严重的水危机，为扭转局面，各级水资源主管部门自 70 年代起相继采用了经济手段以强化人们的节水意识。1985年国务院颁布了《水利工程水费核定、计收和管理办法》，对我国水利工程水费标准的核定原则、计收办法、水费使用和管理首次进行了明确的规定，这是我国利用经济手段管理水资源的有益尝试。在水资源有偿使用方面，山西省人大常委会于 1982 年 10 月通过的《山西省水资源管理条例》第八条明确规定："各级水资源主管部门，对拥有自备水源工程的单位，按取水的多少，向其征收水资源费。"这是我国第一部具有法律效力的关于征收水资源费的地方性法规。为将经济管理的方法纳入法治轨道 1988 年 1 月全国人大常委会通过的《中华人民共和国水法》明确规定："使用供水工程供应的水，应当按照规定向供水单位缴纳水费"。"对城市中直接从地下取水的单位，征收水资源费"。这使水资源的经济管理方法在全国范围内开展获得了法律保证。1997 年原国家计委颁布的《水利产业政策》和水利部于 1999 年颁布的《水利产业政策实施细则》，对使用经济手段管理水资源有了更进一步的发展。

四、水资源管理的技术方法

水资源管理除了法律、行政、经济方法外，技术管理方法也是水资源管理的重要手段。现代科学技术的不断发展与进步，为人类进行科学的水资源管理提供了有力的技术支持，使得水资源管理工作的开展更科学、合理和高效。根据文献，以下将对这些技术作一简要介绍。

1. 高新技术在水资源管理中的应用

以"3S"技术为代表的高新技术在水资源管理方面得到了很好的应用。所谓"3S"技术是以地理信息系统（GIS）、遥感技术（RS）、全球定位系统（GPS）为基体而形成的一项新的综合技术。它充分集成了 RS、GPS 高速、实时的信息获取能力和 GIS 强大的数据处理和分析能力，可以有效地进行水资源信息的收集处理和分析，为水资源管理决策提供强有力的基础信息资料和决策支持。地理信息系统（GIS,Geographical Information System）是以空间地理数据库为基础，利用计算机系统对地理数据进行采集、管理、操作、分析、模拟显示，并用地理模型的方法，实时提供多种空间信息和动态信息，为地理研究和决策服务而建立起来的综合的计算机技术系统。GIS 以计算机信息技术作为基础，增强了对空间数据的管理、分析和处理能力，有助于为决策提供支持。遥感（RS,Remote Sensing）技术是 20 世纪 60 年代发展起来的，是一种远距离、非接触的目标探测技术和方法，它根据不同物体因种类和环境条件不同而具有反射或辐射不同波长电磁波的特性来提取这些物体的信息，识别物体及其存在环境条件遥感技术可以更加迅速、更加客观地监测环境信息，获取的遥感数据也具有空间分布特性，可以作为地理信息系统的一个重要的数据源，实时更新空间数据库。全球定位系统

（GPS，Global Positioning System）是利用人造地球卫星进行点位测量导航技术的种。通过接收卫星信息来给出（记录）地球上任意地点的三维坐标以及载体的运行速度，同时它还可给出准确的时间信息，具有记录地物属性的功能，具有全天候、全球覆盖、高精度、快速高效等特点，在海空导航、精确定位、地质探测、工程测量、环境动态监测、气候监测以及速度测量等方面应用十分广泛。"3S"技术在水资源管理中的应用主要有以下几方面：

（1）水资源调查、评价

根据遥感获得的研究区卫星相片可以准确查清流域范围、流域面积、流域覆盖类型、河长、河网密度、河流弯曲度等。使用不同波段、不同类型的遥感资料，容易判读各类地表水的分布，还可以分析饱和土壤面积、含水层分布以及估算地下水储量。利用 GPS 进行野外实地定点定位校核，建立起勘测区域校核点分类数据库，可对勘测结果进行精度评价。

（2）实时监测

遥感资料具有获取迅速、及时、数据精确等特点，GPS 有精确的空间定位功能，GIS 具有强大的空间数据分析能力，可以用于水资源和水环境的实时监测。利用"3S"技术，可以对河流的流量、水位、河流断流、洪涝灾害等进行监测，可以对水环境质量进行监测，也可以对造成水环境污染的污染源、扩散路径、速度等进行监测等"3S"技术的出现使人类能够更方便、快捷、及时地掌握水体的水量和水质相关信息方便进行水文预测、水文模拟和分析决策。

（3）水文模拟和水文预报

GIS 对空间数据具有强大的处理和分析能力。将所获取的各种水文信息输入 GIS 中，使 GIS 与水文模型相结合，充分发挥 GIS 在数据管理、空间分析、可视化等方面的功能，构建基于数字高程模型的现代水文模型，模拟一定空间区域范围内的水的运动，也可以通过 RS 接收实时的卫星云图、气象信息等资料，结合实时监测结果，基于 GIS 平台并利用预测理论和方法，对各水文要素，如降水、洪峰流量及其持续时间和范围等进行科学、合理的预测。水文模拟和水文预报在水资源管理中应用非常广泛比如，可以利用水文模拟进行水库优化调度，利用水文预报为水量调度和防汛抗灾等决策提供科学、合理和及时的依据等。

（4）防洪抗旱管理

"3S"技术在洪涝灾害防治以及旱情分析预报等工作中都有应用。基于 GIS 的防洪决策支持系统可以建立防洪区域经济社会数据库，结合 GPS 和 RS 可以动态采集洪水演进的数据、分析洪水情势，并借助于系统强大的数据管理、空间分析等功能，帮助决策者快速、准确地分析滞洪区经济社会的重要程度，选择合理的泄洪方案。此外，"3S"技术的结合还可对洪灾损失及灾后重建计划进行评估，也可以利用 GIS 结合水文学和水力学模型用于洪水淹没范围预测。同样，"3S"技术也可以用于旱灾的实时监测和抗旱管理中。遥感传感器获取的数据可以及时地直接或间接反映干旱情况，再利用 GIS 的数据处理、分析等功能，显示旱情范围、程度，预测其发展趋势，辅助决策制定。

除此之外,"3S"技术在水土保持和泥沙淤积调查、水资源管理决策信息系统等多方面也得到了很好的应用。

2. 节水技术

地球上水资源总量丰富,而易于人类直接开发利用的淡水资源量却极为有限,不到全球水资源总量的1%。随着人口的增长和经济的发展,人类对淡水资源的需求量也在不断增加,加上水质恶化,使得缺水成为制约社会和经济发展的主要因素。为了解决这一问题,很多国家都行动起来,通过经济、技术、法律、行政、宣传教育等一系列手段,在各行各业中推广节水技术,我国目前也在大力推行节水工作,以求建立一个节水型社会。

各国所推广的各种节水技术来看,主要是从农业、工业、城市生活等几个方面推广节水技术。农业节水方面,发达国家推广的节水技术主要有以下几类:

(1)采用计算机联网进行控制管理,精确灌水,达到时、空、量、质上恰到好处地满足作物不同生长期的需水;

(2)培育新的节水品种,从育种的角度更高效地节水;

(3)通过工程措施节水,如采用管道输水和渠道衬砌提高输水效率;

(4)推广节水灌溉新技术;

(5)推广增墒情水技术和机械化旱地农业。

我国所积极推广的节水技术除了以上几个方面以外,还包括降水和回归水利用技术,如降水滞蓄利用技术、灌溉回归水利用技术、雨水集蓄利用技术等;非常规水利用技术,如海水淡化、人工增雨等技术;另外,还有养殖业节水技术以及村镇节水技术等。

工业用水主要包括冷却用水、热力和工艺用水、洗涤用水。工业节水可以通过以下几个途径进行:

(1)加强污水治理和污水回用;

(2)改进节水工艺和设备,提倡一水多用,提高水的利用效率;

(3)减少取水量和排污量;

(4)减少输水损失;

(5)开辟新的水源。

据此,常用的工业节水技术有工业节水重复利用技术,如在工厂内部建立闭合水循环系统、发展蒸汽冷凝水回收再利用技术、外排废水回用和"零排放"技术等。冷却节水技术,工业冷却水用量要占工业用水总量的80%左右,节水空间巨大,具体的冷却节水技术如高效换热技术、高效循环冷却水处理技术、空气冷却技术等。此外,还有热力和工艺系统节水技术,洗涤节水技术,给水和废水处理节水技术,输用水管网、设备防漏和快速堵漏修复技术,非常规水资源利用技术等。

随着城市化进程的不断加快,城市生活用水占城市用水总量的比例也越来越高因此,城市生活节水对于促进城市节水具有重要意义。目前,在各国采用的城市生活节水技术中,非常普遍的一种就是采用节水型器具,如节水龙头、节水马桶、节水淋浴头、节水洗衣机等。有些国家甚至通过一定的法律、规章对节水器具的节水标准进行强制性要求,要求生产商只能生产低耗水的卫生洁具。此外,城市生活节水技术和城市再生水利用技术,包括城市污水处理再生利用技术、建筑中水处理再生利用技术和居住小区生活污水处理再生利用技术等;城区雨水、海水、苦咸水利用技术;城市供水管网的检漏和防渗技术;公共建筑节水技术;市政环境节水技术等。

3. 水处理技术

大量工业废水、生活污水及农业废水的产生,使得清洁的淡水资源受到污染,加剧了水资源短缺的危机,更严重的是威胁到了人类健康。因此,治理水污染目前已经成为全球水资源可持续利用和国民经济可持续发展的重要战略目标。目前,人类所使用的水处理方法按照作用原理不同,可以分为物理处理法、化学处理法和生物处理法三大类。常用的物理处理法有过滤、沉淀、离心分离、气浮等;常用的化学处理法有中和、混凝、化学沉淀、氧化还原、吸附、萃取等;生物处理法有好氧生物处理、厌氧生物处理、稳定塘等。

随着物理学、化学、生物学研究的不断发展,水处理的技术也得以不断进步,一些新兴的、绿色高效的水处理方法不断产生,如高级氧化技术,它是通过强活性自由基来降解有机污染物的一种先进水处理技术,根据强活性自由基产生的条件不同,又有湿式氧化方法、超临界水氧化技术、光化学氧化技术、电化学氧化技术等;纳米技术,纳米材料有高的比表面积和大的表面自由能,在机械性能、磁、光、电、热等方面与普通材料有着很大的不同,具有较强的辐射、吸收、催化和吸附等特性,用其作为催化剂的载体可以提高反应速度,作为吸附剂可以进行离子交换吸附,用于过滤时具有优良的截流率。

在废水处理过程中,根据废水中的污染物类型、性质,可以选择不同的处理方法联合起来构成废水处理的工艺流程进行废水处理,实现废水无害排放的目标。同时根据实际情况也可以对废水经过多级处理之后,达到一定回用水水质要求,实现废水的循环再利用。

4. 海水利用技术

地球上虽然淡水资源有限,但是海水资源却极其丰富,如果能将海水资源合理地开发利用以满足人们的用水需求,在很大程度上可以解决水资源短缺问题,并能解决沿海城市超采地下水所造成的环境问题。沿海地区距海近,海水资源丰富,开发利用的优势非常显著。目前,世界上已经有很多国家将目光投向海洋,开发利用海水资源.取得了显著的经济效益,也使得水资源管理工作得以顺利、高效地开展。在缓解沿海地区所面临的淡水资源短缺的危机方面,海水淡化和海水直接利用是经济、有效的最佳选择。

海水淡化包括从苦深的高盐度海水以及含盐量比海水低的苦咸水通过脱盐生产出淡水。海水淡化技术的发展已经经历了半个多世纪之久,国外在 20 世纪 40 年代就开始了以蒸馏法为主的海水淡化技术研究。美国最早于 1952 年首先开发了电渗析盐水淡化技术,继而在 60 年代初又开发了反渗透淡化技术。近年来反渗透技术飞速发展,因其具有投资小、能耗低、占地少、建造周期短、安全可靠等优势,在水工业中得到广泛应用。我国也在 20 世纪 50 年代末期开始了电渗析的研究,之后的几十年中,海水淡化技术的研究取得了长足发展并被广泛地应用。目前,中国已掌握了国际上商业化的蒸馏法和膜法海水淡化主流技术,在天津、河北、山东、浙江等地建立了大量海水淡化工程,进行海水淡化以满足各种用水需求。海水淡化的方法按脱盐过程来分,主要有热法、膜法和化学方法三大类。其中,热法海水淡化技术主要有蒸馏法和结晶法前者主要包括多级闪蒸、多效蒸馏和压汽蒸馏等方法,后者则由冷冻法和水合物法构成;膜法海水淡化技术包含了反渗透法和电渗析法等方法;化学方法主要是离子交换法。目前,使用较广的方法有蒸馏法、反渗透法和电渗析法等(5)现代信息技术在水资源管理决策支持系统上的应用

在水资源管理中,水资源管理对象复杂,内容多,信息量大,信息技术的应用为提高水资源管理的效率提供了技术支撑。先进的网络、通信、数据库、多媒体、"3S"等技术,加上决策支持理论、系统工程理论、信息工程理论可以建立起水资源管理信息系统,通过该系统可将信息技术广泛地应用于陆地和海洋水文测报预报、水利规划编制和优化、水利工程建设和管理、防洪抗旱减灾预警和指挥、水资源优化配置和调度等各个方面。

我国对水资源管理决策支持系统的研究起步始于 20 世纪 80 年代中期,与国外相比起步较晚,随着我国水资源供需矛盾的加深,系统研究的发展较快,特别是近年来在流域水资源管理以及防洪决策等方面进行了很多应用研究,并且取得了大量成果但仍处于发展及完善阶段。水资源管理问题不仅仅是水文、水资源问题,而且还包括跨区域、跨国界而引起的政治、经济问题,以及在水资源管理机构中的多层次管理问题;在学科上,涉及地学、生态、经济、社会科学、大气科学等多学科交叉问题.尽管水资源管理的决策者或管理者对某一区域的水资源配置、利用现状十分了解,但他们对于区域的水文循环过程以及水文—生态—经济之间的耦合过程并不十分清楚因此,依靠个人能力来对水资源管理中的重大非结构化和半结构化问题做出正确的决策十分困难;另一方面,科学家们已建立了较完善的物理模型来模拟区域水文过程生态过程等,更加准确地认识不同时空尺度下地表参数各分量的状态,而这些却是管理者决策过程中所需的重要信息。水资源管理决策支持系统是建立水文水资源学家和水资源管理者、决策者之间的桥梁,它能够将水资源管理涉及的决策问题通过水文水资源学家建立的物理模型或经验模型进行定量表达,使决策者站在科学的基础上把握决策过程,从而提高决策的效能。水资源管理决策支持系统经历了三个发展阶段,模型模拟阶段、模型模拟+决策支持阶段、情景分析+集成建模环境+决策支持工具阶段。

项目三 水工建筑物的运行与维护

工作任务一 土石坝

一、土石坝运行管理与维护

(一)土坝平时的检查工作

在土坝平时的检查工作中,根据上述情况主要应注意以下几个问题:

(1)检查有无裂缝。对于坝体两端、坝体填土质量较差坝段、岸坡处理不好或坝体与其他建筑物连接处,要特别注意检查。发现裂缝以后,应作好记录。对严重的裂缝应观测其位置、大小、缝宽、错距方向及其发展情况。对观测所得资料应及时整理,并分析裂缝产生的原因。对平行坝轴线的较大裂缝,应注意观测是否有滑坡迹象;对垂直于坝轴线的较深的裂缝,应注意观测是否已形成贯通上下游的漏水通道。

(2)检查有无滑坡、塌陷、表面冲蚀、兽洞、白蚁穴道等现象。

(3)检查背水坡、坝脚、涵管附近坝体和坝体与两岸接头部分有无散浸、漏水、管涌或流土等现象,应结合土坝的渗水观测,注意浸润线、渗水流量和渗水透明度的变化。当出现异常情况,特别是出现浑水时,应尽快查明原因,以便及时养护、修理。

(4)检查坝面护坡有无块石翻起、松动、塌陷或垫层流失等损坏现象;检查坝面排水沟是否畅通,有无堵塞、淤积或积水现象;检查坝顶路面及防浪墙是否完好等。

在汛期高水位、溢洪、暴雨、结冰及解冻时,最易发生问题,应加强检查。

(二)土坝的日常养护工作

土坝的日常养护工作主要有以下内容:

(1)正确地控制库水位,务使各期水位高程和水位降落速度符合设计要求。一般水位降落不应超过 $1 \sim 2m/$ 昼夜,以免造成土坝上游坡滑坡。当土料的物理力学性质较差时,水位降落速度还应作更严格的规定。根据调查,有的地区,当水位下降速度仅 $0.5m/$ 昼夜左右时,也较普遍地产生了土坝上游坡滑坡事故。

（2）经常保持土坝表面如坝顶、坝坡及马道的完整。对表面的坍塌、细微裂缝、雨水冲沟、隆起滑动、兽穴隐患或护坡破坏等，都必须及时加以养护修理。应保持坝体轮廓点、线、面清楚明显，这样不仅保持了外表整洁，更重要的是易于发现坝体存在的缺陷，以便及时养护。

（3）严禁在坝身上堆放重物、建筑房屋，以免引起不均匀沉陷或滑坡。不许利用护坡作装卸码头，靠近护坡的库面不得停泊船只、木筏等。更不允许船只沿坝坡附近高速行驶，以保持护坡完整。

（4）在对土坝安全有影响的范围内，不准取土、爆破或炸鱼，以免造成土坝裂缝、滑坡或渗漏。

（5）经常保持土坝表面排水设施及坝端山坡排水设施的完整，要经常清除排水沟中的障碍物和淤积物，保持排水畅通无阻。

（6）对护坡加强养护工作。当干砌块石护坡的个别块石因尺寸过小或嵌砌不紧，在风浪作用下有松动现象时，应及时更换砌紧；当发现嵌砌的小块石被冲掉，影响块石稳定性时，应立即填补砌紧；当个别块石翻动后垫层被冲，甚至淘刷坝体时，应先恢复坝体和垫层，再将块石砌紧；个别块石风化或冻毁，应更换质量较好的块石，并嵌砌紧密。如果冰凌可能破坏护坡时，应根据具体情况，采用各种防冰和破冰方法，减少冰冻挤压力。有条件的，也可调节库内水位破碎坝前冰盖。

下游草皮护坡如有残缺时，宜于春季补植草皮保护。

（7）在土栖白蚁分布区域内的土石坝，或有动物在坝体内营造作穴的土石坝，应有固定的专门防治人员，经常检查坝区范围内是否有白蚁活动迹象或其他动物的危害现象。

（8）导流工程上不能随意移动石、砂材料以及进行打桩、钻孔等损坏工程结构的活动；当库内水位较高和汛期期间，不得随意在坝后打减压井、挖减压沟或翻修导渗工程。如有特殊需要，须经慎重研究做出设计，并经上级批准后方可动工；若坝下游有河水倒灌或水库溢洪使坝趾受到淹没时，应防止导渗工程被堵塞或被水流冲坏。一般可考虑用修筑隔水堤或将导渗体石块表面局部用水泥砂浆勾缝等保护措施。

二、土坝裂缝的处理

土坝坝体裂缝是一种较为常见的病害现象，有些裂缝对坝体危害不严重，但是，也有些裂缝存在着潜在的危险，例如细小的横向裂缝也有可能发展成为坝体的集中渗漏通道；而有的纵向裂缝也可能是坝体滑坡的预兆，也有坝体内部产生裂缝的。因此，对土坝的裂缝现象，应给予应有的重视。

1. 土坝裂缝的类型和预防

土坝的裂缝，按其方向可分为龟状裂缝、横向裂缝（垂直坝轴线）和纵向裂缝（平行坝轴线);按其产生原因可分为干缩裂缝、沉陷裂缝和滑坡裂缝;按其部位可分为表面裂缝和内部裂缝。

预防:竣工后的坝面及时铺设砂性土保护层;减少坝体和坝基的沉陷和不均沉陷,提高坝体填土适应变形的能力;可能出现裂缝处应有必要的安全措施如适当增加防渗体下游反滤层的厚度等。

2.非滑动性裂缝的处理方法

处理坝体裂缝时,应首先根据观测资料、裂缝特征和部位,结合现场检查坑开挖结果,参考前述内容,分析裂缝产生的原因,然后根据裂缝不同情况,采用适当的方法进行处理。

裂缝的处理方法主要有三种,即:开挖回填、灌浆和开挖回填与灌浆相结合开挖回填是裂缝处理方法中最彻底的方法,适用于深度不大的表层裂缝及防渗部位的裂缝;灌浆法适用于坝体裂缝过多或存在内部裂缝的情况;开挖回填与灌浆相结合的方法适用于自表层延伸至坝体深处的裂缝。现仅将开挖回填法和灌浆法介绍如下。

1.开挖回填法

采用开挖回填方法处理裂缝时,应符合下列规定:

1)裂缝的开挖长度应超过裂缝两端1m,深度超过裂缝尽头0.5m;开挖坑槽底部的宽度至少0.5m,边坡应满足稳定及新旧填土结合的要求。

2)坑槽开挖应做好安全防护工作;防止坑槽进水、土壤干裂或冻裂;挖出的土料要远离坑口堆放。

3)回填的土料要符合坝体土料的设计要求;对沉陷裂缝要选择塑性较大的土料,并控制含水量大于最优含水量的1%~2%。

4)回填时要分层夯实,要特别注意坑槽边角处的夯实质量,要求压实厚度为填土厚度的2/3。

5)对贯穿坝体的横向裂缝,应沿裂缝方向,每隔5m挖十字形结合槽一个,开挖的宽度、深度与裂缝开挖的要求一致。

2.充填式黏土灌浆法

当裂缝较深或裂缝很多,开挖困难或开挖将危及坝坡稳定时,宜采用充填式黏土灌浆法处理。对于坝体内部裂缝,则只宜采用灌浆法处理。

采用充填式黏土灌浆处理裂缝时,应符合下列规定:

(1)应根据隐患探测和分析成果做好灌浆设计。对孔位布置,每条裂缝都应布孔;较长裂缝应在两端和转弯处及缝宽突变处布孔;灌浆孔与导渗或观测设施的距离不应小于3m。

(2)造孔时,必须采用干钻、套管跟进的方式进行。

(3)浆液配制。配制浆液的土料应选择具有失水性快、体积收缩小的中等黏性土料,一般黏粒含量在20%~45%为宜;浆液的浓度,应在保持浆液对裂缝具有足够的充填能力条件下,稠度愈大愈好,泥浆的比重一般控制在 1.45~1.7 左右;为使大小缝隙都能良好地充填密实,可在浆液中掺入干料重的 1%~3% 的硅酸钠(水玻璃)或采用先稀后浓的浆液;浸润线以下可在浆液中掺入干料重的 10%~30% 的水泥,以便加速凝固。

(4)灌浆压力,应在保证坝体安全的前提下,通过试验确定,一般灌浆管上端孔口压力采用 0.05~0.3MPa 左右;施灌时灌浆压力应逐步由小到大,不得突然增加;灌浆过程中,应维持压力稳定,波动范围不得超过 5%。

(5)施灌时,应采用"由外到里、分序灌浆"和"由稀到稠、少灌多复"的方进行,在设计压力下,灌浆孔段经连续 3 次复灌,不再吸浆时,灌浆即可结束;施灌时并要密切注意坝坡的稳定及其他异常现象,发现突然变化应立即停止灌浆。

(6)封孔,应在浆液初凝后(一般为 12h)进行封孔。先应扫孔到底,分层填入直径 2~3cm 的干黏土泥球,每层厚度一般为 0.5~1.0m,然后捣实;均质土坝可向孔内灌注浓泥浆或灌注最优含水量的制浆土料捣实。

(7)重要的部位和坝段进行裂缝灌浆处理后,应按 SD 266—88《土坝坝体灌浆技术规范》的要求,进行灌浆质量的检查或验收。

(8)在雨季及库水位较高时,不宜进行灌浆。

三、土坝滑坡的处理

土坝坝坡的一部分土体,由于各种原因失去平衡,发生显著的相对位移,脱离原来的位置向下滑移,这种现象叫作滑坡。

土坝滑坡也是土坝常见病害之一。对土坝滑坡,如不及时采取适当的处理措施,将造成垮坝事故,因此,必须严格注意。

(一)滑坡的种类
土坝滑坡可按其滑动性质分为以下三种类型。

1. 剪切破坏型

当坝体与坝基土层是高塑性以外的黏性土,或粉砂以外的非黏性土时,土坝滑坡多属剪切破坏。破坏的原因是滑动体的滑动力超过了滑动面上的抗滑力所致,这种滑坡称为剪切破坏型滑坡。这类滑坡的特点,首先是在坝顶出现一条平行于坝轴线的纵向裂缝,然后,随着裂缝的不断延长和加宽,两端逐渐向下弯曲延伸,形成曲线形。滑坡体开始滑动时,主裂缝向两侧便上下错开,错距逐渐加大。与此同时,滑坡体下部逐渐出现带状或椭圆形隆起,末端向坝趾方向滑动。滑坡在初期发展较缓,到后期有时会突然加快。滑坡体移动的距离可由数米到数十米不等,直到滑动力和抗滑力经过调整达到新的平衡以后,滑动才告终止。

2. 塑流破坏型

如坝体或坝基土层为高塑性的黏性土,这种土的特点是当承受固定的剪应力时,由于塑性流动(蠕动)的作用,土体将不断产生剪切变形。即使剪应力低于土的抗剪强度,也会出现这一现象。当坝坡产生显著塑性流动现象时,称为塑流破坏型滑坡,或称塑性流动。土体的蠕动一般进行十分缓慢,发展过程较长,较易觉察,并能及时防护或补救。但是,当高塑性土的含水量高于塑限而接近流限时,或土体几乎达到饱和状态又不能很快排水固结时,塑性流动便会出现较快的速度,危害性也较大。水中填土坝在施工期由于自由水不能很快排泄,坝坡也会出现连续的位移和变形,以致发展成滑坡,这种情况就多属于塑性流动的性质。

塑流破坏型滑坡通常表现为坡面的水平位移和垂直位移连续增长,滑坡体的下部也有隆起现象,但是,滑坡前在滑坡体顶端则不一定首先出现明显的纵向裂缝。若坝体中间有含水量较大的近乎水平的软弱夹层,而坝体沿该层发生塑流破坏时,则滑坡体顶端在滑动前也会出现纵向裂缝。

3. 液化破坏型

如坝体或坝基土层是均匀中细砂或粉砂,当水库蓄水之后,坝体在饱和状态下突然经受强烈的振动时(例如强烈地震、大爆破、机器与车辆的振动,或地基土层剪切破坏等),砂的体积有急剧收缩的趋势,坝体中的水分无法析出,使砂粒处于悬浮状态,从而向坝趾方向急速流泻,这种滑坡称为液化破坏型滑坡,或称振动液化。特别是级配均匀的中细砂或粉砂,有效粒径与不均匀系数都很小,填筑时又没有充分压实,处于密度较低的疏松状态,这种砂土产生液化破坏的可能性最大。

液化破坏型滑坡往往发生的时间很短促。大体积坝体顷刻之间便液化流散,所以难以观测、预报或进行紧急抢护。例如美国的福特帕克水力冲填坝,坝壳砂料的有效粒径为0.13mm,控制粒径为0.38mm,由于坝基中发生黏土层的剪切,引起部分坝体液化,10min之内坍方就达380万 m^3。

上述三种类型的滑坡以剪切破坏最常见。所以本节主要分析这种类型滑坡的产生原因和处理措施。塑流破坏型滑坡的处理方法与剪切破坏型滑坡基本相同。至于液化破坏的问题则应在建坝前加以周密地研究,并在设计与施工中采取防范措施。

(二)滑坡的处理方法

滑坡的处理应尽量争取在发现滑坡象征的初期进行,因为此时滑坡体尚未受到严重扰动破坏,故不必将滑坡土体大量翻筑,处理的工程量与滑坡后的工程量比较大为减小。滑坡处理前,应严格防止雨水渗入裂缝内,可用塑料薄膜等覆盖封闭滑坡裂缝,同时在裂缝上方开挖截水沟,拦截和引走坝面的雨水。如受客观条件限制,对滑坡不能及时彻底处理,则应采取一些临时性的、局部的、紧急的处理措施,增加坝体稳定性,防止滑坡继续发展。常用的临时处理措施有：控制水库蓄水位，以防渗水对滑坡的不利影响；对由于排水失效使浸润线抬高或因雨水饱和而引起的滑坡，可在下游开挖导渗沟，降低浸润线，避免渗水在滑坡体内存在；对已蓄水的均质坝或心墙坝，可用透水性较大的砂石料压住坝脚，增加滑坡体的稳定性；对已蓄水的黏土斜墙坝，有防渗要求的可向水中大量抛土，以增加坝坡稳定和防渗能力。待滑坡产生原因查明，库水位降低后，再针对滑坡的具体原因，采用下列方法进行彻底处理：

1. 堆石（或抛石）固脚

在滑坡坡脚增设堆石体加固坡脚，是防止滑动的有效方法。当水库有条件放空时，最好在放水后采取堆石的办法，而在坝脚处堆成石埂，效果更好。堆石部分的具体尺寸，应根据稳定计算确定。当水库不能放空时，可在库岸上用经纬仪定位，用船向水中抛石固脚。

堆石固脚的石料应具有足够的强度，并具有耐水、耐风化的特性，石料的抗压强度一般不宜低于 $4kN/cm^3$。

上游坝坡滑坡时，原护坡的石块常大量散堆在滑坡体上，可结合清理工作，把这部分石料作为堆石固脚的一部分。

当滑坡是由于坝基有软弱层或淤泥层引起时，可在坝脚将淤泥部分清除，作水平或垂直排水，降低淤泥层含水量，加速淤泥层固结，增加其抗剪强度，然后在坝脚用石料作平衡台，以保持坝体稳定。

2. 放缓坝坡

当滑坡是由于边坡过陡所造成时，放缓坝坡方为彻底处理的措施。因放缓坝坡而加大坝体断面时，应先将原坡面挖成阶梯，回填时再削成斜面，用与原坝体相同的土料分层夯实。

3. 裂缝处理

对土坝伴随滑坡而产生的滑坡裂缝必须进行认真处理。因为土体产生滑动以后，土体结构业已破坏，抗剪强度减小，加以各裂缝易为雨水或渗透水流浸入使土体软化，将使与滑动体接触面处的抗剪强度迅速减小而降低稳定性。处理滑坡裂缝时，应将裂缝挖开，特别要将其中的稀泥挖除，再以与原坝体相同土料回填，并分层夯实，达到原设计要求的干容重。对滑坡裂缝一般不宜采用灌浆法处理。但是，当裂缝的宽度和深度较大，全部开挖回填比较困难，工程量太大时，可采用开挖回填与灌浆相结合的方法，即在坝体表层沿裂缝开挖深槽，回填黏土形成阻浆盖，然后以黏土浆或水泥黏土混合浆灌入。

此时必须注意，在灌浆前应先作好堆石固脚或压坡工作，并经核算坝坡确属稳定后才能灌浆。灌浆过程中，应严格控制灌浆压力，并有专人经常检查滑坡体及其邻近部位有无漏浆、冒浆、开裂或隆起等现象；在处理的滑坡段内要经常进行变形观测。当发现不利情况时，应及时研究处理，必要时应停灌观测，切不可因灌浆而使裂缝宽度加大，破坏坝体稳定，加速滑坡滑动。土坝滑坡处理应注意的问题。

（1）造成滑坡原因不同,采取的处理措施也有所区别;

（2）滑坡处理中,一定要确保人身安全的情况下进行工作;

（3）对滑坡性的裂缝,原则上不应采取灌浆方法处理;

（4）滑坡体上部与下部的开挖回填,应符合"上部减载,下部压重"的原则;

（5）不宜采用打桩固脚的方法处理滑坡。

四、土坝渗漏及其加固处理

（一）土坝渗漏的途径及其危害性

由于土坝的坝身填土和坝基土一般都具有一定的透水性,因此,当水库蓄水后,在水压力作用下,水流除将沿着地基中的断层破碎带或岩溶地层向下渗漏外,渗水还会沿着坝身土料、坝基土体和坝端两岸地基中的孔隙渗向下游,造成坝身渗漏、坝基渗漏或绕坝渗漏。坝身渗漏、坝基渗漏和绕坝渗漏是通常会产生的现象,在坝下游出现少量的稳定的渗流也是正常的。但是,过大的渗流则将对土坝枢纽造成以下危害:

（1）损失蓄水量

一般正常的稳定渗流,所损失水量较之水库蓄量所占比例是极小的。只有极少数在强透水地基上修建的土坝,由于渗流量较大而可能影响水库蓄水的效益,而严重的问题多出现在岩溶地区。有的水库往往由于对坝基的工程地质和水文地质条件重视不够,未作必要的调查研究,没有进行妥善的防渗处理,以致蓄水后造成大量渗漏损失,有时甚至无法蓄水。

（2）抬高浸润线

抬高坝身浸润线后,会造成下游坝坡出现散浸现象,甚至造成坝体滑坡。

（3）产生渗透变形

在渗流通过坝身或地基时,由于渗流出逸部位的渗透坡降大于临界坡降,使土体发生了管涌或流土等渗透变形破坏。这种渗透变形对土坝的安全影响极大,许多土坝破坏事故,都是由于渗透变形的发展所引起的。

当渗流的渗透坡降过大;使坝体或地基发生管涌、流土破坏时,为危险性渗水;对坝体或地基不致造成渗透破坏的渗水,则为正常渗水。一般正常渗水的渗流量较小,水质清澈见底,不含土壤颗粒。危险性渗水则往往渗流量较大,水质浑浊,透明度低,渗水中含有大量的土壤颗粒。当坝基下有砂层时,如在下游地基渗流出口处出现翻水冒砂现象,也说明发生了危险性渗水。危险性渗水往往造成大坝滑坡,甚至垮坝事故,所以当发现危险性渗水时,必须立即设法判明原因,采取妥善的维修处理措施,防止危害扩大。

防止渗流危害的主要措施是"上堵下排"。"上堵"就是在坝身或地基的上游采取措施提高防渗能力,尽量减少渗透水流渗入坝身或地基;"下排"就是在下游做好反滤导渗设施,使渗入坝身或地基的渗水,安全通畅地排走。

（二）坝身渗漏的处理方法

1. 斜墙法

适用于原坝体施工质量不好,造成了严重管涌、管涌塌坑、斜墙被击穿、浸润线和溢出点抬高、坝身普遍漏水等情况。具体做法是在上游坝坡补做或修理原有防渗斜墙,截堵渗流,防止坝身继续渗漏。修建防渗斜墙时,一般应降低库水位,揭开块石护坡,铲去表土,然后选用黏性土料(黏土或黏壤土),分层夯实。

2. 采用土工膜截渗法

采用土工膜截渗时,应符合以下规定:

（1）适用于均质坝和斜墙坝。

（2）土工膜厚度选择应根据承受水压大小而定。承受 30m 以下水头的,可选用非加筋聚合物土工膜,铺膜总厚度 0.3~0.6mm;承受 30m 以上水头的,宜选用复合土工膜,膜厚度不小于 0.5mm。

（3）土工膜铺设范围,应超过渗漏范围上下左右各 2~5m。

（4）土工膜的连接,一般采用焊接,热合宽度不小于 0.1m;采用胶合剂粘接时,粘接宽度不小于 0.15m;粘接可用胶合剂也可用双面胶布粘贴,要求粘接均匀、牢固、可靠。

（5）铺设前应进行坡面处理,先将铺设范围内的护坡拆除,再将坝面表层土挖除 30~50cm,要求彻底清除树杂草,坡面修整平顺、密实,然后沿坝坡每隔 5~10m 挖滑沟一道,沟深 1.0m,底沟宽 0.5m。

（6）土工膜铺设,将卷成捆的土工膜沿坝坡由下而上纵向铺放,同时周边用 V 形槽形式埋固好;铺膜时不能拉得太紧,以免受压破坏;施工人员不允许带钉鞋进入现场。

（7）回填保护层要与土工层铺设同时进行;保护层可采用砂壤土或沙,厚度不小于 0.5m;先回填防滑槽,再填坡面,边回填边压实;保护层上面再按设计恢复原有护坡。

3. 灌浆法

对于均质土坝,特别是对心墙坝,当要求进行防渗处理的深度很大,而采用斜墙法或水中抛土法处理有实际困难时,可采用灌浆法处理坝身渗漏问题。这种方法不要求放空水库,可在水库照常运用情况下进行施工,具体方法与裂缝处理时的灌浆法相同。

4. 防渗墙法

这种方法是用冲击钻或振动钻在坝身上打成直径 0.5~1.0m 的圆孔,再将若干圆孔形成一槽形孔(为了防止孔壁坍塌,一般采用泥浆固壁),然后在造好的槽孔内浇筑混凝土,将许多槽孔连接起来,形成一道防渗墙,以解决坝身渗漏问题。防渗墙法比压力灌浆可靠,是处理坝身渗漏较为彻底的方法,目前国内已有多处工程使用。

5.导渗法

这种方法是加强坝体排水能力,使渗水顺利排向下游,不致停留在坝体内。根据具体情况,可分别采用导渗沟法、导渗培厚法、导渗砂槽法。

6.毒杀动物堵塞孔洞

若因鼠蚁或其他动物钻成洞穴而造成漏水时,应先找到洞穴,用石灰和药物等塞入洞内,然后用黏土补塞洞穴。或从坝顶开挖到洞穴,再填土夯实。白蚁对土坝的危害性很大,应重视白蚁的防治工作,要贯彻"以防为主,防治并重"的方针,'发现白蚁要及时处理,防止蔓延。

工作任务二　砌石坝与混凝土坝的运行与维护

一、日常养护工作

浆砌石坝、混凝土坝的日常养护工作包括以下内容。

(一)一般规定

(1)养护包括工程表面、伸缩缝止水设施、排水设施、监测设施等的养护,以及冻害、碳化与氯离子侵蚀、化学侵蚀等的防护。

(2)管理单位应根据有关规程规定,并结合工程具体情况,确定养护项目和内容。

(3)严禁在大坝管理和保护范围内进行爆破、炸鱼、采石、取土、打井、毁林开荒等危害大坝安全和破坏水土保持的活动。

(4)严禁将坝体作码头停靠各类船只。在大坝管理和保护范围内修建码头,必须经大坝主管部门批准,并与坝脚和泄水、输水建筑物保持一定距离,不得影响大坝安全和工程管理。

(5)经批准兼做公路的坝顶,应设置路标和限荷标示牌,并采取相应的安全防护措施。

(6)严禁在坝面堆放超过结构设计荷载的物资和使用引起闸墩、闸门、桥、梁、板、柱等超载破坏和共振损坏的冲击、振动性机械;严禁在坝面、桥、梁、板、柱等构件上烧灼;有限制荷载要求的建筑物必须悬挂限荷标示牌。各类安全标志应醒目、齐全。

(二)表面养护和防护

(1)坝面和坝顶路面应经常整理,保持清洁整齐,无积水、散落物、杂草、垃圾和乱堆的杂物、工具。

(2)过水面应保持光滑、平整,否则应及时处理;泄洪前应清除过水面上能引起冲磨损坏的石块和其他重物。

（3）冻害防护可采取下列措施：

1）易受冰压损坏的部位，可采用人工、机械破冰，或安装风、水管吹风以喷水扰动等防护措施。

2）冻拔、冻胀损坏防护措施：①冰冻期注意排干积水、降低地下水位，减压排水孔应清淤、保持畅通；②采用草、土料、泡沫塑料板、现浇或预制泡沫混凝土板等物料覆盖保温；③在结构承载力允许时可采用加重法减小冻拔损坏。

3）冻融损坏防护措施：①冰冻期注意排干积水，溢流面、迎水面水位变化区出现的剥蚀或裂缝应及时修补；②易受冻融损坏的部位可采用物料覆盖保温或采取涂料涂层防护；③防止闸门漏水，避免发生冰坝和冻融损坏。

（4）碳化与氯离子侵蚀防护应采取下列措施：

1）对碳化可能引起钢筋锈蚀的混凝土表面采用涂料涂层全面封闭防护。

2）对有氯离子侵蚀的钢筋混凝土表面采用涂料涂层封闭防护，也可采用阴极保护。

3）碳化与氯离子侵蚀引起钢筋锈蚀破坏应立即修补，并采用涂料涂层封闭防护。

（4）化学侵蚀防护应采取下列措施：

1）已形成渗透通道或出现裂缝的溶出性侵蚀，采用灌浆封堵或加涂料涂层防护。

2）酸类和盐类侵蚀防护措施：①加强环境污染监测，减少污染排放；②轻微侵蚀的采用涂料涂层防护，严重侵蚀的采用浇筑或衬砌形成保护层防护。

（三）伸缩缝止水设施养护

（1）各类止水设施应完整无损、无渗水或渗漏量不超过允许范围。

（2）沥青井出流管、盖板等设施应经常保养，溢出的沥青应及时清除。

（3）沥青井5～10年加热一次，沥青不足时应补灌，沥青老化及时更换，更换的废沥青应回收处理。

（4）伸缩缝充填物老化脱落，应及时充填封堵。

（四）排水设施养护

（1）排水设施应保持完整、通畅。

（2）坝面、廊道及其他表面的排水沟、孔应经常进行人工或机械清理。

（3）坝体、基础、溢洪道边墙及底板的排水孔应经常进行人工掏挖或机械疏通，疏通时应不损坏孔底反滤层。无法疏通的，应在附近补孔。

（4）集水井、集水廊道的淤积物应及时清除。

（五）监测设施养护

（1）各类监测设施应保持完好，能正常监测。

（2）.对易损坏的监测设施应加盖上锁、建围栅或房屋进行保护，如有损坏应及时修复。

(3)动物在监测设施中筑的巢窝应及时清除,易被动物破坏的应设防护装置。

(4)有防潮湿、锈蚀要求的监测设施,应采取除湿措施,定期进行防腐处理。

(5)遥测设施的避雷装置应经常养护。

(六)其他养护

(1)有排漂设施的应定期排放漂浮物;无排漂设施的可利用溢流表孔定期排漂,无溢流表孔且漂浮物较多的,可采用浮桶、浮桶结合索网或金属栅栏等措施拦截漂浮物并定期清理。

(2)坝前泥沙淤积应定期监测。有排砂设施的应及时排淤;无排砂设施的,可利用底孔泄水排淤,也可进行局部水下清淤。

(3)坝肩和输、泄水道的岸坡应定期检查,及时疏通排水沟孔,对滑坡体应立即处理。

二、重力坝失稳及防护措施

对于浆砌石重力坝,应力条件较易满足要求,而抗滑稳定要求往往是坝体安全的关键问题。浆砌石重力坝必须保证在各种外力组合作用下,有足够的抗滑稳定性。抗滑稳定性不足是浆砌石重力坝最危险的病害情况。当发现坝体存在抗滑稳定性不足(如坝基发现新的软弱夹层,核算结果抗滑稳定性小于安全要求),或已产生初步滑动迹象(如观测结果,坝体底部水平位移增大,或由于水平位移而引起坝体裂缝和渗漏)时,必须严加注意,应详细分析坝体抗滑稳定性不足的原因,并提出妥善的措施,及时处理。

(一)重力坝抗滑稳定性不足的主要原因

由前述抗滑稳定分析的各计算公式可知,影响重力坝稳定的主要因素为:坝与地基或坝基内软弱夹层的抗剪强度指标 C、、坝基扬压力 u,坝体所受垂直和水平荷载 ΣV、ΣH。其中,特别是地基的抗剪强度指标,由于变化范围极大,对重力坝的抗滑稳定性常起着最关键的作用。造成重力坝抗滑稳定性不足的主要原因,就是由于在勘测、设计、施工和管理中发生的一些缺点,引起以上各种数值变化的结果。归纳起来,最常见的原因有以下几个方面:

(1)坝基地质条件不良,坝体建造于较差的地基上。在勘测工作中,常由于各种原因,对坝基地质条件缺乏全面了解,特别是当忽略了坝基内摩擦系数极小的薄层黏土夹层或软弱结构,平时往往因为在设计中采用了过高的抗剪强度指标而造成抗滑稳定性不足。

(2)设计时坝体断面过于单薄,自重不够,在水平推力作用下,使坝体上游面底部形成拉力裂缝,增大了扬压力,使坝体稳定性不够。

(3)施工时由于地基处理不彻底,开挖深度不够,将坝体置于强风化岩层上,使坝与地基接触面之间的抗剪强度指标减小,而坝底扬压力却超过设计计算数值。

(4)由于各种原因造成防渗帷幕断裂漏水,或者由于管理不善而造成排水设备堵塞失效,这样均将增大坝基渗透压力 u,减小坝体的抗滑稳定安全系数。

(5)在运用中,由于管理不善,造成水库水位超过设计最高水位,甚至出现洪水漫坝情况,增大了坝体所受水平推力。此外,如果下游冲刷坑过分靠近坝体,也将减小坝体的抗滑稳定性。

一般抗滑稳定性不足,往往是由于多方面原因综合造成的结果。采取处理措施增加抗滑稳定性以前,应对造成抗滑稳定性不足的原因进行全面的分析,针对具体情况,采取合理的处理措施,才能有效地增加坝体的抗滑稳定性。

(二)增加稳定性的措施

增加坝体所受铅直向下力(加大锁体剖面,预应力锚索锚固);减小扬压力(补强帷幕灌浆,加强坝基排水,上游设置防渗阻滑板);提高软弱夹层的抗剪强度(清除软弱夹层,换填混凝土,或开挖孔洞填筑混凝土)。

三、砌石坝与混凝土坝坝体裂缝和渗漏的处理

1. 裂缝的分类

裂缝分为变形裂缝(温度变形、干缩裂缝、塑性裂缝,沉陷裂缝、施工裂缝、荷载裂缝、碱骨料反应裂缝等类型。

2. 处理措施

表层处理(表面涂抹水泥浆、速凝灰浆、环氧砂浆,或表面贴补橡皮、玻璃丝布、喷浆)、填充处理(裂缝较大条数不多时采用)、灌浆处理(深层裂缝对坝体稳性和防渗有影响时采用)、加厚坝体(坝体本身单薄强度不足出现较多应力裂缝和陷裂缝时采用)。

3. 混凝土石坝地面处理原则

1)对于影响坝体强度的裂缝,修补方法与材料应主要考虑恢复坝体的强度,裂缝修补整个大坝的加固补强综合考虑;

2)不影响坝体强度而只影响耐久性的表层裂缝,主要考虑防渗要求,做好表层防渗处理;

3)坝基不均匀沉陷引起的裂缝,应先加固地基;拱坝因坝肩岩体不稳引起裂缝,在提高坝肩岩体稳定性后作裂缝处理;

4)受气温变化影响加大的裂缝,应在低温季节进行采用弹性材料;

5)不受气温影响的裂缝,可用高强度的固性材料作永久性处理。

4. 混凝土坝和浆砌石坝的渗漏处理

1)基本原则:上截下排,以截为主,以排为辅;

2)措施:坝体渗漏(在上游迎水面处理效果较好,对裂缝或孔洞进行封堵填塞或灌浆

娌);坝基渗漏(原帷幕深度不够或孔距过大引起的渗漏,采用固结灌溉;排水不畅引起的疏通排水);绕坝渗漏(可在上游面封堵,也可灌浆处理)。

工作任务三　溢洪道的养护和管理

我国很多地区,都能认真注意溢洪道的日常养护工作,保证水库安全。

溢洪道的日常养护工作主要有以下几点:

(1)检查规划设计基本资料。集水面积、库容、地形地质条件和水、沙来量是设计溢洪道的最基本资料。有些水库兴建时,未能按基建程序办事,在上述资料还未彻底弄清前,就进行规划、设计和施工;也有的水库设计资料当时是正确的,后来随着大规模农田基本建设,情况变了,但没有相应调整和变更设计;所以,水库管理人员首先要经常检查规划设计基本资料是否准确,是否需要补充或修改设计。

(2)检查开挖断面尺寸。检查溢洪道宽度和深度是否已经达到设计标准?观测汛期过水时是否达到预想的过水能力?每年汛后检查观测各组成部分有无淤积或坍坡堵塞现象?做出维修计划并且切实施行,是保证溢洪道在汛期顺利泄洪的必备条件。

(3)检查溢洪道建筑物结构完好情况。应经常检查溢洪道建筑物各部结构是否存在影响泄洪的不利因素。例如溢洪道陡坡段底板被冲刷或淘空时,要及时用原来的材料或用混凝土进行填补;如发现底板下防渗或排水系统失效,发展下去底板就会浮起破坏时,则应当立即予以翻修;如边墙内填土不良(包括未按设计规定选用填土材料、填土未加夯实、未做墙身排水设备或虽做了但已失效等),会使坝头或岸坡发生管涌,或因墙内填土侧压力过大使边墙开裂甚至倾倒,此时就应采取改善措施;如溢洪道两岸边坡开挖过陡或未做截流导渗设施,可能引起边坡塌方时,则应削坡放缓并补做截流导渗设施等。以上工作都需在汛前完成,确保汛期安全泄洪。

(4)检查溢洪道消能效果。溢洪道消能效果的好坏,虽不直接妨碍泄量大小,但关系到工程的安全,因为它不仅是溢洪道本身的一个重要组成部分,且常与水库下游建筑物或土坝相邻,如果消能不好,具有相当破坏力的水流能量将冲毁下游建筑物或土坝本身,最后导致工程的失事。中小型水库采用鼻坎挑流时,要注意观察水流是否冲刷坝脚,冲坑深度是否在继续发展。有些溢洪道出口过分靠近土坝,又无可靠消能设备时,管理人员应及时提出改建方案。例如安徽省龙河口水库,原溢洪道布置在右岸弯道上,未做消能设施,过堰后水流冲刷右岸,严重威胁右岸副坝安全,且使底板(风化岩)冲成深达 6m 的两个大坑,直接危及溢洪道闸室安全。1976 年提出改造方案,除将两个大坑用浆砌块石填平补齐外,并在溢洪堰轴线下游330m处增建一座高出地底面6m的混凝土二道坝,使泄洪时能在堰后形成水深3m的消力池,改善了消能效果。

(5)检查闸门及启闭机情况。管理人员应对有闸门控制的溢洪道经常检查闸门及启闭机的运行情况,保证在使用时正常灵活。特别应注意检查闸门有无扭曲,门槽有无阻碍,铆钉或螺栓是否脱落松动,止水是否完好,启闭是否灵活,闸前闸后有无淤积或残留物等。对金属结构部分要经常进行擦洗、除锈和涂油漆保护;电气设备要有备用电源,做到绝缘和防潮;启闭设备要保证润滑,启闭灵活和制动可靠。

闸门及启闭设备应由专人管理,制定操作规程和严格的管理制度。

工作任务四　输水建筑物的管理

一、输水隧洞的维护与修理

1.常见病害及处理

裂缝漏水(水泥砂料或环氧砂浆修补裂缝、灌浆处理空蚀(修改不合理体型、控制闸门开度和设置通气孔、修复空蚀部位;冲磨(选用抗冲磨材料如高强混凝土、高抗冲耐磨混凝土、钢板等、混凝土溶蚀破坏、隧洞排气与补气不足、闸门锈蚀变形、起闭设备老化。

2.涵洞(管)的维护与修理

1)日常检查与维护:保证进口无淤积;保证出口无冲刷淘空;按明流设计的涵管严禁运行或明、满流交替运行;路基或坝下涵管洞)顶部严禁堆放重物、超载;能进入的涵管(洞)定期人内检查有无混凝土剥蚀、裂缝漏水等现象;坝下有压涵管,运行期间观察外坝坡出口附近有无管涌和溢出点抬高;保养闸门、起闭机械设备,保证灵活运。

2)病害分析及修理:裂缝、空蚀、混凝土溶蚀、闸门起闭设备锈蚀老化等。

3.渡槽的维护与修理

1)日常检查与维护:清理进出口及槽身内的淤积和漂浮物,检查变形、裂缝、冲刷,地区检查冻害,检查槽身因裂纹或治水破坏造成漏水。

2)常见病害及防治处理:冻害(建隔离层、锚固);混凝土碳化(防碳化涂料钢筋锈蚀(防水保护、外加电流阴极保护);支撑结构发生不均沉陷和断裂、混凝土剥蚀、裂和治水老化破坏、进口泥沙淤积、出口产生冲刷。

4.渠道的维护与修理

1)日常检查与维护。

2)常见病害及修理:渠道坍塌、滑坡(混凝土锚喷支护;裂缝、孔洞漏水和渗水(防渗层修补);淤积与冲刷(清理、混凝土衬棚;渠基沉陷(灌浆);渠道冻胀破坏。

二、水库和堤防管理

1.蓄滞洪区非工程措施

1)控制运用的技术准备工作

2)建立健全通信与预报、警报系统

3)安全建设

2.蓄滞洪区管理

人口控制,土地利用和产业活动限制,洪水保险和防洪基金水库综合管理

1)水库调度管理:水库调度计算、水库兴利调度、防洪调度、库群规划与调度、水库优化调度、水库调度综合自动化系统;

2)水库排沙清淤;

3)水库防汛与抢险:防汛准备与检查、土坝险情防护、抢险应急措施、输泄水建筑物防护;

4)水库工程检查观测:水库的检查观察、土坝的变形观测、混凝土闸和砌石坝的变观测、水工建筑物的渗流观测、水库水文观测、库区泥沙淤积观测、水库观测成果整理分析;

5)水库工程的养护与修理:土坝的养护与修理、浆砌石坝的养护与修理、溢洪道的养护与修理、放水建筑物的养护与修理、水库工程其他养护与修理;

6)水库其他运行管理工作:组织管理、供水管理、多种经营管理、财务管理;

7)水库环境污染治理及环境质量评价

技能训练题

一、名词解释

1.知识产权

2.知识产权专有性

3.知识产权时间性

4.知识产权非物质性

5.知识产权地域性

二、判断题

1. 根据水资源管理的概念，水资源管理的内容包括法律管理、行政管理、经济管理和技术管理等方面。（　　）

2. 水资源属于国家所有，即全民所有，这是实施水资源管理的基本点。（　　）

3. 地球上虽然淡水资源有限，但是海水资源却极其丰富，但是其不可以被利用。（　　）

4. 大量工业废水、生活污水及农业废水的产生，使得清洁的淡水资源受到污染，加剧了水资源短缺的危机，更严重的是威胁到了人类健康。（　　）

5. 我国对水资源管理决策支持系统的研究起步始于19世纪80年代中。（　　）

6. 由于作品、发明创造等非物质性的客体无法像物那样被占有，人们难以自然形成对知识产权利用应当由创作者或创造者排他性控制的观念。（　　）

7. 《中华人民共和国著作权法实施条例》（2013修订）发布部门为全国人大常委会。（　　）

8. 知识产权的客体是具有非物质性的作品、创造发明和商誉等，它具有无体性，必须依赖于一定的物质载体而存在。（　　）

9. 1993年关贸总协定通过了《与贸易有关的知识产权协定》（简称为"TRIPs"协定）。（　　）

10. 1972年我国通过《商标法》，这是我国制定的第一部保护知识产权的法律，标志着我国现代知识产权法律制度开始构建。（　　）

三、简答题

1. 水资源供需分析包括哪些内容？

2. 供水预测包括哪些内容？

3. 需水预测包括哪些内容？

4. 水资源论证的程序是什么？

5. 水资源管理有哪些任务？

6. 实施流域水资源管理的优点有哪些？

7. 知识产权许可类型有哪些？

8. 知识产权许可的内容是什么？

9. 什么是著作权？

10. 专利权的主体是什么？

11. 专利权的内容是什么？

四、填空题

1. _____ 是指小说、诗词、散文、论文等以文字形式表现的作品。

2. _____是指产自特定地域,所具有的质量、声誉或其他特性本质上取决于该产地的_____和_____,经审核批准以地理名称进行命名的产品。

3. 植物新品种的_____和_____可以依法转让。

4. 注册商标的无效宣告,是指_____对于违反商标法的规定而不应获得注册的_____,按照法律程序宣告其无效的制度。

5. 授予专利权的发明和实用新型,应当具备_____、_____和_____ 。

第四篇

水生态环境

项目一　水体污染

工作任务一　水体主要污染源

一、水体污染

由于人类活动排放的污水进入河流、湖泊、海洋或地下水等体,使水和水体底泥的物理、化学性质或生物群落组成发生变化,从而降低了水体的使价值,这种现象称为水体污染。1984 年颁布的《中华人民共和国水污染防治法》中为"水污染"下了明确的定义,即水体因某种物质的介入,而导致其化学、物理、生物或者放射性等方面特征的改变,从而影响水的有效利用,危害人体健康或者破坏生态环境,造成水质恶化的现象称为水污染。

二、水体污染源

引起天然水体水质变化的物质称为污染物。而任何向天然水体排染物的场所、设备和装置(也包括污染物进入水体的途径,称为水体污染源。

三、污染源的分类

(一)按造成水体污染原因分类

1)天然污染源:自然界自行向水体排放有害物质或造成有害影响的场所,具有持久性和长期性。

2)人为污染源:指人类的活动(生活和生产活动)中直接或间接把污染物排入水体而形成的污染源,如工业废水,生活污水、农田排水、大气沉降物(降沉与降水)、工业废渣和城市垃圾等。

①生活污染源的特点:a 水质成分有日变化规律,含 N/P 高 b. 产生臭味。

②工业污染源:a 悬浮物质含量高 b、COD. BOD 含量高 c. 酸碱度变化大 d. 温度高 e. 易

燃,含低沸点的挥发性物质 f. 含多种多样有害成分。

③农业污水:a. 污水面广、分散,难收集难治理 b. 含有机质,植物营养素及病原微生物高,悬浮物质及杂质含量高 c. 含较高的化肥、农药。

(二)按污染源的分布特征分类

1)点污染源:如城市污水、工矿企业和排污的船舶等。

2)面污染源:如雨水的地面径流、7K 土流失以及农田大面积排水等

3)扩散污染源:随大气扩散的污染物通过沉降或降水等途径进入水体,如射性沉陶、酸雨等。(面污染源和扩散污染源又统称为非点源污染源)

(三)按污染源释放的有害物质种类分

1)物理性污染源:如热或放射性物质等

2)化学性污染源:如无机物或有机物

3)生物性污染源:如细菌或霉素 d

(四)按受污染的水体分

1)地面水污染源 2)地下水污染源 3)海洋污染源

第二节　水体主要污染物

一、水体污染物

水中存在的各种物质(包括能量),其含量变化过程中,凡有可能引起水的功能降低而危害生态健康,尤其人类的生存与健康时,则称它们造成了水体污染,于是它们被称为污染物,如水中的泥沙、重金属、农药、化肥、细菌、病毒、藻类等(表 1.1)。可以说,几乎水中的所有物质,当超过一定限度时都会形成水污染。因此,一般均称其为污染物。显然,水中的污染物含量不损害所要求的水体功能时,尽管它们存在,并不造成污染。例如,水体中适当的氮、磷、温度、动植物等,对维持良好的生态系统持续发展还是有益的。所以,千万不能认为水中有污染物存在就一定会造成水体污染。

表 4-1　水污染类型、污染物、污染标志及来源

污染类型		污染物	污染标志	污染物来源
物理性污染	污染源	热的冷却水等	升温、缺氧或气体过饱和、富营养化	火电、冶金、石油、化工等工业
	放射性污染	铀、钚、锶、铯等	放射性污染	核研究生产、试验、医疗、核电站等

污染类型			污染物	污染标志	污染物来源
物理性污染	表现污染	水的浑浊度	泥、沙、渣、屑、漂浮物	混浊、泡沫	地表径流、农田排水、生活污水、大堤冲沙、工业废水
		水色	腐殖质、色素、染料、铁、锰等	染色	食品、印染、造纸、冶金等工业污水和农田排水
		水臭	酚、氨、胺、硫醇、硫化氢等	恶臭	污水、食品、制革、炼油、化工、农肥
化学性污染	酸碱污染		无机或有机的酸碱物质	pH 值异常	矿山、石油、化工、化肥、造纸、电镀、酸洗工业、酸雨
	重金属污染		汞、镉、铬、铜、铅、锌等	毒性	矿山、冶金、电镀、仪表、颜料等工业
	非金属污染		砷、氧、氨、硫、硒等	毒性	化工、火电站、农药、化肥等工业
	耗氧有机物污染		糖类、蛋白质、油脂、木质素等	耗氧,进而引起缺氧	食品、纺织、造纸、制革、化工等工业、生活污水、农田排水
	农药污染		有机氧、多氯联苯、有机磷等农药	严重时水中生物大量死亡	农药、化工、炼油、炼焦等工业、农田排水
	易分解有机物污染		酚类、苯、醛等	耗氧、异味、毒性	制革、炼油、化工、煤矿、化肥等及地面径流
	油类污染		石油及其制品	漂浮和乳化、增加水色、毒性	石油开采、炼油、油轮等
生物性污染	病原菌污染		病菌、虫卵、病毒	水体带菌、传染疾病	医院、屠宰、畜牧、制革等工业、生活污水、地面径流
	霉菌污染		霉菌毒素	毒性、致癌	制药、酿造、食品、制革等
	藻类污染		无机和有机氧、磷	富营养化、恶臭	化肥、化工、食品等工业、生活污水、农田排水

二、水体污染物的分类与来源

水体污染物是指造成水体水质、水中生物群落以及水体底泥质量恶化的各种有害物质（或能量）。

（1）从化学角度可分为无机有害物、无机有毒物、有机有害物、有机有毒物 4 类。

无机有害物如砂、土等颗粒状的污染物,它们一般和有机颗粒性污染物混合在一起,统称为悬浮物(SS)或悬浮固体,使水变浑浊。还有酸、碱、无机盐类物质,氮、磷等营养物质。

无机有毒物主要有:非金属无机毒性物质如氰化物(CN)、砷(As),金属毒性物质如汞(Hg)、铬(Cr)、镉(Cd)、铜(Cu)、镍(Ni)等。长期饮用被汞、铬、铅及非金属砷污染的水,会使人发生急、慢性中毒或导致机体癌变,危害严重。

有机有害物如生活及食品工业污水中所含的碳水化合物、蛋白质、脂肪等。

有机有毒物,多属人工合成的有机物质如农药DDT、六六六等、有机含氯化合物、醛、酮、酚、多氯联苯(PCB)和芳香族氨基化合物、高分子聚合物(塑料、合成橡胶、人造纤维)、染料等。有机物污染物因需通过微生物的生化作用分解和氧化,所以要大量消耗水中的氧气,使水质变黑发臭,影响甚至窒息水中鱼类及其他水生生物。

(2)从环境科学角度则可分为病原体、植物营养物质、需氧化质、石油、放射性物质、有毒化学品、酸碱盐类及热能8类。

病原体污染物主要是指病毒,病菌,寄生虫等。危害主要表现为传播疾病:病菌可引起痢疾、伤寒、霍乱等;病毒可引起病毒性肝炎、小儿麻痹等;寄生虫可引起血吸虫病、钩端旋体病等。

含植物营养物质的废水进入天然水体,造成水体富营养化,藻类大量繁殖,耗去水中溶解氧,造成水中鱼类窒息而无法生存、水产资源遭到破坏。水中氮化合物的增加,对人畜健康带来很大危害,亚硝酸根与人体内血红蛋白反应,生成高铁血红蛋白,使血红蛋白丧失输氧能力,使人中毒。硝酸盐和亚硝酸盐等是形成亚硝胺的物质,而亚硝胺是致癌物质,在人体消化系统中可诱发食管癌、胃癌等。

工业废水:废水中污染物浓度大、废水成分复杂且不易净化、带有颜色或异味、废水水量和水质变化大及热流出物排入水体,使水温升高。

生活污水主要来自家庭、商业、学校、旅游服务业及其他城市公用设施,包括厕所冲洗水、厨房洗涤水、洗衣机排水、沐浴排水及其他排水等。

农业污水,是指农作物栽培、牲畜饲养、农产品加工等过程中排出的、影响人体健康和环境质量的污水或液态物质。

水体污染物,据统计,目前水中污染物已达2000多种(2221)主要为有机化学物、碳化物、金属物,其中自来水里有765种(190种对人体有害,20种致癌,23种疑癌,18种促癌,56种致突变:肿瘤)。在我国,只有不到11%的人饮用符合我国卫生标准的水,而高达65%的人饮用浑浊、苦碱、含氟、含砷、工业污染、传染病的水。2亿人饮用自来水,7000万人饮用高氟水,3000万人饮用高硝酸盐水,5000万人饮用高氟化物水,1.1亿人饮用高硬度水。

第三节 污染物在水中的迁移转化规律

主要的污染物种类有需氧污染物、氮磷等营养物、重金属污染物。

一、耗氧有机物污染

(一)耗氧有机物及分类

耗氧有机物主要来自工业废水和生活污水中的碳水化合物、蛋白质、脂肪、木质素等,在微生物作用下氧化分解为 CO_2、H_2O、$NO_3^- - N$ 等的过程中,不断消耗水中的溶解氧,例如,生产 1.0t 纸浆的废水排入河流,大约要消耗 250kg 的溶解氧,故称这类有机物为耗氧有机物。这类物质绝大多数无毒,但消耗溶解氧过多时,将造成水体的缺氧,致使鱼类等水生生物窒息而死亡。例如,一般鱼类生存的溶解氧临界值为 3~4mg/L,水体的溶解氧浓度低于此值时,就会危及鱼类的生存。当水体中的氧耗尽时,有机物将在厌氧微生物作用下分解,产生甲烷、氨、硫化氢等有毒物质,使水变黑发臭,令人厌恶,严重毒化周围环境。

有机物分解释放出的营养元素 N、P 等,会引起湖泊、水库、河口等流速缓慢的水体富营养化,使藻类、水草等大量生长,并形成泡沫、浮垢,覆盖水面,阻止水体复氧,引起水体浑浊、恶臭等。大量藻类、水草死亡后沉入水底,久而久之,将导致湖泊的淤塞和沼泽化,破坏生态平衡。

有的耗氧有机物,如酚、苯、醛等本身就有毒性。酚污染的水有令人厌恶的药味,对神经系统危害较大,高浓度酚可引起急性中毒,以至昏迷而死亡;慢性中毒可引起头昏、头痛等。酚可在鱼体富集,产生不良气味,并抑制鱼卵胚胎发育。每升千分之几毫克的酚就足以破坏河水的饮用价值,每升百分之几毫克的酚就足以危及鱼类和农作物安全。苯胺是重要化工原料,受苯胺污染的水和空气,对神经系统有刺激作用,长期接触可影响肝功能并易患膀胱、前列腺和尿道等疾病。甲醛污染的水和空气对黏膜有强烈的刺激作用,它还是一种可疑的致癌物质。

表示水中需氧有机物含量的指标:

1)生(物)化(学)需氧量 BOD:反映水体中可被微生物分解的有机物总量。单位:毫克/升(mg/L)。水中有机污染物在微生物分解下消耗氧可分为两个阶段:第一阶段:炭化阶段;第二阶段:硝化阶段。

2)化学需氧量 COD 表示用化学氧化剂氧化水中的有机污染物质所消耗的氧量,单位 mg/L。

3)总有机碳 TOC 包括水体中所有的有机污染物的含碳量,单位:碳的 g/L

4)总需氧量 TOD:水体中所有有机物全部被氧化时所消耗的氧量,单位:氧的 g/L。

（二）水体富营养化及危害

1."富营养化"定义

在人类活动的影响下,生物所需的氮、磷等营养物质大量进入湖泊、河口、海湾等缓流水体,引起藻类及其他浮游生物迅速繁殖,水体溶解氧量下降,水质恶化,无数其他生物大量死亡的现象。藻类成片成团地覆盖在水面上,若发生在湖面称为"水华",发生在海湾或河口称"赤潮"。

2.水体富营养化的危害

1）水质恶化

具体表现在:水中藻类大量繁殖,浮游植物个体数量剧增,使水中悬浮物量增加,严重的形成"水华",致使水透明度降低,影响水中植物的光合作用和氧气的释放,使水中氧气减少;深层的 DO 一旦接近于零,处于还原状态,有机物在厌氧菌作用下产生不完全分解,产生甲烷（CH_4）,硫化氢（H_2S）,氨（NH_3）等有害有臭气体,水质更加恶化（变黑变臭）。

2）威胁水中生物的生存

藻类大量繁殖,引起水中缺氧,同时也与水生生物争夺生存空间,致使水中鱼类面临生活空间缩小,被窒息死亡的威胁。另外,水生生物群落,种群结构也会发生变化。

二、可溶性盐类和酸、碱物质污染

碳酸盐类、硝酸盐类、磷酸盐类等可溶性物质,存在于大部分的工业废水和天然水中,它能使水变硬,在输水管道内结成水垢,降低输水能力;尤其容易产生锅垢,降低热效率,甚至造成锅炉爆炸。硬水会影响纺织品的染色、啤酒酿造以及食品罐头产品质量。

受酸性物质污染的水,如酸雨,可直接损害各种植物的叶面蜡质层,使广大范围的植物逐渐枯萎而死亡;可使土壤酸化,导致钙、镁、磷、钾等营养元素淋失,陆生生态遭受破坏;使湖泊、水库酸化,当 pH 值低于 4.5 时,将危及鱼类生存,腐蚀金属器具、文物和建筑物等。工厂排出的酸性废水,使水体酸化,影响游泳、划船等娱乐性活动,使水体失去灌溉、养殖价值。

许多工业,如肥皂厂、染料厂、橡胶再制厂、造纸厂及皮革厂排出的含氢氧化钠的废水,将影响水体的碱性和 pH 值。水中含氢氧化钠的量即使低于 25mg/L,亦会使鱼致死。锅炉用水含碱时,因腐蚀会引起管道碎裂。长期应用 pH 值大于 9 的水灌溉,可使水稻烂秧、蔬菜死亡,土壤板结,其他如发酵速率、烘烤面包的质量、饮料的口味、啤酒酿造中的酵母菌活性等,都会因水的 pH 值而受影响。

三、重金属污染

相对密度达 4.0 以上的金属元素,常称之为重金属。工厂和矿山废水中常含有某些重金属,如汞、镉、铅、铬、铜、锌等。这些金属及其化合物非常稳定,极难降解,尽管在水中的浓度很低,也会因在食物链的传递中不断浓缩,而最终给人类带来严重疾病。例如,无机汞可在生物体中转化为毒性很强的有机汞(甲基汞),损害人体细胞内的酶系统蛋白质的巯基,引起中枢神经系统障碍。中毒者出现小脑性运动神经失调、语言障碍、视野缩小等症状。

(一)镉污染及其危害

Cd 是相对稀少的金属,其化学性质与锌相类似,故二种金属常伴生出现在大多数情况下.镉存在于铅锌矿中,铬的污染是通过灌溉水土壤吸附-大米-人体的过程造成对人体的危害:引起肾脏功能失调,慢性镉中毒主要影响肾脏;进入骨骼中取代锌,影响骨骼的正常代谢从而造成骨骼疏松、萎缩、变形等;急性镉中毒,大多是由于在生产环境中一次吸入或摄入大量镉化物引起的。含镉气体通过呼吸道会引起呼吸道刺激症状,镉从消化道进入人体,则会出现呕吐、胃肠痉挛、腹疼、腹泻等症状,甚至可因肝肾综合征死亡。

日本著名的水俣病就是长期食用受甲基汞污染的鱼、贝引起的。长期接触低浓度镉的化合物,容易引起肺气肿、肾病和骨疼病。如果,一个人每天从饮用水中摄取 0.6mg 的镉,由于长期在骨骼中蓄积,可使骨质疏松变形,导致骨疼病。铅中毒表现为多发性神经炎、头晕、头痛、乏力,还可造成心肌损伤。重金属中有些是人们必需的微量元素,但摄入过量,将会引起严重疾病。例如,铜是人体必不可少的,但长期饮用含铜高的水(大于 100mg/L)可引起肝硬化。

(二)铬(Cr)的污染及危害

铬元素广泛地存在于环境中也是人体不可缺少的微量元素能增加人体内胆固醇的分解和排泄,铬的缺乏可导致糖尿病,动脉硬化。环境中高浓度的铬对人和动物可产生毒性效应,尤其是六价铬其毒性为三价铬的 100 倍,且溶于水易被生物吸收和积蓄六价铬是强致突变物质可致肺癌含铬化合物对皮肤和黏膜有局部作用,可引起皮炎、鼻中隔穿孔等,这种情况多见于职业性毒害。

(三)砷的污染及其危害

砷(As)是类金属,其物理性质类似金属而化学性质又类似非金属磷元素砷的毒性极低,砷化合物则均有毒性,三价砷化合物(砒霜)比其他砷化合物毒性更强。砷致公害病:砷和砷化合物一般可通过水、大气和食物等途径进入人体,造成危害。砷通过呼吸道、消化道和皮肤接触进入人体。如摄入量超过排泄量,则会引起慢性砷中毒。砷的毒作用主要是使细胞代谢失调,营养发生障碍,对神经细胞的危害最大。慢生砷中毒有消化系统症状(如食欲不振、胃痛、恶心、肝肿大神经系统症状(神经衰弱症状群、多发性神经炎)和皮肤病变(发生龟裂性溃疡,有时可恶变成皮肤原位癌等。

四、水体中粉类化合物与氰、氟化物及其危害

(一)酚类化合物

酚有多种化合物,按其化学结构可分为单元酚和多元酚;也可按其性质分为挥发性酚和不挥发性酚。酚在自然界中能被分解。酚类化合物属有机毒物,是苯环即碳氢化合物上氢原子直接被羟基即(-OH)取代后构成的有机化合物,称为酚类化合物。

酚的危害性:1)酚可降解,在降解过程中消耗水中溶解氧;使耐污种的个体数增加,而非耐污种数量减少甚至消失。如当水体富营养化时,蓝藻(属于劣品种)会大量繁殖,不利于鱼类生存。2)加速湖泊的消亡过程:

(二)氰化物

氰化物是 C 和 N 形成的化合物,如氰化钾(KCN),氰化钠(NaCN)和氰化氢(HCN),都能溶于水,在水溶液中电离出 CN-离子,都具有毒性。

氰化物污染的危害:有剧毒,对鱼类和人体构成威胁,使神经中枢麻痹造成急性中毒(致死量为 2g~15g),造成细胞缺氧,缺氧引起呼吸衰竭是氰化物急性中毒的主要原因。若长期饮用受氰化物污染的水(含量为 0.14mg/L)也会造成人的慢性中毒,可出现头痛、头晕、心悸等症神经系统退化及甲状腺肿大等。

(三)氟化物

氟是地壳中分布较广的一种元素氟以各种化合物的形式广泛分布在自然界中。天然水中含:0.4~95mg/L,若水中含氟量 1.5mg/L 就会造成毒性效应。

氟化物的危害①高浓度氟(如氟化氢 0 污染可刺激皮肤和黏膜,引起皮肤灼伤、皮炎、呼吸道炎症。②低浓度氟污染对人畜的危害主要为牙齿和骨骼的氟中毒牙齿氟中毒表现为牙齿着色、发黄、牙质松脆、缺损或脱落。骨骼氟中毒表现为腰腿疼、骨关节固定、畸形。③氟是一种原生质毒物,易透过各种组织的细胞壁与原生质结合,具有破坏原生质,引起物质代谢紊乱。

五、水体内的农药和化肥污染

农药是防治农业病虫害和控制杂草的化学药品,也是控制某些疾病的病媒昆虫(如蚊、蝇等)的重要药剂。但由于农药种类多,用量大,农药污染已成为环境污染的一个重要面。

(一)农药对健康造成的危害

农药的主要类型:无机农药和有机农药。

无机农药:由汞、砷、硒、铅等组成的无机化合物是最早使用的农药毒性大,在土壤及人体内残留量大,时间长,现已禁用。

农药对健康造成的危害:环境中的农药进入人体会产生各种危害:①急性毒作用:导致神经功能紊乱,出现恶心、呕吐、流涎、呼吸困难、瞳孔缩小、肌肉痉挛、意识不清等症状。②慢性毒作用:长期接触农药可以引起慢性中毒,出现头晕、头痛、乏力、食欲不振、恶心、气短、胸闷、多汗、上腹部和胁下疼痛、失眠、噩梦等。严重的会出现肝脏肿大,肝功能异常等症候。③有机氯农药的脂溶性决定了它们在人体脂肪中的蓄积作用,引起神经传导生理功能紊乱④对神经系统的作用:农药对神经系统的作用,可引起患者中枢神经系统功能失常,出现失调、震颤、思睡、精神错乱、抑郁、记忆力减退和语言失常等。⑤对内分泌系统、对免疫功能和生殖功能的都会产生影响。⑥致畸作用、致突变作用和致癌作用。

(二)水体化肥污染及其危害

水体污染主要是由于农田施用大量化肥而引起的面源污染)农田化肥被作物的吸收利用率低:N:30%~60% P:3~25%,K:30%~60%。

剩余部分:随降雨径流或农田排水进入地表水体;随降雨或灌溉水下渗进入地下水体;水土流失,随之流失的有 N,P,K 养分。中国每年至少 50 亿吨土壤流失,伴随流失的 N,P,K 达上亿 T/a。

化肥造成的水体污染问题①引起静水水体(湖泊,内海)富营养化(由于 N,P,K 营养物促使浮游水生生物大量繁殖造成)②使水体产生毒性效应水中含氮化合物增加 N 可转化为亚硝酸盐,与胺类结合形成 N-亚硝酸基化合物(亚硝胺)是一种致癌物质国标中饮用水要求(以 N 计)硝酸盐:<10~20mg/L 亚硝酸盐:<0.06~0.1mg/L。

六、酸雨(雾)污染及其危害

(一)酸雨的定义

pH 值小于 5.6 的雨雪或其他形式的大气降水,是大气受污染的一种表现。最早引起注意的是酸性的降雨,所以习惯上统称为酸雨。酸雨中含有多种无机酸辅机酸,绝大部分是硫酸和硝酸,多数情况下以硫酸为主。

(二)酸雨的危害

1)湖泊水库等静水水体酸化直接危及水生生物的生存水体酸化还会导致水生生物的组成结构发生变化;

2)酸雨抑制土壤中有机物的分解和氮的固定,淋洗与土壤粒子结合的钙、镁、钾等营养素,使土壤贫瘠化。直接伤害树木,农作物的叶面,影响其发育生长,甚至造成枯萎死或生长缓慢;

3)酸雨腐蚀建筑材料、金属结构、油漆等。古建筑、雕塑像也会受到损坏;

4)作为水源的湖泊和地下水酸化后,由于金属的溶出,可能对饮用者的健康产生有害影响。

七、水体中油类物质及其危害

石油系上千种化学特性不同的化合物组成的一种复杂的混合体没有明显的总体特征主要由烃类和非烃类化合物组成。

烃类:指 C,H 构成的有机化合物如烷烃(CH_4),烯烃(C_2H_4),芳香烃等占 95%~99%。非烃类:指 C,N,O 组成的有机化合物,占 0.5%~5%,以烃类的衍生物存在于石油中水油类物质对水体污染危害:

1)在海洋中油膜隔绝了大气与海水的气液交换,石油膜的生物分解和自身的氧化作用,消耗水中大量的溶解氧,致使海水缺氧。油膜减弱了太阳辐射透入海水的能量,影响海洋绿色植物的光合作用。另外,微生物氧化降解石油烃,也要消耗大量的溶解氧,这些过程都会使水质恶化;

2)对水生生物产生毒性效应,水体中的分散油和乳化油对一切海洋生物都是致命性的:A. 破坏浮游植物体内叶绿素,阻滞细胞分裂而造成死亡;B. 分散油和乳化油能引起鱼鳃发炎坏死;C. 油膜和油块可粘住幼鱼和鱼卵,不能孵化致死,黏度大的油分可堵塞水生动物的呼吸和进水系统,使之窒息死亡;从而破坏海洋生态系统的平衡。

3)石油类物质具有化学毒性,如苯并蒽 Bap,可致癌。

八、水体热污染及其危害

热污染定义:热污染是指人类活动(发电或其他工业生产过程产生的废热)向水体排大量的"热流出物",造成水的自然温度升高,以致影响水质危害水生生物生存的现象。

热污染的危害性:水温升高,使 DO 减少;水温 Tt—生物新陈代谢活动—生物需氧(同时分解有机物能力)—耗氧—水质变差:水温升高会使某些只适于低温的鱼类难以生存;水温升高可以促进藻类的生长,故会加速静水水体的富营养化过程;水温上升,会加大水中有毒物质的毒性如重金属离子因水温升高而增大其毒性,又如水温由 8°C-18°C 时,氰化钾对鱼类毒性可增加一倍。

九、病原(微生物)污染

天然水中含细菌很少,水体中病原微生物主要来自城市生活污水,医疗系统的污水排放人及垃圾的淋溶水等病原微生物包括致病细菌、病毒、钩端螺旋体、病毒、寄生虫等。多与其他细菌如大肠杆菌共存因此一般规定用细菌总数和大肠杆菌数作为病原微生物污染的间接指标。

十、放射性污染

(一)天然辐射源

人类环境中存在着天然放射性物质,如地壳中的铀、钍系和钾的放射性同位素钾等,它们不断照射人体。这些物质也可通过食物或呼吸进入人，使人受到内照射。此外，还有宇宙射线产生的外照射。这些天然辐射源所产生的总辐射水平称为天然放射性本底。人类一直生活在这个环境中，已能适应。

（二）放射性物质对环境的污染

是指在一时期-定范围内出现的大剂量辐射可以是外照射也可以是内照射主要是生产和使用放射性物质的企业排出的放射性废物以及核武器试验产生的放射性物质。放射性污染对人体的危害：出现放射性损伤、皮炎、皮癌、白血病、再生障碍性贫血等病症；当内照射剂量大时，可能出现近期效应：如出现头痛、头晕、食欲下降、睡眠障碍等神经系统和消化系统的症状，继而出现白细胞和血小板减少等；超剂量放射性物质在体内长期作用，可产生远期效应：如出现肿瘤、白血病和遗传障碍、破坏机体的免疫功能，降低机体的抵御能力等。

工作任务二　污染源调查及评价

第一节　污染源调查的程序和方法

一、污染源调查程序

在进行污染源调查工作之前，需要根据具体情况，制定一个合理的调查工作程序或调查步骤。一般污染源调查工作大体分为三个步骤，即准备阶段、调查阶段和总结阶段。

（一）准备阶段

准备阶段是搞好污染源调查工作的必备阶段，这一阶段主要进行下列各项准备工作：

1）明确调查目的。

2）制定调查计划。包括确定调查范围、调查内容、调查精度、调查方法和调查结果。

3）做好调查前的准备。包括组织准备了资料准备、分析准备和工具准备。

4）搞好调查的试点工作，包括普查试点工作和详查试点工作。

（二）调查阶段

调查阶段是污染源调查工作的关键阶段，污染源调查工作一般有以下三种不同方法：

1）社会调查。社会调查主要调查内容是工艺调查、污染物排放情况调查、污染危害调查、污染治理调查，以及污染源的现场情况调查等。

2）实地监测。污染源的实地监测是指在污染源的排放口处实地采集污染物样品，经分析确定污染物的排放浓度和排放数量。

3)分析计算。分析计算是指理论地或经验地推算出污染源排放污染物浓度或数量的方法。

(三)总结阶段

总结阶段要做的工作是调查资料的数据处理,建立污染源档案,进行污染源评价,编写污染源调查报告等。

二、污染源调查方法

(一)社会调查

通常把深入到工厂、企业、机关、学校进行访问,召开各种类型座谈会的调查方法称为社会调查法。社会调查是进行污染源调查的基本方法,也是必备方法。它可以使调查者获得许多关于污染源的活资料,这对于我们认识和分析污染源的特点、动态和评价污染源都具有重要作用。为了搞好社会调查工作,往往将被调查的污染源分为详查单位和普查单位。

重点污染源的调查为详查。重点污染源是在对区域环境整体分析的基础上,选择的有代表性的污染源。各类污染源都应有自己的侧重点。同类污染源中,应选择污染物排放量大、影响范围广泛、危害程度大的污染源作为重点污染源,进行详查。重点污染源的调查,应从基础状况调查做起直到最后建立一整套污染源档案,无论从调查内容、调查广度和深度上,都应超出普查单位。

对区域内所有污染源进行全面调查称为普查。普查工作应有统一的领导,统一的普查时间、项目和标准,并做好普查人员的培训,以统一的调查方法、步骤和进度开展调查工作。普查工作一般多由主管部门发放调查表,以被调查对象填表的方式进行。

(二)分析计算

计算方法主要有两种,即物料衡算法和经验计算法,通过计算以得到污染源所排放污染物的确切量值。

1)物料衡算法。物料衡算法是比较流行和广泛采用的方法。它把工业污染源排污和资源综合利用,排污和生产管理,环境保护和发展结合起来,全面地、系统地研究污染物产生和排放与生产发展的关系,是一个比较科学、合理的计算方法。物料衡算法的基本原理是物质不灭定律。在生产过程中,投入的物料量应等于产品中所含这种物料的量与这种物料流失量的总和。如果物料的流失量全部排入外环境,则污染物排放量就等于这种物料的流失量。

2)经验计算法。根据生产过程中单位产品(或万元产值)的排污系数进行计算,求得污染物排放量,其经验公式为

$$V_1 = KW$$

式中,K为单位产品经验排放系数,kg/t;W为单位时间的产品产量,t/h;V_1为位时间污

染源的排污量,kg/h。

国内外文献中介绍各种污染物的排放系数的有很多,它们都是在特定条件下获得的。由于各地区、各单位的生产技术条件不同,污染物排放系数和实际排放系数可能有很大差异。因此,在选择排放系数时,或选择有权威性有代表性的排放系数,或根据实际情况加以修正,切勿盲目选用。

(3)实地监测。实地监测法是通过对某个污染源的现场测定,得到污染物的排放浓度和介质流量(烟气或废水),然后计算出排放量,计算公式为

$$V_2 = cL$$

式中:c 为实测的污染物平均排放浓度,g/m^2;L 为介质(烟气或废水)流量,m/h;V_2 为单位时间内测量的排污量,g/h。

这种方法实地监测污染源的排污量或排放浓度,所以采用这种方法进行污染源调查,其结果比较准确,但这种方法所用人力、物力、财力较多。所以进行污染源调查时,应根据不同要求,选用不同方法,或几种方法综合使用。

第二节　污染源调查的内容

污染源排放的污染物质的种类、数量、排放方式、途径及污染源的类型和位置,直接关系到其影响对象、范围和程度。污染源调查就是要了解、掌握上述情况及其他有关问题。

一、工业污染源调查内容

(1)企业概况。企业名称、厂址、主管机关名称、企业性质、企业规模、厂区占地面积、职工构成、固定资产、投产年代、产品、产量、产值、利润、生产水平、企业环境保护机构名称、辅助设施、配套工程、运输和储存方式等。

(2)工艺调查。工艺原理、工艺流程、工艺水平、设备水平、环保设施。

(3)能源、水源、原辅材料情况。能源构成产地、成分、单耗、总耗;水源类型、方式、供水量、循环水量、循环利用率、水平衡;原辅材料种类、产地、成分及含量、定额、总消耗量。

(4)生产布局调查。企业总体布局、原料和燃料堆放场、车间、办公室、厂区、居民区、堆渣区、污染源的位置、绿化带等。

(5)管理调查。管理体制、编制、生产制度、管理水平及经济指标;环境保护管理机构编制、环境管理水平等。

(6)污染物治理调查。工艺改革、综合利用、管理措施、治理方法、治理工艺、投资、效果、运行费用、副产品的成本及销路、存在问题、改进措施、今后治理规划或设想。

(7)污染物排放情况调查。污染物种类、数量、成分、性质;排放方式、规律、途径、排放浓度、排放量;排放口位置、类型、数量、控制方法;排放去向、历史情况、事故排放情况。

(8)污染危害调查。人体健康危害调查、动植物危害调查、污染物危害造成的经济损失调查、危害生态系统情况调查。

(9)发展规划调查。生产发展方向、规模、指标、"三同时"措施,预期效果及存在问题。

二、农业污染源调查内容

农业常常是环境污染的主要受害者,同时,当不合理地使用农药、化肥时也产生环境污染;此外,农业废弃物等也可能造成环境污染。

(1)农药使用情况调查。农药品种、使用剂量、方式、时间,施用总量、年限,有效成分含量,稳定性等。

(2)化肥使用情况调查。使用化肥的品种、数量、方式、时间,每亩平均施用量等。

(3)农业废弃物调查。农作物秸秆、农膜、牲畜粪便、农用机油渣等。

(4)农业机械使用情况调查。汽车、拖拉机台数、耗油量,行驶范围和路线,其他机械的使用情况等。

三、生活污染源调查内容

生活污染源主要指住宅、学校、医院、商业及其他公共设施。它排放的主要污染物有污水、粪便、垃圾、污泥、烟尘及废气等。

(1)城市居民人口调查。总人数、总户数、流动人口、人口构成、人口分布、密度、居住环境。

(2)城市居民用水和排水调查。用水类型,人均用水量,办公楼、旅馆、商店、医院及其他单位的用水量。下水道设置情况,机关、学校、商店、医院有无化粪池及小型污水处理设施。

(3)民用燃料调查。燃料构成、燃料来源、成分、供应方式、燃料消耗量及人均燃料消耗量。

(4)城市垃圾及处理方法调查。垃圾种类、成分、构成、数量及人均垃圾量,垃圾场的分布、运输方式、处置方式,处理站自然环境、处理效果,投资、运行费用,管理人员、管理水平等。

四、交通污染源调查内容

汽车、飞机、船舶等也是造成环境污染的一类污染源。其造成环境污染的原因有:①交通工具在运行中发生的噪声;②运载的有毒、有害物质的泄漏或清洁车体、船体时的扬尘或污水;③汽油、柴油等燃料燃烧时排出的废气。车辆交通污染源的调查内容如下:

(1)噪声调查。车辆种类、数量、车流量、车速、路面状况、绿化状况、噪声分布。

(2)汽车尾气调查。汽车种类、数量、用油量、燃油构成、排气量、排放浓度等。

除上述污染源调查外,还有其他污染源的调查。在进行一个地区的污染源调查时,都应同时进行自然环境背景调查和社会背景调查。自然背景调查包括地质、地貌、气象、水文、土壤、生物等;社会背景调查包括居民区人水源区、风景区、名胜古迹、工业 业区。

第三节 污染源评价

污染源评价是在查明污染物排放地点、形式、数量和规律的基础上,综合考虑污染物毒性、危害和环境功能等因素,以潜在污染能力来表达区域内主要环境污染问题的方法。

一、类别评价

类别评价是根据各类不同的污染源中某一种污染物的相对含量(浓度)、绝对含量(质量)以及一些统计指标来评价污染源污染程度的方法。

(一)浓度指标

以某污染源排放某种污染物的浓度值来表达污染源的污染能力大小。这种评价指标考虑问题不全面,往往将污染物排放绝对量大、而排放浓度偏低的污染源对环境的污染影响掩盖了。

(二)排放强度指标

排放强度指标的表达式为

$$W_i = c_i Q_i$$

式中:W_i 为某种污染物的排放强度,g/d;c_i 为实测某种污染物的平均排放浓度,g/m;Q_i 为某种污染物的排放流量,m^3/d。

排放强度指标考虑到单位时间内污染源排放某种污染物的绝对数量,所以较浓度指标更能反映污染源对环境的污染程度。

(三)统计指标

(1)检出率。指某一污染源的某种污染物的检出样品数占样品总数的百分比,表达式为

$$B_i = \frac{n_i}{A_i} \times 100\%$$

式中:B_i 为某污染物的检出率,%;n_i 某污染物检出样品个数;A_i 某污染物样品总数。

(2)超标率。指某污染源的某种污染物超过排放标准的样品数占该种污染物检出样品数的百分比,表达式为

$$D_i = \frac{f_i}{n_i} \times 100\%$$

式中:D_i 为某污染物的超标率,%;f_i 某污染物超出排放标准的样品数;n_i 某污染物检出样品

总数。

以上这些评价方法简便易行,是经常应用的评价方法。但这类评价方法只适用于同种污染物的相互比较,而不能综合反映一个污染源的潜在污染能力,不便于污染源之间和地区之间的相互比较,为此还需要进行污染源的综合评价。

二、综合评价

综合评价是较全面、系统地衡量污染源污染能力的评价方法,该方法考虑了污染物的种类、浓度、绝对排放量和累积排放量等,因而得出对污染源的综合评价结果。

(一)污染源污染参数的选择

对于一个排放污染物十分复杂的污染源来说,评价时需对污染物进行筛选,筛选程序如下:

(1)首先仔细研究工艺流程,找出工艺内可能存在的排放源。

(2)对进料和伴随介质做尽可能全面的元素分析,再结合理论计算,对排放源进行估计,确定可能出现的排放物及其数量;对所有可能的排放源做出估计,确定可能出现的排放物及其数量。

(3)根据各种排放物对人体健康和环境的影响,列出可能存在的污染物。

(4)对这些可能排出的污染物再与有关排放标准比较,按超标倍数大小排序,筛选出需要重点考虑的污染物。

(二)评价标准的选择

评价标准的选择是衡量污染源评价结果是否科学合理的关键问题之一。在选择评价标准时,首先要确定环境的功能要求,选择与环境功能相对应的评价标准。在国家标准与地方标准并存的地区,首先要选用地方标准。所选标准应尽量包括确定的评价污染物,否则就没有什么意义。

(三)评价方法

1.等标指数。等标指数是把污染物的排放标准作为评价标准的一种评价方法,属于这种评价方法的有以下几种:

1)等标指数。指某种排出污染物的浓度超过排放标准浓度的倍数,它反映了排出污染物浓度与排放标准浓度之间的关系,其表达式为

$$N_i = \frac{c_i}{c_{oi}}$$

式中:P_i 为某种污染物的等标污染负荷,表示某种污染物以排放标准浓度排放时的介质排放强度,t/d;c_i 为某种污染物的实测排放浓度,mg/m³;c_{oi} 为某种污染物的排放标准浓度,mg/

m^3;Q_i 为含某种污染物的介质排放量,t/d。

某污染源排放 n 种污染物,则该污染源的等标污染负荷为

$$P_n = \sum_{i=1}^{n} P_i Q_i = \sum_{i=1}^{n} \frac{c_i}{c_{oi}} Q_i$$

某地区或某流域有 m 个污染源,则该地区或流域的等标污染负荷为

$$P_m = \sum_{j=1}^{n} P_{nj} = \sum_{j=1}^{m} \sum_{n=1}^{n} \frac{c_i}{c_{oi}} Q_i$$

3)等标污染负荷比。为某种污染物的等标污染负荷占该污染源等标负荷的百分比,即

$$K_i = \frac{P_i}{P_n} \times 100\%$$

式中:K_i 为某污染物的等标污染负荷比;其他符号意义同前。

某污染源的等标污染负荷占该地区或流域等标污染负荷的比值,称为该污染源的等标负荷比,表达式为

$$K_n = \frac{P_n}{P_m}$$

式中:K_n 为某污染源的等标污染负荷比;其他符号意义同前。

2. 排毒系数。排毒系数指污染源的实测排放浓度与污染源的毒性标准浓度的比,表达式为

$$I_i = \frac{c_i}{c_{oi}}$$

式中:I_i 为某污染物的排毒系数;c_i 为某污染物的实测排放浓度,mg/m^3;c_i 为某污染物的毒性标准浓度,mg/m^3。

3. 经济技术评价指数。污染源排放污染物数量的主要影响因素是资源利用率,企业管理水平,技术设备条件等。在评价污染源时,采用经济技术评价方法,可使人们对污染源的认识进一步深化。污染物的排放量取决于单位产品消耗的水量、能源和原材料的量。因此,利用经济技术指标,可从另一个侧面反映污染源的潜在污染能力。

1)消耗指数指生产单位产品所耗用的水量、能量、原材料量与定额消耗量的比值,表达式为

$$E_i = \frac{a_i}{a_{oi}}$$

式中:E_i 为某种产品的耗量指数;a_i 为某种产品的水量(或能量、原料)的单耗,t/t;a_{oi} 为某种产品的水量(或能量、原料)的定额耗量,t/t。

2)流失量指数指某一污染源的水量、能量和原材料的流失量与定额流失量之比,它反映

出生产技术、生产工艺和生产管理的总水平,表达式为

$$F_i = \frac{q_i}{q_{oi}}$$

式中:F_i 为流失量指数;q_i 为水量(或能量、原材料)的日平均流失量,kg/d;q_{oi} 为水量(或能量、原材料)的定额日平均流失量,kg/d。

三、确定重点污染源及主要污染物

在进行区域环境规划时,确定区域内主要污染源和主要污染物是一件十分重要的工作,一般采用前述等标污染负荷和等标污染负荷比的方法,具体做法如下。

(一)确定评价范围

首先要根据评价工作的空间范围,在确定的空间范围内,再确定参加评价的所有污染源及每个污染源内所排污染物的种类。

(二)计算等标污染负荷

对参加评价的所有污染源排放的所有污染物,逐个计算其等标污染负荷。

(三)确定重点污染源

以污染源为单位,计算每个污染源各种污染物的污染负荷之和,这个和就是每个污染源的等标污染负荷。然后再计算每个污染源的等标污染负荷占总(全区域)等标污染负荷的百分比,这个百分比为每个污染源的等标污染负荷比。等标污染负荷比越大的污染源其影响越大,将调查区域内污染源的等标污染负荷比由大到小排队,然后由大到小计算累计污染负荷比,一般认为累计污染负荷比等于80%左右所包含的污染源,可确定为该区域的重点污染源。

(四)确定主要污染物

打破污染源界限,在区域范围内以每种污染物为单位,计算每种污染物的等标污染负荷的和,这个和为区域范围内这种污染物的等标污染负荷。然后再计算每种污染物等标污染负荷占总(全区域)等标污染负荷的百分比,这个百分比为每种污染物的等标污染负荷比。按照调查区域内污染物的等标污染负荷比由大到小排队,然后由大到小计算累计污染负荷比,一般认为累计污染负荷比等于80%左右所包含的污染物,可确定为该区域的主要污染物。

工作任务三 水体污染综合治理方法

第一节 活性污泥法

一、活性污泥法的概念

活性污泥法工艺是一种广泛应用而行之有效的传统污水生物处理法,也是一项极具发展前景的污水处理技术,这体现在它对水质水量的广泛适应性、灵活多样的运行方式、良好的可控制性、运行的经济性,以及通过厌氧或缺氧区的设置使之具有生物脱氮、除磷的效能等方面。

活性污泥法工艺能从污水中去除溶解的和胶体的可生物降解有机物,以及能被活性污泥吸附的悬浮固体和其他一些物质,无机盐类也能被部分去除,类似的工业废水也可用活性污泥法处理。

活性污泥法本质上与天然水体(江、湖)的自净过程相似,两者都是好氧生物过程,只是活性污泥法的净化强度大,因而可认为是天然水体自净作用的人工强化。自 1914 年开始至今,活性污泥法的研究与应用经过百余年的发展,在理论和实践上都取得了很大的进步,本章将讨论活性污泥法的基本概念和实际应用问题。

二、活性污泥法的基本流程

活性污泥法处理流程包括曝气池、沉淀池、污泥回流及剩余污泥排除系统等基本组成部分,见图 4-1。

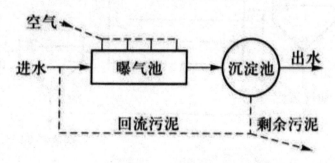

图 4-1 活性污泥法基本流程

污水和回流的活性污泥一起进入曝气池形成混合液。曝气池是一个生物反应器,通过曝气设备充入空气,空气中的氧气溶入污水使活性污泥混合液产生好氧代谢反应。曝气设备不仅传递氧气进入混合液,同时起搅拌作用而使混合液呈悬浮状态(某些曝气场合另外增设有搅拌设备)。这样,污水中的有机物、氧气与微生物能充分进行传质和反应。随后混合液流入沉淀池,混合液中的悬浮固体在沉淀池中进行固液分离,流出沉淀池的就是净化水。沉淀池中的污泥大部分回流至曝气池,称为回流污泥,回流污泥的目的是使曝气池内保持一定的悬浮固体浓度,也就是保持一定的微生物浓度。曝气池中的生化反应导致微生物的增殖,增殖的微生物通常从沉淀池底泥中排除,以维持活性污泥系统的稳定运行,从系统中排除的污泥叫剩余污泥。剩余污泥中含有大量的微生物,排放环境前应进行有效处理和处置,防止污染环境。

从上述流程可以看出,要使活性污泥法形成一个实用的处理方法,污泥除了有氧化和分解有机物的能力外,还要有良好的凝聚和沉淀性能,以使活性污泥能从混合液中分离出来,得到澄清的出水。

三、活性污泥法曝气反应池的基本形式

曝气池实质上是一个反应器,它的池型与所需的水力特征及反应要求密切相关,主要分为推流式、完全混合式、封闭环流式及序批式四大类。其他曝气反应池类型基本都是这四种类型的组合或变形。

(一)推流式曝气池

推流式曝气池自从 1920 年出现以来,至今一直得到普遍应用。其工艺流程如图 4-2 所示。污水及回流污泥一般从池体的一端进入,水流呈推流型,理论上在曝气池推流横断面上各点浓度均匀一致,纵向不存在掺混,底物浓度在进口端最高,沿池长逐渐降低,至池出口端最低。但实际上推流式曝气池都存在掺混现象,真正的理想推流式并不存在。

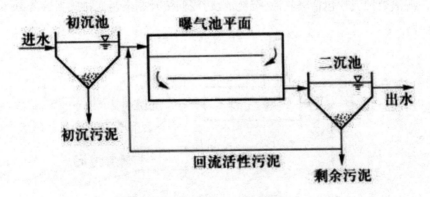

图 4-2 推流式曝气池工艺流程

（二）完全混合曝气池

完全混合曝气池的形状可以是圆形,也可以为方形或矩形,曝气设备可采用表面曝气机或鼓风曝气方式。污水一进入曝气反应池,在曝气搅拌作用下立即和全池混合,曝气池内各点的底物浓度、微生物浓度、需氧速率完全一致(图4-3),不像推流式那样前后段有明显的区别,当入流出现冲击负荷时,因为瞬时完全混合,曝气池混合液的组成变化较小,故完全混合法耐冲击负荷能力较大。

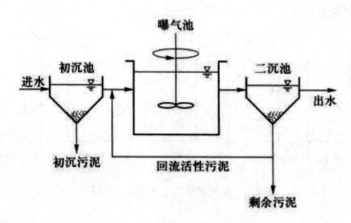

图4-3　完全混合曝气池工艺流程

（三）封闭环流式反应池

封闭环流式反应池结合了推流和完全混合两种流态的特点,污水进入反应池后,在曝气设备的作用下被快速、均匀地与反应器中混合液进行混合,混合后的水在封闭的沟渠中循环流动(图4-4)。循环流动一般为 $0.25\sim0.35m/s$,完成一个循环所需时间为 $5\sim15min$。由于污水在反应器内的停留时间为 $10\sim24h$,因此,污水在这个停留时间内会完成 $40\sim300$ 次循环。封闭环流式反应池在短时间内呈现推流式,而在长时间内则呈现完全混合特征。两种流态的结合,可减小短流,使进水被数十倍甚至数百倍的循环混合液所稀释,从而提高了反应器的缓冲能力。

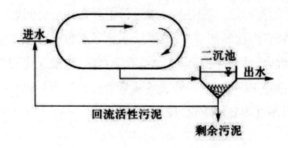

图4-4　封闭环流式处理系统流程

(四)序批式反应池

序批式反应池属于"注水-反应-排水"类型的反应器,在流态上属于完全混合,但有机污染物却是随着反应时间的推移而被逐步降解的。图4-5为序批式反应池的基本运行模式,其操作流程由进水、反应、沉淀、出水和闲置五个基本过程组成,从污水流入到闲置结束构成一个周期,所有处理过程都是在同一个设有曝气或搅拌装置的反应器内依次进行,混合液始终留在池中,从而不需另外设置沉淀池。周期循环时间及每个周期内各阶段时间均可根据不同的处理对象和处理要求进行调节。

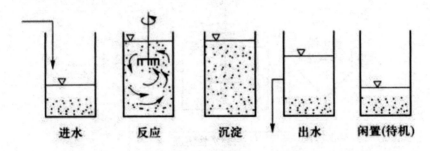

进水　　　反应　　　沉淀　　　出水　　　闲置(待机)

图4-5　序批式反应工艺的操作过程

四、活性污泥法的常见工艺形式

活性污泥法自发明以来,根据反应时间、进水方式、曝气设备、氧的来源、反应池型等的不同,已经发展出多种变型,这些变型方式各有特点和最佳适用条件,同时新开发的处理工艺还在工程中接受实践的考验,采用时须慎重区别对待,因地因时地加以选择。

(一)传统推流式

传统推流式活性污泥法工艺流程(图4-6),污水和回流污泥在曝气池的前端进入,在池内呈推流形式流动至池的末端,由鼓风机通过扩散设备或机械曝气机曝气并搅拌,因为廊道的长宽比要求在5~10,所以一般采用3~5条廊道。在曝气池内进行吸附、絮凝和有机污染物的氧化分解,最后进入二沉池进行处理后的污水和活性污泥的分离,部分污泥回流至曝气池,部分污泥作为剩余污泥排放。传统推流式运行中存在的主要问题,一是池内流态呈推流式,首端有机污染物负荷高,耗氧速率高;二是污水和回流污泥进入曝气池后,不能立即与整个曝气池混合液充分混合,易受冲击负荷影响,适应水质、水量变化的能力差;三是混合液的需氧量在长度方向是逐步下降的,而充氧设备通常沿池长是均匀布置的,这样会出现前半段供氧不足,后半段供氧超过需要的现象(图4-6)。

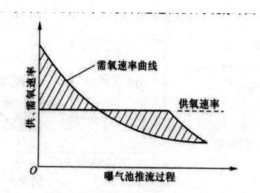

图 4-6 传统推流式曝气池中供氧速率和需氧速率曲线

(二)渐减曝气法

为了改变传统推流式活性污泥法供氧和需氧的差距,可以采用渐减曝气方式,充氧设备的布置沿池长方向与需氧量匹配,使布气沿程逐步递减,使其接近需氧速率,而总的空气用量有所减少,从而可以节省能耗,提高处理效率(图 4-7)。

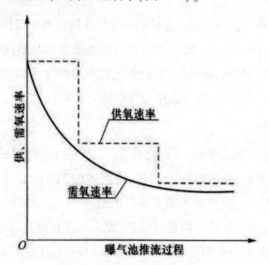

图 4-7 渐减曝气活性污泥法的曝气过程

(三)阶段曝气(多点进水)法

降低传统推流式曝气池中进水端需氧量峰值要求,还可以采用分段进水方式,入流污水在曝气池中分 3~4 点进入,均衡了曝气池内有机污染物负荷及需氧率,提高了曝气池对水质、水量冲击负荷的能力(图 4-8)。阶段曝气推流式曝气池一般采用 3 条或更多廊道,在第一个进水点后,混合液的 MLSS 浓度可高达 5000~9000mg/L,后面廊道污泥浓度随着污水多点进入而降低。在池体容积相同情况下,与传统推流式相比,阶段曝气活性污泥法系统可以拥有更高的污泥总量,从而污泥龄可以更高。

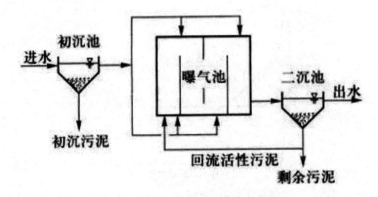

图 4-8　阶段曝气法流程示意图

　　阶段曝气法也可以只向后面的廊道进水,使系统按照吸附再生法运行。在雨季合流高峰流量时,可将进水超越到后面廊道,从而减少进入二沉池的固体负荷,避免曝气池混合液悬浮固体的流失,暴雨高峰流量过后可以很快恢复运行。

(四)高负荷曝气法

　　高负荷曝气法(又称改良曝气法)在系统与曝气池构造方面与传统推流式活性污泥法相同,但曝气停留时间仅 1.5~3.0h,曝气池活性污泥处于生长旺盛期。本工艺的主要特点是有机物容积负荷或污泥负荷高,曝气时间短,但处理效果低,一般 BOD_5 去除率不超过 70%~75%,为了维护系统的稳定运行,必须保证充分的搅拌和曝气。

(五)延时曝气法

　　延时曝气法与传统推流式类似,不同之处在于本工艺的活性污泥处于生长曲线的内源呼吸期,有机物负荷非常低,曝气反应时间长,一般多在 24h 以上,污泥龄长,在 20~30d,曝气系统的设计取决于系统的搅拌要求而不是需氧量。

　　由于活性污泥在池内长期处于内源呼吸期,剩余污泥量少且稳定,剩余污泥主要是一些难于生物降解的微生物内源代谢的残留物,因此也可以说该工艺是污水、污泥综合好氧处理系统。本工艺还具有处理过程稳定性高,对进水水质、水量变化适应性强,不需要初沉池等优点,但也存在需要池体容积大,基建费用和运行费用都较高等缺点,一般适用于小型污水处理系统。

(六)吸附再生法

　　吸附再生法又名接触稳定法,出现于 20 世纪 40 年代后期美国的污水处理厂扩建改造中,其工艺流程示于图 4-9。

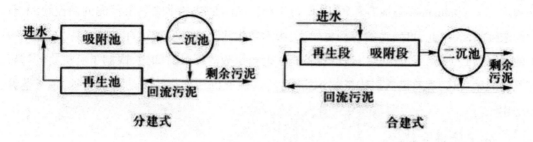

图 4-9　吸附再生活性污泥法系统

20 世纪 40 年代末,美国得克萨斯州奥斯汀(Austin)城的污水处理厂由于水量增加,需要扩建。虽然另有空地,但地价昂贵,不得不寻求厂内改造方法。在实验室里,用活性污泥法处理牛奶污水时,混合液中溶解部分的 BOD,下降有一定的规律。如果测定 BOD_5 时的取样间隔时间较长,例如,每隔 1h 取样一次,那么所得的 BOD_5 下降曲线是光滑的,如图 4-10 的实线所示,表明有机物去除接近于一级反应。但是,缩短取样间隔时,发现在运行开始后的第 1h 内,BOD_5 值有一个迅速下降而后又逐渐回升的现象,见图 4-10 中虚线,而且这个短暂过程中 BOD_5 的最低值与曝气数小时后的 BOD_5 基本相同。利用这一事实,把曝气时间缩短为 15~45min(MLSS 为 2000mg/L),取得了 BOD_5 相当低的出水。但是,回流污泥处于营养饱和状态,丧失了活性,其去除污水中 BOD_5 的能力下降了。于是在把回流污泥与入流的城镇污水汇合之前预先进行充分曝气,这样即可恢复它的活性。在适当改变原曝气池的进水位置和增添充氧扩散设备后,只用了原池一半容积,就解决了超负荷问题。

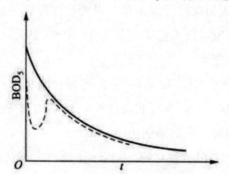

图 4-10　污水与活性污泥混合后 BOD_5 变化动态

但是,每月总有一天出水质量不好。调查研究后发现这一天是城内牛奶场的清洗日。牛奶场污水 BOD_5 很高而 SS 不高。这说明曝气混合液曝气过程中第一阶段 BOD_5 的下降是由于吸附作用造成的,对于溶解的有机物,吸附作用不大或没有。因此,把这种方法称为吸附再生法,混合液的曝气完成了吸附作用,回流污泥的曝气完成活性污泥的再生。

此外,还发现:①这一方法直接用于原污水的处理比用于初沉池的出流水效果好,初沉池可以不用;②剩余污泥量有所增加。本工艺的特点是污水与活性污泥在吸附池内吸附时间较短(30~60min),吸附池容积较小,而再生池接纳的是已经排除剩余污泥的回流污泥,且污泥浓度较高,因此,再生池的容积也较小;吸附再生法具有一定的抗冲击负荷能力,如果吸附池污泥遭到破坏,可以由再生池进行补充。但由于吸附接触时间短,限制了有机物的降解和氨氮的硝化,处理效果低于传统法,对于含溶解性有机污染物较多的污水处理,本工艺并不适用。

(七)完全混合法

污水与回流污泥进入曝气池后,立即与池内的混合液充分混合,池内的混合液是有待泥水分离的处理水(图4-11)。

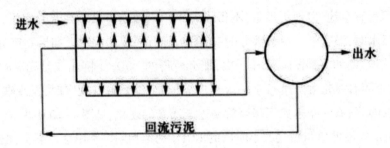

图4-11 完全混合活性污泥法处理系统

该工艺具有如下特征:

(1)进入曝气池的污水很快即被池内已存在的混合液所稀释、均化,入流出现冲击负荷时,池液的组成变化较小,因为骤然增加的负荷可为全池混合液所分担,而不是像推流中仅仅由部分回流污泥来承担,所以该工艺对冲击负荷具有较强的适应能力,适用于处理工业废水,特别是浓度较高的工业废水。

(2)污水在曝气池内分布均匀,F/M值均等,各部位有机污染物降解工况相同,微生物群体的组成和数量几近一致,因此,有可能通过对F/M值的调整,将整个曝气池的工况控制在最佳条件,以更好发挥活性污泥的净化功能。

(3)曝气池内混合液的需氧速度均衡。完全混合活性污泥法系统因为有机物负荷较低,微生物生长通常位于生长曲线的静止期或衰亡期,活性污泥易于产生膨胀现象。完全混合活性污泥法池体形状可以采用圆形或方形,与沉淀池可以合建或分建。

(八)吸附-生物降解工艺

20世纪70年代中期,德国亚琛工业大学的宾克(Boehnke)教授提出了吸附-生物降解工艺(简称AB法),其工艺流程如图4-12所示。

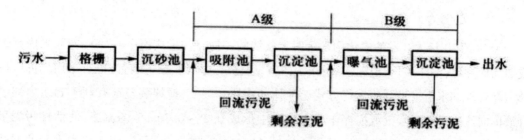

图 4-12　AB 法工艺流程图

从工艺流程图来看,AB 处理工艺的主要特征是:

(1)整个污水处理系统共分为预处理段、A 级、B 级等三段,在预处理段只设格栅、沉砂等处理设备,不设初沉池;

(2)A 级由吸附池和中间沉淀池组成,B 级由曝气池及二次沉淀池组成;

(3)A 级与 B 级各自拥有独立的污泥回流系统,每级能够培育出各自独特的、适合本级水质特征的微生物种群。

A 级以高负荷或超高负荷运行[污泥负荷为 $2\sim6$ kgBOD$_5$/(kgMLSS·d)],曝气池停留时间短,一般 $30\sim60$min,污泥龄为 $0.3\sim0.5$d;B 级以低负荷运行[污泥负荷一般为 $0.1\sim0.3$kgBOD$_5$/(kgMLSS·d)],曝气停留时间在 $2\sim4$h,污泥龄 $15\sim20$d。

该工艺处理效果稳定,具有抗冲击负荷能力,在欧洲有广泛的应用。该工艺还可以根据经济实力进行分期建设。例如,可先建 A 级,利用有限的资金投入,去除尽可能多的污染物质,达到优于一级处理的效果;等条件成熟,再建 B 级以满足更高的处理要求。AB 法曾在我国的青岛海泊河污水处理厂、淄博污水处理厂等也得到应用,运行良好。

(九)序批式活性污泥法

序批式活性污泥法(SBR 法)比连续流活性污泥法出现得更早,但由于当时运行管理条件限制而被连续流系统所取代。随着自动控制水平的提高,SBR 法又引起人们的重视,并对它进行了更加深入的研究与改进。自 1985 年我国第一座 SBR 处理设施在上海市吴淞肉联厂投产运行以来,SBR 工艺在国内已广泛用于屠宰、缫丝、含酚、啤酒、化工、鱼品加工、制药等工业废水和生活污水的处理。SBR 工艺操作过程参见图 4-5。

SBR 工艺与连续流活性污泥法工艺相比有一些优点:①工艺系统组成简单,曝气池兼具二沉池的功能,无污泥回流设备;②耐冲击负荷,在一般情况下(包括工业废水处理)无须设置调节池;③反应推动力大,易于得到优于连续流系统的出水水质;④运行操作灵活,通过适当调节各阶段操作状态可达到脱氮除磷的效果;⑤活性污泥在一个运行周期内,经过不同的运行环境条件,污泥沉降性能好,SVI 较低,能有效地防止丝状菌膨胀;⑥该工艺可通过计算机进行自动控制,易于维护管理。

(十)氧化沟

20世纪50年代开发的氧化沟是延时曝气法的一种特殊形式(图4-13),一般采用圆形或椭圆形廊道,池体狭长,池深较浅,在沟槽中设有机械曝气和推进装置,也有采用局部区域鼓风曝气外加水下推进器的运行方式。池体的布置和曝气、搅拌装置都有利于廊道内的混合液单向流动。通过曝气或搅拌作用在廊道中形成0.25~0.30m/s的流速,使活性污泥呈悬浮状态,在这样的廊道流速下,混合液在5~15min内完成一次循环,而廊道中大量的混合液可以稀释进水20~30倍,廊道中水流虽然呈推流式,但过程动力学接近完全混合反应池。当污水离开曝气区后,溶解氧浓度降低,有可能发生反硝化反应。

大多数情况下,氧化沟系统需要二沉池,但有些场合可以在廊道内进行沉淀以完成泥水分离过程,如一体化氧化沟或三沟式氧化沟。

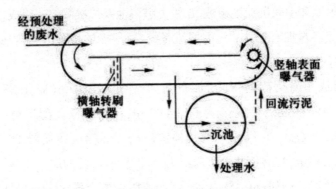

图4-13 氧化沟处理系统

(十一)膜生物反应器

膜生物反应器(MBR)是用微滤膜或超滤膜代替二沉池进行污泥固液分离的污水处理装置,为膜分离技术与活性污泥法的有机结合,出水水质相当于二沉池出水再加微滤或超滤的效果(图4-14)。膜生物反应器不仅提高了污染物的去除效率,在很多情况下出水可以作为再生水直接回用,膜生物反应器工艺在城镇污水和工业废水处理中占有一定的份额。

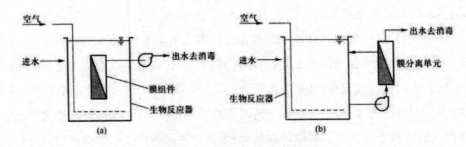

图4-14 膜生物反应器示意图

(a)内置浸没膜组件;(b)外置膜分离单元

膜生物反应器在一个处理构筑物内可以完成生物降解和固液分离功能,生物反应区可以根据有机物降解或生物脱氮及除磷的要求,设置不同的反应区域,因为没有二沉池泥水分离和固体通量的限制,混合液悬浮固体浓度可以比普通活性污泥法高几倍,容积负荷及耐冲击负荷能力比传统生物脱氮除磷工艺更高。但膜生物反应器并不是普通生物脱氮除磷工艺和膜分离设备的简单加合,因为膜池的防污堵曝气冲刷需要,膜池的溶解氧浓度会达到6~8mg/L,甚至接近饱和浓度,如果膜池回流的污泥直接进入生化处理系统的厌氧池或缺氧池,会对厌氧环境或缺氧环境造成冲击和破坏,所以膜生物反应器的生化处理系统设计及运行过程中必须注重各功能区的微生物环境条件要求。

膜生物反应器的优点是:①容积负荷率高、水力停留时间短;②污泥龄较长,剩余污泥量减少;③混合液污泥浓度高,避免了因为污泥丝状菌膨胀或其他污泥沉降问题而影响曝气反应区的 MLSS 浓度;④因污泥龄较长,系统硝化反硝化效果好,在低溶解氧浓度运行时,可以同时进行硝化和反硝化;⑤出水有机物浓度、悬浮固体浓度、浊度均很低,甚至致病微生物都可被截留,出水水质好;⑥污水处理设施占地面积相对较小。膜生物反应器类型可分为内置浸没膜组件的内置式膜生物反应器和外置膜分离单元的外置式膜生物反应器。

目前,膜生物反应器还存在系统造价较高、膜组件易受污染、膜使用寿命有限、运行费用高、系统控制要求高、运行管理复杂等缺点。

第二节 生物膜法

生物膜法是一大类生物处理法的统称,包括生物滤池、生物转盘、生物接触氧化池、曝气生物滤池及生物流化床等工艺形式,其共同的特点是微生物附着生长在滤料或填料表面上,形成生物膜。污水与生物膜接触后,污染物被微生物吸附转化,污水得到净化。生物膜法对水质、水量变化的适应性较强,污染物去除效果好,是一种被广泛采用的生物处理方法,可单独应用,也可与其他污水处理工艺组合应用。

1893 年英国将污水喷洒在粗滤料上进行净化试验,取得良好的净化效果。

生物滤池自此问世,并开始应用于污水处理。经过长期发展,生物膜法已从早期的洒滴滤池(普通生物滤池),发展到现有的各种高负荷生物膜法处理工艺。特别是随着塑料工业的发展,生物滤池的填料从主要使用碎石、卵石、炉渣和焦炭等比表面积小和孔隙率低的实心滤料,发展到如今使用高强度、轻质、比表面积大、孔隙率高的各种塑料滤料,大幅度提高了生物膜法的处理效率,扩大了生物滤池的应用范围。目前所采用的生物膜法多数是好氧工艺,主要用于中小规模的污水处理,少数是厌氧的。

一、生物膜的结构及净化机理

(一)生物膜的形成及结构

微生物细胞在水环境中,能在适宜的载体表面牢固附着,生长繁殖,细胞胞外多聚物使微生物细胞形成纤维状的缠结结构,称之为生物膜。

污水处理生物膜法中,生物膜是指:附着在惰性载体表面生长的,以微生物为主,包含微生物及其产生的胞外多聚物和吸附在微生物表面的无机及有机物等组成,并具有较强的吸附和生物降解性能的结构。提供微生物附着生长的惰性载体称之为滤料或填料。生物膜在载体表面分布的均匀性,以及生物膜的厚度随着污水中营养底物浓度、时间和空间的改变而发生变化。图 4-15 是生物膜法污水理中,生物滤池滤料上生物膜的基本结构。

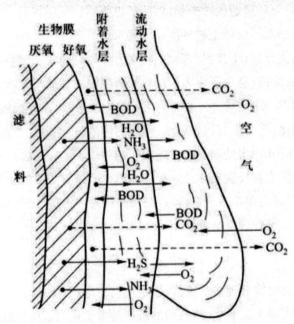

图 4-15 生物滤池滤料上生物膜的基本结构

早期的生物滤池中,污水通过布水设备均匀地喷洒到滤床表面上,在重力作用下,污水以水滴的形式向下渗沥,污水、污染物和细菌附着在滤料表面上,微生物便在滤料表面大量繁殖,在滤料表面形成生物膜。

污水流过生物膜生长成熟的滤床时,污水中的有机污染物被生物膜中的微生物吸附、降解,从而得到净化。生物膜表层生长的是好氧和兼性微生物,在这里,有机污染物经微生物好氧代谢而降解,终产物是 H_2O、CO_2 等。由于氧在生物膜表层基本耗尽,生物膜内层的微生物处于厌氧状态,在这里,进行的是有机物的厌氧代谢,终产物为有机酸、乙醇、醛和 H_2S 等。由于微生物的不断繁殖,生物膜不断增厚,超过一定厚度后,吸附的有机物在传递到生物膜内层的微生物以前,已被代谢掉。此时,内层微生物因得不到充分的营养而进入内源代谢,失去其黏附在滤料上的性能,脱落下来随水流出滤池,滤料表面再重新长出新的生物膜。生物膜脱落的速率与有机负荷、水力负荷等因素有关。

（二）生物膜的组成

填料表面的生物膜中的生物种类相当丰富，一般由细菌（好氧、厌氧、兼性）、真菌、原生动物、后生动物，藻类以及一些肉眼可见的蠕虫、昆虫的幼虫等组成，生物膜中的生物相组成情况如下：

1. 细菌与真菌

细菌对有机物氧化分解起主要作用，生物膜中常见的细菌种类有球衣菌、动胶菌、硫杆菌属、无色杆菌属、产碱菌属、甲单胞菌属、诺卡氏菌属、色杆菌属、八叠球菌属、粪链球菌、大肠埃希氏杆菌、副大肠杆菌属、亚硝化单胞菌属和硝化杆菌属等。

除细菌外，真菌在生物膜中也较为常见，其可利用的有机物范围很广，有些真菌可降解木质素等难降解的有机物，对某些人工合成的难降解有机物也有一定的降解能力。丝状菌也易在生物膜中滋长，它们具有很强的降解有机物的能力，在生物滤池内丝状菌的增长繁殖有利于提高污染物的去除效果。

2. 原生动物与后生动物

原生动物与后生动物都是微型动物中的一类，栖息在生物膜的好氧表层内。原生动物以吞食细菌为生（特别是游离细菌），在生物滤池中，对改善出水水质起着重要的作用。生物膜内经常出现的原生动物有鞭毛类、肉足类、纤毛类，后生动物主要有轮虫类、线虫类及寡毛类。在运行初期，原生动物多为豆形虫一类的游泳型纤毛虫。在运行正常、处理效果良好时，原生动物多为钟虫、独缩虫、等枝虫、盖纤虫等附着型纤毛虫。

例如，在生物滤池内经常出现的后生动物主要是轮虫、线虫等，它们以细菌、原生动物为食料，在溶解氧充足时出现。线虫及其幼虫等后生动物有软化生物膜、促使生物膜脱落的作用，从而使生物膜保持活性和良好的净化功能。

与活性污泥法一样，原生动物和后生动物可以作为指示生物，来检查和判断工艺运行情况及污水处理效果。当后生动物出现在生物膜中时，表明水中有机物含量很低并已稳定，污水处理效果良好。

另外，与活性污泥法系统相比，在生物膜反应器中是否有原生动物及后生动物出现与反应器类型密切相关。通常，原生动物及后生动物在生物滤池及生物接触氧化池的载体表面出现较多，而对于三相流化床或是生物流动床这类生物膜反应器，生物相中原生动物及后生动物的量则非常少。

3. 滤池蝇

在生物滤池中，还栖息着以滤池蝇为代表的昆虫。这是一种体形较一般家蝇小的苍蝇，它的产卵、幼虫、成蛹、成虫等过程全部在滤池内进行。滤池蝇及其幼虫以微生物及生物膜为食料，故可抑制生物膜的过度增长，具有使生物膜疏松，促使生物膜脱落的作用，从而使生物膜保持活性,同时在一定程度上防止滤床的堵塞。但是,由于滤池蝇繁殖能力很强,大量产生后飞散在滤池周围,会对环境造成不良的影响。

4. 藻类

受阳光照射的生物膜部分会生长藻类,如普通生物滤池表层滤料生物膜中可出现藻类。一些藻类如海藻是肉眼可见的,但大多数只能在显微镜下观察。由于藻类的出现仅限于生物膜反应器表层的很小部分,对污水净化所起作用不大。

生物膜的微生物除了含有丰富的生物相这一特点外,还有着其自身的分层分布特征。例如,在正常运行的生物滤池中,随着滤床深度的逐渐下移,生物膜中的微生物逐渐从低级趋向高级,种类逐渐增多,但个体数量减少。生物膜的上层以菌胶团等为主,而且由于营养丰富,繁殖速率快,生物膜也最厚。往下的层次,随着污水中有机物浓度的下降,可能会出现丝状菌、原生动物和后生动物,但是生物量即膜的厚度逐渐减少。到了下层,污水浓度大大下降,生物膜更薄,生物相以原生动物、后生动物为主。滤床中的这种生物分层现象,是适应不同生态条件(污水浓度)的结果,各层生物膜中都有其特征的微生物,处理污水的功能也随之不同。特别在含多种有害物质的工业废水中,这种微生物分层和处理功能变化的现象更为明显。如用塔式生物滤池处理腈纶废水时,上层生物膜中的微生物转化丙烯腈的能力特别强,而下层生物膜中的微生物则转化其他有害物质如转化上层所不易转化的异丙醇、SCN 等的能力比较强。因此,上层主要去除丙烯腈,下层则去除异丙醇、SCN 等。另外,出水水质越好,上层与下层生态条件相差越大,分层越明显。若分层不明显,说明上下层水质变化不显著,处理效果较差,所以生物膜分层观察对处理工艺运行具有一定指导意义。

(三) 生物膜法的净化过程

生物膜法去除污水中污染物是一个吸附、稳定的复杂过程,包括污染物在液相中的紊流扩散、污染物在膜中的扩散传递、氧向生物膜内部的扩散和吸附、有机物的氧化分解和微生物的新陈代谢等过程。

生物膜表面容易吸取营养物质和溶解氧,形成由好氧和兼性微生物组成的好氧层,而在生物膜内层,由于微生物利用和扩散阻力,制约了溶解氧的渗透,形成由厌氧和兼性微生物组成的厌氧层。

在生物膜外,附着一层薄薄的水层,附着水流动很慢,其中的有机物大多已被生物膜中的微生物所摄取,其浓度要比流动水层中的有机物浓度低。与此同时,空气中的氧也扩散转移进入生物膜好氧层,供微生物呼吸。生物膜上的微生物利用溶入的氧气对有机物进行氧化分解,产生无机盐和二氧化碳,达到水质净化的效果。有机物代谢过程的产物沿着相反方向从生物膜经过附着水层排到流动水或空气中去。

污水中溶解性有机物可直接被生物膜中微生物利用,而不溶性有机物先是被生物膜吸附,然后通过微生物胞外酶的水解作用,降解为可直接生物利用的溶解性小分子物质。由于水解过程比生物代谢过程要慢得多,水解过程是生物膜污水处理速率的主要限制因素。

二、生物滤池

生物滤池是生物膜法处理污水的传统工艺,在 19 世纪末发展起来,先于活性污泥法。早期的普通生物滤池水力负荷和有机负荷都很低,虽净化效果好,但占地面积大,易于堵塞。后来开发出采用处理水回流,水力负荷和有机负荷都较高的高负荷生物滤池;以及污水、生物膜和空气三者充分接触,水流紊动剧烈,通风条件改善的塔式生物滤池。而在生物滤池基础上发展起来的曝气生物滤池,已成为一种独立的生物膜法污水处理工艺。

(一)生物滤池的构造

典型的生物滤池,其构造由滤床及池体、布水设备和排水系统等部分组成。

1. 滤床及池体

滤床由滤料组成。滤料是微生物生长栖息的场所,理想的滤料应具备下述特性:①能为微生物附着提供大量的表面积;②使污水以液膜状态流过生物膜;③有足够的孔隙率,保证通风(即保证氧的供给)和使脱落的生物膜能随水流出滤池;④不被微生物分解,也不抑制微生物生长,有良好的生物化学稳定性;⑤有一定机械强度;⑥价格低廉。早期主要以拳状碎石为滤料,此外,碎钢渣、焦炭等也可作为滤料,其粒径在 3~8cm 左右,孔隙率在 45%~50% 左右,比表面积(可附着面积)在 $65~100m^2/m^3$ 之间。从理论上,这类滤料粒径愈小,滤床的可附着面积愈大,则生物膜的面积将愈大,滤床的工作能力也愈大。但粒径愈小,空隙就愈小,滤床愈易被生物膜堵塞,滤床的通风也愈差,可见滤料的粒径不宜太小。经验表明在常用粒径范围内,粒径略大或略小些,对滤池的工作没有明显的影响。20 世纪 60 年代中期,塑料工业快速发展之后,塑料滤料开始被广泛采用。

2. 布水设备

设置布水设备的目的是使污水能均匀地分布在整个滤床表面上。生物滤池的布水设备分为两类:旋转布水器和固定布水器。以下介绍旋转布水器。旋转布水器的中央是一根空心的立柱,底端与设在池底下面的进水管衔接。布水横管的一侧开有喷水孔口,孔口直径为 10~15mm,间距不等,愈近池心间距愈大,使滤池单位平面积接受的污水量基本上相等。布水器的横管可为两根(小池)或四根(大池),对称布置。污水通过中央立柱流入布水横管,由喷水孔口分配到滤池表面。污水喷出孔口时,作用于横管的反作用力推动布水器绕立柱旋转,转动方向与孔口喷嘴方向相反。所需水头在 0.6~1.5m 左右。如果水头不足,可用电动机转动布水器。

3. 排水系统

池底排水系统的作用是:①收集滤床流出的污水与生物膜;②保证通风;③支承滤料。池底排水系统由池底、排水假底和集水沟组成。早期都是采用混凝土栅板作为排水假底,自从塑料填料出现以后,滤料质量减轻,可采用金属栅板作为排水假底。假底的空隙所占面积不宜小于滤池平面的 5%~8%,与池底的距离不应小于 0.6m。

池底除支承滤料外,还要排泄滤床上的来水,池底中心轴线上设有集水沟,两侧底面向集水沟倾斜,池底和集水沟的坡度约 1%~2%。集水沟要有充分的高度,并在任何时候不会满流,确保空气能在水面上畅通无阻,使滤池中的孔隙充满空气。

(二) 生物滤池法的工艺流程

1. 生物滤池法的基本流程

生物滤池法的基本流程是由初沉池、生物滤池、二沉池组成。进入生物滤池的污水,必须通过预处理,去除悬浮物、油脂等会堵塞滤料的物质,并使水质均化稳定。一般在生物滤池前设初沉池,但也可以根据污水水质而采取其他方式进行预处理,达到同样的效果。生物滤池后面的二沉池,用以截留滤池中脱落的生物膜,以保证出水水质。

2. 高负荷生物滤池

低负荷生物滤池又称普通生物滤池,在处理城市污水方面,普通生物滤池有长期运行的经验。普通生物滤池的优点是处理效果好,BOD 去除率可达 90% 以上,出水 BOD_5 可下降到 25mg/L 以下,硝酸盐含量在 10mg/L 左右,出水水质稳定。缺点是占地面积大,易于堵塞,灰蝇很多,影响环境卫生。后来,人们通过采用新型滤料,革新流程,提出多种形式的高负荷生物滤池,使负荷比普通生物滤池提高数倍,池子体积大大缩小。回流式生物滤池、塔式生物滤池属于这种类型的滤池。它们的运行比较灵活,可以通过调整负荷和流程,得到不同的处理效率(65%~90%)。负荷高时,有机物转化较不彻底,排出的生物膜容易腐化。

图 4-16 是交替式二级生物滤池法的流程。运行时,滤池是串联工作的,污水经初沉池后进入一级生物滤池,出水经相应的中间沉淀池去除残膜后用泵送入二级生物滤池,二级生物滤池的出水经过沉淀后排出污水处理厂。工作一段时间后,一级生物滤池因表层生物膜的累积,即将出现堵塞,改作二级生物滤池,而原来的二级生物滤池则改作一级生物滤池。运行中每个生物滤池交替作为一级和二级滤池使用。这种方法在英国曾广泛采用。交替式二级生物滤池法流程比并联流程负荷可提高 2~3 倍。

生物滤池的一个主要优点是运行简单,因此,适用于小城镇和边远地区。一般认为,它对入流水质水量变化的承受能力较强,脱落的生物膜密实,较容易在二沉池中被分离。

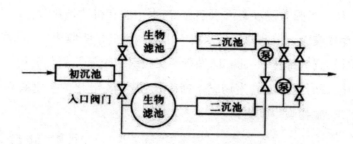

图 4-16　交替式二级生物滤池流程

3.塔式生物滤池

塔式生物滤池是在普通生物滤池的基础上发展起来的,如图 4-17 所示。塔式生物滤池的污水净化机理与普通生物滤池一样,但是与普通生物滤池相比有负荷高(比普通生物滤池高 2~10 倍)、生物相分层明显、滤床堵塞可能性减小、占地小等特点。工程设计中,塔式生物滤池直径宜为 1~3.5m,直径与高度之比宜为 1∶6~1∶8,塔式生物滤池的填料应采用轻质材料。塔式生物滤池填料应分层,每层高度不宜大于 2m,填料层厚度宜根据试验资料确定,一般宜为 8~12m。图 4-17b 所示的是分两级进水的塔式生物滤池,把每层滤床作为独立单元时,可看作是一种带并联性质的串联布置。同单级进水塔式生物滤池相比,这种方法有可能进一步提高负荷。

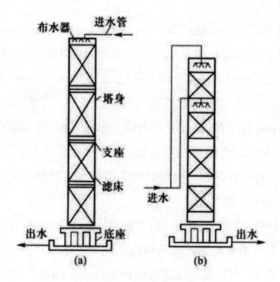

图 4-17　塔式生物滤池

三、生物转盘法

(一)概述

生物转盘去除污水中有机污染物的机理,与生物滤池基本相同,但构造形式与生物滤池很不相同,见图 4-18。当圆盘浸没于污水中时,污水中的有机物被盘片上的生物膜吸附,当圆盘离开污水时,盘片表面形成薄薄一层水膜。水膜从空气中吸收氧气,同时生物膜分解被吸附的有机物。这样,圆盘每转动一圈,即进行一次吸附—吸氧—氧化分解过程。圆盘不断转动,污水得到净化,同时盘片上的生物膜不断生长、增厚。老化的生物膜靠圆盘旋转时产生的剪切力脱落下来,生物膜得到更新。

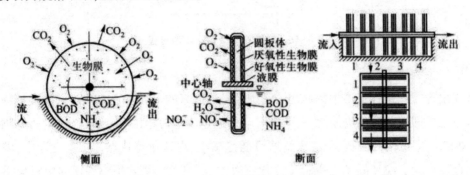

图 4-18 生物转盘工作情况示意图

与生物滤池相比,生物转盘有如下特点:①不会发生堵塞现象,净化效果好;②能耗低,管理方便;③占地面积较大;④有气味产生,对环境有一定影响。

(二) 生物转盘法的构造

生物转盘是由一系列平行的旋转圆盘、转动中心轴、动力及减速装置、氧化槽等组成。

生物转盘的主体是垂直固定在中心轴上的一组圆形盘片和一个同其配合的半圆形水槽(图 4-18)。微生物生长并形成一层生物膜附着在盘片表面,约 40%~45% 的盘面(转轴以下的部分)浸没在污水中,上半部分敞露在大气中。工作时,污水流过水槽,电动机带动转盘,生物膜与大气和污水轮替接触,浸没时吸附污水中的有机物,敞露时吸收大气中的氧气。转盘的转动,带进空气,并引起水槽内污水紊动,使槽内污水的溶解氧均匀分布。生物膜的厚度约为 0.5~2.0mm,随着膜的增厚,内层的微生物呈厌氧状态,当其失去活性时则使生物膜自盘面脱落,并随同出水流至二沉池。

生物转盘的盘体材料应质轻、高强度、耐腐蚀、抗老化、易挂膜、比表面积大以及方便安装、养护和运输。目前多采用聚乙烯硬质塑料或玻璃钢制作盘片,一般是由直管蜂窝填料或波纹板填料等组成,图 4-19 为平板与波纹板填料交替组合的盘片示意图。盘片直径一般是 2~3m,最大为 5m。盘片净距,进水端宜为 25~35mm,出水端宜为 10~20mm。轴长通常小于 7.6m。当系统要求的盘片总面积较大时,可分组安装,一组称一级,串联运行。转盘分级布置使其运行较灵活,可以提高处理效率。

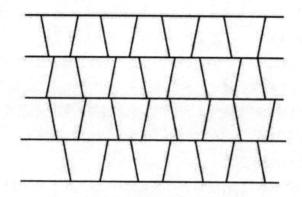

图 4-19 平板与波纹板填料交替组合的盘片

水槽可以用钢筋混凝土或钢板制作,断面直径比转盘略大(一般为 20~40mm),使转盘既可以在槽内自由转动,脱落的残膜又不至于留在槽内。生物转盘的转轴强度和挠度必须满足盘体自重和运行过程中附加荷重的要求。转轴中心高度应高出水位 150mm 以上。轴长通常小于 7.6m,不能太长,否则往往由于同心度加工欠佳,易于挠曲变形,发生磨断或扭转,轴的强度和刚度必须经过力学计算以防断裂和挠曲。

(三)生物转盘法的工艺流程

生物转盘法的基本流程如图 4-20 所示。实践表明,处理同一种污水,如盘片面积不变,将转盘分为多级串联运行能显著提高处理水水质和水中溶解氧的含量。通过对生物转盘上生物相的观察表明,第一级盘片上的生物膜最厚,随着污水中有机物的逐渐减少,后几级盘片上的生物膜逐级变薄。处理城市污水时,第一、二级盘片上占优势的微生物是菌胶团和细菌,第三、四级盘片上则主要是细菌和原生动物。

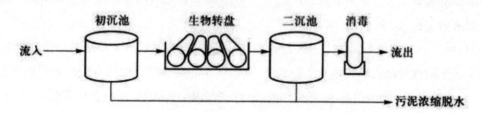

图 4-20 生物转盘法工艺流程图

四、生物接触氧化法

(一)概述

生物接触氧化法又称浸没式曝气生物滤池,是在生物滤池的基础上发展演变而来的。早在 19 世纪末就开始了生物接触氧化法污水处理技术的试验研究,1912 年克洛斯(Closs)

获得了德国专利登记。之后,经过长时期的技术改进和工艺完善,生物接触氧化法在欧洲、美国、日本及苏联等地区获得了广泛应用。我国从1975年开始了生物接触氧化法污水处理的试验工作,1977年之后,国内在生物接触氧化法方面的试验研究和工程实践方面都达到了一个新的水平,尤其在生物接触氧化污水处理技术应用领域的拓宽,生物接触氧化池形式的改进,生物接触氧化填料的研究开发方面,取得了重要突破和技术进步。目前,生物接触氧化法在国内的污水处理领域,特别在有机工业废水生物处理、小型生活污水处理中得到广泛应用,成为污水处理的主流工艺之一。

生物接触氧化池内设置填料,填料淹没在污水中,填料上长满生物膜,污水与生物膜接触过程中,水中的有机物被微生物吸附、氧化分解和转化为新的生物膜。从填料上脱落的生物膜,随水流到二沉池后被去除,污水得到净化。空气通过设在池底的布气装置进入水流,随气泡上升时向微生物提供氧气,见图4-21。

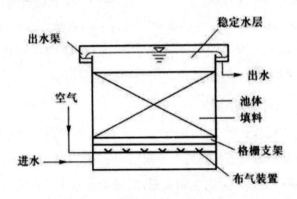

图4-21 接触氧化池构造示意图

生物接触氧化法是介于活性污泥法和生物滤池二者之间的污水生物处理技术,兼有活性污泥法和生物膜法的特点,具有下列优点:

(1)由于填料的比表面积大,池内的充氧条件良好。生物接触氧化池内单位容积的生物固体量高于活性污泥法曝气池及生物滤池。因此,生物接触氧化池具有较高的容积负荷。

(2)生物接触氧化法不需要污泥回流,不存在污泥膨胀问题,运行管理简便。

(3)由于生物固体量多,水流又属完全混合型,因此生物接触氧化池对水质水量的骤变有较强的适应能力。

(4)生物接触氧化池有机容积负荷较高时,其 F/M 保持在较低水平,污泥产率较低。

(二)生物接触氧化池的构造

生物接触氧化池平面形状一般采用矩形,进水端应有防止短流措施,出水一般为堰式出水,图4-21为接触氧化池构造示意图。

接触氧化池的构造主要由池体、填料和进水布气装置等组成。池体用于设置填料、布水布气装置和支承填料的支架。池体可为钢结构或钢筋混凝土结构。从填料上脱落的生物膜会有一部分沉积在池底,必要时,池底部可设置排泥和放空设施。

生物接触氧化池填料要求对微生物无毒害、易挂膜、质轻、高强度、抗老化、比表面积大和孔隙率高。目前常采用的填料主要有聚氯乙烯塑料、聚丙烯塑料、环氧玻璃钢等做成的蜂窝状和波纹板状填料,纤维组合填料,立体弹性填料等。

生物接触氧化池中的填料可采用全池布置,底部进水,整个池底安装布气装置,全池曝气,如图4-21;两侧布置,底部进水,布气管布置在池子中心,中心曝气,。或单侧布置,上部进水,侧面曝气。填料全池布置、全池曝气的形式,由于曝气均匀,填料不易堵塞,氧化池容积利用率高等优势,是目前生物接触氧化法采用的主要形式。但不管哪种形式,曝气池的填料应分层安装。

(三)生物接触氧化法的工艺流程

生物接触氧化池应根据进水水质和处理程度确定采用单级式、二级式或多其上,图4-22、图4-23、图4-24是生物接触氧化法的几种基本流程。在一级处理流程中,原污水经预处理(主要为初沉池)后进入接触氧化池,出水经过二沉池分离脱落的生物膜,实现泥水分离。在二级处理流程中,两级接触氧化池串联运行,必要时中间可设中间沉淀池(简称中沉池)。多级处理流程中串联三座或三座以上的接触氧化池。第一级接触氧化池内的微生物处于对数增长期和减速增长期的前段,生物膜增长较快,有机负荷较高,有机物降解速率也较大;后续的接触氧化池内微生物处在生长曲线的减速增长期后段或生物膜稳定期,生物膜增长缓慢,处理水水质逐步提高。

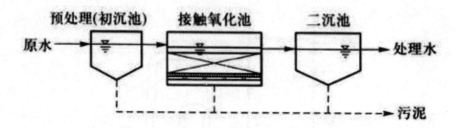

图4-22 单级生物接触氧化法工艺流程

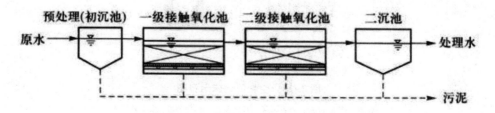

图4-23 二级生物接触氧化法工艺流程

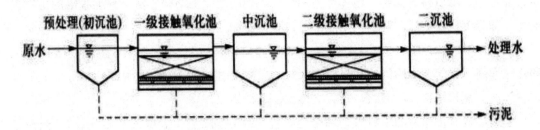

图 4-24 二级生物接触氧化法工艺流程(设中沉池)

五、生物流化床

生物流化床处理技术是借助流体(液体、气体)使表面生长着微生物的固体颗粒(生物颗粒)呈流态化,同时进行有机污染物降解的生物膜法处理技术。它是 20 世纪 70 年代开始研究应用于污水处理的一种高效生物处理技术。

(一)流态化原理

如图 4-25 所示,在圆柱形流化床①的底部,装置一块多孔液体分布板②,在分布板上堆放颗粒载体(如砂、活性炭),液体从床底的进水管③进入,经过布板均匀地向上流动,并通过固体床层由顶部出水管④流出。流化床上装有压差计⑤,用以测量液体流经床层的压降。当液体流过床层时,随着流体流速的不同,床层会出现固定床阶段、流化床阶段、液体输送阶段三种不同的状态。

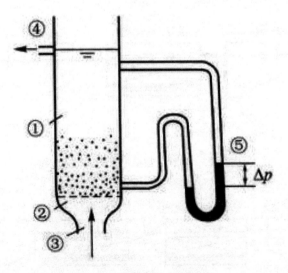

图 4-25 生物流化床示意图

①圆柱形流化床;②分布板;③进水管;④出水管;⑤压差计

（二）生物流化床的优缺点

1.生物流化床的主要优点

1)容积负荷高,抗冲击负荷能力强:由于生物流化床是采用小粒径固体颗粒作为载体,且载体在床内呈流态化,因此其每单位体积表面积比其他生物膜法大很多。这就使其单位床体的生物量很高(10~14g/L),加上传质速率快,污水一进入床内,很快地被混合和稀释,因此生物流化床的抗冲击负荷能力较强,容积负荷也较其他生物处理法高。

2)微生物活性高:由于生物颗粒在床体内不断相互碰撞和摩擦,其生物膜厚度较薄,一般在0.2μm以下,且较均匀。据研究,对于同类污水,在相同处理条件下,其生物膜的呼吸率约为活性污泥的两倍,可见其反应速率快,微生物的活性较强。这也是生物流化床负荷较高的原因之一。

3)传质效果好:由于载体颗粒在床体内处于剧烈运动状态,气-固-液界面不断更新,因此传质效果好,这有利于微生物对污染物的吸附和降解,加快了生化反应速率。

2.生物流化床的主要缺点

其主要缺点是设备的磨损较固定床严重,载体颗粒在湍流过程中会被磨损变小。此外,设计时还存在着生产放大方面的问题,如防堵塞、曝气方法、进水配水系统的选用和生物颗粒流失等。因此,目前我国污水处理中应用较少,上述问题的解决,有可能使生物流化床获得较广泛的工程规模应用。

随着污水处理技术的快速发展,近年来研究开发出许多生物膜法新型工艺方法,并在工程实践中得到应用。

(1)生物膜-活性污泥法联合处理工艺:这类工艺综合发挥生物膜法和活性污泥法的特点,克服各自的不足,使生物处理工艺发挥出更高的效率。工艺形式包括活性生物滤池、生物滤池-活性污泥法串联处理工艺、悬浮滤料活性污泥法等。

(2)生物脱氮除磷工艺:应用硝化/反硝化生物脱氮原理,组合生物膜反应器的运行方式,使生物膜法具备生物脱氮能力。同时,采取在出水端或反应器内少量投药的方法,进行化学除磷,使整个工艺系统具备脱氮除磷的能力,满足当今污水处理脱氮除磷的要求。

(3)生物膜反应器:包括微孔膜生物反应器、复合式生物膜反应器、移动床生物膜反应器、序批式生物膜反应器等。

第三节　稳定塘和污水土地处理

污水的稳定塘、土地处理及人工湿地技术充分利用水体、土壤、植物和微生物去除污染物的功能,通过人工强化,形成一种具有处理成本低,运行管理简便的污水净化工艺。这类工艺具有可同时有效去除 BOD、病原菌、重金属、有毒有机物及 N、P 营养物质的特点,在村镇污水及分散生活污水的处理,面源污染控制,河流湖泊的生态修复、进一步降低污水处理厂出水中的低浓度污染物、氮和磷等营养盐方面具有一定的优势。

一、稳定塘

(一)概述

稳定塘又称氧化塘,是一种天然的或经一定人工构筑的污水净化系统。污水在塘内经较长时间的停留、储存,通过微生物(细菌、真菌、藻类、原生动物等)的代谢活动,以及相伴随的物理的、化学的、物理化学的过程,使污水中的有机污染物、营养素和其他污染物质进行多级转换、降解和去除,从而实现污水的无害化、资源化与再利用。

稳定塘净化污水历史悠久,早在 3000 余年以前,人们就使用塘净化污水,但其真正的研究却始于 20 世纪初。在美国,用于污水处理的稳定塘数目逐年增多,其中 90% 用于处理人口在 5000 人以下的城镇污水。使用稳定塘的地区涵盖广大地域,从热带、亚热带,到温带、亚寒带,如美国寒冷地区阿拉斯加州,地处高纬度的瑞典、加拿大等。目前,全世界已有 50 多个国家采用稳定塘处理污水。稳定塘处理污水的规模也逐渐扩大,较大的稳定塘每日可处理几十万立方米污水。

我国有关稳定塘的研究始于 20 世纪 50 年代末,从 60 年代起陆续建成了一批污水塘库,80—90 年代是我国稳定塘处理技术迅速发展的时期,全国各个地区都建有稳定塘。稳定塘既可作为二级生物处理,相当于传统的生物处理,也可作为二级生物处理出水的深度处理。实践证明,设计合理、运行正常的稳定塘系统,其出水水质常常相当甚至优于二级生物处理的出水。当然,在不理想的气候条件下,出水水质也会比生物法的出水差。不同类型、不同功能的稳定塘可以串联起来分别作预处理或后处理用。

生物稳定塘的主要优点是处理成本低,操作管理容易。此外,生物稳定塘不仅能取得较好的 BOD 去除效果,还可以去除氮、磷营养物质及病原菌,重金属及有毒有机物。它的主要缺点是占地面积大,处理效果受环境条件影响大,处理效率相对较低,可能产生臭味及滋生蚊蝇,不宜建设在居住区附近。

稳定塘按塘中微生物优势群体类型和塘水中的溶解氧状况可分为好氧塘、兼性塘、厌氧塘和曝气塘。按用途又可分为深度处理塘、强化处理塘、储存塘和综合生物塘等。上述不同性质的塘组合成的塘称为复合稳定塘。此外,还可以用排放间歇或连续、污水进塘前的处理程度或塘的排放方式(如果用到多个塘的时候)来进行划分。

(二)好氧塘

好氧塘是一类在有氧状态下净化污水的稳定塘,它完全依靠藻类光合作用和塘表面风力搅动自然复氧供氧。通常好氧塘都是一些很浅的池塘,塘深一般为 0.15~0.5m,最多不深于 1m,污水停留时间一般为 2~6d。

好氧塘一般适于处理 BOD_5 小于 100mg/L 的污水,多用于处理其他处理方法的出水,其出水溶解性 BOD_5 低而藻类固体含量高,因而往往需要补充除藻过程。好氧塘按有机负荷的高低又可分为高负荷好氧塘、普通好氧塘和深度处理好氧塘。

(1)高负荷好氧塘:这类塘设置在处理系统的前部,目的是处理污水和产生藻类。特点是塘的水深较浅,水力停留时间较短,有机负荷高。

(2)普通好氧塘:这类塘用于处理污水,起二级处理作用。塘较高负荷好氧塘深而有机负荷低于高负荷好氧塘,水力停留时间较长。

(3)深度处理好氧塘:深度处理好氧塘设置在塘处理系统的后部或二级处理系统之后,作为深度处理设施。特点是有机负荷较低,塘较高负荷好氧塘深。

(三)兼性塘

兼性塘是指在上层有氧、下层无氧的条件下净化污水的稳定塘,是最常用的塘型。其塘深通常为 1.0~2.0m。兼性塘上部有一个好氧层,下部是厌氧层,中间是兼性层。污泥在底部进行消化,常用的水力停留时间为 5~30d。兼性塘运行效果主要取决于藻类光合作用产氧量和塘表面的复氧情况。

兼性塘常被用于处理小城镇的原污水以及中小城市污水处理厂一级沉淀处理后的出水或二级生物处理后的出水。在工业废水处理中,接在曝气塘或厌氧塘之后作为二级处理塘使用。兼性塘的运行管理极为方便,较长的污水停留时间使它能经受污水水量、水质的较大波动而不致严重影响出水质量。此外,为了使 BOD 面积负荷保持在适宜的范围之内,兼性塘需要的土地面积很大。

储存塘和间歇排放塘属于兼性塘类型。储存塘可用于蒸发量大于降水量的气候条件。间歇排放塘的水力停留时间长而且可控,当出水水质令人满意的时候,每年排放 1~2 次。

(四)厌氧塘

厌氧塘是一类在无氧状态下净化污水的稳定塘,其有机负荷高、以厌氧反应为主。当稳定塘中有机物的需氧量超过了光合作用的产氧量和塘面复氧量时,该塘即处于厌氧条件,厌氧菌大量生长并消耗有机物。由于专性厌氧菌在有氧环境中不能生存,因而,厌氧塘常常是一些表面积较小、深度较大的塘。

厌氧塘最初被作为预处理设施使用,并且特别适用于处理高温高浓度的污水,在处理城镇污水方面也已取得了成功。这类塘的塘深通常是 2.5~5m,停留时间为 20~50d。主要的反应是酸化和甲烷发酵。当厌氧塘作为预处理工艺使用时,其优点是可以大大减少随后的兼性塘、好氧塘的容积,消除了兼性塘夏季运行时经常出现的漂浮污泥层问题,并使随后的处理塘中不致形成大量导致塘最终淤积的污泥层。

(五)曝气塘

通过人工曝气设备向塘中污水供氧的稳定塘称为曝气塘,乃是人工强化与自然净化相结合的一种形式,适用于土地面积有限,不足以建成完全以自然净化为特征的塘系统。曝气塘 BOD_5 的去除率为 50%~90%。但由于出水中常含大量活性和惰性微生物体,因而曝气塘出水不宜直接排放,一般需后续连接其他类型的塘或生物固体沉淀分离设施进行进一步处理。曝气塘又可分为好氧曝气塘及兼性曝气塘两种。

二、污水土地处理系统

(一)概述

污水土地处理系统是指利用农田、林地等土壤-微生物-植物构成的陆地生态系统对污染物进行综合净化处理的生态工程;它能在处理城镇污水及一些工业废水的同时,通过营养物质和水分的生物地球化学循环,促进绿色植物生长,实现污水的资源化与无害化。

污水土地处理源于污水灌溉农田,其历史可追溯至公元前。欧洲自 1531 年即有记载。美国于 1888 年开发了污水快速渗滤技术,经过改善演变,至 20 世纪 60 年代美国已建有 2000 多座具有不同特色不同类型的污水土地处理场,截至 1987 年,美国已有 4000 多座运行良好的污水土地处理系统。我国也有利用污水灌溉农田并进行污水处理的悠久历史。20 世纪 80 年代初,随着城市与工业生产的发展,我国先后开辟了十多个大型污水灌区。

污水土地处理系统具有明显的优点:①促进污水中植物营养素的循环,污水中的有用物质通过作物的生长而获得再利用;②可利用废劣土地、坑塘洼地处理污水,基建投资省;③使用机电设备少,运行管理简便、成本低廉,节省能源;④绿化大地,增添风景美色,改善地区小气候,促进生态环境的良性循环。

污水土地处理系统如果设计不当或管理不善,也会造成许多不良后果,如:①污染土壤和地下水,特别是造成重金属污染、有机毒物污染等;②导致农产品质量下降;③散发臭味、滋生蚊蝇,危害人体健康等。污水土地处理系统由污水的预处理设备、调节贮存设备、输送配布设备、控制系统与设备、土地净化田和收集利用系统组成。其中土地净化田是污水土地处理系统的核心环节。当前,污水土地处理系统常用的工艺有慢速渗滤系统、快速渗滤系统、地表漫流系统、湿地处理系统和地下渗滤处理系统。

(二)污水土地处理系统的工艺类型

根据系统中水流运动的速率和流动轨迹的不同,污水土地处理系统可分为四种类型:慢速渗滤系统、快速渗滤系统、地表漫流系统和地下渗滤系统。

1. 慢速渗滤系统

慢速渗滤系统(SR系统)是将污水投配到种有作物的土壤表面,污水中的污染物在流经地表土壤-植物系统时得到充分净化的一种土地处理工艺系统,见图4-26在慢速渗滤系统中,投配的污水部分被作物吸收,部分渗入地下,部分蒸发散失,流出处理场地的水量一般为零。污水的投配方式可采用畦灌、沟灌及可升降的或可移动的喷灌系统。

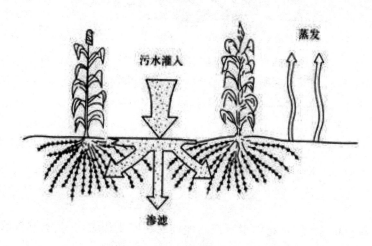

图4-26 慢速渗滤系统示意图

慢速渗滤系统适用于处理村镇生活污水和季节性排放的有机工业废水,通过收割系统种植的经济作物,可以取得一定的经济收入;由于投配污水的负荷低,污水通过土壤的渗滤速度慢,水质净化效果非常好。但由于其表面种植作物,所以慢速渗滤系统受季节和植物营养需求的影响很大;另外因为水力负荷小,土地面积需求量大。

2. 快速渗滤系统

快速渗滤系统(RI系统)是将污水有控制地投配到具有良好渗滤性能的土壤,如沙土、砂壤土表面,进行污水净化处理的高效土地处理工艺,其作用机理与间歇运行的"生物砂滤池"相似,见图4-27。投配到系统中的污水快速下渗,部分被蒸发,部分渗入地下。快速渗滤系统通常淹水、干化交替运行,以便使渗滤池处于厌氧和好氧交替运行状态,通过土壤及不同种群微生物对污水中组分的阻截、吸附及生物分解作用等,使污水中的有机物、氮、磷等物质得以去除。其水力负荷和有机负荷较其他类型的土地处理系统高得多。其处理出水可用于回用或回灌以补充地下水;但其对水文地质条件的要求较其他土地处理系统更为严格,场地和土壤条件决定了快速渗滤系统的适用性;而且它对总氮的去除率不高,处理出水中的硝态氮可能导致地下水污染。但其投资省,管理方便,土地面积需求量少,可常年运行。

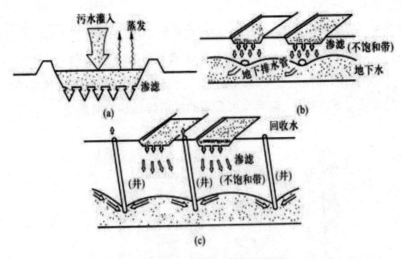

图 4-27　快速渗滤系统示意图

(a)补给地下水;(b)由地下排水管收集处理水;(c)由井群收集处理水

3.地表漫流系统

地表漫流系统(OF 系统)是将污水有控制地投配到坡度和缓均匀、土壤渗透性低的坡面上,使污水在地表以薄层沿坡面缓慢流动过程中得到净化的土地处理工艺系统。坡面通常种植青草,防止土壤被冲刷流失和供微生物栖息,见图 4-28。

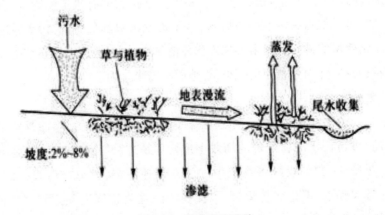

图 4-28　地表漫流系统

地表漫流系统出水以地表径流收集为主,对地下水的影响最小。处理过程中只有少部分水量因蒸发和入渗地下而损失掉,大部分径流水汇入集水沟。地表漫流系统适用于处理分散居住地区的生活污水和季节性排放的有机工业废水。它对污水预处理程度要求低,处理出水可达到二级或高于二级处理的出水水质;投资省,管理简单;地表可种植经济作物,处理出水也可用于回用。但该系统受气候、作物需水量、地表坡度的影响大,气温降至冰点和雨季期间,其应用受到限制,通常还需考虑出水在排入水体以前的消毒问题。

4. 地下渗滤系统

地下渗滤系统(SWI 系统)是将污水有控制地投配到距地表一定深度、具有一定构造和良好扩散性能的土层中,使污水在土壤的毛细管浸润和渗滤作用下,向周围运动且达到净化要求的土地处理工艺系统。

地下渗滤系统属于就地处理的小规模土地处理系统。投配污水缓慢地通过布水管周围的碎石和沙层,在土壤毛细管作用下向附近土层中扩散。在土壤的过滤、吸附、生物氧化等的作用下使污染物得到净化,其过程类似于污水慢速渗滤过程。由于负荷低,停留时间长,水质净化效果非常好,而且稳定。

地下渗滤系统的布水系统埋于地下,不影响地面景观,适用于分散的居住小区、度假村、疗养院、机关和学校等小规模的污水处理,并可与绿化和生态环境的建设相结合;运行管理简单;氮磷去除能力强,处理出水水质好,处理出水可用于回用。其缺点是:受场地和土壤条件的影响较大;如果负荷控制不当,土壤会堵塞;进、出水设施埋于地下,工程量较大,投资相对比其他土地处理类型要高一些。

三、人工湿地处理

一、概述

湿地被称作地球的"肾",是地球上的重要自然资源。湿地的定义有多种,目前国际上公认的湿地定义是《湿地公约》作出的:湿地是指不问其为天然或人工,长久或暂时性的沼泽、泥炭地或水域地带,静止或流动,淡水,半咸水,咸水体,包括低潮时水深不超过 6m 的水域。湿地包括多种类型,珊瑚礁、滩涂、红树林、湖泊、河流、河口、沼泽、水库、池塘、水稻田等都属于湿地。它们共同的特点是其表面常年或经常覆盖着水或充满了水,是介于陆地和水体之间的过渡带。但从广义上讲,湿地可分为天然湿地和人工湿地两种。

天然湿地具有复杂的功能,可以通过物理的、化学的和生物的反应(诸如沉淀、储存调节、离子交换、吸附、吸着、固着、生物降解、溶解、气化、氨化、硝化、脱氮、磷吸收等),去除污水中的有机污染物、重金属、氮、磷和细菌等,因而被人们用来净化污水。但由于天然湿地生态系统极其珍贵,而面对人类所需处理的大量污水,湿地能承担的负荷能力有极大的局限性,因而不可能大规模地开发利用。据国外资料介绍,在一般情况下每 $1hm^2$ 的天然湿地系统每天只能接纳100 人产生的污水;还有人认为它每天只能去除 25 人排放的磷量和 125 人排放的氮量。因此,它只适用于人稀地广且气候适宜的地方。然而,湿地系统复杂高效的净化污染物的功能使得科学家继续对其利用方式进行研究,在大量调查及试验研究的基础上,创造了可以进行控制,能达到净化污水、改善水质目的并适用于各种气候条件的人工湿地系统(geosystem)。天然湿地和人工湿地有明确的界定:天然湿地系统以生态系统的保护为主,以维护生物多样性和野生生物良好生境为主,净化污水是辅助性的;人工湿地系统是通过人为的控制条件,利用湿地复杂特殊的物理、化学和生物综合功能净化污水。应该指出,人工湿地系统所需要的土地面积较大,并受气候条件影响,且需要一定的基建投资。

但是若运行管理得当,它将会带来很高的经济效益、环境效益和社会效益。

人工湿地法在欧洲称为根区法,发展迅速。其优点如下:

(1)设计合理,运行管理严格的人工湿地处理污水效果稳定、有效、可靠,出水 BOD、SS 等明显优于生物处理出水,可与污水三级处理媲美,具有相当的除脱氮能力。但是若对出水脱氮有更高的要求,则尚嫌不足。此外,它对污水中含有的重金属及难降解有机污染物有较高净化能力。

(2)基建投资费用低,一般为生物处理的 1/3~1/4,甚至 1/5。

(3)能耗省,运行费用低,为生物处理的 1/5~1/6;且可定期收割作物,如芦苇等是优良的造纸及器具加工原料,具有较好的经济价值,可增加收入,抵补运行费用。

(4)运行操作简便,不需复杂的自动控制系统进行控制;机械、电气、自动控制设备少,设备的管理工作量也随之较少,这方面的人力成本也可减少。

(5)对于小流量及间歇排放的污水处理较为适宜,其去除污染物效果好,抗污染负荷和水力负荷冲击能力强;不仅适合于生活污水的处理,对某些工业废水、农业污水、矿山酸性污水及液态污泥也具有较好的净化能力。

(6)既能净化污水,又能美化景观,形成良好的生态环境,为野生动植物提供良好的生境。

但其也存在明显的不足:

(1)需要土地面积较大。

(2)净化能力受气候条件、植物生长和收获、管理水平等因素影响。

(3)对有水面的人工湿地,卫生条件较差。

二、人工湿地的净化机理

人工湿地是人工建造和管理控制的、工程化的湿地;是由水、滤料以及水生生物所组成,具有较高生产力和比天然湿地有更好的污染物去除效果的生态系统。

填料、植物、微生物是构成人工湿地生态系统的主要组成部分。

(一)组成

1.填料

人工湿地中的填料又称基质,一般由土壤、细砂、粗砂、砾石等组成,根据当地建设的材料来源和处理需要,也可以选用废砖瓦、炭渣、钢渣、石灰石、沸石等。

填料不仅为植物和微生物提供生长介质,通过沉淀、过滤和吸附,可以直接去除污染物。其中钢渣、石灰石等有很好的除磷效果,沸石有去除氨氮的能力。填料粒径大小也会影响处理效果,填料粒径小,有较大的表面积,处理效果好但容易堵塞,粒径太大会减少填料比表面积和有效反应容积,效果会低一些。

2. 植物

湿地中生长的植物通常称为湿地植物,包括挺水植物、沉水植物和浮水植物。大型挺水植物在人工湿地系统中主要起固定床体表面、提供良好的过滤条件、防止湿地被淤泥淤塞、为微生物提供良好根区环境以及冬季运行支承冰面的作用。人工湿地中的植物一般应具有处理性能好、成活率高、抗水能力强等特点,且具有一定的美学和经济价值。常用的挺水植物主要有芦苇、灯芯草、香蒲等。某些大型沉水植物、浮水植物也常被用于人工湿地系统,如浮萍等。

人工湿地中种植的许多植物对污染物都具有吸收、代谢、累积作用,对 Al、Fe、Ba、Cd、Co、B、Cu、Mn、P、Pb、V、Zn 均有富集作用,一般来说植物的长势越好、密度越大,净化水质的能力越强。

3. 微生物

微生物是人工湿地净化污水不可缺少的重要组成部分。人工湿地在处理污水之前,各类微生物的数量与天然湿地基本相同。但随着污水不断进入人工湿地系统,某些微生物的数量将随之逐渐增加,并随季节和作物生长情况呈规律性变化。人工湿地中的优势菌属主要有假单胞杆菌属、产碱杆菌属和黄杆菌属。这些优势菌属均为快速生长的微生物,是分解有机污染物的主要微生物种群。人工湿地系统中的微生物主要去除污水中的有机物质和氨氮,某些难降解的有机物质和有毒物质可以通过微生物自身的变异,达到吸收和分解的目的。

(二)人工湿地系统净化污水的作用机理

人工湿地系统去除水中污染物的机理列于表4-2中。

表4-2　人工湿地系统去除水中污染物的机理

反应机理		对污染物的去除与影响
物理	沉降	可沉降固体在湿地及预处理的酸化(水解)池中沉降去除,可絮凝固体也能通过絮凝沉降去除,从而使 BOD、N、P、重金属、难降解有机物、细菌和病毒等去除
	过滤	通过颗粒间相互引力作用及植物根系的阻截作用使可沉降及可絮凝固体被阻截而去除

反应机理		对污染物的去除与影响
化学	沉淀	磷及重金属通过化学反应形成难溶解化合物或与难溶解化合物一起沉淀去除
	吸附	磷及重金属被吸附在土壤和植物表面面被去除,某些难降解有机物也能通过吸附去除
	分解	通过紫外辐射,氧化还原等反应过程,使难降解有机物分解或变成稳定性较差的化合物
生物	微生物代谢	通过悬浮的,底泥的和寄生于植物上的细菌的代谢作用将凝聚性固体、可溶性固体进行分解;通过生物硝化/反硝化作用去除氮;微生物也将部分重金属氧化并经阻截或结合而去除
植物	植物代谢	通过植物对有机物的代谢面去除,植物根系分泌物对大肠杆菌和病原体有灭活作用
	植物吸收	相当数量的氮、磷、重金属及难降解有机物能被植物吸收而去除

三、人工湿地的类型

按照系统布水方式的不同或水在系统中流动方式的不同,一般可将人工湿地分为三种类型:①表面流湿地;②水平潜流湿地;③垂直流湿地。

(一)表面流湿地

图 4-29 所示为表面流湿地。向湿地表面布水,维持一定的水层厚度,一般为 10~30cm,这时水力负荷可达 200m²/(hm²·d)。水流呈推流式前进,整个湿地表面形成一层地表水流,流至终端而出流,完成整个净化过程。湿地纵向有坡度,底部可用原土层,但其表层需经人工平整置坡。污水投入湿地后,在流动过程中与土壤、植物,特别是与植物根茎部生长的生物膜接触,通过物理的、化学的以及生物的反应过程而得到净化。表面流湿地类似于沼泽,不需要砂砾等物质作填料,因而造价较低。它操作简单、运行费用低。但占地大,水力负荷小,净化能力有限。湿地中的氧来源于水面扩散与植物根系传输,系统受气候影响大,夏季易滋生蚊蝇。

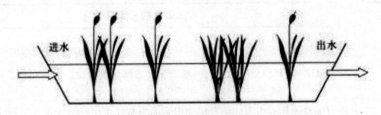

进水　　　　　　　　　　　　　　　　　　　出水

图 4-29　表面流湿地系统示意图

(二)水平潜流湿地

水平潜流湿地是由基质、植物和微生物组成的系统,见图4-30。床底有隔水层,纵向有坡度。进水端沿床宽构筑有布水沟,内置填料。污水从布水沟(管)进入进水区砾石层,然后呈水平渗滤从另一端出水沟流出。在出水端砾石层底部设置多孔集水管,与能调节床内水位的出水管连接,以控制、调节床内水位。水平潜流湿地可由一个或多个填料床组成,床体填充基质,床底设隔水层。

水力负荷与污染负荷较大,对 BOD、COD、SS 及重金属等处理效果好,氧源于植物根系传输,但因为整个床层氧不足,氨氮去除效果欠佳。水平潜流一般卫生条件比表面流好。

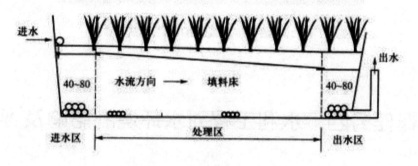

图4-30　水平潜流湿地示意图

(三)垂直流湿地

垂直流湿地实质上是渗滤型土地处理系统强化的一种湿地形式,见图4-31。渗滤湿地采取湿地表面布水,污水经过向下垂直的渗滤,在渗滤层(填料层)得到净化,净化后的水由湿地底部设置的多孔集水管收集并排出。垂直流湿地通过地表与地下渗滤过程中发生的物理、化学和生物反应使污水得到净化。在湿地中,床体处于不同的溶解氧状态,氧通过大气扩散与植物根系传输进入湿地。在表层由于溶解氧足够而硝化能力强,下部因为缺氧而适于反硝化,如果碳源足够,垂直流湿地可以进行反硝化而除去总氮,因而该工艺适合于处理氨氮含量高的污水。在运行上可以根据不同处理要求,采用落干/淹水交替或连续进水的方式运行。

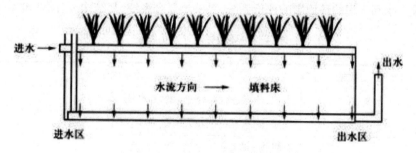

图4-31　垂直流湿地示意图

（四）水平流和垂直流组合湿地系统

有时为了达到更好的处理效果,或者对脱氮有较高的要求,也可以采用水平流和垂直流组合的人工湿地,如图4-32所示。有时也将系统的出水回流到进水,达到去除总氮的目的。

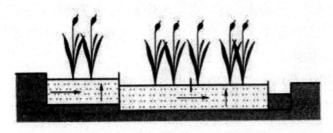

图4-32　水平流和垂直流湿地组合系统示意图

工作任务四　水利工程对水环境的影响及评价

第一节　环境影响识别

一、影响评价系统

根据水利工程对环境影响特点和预测评价工作的需要,将环境分为四个层次,即环境总体、环境种类、环境要素和环境因子。环境总体由自然环境和社会环境两类构成。自然环境由水文、泥沙、局地气候、水温、水质、环境空气、环境地质、土壤、土地资源、陆生生物、水生生物等环境要素组成;社会环境由人群健康、景观与文物、移民、社会、经济等组成。水文又由水位、流量、水深、流速组成;人群健康由自然疫源性疾病、介水传染病、虫媒传染病和地方性疾病等环境因子组成。水利工程的环境影响评价系统,是一个复合系统,其结构、层次见表4-3。

表4-3　环境影响评价系统表

环境系统	环境要素		环境因子
自然环境	水文、泥沙		水位、流量、水深、流速、淤积、冲刷
	局地气候		气温、降水、湿度、蒸发、风、雾
	水环境	水质	有机物、有毒有害物质、营养物质等
		水温	水温结构、下泄水温

环境系统	环境要素		环境因子
自然环境	环境地质		诱发地震、库岸稳定、水库渗漏
	土壤及土地资源		土壤肥力、土壤结构、耕地资源、林地资源
	生态	陆生生物	森林、草原、珍稀特有植物、野生动物、珍稀特有动物等
		水生生物	浮游植物、浮游动物、底栖生物、经济鱼类、珍稀特有水生生物、产卵场等
		湿地	河滩、滨湖、沼泽、海涂等
		自然保护区	自然保护区类别、保护动植物等
		水土流失	土壤侵蚀、沙化
社会环境	人群健康		自然疫源性疾病、介水传染病、虫媒传染病、地方病
	景观与文物		风景名胜、文物古迹
	移民		农村移民、城镇移民、专项设施
	社会、经济		人口、产业结构、经济水平、地区发展
	施工环境		大气、声、水质、施工区卫生

环境影响识别是根据工程特性,在工程分析和环境现状调查的基础上,从可能影响的环境要素中识别出需进行预测和评价的主要环境要素(评价项目)。

二、影响范围识别

水利工程环境影响范围广,通过识别,根据作用因素的区域变化,对影响范围可划分为不同区域进行评价。

影响范围是指工程施工活动与运行过程直接或间接涉及的区域。影响范围的划定应分析工程的全过程,拟建水利水电项目通常应分析工程"预备期""建设期""运行期"所有的可能对环境造成影响的因子,从而确定影响范围。影响范围根据工程特点,可划分为:施工区、淹没区、移民安置区、工程上游区和下游区。根据不同环境因子,还可在上述分区内进一步划分具体影响区,与工程相关的水源保护区、风景名胜区、噪声敏感区、珍稀物种栖息地,并根据工程特性确定具体的影响范围。

识别范围应与工程影响范围一致。影响范围识别,可从工程施工和运行涉及范围予以识别。水库工程一般包括库区、施工区和下游水文变化区域;跨流域调水工程可分别按水源区、受水区和调水沿线区域识别影响范围。影响范围识别可为确定评价范围提供依据。

三、影响性质识别

工程的环境可行性分析要全面识别有利影响和不利影响,针对不利影响,制定环境保护对策措施。因此影响性质识别主要是识别工程对环境的有利影响和不利影响。环境改善为有利影响,环境质量变差为不利影响。环境质量改善或变差的识别标准可用无工程时环境质量状况进行对比分析。

影响识别还有可逆影响、不可逆影响识别,主要为筛选重点评价因子服务。显著影响、潜在影响识别,主要关注潜在影响可能引发的环境风险。

四、影响程度识别

影响程度识别,可从环境受工程影响的强度、范围和时段进行识别。影响强度可从作用因素或污染源的强度识别,主要考虑因素包括:项目类型、规模、可能对环境敏感区的影响等。影响范围大小可用施工占地面积,淹没占地面积,移民安置区面积以及受影响水域面积识别。历时长可用施工期、运行期引起环境明显改变的时段长短识别。环境要素或环境因子受影响的敏感性可依环境敏感度、生态敏感度、资源敏感度、经济敏感度和受关注程度识别,为确定重点评价因子服务。影响程度可分为影响大、影响中度、影响较小、无影响等。

第二节 水文、泥沙情势影响分析

一、概述

水利水电工程由于改变了河道的天然状态,因而对河道乃全流域内的水又、泥沙情势造成影响。

对于水利水电工程而言,水文、泥沙情势的变化是导致工程运行期间所有生态与环境影响的原动力。水文情势的变化,将会对航运、环境地质、水温、水质、流速、流态、局地气候、土地资源、水生生物、陆生生物、河道冲淤、供水、灌溉、移民等造成一系列影响。这些影响有可能是有利的,也可能是不利的,如:水库坝上水位上升、水深增加将有利于航道的改善,有利于水库供水、灌溉等,而坝下下泄水量的减少则可能对坝下游航运、取水、灌溉、水生生物等造成不利影响;水库水面积增加为水生生物提供了更多的生境,有利于水产养殖业的发展,而相应地,水库淹没会导致陆生生物生境的减少,同时,水库淹没还将导致农业生产用地损失、大量移民搬迁等。因此,水文、泥沙情势变化分析在水利水电工程环境影响评价中有着十分重要的意义。

水利水电工程对水文、泥沙情势的影响,与水利调度有很大关系。水利调度是运用水利工程的蓄、泄和挡水等功能,对江河水流在时间、空间上按需要进行重新分配或调节江河湖泊水位。其目的在于保证水利工程安全,满足国民经济各部门对除害兴利、综合利用水资源的要求。按照水利系统的组成情况和所承担的水利任务,要拟定相应的调度原则和有关的控制指标,根据水情预报情况进行实时调度。通过水利调度,在防洪方面要使堤防安全度汛,并尽量减少分洪蓄洪损失;灌溉方面要使灌溉系统对灌区的供水达到规定的保证率,并在遇到特枯水年时尽量减少缺水损失;水力发电方面要使水电站群向电力系统的供电达到规定的保证率,并使发电量最大。对于综合利用水利系统的调度,应根据其承担任务的主次关系及相互结合情况,处理好防洪与兴利的关系、各兴利部门之间的关系及调节水量与调节泥沙的关系等,以整体综合效益最优进行统一调度。水库在水利系统中处于主导地位,故水库的调度往往是水利调度的中心环节。

二、水文情势影响分析

(一)对库区水文情势的影响

1. 水位、水深变化

水库蓄水后,由于大坝的拦蓄,坝前水位一般有较明显的抬升,有些高坝水库坝前水位有很大的抬升;由于水位升高,水库水深从坝前至库尾都有不同程度的增加。

2. 水面积变化

水库水位、水深变化会导致库岸滑坡体稳定性变化以及库内水温、水质变化等。由于水库淹没,一些原来的陆地将会变成水域,库内水面积大量增加。水库淹没将导致大量移民;从生态的角度而言,被淹没的区域将从陆生生境变为水生生境。

3. 流速、流态变化

水库蓄水后,库区水位升高,水深增大,水面比降变缓,流速减小。在水库局部岸边可能会有回流。在入库支流汇入口,原来湍急的河流将变成库湾,水流流速大幅度减小。

水库流速、流态变化将对水质、水生生物特别是鱼类产生影响。

(二)对河口水文情势的影响

由于水库的调度运行,改变了坝下河段径流的年内分配,因而改变了河流入海口(或入干流口)的径流年内分配,从而对河流入海口(或入干流口)的水文情势产生影响。

河流入海口一般都是生态敏感地区,也是生态脆弱地区,水文情势的改变会对河口生态系统产生影响。对于以供水为主的水库,特别是承担大规模调水任务的水库,由于入海水量减少,可能会导致河口地区生态环境受影响,如海水倒灌等。

三、泥沙影响分析

(一)水库泥沙淤积分析

水库蓄水后,流速减小,水库来水挟带的泥沙将会在库内淤积下来,水库泥沙淤积情况与水库泥沙特性及水库调度运行方案密切相关,由于水库泥沙淤积会减少库容,降低水库的运行效益,因此,很多水库都采取"蓄清排浑"运行方案,即:在汛期来沙多的季节降低库水位运用,一般将坝前水位控制在较低的汛前限制水位;汛末少沙时期水库充水,将坝前水位逐步抬高到正常蓄水位;枯水季节,库水位逐步降低至枯季消落水位。采用这一运行方式,可将汛期库内泥沙沉积限制在降低了的水库水面线以下,可减少库尾段的泥沙淤积,也有利于将泥沙排出库外。

大洪水年份调蓄洪水时,由于库水位抬高,淤积量将随之增加,并有部分泥沙淤积在水库内。但大洪水的重现率小,持续时间不长,洪水过后,库水位逐步降低至汛前限制水位时,淤积在水库内的大部分泥沙将被冲刷(或在第二年汛前或汛期水库处于低水位时被冲刷),只在稳定河槽宽度以上的滩地上有少量残存的淤积。汛末水库充水,虽然水流含沙量小,但因库水位升高,在水库内也将有少量泥沙淤积,不过这部分泥沙也将随来年库水位的降低而大部分被冲刷,只在宽河谷地段的滩地上有缓慢的累积性淤积。

对于大型水库或多沙河流水库,水库泥沙淤积预测需采用数学模型进行计算,特别重要的大型水库还需要进行物理模型试验。水库淤积引起库尾洪水位抬高,将影响库区淹没,库区淤积后回水位与淤积量、淤积部位及淤积后的糙率有关,一般需进行数学模型计算。

(二)坝下河道冲淤变化分析

水库运用初期拦沙量大,排沙比较小,进入下游的泥沙量大幅度减少,含沙量低。随着时间的推移,排沙比逐渐增大,进入下游河道的沙量增多。从年内各阶段看,水库蓄水期部分泥沙淤积在库内,减少了进入下游河道的沙量,当水库淤积到一定程度后,在整个排沙期平均而言水库发生冲刷,加大了进入下游河道的含沙量;在排沙期内不同流量,冲淤差别大,一般是大流量冲,中、小流量淤。

四、工程对地下水影响分析

(一)水库工程

水库工程的建设,将改变水库上下游的水文情势。水库蓄水后,水面由原来的河流型变为湖泊型,水位抬高,水面面积增大。当地下水位高于水库正常高水位,且岩层有一定的透水性时,水库会发生渗漏,使地下水位升高。当库岸比较低平,地面高程与水库正常高水位相差不大时,且库岸由第四系松散岩类组成时,水库水位的抬高将使地下水位壅高,产生土壤浸没。

当水库周围存在大型地下水水源地时,水库渗漏将为水源地提供补给水量,有利于地下水开采。水库周围无地下水用户,且地势低平时,水库渗漏则会引起沼泽化。

河流往往是其下游地区地下水的主要补给来源。由于水库的拦蓄,河流流量减少,尤其当上游有工农业取水口时,坝址下游河流流量将大幅度减少,甚至断流,这将对下游地区地下水位与水量产生一定的不利影响。

(二)灌溉工程

灌溉水源不同,灌溉工程对地下水位的影响不同。当长期利用地表水作为灌溉水源时,由于灌水的入渗将抬高地下水位,在排水条件不好的条件下,地下水位过分升高,会产生土壤次生盐渍化,降低土壤质量。当利用地下潜水作为唯一的灌溉水源时,由于长期抽取地下水而使地下水位降低。虽然灌溉水会有部分回渗,可使地下水位有一定回升,但由于回渗系数远小于1,回渗量往往远小于灌水量。因而,农业灌溉期地下潜水位总趋势是下降的。只有在降雨期,地下潜水量才能得以补充,地下水位得到回升。当利用承压水作为灌溉水源时,虽然灌溉水将有部分回渗,但回渗量补给了上层潜水,承压水并未得到回渗量的补充,因此,利用承压水作为灌水水源,承压水位下降幅度将更大。

长期利用地表水作为唯一灌溉水源,或长期利用地下水作为唯一灌溉水源都会不同程度地产生环境地质问题。因此,农业采用地表水和地下水结合灌溉对土壤环境和地下水环境都是有利的。

(三)输水工程

输水工程的渠道,除隧洞穿过基岩外,其他渠段往往以穿过第四系松散层为多。渗漏主要取决于岩土层的透水性和渠道水位与地下水位的关系。渠道穿过基岩时,一般不会有严重的渗漏,但存在破碎带和溶洞、落水洞时会发生局部外渗。渠道穿过第四系松散层时,一般会发生一定量的渗漏。岩土层颗粒越粗,渗透性越好,渠道渗漏越严重;由于黄土类土具有大孔隙和垂直节理,渗透性也较强,渠道渗漏穿过此类土时也会产生渗漏。

渠道在不采取防渗措施的条件下,当渠道水位高于地下水位时,会产生渗漏,并且渠道水位与地下水位高差越大,渗漏越严重。相反,当地下水位高于渠水位时,地下水向渠内渗漏。渠道渗漏使两岸地下水位抬高,可引起土壤次生盐渍化或沼泽化。渠道在采取防渗措施的条件下,当渠道切断地下水含水层时,可能会对地下水产生阻隔影响,使上游地下水位壅高,而下游因减少了上游的部分径流补给量,地下水位下降。这种情况下,要根据地下水含水层的厚度及渠道切割的深度,作具体分析。

（四）开采地下水

开采地下水作为灌溉水源时，其对地下水的影响见灌溉工程。由于地下水水质优良，我国一些城镇，尤其是北方城镇相当一部分工业与生活用水，靠开采地下水。南方地表水资源量相对丰富，城镇供水，采取地下水的较少，但近年来地表水的污染较重，一部分城镇供水也改用地下水。

供城市用水开采的地下水水源地，一般开采量大，而且多属集中开采，这对局部地下水环境影响较大。对于潜水来说，因潜水含水层埋藏浅，水资源量容易得到降水与地表水的补给，地下水位回升较快。对于承压水来说，由于其含水层埋藏深，且其上部有潜水含水层和隔水顶板存在，所接受补给的范围只有山前局部裸露部位，也就是说承压水一旦被开采利用，不像潜水容易得到补给。因此，长期大量开采承压水，会引起地面沉降、水质恶化等一系列的环境地质问题。

第三节 水环境影响评价

水环境影响评价是环境影响评价的重要组成部分，它是以水环境为研究对象，从保护环境的角度出发，通过适当的评价手段和模式计算，对拟议的建设项目、区域开发计划和国家政策实施后可能对环境产生的影响（后果）进行系统性识别、预测和评估，对拟议中的可能对环境产生影响的人为活动（包括制定政策和经济社会发展规划、资源开发利用、区域开发和单个建设项目等）进行环境影响的分析和预测，并进行各种替代方案的比较（包括不行动方案），提出各种减缓措施，把对环境的不利影响减少到最低程度的活动。

一、评价内容与范围

水环境影响评价，一般包括现状评价和预测评价。

现状评价是通过对工程所涉及的影响范围内的近期调查监测的水质资料，如污染源、水体水质等，按照国家规定的水质标准，对水环境现实状况所作的评价，依此指导当前的水环境管理工作。

预测评价是在现状评价的基础上，通过适当的模式进行预测计算，即对污染源评价和水质评价，弄清水利工程建设项目在建设施工期和建设后生产期排放的主要污染物对水环境可能带来的影响程度和范围，为制定水污染防治措施，确保环境质量符合规定指标的要求提供科学依据。

二、评价步骤与程序

水环境评价的步骤及工作程序见图 4-33。

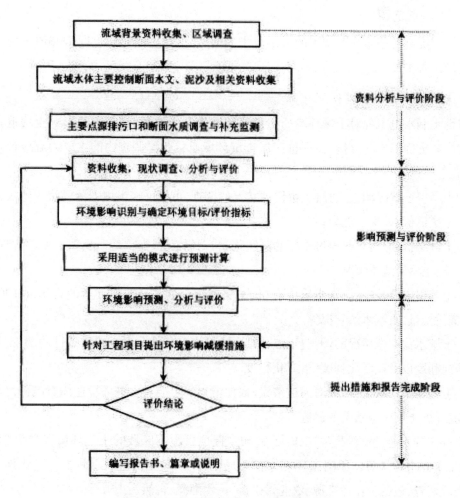

图 4-33 水环境影响评价一般步骤与程序

第四节 土壤环境及土地资源影响评价

一、土壤环境质量状况调查的内容和要求

土壤环境质量状况反映了土壤中退化性过程和保持性过程在当前条件下的平衡结果，因此，土壤环境质量状况调查要综合考虑土壤的多重功能。土壤的退化性过程包括土壤侵蚀、养分流失、反硝化、酸化、坚实化、结壳化、有机碳损失、盐碱化、潜育化、养分贫瘠化、毒素积累化等方面的动态过程，而土壤保持性过程则包括了保护性耕作、轮作、改善灌排体系、秸秆出力、水土保持、水平台地化、轮廓线耕作、施肥、系统改良、农业结构调整等方面的动态过程。为了正确反映评价区域土壤环境的质量状况，就应该从土壤的物理、化学及生物学性质及其在时间、空间、状态等方面的变化来综合考察土壤质量。

（一）调查范围

与土壤类型及分布状况调查的范围要求相同，在该调查的基础上同步开展土壤环境质量状况的调查工作。

（二）调查的主要内容

根据水利水电工程对土壤环境质量的作用因素及影响源，结合上述影响土壤退化性和保持性的各方面因素的分析，在评价区域土壤环境质量状况调查中的主要内容应包含以下几方面：

①土壤侵蚀状况调查：通过土壤侵蚀状况的调查，可以反映土壤养分的流失情况并同时反映出土壤的保水、保土能力。

②土壤结构调查：主要通过土壤的坚实化、结壳化情况调查，综合反映土壤的物理结构、成土母质、土壤质地等情况。

③土壤组成及特性：调查土壤中有机质、氮磷钾三要素及主要元素的含量，pH 值及 Eh 值、土壤代换量、土壤水热状况等。

④土壤水盐动态情况的调查：重点是结合土壤水分条件及水文地质条件的调查，掌握土壤盐基饱和度以及盐渍化程度、潜育化程度。

⑤土壤污染因素调查：针对河道清淤、底泥清运等可能对土壤环境造成影响的水利水电工程，应开展土壤污染状况的调查。

调查应首先通过资料收集工作，了解和掌握项目影响区域的土壤环境背景值（可查阅《中国土壤元素背景值》，原国家环境保护总局主持、中国环境监测总站主编），进而开展土壤污染源调查，包括工业污染源、农业污染源、污水灌溉、自然污染源等。

工业污染源：重点调查通过"三废"排放进入土壤的污染物种类、途径及数量：

农业污染源：重点调查化肥、农药、污泥、垃圾肥料等的来源、成分及施用量（包括自身所含污染物）；

污水灌溉：重点调查污水来源、污水灌溉量、主要污染物种类、浓度、灌溉面积及灌溉年限等：

自然污染源：主要是酸性水、碱性水、铁锈水、矿泉水中所含主要污染物，以及岩石、矿带出现背景值异常的元素含量。

（三）土壤环境现状评价

在工程影响区土壤环境现状调查和工程分析的基础上，结合上述四方面的评价指标体系，选择符合工程土壤环境影响特征的主要指标，进行土壤环境的现状评价。评价标准一般以各指标的背景情况作为基本依据。对于土壤环境质量评价，可采用《土壤环境质量标准》（GB 15618—1995）作为评价标准。

对于可能产生土壤环境污染影响的工程,需要编制土壤环境质量评价图。土壤环境质量评价图是表明评价区土壤环境质量状况的重要方式。一般是按网格法进行编制,首先在地形图上按采样网格和布点标明土壤环境质量等级,若方格内有一个以上的样点,可按其综合指数平均值确定网格内的土壤等级;若个别网格缺失样点,可用内插法推算出该方格内土壤环境质量等级,最后用不同颜色表明不同质量等级,评价图即绘制完毕。该图形可形象地表明不同地点的土壤环境质量状况,并能反映与污染源的联系,同时又可用于计算不同质量等级的土壤面积。

(四)土壤环境评价方法

在土壤环境现状评价中,应结合工程对土壤环境的影响方式和作用因素,利用上述土壤环境评价指标体系,对工程影响区域的土壤环境进行综合评价。对于土壤肥力、土壤生物活性、土壤生态质量三大指标体系,由于尚未出台正式和成熟的评价标准,在评价中建议采用调查和收集资料过程中得到的土壤普查和详查资料和数据,依据上述三大指标对调查区域的土壤进行现状描述即可。对于可能对土壤环境造成污染的工程,则应依《土壤环境质量标准》进行土壤环境质量现状的定性分析和评价,评价可采用单因子评价及多因子综合评价。

第五节　陆生生态影响评价

一、陆生生态现状调查

陆生生物与生态现状调查应包括:工程影响区植物区系、植被类型及分布;野生动物区系、种类、数量及分布;珍稀濒危动植物种类、种群规模、生态习性、种群结构、生境条件及分布、保护级别与保护状况等;受工程影响的自然保护区的类型、级别、范围与功能分区及主要保护对象状况。

二、陆生生态影响预测

生态因子之间相互影响和相互依存的关系是划定影响范围的原则和依据。水利水电工程建设项目对生物资源影响评价的范围主要根据评价区域与周边环境的生态完整性确定,而生态系统结构的完整性、运行特点和生态环境功能都是在较大的时空范围内才能完整和清晰地表现出来。对于1、2、3级评价项目,要以重要评价因子受影响的方向为扩展距离,一般分别不能小于8~30km、2~8km和1~2km。

三、陆生生态影响评价方法

生态环境影响评价的方法依据评价对象、内容和特点、主要评价目的和评价要求进行选择。生态环境影响评价方法正处于探索与发展阶段,尚不成熟。专门用于生态环境影响评价的方法较少,但许多生物学方法都可借用于生态环境影响评价。

(一)图形叠置法(生态图法)

本方法是把两个或更多的环境特征、生态信息重叠表示在同一张图上,构成一份复合图,用以在开发行为影响所及的范围内,表示生态环境变化的方向和程度,指明被影响的环境特征及影响的相对大小。使用简便,但不能作精确的定量评价。可说明、评价或预测某一地区的受影响状态及适合开发程度,提供选择的地点和线路。

目前本方法主要用于区域开发,水利水电工程、土地利用规划等方面的评价,也可将污染影响程度和植被或动物分布叠制成污染物对生物的影响分布图。

(二)生态机理分析法

动物或植物与其生长环境构成有机整体,当开发项目影响生物生长环境时,对动物或植物的个体、种群和群落也产生影响。按照生态学原理进行影响预测的步骤如下:

(1)调查环境背景现状和搜集有关资料。

(2)调查植物分布状况和动物的分布、栖息地和迁徙路线。

(3)根据调查结果分别对植物或动物按种群、群落和生态系统进行划分,描述其分布特点、结构特征和演化趋势。

(4)识别有无珍稀濒危物种及具有重要经济、历史、景观和科研价值的物种。

(5)预测项目建成后该地区动物、植物生长环境的变化。

(6)根据兴建项目后的环境(水、气、土和生命组分)变化,对照无开发项目条件下动物、植物或生态系统演替趋势,预测动物和植物个体、种群和群落的影响,并预测生态系统演替方向。评价过程中有时要根据实际情况进行相应的生物模拟试验,如环境条件与生物习性模拟试验、生物毒理学试验、实地种植或放养试验等,或进行数学模拟,如种群增长模型的应用。

该方法需要生态学、地理学、水文学、数学及其他多学科综合评价,才能得出科学客观的结果。

(三)类比分析法

类比分析法一般有生态环境整体类比、生态因子类比、生态环境问题类比等。它是根据已有的开发建设项目对动植物或生态系统产生的影响来分析或预测拟建项目对生态环境的影响。该方法需要选好类比对象。要求在工程特性、地理环境、地质条件、气候因素、动物和植物背景等方面都与拟建项目相似,并且项目建成运行后,产生的影响已全部显现并趋于稳定。在调查类比项目的植被现状(包括个体、种群和群落的变化以及动物、植物分布和生态功能)的变化后,再分析拟建项目与类比对象的差异,进而根据类比项目的变化情况预测拟建项目对动物、植物和生态系统的影响。

（四）列表清单法

列表清单法是 Little 等提出的一种定性分析方法。其基本做法是将拟实施的开发建设活动的影响因素和可能受影响的环境因子分别列于同一张表格的列与行内,逐点进行分析,在表格中以正负符号、数字以及其他不同符号来表示和判定每项开发活动与对应的环境因子的相对影响的性质、程度等,并由此分析开发建设活动对生态环境的影响。

（五）质量指标法（综合指标法）

质量指标法是环境质量评价中常用的综合指数法的拓展形式。

通过对环境因子性质及变化规律的研究分析,建立评价函数曲线,通过评价函数曲线将这些环境因子的现状值(项目建设前)与预测值(项目建设后),转换为统一的无量纲的环境质量指标,由好至差用 1~0 表示("1"表示最佳的、顶极的、原始或人类干预甚少的生态环境状况:"0"表示最差的、极度破坏的、几乎非生物性的生态环境状况,如沙漠),由此计算出项目建设前、后各因子环境质量指标的变化值。最后根据各因子的重要性赋予权重,再将各因子的变化值综合起来,便可得出项目建设对生态环境的综合影响。

第六节 水生生态影响评价

一、对水生生态的作用因素分析

水利工程的水的生态作用主要表现为水利工程引起的生物个体、种群、群落及其生存环境的变化。水利工程使环境改变,例如兴建水库使陆地变为水域,浅水变为深水,流水变为静水等,都影响着生物生存环境。生物对这种变化的反应,以多种形式表现出来,主要有迫迁、阻隔、增殖、伤害、分布变化和病原生物扩散等。

（一）迫迁

施工活动和水库蓄水干扰、破坏和缩小了动物原有的栖息地,动物被迫外迁,寻找新的栖息场所。在温带、热带和赤道带动物资源丰富的漫滩、河谷地区兴建水利工程,水库上游及支流地区范围太小,如迁移动物数量大,会带来较大影响。干旱地区建坝,形成临时水道,动物因固定饮水源改变,寻找不到饮水而迁移。在山区修建大型水库,栖息于山林中陆栖野生脊椎动物,受到人类活动的干扰,觅食和栖息地缩小或破坏,只得外迁;某些珍稀动物资源可能因此而遭到破坏。

水库蓄水和泄水可淹没或冲毁鱼类原有产卵场地,改变产卵要求的水文条件,鱼类被迫向上游或下游或支流寻找新的产卵场。

（二）大坝、涵闸的阻隔

大坝和涵闸切断了原有天然河道或江河与湖泊之间的通道，鱼类觅食和生殖洄游受阻，鱼类分布和产量改变。例如，美国大马哈鱼需要在淡水中繁殖，在海水中生长肥育，大坝阻隔河海之间的洄游通路后，鱼产量即下降。在通江湖泊与江河之间建闸，会阻隔河湖（海）之间的鱼类洄游。例如，中国湖泊中鲤科鱼类产卵、生长和肥育，海中鳗鲡的繁殖，河蟹溯河入湖肥育，都可能因建闸受到影响。建闸后有些大型经济鱼类不能入湖，湖泊鱼类种群结构发生变化。有些适应性强、繁殖力高、生命周期短、经济价值小的小型鱼类，便成为优势种群。

（三）增殖

水利工程形成的广阔水面，水流速度缓慢，甚至处于相对静止状态，水层透明度增加，加上有丰富的矿质营养成分，促进了水中浮游植物——藻类、水生高等植物的生长与增殖。但蓝藻、绿藻异常增长，又导致水质变劣，出现水华。

日本在1974—1975年对37座水库进行调查，其中74%水库处于中营养以上的水平。苏联对伏尔加河梯级水库群营养水平进行多年观测，有4个水库属富营养化类型。水库可促进浮游动物、底栖动物和水生昆虫正常繁殖，为静水鱼类定居、繁衍以及人工放养创造良好条件，有利库区渔业发展。

水面扩大，水草和鱼虾增殖，会吸引以水草和鱼虾为食的各种鸟类，如白鹭、雁类、天鹅和鹳类等的生长和繁殖；有的水库成为这些鸟类觅食、繁殖和越冬的场所。

（四）工程与设施伤害

鱼类经溢洪道、水轮机、鱼道和专门运送装置，会因高压高速水流冲击和机械撞击而受伤或致死。据美国对一些地区过坝鲑鱼统计，游过溢洪道的死亡率为2%；通过哥伦比亚河上的中等规模径流式电站水轮机的死亡率为11%~14%。

当水流经溢洪道进入消力池时，掺入大量空气，在深水中溶解，使水中溶解性气体过饱和，鱼类在此水中易患气泡病，鱼的血液循环系统和眼部周围的疏松结缔组织有气泡或气栓，使鱼死亡。特别是梯级大坝，鱼类滞留于两坝间的气体饱和水域时间长，可使其发病和死亡。

由于水库水温分层，下泄水温低，会对生物产生冷害。

（五）物种分布变化

水利工程生物分布效应表现在生物时空分布上的变化。有的水库生物群落和特征基本上与湖泊类似，分为沿岸带生物群落，敞水带生物群落和深水带生物群落。沿岸带生物种类繁多，常见的淡水水生生物和生态类群在沿岸带均有分布。其种类和数量受水库水位涨落影响明显。当水位涨落有规律或缓慢时，可以促进沿岸带生物群落（种类和数量）分布的发展。如果是骤然性的涨落，则不利沿岸带生物群落生长，有时甚至会使其死亡。

鱼类分布在很大程度上受水温、溶解氧和饵料分布的影响。有的水利工程（水库）使水温和溶解氧在垂直方向发生分层现象,鱼类因而也成层分布。以浮游生物为食的鱼类多在上层活动,多为暖水生鱼类,而以底栖生物为食的鱼类常栖居在水底层,对低溶解氧耐受能力较强。微生物分布也出现分层现象。水底层和沉积物中主要是各类厌氧微生物,如甲烷细菌、反硝化细菌和反硫化细菌。底层厌氧细菌有异养细菌和化能自养菌;表层水则为光能自养细菌和好气性细菌。

水利工程引起水流速度和水深变化,影响到底栖动物的种群分布、密度和生物量。杂草丛生的河湖沿岸是钉螺适宜的繁殖场所。水库浅水区有利于蚊虫幼虫滋生。美国发现一些水库在非常洪水和持续洪水水位情况下,水生昆虫蜉蝣和石蚕蛾大量死亡,其优势被双翅目水生昆虫所取代。当水位降至正常水位后,原来的种群才能逐渐恢复。

二、对水生生物的影响与评价

(一)对浮游生物、底栖生物的影响

(1)对浮游植物的影响:浮游植物是水体初级生产力的主要组成部分,处在水体食物链的第一环,其种类组成和变化对水体生产力的影响较大。水库所处的地理位置和库区库周的地形地貌、水库的类型和调节运用方式、库区库周的开发程度等因素不同,水库兴建对浮游植物的影响也不相同。同一座水库,在水库的不同区域、不同季节,库水中的浮游植物的种群和数量都有很大变化。水库工程对浮游植物的影响,一般都考虑以上各种因素,另外建库后浮游植物种群的变化趋势,主要受库周水体和支流中浮游植物的种类和群落影响,它们往往是水库浮游植物种群形成的基础。

浮游植物适宜于在静水或缓流水生活,在未兴建水库的天然河流尤其是山区水流较急的河流中,种类和数量都比较少,种类组成则多以硅藻和绿藻为主。如长江上游一些水库中,硅藻和绿藻分别占总数的40%和30%,主要是适应于流水环境的种类。在含沙量较大的常年浑浊的水流中,着生藻类较少,而在透明度较大的清澈水流中,着生藻类较多。

水库形成后,浮游植物种类组成和生物量在湖泊型水库中比峡谷型水库中多且与湖泊相似,峡谷型水库则介于天然河道与湖泊之间。在水平分布和垂直分布上,库湾和支流回水区的种类和数量较多,水库中间较深处则较少,表层水面多,水库深层较少。

(二)对浮游动物的影响

建库对浮游动物的影响与对浮游植物的影响相似。一般情况下,水库中浮游动物的种类和数量都比天然河道中多。在库周岸边水中的浮游动物比水库原河道中的数量多,库湾的浮游动物种类和数量多于水库干流中的种类和数量。其种类组成则与河道中原有的种类以及库周小水体中的种类有关。其变化趋势与浮游植物的变化相同。

(三)对底栖生物的影响

底栖生物主要有环节动物、软体动物、水生昆虫和一些甲壳动物等。在不同的水环境中其种类、数量有很大的差异。由于底质和水文条件的不同,山区急流河道中的底栖生物种类远少于丘陵平原河流,河流中的底栖生物则少于湖泊尤其是生长有水草的湖泊中的底栖生物。水位相对稳定的水体中的底栖生物种类和数量也相对较多。

水库建成后底栖生物的变化趋势,一般来说,平原湖泊型水库底栖生物较多,山区峡谷型水库底栖生物较少;在底栖生物生长季节库水位相对稳定的水库中,如狮子滩水库,其种类和数量较多,而在水位变动频繁的水库中,如葛洲坝水库较少;在消落区大的水库中较少,而在消落区小的水库中较多;在富营养型的中小型水库中较多,贫营养型水库中较少;库周底质为泥质的水库中较多,底质为砾石和砂质的水库中较少。另外,影响底栖生物种类和数量的其他环境因素还有水质、水温等。库区原有的种群和库周小水体中的底栖生物对新建水库的底栖生物也有很大影响。

(四)对高等水生植物的影响

高等水生植物指水生维管束植物,按其生态特点可分为挺水植物、浮叶植物、沉水植物、漂移植物以及岸边生长的湿生植物等。水生植物的生境与水文条件的关系比较密切,大多生长在水流较缓、水位变幅不大的水体中。因此,一般情况下,湖泊池塘中的水草多于河流中的水草,而平原丘陵区河流中水草又多于山区河流中的水草。如长江干流中基本上无水草生长,而在长江中游,很多江段的岸边生长有较多的水生植物如芦苇等。

高等水生植物生长在水环境和湿地生境中,兴建水库对高等水生植物的影响与建库对底栖生物的影响相似,除了与水库所在的区域类型有关外(平原湖泊型或山区峡谷型),主要与水库的调度方式有关。如果水库的调节对水位的变幅影响不大,不致使水草长时间露出水面,则库区和库周存在着水草的生长条件;承担防洪任务的水库一般不利于水草的生长,如丹江口水利枢纽水库为了防洪,其水位在 1~5 月从 157m 降到 140m,消落带条件很不利于水生植物的生长,因此,水库中的高等水生植物种类和数量十分稀少。另外,水草的生长与库周的底质条件有关,石质的库周库底不利于水草生长。

(五)对鱼类资源的影响

水利工程的兴建在抵御洪水灾害、改善航道条件和为国家提供能源方面起到了重要的作用,但是,这些工程也会干扰河流的自然演化过程,包括:

1)改变河流的水文情势,从而影响自然河流的动态平衡,如水库蓄水后库区河道由急流变为缓流或静水;

2)缩小了自然洪泛平原及水生生物的生境范围,如江湖隔绝以及洲滩减少等变化:

3)干扰了自然沉积物的转移过程,如水库的泥沙淤积:

4)阻断了营养物质的循环,如营养物质在库区沉积;

5)导致了生物物种多样性的下降,主要由江湖隔绝和大坝拦断江河所引起。

产生这些影响最典型的工程类型是兴建水库和在通江湖泊的湖口处建闸。

第六节　移民环境影响预测评价

水利水电工程移民安置是整个工程建设不可分割的重要组成部分。移民是人类社会经济发展的必然结果。工程移民即工程建设引起的较大数量的、有组织的人口迁移,具有非自愿性质,涉及社会、经济、政治、人口、资源、环境、文化、工程技术等诸多方面,是一项复杂而极为重要的系统工程,已受到社会各界的重视。对于非自愿移民项目的环境评价,近年来越来越引起国内和国际社会的广泛关注。如果是亚行或世行贷款项目,则他们通常将其定为A级。

一、移民环境影响分析

维护生态平衡,保持资源的永续利用,是人类生存和发展的必要条件之一。新中国成立以来,我国修建了大量的水利水电工程,有些水库,由于移民没有得到妥善安置,引发了很多环境问题,主要问题有:

(1)淹没及不合理活动对土地资源造成的影响;

(2)不适当垦殖对生态造成的破坏;

(3)二、三产业安置及农药化肥使用引发的环境问题;

(4)移民安置对社会经济带来的影响等。

只有对这些问题进行预测和评价,提出对策与措施,才能使移民安置区的经济发展与环境保护协调进行,才能为移民创造一个美好的、可持续发展的生产和生活环境。

二、对土地资源的影响

土地是人类赖以生存和发展的基础。由于人为长期开发,目前,我国水电工程建设区,一般耕地资源数量少,开发利用不合理,加上山高坡陡、土层薄等自然条件影响,现人多地少矛盾十分突出,对环境压力日益加大。毁林开荒、土壤侵蚀与贫瘠化现象加重,土壤生态系统结构与功能脆弱。因此,防治对土地的过度垦殖,合理利用土地资源则成为库区建设中的一项重要任务。

水利水电工程的建设对土地资源的影响主要有水库淹没、农村移民安置、城(集)镇迁建、工业企业迁建、专项设施恢复改建等。

(一)水库淹没对土地资源的影响

水库淹没对土地资源的影响包括直接淹没损失和间接岸坡稳定的影响等。直接淹没损失是永久的、不可逆转的,且影响的面积较大。如小浪底水库影响总土地面积 279.6km²,淹没影响土地构成包括耕地、园地、林地、塘地、牧草地、荒山荒坡、水面和村庄、道路等占地。水库淹没影响耕地 20.1 万亩,园地 2.68 万亩,以及园地、林地、塘地、牧草地等农业生产用地。

水库淹没的耕地质量好,多为沿江河漫滩、阶地,肥力较高并已耕地的冲积土、水稻土,土层深厚肥沃,利用率和生产率较高,受淹的河谷地带耕地水热条件优越,多属一、二类地,复种指数作物单产高。如小浪底水库淹没的耕地主要集中在黄河干支流沿岸,土地肥沃,水利条件好,淹没耕地中水浇地面积占 45%。

在山高谷深处兴建水库,重力侵蚀与堆积现象严重而普遍。水库蓄水后,由于浸泡、水位升降变化、风浪作用都可使原来一部分崩塌、滑坡体失稳,并可诱发一些新的滑坡。

(二)消落区土地资源的影响

对水库消落区的土地资源进行合理使用,从水库淹没"不可逆"的土地上夺回被淹的部分损失,这在人多地少的我国具有重要的现实意义。由于水库正常蓄水位在年内或多年内有变化,且从蓄水到供水的过程中,库水位相应有一次涨落变化,必然有部分被淹没的土地暂时出露,如果出路的时间长,能满足农作物从播种到收获的条件,就可以重新再利用。

消落区土地利用的影响是季节性。每年汛期水位下限为防洪限制水位,上限一般为土地征用线,即五年一遇回水线。水库消落区土地利用的可能性及其利用效益,需根据水库调节计算的月平均库水位过程线、不同作物生长期及其耐淹性能,以及水位消落耕地数量来计算分析。如北方某一水库,通过分析计算,常年可以利用的耕地占受淹耕地的 18.5%。

可见,利用消落区土地资源可以减少水库淹没影响,取得较大的经济效益。

(三)移民安置活动对土地资源的影响

移民工程建设对土地:大坝蓄水,河流成湖,水面扩大,受淹面积增大,大量的房屋、工矿企业因资源的影响及公路、码头、通信线路、水利水电设施、水文站等专业项目被淹水下,这些房屋及专业项目的复建必然会占用部分土地资源,使不富裕的土地更加紧缺。

为了使占地影响减少到最低程度,应结合当地的自然地理条件,对移民新村占地进行合理规划,要尽可能地多占荒山、荒坡,少占耕地,不占好地。

三、对生态环境的影响

(一)淹没对生态环境的影响

植物自身不具备迁移性,修建水库对陆生生物影响最大的因素就是淹没。我国是一个森林资源贫乏的国家,据 1982 年统计,森林覆盖率只有 12.5%,在世界上居 120 位以后。同时也存在森林资源分布不均的问题,据调查,在我国西北、华北和东北西部地区森林覆盖率很低,是造成该区自然灾害频繁、农业生产低而不稳的一个根本原因。因此,由水库蓄水对森林造成的淹没影响以及潜在的影响应给予高度重视。为减少水库淹没造成的不利影响,要针对水库所在区域的森林植被的特点,按照评价导则的要求,在现状调查和评价的基础上,认真分析森林淹没影响和潜在影响,采取措施降低不利影响。

(二)移民迁建对森林植被及生态环境的影响

移民搬迁后,在重建家园的过程中,大规模的基建活动如修路、建房等,需要部分木材。同时,移民工程的建设,也会占用大量土地,影响地上植被。为保护生态环境,减少植被的破坏,移民安置时尽量少占林地,建设中应考虑减少木材的消耗量。

大量移民迁入安置区后,人口密度加大,无疑会增加对能源的消耗量。在我国农村,每年能源消耗折合标准煤计 3 亿 t 以上,其中生活能源占 80%。在能源的利用方式上,大部分靠植物秸秆和木柴供应,形成伐木为柴、掘草为薪的局面。这种能源利用方式不仅严重破坏了植被资源,而且由于植物秸秆不能还田,造成了土壤有机质的衰退。这已成为我国农业生态环境的巨大威胁。

当安置区容量紧张时,移民为了追求粮食生产,不顾生态平衡,对许多以牧为主的草原地区进行开垦,盲目围湖、围海、填塘造田,使水域面积明显减少。如果滥挖林草和盲目围填水域,必然会造成严重的生态后果,如小气候发生不良变化,干旱、风灾、水灾等自然灾害频繁,草原退化,沙漠蔓延,使农业生态环境和自然环境处于恶性循环之中。

为防止破坏森林植被和减少水域面积现象的发生,在做好预测分析的基础上,提出保护森林植被的有效措施,如加强植树造林,扩大煤、电等能源比重,推广应用沼气等节能技术;二是根据移民安置区的自然环境特点,因地制宜,宜农则农、宜林则林,宜牧则牧,宜渔则渔,把农林牧渔视为一体,将对生态环境的不利影响降到最小。

对移民安置区的生物多样性,要结合安置区的具体情况进行分析评价,对安置区或周边的原始森林、濒临灭绝的物种等,分析物种受威胁,栖息地缩小或消失的可能性,并根据评价结论,按照《中国自然纲要》和《生物多样性公约》等有关规定,提出保护对策措施。

(三)水土流失的影响

移民在搬迁安置的过程中,大量土地的开发利用,大量的基建活动,不但破坏了植被,扰动地表,而且产生大量的弃土,这些问题如处理不当将会加剧水土流失的发生。我国是世界上水土流失最为严重的国家之一,据遥感调查,我国目前水土流失面积为 153 万 km^2,占国土面积的 16%。每年流失土壤约 50 亿 t,相当于全国耕地平均被剥去 1cm 厚的沃土层。其中黄河流域黄土高原水土流失面积达 43 万 km^2,占黄土高原总面积的 70%。目前黄土高原的年水土流失总量超过了 22 亿 t。

我国南方红黄壤区是仅次于黄土高原的严重流失区。据调查,长江上游水土流失总量已达到 16 亿 t,中下游地区的河流输沙量近年也大幅度增加。严重的水土流失不仅冲毁了大片的农田,给当地留下支离破碎、沟壑纵横的地形和极度脆弱的生态环境,而且对自然资源的开发利用,人民生活水平的提高和国土资源的治理战略的实现,造成极大的障碍。

为减少移民安置过程的水土流失,必须开展移民安置区环境影响预测分析工作,合理安排移民的生产生活活动。安置区移民房屋的修建、基础设施的建设等对水土流失的影响一般发生在施工期,虽然影响范围有限,且随工程完建,通过施工迹地绿化、整治等措施,水土流失可得到控制,但仍需根据移民安置建设规模、安置区的环境现状,预测分析可能产生的水土流失量,提出防治措施,加强施工期间水土保持工作的管理。在移民的生产过程中,如果没有进行统一规划,盲目开垦荒地,陡坡开荒过度,不按标准要求建设水平梯田等,均会造成水土流失。

为减少产生新的水土流失,应提出水土保持措施,如禁止在 25 度以上陡坡地内开垦种植农作物,对允许种植的坡耕地,应修建水平梯田或采取其他防治水土流失的措施。因此,只要对移民安置区进行合理规划,科学布局,采取生物措施和工程措施相结合的方式,加强水土保持工作,移民迁建对水土流失的影响是可以控制的。

第七节　经济社会影响评价

经济社会环境影响评价是水利水电项目环境影响评价的重要组成部分。水利水电项目对经济社会的影响包括有利影响和不利影响,其主要影响有:水利水电工程占地与淹没引起人口迁移,改变社会结构,影响移民(拆迁)安置区社会的稳定性,同时大量建设资金的投入和水利水电基础设施建设增加工程影响区的经济发展潜力、促进经济结构调整、促进科学技术发展,为影响区人们提供更多的就业机会,提高人民文化教育、社会福利、收入水平及生活质量等。

水利水电项目所产生的经济社会影响可能会改变影响区人口现在和将来的生存和生活质量。水利水电项目可能使一些人受益,另一些人受损,因此经济社会环境影响评价应给出项目可能产生的有利和不利经济社会影响,以及影响区人口受益和受损情况,并通过采取一定措施来增加项目的有利经济社会影响和受益人数,减少项目的不利影响和受损人数,并尽可能对此加以补偿。对一些经济社会效益显著,但对环境损害严重的水利水电大型项目,有必要研究项目的经济社会效益以及进行环境经济分析,通过费用—效益或费用—效果分析来给出项目的经济社会效益是否能够补偿或在多大程度上补偿了由项目造成的环境损失,由此而对项目的整体效益进行综合评价。

经济社会环境影响评价的目的就是通过分析项目对经济社会环境产生的各种影响,提出防止或减少项目在获取效益时可能出现的各种不利经济社会环境影响的途径或补偿措施,进行社会效益、经济效益和环境效益的综合分析,使水利水电项目的论证更加充分可靠,项目的设计和实施更加完善。

一、经济社会影响评价方法

(一)专业判断法

专业判断法是通过有关专家或一定的专业知识来定性描述拟建水利水电项目所产生的社会、经济等方面的影响和效果,该方法主要用于对该项目所产生的无形效果进行评价。如拟建水利水电项目对景观、文物古迹等影响难以用货币计量,所产生的效果是无形的。对于此类影响的效果可以咨询美学、历史、考古、文物保护等有关专家,通过专业判断来进行评价。

(二)调查评价法

在难以给出需求函数的情况下,可以采用调查评价法来估价目标人口对项目的需求情况,通过对项目产出的支付愿望,或对项目所产生损失愿接受的赔偿愿望来度量效益,调查评价法又可以分为投标博弈法、比较博弈法、图询调查法。

(三)费用效益分析法

任何项目在实施的过程中都需要花费费用,其目的是取得一定的效果。所花费的费用包括生产成本以及社会付出的代价和环境受到的损害等,所得到的效果包括经济效益以及社会效果和环境效果。在费用—效益分析法中可以把上述的费用和效果看作是经济社会福利的一种度量,并把由项目引起的经济社会福利变化以等量的市场商品货币量或一定的支付愿望来表示。例如,改善环境质量可被认为是一种促进人类经济社会福利增加的活动,福利的增加可以看作为了交换较好的环境质量所放弃等货币量的商品。反之,水利水电建设项目对人类产生的不利影响则被认为是人类经济社会福利的减少,这可以用补偿社会经济福利损失所需等货币量的商品加以计量。

①需求和效益。模拟市场需求曲线来表示目标人口对拟建项目产出的需求或支付愿望。

②供给和费用。模拟市场供给曲线来表示拟建项目投入的费用情况。

③净效益。当根据市场需求和供给曲线分别计算出在不同生产或消费水平下的总效益或总费用。

(四)费用—效果分析法

当拟建水利水电项目所产生的环境影响难以用货币单位计量,即产生无形效果时,可以通过费用—效果分析进行非完全货币化的定量分析。在费用与效果分析中,费用以货币形态而效益以其他单位来加以度量。在实际开发费用-效果分析时,通过最佳效果法、最小费用法、直观效果法。

第八节　气候、地质、文物影响评价

一、局地气候影响预测评价

建设水利水电工程对局地气候产生影响国外研究较早,前苏联在伏尔加河修建的雷宾斯克水库、哥尔柯夫斯克水库做了气候考察和研究,美国、瑞士也对湖泊如密执安湖、莱曼湖进行了大量的研究,说明水库蓄水对周围局地气候有影响,使气温、降水、湿度、风等气象要素发生改变。我国对新安江水库、狮子滩水库、三门峡水库气候效应做了观测和研究,也取得了较多的成果,说明水库蓄水对周围小气候的影响是明显的。近年来我国研究拟建水库气候效应变化也较多,特别是通过长江三峡水库的气候考察与研究,以及东江水库等建库前、后小气候连续观测和研究,在理论上和实践中都获得了有科学价值的成果。

由于水库水域及其周围的小气候条件发生改变,使周围地区农业生态发生变化。因此,研究、预测水库对局地气候影响的规律,对评价工程环境影响、合理开发和利用气候资源、发展生产具有重要的意义。

(一)影响预测评价技术要素

大型水库工程建设,使水体面积、体积、形状等改变,水陆之间水热条件、空气动力特征发生变化,应预测工程对水体上空及周边陆地气温、湿度、风、降水、雾等的影响。评价局地气候改变对农业生态、交通航运和生活环境的影响。

(二)局地气候影响分析

水库对气候影响的主要原因是形成了一个广阔的水域,蒸发量大,太阳辐射热得到调节,使库区及邻近区的温度和温度场要素发生改变,从而引起区域小气候状况发生变化。

水面和陆地物理性质不同,水的热容量大,其吸热和放热特征与土壤有明显差别,水面的反射率远远小于陆地,使得辐射平衡有所增加,水面的摩擦力比陆面小得多,有利于风速加强。

水陆之间的热力或动力差异,首先通过垂直方向的湍流交换和辐射传递过程,把下垫面上的特性输送到上方气层,改变下垫面上空气团的温湿特征和风速分布。然后通过两种输送向内外扩散,其一是背景风场的平流输送,其二是水陆热力差异造成的热力环流的平流输送和间接作用。区域小气候状况便是在这些影响交织作用下形成的。

二、环境地质影响评价

(一)概述

环境地质一词有时会与工程地质互为混淆。一般来说,若以地质学的观点来研究工程基础的地质与力学参数就称为工程地质学。而环境地质学着重对地质灾害及其对人类生存环境影响的研究。

在自然环境下,某些区域地质环境中就潜伏着地质灾害的隐患,它们往往对工程选址与建设起着控制作用,若工程选址不当,一旦发生地质灾害,将会给工程建筑物造成巨大损害。水利水电工程的建设,改变了自然界原有的岩土力学平衡,在这些潜伏着灾害地质隐患的区域就会加剧或引发地质灾害的发生。由水利水电工程所引发的环境地质几乎包括了自然界中存在的所有灾害地质的类型,比较常见或影响较大的有水库诱发地震、浸没、淤积与冲刷、坍塌与滑坡、渗漏、水质污染、土壤盐渍化等。它不仅会造成建筑物的破坏,同时对周围环境产生影响,例如,水库诱发地震可能会造成坝基的变形与错断,还可给周围居民生活带来影响。水库浸没会造成土地沼泽化或盐渍化。因此,工程建设及水资源开发利用规划中,研究灾害地质对人类生存环境的影响具有重要意义。

(二)环境地质影响预测评价

1. 水库诱发地震

水库诱发地震活动最早在1930年代初就被人们发现了,但震级都不大,因此,一直没有引起人们的重视。

随着世界上高坝、大容积水库的快速发展,水库诱发地震现象逐渐增多,尤其1960年代以来相继发生了我国新丰江水库、非洲赞比亚和津巴布韦边界上的卡里巴水库、希腊的科列马斯塔水库及印度的科因纳水库等六级以上,造成重大损失的水库地震。这些水库地震造成了不同程度的损害,其中印度的科因纳水库诱发的地震震级最大达6.5级,造成的损害也最严重,科因纳市绝大部分砖石房屋倒塌,死伤2477人,大坝和附近建筑物受到严重损坏。从此,人们开始了系统地研究水库诱发地震。水库诱发地震主要发生在高坝大库的附近。由于高水头大水库的建设,巨大的水体往往改变了原来地下水的运动方向,破坏了地壳的平衡,加剧了地震的活动性。研究水库诱发地震主要是查明库区的大地构造及区域地质条件。根据大地构造及区域地质条件、天然地震震源机制及近期活断层错动机制,以及现代地应力的基本特征;研究当地历史地震及近期地震的震级、烈度、震中的分布、震源深度、震源机制以及与现代断层活动的关系。

水库诱发地震不仅将对水库及其周围建筑物产生损害,还会对周边居民的生命财产安全造成一定的威胁。

水库诱发地震预测与评价的目的是水库库坝区可能遭受的地震危险或危害程度。目前水库诱发地震预测与评价方法尚不成熟,主要结合坝高、库容、应力场分布、断层活动性及库区条件等因素,预测诱发地震的可能性以及地震强度。水库诱发地震可分两个方面来评价:

①库坝区稳定性。

库坝区有发震断层通过,经常有小震活动,水库蓄水后,诱发地震的可能性最大并且造成的地震危害大,如可能引起滑坡、山崩和水库堵塞,破坏水工建筑物这是发震的危险区。

库坝区附近存在发震断裂,即使诱发地震,强度不会大,对建筑物不至于造成威胁。这是发震的不利地区。

库坝区及其附近无发震断裂通过,地质构造相对稳定,基本烈度低,水蓄水不可能诱发地震。这是地震相对稳定地区。

②库坝区震害强度及危害。

地震对大坝的危害程度可分抗断问题和抗震问题。抗断问题就是强震时,坝基发震断裂或地震断裂活动会导致坝基错动、变形或破坏。抗震问题就是强震时

地震波导致坝基岩土体滑动和失稳等,而造成坝体的变形和破坏。

地震对周围环境的影响应根据地震强度来判断,一般小震不会对建筑物造成较的危害,6级以上的地震就可能会造成建筑物破坏、人员伤亡和产生地裂缝等影响。

2. 淤积与冲刷

自然状态下,河流的侵蚀与淤积作用是改变地表地形的重要地质作用之一。水流是推动河床不断演变的动力,它同时进行着侵蚀与淤积两种相互依存和相互制约的作用。河流侵蚀与淤积规律是由水流与河床两方面决定的。水流特征包括河水水位、流量、流速、流态及含沙量等;河床特征包括河床河岸组成物质、河床坡度以及河床平面、断面几何形态等。河床特征在很大程度上影响着水流特征,同时水流又通过侵蚀和淤积改造着河床形态。

河床演变的方式和进程就是水流与河床不断相互作用的结果。

人类兴建水利水电工程对河床的演变影响越来越大,甚至由此引起的地质环境变化对工农业生产及城镇建筑物、工矿企业造成了很大危害。

3. 水库浸没

水库蓄水后水位抬高,引起库区周围地下水位壅高。当库岸比较低平,地面高程与水库正常高水位相差不大时,地下水位可能接近或者高出地面,产生种种不良后果,称为浸没。

浸没对库区周围工农业生产及居民生活环境的危害很大,它可引起土壤盐渍化、降低建筑物的地基强度,由于土壤环境恶化而增加水库移民数量增多,否则需采取排水或防护工程措施防止浸没的发生。浸没还可引起其他危害。因此,水库浸没问题常常影响坝址的选择和正常蓄水位的确定。

4. 水质污染

这里讲的水质污染是由于水利水电工程建设或地下水开发所引起的水质恶化。水资源开发利用过程中水质的恶化,污染原因可能很多,要想搞清楚水质的污染原因,对开发前的水质背景值的监测与评价十分重要。

5. 库岸稳定

河流上修建水库,改变了库区原来的地质环境,可能会导致水库岸坡出现崩塌、塌岸、滑坡等环境地质问题,这将对岸边居民生活、土地资源、工程效益、水质、通航等造成不同程度的危害。

塌岸、滑坡等作为工程地质问题,开始系统的调查与研究是在 1960 年代,意大利瓦依昂发生大滑坡、造成了巨大损失这一事件之后。而我国在 1950 年代,通过对官厅和三门峡水库库岸稳定问题的研究,摸索出了一套不同堆积层组成的各类岸坡坍塌的预测方法。

1960 年代以后,随着水利水电工程的大力发展,我国对水库库岸稳定问题在塌岸、滑坡的形成机制、预测、涌浪危害等方面开始了较全面系统的研究。目前库岸稳定问题已成为环境地质问题的重要组成部分。

塌岸一般发生在平原及丘陵型水库,崩塌和滑坡一般在山区峡谷型水库中较多。

三、景观与文物环境影响分析

(一)影响分析

如果水利水电建设项目影响的景观和文物没有特殊的或重要的保护价值时,可只作一般现状调查和评价,不进行影响评价。如遇自然保护区或珍贵景观、文物时,应进行影响评价。

一些珍贵的景观资源与文物资源为法定的保护对象。因此,景观与文物影响评价前,应首先了解国家及当地政府的有关景观与文物的保护法律、法规、政策与规定。《中华人民共和国环境保护法》《中华人民共和国文物保护法》《风景名胜区管理暂行条例》(国务院 1985.6)、《自然保护区管理条例》《关于在建设中认真保护文物古迹和风景名胜的通知》([83]城园第 43 号)等有关法律、法规中都对建设项目涉及景观与文物时,作出了相关保护规定。

景观与文物影响评价目前还难以定量预测,常采用专业判断法定性地估测建设项目对其影响。

水利水电工程对景观的影响可有侵占、改变、破碎化等直接影响和阻挡、不协调等间接影响。如水库大坝的建设切断峡谷河流,使上游水面大幅度增大,而下游水面与水量则相应减小,上下游景观发生较大改变。城市防洪工程将城区天然河流束窄、衬砌等,使自然河流景观变为人工河流景观等。

水利水电工程对文物可有淹没、损坏等影响。如水库蓄水可将库区文物淹没于水下,工程土石方开挖、爆破时可将地下文物损坏。根据景观与文物现有的价值,以及水利水电工程对其的影响程度,可从美学价值、科学价值、生态价值、文化价值、历史价值、经济价值、政治价值等方面,对景观或文物进行影响评价。

(二)评价

进行景观或文物现状评价,应更进一步调查景观区与文物保护范围内易受人类活动影响的主要内容。这些内容易受哪些物理的、化学的和生物学的影响,目前有无已损害的迹象及其原因,进一步调查景观的外貌特点,自然保护区或风景游览区中珍贵的动、植物种类等。从美学价值、科学价值、生态价值、文化价值、历史价值、经济价值、政治价值等方面,对景观或文物进行评价。

第九节　评价文件编制要求

环境影响报告书是工程环境保护工作的指导性文件,是编制工程环境保护设计,实施环境保护措施,进行环境监督的依据。报告书应全面概括地反映环境影响评价全部工作,要求内容全面,重点突出,论点明确,符合客观、公正、科学的原则。文本应文字简练、表述准确,并尽量采用表格、图形显示。报告书正文、附件、附图齐全。评价内容较多的报告书,其重点评价项目可另编专项评价报告。对详细的计算过程、原始数据或调查成果可编入附录。

一、前言

(1)阐述本工程地理位置,开发建设任务和意义。

(2)按环保法规,说明环评的任务,简述环评工作及报告书编制过程。

(3)复核评价报告,应列表简要说明原报告书与复核报告书中工程特性、评价项目、评价内容及异同点,结论有无变化及修改原因。

二、总则

(一)编制目的

结合工程特点,调查了解环境现状,预测评价工程对环境的影响,提出减缓不良影响措施,为工程环境保护与可持续发展,工程科学决策提供依据。复核评价还要说明复核的主要目的。

(二)编制依据

分层次列出与环评相关的资源与环境保护有关法律、法规、部委规章、规范性文件,《环境影响评价技术导则》相关规范、环境质量标准和污染排放标准等技术标准,河流综合利用规划和专项规划、工程可行性研究报告等工程技术报告,评价委托合同或任务书等。

(三)评价采用的标准

分别列出工程区水环境、环境空气、声环境、生态应执行的环境质量标准等级和环境功能要求,废水、废气、噪声污染应执行的排放标准及等级。并附环境保护行政主管部门关于评价采用标准的确认函。

(四)环境保护目标

根据工程区环境现状、环境功能、工程施工、运行特点,明确本工程应达到的水环境、大气环境、声环境、生态、土地资源等控制污染与环境功能保护目标以及环境敏感目标。特别应注意反映以下情况:

①需特殊保护地区:如饮用水水源保护区、风景名胜区、自然保护区、森林公园、国家重点保护文物单位、水土流失重点防治区等。

②生态敏感和脆弱区:如沙漠中的绿洲、珍稀动植物栖息地或特殊生态环境、天然林、热带雨林、鱼虾产卵场、重要湿地和天然渔场。

③社会关注区:如人口密集区、文教区、疗养区、医院以及具有历史、科学、民族、文化意义的保护地。

对主要敏感对象应说明位置、范围与工程的距离及相互关系。对象较复杂、且数量多时,应按环境要素列表、制图说明。

(五)评价范围及时段

评价范围应根据工程影响范围和环境要素特性确定。评价时段一般分施工期和运行期。

三、水电水利工程环境影响报告表编制提纲

报告编辑见表4-4。

表4-4 水利水电工程环境影响报告

一、工程基本情况	工程名称、建设单位、法人代表、建设地点、立项审批部门、建设性质、占地面积、总投资、工程内容及规模等。
二、工程影响区环境概况	自然环境:地形、地貌、地质、气象、水文、植物、动物、生物多样性等。 社会环境:社会、经济、人口、文化、文物等。
三、环境质量状况	工程影响区环境质量现状及主要环境问题:地表水、地下水、环境空气、声环境、生态环境等。 主要环境保护目标。
四、评价运用标准	环境质量标准、污染物排放标准、总量控制标准等。
五、工程分析	工程施工、淹没、占地、移民安置、工程运行等对环境的作用因素及影响源分析。
六、环境影响分析	施工期环境影响分析:如水环境、大气环境、声环境及固体废物等。 运行期环境影响分析:如水文情势、水环境、生态、移民、环境地质土壤环境、人群健康、景观与文物等。

七、环境保护措施和预期效果	水环境保护、大气污染防治、噪声防治、生态保护、水土保持、土壤环境保护、人群健康保护、景观与文物保护等。
八、评价结论及建议	
九、审批意见	预审意见、环境保护行政主管部门审批意见。
十、附件、附图及专项评价	(一)环境影响报告表附以下附件、附图 附件1 立项批准文件 附件2 其他与环境影响评价有关的文件 附图1 工程地理位置图(反映行政区划、水系,标明排污口、取水口位置和地形地貌等) 附图2 工程总布置图 附图3 工程施工总布置图 附图4 环境保护措施布置图(包括环境监测) (二)环境影响报告表需详细说明工程对环境的影响时,应进行专项评价。 根据工程的特点和当地环境特征,可选下列1~2项进行专项评价: 1. 工程对水环境的影响 2. 工程对生态的影响 3. 工程施工对环境的影响(包括水环境、大气环境、声环境、固体废物等) 4. 淹没与移民对环境的影响 5. 其他

工作任务五　水土流失的防治与控制

第一节　水土流失的概念及形成的原因

一、水土流失的概念

水浑,是因水土流失而造成的河流水域长期浑浊的现象。正常的水土流失是地球大气与水流动引起的自然循环现象,对社会经济与人类生存影响不太大。通常所说的水土流失是指非正常的水土流失,破坏了经济生产,影响了人类生计问题。

水土流失是指由于自然或人为因素的影响、雨水不能就地消纳、顺势下流、冲刷土壤,造成水分和土壤同时流失的现象。主要原因是地面坡度大、土地利用不当、地面植被遭破坏、耕作技术不合理、土质松散、滥伐森林、过度放牧等。水土流失的危害主要表现在：土壤耕作层被侵蚀、破坏，使土地肥力日趋衰竭；淤塞河流、渠道、水库，降低水利工程效益，甚至导致水旱灾害发生，严重影响工农业生产；水土流失对山区农业生产及下游河道带来严重威胁。

我国是世界上水土流失最严重的国家之一，水土流失遍布全国，并且其流失强度高，成因复杂，危害严重，尤以西北的黄土、南方的红壤和东北的黑土水土流失最为严重。据专家统计，水土流失面积已经达到 180 万 km²，占我国土地总面积的 19%，每年损失粮食 30 亿 kg 左右。水土流失的面积、强度、危害程度在局部地区呈现出加剧的趋势，势必当地社会经济发展和人民生活造成了很大危害，因此，加强水土保持的工作力度势在必行！

二、中国水土流失的原因

中国是个多山国家，山地面积占国土面积的 2/3；又是世界上黄土分布最广的国家。山地丘陵和黄土地区地形起伏。黄土或松散的风化壳在缺乏植被保护情况下极易发生侵蚀。大部分地区属于季风气候，降水量集中，雨季的降水量常达 年降水量的 60%~80%，且多暴雨。易于发生水土流失的地质地貌条件和气候条件是造成中国发生水土流失的主要原因。

中国人口多，对粮食、民用燃料等需求大，所以在生产力水平不高的情况下，人们对土地实行掠夺性开垦，片面强调粮食产量，忽视了因地制宜的农林牧综合发展，把只适合林，牧业利用的土地也辟为农田，破坏了生态环境。大量开垦陡坡，以致陡坡越开越贫，越贫越垦，生态系统恶性循环；乱砍滥伐森林，甚至乱挖树根、草坪，树木锐减，使地表裸露，这些都加重了水土流失。另外，一些基本建设也不符合水土保持要求，例如，不合理地修筑公路、建厂、挖煤、采石等，破坏了植被，使边坡稳定性降低，引起滑坡、塌方、泥石流等严重的地质灾害。

(一) 自然因素

主要有气候、降雨、地面物质组成和植被四个方面。

①地形：沟谷发育，陡坡；地面坡度越陡，地表径流的流速越快，对土壤的冲刷侵蚀力就越强。坡面越长，汇集地表径流量越多，冲刷力也越强。

②降雨。产生水土流失的降雨，一般是强度较大的暴雨，降雨强度超过土壤入渗强度才会产生地表(超渗)径流，造成对地表的冲刷侵蚀。

③地面物质组成。

④植被。达到一定郁闭度的林草植被有保护土壤不被侵蚀的作用。郁闭度越高，保持水土的越强。

(二) 人为因素

人类对土地不合理地利用、破坏了地面植被和稳定的地形，以致造成严重的水土流失。

①植被的破坏。

②不合理的耕作制度。

③开矿。

第二节 水土流失的类型及危害

一、水土流失的类型

根据产生水土流失的"动力",分布最广泛的水土流失可分为水力侵蚀、重力侵蚀和风力侵蚀三种类型。

(一)水力侵蚀

水力侵蚀分布最广泛,在山区、丘陵区和一切有坡度的地面,暴雨时都会产生水力侵蚀。它的特点是以地面的水为动力冲走土壤。例如:黄土高原。水力侵蚀,水力侵蚀又可以分为面蚀或片蚀、潜蚀、沟蚀和冲蚀。

面蚀或片蚀:面蚀是片状水流或雨滴对地表进行的一种比较均匀的侵蚀,它主要发生在没有植被或没有采取可靠的水土保持措施的坡耕地或荒坡上。是水力侵蚀中最基本的又一种侵蚀形式,面蚀又依其外部表现形式划分为层状、结构状、砂砾化和鳞片状面蚀等。面蚀所引起的地表变化是渐进的,不易为人们觉察,但它对地力减退的速度是惊人的,涉及的土地面积往往是较大的。

潜蚀:是地表径流集中渗入土层内部进行机械的侵蚀和溶蚀作用,千奇百怪的喀斯特溶岩地貌就是潜蚀作用造成的,另外在垂直节理十分发育的黄土地区也相当普遍。

沟蚀:沟蚀是集中的线状水流对地表进行的侵蚀,切入地面形成侵蚀沟的一种水土流失形式,按其发育的阶段和形态特征又可细分为细沟、浅沟、切沟侵蚀。沟蚀是由片蚀发展而来的,但它显然不同于片蚀,因为一旦形成侵蚀沟,土地即遭到彻底破坏,而且由于侵蚀沟的不断扩展,坡地上的耕地面积就随之缩小,使曾经是大片的土地被切割得支离破碎。

冲蚀:主要指沟谷中时令性流水的侵蚀

(二)重力侵蚀

重力侵蚀主要分布在山区、丘陵区的沟壑和陡坡上,在陡坡和沟的两岸沟壁,其中一部分下部被水流淘空,由于土壤及其成土母质自身的重力作用,不能继续保留在原来的位置,分散地或成片地塌落。

(三)风力侵蚀

风力侵蚀主要分布在中国西北、华北和东北的沙漠、沙地和丘陵盖沙地区,其次是东南沿海沙地,再次是河南、安徽、江苏几省的"黄泛区"(历史上由于黄河决口改道带出泥沙形成)。它的特点是由于风力扬起沙粒,离开原来的位置,随风飘浮到另外的地方降落。例如:河西走廊和黄土高原。

另外还可以分为冻融侵蚀、冰川侵蚀、混合侵蚀、风力侵蚀、植物侵蚀和化学侵蚀。

二、水土流失的危害

严重的水土流失,造成耕地面积减少、土壤肥力下降、农作物产量降低,人地矛盾突出。当地农民群众为了生存,不得不大量开垦坡地,广种薄收,形成了"越穷越垦、越垦越穷"的恶性循环,使生态环境不断恶化,制约了经济发展,加剧了贫困。国家"八七"扶贫计划中,黄土高原地区贫困县有 12 个,占全国贫困县总数的 21.3%,贫困人口 2300 万人,占全国贫困人口的 28.8%。经过多年的脱贫攻坚,目前仍有近 1000 万贫困人口,是我国贫困人口集中分布的地区之一。严重的水土流失也造成该区交通不便、人畜饮水困难,严重制约区域经济社会的可持续发展。

水土流失的危害性很大,主要有以下几个方面:

(1)使土地生产力下降甚至丧失:中国水土流失面积已扩大到 150 万平方公里,约占中国的 1/6,每年流失土壤 50 亿吨。土壤中流失的氮、磷、钾肥估计达 4000 万吨,与中国当前一年的化肥施用量相当,折合经济损失达 24 亿元。长江、黄河两大水系每年流失的泥沙量达 26 亿吨。其中含有的肥料,约为年产量 50 万吨的化肥厂的总量(此句不通,请查原文)。难怪有人说黄河流走的不是泥沙,而是中华民族的"血液",如此大片肥沃的土壤和氮、磷、钾肥料被冲走了,必然造成土地生产力的下降甚至完全丧失。

(2)淤积河道、湖泊、水库:浙江省虽然水土流失较轻,可是省内有 8 条水系的河床普遍增高了 0.2—0.1 米,内河航行里程当前比 60 年代减少了 1000 公里。比如 1958 年以前,从嵊县城到曹娥江可通行 10 吨载重量的木船。由于河床淤沙太多,如今已被迫停航,原来的水资源变成沙资源,航建公司变成"黄沙"公司。

湖南省洞庭湖由于风沙太多,每年有 1400 多公顷沙洲露出水面。湖水面积由 1954 年的 3915 平方公里到 1978 年已缩减到 2740 平方公里。更为严重的是洞庭湖水面已高出湖周陆地 3 米,这就丧失了它应承担的长江的分洪作用。这是一个十分严重的问题。

四川省的嘉陵江、涪江、沱江等几条流域水土流失也十分严重,约 20%以上的泥沙淤积于水库。据有关专家预测,照此下去,再过 50 年,长江流域的一些水库都要淤平或者成为泥沙库。

(3)污染水质影响生态平衡:当前,中国一个突出的问题是江、河湖(水库)水质的严重污染。水土流失则是水质污染的一个重要原因。长江水质正在遭受污染就是典型例子。

由此可见,水土流失的危害性不仅很大,而且还具有长期效应。问题的严重性必须充分估计到。

第三节　水土流失的治理

水土保持是一项综合性很强的系统工程,水土保持工作主要有四个特点:一是其科学性,涉及多学科,如土壤、地质、林业、农业、水利、法律等。二是其地域性,由于各地自然条件的差异和当地经济水平、土地利用、社会状况及水土流失现状的不同,需要采取不同的手段。三是其综合性,涉及财政、计划、环保、农业、林业、水利、国土资源、交通、建设、经贸、司法、公安等诸多部门,需要通过大量的协调工作,争取各部门的支持,才能搞好水土保持工作。四是其群众性,必须依靠广大群众,动员千家万户治理千沟万壑。

水土保持的主要措施有工程措施、生物措施和蓄水保土耕作等措施。

一、工程措施

为了防止水土流失危害,保护和合理利用水土资源而修筑的各项工程设施,包括治坡工程(各类梯田、台地、水平沟、鱼鳞坑等)、治沟工程(如淤地坝、拦沙坝、谷坊、沟头防护等)和小型水利工程(如水池、水窖、排水系统和灌溉系统等)。

二、生物措施

为了防治水土流失,保护与合理利用水土资源,采取造林种草及管护的办法,增加植被覆盖率,维护和提高土地生产力的一种水土保持措施。主要包括造林、种草和封山育林、育草。

三、蓄水保土耕作措施

为了改变坡面微小地形,增加植被覆盖或增强土壤有机质抗蚀力等方法,保土蓄水,改良土壤,以提高农业生产的技术措施。如等高耕作、等高带状间作、沟垄耕作少耕、免耕等。开展水土保持,就是要以小流域为单元,根据自然规律,在全面规划的基础上,因地制宜、因害设防,合理安排工程、生物、蓄水保土三大水土保持措施,实施山、水、林、田、路综合治理,最大限度地控制水土流失,从而达到保护和合理利用水土资源,实现经济社会的可持续发展。因此,水土保持是一项适应自然、改造自然的战略性措施,也是合理利用水土资源的必要途径;水土保持工作不仅是人类对自然界水土流失原因和规律认识的概括和总结,也是人类改造自然和利用自然能力的体现。

四、水利工程措施

(一)坡耕地治措施

①保水保土耕作:等高耕作、沟垄种植,抗旱丰产沟、休闲地水平犁沟;草田轮作、间作、

套种、带状间作、合理密植、休闲地上种绿肥;深耕、深松、增施有机肥、留茬播种等。

②梯田:水平梯田、坡式梯田、隔坡梯田。

（二）荒地治理措施

①水土保持造林(经济林,果园)②水土保持种草③封禁治理:封山育林、封坡育草。

（三）沟壑治理措施

①沟头防护工程②谷坊工程③掀地锁与小水库(塘堨)工程④小型蓄排引水工程坡面小型蓄排工程:截水沟、排水沟、沉沙池、蓄水池路旁、沟底小型蓄引工程水窖、涝池、山丘间泉水利用)⑤引洪漫地工程。

（四）风沙治理措施

沙障固沙、防风固沙林带、固沙草带、引水拉沙造田翻淤压沙、造林固沙、坝上植树。

（五）崩岗治理措施

崩口处修天沟,制止水流进入崩口;沟口底部修谷坊群巩固侵蚀基点;崩壁两岸修小平台造林。种草:崩口下游修拦砂坝。

第五篇

知识产权

项目一 知识产权概述

工作任务一 知识产权定义、由来及保护与运用

一、定义

知识产权，是"基于创造成果和工商标记依法产生的权利的统称"。最主要的三种知识产权是著作权、专利权和商标权，其中专利权与商标权也被统称为工业产权。知识产权的英文为"intellectual property"，也被翻译为智力成果权、知识产权或智力财产权。

2021 年 1 月 1 日实施的《民法典》中第一百二十三条规定："民事主体依法享有知识产权。知识产权是权利人依法就下列客体享有的专有的权利：（一）作品；（二）发明、实用新型、外观设计；（三）商标；（四）地理标志；（五）商业秘密；（六）集成电路布图设计；（七）植物新品种；（八）法律规定的其他客体。"

二、由来

知识产权表面上可被理解为"对知识的财产权"，其前提是知识具备成为法律上的财产的条件。然而，知识的本质是一种信息，具备无体性与自由流动性。作为信息的知识一旦被传播，提供这一信息的人就无法对信息进行排他性的控制。那么由这一信息所表达的智力成果就不可能成为法律意义上信息创造者的财产。而知识产权法律制度通过赋予智力成果的创造者以排他性使用权和转让权的方式，创造出了一种前所未有的财产权形式。

法律之所以要将原本自由的信息转变为属于创造者的财产，是出于推动科技发展、社会进步和保护某些特定利益的公共政策的需要。因此并非所有的知识都产生知识产权。同时，知识产权一词语的外延也随着社会的发展而不断变化，知识产权也不断完善。

1967 年世界知识产权组织发布的《建立世界知识产权组织公约》中规定"知识产权"包括：（1）关于文学、艺术和科学作品的权利；（2）关于表演艺术家的演出、录音和广播的权利；（3）关于人们努力在一切领域的发明的权利；（4）关于科学发现的权利；（5）关于工业品式样

的权利;(6)关于商标、服务商标、厂商名称和标记的权利;(7)关于制止不正当竞争的权利;(8)以及在工业、科学、文学或艺术领域里一切其他来自知识活动的权利。

1993年关贸总协定通过的《与贸易有关的知识产权协定》(简称为"TRIPs"协定)中所称的知识产权保护的范围:(1)著作权及邻接权;(2)商标权;(3)地理标记权;(3)工业品外观设计权;(5)专利权;(6)集成电路布图设计权;(7)对未公开信息的保护;(8)在契约性许可中对反竞争行为的控制。

1982年我国通过《商标法》,这是我国制定的第一部保护知识产权的法律,标志着我国现代知识产权法律制度开始构建。我国首部《专利法》于1984年通过。1986年通过的《民法通则》,第一次把知识产权列为民事权利的重要组成部分,明确了公民、法人的知识产权受法律保护。1991年《著作权法》实施。伴随着《商标法》《著作权法》和《专利法》的历次修订,我国知识产权法律制度不断发展完善。

三、保护和运用规划

为全面加强知识产权保护,高效促进知识产权运用,激发全社会创新活力,推动构建新发展格局,日前,国务院印发《"十四五"国家知识产权保护和运用规划》(以下简称《规划》)。《规划》明确了"十四五"时期开展知识产权工作的指导思想、基本原则、主要目标、重点任务和实施保障措施,对未来五年的知识产权工作进行了全面部署。

《规划》指出,坚持质量优先、强化保护、开放合作、系统协同,到2025年,知识产权强国建设阶段性目标任务如期完成,知识产权领域治理能力和治理水平显著提高,知识产权事业实现高质量发展,有效支撑创新驱动发展和高标准市场体系建设,有力促进经济社会高质量发展。《规划》提出知识产权保护迈上新台阶、知识产权运用取得新成效、知识产权服务达到新水平、知识产权国际合作取得新突破等四个主要目标,设立"每万人口高价值发明专利拥有量"等八个主要预期性指标。

《规划》围绕五个方面部署了重点任务:一是全面加强知识产权保护激发全社会创新活力,完善知识产权法律政策体系,加强知识产权司法保护、行政保护、协同保护和源头保护;二是提高知识产权转移转化成效支撑实体经济创新发展,完善知识产权转移转化体制机制,提升知识产权转移转化效益;三是构建便民利民知识产权服务体系促进创新成果更好惠及人民,提高知识产权公共服务能力,促进知识产权服务业健康发展;四是推进知识产权国际合作服务开放型经济发展,主动参与知识产权全球治理,提升知识产权国际合作水平,加强知识声产权保护国际合作;五是推进知识产权人才和文化建设夯实事业发展基础。围绕五大任务,《规划》还设立了商业秘密保护工程等十五个专项工程。

据了解,《规划》从加强组织领导、鼓励探索创新、加大投入力度、狠抓工作落实等四个方面保障实施,确保目标任务落到实处。

工作任务二　知识产权法律依据及特征

一、法律依据

（一）《中华人民共和国民法典》（2020发布）

发布部门：全国人民代表大会，内容：第一百二十三条规定："民事主体依法享有知识产权。知识产权是权利人依法就下列客体享有的专有的权利：

（一）作品；

（二）发明、实用新型、外观设计；

（三）商标；

（四）地理标志；

（五）商业秘密；

（六）集成电路布图设计；

（七）植物新品种；

（八）法律规定的其他客体。"

（二）《中华人民共和国著作权法》（2020修正）

发布部门：全国人大常委会，内容：为保护文学、艺术和科学作品作者的著作权，以及与著作权有关的权益，鼓励有益于社会主义精神文明、物质文明建设的作品的创作和传播，促进社会主义文化和科学事业的发展与繁荣。

（三）《中华人民共和国著作权法实施条例》（2013修订）

发布部门：国务院，内容：为实施《著作权法》的具体规定。

（四）《中华人民共和国专利法》（2020修正）

发布部门：全国人大常委会，内容：为保护专利权人的合法权益，鼓励发明创造，推动发明创造的应用，提高创新能力，促进科学技术进步和经济社会发展。

（五）《中华人民共和国专利法实施细则》（2010修订）

发布部门：国务院，内容：为实施《专利法》的具体规定。

（六）《中华人民共和国商标法》（2019修正）

发布部门：全国人大常委会，内容：为加强商标管理，保护商标专用权，促使生产、经营者保证商品和服务质量,维护商标信誉,以保障消费者和生产、经营者的利益,促进社会主义市场经济的发展。

(七)《中华人民共和国商标法实施条例》(2014修订)

发布部门:国务院,内容:为实施《商标法》的具体规定。

(八)《反不正当竞争法》(2019修正)

发布部门:全国人大常委会,内容:为了促进社会主义市场经济健康发展,鼓励和保护公平竞争,制止不正当竞争行为,保护经营者和消费者的合法权益。

(九)《计算机软件保护条例》(2013修订)

发布部门:国务院,内容:为了保护计算机软件著作权人的权益,调整计算机软件在开发、传播和使用中发生的利益关系,鼓励计算机软件的开发与应用,促进软件产业和国民经济信息化的发展。

(十)《植物新品种保护条例》(2014修订)

发布部门:国务院,内容:为了保护植物新品种权,鼓励培育和使用植物新品种,促进农业、林业的发展。

(十一)《集成电路布图设计保护条例》(2001发布)

发布部门:国务院,内容:为了保护集成电路布图设计专有权,鼓励集成电路技术的创新,促进科学技术的发展。

二、法律特征

(一)客体具有非物质性

知识产权的客体是具有非物质性的作品、创造发明和商誉等,它具有无体性,必须依赖于一定的物质载体而存在。知识产权的客体知识物质载体所承载或体现的非物质成果。这就意味着,获得了物质载体并不等于享有其所承载的知识产权;其次,转让物质载体的所有权不等于同时转让了其所承载的知识产权;最后,侵犯物质载体的所有权不等于同时侵犯其所承载的知识产权。

(二)特定的专有性

专有性又称排他性,是指非经知识产权人许可或法律特别规定,他人不得实施受知识产权专有权利控制的行为,否则构成侵权。知识产权的专有性与物权的专有性存在诸多差异,表现在:

1. 专有性的来源不同

由于作品、发明创造等非物质性的客体无法像物那样被占有,人们难以自然形成对知识

产权利用应当由创作者或创造者排他性控制的观念。相反,知识产权的专有性来自法律的强制性规定;

2. 侵犯专有性的表现形式不同,保护专有性的方法不同

对物权专有性的侵犯一般表现为对物的偷窃、抢夺、损毁或以其他方式进行侵占,而对知识产权专有性的侵犯一般与承载智力成果的物质载体无关,而是表现为在未经知识产权人许可或缺乏法律特别规定时,擅自实施受知识产权专有权利控制的行为;

3. 专有性受到的限制不同

知识产权受到的限制远多于物权,如《著作权法》就规定了"合理使用""法定许可",均构成对著作权专有性的限制。此外,还有时间性、地域性的限制等。

(三)时间性

知识产权的时间性是指有多数知识产权的保护期是有限的,一旦超过法律规定的保护期限就不再受保护了。创造成果将进入公有领域,成为人人都可以都利用的公共资源;商标的注册也有法定的时间效力,期限届满权利人不续展注册的,也进入公有领域。

(四)地域性

除非有国际条约、双边或多边协定的特别规定,否则知识产权的效力只限于本国境内,其原因在于知识产权是法定权利,同时也是一国公共政策的产物,必须通过法律的强制规定才能存在,其权利的范围和内容也完全取决于本国法律的规定,而各国有关知识产权的获得和保护的规定不完全相同,所以,除著作权外,一国的知识产权在他国不能自动获得保护。

项目二　许可及权利类型

工作任务一　许可类型

一、定义

知识产权许可是在不改变知识产权权属的情况下,经过知识产权人的同意,授权他人在一定期限、范围内使用知识产权的法律行为。具体而言,知识产权许可包括著作权许可使用、专利实施许可、商标权许可使用。根据授权许可的范围不同,还可以分为独占许可、排他许可和普通许可,根据授权许可是否自愿,分为自愿许可和非自愿许可,其中非自愿许可包括著作权法中的法定许可和专利法中的强制许可。根据授权许可的权利种类,可以分为著作权许可、专利权许可、商标权许可、商业秘密许可、集成电路布图设计专有权许可、植物新品种权许可等。

二、知识产权许可类型

(一)独占许可、排他许可和普通许可

根据知识产权许可授权的范围不同,可以分为独占许可、排他许可和普通许可。

1. 独占许可

独占许可是指在约定的时间、地域内,知识产权只能由被许可人一人按照约定的方式使用,知识产权人本人依约定不能使用,也不得再许可给他人使用。独占许可的专有性较强,独占许可的被许可人在合同约定范围内甚至可以对抗知识产权人本人的使用。

2. 排他许可

排他许可是指在约定时间、地域内,被许可人可以按照约定的方式使用知识产权,知识产权人本人也可以使用但是不能够再另行许可给他人使用。排他许可的授权范围介于独占许可和普通许可之间,排他许可不能限制知识产权人本人的使用,但是可以要求知识产权人在合同约定的范围内不再另行许可给第三人使用。

在专利法领域,排他实施许可合同许可人不具备独立实施其专利的条件,以一个普通许可的方式许可他人实施专利的,人民法院可以认定为许可人自己实施专利,但当事人另有约定的除外。

3. 普通许可

普通许可是指在约定的时间、地域内,不仅被许可人可以按照约定的方式使用知识产权,知识产权人自己也可以使用,还可以继续许可给其他人使用。普通许可相对于独占许可和排他许可而言,其"对抗效力"最弱。

当事人对许可方式没有约定或者约定不明确的,认定为普通许可。许可合同约定被许可人可以再许可他人行使知识产权的,认定该再许可为普通实施许可,但当事人另有约定的除外。

(二)自愿许可和非自愿许可

1. 自愿许可

自愿许可是指根据知识产权人的意愿,授权他人使用其知识产权的法律行为。一般而言,大多数知识产权许可为自愿许可,使用者获得知识产权人许可之后,再根据约定的内容对知识产权进行使用。

《中华人民共和国专利法》(2020 修正)新增的专利开放许可,又称"专利当然许可",实际上也是自愿许可的一种,是指专利权人自愿以书面方式向国务院专利行政部门声明愿意许可任何单位或者个人实施其专利,并明确许可使用费支付方式、标准的,由国务院专利行政部门予以公告,实行开放许可。就实用新型、外观设计专利提出开放许可声明的,应当提供专利权评价报告。专利权人撤回开放许可声明的,应当以书面方式提出,并由国务院专利行政部门予以公告。开放许可声明被公告撤回的,不影响在先给予的开放许可的效力。

任何单位或者个人有意愿实施开放许可的专利的,以书面方式通知专利权人,并依照公告的许可使用费支付方式、标准支付许可使用费后,即获得专利实施许可。开放许可实施期间,对专利权人缴纳专利年费相应给予减免。实行开放许可的专利权人可以与被许可人就许可使用费进行协商后给予普通许可,但不得就该专利给予独占或者排他许可。

2. 非自愿许可

非自愿许可是指不经过知识产权人许可,由法律规定或基于公共利益需要等理由直接允许使用者使用知识产权人享有的知识产权的一种许可方式。具体而言,包括著作权的法定许可、专利的强制许可等。

(1)法定许可

法定许可是著作权法中一项重要制度,是指在法律明文规定的情况下,使用者可以不经著作权人许可即可使用著作权人的作品,但是应当向其支付报酬,并应当指明作品名称、作品出处和作者的姓名的制度。法定许可制度往往适用于邻接权人,且适用于已发表的作品。

(2)强制许可

强制许可主要规定在专利法中,是指国务院专利行政部门依照法律的有关规定,不经过专利权人同意,直接允许其他单位或个人使用其发明创造的一种许可方式。除法律特别规定外,强制许可的实施主要为了供应国内市场,且取得强制许可的使用者应当付给专利权人合理的使用费。专利法中的强制许可主要包括控制专利权滥用的强制许可、基于公共利益需要的强制许可、制造并出口专利药品的强制许可和从属专利强制许可。

三、知识产权许可的内容

(一)著作权许可

著作权人可以许可他人行使著作财产权,并依照约定或者著作权法有关规定获得报酬。著作权和邻接权中的人身性权利,不得许可。

使用他人作品应当同著作权人订立许可使用合同,许可使用的权利是专有使用权的,应当采取书面形式,但是报社、期刊社刊登作品除外。《著作权法》规定可以不经许可的除外。

许可使用合同包括下列主要内容:(一)许可使用的权利种类;(二)许可使用的权利是专有使用权或者非专有使用权;(三)许可使用的地域范围、期间;(四)付酬标准和办法;(五)违约责任;(六)双方认为需要约定的其他内容。

许可的专有使用权的内容由合同约定,合同没有约定或者约定不明的,视为被许可人有权排除包括著作权人在内的任何人以同样的方式使用作品;除合同另有约定外,被许可人许可第三人行使同一权利,必须取得著作权人的许可。

(二)专利和技术秘密的许可

技术许可合同包括专利实施许可、技术秘密使用许可等合同。技术许可合同是合法拥有技术的权利人,将现有特定的专利、技术秘密的相关权利许可他人实施、使用所订立的合同。技术许可合同中关于提供实施技术的专用设备、原材料或者提供有关的技术咨询、技术服务的约定,属于合同的组成部分。就尚待研究开发的技术成果或者不涉及专利、专利申请或者技术秘密的知识、技术、经验和信息所订立的合同,不属于民法典第八百六十二条规定的技术许可合同。

技术许可合同的许可人应当保证自己是所提供的技术的合法拥有者,并保证所提供的技术完整、无误、有效,能够达到约定的目标。

技术许可合同可以约定实施专利或者使用技术秘密的范围,但是不得限制技术竞争和技术发展。此处所称的"实施专利或者使用技术秘密的范围",包括实施专利或者使用技术秘密的期限、地域、方式以及接触技术秘密的人员等。

当事人对实施专利或者使用技术秘密的期限没有约定或者约定不明确的,受让人、被许可人实施专利或者使用技术秘密不受期限限制。

当事人之间就申请专利的技术成果所订立的许可使用合同,专利申请公开以前,适用技术秘密许可合同的有关规定;发明专利申请公开以后、授权以前,参照适用专利实施许可合同的有关规定;授权以后,原合同即为专利实施许可合同,适用专利实施许可合同的有关规定。人民法院不以当事人就已经申请专利但尚未授权的技术订立专利实施许可合同为由,认定合同无效。

专利实施许可合同仅在该专利权的存续期限内有效。专利权有效期限届满或者专利权被宣告无效的,专利权人不得就该专利与他人订立专利实施许可合同。专利实施许可合同的许可人应当按照约定许可被许可人实施专利,交付实施专利有关的技术资料,提供必要的技术指导。专利实施许可合同的被许可人应当按照约定实施专利,不得许可约定以外的第三人实施该专利,并按照约定支付使用费。

当事人可以按照互利的原则,在合同中约定实施专利、使用技术秘密后续改进的技术成果的分享办法;没有约定或者约定不明确,可以协议补充;不能达成补充协议的,按照合同相关条款或者交易习惯确定。仍不能确定的,一方后续改进的技术成果,其他各方无权分享。

根据《最高人民法院关于审理技术合同纠纷案件适用法律若干问题的解释》第 11 条,技术许可合同无效或者被撤销后,技术许可合同许可人已经履行或者部分履行了约定的义务,并且造成合同无效或者被撤销的过错在对方的,对其已履行部分应当收取的研究开发经费、技术使用费、提供咨询服务的报酬,人民法院可以认定为因对方原因导致合同无效或者被撤销给其造成的损失。技术合同无效或者被撤销后,因履行合同所完成新的技术成果或者在他人技术成果基础上完成后续改进技术成果的权利归属和利益分享,当事人不能重新协议确定的,人民法院可以判决由完成技术成果的一方享有。

(三) 商标使用许可

商标注册人可以通过签订商标使用许可合同,将其注册商标许可给他人在一定时间和地域范围内使用。许可人应当监督被许可人使用其注册商标的商品质量。被许可人应当保证使用该注册商标的商品质量。

注册商标的转让不影响转让前已经生效的商标使用许可合同的效力,但商标使用许可合同另有约定的除外。

工作任务二　权利类型

一、著作权

(一)定义

著作权:是指自然人、法人或者其他组织对文学、艺术和科学作品享有的财产权利和精神权利的总称。在我国,著作权即指版权。广义的著作权还包括邻接权,我国《著作权法》称之为"与著作权有关的权利"。

(二)著作权的主体

著作权的主体是指依照著作权法,对文学、艺术和科学作品享有著作权的自然人、法人或者其他组织。作者在通常语境下指创作作品的自然人,侧重于身份,但作者并非在任何时候都可以成为著作权的主体。法律意义上的作者是依照著作权法规定可以享有著作权的主体。

以主体的形态为标准,著作权的主体分为自然人、法人和其他组织。创作是一种事实行为,不论创作者的年龄、智力水平如何,都可以成为著作权的主体。一般而言,自然人是作品的作者,即一般情况下自然人才能成为著作权的主体,但为平衡、保护不同利益方的利益,以及考虑到法人或其他组织在创作作品时付出的组织、物质等支持,法律也允许法人或其他组织成为著作权的原始主体。

以著作权的取得方式为标准划分,著作权的主体可以分为原始主体(原始著作权人)和继受主体(继受著作权人)。著作权原始主体即作品创作完成时,直接依照著作权法和合同约定即刻对创作的作品享有著作权的主体。继受著作权人即通过继承、受让、受赠等方式获得著作权的主体。原始著作权人与继受著作权人在权利范围、权利保护方式上有所不同。

(三)著作权的客体

1.作品的概念

著作权的客体是作品,作品是指文学、艺术和科学领域内具有独创性并能以一定形式表现的智力成果。法律意义上作品具有以下条件:

(1)独创性

首先,独创性中的"独"并非指独一无二,而是指作品系作者独立完成,而非抄袭。假设两件作品先后由不同的作者独立完成,即使他们恰好相同或者实质性相似,均可各自产生著作权。典型如摄影作品,两名摄影师可能先后对同一景点进行拍摄,角度、取景等内容基本一致,但在后拍摄者并未看到过在先拍摄者的作品,系自己独立拍摄,后者同样可以对其摄影作品享有著作权。

其次,独创性须满足一定的创造性,体现一定的智力水平和作者的个性化表达。创造性不同于艺术水准,无论是画家还是普通孩童,只要其绘画能够独立按照自己的安排、设计,独特地表现出自己真实情感、思想、观点,都能够成为作品。

(2)以有形式表达

著作权法保护的是思想的表达而非思想本身,作品应当是智力成果的表达,可供人感知并可以一定形式表现出来。思想是抽象的、无形的,不受法律保护,仅当思想以一定形式得以表现之后,方能够被他人感知,才能成为受法律保护的作品。

2.作品的种类

我国《著作权法》和《著作权法实施条例》将作品种类分为以下几类:

(1)文字作品

文字作品是指小说、诗词、散文、论文等以文字形式表现的作品。

(2)口述作品

口述作品是指即兴的演说、授课、法庭辩论等以口头语言形式表现的作品。

(3)音乐、戏剧、曲艺、舞蹈、杂技艺术作品

音乐作品,是指歌曲、交响乐等能够演唱或者演奏的带词或者不带词的作品;戏剧作品,是指话剧、歌剧、地方戏等供舞台演出的作品;曲艺作品,是指相声、快书、大鼓、评书等以说唱为主要形式表演的作品;舞蹈作品,是指通过连续的动作、姿势、表情等表现思想情感的作品;杂技艺术作品,是指杂技、魔术、马戏等通过形体动作和技巧表现的作品。

(4)美术、建筑作品

美术作品是指绘画、书法、雕塑等以线条、色彩或者其他方式构成的有审美意义的平面或者立体的造型艺术作品;建筑作品,是指以建筑物或者构筑物形式表现的有审美意义的作品。

(5)摄影作品

摄影作品,是指借助器械在感光材料或者其他介质上记录客观物体形象的艺术作品。

(6)视听作品

2020年《著作权法》修正前,该类别为"电影作品和以类似摄制电影的方法创作的作品",是指摄制在一定介质上,由一系列有伴音或者无伴音的画面组成,并且借助适当装置放映或者以其他方式传播的作品。此次修法使得该类型作品形态不再受制于创作手法的限制,而是关注创作结果形态。

(7)工程设计图、产品设计图、地图、示意图等图形作品和模型作品

图形作品,是指为施工、生产绘制的工程设计图、产品设计图,以及反映地理现象、说明

事物原理或者结构的地图、示意图等作品;模型作品,是指为展示、试验或者观测等用途,根据物体的形状和结构,按照一定比例制成的立体作品。

(8)计算机软件

由于计算机软件的特殊性,计算机软件作品按照《计算机软件保护条例》的有关规定进行保护。计算机软件,是指计算机程序及其有关文档。

(9)符合作品特征的其他智力成果

此为兜底条款,用以涵盖立法者未能预见到的新形式的作品,使无法归入前述分类的作品能够得到相应的保护。2020年修正的《著作权法》更改了原来"法律、行政法规规定的其他作品"的表述,更有利于发挥兜底条款的作用。

3.不予保护的对象

我国《著作权法》明确规定了不予保护的对象。本法不适用于:

(一)法律、法规,国家机关的决议、决定、命令和其他具有立法、行政、司法性质的文件,及其官方正式译文;

(二)单纯事实消息;

(三)历法、通用数表、通用表格和公式。

此外,创意、题材、操作方法、技术方案、实用功能等属于思想层面的,不构成作品,不受著作权法的保护。

(四)著作权的取得

我国采取的自动取得原则,当作品创作完成后,只要符合法律上作品的条件,著作权即产生。著作权人可以申请我国著作权管理部门对作品著作权进行登记,但登记不是著作权产生的法定条件。作品登记过程仅对作品的权属信息做形式审查,一般对著作权的归属只能起到初步证明的作用。

(五)邻接权

邻接权属于广义的著作权,原意是相邻、相关的权利,我国《著作权法》将邻接权称之为与"与著作权有关的权利"。邻接权人除表演者以外,仅享有财产性权利。邻接权包括以下几种类型:

1.表演者权

表演者权是依照法律规定,表演者对其表演所有享有的专有权利。表演者,是指演员、演出单位或者其他表演文学、艺术作品的人。表演者权包括了人身权利和财产权利两部分。表演者人身权利有:(1)表明身份的权利;(2)保护表演形象不受歪曲的权利。表演者财产权利包括:(1)许可他人从现场直播和公开传送其现场表演,并获得报酬;(2)许可他人录音录像,并获得报酬;(3)许可他人复制、发行、出租录有其表演的录音录像制品,并获得报酬;

（4）许可他人通过信息网络向公众传播其表演，并获得报酬。

演员为完成本演出单位的演出任务进行的表演为职务表演，演员享有表明身份和保护表演形象不受歪曲的权利，其他权利归属由当事人约定。当事人没有约定或者约定不明确的，职务表演的权利由演出单位享有。职务表演的权利是演员享有的，演出单位可以在其业务范围内免费使用该表演。

2. 版式设计者权

版式设计者权，指的是图书或报刊出版者对其出版、编辑的图书、报刊的版式设计的权利，该权利的保护期为十年，截止于使用该版式设计的图书、期刊首次出版后第十年的 12 月 31 日。

3. 广播组织权

广播组织权是指依照法律规定，广播组织对其制作的广播、电视节目享有的专有权利。广播组织权包括：广播组织可以禁止未经许可者（1）将其播放的广播、电视以有线或者无线方式转播；（2）将其播放的广播、电视录制以及复制；（3）将其播放的广播、电视通过信息网络向公众传播。该权利的保护期为五十年，截止于该广播、电视首次播放后第五十年的 12 月 31 日。

4. 录音录像制作者权

录音录像制作者权是指依照法律规定，录音录像者对其制作的录音录像制品享有的专有权利。录音制品，是指任何对表演的声音和其他声音的录制品；录像制品，是指视听作品以外的任何有伴音或者无伴音的连续相关形象、图像的录制品。录音录像制作者对其制作的录音录像制品，享有许可他人复制、发行、出租、通过信息网络向公众传播并获得报酬的权利；权利的保护期为五十年，截止于该制品首次制作完成后第五十年的 12 月 31 日。

（六）著作权的内容

著作权的内容是指著作权人依照法律享有的专有权利的总和，根据我国《著作权法》，著作权内容包括著作人身权和著作财产权。

1. 著作人身权

（1）发表权

发表权，即决定作品是否公之于众的权利。发表权只能行使一次，除特殊情况外，仅能由作者行使；

（2）署名权

署名权，即表明作者身份，在作品上署名的权利。它包括作者决定是否署名，署真名、假名、笔名，禁止或允许他人署名等权利；

（3）修改权

修改权，即修改或者授权他人修改作品的权利；

（4）保护作品完整权

保护作品完整权,即保护作品不受歪曲、篡改的权利。

2. 著作财产权

（1）复制权

即以印刷、复印、拓印、录音、录像、翻录、翻拍、数字化等方式将作品制作一份或者多份的权利;

（2）发行权

即以出售或者赠与方式向公众提供作品的原件或者复制件的权利;

（3）出租权

即有偿许可他人临时使用视听作品、计算机软件的原件或者复制件的权利,计算机软件不是出租的主要标的的除外;

（4）展览权

即公开陈列美术作品、摄影作品的原件或者复制件的权利;

（5）表演权

即公开表演作品,以及用各种手段公开播送作品的表演的权利;

（6）放映权

即通过放映机、幻灯机等技术设备公开再现美术、摄影、视听作品等的权利;

（7）广播权

即以有线或者无线方式公开传播或者传播作品,以及通过扩音器或者其他传送符号、声音、图像的类似工具向公众传播广播的作品的权利,但不包括著作权法第十条第一款第十二项（信息网络传播权）规定的权利;

（8）信息网络传播权

即以有线或者无线方式向公众提供,使公众可以在其选定的时间和地点获得作品的权利;

（9）摄制权

即以摄制视听作品的方法将作品固定在载体上的权利;

（10）改编权

即改编作品,创作出具有独创性的新作品的权利;

（11）翻译权

即将作品从一种语言文字转换成另一种语言文字的权利;

（12）汇编权

即将作品或者作品的片段通过选择或者编排,汇集成新作品的权利;

（13）应当由著作权人享有的其他权利。

（七）著作权的限制

著作权限制，是指民事主体可以在法律规定的范围内，不经著作权人许可而利用其作品或受相关权保护之对象，且不构成侵权的制度。

1. 合理使用

合理使用是指著作权人以外的主体，在法律规定的情形下，可以不经著作权人许可，不向著作权人支付报酬而使用作品的制度。在法定合理使用情形下，应当指明作者姓名或者名称、作品名称，并且不得影响该作品的正常使用，也不得不合理地损害著作权人的合法权益。我国《著作权法》规定的合理使用情形有：

（1）为个人学习、研究或者欣赏，使用他人已经发表的作品；

（2）为介绍、评论某一作品或者说明某一问题，在作品中适当引用他人已经发表的作品；

（3）为报道新闻，在报纸、期刊、广播电台、电视台等媒体中不可避免地再现或者引用已经发表的作品；

（4）报纸、期刊、广播电台、电视台等媒体刊登或者播放其他报纸、期刊、广播电台、电视台等媒体已经发表的关于政治、经济、宗教问题的时事性文章，但著作权人声明不许刊登、播放的除外；

（5）报纸、期刊、广播电台、电视台等媒体刊登或者播放在公众集会上发表的讲话，但作者声明不许刊登、播放的除外；

（6）为学校课堂教学或者科学研究，翻译、改编、汇编、播放或者少量复制已经发表的作品，供教学或者科研人员使用，但不得出版发行；

（7）国家机关为执行公务在合理范围内使用已经发表的作品；

（8）图书馆、档案馆、纪念馆、博物馆、美术馆、文化馆等为陈列或者保存版本的需要，复制本馆收藏的作品；

（9）免费表演已经发表的作品，该表演未向公众收取费用，也未向表演者支付报酬，且不以营利为目的；

（10）对设置或者陈列在公共场所的艺术作品进行临摹、绘画、摄影、录像；

（11）将中国公民、法人或者非法人组织已经发表的以国家通用语言文字创作的作品翻译成少数民族语言文字作品在国内出版发行；

（12）以阅读障碍者能够感知的无障碍方式向其提供已经发表的作品；

（13）法律、行政法规规定的其他情形。

此外，对与著作权有关的权利（邻接权）的限制同样适用上述规定。

2. 法定许可

法定许可是指著作权人以外的主体，在法律规定的情形下，可以不经著作权人许可使用其作品但需要向著作权人支付报酬的制度。我国《著作权法》及相关法律规定的法定许可情形有：

(1)教科书编写的法定许可

为实施义务教育和国家教育规划而编写出版教科书，可以不经著作权人许可，在教科书中汇编已经发表的作品片段或者短小的文字作品、音乐作品或者单幅的美术作品、摄影作品、图形作品，但应当按照规定向著作权人支付报酬，指明作者姓名或者名称、作品名称，并且不得侵犯著作权人依照本法享有的其他权利。

(2)报刊转载的法定许可

著作权人向报社、期刊社投稿的，作品刊登后，除著作权人声明不得转载、摘编的外，其他报刊可以转载或者作为文摘、资料刊登，但应当按照规定向著作权人支付报酬。

(3)音乐作品的法定许可

录音制作者使用他人已经合法录制为录音制品的音乐作品制作录音制品，可以不经著作权人许可，但应当按照规定支付报酬；著作权人声明不许使用的不得使用。

(4)广播电台、电视台播放已发表作品的法定许可

广播电台、电视台播放他人已发表的作品，可以不经著作权人许可，但应当按照规定支付报酬。但播放视听作品需要取得视听作品著作权人的许可，播放录像制品需取得录像制作者、著作权人的许可。

(5)制作课件的法定许可

《信息网络传播权保护条例》规定，为通过信息网络实施九年制义务教育或者国家教育规划，可以不经著作权人许可，使用其已经发表作品的片段或者短小的文字作品、音乐作品或者单幅的美术作品、摄影作品制作课件，由制作课件或者依法取得课件的远程教育机构通过信息网络向注册学生提供，但应当向著作权人支付报酬。

4.发行权权利穷竭

著作权权利穷竭是指以销售方式将原作品原件或复制件投放市场后，任何人不经著作权人许可，且不必向著作权人支付报酬，而继续发行销售该作品原件或复制件，不构成侵权。著作权穷竭，不意味着著作权权利的消灭，而是指著作权人对已经合法流入市场的作品原件或复制件的发行权的用尽。

二、专利权

(一)定义

专利权，是指国家根据发明人或设计人的申请，以向社会公开发明创造的内容，以及发明创造对社会具有符合法律规定的利益为前提，根据法定程序在一定期限内授予发明人或

设计人的一种排他性权利。

（二）专利权的主体

专利权的主体即专利权人，是指享有专利法规定的权利并同时承担对应义务的人。在我国，自然人、法人或其他组织都可以申请或受让专利，成为专利权的主体。应当注意到，专利权的主体不等于专利的发明人、申请人。

1. 合作发明的专利权人

合作发明的专利权人通常为完成专利发明的单位或者个人。合作发明又称共同发明，是指两个以上单位或者个人合作完成的发明创造。除协议另有规定的以外，申请专利的权利由合作完成的单位或者个人共同享有。申请被批准后，申请的单位或者个人为专利权人。

2. 委托发明的专利权人

委托发明的专利权人通常为完成专利发明的单位或者个人。委托发明是指一个单位或者个人接受其他单位或者个人委托所完成的发明创造。专利申请权由对发明创造的实质性特点作出了创造性贡献的被委托人享有。申请被批准后，申请的被委托人为专利权人。如果双方在委托合同中有明确的约定，申请专利的权利的归属则依约定。

3. 职务发明的专利权人

职务发明的专利权人通常为发明人所在单位。职务发明是指执行本单位的任务或者主要是利用本单位物质技术条件所完成的发明创造。职务发明创造申请专利的权利属于该单位，申请被批准后，该单位为专利权人。"利用本单位的物质技术条件"所完成的发明创造，单位与发明人或者设计人对申请专利的权利和专利权的归属作出合同约定的，从其约定。

4. 其他有权行使专利权的主体

这些主体包括专利权人的继承人、实施许可合同的被许可人等等。普通实施许可合同的被许可人无权独立行使专利权，独占实施许可合同的被许可人有独立的诉权，而排他实施许可合同的被许可人在专利权人放弃申请权利的情况下有独立的诉权。

（三）专利权的客体

专利权的客体即专利法保护的对象，是指依法应授予专利权的发明创造。我国专利法所称的发明创造包括发明、实用新型和外观设计三种。

发明，是指对产品、方法或者其改进所提出的新的技术方案。发明专利能够获得较长的保护时间，但授权标准较高，程序耗时较长。

实用新型，是指对产品的形状、构造或者其结合所提出的适于实用的新的技术方案。实用新型专利保护期限较短，但是授权标准较低，程序耗时较短。

外观设计，是指对产品的整体或者局部的形状、图案或者其结合以及色彩与形状、图案的结合所作出的富有美感并适于工业应用的新设计。外观设计的授权标准较低，程序耗时较短,其保护期限在 2020 年最新修订的专利法中被修改为 15 年。

根据专利法第五条的规定,对违反法律、社会公德或者妨害公共利益的发明创造,不授予专利权;对违反法律、行政法规的规定获取或者利用遗传资源,并依赖该遗传资源完成的发明创造,不授予专利权。

根据专利法第二十五条的规定,对下列各项,不授予专利权:(1)科学发现;(2)智力活动的规则和方法;(3)疾病的诊断和治疗方法;(4)动物和植物品种;(5)原子核变换方法以及用原子核变换方法获得的物质;(6)对平面印刷品的图案、色彩或者二者的结合作出的主要起标识作用的设计。第(4)项所列产品的生产方法,可以依法授予专利权。

(四)专利权的取得

1. 发明和实用新型

授予专利权的发明和实用新型,应当具备新颖性、创造性和实用性。

新颖性,是指该发明或者实用新型不属于现有技术,也没有任何单位或者个人就同样的发明或者实用新型在申请日以前向国务院专利行政部门提出过申请,并记载在申请日以后公布的专利申请文件或者公告的专利文件中。现有技术,是指申请日以前在国内外为公众所知的技术。

创造性,是指与现有技术相比,该发明具有突出的实质性特点和显著的进步,该实用新型具有实质性特点和进步。实质性特点,是指该技术方案对本领域技术人员而言非显而易见。显著的进步是指发明具有有益的技术效果。

实用性,是指该发明或者实用新型能够制造或者使用,并且能够产生积极效果。其包含了三个方面:必须能够在产业上制造或使用;必须能够应用于解决技术问题;必须具有积极的效果。

2. 外观设计

授予专利权的外观设计,应当具备新颖性、区别性且不与他人在先合法权利相冲突。

新颖性,是指外观设计应当不属于现有设计,也没有任何单位或者个人就同样的外观设计在申请日以前向国务院专利行政部门提出过申请,并记载在申请日以后公告的专利文件中。现有设计,是指申请日以前在国内外为公众所知的设计。

区别性,是指授予专利权的外观设计与现有设计或者现有设计特征的组合相比,应当具有明显区别。区别性是一种学理上的概括,根据《专利审查指南》的规定,是否具有区别性的判断主体为一般消费者。

不与在先合法权利相冲突是指授予专利权的外观设计不得与他人在申请日以前已经取得的合法权利相冲突。对于在申请日后取得,即便现在依然有效的权利,或者是申请日前取得,但在专利申请日已经失效的权利,均不属于这里的在先合法权利。

（五）专利权的内容

1.专利权的内容

根据我国《专利法》的规定,发明和实用新型专利权被授予后,除本法另有规定的以外,任何单位或者个人未经专利权人许可,都不得实施其专利,即不得为生产经营目的制造、使用、许诺销售、销售、进口其专利产品,或者使用其专利方法以及使用、许诺销售、销售、进口依照该专利方法直接获得的产品。根据我国《专利法》的规定,外观设计专利权被授予后,任何单位或者个人未经专利权人许可,都不得实施其专利,即不得为生产经营目的制造、许诺销售、销售、进口其外观设计专利产品。外观设计专利权人可以制止的行为不包括他人对外观设计专利产品的使用行为。

典型的以生产经营为目的的行为如:以出售产品或服务为目的而进行制造、销售以及许诺销售等,"生产经营为目的"通常与"营利为目的"含义上是重合的。为生产经营目的使用、许诺销售或者销售不知道是未经专利权人许可而制造并售出的专利侵权产品,能证明该产品合法来源的,不承担赔偿责任。

2.禁止他人制造

专利权人对其专利产品或者专利方法依法享有的禁止他人未经许可将其制造实现的权利。具体而言,制造包括做出或者形成具有与权利要求记载的全部技术特征相同或者等同的技术特征的发明和实用新型产品、申请专利时提交的图片或者照片中的该外观设计专利产品。

3.禁止他人使用

发明和实用新型的专利权人有权禁止他人未经许可利用、运用依照权利要求记载的技术方案制造出来的专利产品,以及使用权利要求记载的专利方法——即实现权利要求技术方案的全部步骤。外观设计专利权不包含禁止他人使用外观设计专利产品的权利。

4.禁止他人销售与许诺销售

专利权人有权禁止他人未经许可销售专利产品销售依照专利方法直接获得的产品的权利。销售是指一方有交付产品并转让产品所有权的行为,许诺销售是指以做广告、在商店橱窗中陈列或者在展销会上展出等方式作出销售商品的意思表示。根据《最高人民法院关于审理侵犯专利权纠纷案件应用法律若干问题的解释(二)(2020修正)》,产品买卖合同依法成立的,人民法院应当认定属于专利法第十一条规定的销售。

5.禁止他人进口

专利权人依法享有禁止他人未经许可以经营为目而进口专利产品的权利。进口是指专利产品或专利方法获得的产品以及含有外观设计的产品在空间上从境外运进境内的行为。

（六）专利权的限制

强制许可是指国家专利行政机关在法定情形下,不经专利权人许可,授予符合法定条件

的申请人实施专利的法定制度,因为这一许可违反专利权人的意志,又称为"非自愿许可"。强制许可主要有以下类型:

1. 权利滥用的强制许可

为防止专利权人滥用其专利权,有下列情形之一的,国务院专利行政部门根据具备实施条件的单位或者个人的申请,可以给予实施发明专利或者实用新型专利的强制许可:第一,专利权人自专利权被授予之日起满三年,且自提出专利申请之日起满四年,无正当理由未实施或者未充分实施其专利的;第二,专利权人行使专利权的行为被依法认定为垄断行为,为消除或者减少该行为对竞争产生的不利影响的。

2. 为实施从属专利需要的强制许可

一项取得专利权的发明或者实用新型以前已经取得专利权的发明或者实用新型具有显著经济意义的重大技术进步,其实施又有赖于前一发明或者实用新型的实施的,国务院专利行政部门根据后一专利权人的申请,可以给予实施前一发明或者实用新型的强制许可。依照这一规定给予实施强制许可的情形下,国务院专利行政部门根据前一专利权人的申请,也可以给予实施后一发明或者实用新型的强制许可。

3. 以公共利益或公共健康为目的的强制许可

在国家出现紧急状态或者非常情况时,或者为了公共利益的目的,国务院专利行政部门可以给予实施发明专利或者实用新型专利的强制许可。此外,为了公共健康目的,对取得专利权的药品,国务院专利行政部门可以给予制造并将其出口到符合中华人民共和国参加的有关国际条约规定的国家或者地区的强制许可。

取得实施强制许可不等于取得完整的专利权。被许可的单位或者个人不享有独占的实施权,并且无权允许他人实施,且应当付给专利权人合理的使用费,或者依照中华人民共和国参加的有关国际条约的规定处理使用费问题。付给使用费的,其数额由双方协商;双方不能达成协议的,由国务院专利行政部门裁决。

专利权人对国务院专利行政部门关于实施强制许可的决定不服的,专利权人和取得实施强制许可的单位或者个人对国务院专利行政部门关于实施强制许可的使用费的裁决不服的,可以自收到通知之日起三个月内向人民法院起诉。

三、商标权

(一)定义

商标权是民事主体享有的在特定的商品或服务上以区分来源为目的排他性使用特定标志的权利。商标权的取得方式包括通过使用取得商标权和通过注册取得商标权两种方式。通过注册获得商标权又称为注册商标专用权。在我国,商标注册是取得商标的基本途径。

《商标法》第3条规定:"经商标局核准注册的商标为注册商标,商标注册人享有商标专用权,受法律保护。"

(二)商标的定义

1.商标的概念

商标权的客体是商标,商标是经营者为了使自己的商品或服务与他人的商品或服务区别而使用的标记。商标最主要的功能是来源识别功能。经营者将商标使用于自己的商品或服务上,使消费者通过商标认识、记住自己的商品或服务,了解自己商品或服务的质量、品质特点,建立自己的信誉,消费者则可以通过商标选购心仪的商品或服务。除此之外,商标可以促使商标使用人努力保持、提高商品和服务的质量,因此,商标就有了另一派生功能,即质量担保功能。

任何能够将自然人、法人或者其他组织的商品与他人的商品区别开的标志,包括文字、图形、字母、数字、三维标志、颜色组合和声音等,以及上述要素的组合,均可以作为商标申请注册。

2.商标的种类

根据不同的标准,可以将商标分为不同的种类。

(1)商品商标和服务商标

商品商标,是指商品生产者在自己生产或经营的商品上使用的商标。使用于商品上,是指将商标贴附在商品上或者商品的包装、容器、交易文书等纸上,将商标用于广告宣传、商品展销以及其他商业活动中也属于商标使用。

服务商标是经营者为将自己提供的服务于他人的服务相区分而使用的商标,服务商标的使用方式包括:直接使用于服务,如使用于服务介绍手册、服务场所的照片、工作人员服饰等与服务有联系的文件资料上;将商标使用在广告中。

(2)集体商标和证明商标

集体商标,是指以团体、协会或者其他组织名义注册,专供该组织成员在商事活动中使用,以表明使用者在该组织中的成员资格的标志。集体商标的作用是向用户表明使用该商标的企业具有共同的特点。一个使用着集体商标的企业,有权同时使用自己独占的其他商标。

证明商标,是指由对某种商品或者服务具有监督能力的组织所控制,而由该组织以外的单位或者个人使用于其商品或者服务,用以证明该商品或者服务的原产地、原料、制造方法、质量或者其他特定品质的标志。证明商标的意义在于向消费者表明其产品符合规定的条件或标准。

标示某商品来源于某地区,该商品的特定质量、信誉或者其他特征,主要由该地区的自然因素或者人文因素所决定的标志是地理标志,可以将其注册为集体商标或证明商标。

(3)联合商标和防御商标

联合商标,是指某一个商标所有者,在相同的商品上注册几个近似的商标,或在同一类别的不同商品上注册几个相同或近似的商标,这些相互近似的商标称为联合商标。这些商标中首先注册的或者主要使用的为主商标,其余的则为联合商标。

防御商标,是指同一民事主体在不同类别的若干商品上注册的相同的商标。先注册的是主商标,其他商标是防御商标。

转让注册商标的,商标注册人对其在同一种商品上注册的近似的商标,或者在类似商品上注册的相同或者近似的商标,应当一并转让。因此,主商标转让时,联合商标和防御商标应一并转让,以免造成消费者混淆。

(4)注册商标和未注册商标

注册商标,是指经商标管理机构依法核准注册的商标。商标的注册需具备法定条件和经法定程序。在商标注册制度的国家内,商标一经注册便获得使用注册商标的专有权和排斥他人在同一种商品或者类似商品上使用与其注册商标相同或者近似的商标的禁止权。

未注册商标,是指未获得国家主管机关的注册,使用人不具有商标专用权的商标。未注册商标不享有商标的专用权,但是可以使用,并可享有使用所产生的影响和信誉,受商标法和反不正当竞争法的保护。

(5)驰名商标

驰名商标,是指在中国境内为相关公众所熟知的商标。《驰名商标认定和保护规定》中指出:相关公众包括与使用商标所标示的某类商品或者服务有关的消费者,生产前述商品或者提供服务的其他经营者以及经销渠道中所涉及的销售者和相关人员等。

驰名商标与一般商标相比,有其特殊性,一般商标只能在同类商品或服务上获得保护,而注册的驰名商标不仅可以获得同类保护,还可以获得跨类保护。

(三)商标权的取得

1.商标取得的原则

(1)使用取得原则

使用取得原则是指商标权的获得的依据是商标在商业活动中被真实使用,注册只是证明享有商标权的初步证据。该原则认为,商标只有真实地使用,才能发挥商标的功能和作用,无使用的商标无必要给予商标权保护。美国采取是商标使用取得原则。

(2)注册取得原则

注册取得原则是指商标权的获得的依据是商标行政管理部门的核准注册,未注册的商标不能享有商标权的保护。注册取得原则容易诱发商标的恶意注册,但该原则的优势在于安全和效率。

我国采取的是注册取得原则,但同时商标立法上也不断强化对未注册商标的保护。

(2)商标取得的条件

商标要获得注册必须符合法律规定的条件。我国商标法不仅从正面对商标构成要素和注册条件做了规定,而且从反面对不能作为商标使用的标志、不能作为商标注册的标志做了具体的列举规定。商标注册应当具备合法性、显著性、非功能性及不与他人在先权利和权益相冲突四个要件。

(1)合法性

合法性包括两方面的要求,一方面是指商标标识的构成要素应当符合《商标法》第八条任何能够将自然人、法人或者其他组织的商品与他人的商品区别开的标志,包括文字、图形、字母、数字、三维标志、颜色组合和声音等,以及上述要素的组合,均可以作为商标申请注册。另一方面作为商标使用的标志不得是法律规定不得作为商标的标志。

《商标法》第十条规定下列标志不得作为商标使用:(一)同中华人民共和国的国家名称、国旗、国徽、国歌、军旗、军徽、军歌、勋章等相同或者近似的,以及同中央国家机关的名称、标志、所在地特定地点的名称或者标志性建筑物的名称、图形相同的;(二)同外国的国家名称、国旗、国徽、军旗等相同或者近似的,但经该国政府同意的除外;(三)同政府间国际组织的名称、旗帜、徽记等相同或者近似的,但经该组织同意或者不易误导公众的除外;(四)与表明实施控制、予以保证的官方标志、检验印记相同或者近似的,但经授权的除外;(五)同"红十字""红新月"的名称、标志相同或者近似的;(六)带有民族歧视性的;(七)带有欺骗性,容易使公众对商品的质量等特点或者产地产生误认的;(八)有害于社会主义道德风尚或者有其他不良影响的。县级以上行政区划的地名或者公众知晓的外国地名,不得作为商标。但是,地名具有其他含义或者作为集体商标、证明商标组成部分的除外;已经注册的使用地名的商标继续有效。

(2)显著性

商标的显著性是指商标标识具有显著特征,能够将使用人的商品或服务与他人的商品或服务相区别开来。

《商标法》第九条规定:申请注册的商标,应当有显著特征,便于识别,并不得与他人在先取得的合法权利相冲突。商标注册人有权标明"注册商标"或者注册标记。

《商标法》第十一条规定下列标志不得作为商标注册:(一)仅有本商品的通用名称、图形、型号的;(二)仅直接表示商品的质量、主要原料、功能、用途、重量、数量及其他特点的;(三)其他缺乏显著特征的。前款所列标志经过使用取得显著特征,并便于识别的,可以作为商标注册。

（3）三维标志不得具有功能性

商标的非功能性是指具有功能性的商标不得注册为商标,商标的功能应当申请专利保护,我国商标法禁止具有实用功能性和美学功能性的三维标志注册为商标。《商标法》第十二条规定:以三维标志申请注册商标的,仅由商品自身的性质产生的形状、为获得技术效果而须有的商品形状或者使商品具有实质性价值的形状,不得注册。

（4）不与他人在先权利和权益冲突

商标法所保护的在先权利是指在商标申请注册之前即已存在并合法有效的权利。同时,当出现不同主体在相同类似商品上同日申请相同近似商标,以及以不正当手段抢先申请注册他人使用在先并有一定影响的商标等情形时,商标法亦对在先使用商标提供保护。《商标法》第九条规定:第九条申请注册的商标,应当有显著特征,便于识别,并不得与他人在先取得的合法权利相冲突。第二十八条规定,与在先注册商标相冲突的申请注册商标,应予以驳回。第三十二条规定:申请商标注册不得损害他人现有的在先权利,也不得以不正当手段抢先注册他人已经使用并有一定影响的商标。在先权利包括《商标法》规定的在先权利和其他法律规定的在先权利,比如他人的姓名权、肖像权、著作权、外观设计权等。

3.商标的异议

商标的异议是指利害关系人或公众对商标局初步审定公告的商标,如果认为违法商标法律规定的,可以向商标局提出反对意见。

异议的理由包括:

（1）绝对理由

①违反《商标法》第四条,不以使用为目的恶意申请注册的;

②违反《商标法》第十条,将禁止作为商标使用的标志注册为商标的;

③违反《商标法》第十一条、第二十条,将禁止作为商标注册的标志注册为商标的;

④违反《商标法》第十九条第四款,商标代理机构超范围代理的。

（2）相对理由

①违反《商标法》第十三条第二款和第三款,侵犯未注册驰名商标或注册驰名商标的;

②违反《商标法》第十五条,代理人或代表人抢注商标以及因合同业务关系抢注商标的;

③违反《商标法》第十六条第一款,商标中错误标示地理标志,误导公众的;

④违反《商标法》第三十条,与已经注册或初步审定的商标相同或近似的;

⑤违反《商标法》第三十一条,违反先申请原则或先使用原则的;

⑥《商标法》第三十二条,损害他人在先权利或者以不正当手段抢注有一定影响的未注册商标的。

异议的后果包括:

对初步审定公告的商标提出异议的,商标局应当听取异议人和被异议人陈述事实和理由,经调查核实后,自公告期满之日起十二个月内做出是否准予注册的决定,并书面通知异议人和被异议人。

(1)准予注册

商标局做出准予注册决定的,发给商标注册证,并予公告。异议人不服的,可以依照商标第四十四条、第四十五条的规定向商标评审委员会请求宣告该注册商标无效。

(2)不予注册

商标局做出不予注册决定,被异议人不服的,可以自收到通知之日起十五日内向商标评审委员会申请复审。商标评审委员会应当自收到申请之日起十二个月内做出复审决定,并书面通知异议人和被异议人。有特殊情况需要延长的,经国务院工商行政管理部门批准,可以延长六个月。被异议人对商标评审委员会的决定不服的,可以自收到通知之日起三十日内向人民法院起诉。人民法院应当通知异议人作为第三人参加诉讼。

(四)商标权的内容

商标权的内容是指商标权人依法享有的权利和承担的义务。根据《商标法》规定,商标权人享有以下权利:(1)专有使用权。商标权人有权在其核定的商品和服务项目上使用其核准注册的商标,未经商标权人许可,任何人不能在同一种或类似的商品与服务上使用与其注册商标相同或者近似的商标。(2)商标处分权。商标权人有权按照自己的意志以许可、转让、出质和投资等方式处置其注册商标。(3)使用注册标记权。商标权人有权在使用注册商标时标明"注册商标"字样或者注册标记"©"。

(五)商标的无效与撤销

1.商标的无效

注册商标的无效宣告,是指商标主管机关对于违反商标法的规定而不应获得注册的已注册商标,按照法律程序宣告其无效的制度。具体而言,是指已经注册的商标,因违反商标法的相关规定或因侵犯他人权益取得注册的,由商标局主动依职权宣告该注册商标无效,或由商标评审委员会依申请宣告该注册商标无效的制度。被宣告无效的商标自始无效,即自始不发生法律效力。

注册商标的无效可以分为两种类型:

(1)绝对无效的情形

①违反《商标法》第四条,不以使用为目的恶意申请注册的;

②违反《商标法》第十条,将禁止作为商标使用的标志注册为商标的;

③违反《商标法》第十一条、第二十条,将禁止作为商标注册的标志注册为商标的;

④违反《商标法》第十九条第四款,商标代理机构超范围代理的;

⑤以欺骗手段或者其他不正当手段取得注册的。

（2）相对无效的情形

①违反《商标法》第十三条第二款和第三款，侵犯未注册驰名商标或注册驰名商标的；

②违反《商标法》第十五条，代理人或代表人抢注商标以及因合同业务关系抢注商标的；

③违反《商标法》第十六条第一款，商标中错误标示地理标志，误导公众的；

④违反《商标法》第三十条，与已经注册或初步审定的商标相同或近似的；

⑤违反《商标法》第三十一条，违反先申请原则或先使用原则的；

⑥《商标法》第三十二条，损害他人在先权利或者以不正当手段抢注有一定影响的未注册商标的。

宣告注册商标无效的效力：

（1）商标权自始无效

《商标法》第四十七条第一款规定：依照本法第四十四条、第四十五条的规定宣告无效的注册商标，由商标局予以公告，该注册商标专用权视为自始即不存在。

（2）恶意注册应予赔偿原则与显失公平应予返还原则

《商标法》第四十七条第二款规定：宣告注册商标无效的决定或者裁定，对宣告无效前人民法院做出并已执行的商标侵权案件的判决、裁定、调解书和工商行政管理部门做出并已执行的商标侵权案件的处理决定以及已经履行的商标转让或者使用许可合同不具有追溯力。但是，因商标注册人的恶意给他人造成的损失，应当给予赔偿。

《商标法》第四十七条第三款规定：依照前款规定不返还商标侵权赔偿金、商标转让费、商标使用费，明显违反公平原则的，应当全部或者部分返还。

（3）仅对部分指定商品上的注册商标的无效宣告

《商标法实施条例》第六十八条规定：商标局、商标评审委员会撤销注册商标或者宣告注册商标无效，撤销或者宣告无效的理由仅限于部分指定商品的，对在该部分指定商品上使用的商标注册予以撤销或者宣告无效。

（4）宣告无效之日起的一年过渡期

《商标法》第五十条规定：注册商标被撤销、被宣告无效或者期满不再续展的，自撤销、宣告无效或注销之日起一年内，商标局对与该商标相同或者近似的商标注册申请，不予核准。

注册商标被撤销、被宣告无效或者被注销后设置一年过渡期的目的在于，该注册商标在权利终止前已经使用，并在市场上产生了一定的影响，在其商品或服务还未完全退出市场时，如果立即允许相同或近似的商标注册，使得带有新商标的商品或服务进入市场，可能会造成消费者混淆。为了维护市场经济秩序和保护消费者的利益，有必要在一定期限内对与该商标相同或者近似的商标注册申请，做出一定的限制。因此《商标法》规定了一年的过渡期，自撤销、宣告无效或者注销之日起一年内，商标局对与该商标相同或者近似的商标注册申请，不予核准，而超过一年时间的，则应当依法予以核准。

2.商标的撤销

商标在获得注册之后,如果无正当理由连续三年不使用,或显著性退化,或注册人擅自改变注册商标或注册事项,该注册商标可以被撤销。

(1)连续三年不使用

《商标法》第四十九条规定:注册商标成为其核定使用的商品的通用名称或者没有正当理由连续三年不使用的,任何单位或者个人可以向商标局申请撤销该注册商标。商标局应当自收到申请之日起九个月内做出决定。有特殊情况需要延长的,经国务院工商行政管理部门批准,可以延长三个月。

(2)商标成为通用名称

《商标法》第四十九条规定:注册商标成为其核定使用的商品的通用名称或者没有正当理由连续三年不使用的,任何单位或者个人可以向商标局申请撤销该注册商标。商标局应当自收到申请之日起九个月内做出决定。有特殊情况需要延长的,经国务院工商行政管理部门批准,可以延长三个月。

(3)违法使用商标

《商标法》第四十九条规定:商标注册人在使用注册商标的过程中,自行改变注册商标、注册人名义、地址或者其他注册事项的,由地方工商行政管理部门责令限期改正;期满不改正的,由商标局撤销其注册商标。

(六)商标权的限制

商标法对注册商标的保护不是绝对的,有些利用与注册商标相同或近似的文字或图形的行为不属于商标法意义上的使用行为。《商标法》第四十八条规定:本法所称商标的使用,是指将商标用于商品、商品包装或者容器以及商品交易文书上,或者将商标用于广告宣传、展览以及其他商业活动中,用于识别商品来源的行为。这就意味着如果他人未将与商标相同或近似的内容用于识别商品来源,就不属于对商标的使用,自然不可能构成侵权。此外,有些行为虽然涉及利用商标的识别功能,却基于正当的理由或目的,也不构成侵权:

1.商标的正当使用

商标正当使用,是指非商标权人在一定条件下,可以使用他人商标而不构成商标侵权行为。由于我国商标法中仅对商标描述性使用进行了明文规定,对其他商标正当使用的内容并未提及,因此商标正当使用的种类具体有哪些并不明确,目前学界达成共识的是,商标正当使用至少包括商标描述性使用和商标指示性使用。

(1)商标描述性使用

商标描述性使用又称之为商标叙述性使用,如果使用商标的目的是合理、善意地描述自己商品或服务的特性等信息,而不是在商标意义上的使用,则这种使用行为即为描述性合理使用。《中华人民共和国商标法》第59条规定："注册商标中含有的本商品的通用名称、图形、型号,或者直接表示商品的质量、主要原料、功能、用途、重量、数量及其他特点,或者含有的地名,注册商标专用权人无权禁止他人正当使用。"这一规定的合理性在于,对于通用名称或仅描述商品质量、功能等描述性的词汇,本来是不具备显著性不应作为商标获得注册的,但可能由于实际使用使得这些词汇实际产生了商标识别来源的作用,从而获得了显著性,因此获准注册,但这些词汇被注册成为商标并不代表商标权人可以垄断这些标志的使用,对于表达语境的使用,商标权人无权禁止。

(2)商标指示性使用

如果利用他人商标中的文字或图形,是为了说明自己提供的商品或服务能够与使用该商标的商品或服务配套,或是为了传递商品或服务来源于商标权人这一真实信息,也即指示自己提供的商品或服务的用途、服务对象和真实来源,而非为了让消费者产生混淆,则构成"指示性使用",不属于侵权行为。商标指示性使用在立法上并无明确规定,是指为了客观说明自己提供的商品或服务具有某些用途、特点或者能够与他人商品或服务相兼容或相匹配等而对他人商标进行的使用。这种使用是表达语境的使用,并不属于《商标法》第四十八条中规定的"商标使用",因此也不应当受到商标权人干扰,而属于正当使用行为,明确非商标使用行为不侵犯商标权人商标权利,有利于我们厘清商标权和公共领域的界限,避免商标权的过分扩张。

(3)基于其他正当目的或理由的使用

商标法的立法目的之一是防止他人"搭便车"——无偿利用注册商标所体现的商誉牟取不当利益,以实现公平的商业竞争。如果在一个商标在获得注册之前,他人就已经善意地在相同或相似产品上使用了与注册商标相同或近似的商标,自然谈不上"搭便车"。对他人在原有的范围内继续使用其商标的行为,商标法应当予以容忍,否则,就会剥夺在先使用人通过诚实经营所积累的商誉,对于在先使用人是不公平的。《商标法》59条第三款规定,"商标注册人申请商标注册前,他人已经在同一种商品或者类似商品上先于商标注册人使用与注册商标相同或者近似并有一定影响的商标的,注册商标专用权人无权禁止该使用人在原使用范围内继续使用该商标,但可以要求其附加适当区别标识。"这就表明承认了"在先使用"可以作为抗辩事由。

2.商标权用尽

"商标权用尽"又称"商标权枯竭"是指对于经商标权人许可或以其他方式合法投放市场的商标品,他人在购买之后无须经过商标权人许可,就可将该带有商标的商品再次出售或以其他方式提供给公众。

3.平行进口

平行进口是指未经相关知识产权权利人授权,进口商将境外其他国家或地区经合法授权投放市场的产品,向境内知识产权人或独占被许可人所在国或地区的进口。目前我国法律上并未明确禁止注册商标的平行进口,司法实践上对商标平行进口的态度是平行进口不损害商标识别商品或服务来源、品质保证等功能以及不会损害消费者利益的情况下,不认为是商标侵权。

四、地理标志

(一)定义

地理标志,是指标示某商品来源于某地区,该商品的特定质量、信誉或者其他特征主要由该地区的自然因素或者人文因素所决定的标志。《民法典》将地理标志规定为知识产权的客体之一。地理标志在我国主要通过以下三种模式进行保护:一是通过注册为证明商标或集体商标进行保护,二是通过地理标志保护产品(PGI)进行保护,三是通过农产品地理标志(AGI)进行保护。

(二)地理标志保护模式

1. 作为证明商标或者集体商标进行保护

《商标法实施条例》第四条规定:商标法第十六条规定的地理标志,可以依照商标法和本条例的规定,作为证明商标或者集体商标申请注册。

以地理标志作为证明商标注册的,其商品符合使用该地理标志条件的自然人、法人或者其他组织可以要求使用该证明商标,控制该证明商标的组织应当允许。

以地理标志作为集体商标注册的,其商品符合使用该地理标志条件的自然人、法人或者其他组织,可以要求参加以该地理标志作为集体商标注册的团体、协会或者其他组织,该团体、协会或者其他组织应当依据其章程接纳为会员;不要求参加以该地理标志作为集体商标注册的团体、协会或者其他组织的,也可以正当使用该地理标志,该团体、协会或者其他组织无权禁止。《商标法实施条例》中规定的"正当使用该地理标志"是指正当使用该地理标志中的地名。

作为集体商标、证明商标申请注册的地理标志,可以是该地理标志标示地区的名称,也可以是能够标示某商品来源于该地区的其他可视性标志。前述"地区"无须与该地区的现行行政区划名称、范围完全一致。

此外,多个葡萄酒地理标志构成同音字或者同形字的,在这些地理标志能够彼此区分且不误导公众的情况下,每个地理标志都可以作为集体商标或者证明商标申请注册。

2. 作为地理标志保护产品(PGI)进行保护

地理标志产品,是指产自特定地域,所具有的质量、声誉或其他特性本质上取决于该产地的自然因素和人文因素,经审核批准以地理名称进行命名的产品。地理标志产品包括:来自本地区的种植、养殖产品;原材料全部来自本地区或部分来自其他地区,并在本地区按照特定工艺生产和加工的产品。

3.作为农产品地理标志(AGI)进行保护

中华人民共和国农业农村部发布的《农产品地理标志管理办法》对农产品地理标志(AGI)的保护进行了规定。农产品地理标志,是指标示农产品来源于特定地域,产品品质和相关特征主要取决于自然生态环境和历史人文因素,并以地域名称冠名的特有农产品标志。农产品是指来源于农业的初级产品,即在农业活动中获得的植物、动物、微生物及其产品。

五、商业秘密

(一)定义

商业秘密,是指不为公众所知悉,具有商业价值,并经权利人采取相应保密措施的技术信息、经营信息等商业信息。民法典第一百二十三条明确将商业秘密列为知识产权的客体。

商业秘密与一般知识产权相比,有其特殊性。一般知识产权具有独占性、专有性、排他性,具有对抗第三人的效力,不特定公众均负有不得实施的义务;商业秘密不具有对抗善意第三人的效力,第三人可以善意地实施通过正当手段获得的商业秘密,例如自行研发和反向工程等,不特定公众并不负有不得实施的义务,只是因为并不知晓而无法实施。

(二)商业秘密的构成要件

1.技术信息与经营信息的认定

技术信息包括:与技术有关的结构、原料、组分、配方、材料、样品、样式、植物新品种繁殖材料、工艺、方法或其步骤、算法、数据、计算机程序及其有关文档等信息。

经营信息包括:与经营活动有关的创意、管理、销售、财务、计划、样本、招投标材料、客户信息、数据等信息。

前述客户信息,包括客户的名称、地址、联系方式以及交易习惯、意向、内容等信息。不能仅依据与特定客户保持长期稳定交易关系,主张该特定客户属于商业秘密。客户基于对员工个人的信赖而与该员工所在单位进行交易,该员工离职后,能够证明客户自愿选择与该员工或者该员工所在的新单位进行交易的,应当认定该员工没有采用不正当手段获取权利人的商业秘密。

2.秘密性

权利人请求保护的信息在被诉侵权行为发生时不为所属领域的相关人员普遍知悉和容易获得的,人民法院应当认定为反不正当竞争法第九条第四款所称的不为公众所知悉。

具有下列情形之一的,人民法院可以认定有关信息为公众所知悉:

(一)该信息在所属领域属于一般常识或者行业惯例的;

（二）该信息仅涉及产品的尺寸、结构、材料、部件的简单组合等内容，所属领域的相关人员通过观察上市产品即可直接获得的；

（三）该信息已经在公开出版物或者其他媒体上公开披露的；

（四）该信息已通过公开的报告会、展览等方式公开的；

（五）所属领域的相关人员从其他公开渠道可以获得该信息的。

将为公众所知悉的信息进行整理、改进、加工后形成的新信息，符合本规定第三条规定的，应当认定该新信息不为公众所知悉。

3. 保密性

权利人为防止商业秘密泄露，在被诉侵权行为发生以前所采取的合理保密措施，人民法院应当认定为反不正当竞争法第九条第四款所称的相应保密措施。

人民法院应当根据商业秘密及其载体的性质、商业秘密的商业价值、保密措施的可识别程度、保密措施与商业秘密的对应程度以及权利人的保密意愿等因素，认定权利人是否采取了相应保密措施。

具有下列情形之一，具有下列情形之一，在正常情况下足以防止商业秘密泄露的，人民法院应当认定权利人采取了相应保密措施：

（一）签订保密协议或者在合同中约定保密义务的；

（二）通过章程、培训、规章制度、书面告知等方式，对能够接触、获取商业秘密的员工、前员工、供应商、客户、来访者等提出保密要求的；

（三）对涉密的厂房、车间等生产经营场所限制来访者或者进行区分管理的；

（四）以标记、分类、隔离、加密、封存、限制能够接触或者获取的人员范围等方式，对商业秘密及其载体进行区分和管理的；

（五）对能够接触、获取商业秘密的计算机设备、电子设备、网络设备、存储设备、软件等，采取禁止或者限制使用、访问、存储、复制等措施的；

（六）要求离职员工登记、返还、清除、销毁其接触或者获取的商业秘密及其载体，继续承担保密义务的；

（七）采取其他合理保密措施的。

4. 价值性

商业秘密具有商业价值，是指权利人请求保护的信息因不为公众所知悉而具有现实的或者潜在的商业价值。生产经营活动中形成的阶段性成果前述规定的，也可以认定该成果具有商业价值。

有关信息具有现实的或者潜在的商业价值，能为权利人带来竞争优势的，应当认定为反不正当竞争法第十条第三款规定的"能为权利人带来经济利益、具有实用性"。

(三) 商业秘密的归属

1. 一般归属原则

具有劳务关系的当事人之间关于商业秘密的归属可以在合同中进行约定。《中华人民共和国劳动法》第二十二条规定:"劳动合同当事人可以在劳动合同中约定保守用人单位商业秘密的有关事项。"经营秘密的归属问题通常是容易确定的,而技术秘密的归属确定情况比较复杂,可以分为以下三种。

2. 雇佣关系下商业秘密的归属

雇佣关系下商业秘密的归属分为两种情况,即职务技术成果归属和非职务技术成果归属。

根据《民法典》第八百四十七条规定,职务技术成果的使用权、转让权属于法人或者非法人组织的,法人或者非法人组织可以就该项职务技术成果订立技术合同。法人或者非法人组织订立技术合同转让职务技术成果时,职务技术成果的完成人享有以同等条件优先受让的权利。职务技术成果是执行法人或者非法人组织的工作任务,或者主要是利用法人或者非法人组织的物质技术条件所完成的技术成果。

根据《民法典》第八百四十八条非职务技术成果的使用权、转让权属于完成技术成果的个人,完成技术成果的个人可以就该项非职务技术成果订立技术合同。

第八百四十九条规定,完成技术成果的个人享有在有关技术成果文件上写明自己是技术成果完成者的权利和取得荣誉证书、奖励的权利。

3. 委托开发关系下商业秘密的归属

委托开发关系下商业秘密的归属由当事人自行约定,当事人可以约定委托关系下完成的技术成果属于委托人,也可约定属于被委托人。如果没有约定或约定不明的,委托人和被委托人都有使用和转让的权利,即由当事人共同拥有。但是,被委托在向委托人交付研究成果之前,不得转让给第三人。另外,除当事人另有约定以外,委托开发中完成的技术成果的专利申请权属于被委托人。

4. 合作开发关系下商业秘密的归属

合作开发关系下商业秘密的归属由当事人自行约定,也就是说当事人可以约定委托关系下完成的技术成果属于参加合作的任何一方或几方。如果没有约定或约定不明的,归全体合作人共同拥有,共同行使使用权、转让权和专利申请权。

六、集成电路布图设计权

(一) 定义

集成电路布图设计(以下简称布图设计),是指集成电路中至少有一个是有源元件的两个以上元件和部分或者全部互联线路的三维配置,或者为制造集成电路而准备的上述三维配置。

我国在 2001 年颁布了《集成电路布图设计保护条例》建立了我国的集成电路布图设计权保护制度。受保护的布图设计应当具有独创性,即该布图设计是创作者自己的智力劳动成果,并且在其创作时该布图设计在布图设计创作者和集成电路制造者中不是公认的常规设计。受保护的由常规设计组成的布图设计,其组合作为整体应当符合前款规定的条件。

(二)集成电路布图设计权的内容

布图设计权利人享有下列专有权:(一)对受保护的布图设计的全部或者其中任何具有独创性的部分进行复制;(二)将受保护的布图设计、含有该布图设计的集成电路或者含有该集成电路的物品投入商业利用。

布图设计权利人可以将其专有权转让或者许可他人使用其布图设计。转让布图设计专有权的,当事人应当订立书面合同,并向国务院知识产权行政部门登记,由国务院知识产权行政部门予以公告。布图设计专有权的转让自登记之日起生效。许可他人使用其布图设计的,当事人应当订立书面合同。

(三)集成电路布图设计权侵权

除《集成电路布图设计保护条例》另有规定的外,未经布图设计权利人许可,有下列行为之一的,行为人必须立即停止侵权行为,并承担赔偿责任:

(1)复制受保护的布图设计的全部或者其中任何具有独创性的部分的;

(2)为商业目的进口、销售或者以其他方式提供受保护的布图设计、含有该布图设计的集成电路或者含有该集成电路的物品的。

侵犯布图设计专有权的赔偿数额,为侵权人所获得的利益或者被侵权人所受到的损失,包括被侵权人为制止侵权行为所支付的合理开支。

七、植物新品种权

(一)定义

植物新品种,是指经过人工培育的或者对发现的野生植物加以开发,具备新颖性、特异性、一致性和稳定性并有适当命名的植物品种。

1997 年,我国颁布了《植物新品种条例》(于 2014 年进行了修改)。在我国,植物品种法律保护的途径主要有两条:一是通过申请植物新品种权直接保护所申请的植物品种;二是通过申请生产植物品种方法的发明专利权,间接保护由所新生的方法直接得到的植物品种。

(二)植物新品种的构成要件

构成植物新品种应当符合以下条件:

(1)品种属于国家植物品种保护名录中列举的植物的属或者种。申请品种权的植物新品种应当属于国家植物品种保护名录中列举的植物的属或者种。植物品种保护名录由审批机关确定和公布。

(2)新颖性。新颖性是指申请品种权的植物新品种在申请日前该品种繁殖材料未被销售,或者经育种者许可,在中国境内销售该品种繁殖材料未超过 1 年;在中国境外销售藤本植物、林木、果树和观赏树木品种繁殖材料未超过 6 年,销售其他植物品种繁殖材料未超过 4 年。

(3)特异性。特异性是指申请品种权的植物新品种应当明显区别于在递交申请以前已知的植物品种。

(4)一致性和稳定性。一致性,是指申请品种权的植物新品种经过繁殖,除可以预见的变异外,其相关的特征或者特性一致;稳定性,是指申请品种权的植物新品种经过反复繁殖后或者在特定繁殖周期结束时,其相关的特征或者特性保持不变。

(5)适当的命名。授予品种权的植物新品种应当具备适当的名称,并与相同或者相近的植物属或者种中已知品种的名称相区别。该名称经注册登记后即为该植物新品种的通用名称。

下列名称不得用于品种命名:(一)仅以数字组成的;(二)违反社会公德的;(三)对植物新品种的特征、特性或者育种者的身份等容易引起误解的。

(三)植物新品种权的内容

完成育种的单位或者个人对其授权品种,享有排他的独占权。任何单位或者个人未经品种权所有人(以下称品种权人)许可,不得为商业目的生产或者销售该授权品种的繁殖材料,不得为商业目的将该授权品种的繁殖材料重复使用于生产另一品种的繁殖材料;但是,法律另有规定的除外。

植物新品种的申请权和品种权可以依法转让。中国的单位或者个人就其在国内培育的植物新品种向外国人转让申请权或者品种权的,应当经审批机关批准。国有单位在国内转让申请权或者品种权的,应当按照国家有关规定报经有关行政主管部门批准。转让申请权或者品种权的,当事人应当订立书面合同,并向审批机关登记,由审批机关予以公告。

(四)植物新品种权侵权及限制

植物新品种侵权行为包括:(1)非法生产或者销售授权品种的繁殖材料的行为。未经品种权人许可,以商业目的生产或者销售授权品种的繁殖材料的,品种权人或者利害关系人可以请求省级以上人民政府农业、林业行政部门依据各自的职权进行处理,也可以直接向人民法院起诉;(2)假冒授权品种的行为。假冒授权品种的,由县级以上人民政府农业、林业行政部门依据各自的职权责令停止假冒行为,没收违法所得和植物品种繁殖材料;货值金额 5 万元以上的,处货值金额 1 倍以上 5 倍以下的罚款;没有货值金额或者货值金额 5 万元以下的,根据情节轻重,处 25 万元以下的罚款;情节严重,构成犯罪的,依法追究刑事责任。

根据《最高人民法院关于审理侵犯植物新品种权纠纷案件具体应用法律问题的若干规定》,未经品种权人许可,生产、繁殖或者销售授权品种的繁殖材料,或者为商业目的将授权品种的繁殖材料重复使用于生产另一品种的繁殖材料的,人民法院应当认定为侵害植物新品种权。被诉侵权物的特征、特性与授权品种的特征、特性相同,或者特征、特性的不同是因非遗传变异所致的,人民法院一般应当认定被诉侵权物属于生产、繁殖或者销售授权品种的繁殖材料。被诉侵权人重复以授权品种的繁殖材料为亲本与其他亲本另行繁殖的,人民法院一般应当认定属于为商业目的将授权品种的繁殖材料重复使用于生产另一品种的繁殖材料。

植物新品种权受到以下限制:

1.合理使用

在下列情况下使用授权品种的,可以不经品种权人许可,不向其支付使用费,但是不得侵犯品种权人依照本条例享有的其他权利:(1)利用授权品种进行育种及其他科研活动;(2)农民自繁自用授权品种的繁殖材料。

2.强制许可

为了国家利益或者公共利益,审批机关可以作出实施植物新品种强制许可的决定,并予以登记和公告。取得实施强制许可的单位或者个人应当付给品种权人合理的使用费,其数额由双方商定;双方不能达成协议的,由审批机关裁决。

技能训练题

一、名词解释

1.知识产权

2.知识产权专有性

3.知识产权时间性

4.知识产权非物质性

5.知识产权地域性

二、判断题

1.由于作品、发明创造等非物质性的客体无法像物那样被占有,人们难以自然形成对知识产权利用应当由创作者或创造者排他性控制的观念。

2.《中华人民共和国著作权法实施条例》(2013 修订)发布部门为全国人大常委会。

3. 知识产权的客体是具有非物质性的作品、创造发明和商誉等,它具有无体性,必须依赖于一定的物质载体而存在。

4. 1993 年关贸总协定通过了《与贸易有关的知识产权协定》(简称为"TRIPs"协定)。

5. 1972 年我国通过《商标法》,这是我国制定的第一部保护知识产权的法律,标志着我国现代知识产权法律制度开始构建。

三、简答题

1. 知识产权许可类型有哪些?

2. 知识产权许可的内容是什么?

3. 什么是著作权?

4. 专利权的主体是什么?

5. 专利权的内容是什么?

四、填空题

1. (　　　)是指小说、诗词、散文、论文等以文字形式表现的作品。

2. (　　　)是指产自特定地域,所具有的质量、声誉或其他特性本质上取决于该产地的(　　　)和(　　　),经审核批准以地理名称进行命名的产品。

3. 植物新品种的(　　　)和(　　　)可以依法转让。

4. 注册商标的无效宣告,是指(　　　)对于违反商标法的规定而不应获得注册的(　　　),按照法律程序宣告其无效的制度。

5. 授予专利权的发明和实用新型,应当具备(　　　)、(　　　)和(　　　)。

参考文献

[1] 郑耀泉,刘婴谷,严海军,等. 喷灌与微灌技术应用[M]. 北京:中国水利水电出版社,2015.

[2] 李继清,门宝辉. 水文水利计算[M]. 北京:中国水利水电出版社,2015.

[3] 郭旭新,樊惠芳,要永在. 灌溉排水工程技术(第2版)[M]。黄河水利出版社,2016.

[4] 张强,吴玉秀. 喷灌与微灌系统及设备[M]. 北京:中国农业大学出版社,2016.

[5] Melvyn Kay(梅尔文·凯). 实用水力学(原书第2版)[M]. 何国桢,译. 北京:中国水利水电出版社,2016.

[6] 张志昌. 水力学(上册)(第2版)[M]. 北京:中国水利水电出版社,2016.

[7] 赵文举,樊新建,范严伟. 工程水文学与水利计算[M]. 北京:中国水利水电出版社,2016.

[8] (美)拉维恩·斯泰森,(美)本特·美察姆,许复初,等. 灌溉技术(原著第六版)[M]. 北京:中国水利水电出版社,2018.

[9] 杨林林,杨胜敏,韩敏琦. 水肥一体化技术[M]. 成都:电子科技大学出版社,2020.

[10] 王金亭,张艳萍. 工程水力水文学(第3版)[M]. 郑州:黄河水利出版社,2020.

[11] 杨林林,韩晋国. 水力水文应用[M]. 北京:中国水利水电出版社,2022.

[12] SL 21-2015 降水量观测规范[S]

[13] SL 44-2006 水利水电工程设计洪水计算规范[S]

[14] SL 278-2020 水利水电工程水文计算规范[S]

[15] SL 252-2017 水利水电工程等级划分及洪水标准[S]

[16] GB 50179-2015 河流流量测验规范[S]

[17] GB 50201-2014 防洪标准[S]

[18] GB 50288-2018,灌溉与排水工程设计标准[S]. 北京:中国计划出版社,2018.

[19] 颜宏亮,闫滨. 水工建筑物[M].1 版. 北京:中国水利水电出版社,2012.

[20] 林继镛,张社荣. 水工建筑物[M].6 版. 北京:中国水利水电出版社,2019.

[21] 赵朝云. 水工建筑物的运行与维护[M].1 版. 北京:中国水利水电出版社,2005.

[22] 朱党生.水利水电工程环境影响评价[M].1版.北京:中国环境科学出版社,2006.

[23] 张艳军.水环境保护[M].2版.北京:中国水利水电出版社,2018.

[24] 高廷耀,顾国维,周琪.水污染控制工程(下册)[M].4版.北京:高等教育出版社,2015.

[25] 孙秀玲.水资源评价与管理[M].北京:中国环境出版社,2013:30-62.

[26] 赵信峰.水资源评价与管理[M].河南:黄河水利出版社出版,2021:1-8.

[27] 陈绍金.中国水利史[M].北京:中国水利水电出版社,2007.

[28] 中华人民共和国水利部.中国水资源公报2020[M].北京:中国水利水电出版社,2021:1-36.

[29] 孙权.我国淡水资源的现状与开发利用探析[J].科学技术创新,2010(7):209-209.

[30] 王浩,梅超,刘家宏等.我国城市水问题治理现状与展望[J].中国水利,2021,920(14):4-7.

[31] 节约用水成为解决我国水问题的根本出路[J].中国水利,2021(13):33.

[32] 吴炳方,曾红伟,马宗瀚等.完善新时期水资源管理指标的方法[J].水科学进展,2022,33(04):553-566.

[33] 段瑞春.论知识产权的法律概念[J].科学学与科学技术管理,1987(3):2.

[34] 于兆波.法治理念下自主知识产权认证制度建设研究[J].科技进步与对策,2013,30(4):5.